久米康生

和紙文化研究事典

法政大学出版局

はじめに

世界各地の紙漉き場を巡歴して紙に関する多くの著作があるアメリカ合衆国のD・ハンターは、昭和八年（一九三三）に日本の主要な紙郷を調査旅行したあと、韓国・中国も視察した。そして昭和十一年（一九三六）に出版した『日本・韓国・中国への製紙行脚』のなかで、「現在の日本の手漉き紙は、すべての製紙工芸のなかで驚嘆に値するすばらしい技術といっても、誇張ではない」とたたえている。イギリスの紙史研究家R・H・クラパートンもまた、その著『近代の製紙』のなかで、「日本の手漉き紙は、いま知れる限りの最も美しい紙」といい、和紙は世界最高級のすばらしい紙質のものとする高い評価が定着している。その評価にもとづいて海外の関心も高まり、日本でもその伝統を守り継ぐ努力が続けられている。

しかし、手漉き和紙は衰退の一途をたどっている。昭和初期に柳宗悦《やなぎむねよし》は独特の美学を中核として民芸運動を展開するなかで、「よい紙には不思議な魅力がある。質が与へる悦《よろこ》びである。そこではいつも堅牢と美が結ばれている。近代の知識は、西洋化さすことを急いでゐる。私達は量に於て助けを得たが、質に於て失つたものは大きい。質を失ふ事はすべてを失ふに近い」と述べている。彼は和紙のすばらしさを賛美するとともに、世界最高の質の美を守り復活させることを訴えたのである。これに呼応するように、昭和十一年、京都に和紙研究会が生まれて和紙史研究の地道な活動を展開した。昭和四十三年（一九六八）からは越前奉書・出雲雁皮紙・石州半紙・本美濃紙・細川紙を国の重要無形文化財に認定し、さらに表装用紙の文化財保存技術指定、各地の和紙の伝統的工芸品産業としての助成などの措置がとられたが、手漉き和紙の衰勢は年を追って深まるばかりである。洋紙や機械すき和紙の圧力に耐えられないからで、明治三十四年（一九〇一）に六万八五六二戸を数えた和紙製造業者は、平成四年（一九九二）の全国手すき和紙連合会の調査では四四六戸、そして平成二十二年（二〇一〇）には約三〇〇戸が残っているにすぎない。

　和紙の業者数などは、昭和初期には全国統計表から消えている。これは行政当局が伝統の和紙を軽視したからであるが、学界もまた和紙に対して冷淡であったように思われる。『広辞苑』第四版の半紙の項には、「和紙の一種。もと小形の杉原紙すなわち延紙を半分に切って用いたから称したが、のち別に縦二四～二六センチ、横三二・五～三五センチの大きさに製した紙の汎称」と記している。半紙は八寸×一尺一寸を基準とし、後段の寸法はそのメートル法換算であるが、前段の「延紙を半分に切って用いた」としているのは明らかに誤認である。『広辞苑』の延紙の項には「縦七寸、横九寸ほどの小形の杉原紙」とあって、延紙は半紙より小さい判型である。その小さい判型の延紙を「半分に切った」ものが半紙というのは明らかに誤っている。しかも、この定義は明治二十四年（一八九一）刊の大槻文彦編『言海』にまず記されており、その後の国語辞典に襲用され続けてきた伝統的解説であった。『広辞苑』の全面改訂といえる第五版編集に参与した私の見解で、「小形の杉原紙の半分」ではなく、「大判の杉原紙を縦半分に切って用いたから称した」と改められている。これは国語学界の和紙に対する冷淡さを語る一例で、雁皮紙を「雁皮および三椏《みつまた》を原料とする紙」とする国語辞典もあるなど、しばしば和紙研究の浅さを示す定義がみられる。また『紙パルプ辞典』などにはいくらか和紙の項目が採用されているが、ほとんど洋紙の視点による解説で不十分である。これでは和紙の伝統を後世に正しく伝えることはできない。

和紙研究の先学、寿岳文章《じゅがくぶんしょう》氏は約半世紀前に『和紙歴史辞典』の構想を発表されているが、和紙研究者の層は薄く、研究段階もまだ熟成しているとはいえない。しかし、近年和紙に関心を寄せる人達がふえ、紙を正しく知り深く理解するのに役立つ辞典（事典）が要望され、またそれをつくることは和紙研究者たちの宿願であった。私はそれを実現する第一歩として、先学の和紙論によるいわゆる通説を改めて調べ直した私の見解を中核として、『和紙文化辞典』を編集し一九九五年にわがみ堂から出版したが、その後の調査研究によって増補改訂を必要とする項目がふえ、また地方自治体の平成の大合併が進み、旧地名では紙郷の所在がわかりにくいので新市町村名を付記するなど大幅な改訂を加えた。さらに「和紙文化の歴史」の新稿を加え、かつて付録としていた「和紙製法の特徴」「和紙の寸法」「全国の紙郷分布」などの概説のあとに詳細な用語解説を配する構成に改めた。これは、いわゆる増補改訂版であるが、私が平成元年（一九八九）に創設して二〇余年にわたり代表をつとめた和紙文化研究会での活動の集大成ともいえるので、書名も『和紙文化研究事典』と改めて刊行する。

紙は一般に書写材と考えられ論じられている。文字や図像を記録し印刷する素材として改良され発展してきた。しかし、和紙のすばらしさはたんに記録印刷の素材としての質にあるのではない。近世初期に初めて和紙に出合ったキリシタンの宣教師たちは、故国への通信に好んで雁皮紙を用いている。雁皮紙の平滑な面が彼らの硬い筆記具で書写するのに適していたからであるが、和紙の主流である楮製の紙は硬い筆記具で書写するのにふさわしくない。したがって、彼らは洋式筆記具による書写材として優秀なものとは認めていない。しかし、和紙のねばり強くしなやかで美しい紙質が、多彩な用途を開いていることに感嘆したのである。江戸末期に来航したプロイセンの初代駐日公使オイレンブルクの随行者たちが編述した『オイレンブルク日本遠征記』には、「紙の用途がこの国より広いところはどこにもないであろう。……なかんずくすぐれているのは皮革として用いられるもので、その質は外観も色調もまさに天然の皮革に匹敵する」と記している。明治初期に日本各地を現地調査したプロイセンのJ・J・ラインは、その著『日本産業誌』のなかで和紙の多彩な用途を数えあげ、「日本の樹皮紙は驚くべき強靭さとしなやかさをそなえ、薄様紙のやわらかさは布地の強さを思わせる」と、和紙の特徴を洞察して高く評価している。江戸後期の佐藤信淵《のぶひろ》が『経済要録』で、和紙を「世界第一の上品」と誇ったのも、その用途の広さである。

和紙は染色し金銀箔や泥で加飾して記録文化材としていろどるだけでなく、油・漆・柿渋などを引いて強くし、あるいは揉んでやわらかくして布や皮革に代用し、多彩な生活用品に加工したのである。豊かな加工性に富む生活文化材として生かされているところに、和紙の優秀さの本質が認められる。和紙は記録印刷材としてきわめて重要な役割を果たしているが、さらに生活文化を広くささえる素材であるところに、洋紙や唐紙とは違う特徴があった。そしてこの視点で編集してこそ和紙の本質を語れると考えて、単に書写材としての和紙の辞典ではなく、生活文化材としての多彩な実用性も含めて広い視野で「和紙文化」を知るための事典として構成したのである。

和紙の名称は、原料を示すもの、産地や固有名詞を冠するもの、色相や染料をあらわすもの、形や質をあらわすもの、用途を示すもの、加工・装飾の技法をあらわすものなど、多種多様である。さらに風雅な趣味の名称も多い。中国の紙には胡轀玉《こうんぎょく》『紙説』に記しているように、凝霜《ぎょうそう》・霞光《かこう》・鵠白《こくはく》・鴉青《あせい》・女児青《じょじせい》・碧雲《へきうん》・竜鳳《りゅうほう》などがあるが、和紙にも有馬《ありま》・強澣《きょうかん》・金葉《きんよう》・楽水・泰平・都好《とこう》・美光・竜《りゅう》鱗《りん》などがあり、解説しにくいものが多かった。特に『明治十年内国勧業博覧会出品解説』や『貿易備考』などには、近代になってはじめてあらわれた紙名が多く、いくつかの解説できないものは省略した。また近年に紙商や紙漉き自身が、歴史的に考証しないで新意匠を誇示し、あるいは思いつくままにつけた紙名があるが、説明できないものは除外した。

生活文化をささえた和紙を強調する意味で、装飾加工した和紙製品はできるだけ多く収録し、周辺の日本史・書誌・書道・表装・出版などの分野からは、関連のある項目を適宜に選定した。また近年に和紙として市販されるものは手漉きのものより機械すきのものがあふれているのが現実の姿であるので、機械すき関連の項目も採用し、さらに洋紙の無視できないと思われるものも収録した。中国は紙の発祥地であり、和紙はその技術を学んで展開させたものであるので、和紙を正しく理解するには、中国の紙史と比較対照して研究するのが必須の要件と考えられる。したがって、中国の紙に関する項目も多く、近年に前漢期遺跡から出土した紙のほか、後世に各地で生産された特色のある紙をとりあげている。

用語解説一五〇〇余の項目に約二五〇の図版を配したのは、用語解説だけでは説明しきれない点を、よりわかりやすくするのに役立つことを願ったからである。また平面的な解説に加えて、和紙が風土性豊かで個性が強いのはなぜかなど、より立体的な関心にこたえより深く研究する参考資料として「和紙史略年表」「和紙文化関係の主要文献」を収録している。

二〇一二年　孟秋　　久米康生

目次

和紙文化の歴史

紙つくりは中国前漢代に始まる

紙は中国の後漢代に蔡倫《さいりん》が始めたというのが通説となっている。これは『後漢書』蔡倫伝の「樹膚・麻頭《まとう》および敝布《へいふ》・魚網を用い、以て紙と為す。元興元年（一〇五）、これを奏上し……」という記事にもとづいているが、近年、中国前漢代の遺跡から出土した古紙によって、さらに二五〇年ほどさかのぼった頃にすでに紙がつくられていたことが明らかになっている。その最古の紙といわれるのは、一九八六年に甘粛省天水市放馬灘《ほうばたん》の古墓から出土した放馬灘紙で、前漢文帝・景帝（在位紀元前一七九－前一四一）の頃のものと推定され、山・川・道路などをあらわす図形、すなわち地図が描かれた紙片である。その他の出土古紙にはロプ・ノール紙、灞橋《はきょう》紙、金関《きんかん》紙、中顔《ちゅうがん》紙、馬圏湾《ばけんわん》紙、懸泉《けんせん》紙などがあり、いずれもその原料は麻布・麻縄などのぼろ、すなわち廃麻である。紙つくりは前漢初期に廃麻（あるいは麻絮《まじょ》）を原料として始まっている。

蔡倫と同時代の許慎『説文解字《せつもんかいじ》』には「紙は絮《じょ》の一苫《せん》なり」とあり、清代の段玉裁《だんぎょくさい》『説文解字註』は「製紙は漂絮《ひょうじょ》よりはじまる」とし、漂絮とは屑繭を切り開き打ちたたいて薄片にする作業を指すので、絮を動物性の蚕糸と解する説が優勢であった。しかし、『説文解字』の「絡」の項に「絮なり。

一に曰く、麻の未だ漚《ひた》さざるもの」とあり、絮は植物繊維の麻糸であるとしている。前漢代遺跡からの出土古紙の原料はすべて廃麻であり、古代中国で高価な絹布を用いたのは少数の官僚だけで、大多数の庶民は麻布を用いていたことと考え合わせて、紙つくりは廃麻すなわち麻絮の再生利用として始まったと考えられる。蔡倫はこの廃麻類のほか樹膚（穀・楮皮）も原料として紙をつくっているが、古代中国では樹皮を打ちたたいた布（樹皮布）を搨布《とうふ》・荅布・都布・穀皮布・楮皮布などといっており、これを紙つくりに活用したといえる。陸機《りくき》（二六一－三〇三）の『毛詩草木鳥獣虫魚疏』にも「江南の人は穀皮をつむいで布をつくり、また搗いて紙をつくる」と記しており、麻と同様に布として広まっていたカジノキあるいはコウゾの繊維が紙の原料となったのである。

潘吉星《はんきちせい》『中国製紙技術史』は、原初期の抄紙具について斗方《とほう》式（高さと幅がほぼ同じ）または長方《ちょうほう》式（幅が高さの二倍）の篩状のものであるとして、織紋紙模あるいは布紋紙模と記している。これは著名な紙史研究家のダード・ハンター（Dard Hunter）がwove mouldといっているもので、いまも中国甘粛省南部のホータン、雲南省のタイ族、チベット、ブータン、ネパールなどに残っている。このいわゆる織目型漉き具は地面に掘った穴の水に浮かべ、別に調製してある紙料液を注ぎ込み、掻き均《なら》して紙層を形成し、湿紙をつけたままの漉き具を天日で乾かしてから剝ぎとる。これを陳大川《ちんたいせん》の『造紙史周辺』では「澆紙《ぎょうし》法」（pouring method）としているが、紙質は粗く不均等であり、一紙に一模が必要なため多数の漉き具を準備しなければならないし、効率は低い。蔡倫らはこのような布紋紙模で紙をつくったと考えられているが、潘吉星は効率のより高い組立式の漉き具が三世紀の晋代に開発された、としている。それは竹簾または萱簾とそれを支える床架（日本では下桁という）とから成り、簾の両端を細い板（辺柱、圧板、簾尺）で押さえて握り、紙料液をすくい揺り動かして均したあと水を滴下し、湿紙を紙床に移して簾から離し、湿紙の水をさらに絞って乾燥する。この紙料液をすくい取る技法を抄紙法《しょうしほう》・撈紙法《ろうしほう》・撩紙法《りょうしほう》（dipping method）と名づけているが、この漉き具は紙面に簾目（簀目）跡がつくので laid mould という。また紙肌を滑らかにするため、紙料液に米粉のりを加えるとか固まり沈みやすい紙料を均等に分散させ漂《ただよ》い浮かばせる粘液（漂浮剤・滑水という）、いわゆる紙薬を使うことも試みられている。

こうして魏晋南北朝時代（二二〇－五八一）に製紙技術は新しい発展段階に入り、紙面がかなり平滑で白く、繊維束が少なく細かい緊密な構造で、はっきりした簾文様があるが、かなり薄い紙がつくれるようになった。そして五世紀初めには、紙が木竹簡や絹布に代わる文書用の基本素材となった。経史の編集、行政文書のほか、仏教の興隆に伴う写経用として大量に生産され、藤や桑なども原料として導入し、米粉を混ぜるほか土粉を充塡し、石や貝の滑らかな面で磨き木槌で打って文字を書きやすくする加工技法を常用するようになった。黄蘗で染める黄紙をはじめ各種の染紙もつくられた。

さらに隋唐時代（五八一－九〇七）には製紙術が発展し、原料には瑞香皮《ずいこうひ》、木芙蓉皮《もくふようひ》、麦・稲の藁が加わり、竹の紙料化も試みられ、著名な宣紙には青檀皮《せいたんひ》が用いられた。その薄さは「卵膜の如し」といわれる六合箋《りくごうせん》もつくられ、金銀箔・砂子で加飾し、油・蠟・漆などを引いて紙衣《かみこ》・紙帳《しちょう》（紙製の蚊帳《かや》）など各種の生活用品もつくっている。『中国製紙技術史』には「文化的用途や文書のほか、隋唐五代の多くの日用品も、すべて紙製品か紙製代用品を採用した」と述べている。

古代日本の紙

中国は早くから朝鮮半島と文化交流があり、前漢武帝の紀元前一〇八年に真番《しんばん》・臨屯《りんとん》・楽浪《らくろう》・玄菟《げんと》の四郡を置き、紀元前三七年に高句麗が建国されたのちは楽浪・帯方の二郡で郡県制支配を三一三年まで続けた。したがって遅くとも三世紀には造紙術が伝わっていたと考えられるが確証はなく、金相運『韓国科学技術史』は四世紀頃に韓紙つくりが始まっただろうとしている。それは仏教伝来と関連し、高句麗には三七二年、百済には三八四年に伝来しているが、中国科学技術史叢書『造紙史話』の年表、東晋太元九年（三八四）の項に「僧人摩羅難陀《まらなんだ》が百済に至り、造紙術を伝えた」と記している。日本にはこの朝鮮半島から造紙術がもたらされた。

日本での製紙は、『日本書紀』推古天皇十八年（六一〇）の記事によって、高句麗から来た僧、曇徴《どんちょう》が始めたというのが通説となっている。しかし、その原文は「曇徴五経を知り、且つよく彩色《しみのもの》〔絵具〕及び紙墨を作り、並びに碾磑《てんがい》〔石臼〕を造る。けだし碾磑を造るはこの時に始まるか」となっており、碾磑は初めて造ったのであるが、紙墨は単に作ったとしているだけで、それ以前からあったともいえる。江戸時代の五十嵐篤好《あつよし》、屋代弘賢《やしろひろかた》、佐藤信淵《のぶひろ》らの学者は、曇徴より先に紙つくりが始まっていたと論じ、寿岳文章『日本の紙』も、それ以前に渡来した技術集団によって始まったと推定している。『新撰姓氏録』によると、畿内に居住する渡来人の姓氏は三二四で、そのうち漢人系は一六二、百済系一〇二、高句麗系四一となっており、半数は漢人系である。漢人系は中国本土の政権交代、内乱などで朝鮮に集団移住し、さらに朝鮮での政変などで日本に渡ってきたもので、秦《はた》氏の祖といわれる弓月君《ゆづきのきみ》は秦始皇帝一〇代目の孫、漢《あや》氏の祖といわれる王仁《わに》は漢の高祖劉邦の後孫、阿知使主《あちのおみ》は後漢霊帝の曾孫と伝えられている。

漢氏と秦氏は古代の最も有力な技術集団で、大和朝廷のもとで漢氏は主として行政・軍事面で活躍したものが多く、秦氏は財政や物資調達に当たる蔵部職として重用され、機織・土木などの技術を生かして各地に展開していた。したがって、紙つくりを始めたのは、秦氏がより強い可能性をもっている。秦氏は蔵部の要職を占め、律令体制のもとで造紙を管掌した図書寮《ずしょりょう》に関係するものも多く、冬の農閑期に図書寮に上番して紙を漉く紙戸五〇戸は秦氏の最大拠点である山城国が指定されていた。『日本書紀』欽明天皇元年（五四〇）の条に、秦人・漢人らの戸籍を編集させた記事があり、漢人の戸数は記さないで、「秦人の戸数はすべて七〇五三戸なり。大蔵掾を以て秦伴造となす」としているが、秦氏のなかの造紙術を心得たものがこの戸籍作成のための紙を調達したとも考えられる。

ところで、六四五年の大化改新によって、氏姓・家系を正す戸籍は六年ごとに人口を調査し、課役の基準を定める計帳は毎年、それぞれ三通を作成させることにし、それに必要な紙・筆・墨は郷戸の負担としている。この郷戸の負担という規定は、その大量の紙を図書寮でまかなえないからであるとともに、中国でも地方で調達するのが古くからのならわしであったからである。そしてその用紙を調達のため、各地で紙が漉かれるようになったのである。『類聚三代格』巻六の弘仁十三年（八二二）太政官符に、各国衙には造紙丁二人のほかに、造国料紙丁の定員を大国六〇人、上国五〇人、中国四〇人、下国三〇人置くことを規定しており、国衙の細工所には相当数の造国料紙丁がいたことを裏付けている。また『令義解《りょうのぎげ》』の賦役令には、租税の一種の調として、正丁が長さ二尺×広さ一尺の紙を六張納めることを規定しており、これを調紙という。

正倉院文書のなかに原料を示す紙名として、麻紙、布紙（朽布紙）、穀紙《こくし》（梶紙、加地紙、加遅紙）、斐紙《ひし》（肥紙）、楡《にれ》紙、檀紙《だんし》（真弓紙）、杜仲《とちゅう》紙、葉藁《はわら》紙（波和良紙、波和羅紙）、竹膜紙、本古《ほご》紙（本久紙）などがある。このうち最も多いのは穀紙で、穀はカジノキのことである。コウゾの楮の字はみられないが、日本では古くからカジノキとコウゾを同類として扱っている。コウゾの皮を細く糸状にしたものを「木綿《ゆう》」といい、これで白妙《しろたえ》を織っていたが、『万葉集』巻六に「泊瀬女《はつせめ》の造る木綿花《ゆうはな》み吉野の滝の水沫《みなわ》に咲きにけらずや」と、大和の吉野川に木綿の束を花状に開かせて晒す光景を詠んでいる。コウゾ繊維の処理に習熟していたわけであるが、これは先進の中国や朝鮮にならって造紙原料としたのである。

次いで麻紙と同系の布紙が多く、古代中国の最初の原料である麻布のぼろでつくったものを布紙、生の麻を処理したものを麻紙といったようである。これに次ぐ斐紙は、その紙肌が最も美しく平滑なことで知られ、原料はガンピである。ジンチョウゲ科の落葉低木で、日本で初めて採用した独特の製紙原料とされ、造紙の和風化の象徴といわれている。檀紙の原料はマユミといわれるが、のちの平安時代からの檀紙はコウゾを原料としている。その他の葉藁紙の稲・麦の藁や、竹、杜仲、反古（故紙）はいわば補助原料として用いられたようである。平安時代の『延喜式』にはこのほか苦参《くじん》（クララ）が原料となっているが、この紙は「まぼろしの紙」といわれるほどで、虫害に強い紙としてわずかにつくられたにすぎない。そして麻類は処理しにくく平安末期には入手難となって衰退し、コウゾとガンピが和紙の主要原料となり、近世以後にミツマタも用いるようになった。

造紙初期の紙は、粗目の萱簀《かやす》または竹簀で漉いたので、ほとんどは厚くて紙肌が粗い。したがって、重要文書や写経用には紙を打って滑らかにし書きやすくしている。中国唐代の官署には熟紙匠が置かれて彼らが打紙加工しているが、正倉院文書にも打紙所、打紙殿、打紙石などが記されており、『延喜式』には打紙作業の規定がある。「凡そ装潢《そうこう》のしごとは、長功のときは一日に紙七百張を黏《ねや》し、紙を擣《う》つは二人で一日に百二十張」としている。「黏す」はねばらせることで、紙をねばい液あるいは水で湿らせてから木槌で丹念に打つのであるが、日照時間の長い長功期（夏）でも二人で一日に一二〇枚という重労働であった。正倉院文書の「奉写一切経用度文案」には装潢用品として糊にする大豆、染料の黄蘗とともに楡皮四把の購入費を記しているが、この楡皮から抽出した粘液で湿らせて紙を打ったのである。そしていわゆるネリ（粘剤）はこの粘液を紙料液にまぜる試みから始まったとも考えられる。

ところで、写経料紙などの需要がふえるのにともなって、限られた量の原料からより多くの紙を造ることが求められるようになり、薄紙を漉くのに適した流し漉きが生まれた。正倉院文書にみられる「播磨薄紙壱百張」「越経紙一千張薄」などは、技術水準の高い地方で薄紙が漉かれたことを語っている。また写経料紙は染めるのが原則であった。『延喜式』神祇の条に「仏は中子《なかご》と称し、経は染紙と称す」とあり、ほとんどは仏門の色といわれる黄色または木蘭色《もくらんじき》（黄褐色）に染められたが、紫紙、紺紙、緑紙などもあり、これに金銀箔・砂子で装飾加工したものも多くつくられた。また平安時代の和歌料紙としては、多彩な色紙のほか打雲・飛雲・墨流しなどの漉き模様をあしらい、継紙《つぎがみ》という高度な加工技術を発展させ、紋唐紙を模造した木版摺りの「から紙」も創製している。

王朝文化を支えた紙屋紙と檀紙

平安時代の大同年間（八〇六－八一〇）北野天満宮付近の紙屋川の辺に図書寮の別所として紙屋院《かみやいん》が設けられ、ここでつくる紙を紙屋紙《かみやがみ》といった。いわば製紙技術センターで、全国から年料別貢雑物として集めたコウゾ、ガンピ、アサなどを原料として漉槽、漉形（漉桁）、竹簀、紗、干板などの用具、煮熟用の灰汁をつくる藁や染料を支給している。また造紙技術の水準の高い美濃にはその支所があり、とくに色紙をつくらせたが、精選された原料と用具を整備し、すぐれた技術で漉いていたので、紙屋紙は最高級の質を誇るものであった。

紙屋院は主として中央行政官庁の用紙をまかなったが、『延喜式』に「凡そ籍書は国家の重案なり。その用いる紙は黄蘗で染め、必ず堅厚なるを用いる」とあるように、堅くて厚く黄蘗で染めた紙が尊ばれた。その頃中国の宋代には脆い質の竹紙が優勢となっており、『源氏物語』鈴虫の巻には「唐の紙はもろくて、朝夕の御手ならしにもいかゞとて、紙屋の人を召して」紙を漉かせたと、紙屋紙の質の高さを記している。ところが、律令体制の崩壊とともに地方からの原料が入手しにくくなって、故紙の漉き返しが主流となり、紙屋紙は宿紙《しゅくし》と呼ばれるようになった。宿紙というのは、故紙の墨色が十分に脱けていないので浅黒くてむらがあり、薄墨紙・水雲紙と呼ばれた粗質の紙で、紙屋院は衰退して中世の南北朝期には廃絶された。

ところで、『延喜式』図書寮の条には諸司すなわち役所ごとの割当量が記されているが、一年間の総計は一一万八一〇枚となっている。これに対して紙屋院での年間生産ノルマは二万枚であるので、残りの九万余枚は地方から中男作物として上納した紙で補ったと考えられる。『延喜式』によると中男作物としての紙を納めるのは四一か国となっているが、このほかにも紙を産した地方は多く、質はともかく生産量は地方の紙が中央より優勢となっていたのである。その地方の紙で特に高く評価されたのが檀紙である。

檀紙は陸奥紙あるいは「みちのくにがみ」「みちのくがみ」とも記されて、中男作物としての紙を上納しない陸奥が主産地であるが、紫式部『源氏物語』蓬生の巻には「うるはしき紙屋紙、陸奥紙」と、紙屋紙に並ぶ良紙と評価し、その紙質を「ふくだめる」「厚肥えたる」「ふくよかなる」と表現している。清少納言は『枕草子』で「みちのくに紙などを得つれば、こよなうなぐさみて」といい、女流文学者も好んで用いているが、公家の男性がより多く愛用し、公文書や日録の用紙とし、懐紙として常に携帯して和歌や漢詩を書き、のちには正式な歌会の詠進料紙となっている。檀紙はまた、紙面に繭の肌のようなこまかい皺紋があったので繭紙とも呼ばれた。中世に檀紙の主産地となり、朝廷や幕府に納める特権を得ていた備中上房郡広瀬（岡山県高梁市松山）の柳井家のことを記した『蹇驢嘶《けんろせい》余《よ》』には「板ニ付テ乾カサズ、縄ニカケテ干シ、朝露ニアテ、シワノヨリタルヲ少シ打也」とあり、室内で縄にかけて自然乾燥させるのが特徴であった。

中世武家社会の紙

中世は武家が政権を握り、公家・僧侶のほか武家も紙の消費層に加わって、さらに需要が増大した。また紙は中央政権に直接納めるのではなく、荘園主または地方の領主に納め、それが中央の市場に流通する形になって、地方の紙が圧倒的に優勢となった。室町初期に書かれた『書札作法抄』によると、鎌倉期には公家は檀紙、武家は杉原紙を用いて文書を書いたが、南北朝期からは混同して用いるようになっている。この中世の檀紙の主産地は讃岐・備中、杉原紙は播磨で、いずれも地方の特産紙であった。中世の紙の生産・販売に特権をもっていた同業者団体を座といい、京都には宿紙上座・同下座・楮座・反古座、奈良には紙座・雑紙座、摂津や伊勢にも紙座があった。そして備中の檀紙・引合紙は内海商船によって、播磨の杉原紙は陸路京都に運ばれ、西国紙問屋、備中屋などで販売された。また美濃・越前・伊勢などの紙は主として近江の商人団が京都に運び、それぞれ専門の紙問屋から流通させていた。

檀紙は主として公家が用い、飛鳥井家の歌書『八雲大式』に「檀紙定法竪一尺三寸、横一尺九寸」

とあり、これは檀紙の基準寸法、後世のいわゆる中高檀紙の大きさである。そしてこれを基準としてより大きい大高檀紙、より小判の小高檀紙も生まれたが、最も多く用いられたのは小高檀紙で、近世の『新撰紙鑑』によると、一尺一寸五分×一尺四寸五分となっている。杉原紙はこの判型に類似した一尺一寸×一尺五寸が基準で、これは中世に広く流通し、武家社会の礼物のならわしとして扇子一本に紙一束をそえるのを「一束一本」というが、その一束は杉原紙が原則であった。すなわち杉原紙は武家社会を象徴する紙であったといえる。近世の『和漢三才図会』『紙漉必要』などには、その紙質についてコウゾ原料を念入りに精選し、米粉を混和したと記しており、いわゆる「糊入り紙」である。また『好古小録』には「古代の杉原紙は板ずきとて簾めなし。奉書も杉原なれども、奉書はすだれめあり」と解説しているが、板漉きは紙簾に紗を敷いて漉く「紗漉き」のことで、糊入りの紗漉きで簾目のないのが中世の杉原紙の特徴であった。

中世には、檀紙に類似していくらか粗質の引合《ひきあわせ》紙のほか奉書紙、美濃紙、奈良紙、鳥子《とりのこ》紙、中折紙、その他地名を冠したものなど多種の紙が文献に記されている。奉書紙は越前市今立町の三田村家由緒書によると、暦応元年（一三三八）に斯波《しば》高経《たかつね》に差し出した大滝雑紙に奉書紙と名づけられたとあるが、十五世紀の辞書『下学《かがく》集』にはその紙名が収録されていない。しかし『看聞御記』応永三十二年（一四二五）の条に「二条殿奉書に書く」、『御湯殿上日記』文明十五年（一四八三）の条に「御れいにしこう奉書廿てう」とあって、この頃から京都に流通し始めたと考えられる。『好古小録』にあるように、杉原紙から展開してより厚く大判にしたものといえるが、杉原紙に比べて米粉の混和量は少なく紗漉きしないので簾目がある。

美濃は、『延喜式』民部の条に紙麻六〇〇斤（全国納入量の一八％）という最大の割当量を納めたトップグループの紙産地で、中世の文献には美濃紙のほか美乃紙・濃州紙・草子紙・森下紙・薄白紙・東濃薄紙・白河紙・天久常（天宮上・天貢帖・典具帖）・美濃中折・美濃雑紙などの紙名がみられ、厚い森下紙から極薄の天久常まで多彩な紙を産していた。代表的ないわゆる美濃紙の用途は『蜷川親元日記』『御湯殿上日記』に「御草子のため」「御さうしかみ」とあるように、冊子あるいは草案を書く記録用がめだつが、障子や灯籠に張り、柿渋をひいて生活用品に加工するなど、いわば大衆的需要にこたえていた。紙質については天保年間（一八三〇－四四）の『紙漉方秘法』に、美濃紙には「粉は一切入れ申さず」とあるように、米粉を入れない生漉《きず》きを守っているのが特徴で、虫害に強く寿命の長い紙をつくることを誇っている。

奈良紙は大和紙・奈良雑紙・吉野紙とも書かれているが、『七十一番職人歌合』十九番紙漉きの絵に添えた歌に

忘らるゝ我身よいかになら紙の
薄き契りはむすばざりしを

とあるように、奈良の紙は薄いのが特徴であった。天皇側近の女官たちの書き継いだ『御湯殿上日記』にはこの奈良紙を女房詞で「やは〳〵」「やわ〳〵」と記しているが、京都の貴顕階級の間で汚れをぬぐう洒拭《さいしょく》紙あるいは鼻汁をふく鼻紙とされていた。奈良産の紙の一種、美栖《みす》紙は鼻紙の最高級品といわれるが、簾中の女性たちが愛用して「御簾紙」といったのに由来している。また吉野紙は漆あるいは油を濾すのに用い、縦五寸ないし六寸、横七寸ないし八寸が基準であるが、縦七寸×横九寸の寸延判を吉野延紙といい、鼻紙のことを「七九寸」というのはこの吉野延紙に由来している。そして極薄でも粘り強い紙となっているのは、叩解したコウゾ原料を徹底的に袋洗い（二七頁参照）して精

選しているからで、ふっくらと柔らかい地合いに仕上げるため湿紙の着いた簀を干板に伏せて移す、独特の「簀伏せ」技法を用いているのが特徴である。

鳥子紙はガンピ原料で古代に斐《ひ》紙《し》と呼ばれた紙で、淡黄な紙色が鶏卵の色に似ているので名づけられた呼称である。雁皮紙という記録が多くなるのは近世になってからである。主産地は加賀、越前などで、生産量が少なく高価であったので、贈答に用いる場合他の紙が束あるいは帖単位であるのに、鳥子紙は枚単位であった。また写経・詠進料とか典雅な歌集・冊子をつくるのに用いられたが、のちに襖障子を張るのに活用された。

中世には需要の増大に対応して、紙を節約して使うことがふえた。書状を書くのに全紙のまま用いるのを竪紙（竪文）といい、横半分に折って書くのを折紙という。その折線に沿って切った判型のものが切紙、半切紙である。そして縦半分に切った判型の紙を中折紙というが、その基準寸法は九寸×一尺三寸で、これは中高檀紙を縦半分に切った大きさで、のちに大半紙と呼ばれたものである。美濃・加賀・備中などに産した中等の厚さの文書・障子用の紙であるが、近世には各地で漉かれるようになっている。

近世町人社会の重要な生活物資に

近世には大多数の町人が消費層に加わり、紙種も多くなるとともに生産量も激増して重要な生活物資となった。近世の大坂は「天下の台所」といわれ、その時期の経済動向を最もよく反映しているが、正徳四年（一七一四）大坂市場入荷商品一一九種のうち銀高一万貫以上のものは米・菜種・干鰯・白毛綿・鉄・紙で、紙は一万四四四六貫で第六位であった。さらに元文元年（一七三六）の統計では、米・木材に次ぐ第三位の商品となっている。中世に主として流通したのは杉原紙・檀紙・美濃紙・奉書紙などの高級な文書用紙であったが、近世には大多数の町人が安く量産できる半紙・半切紙・塵紙などを求め、文書のほか生活物資としての需要が膨らんだからである。元文三年（一七三八）刊の青木昆陽編『経済纂要後集』には、「紙はもとより日用の物、須臾《しゅゆ》も無かるべからず」と記し、佐藤信淵は文政十年（一八二七）刊の『経済要録』開物中篇「諸紙」のなかで「紙は実に一日も無くては叶《かな》はざる要物たり」として、鼻汁拭きや化粧・衛生用のほか紙衣・傘をはじめ各種の什器・家具・武具など多様な生活用品の加工素材として活用された。

『新撰紙鑑』の序に「古今漉き出す所の紙類、今已に数百種に及べり」とあり、中世に流通した備中の檀紙、播磨の杉原紙、越前の奉書紙などは原産地だけでなく、広く各地で生産されるようになり、厚紙類では、百田《ももた》紙（筑後）、泉貨紙（伊予・阿波・備後）、高野紙（紀伊）、宇陀紙（大和）、皆田《かいた》紙（播磨・安芸）、森下紙（美濃・大和）、西の内紙（常陸）、程村紙（下野）などの特産地が生まれ、帳簿・巻状などのほか畳紙《たとうがみ》・傘・合羽の加工素材ともなった。中厚の美濃紙は近世には「直紙《なおしがみ》」とも呼ばれ、文書記録と障子用としてのほか書物印刷の基本紙となり、杉原紙を凌ぐ勢いで流通した。板紙は板刻用の紙の意で、書物印刷に用いる粗製品であり、中折紙は前述したように大半紙で、町人層の常用紙であった。

近世の紙市場に最も多く流通したのは半紙で、『経済要録』には「世に多く有用なるは半紙より要なるは無し。次に塵紙と漉返し、次に障子紙と半切なり」と記している。江戸期の町人たちは半紙を座右にそなえ、帳簿として日々の商いを記録し、包装などの雑用とし、子供たちは手習いの紙として親しみ、士人階級も文書作成に常用した。『和漢三才図会』の半紙の項には次のように記している。

筑後柳川の産を上と為す。防州岩国もまたよく、同じく山代紙はこれを本座という。津通、徳地、鹿野、熊毛、小川など、すべて長防二州の地でみな多く半紙を出す。石州浜田、同じく津和野これに次ぐ。雲州、因州、参州、加州、阿州、但州、芸州、丹後、筑前、みなこれを出す。

西日本の二〇余藩は紙を専売制に組み入れていたが、半紙を多く産したのはこのように西日本の各地であり、最も早く紙の専売制をしいた周防・長門をはじめ石見・安芸をふくむ西中国地方の蔵紙が江戸前期の大坂の紙市場で約七〇%を占めたといわれるほど圧倒的に優勢であった。中折紙、すなわち大半紙は中高檀紙を縦半分に切った大きさに近く、これをさらに縦半分にしたのが小半紙であるが、いわゆる「半紙」は杉原紙の延判を縦半分に切った大きさであり、いわば「中半紙」にあたり基準寸法は縦八寸、横一尺一寸であった。江戸前期の江戸の市場はほとんど上方から回送された紙でまかなわれていたが、中期頃からは東日本の紙産地が成長し、武蔵産は山半紙、ミツマタ原料の駿河半紙などが流通した。

半紙に次いで日常生活で鼻拭きをはじめ包装などの雑用として必須のものとなったのはいわゆる塵紙である。塵というのは紙料調製のとき削り落したコウゾ靭皮の最上層部、黒皮のことで、普通は紙料として用いないものも含めて漉いた粗質のもので、大坂では四つ橋塵（四つ塵）、北脇塵（北塵）として流通した。これらは地方で産したが、大都市でこの種の雑用としてつくったものには、紙屑や反古を漉き返した、大坂の高津紙、京都の西洞院紙、江戸の浅草紙があり、『経済要録』は浅草紙をつくる千住近辺について、「漉返し紙を製する事、毎年金十万両に及ぶ」と記している。また鼻紙用の高級品は、大半紙の縦半分、すなわち縦七寸、横ほぼ九寸の薄紙で、「小半紙」「七九寸」といい、小杉原紙、延紙はこれに類似し、美栖紙・小菊紙は鼻紙の極上品であった。

半切紙というのは、中世の折紙、すなわち手紙を書く時全紙を横半分に折っていたのを切り離した判型の紙のことで、町人層の手紙用として需要が急増した。享保十七年（一七三二）に成った新見正朝著『昔々物語』によると、町人が用件を口頭で伝えていたのに書状を用いるようになり、「六十年已前より半切紙を用ひる事也」とあり、六〇年以前の寛文の頃（一六六一－七三）から町人が使い始めたと記している。そして延宝七年（一六七九）刊の『難波雀』には半切紙問屋の帯屋五兵衛の名がみられ、阿波座太郎助橋に半切紙漉きがいたと記している。元禄十年（一六九七）刊の『国花万葉記』には京都と大坂の「半切紙をすく所」が記されて、半切紙は町人の要望にこたえてまず大都市でつくり始められた。それらはほとんど漉返しの紙であったが、正徳三年（一七一三）刊の『和漢三才図会』は、半切紙について「縦短く尋常の半分なり。筑前、筑後を上となし、摂州大坂、同山口、名塩、多くこれを出し、播州またこれに次ぐ」とあり、各地でコウゾ・ガンピ原料の良質の半切紙がつくられるようになった。

なお障子紙は全国すべての紙郷でつくったといえるが、当時の障子格子は各地で規格寸法が異なっていたので、藩内自給の形で調達されており、大都市の市場に流通したのは美濃・因幡産などに限られていた。

多彩な生活文化用品としての加工

コウゾ、ガンピ、ミツマタなどの靭皮繊維を主原料とする和紙は、書写材としてすぐれた耐久性を備えているだけでなく、その強靭な紙質を活用して各種の生活用品に加工され、用途がきわめて広いことが最大の特徴である。本居宣長はその随筆集『玉勝間』のなかで、「物を書くにはなほ唐の紙にしくものなし」としながらも、日本の紙は書くことのほかに「物を包むこと、拭うこと、箱籠の類に張りて器となすこと、また紙縒《こより》にして物を結ぶことなど」きわめて多くの用途があるとしている。佐藤信淵は『経済要録』のなかで、「紙の人世に用ある事、衣服につぎて広大なるものなり」として、文化情報伝達の書写材としての有用性を説いたあと、障子・採光具・防水衣料・煙草入袋・紙文庫・武具などの生活用品としての広い用途を数えあげ、さらに飢饉の時は非常食の紙餅にもなる、と記している。江戸末期の開国後に来航して和紙を論じた海外の知識人の多くは、和紙が生活文化材としての用途の広いことをたたえ、国際的な紙史研究家として知られるアメリカのダード・ハンターはその著『日本・韓国・中国への製紙行脚』のなかで、「日本人は和紙を無限ともいえる用途に活用している」と述べている。

和紙の生活文化材としての利用は、平安時代の油単《ゆたん》・紙衣《かみこ》・紙衾《かみぶすま》・紙縒《こより》など、古くから始まっているが、近世には町人大衆の需要によってきわめて広くなり、多彩な生活用品が加工された。江戸初期に刊行された『毛吹草』『国花万葉記』には各地の名産として数多くの紙製品を記している。衣料に代用するものには、紙衣（紙子）・紙布・紙帳・紙衾（紙被）・紙烏帽子・合羽《かっぱ》・元結・水引・渋紙・傘紙・油単・油団《ゆとん》・から紙などがあり、皮革の代用には、煙草袋紙・擬革紙・金革壁紙などがつくられた。また張り重ねた紙に漆や柿渋を引く一閑張《いっかんばり》、紙縒で成型して漆あるいは柿渋で固める紙長門《かみながと》の製品には印籠・笠・矢筒・水筒・弁当箱など・各種の什器・食器・武具があるが、これらは木材や金属の代用でありながら、その堅牢さはさらにすぐれている。

これらの紙製品をつくるのに必要な各種の加工技法書が刊行され、たとえば宝永二年（一七〇五）に成った貝原篤信（益軒）『万宝鄙事記』には、柿渋を用いない紙衣の作り方のほか、渋紙・油紙・

合羽の作り方、明り障子・屏風・襖障子の張り方、裏打ち・表具・礬水《どうさ》引きの仕方などを記している。また寛文五年(一六六五)刊の『ゑ入り・京すずめ』、元禄六年(一六九三)刊の『ゑ入り・江戸惣鹿子』などには、紙子屋・渋紙屋・合羽屋などの専門問屋の名と所在地も記している。

江戸初期オランダの交易船がもたらした金唐革を和紙で模造した擬革紙は十七世紀後半から始まり、一八六〇年に来航したプロイセンのオイレンブルク公使の随行者が書いた『オイレンブルク日本遠征記』には、和紙の用途の広いことに感嘆し、『なかんずくすぐれているのは皮革として用いられるものである。その質は外見も色調も、まさに天然の皮革に匹敵する』と述べている。もともとは小判で煙草袋紙などに用いていたが、明治初期に東京の竹屋が大判の金革壁紙を創製してウィーン万国博に出展したのがきっかけとなって欧米に輸出されるようになった。これには和紙の各種加工技法が総合されており、東西の文化交流が生んだすばらしい生活文化用品といえる。

洋紙の圧力に耐えて守る伝統

近世までの和紙は主権者に納めるためにつくるのが主流であったが、明治五年(一八七二)に農民の職業の自由が保障されたのにともなって、諸藩の国産会所や専売仕法が廃止された。この生産環境の急転によって、零細な製紙農家は資金難に苦しみ販路を失って混乱した。『明治七年物産表』によると、山口県の紙産額は全国の二九・四%で、二位の高知県九・九%を圧倒して首位を占めていたが、明治二十二年(一八八九)の『農商務省統計』では首位の高知県が一二・九%に対して山口県は三・八%で七位に後退している。このような生産環境の急変に加えて和紙業界は自主生産の意欲を試されたが、さらに機械すき洋紙との競合という難題に対応しなければならなかった。

機械すきの洋紙工場は、明治五年から八年にかけて有恒社、抄紙会社（のちの王子製紙）、パピール・ファブリック（のちの梅津製紙）、蓬莱社、神戸製紙所（のちの三菱製紙）、紙幣寮抄紙局などが設立された。その生産は新聞用紙の需要増とともに発展し、明治三十一年（一八九八）には和紙の四五一四万ポンドを上回って洋紙は五〇〇二万ポンドとなり、多くの洋紙専門問屋が生まれ、著名な和紙商もまた洋紙の販売に重点を移している。

これに先立つ明治前期には、万国博への出展によって、欧米の市民に和紙のすばらしさを認識させた。明治六年（一八七三）のウィーン万国博の『博覧会見聞録』には、「かの国の人はわが国の紙を見て、布と紙の中間に居れりなどと云い、紙にて作りたる器にても熱湯を入るゝ事を得るかと驚き、あるいは日傘、雨傘、扇さへ紙にてつくるとて感嘆し、紙布の織物などに至りてはことさら人の目驚かせし由云ひあへり」と記しており、明治十一年（一八七八）パリ万国博の『巴里万国大博覧会品評評釈』には「日本製造擬革紙の陳列は外国出品中の最も裨益《ひえき》あるものゝ一なる事固《もと》より論を須《ま》たざるなり」と記している。また明治六年に来航したJ・J・ラインは『日本産業誌』のなかで、薄様紙について「そのしなやかさ、強さ、軽さによって、おそらくヨーロッパでも、もっと広く用いられるであろう」と予見しているが、この系統の薄様雁皮紙、鳥子紙、吉野紙、典具帖紙《てんぐじょう》が多く輸出され、複写用のほか貴金属宝飾品の包装や文化財の補修に利用された。

洋紙の量産体制に対処する和紙つくりの改良は土佐の吉井源太の大型連漉器に始まり、彼は郵便半切紙、礬水《どうさ》漉入図写紙（のちの図引紙）なども開発した。また西欧の技法を導入して原料の煮熟にソーダ灰や苛性ソーダを用い、晒粉による漂白、ビーターによる叩解、ジャッキによる脱水、火力乾燥、さらに木材パルプを原料として機械すきすることも始めた。これらの省力化をめざした改良技法によって、いくらか量産の目標を達成できたが、和紙が誇った品質の低下を招き、さらに西洋式の筆写法と高速印刷の普及という近代化の流れは、明治後期から手漉き和紙に衰退の一途をたどらせることになった。

全国の製紙戸数は明治三十四年（一九〇一）に最も多い六万八五六二戸であったが、二〇年ごとの推移をたどると、大正十年（一九二一）四万〇一九六戸、昭和十六年（一九四一）一万三五七七戸で四〇年間に約二〇％となっている。太平洋戦争後には一時手漉き和紙復活の兆しがあったが、粗質のものだけでなくより高級な紙も漉くことができる懸垂式短網抄紙機の開発によって、とくに手漉き和紙業界の主流であった障子紙の業者を廃業させた。この昭和三十年代のいわゆる高度経済成長期に、手漉き和紙業界は逆比例して高度衰退した。昭和三十四年（一九五九）にはついに一万戸を割って九〇七七戸となり、文化庁文化財保護部が伝統工芸の和紙の保存対策として実施した実態調査によると、昭和三十八年（一九六三）には二一九六戸に減っていた。業者数が最盛期の三・二％という数字が和紙業界の危機感を認識させ、この年に全国手漉き和紙振興対策協議会が設立されたが、さらに昭和四十三年（一九六八）からの国の重要文化財指定、同四十九年の伝統的工芸品産業指定など、和紙の伝統の保存と振興をめざす動きが強まった。しかし、業者数の減退は年を追って深まりついに三〇〇余戸となっているが、そのほとんどは専業である。零細な規模ではあるが、かつてのように冬の農閑期だけの副業として紙を漉くのではなく、できる限り伝統技法を守って、質の美を追究することを誇りとしている。

和紙製法の特徴

製紙原料の特質

紙つくりの技法を開発したのは中国である。その最初の原料は、前漢時代遺跡からの出土古紙にみられるように麻布のぼろであったが、後漢時代には蔡倫《さいりん》が導入したといわれる構《こう》（穀《こく》）皮が加わった。そしてやがて樹皮の種類がひろがり、主として中国北部や西域では桑皮、中国南部では藤皮・瑞香《ずいこう》皮・青檀《せいたん》皮、そして四川省では木芙蓉《もくふよう》皮を用いている。これら樹皮類の原料不足を補うために、さらに稲稈《かん》（稲わら）・麦茎・竹なども導入され、とくに竹は宋代から中国紙の主要原料となっている。また造紙技法が西方に伝わると、アラビアでは西域の大麻・苧麻布のぼろ、桑皮に代って、豊富な亜麻布ぼろが主原料となり、ヨーロッパではこれを継承したが、のちに綿布ぼろ、さらに木材パルプを用いるようになった。

日本では、古代には中国にならって大麻・苧麻ならびにその廃麻を用いるとともに、穀（楮）と斐《ひ》（雁皮《がんぴ》）を用いた。『延喜式』によると、ほかに苦参《くじん》（クララ）も原料としているが、苦参や麻類は平安末期に使われなくなり楮が主原料となって、一部の高級紙に雁皮を用いるようになった。そして近世初期に駿河（静岡県）、甲斐（山梨県）などで三椏《みつまた》が導入され、近代に紙幣の主原料になったのにともなって、各地の紙郷でも用いるようになっている。もちろん近代には稲わら・木材パルプ・マニラ麻なども補助原料として導入しているが、和紙には楮が最も重要な原料であり、雁皮・三椏がこれに次ぐものといえる。

和紙つくりには、主として楮・三椏・雁皮の靭皮繊維を用いるが、これらは中国紙の主流である竹、機械すき洋紙の主流である木材パルプに比べて、紙料としてきわめてすぐれた特質をそなえている。それぞれの原料の特質は、本書「和紙文化用語解説」のそれぞれの項目に記しているが、いずれも繊維が長くてねばり強く、あるいは光沢があるので、美しく滑らかでしかも強い紙をつくることができる。明治六年（一八七三）に来航して、二年間日本各地の地理・産業を調査したJ・J・ライン(Johannes Justus Rein)は、その著『日本産業誌』製紙業の章で、「日本の樹皮紙はねばり強くてしなやかな靭皮でつくられており、その原料を細かく切り刻まないで、足で踏んだり打ったりして柔らかくし分解するだけの、長くのびた状態の繊維細胞を用いている」と記している。そして「日本の樹皮紙は驚くべき強靭さとしなやかさをそなえ、薄様紙《うすようし》のやわらかさは布地の強さを思わせる」「ガンピの紙は薄くて軽く、気品のある絹のような光沢があって、均一性にすぐれている」としている。これは和紙のすばらしさの本質を、原料とその処理の面から、きわめて適切に洞察しているといえる。

丹念な手づくり

紙を漉く器具は、いまも中国の雲南省・チベットやタイでみられるように、もともと木や竹の枠に織目の粗い布を張ったものであったが、中国で細い竹ひごを馬毛（のち絹糸）で編む竹簾（簀）が開発され、西域で萱に類する芨々草《きゅうきゅうそう》（ハネガヤ）などで草簾がつくられた。日本では古代には萱簀が多かったが、のちには竹簀が普及している。西欧では十三世紀に製紙術を導入して間もなく、銅線を編んだ金網の漉型（mould）を用いているが、ここですでにわずらわしい手づくりを脱して機械化して量産する志向が表れている。西欧ではこのように機械の利用を重視し、原料の叩解《こうかい》には早くから水車動力の連動スタンパー（stamper）を採用し、一六八〇年にはオランダでホーレンダー・ビーティング・マシーン（Hollander beating machine）を開発している。湿紙を積み重ねた紙床《しと》を圧搾して脱水するには、圧搾機（スクリュープレス screw press あるいはジャッキ jack）を採用し、一八〇八年には長網抄紙機を実用化し、翌年には円網抄紙機を完成して、手漉きから機械すきへと展開させた。

中国でも紙料の叩解に踏碓《とうたい》や水車式連碓《れんたい》機を早くから採用しているが、日本でこれらの機械を導入したのは近代に洋紙と競合するようになってからで、明治初期まではすべて手作業であった。日本の紙つくりは、古代には現物納租税の一種である調《ちょう》として納める調紙であり、中世には守護・地頭あるいは領主に貢納する公事《くじ》物であり、近世には小物成《こものなり》あるいは紙舟役として生産するのが主流であった。紙漉き自身が販売するためにつくるものはきわめて少なく、権力者のためにつくらせられたものであり、上納するのにふさわしく検査に合格する良紙を生産しなければならなかったので、心をこめた手づくりの伝統が守られたのである。

良紙をつくる基本は紙料の調製にあるが、たとえば塵取りのとき、白皮一本ずつを水流に浮かべて繊維のキズや付着した汚物を指先で丁寧に取り除き、それを数人の目で繰り返し精選する。わずらわしい根気のいる作業である。紙料の叩解には、平たい木板あるいは石台の上に紙料を置いて、樫《かし》などの打解棒（あるいは木槌）で左右に往復移動しながら繰り返し打ちたたき、繊維を分離させ打ち砕いてフィブリル化させる。紙つくりの工程で最も重労働といわれるが、良紙をつくるのに適した叩解度を勘ではかりながら作業する。紙の漉き方の複雑な操作には、長年月かけた修業で常に一定の厚さのものをつくる勘を身につけなければならない。省力化し量産方式に進む機械化をあえて拒否し、良紙をつくりつづけるために、紙漉きたちは手づくりの伝統を守ったのである。近代には臼搗《うすつき》叩解機、薙刀ビーター、鉄板乾燥機などの機械力が、和紙つくりにも導入されているが、越前奉書・本美濃紙・吉野紙・宇陀紙・土佐清帳紙・土佐典具帖・名塩鳥子などの高級紙つくりには、やはり手作りにこだわっているところが多い。

丁重な紙料つくり

紙の質はどのように紙料を処理するかによってきまる。和紙の主原料であるコウゾの紙料処理は、刈取り↓皮剝ぎ↓表皮削り↓煮熟↓漂白↓塵取り↓叩解の順で工程が進められる。

(1) 刈取り　秋の落葉したのちから翌年の芽の出る前の期間に、厳冬期を避けて刈取る。一枝も残さないように全部を刈取るのがよく、翌年に均等な品質のものが育つ。コウゾは植え付けた年から刈取るが、第二年目までの収量は少なく、第五年から第八年目のものの収量が最も多く、その後次第に減っていく。鋭利な鎌で地面に近いところを一気に刈取って、切口に日光が直射して腐敗しないように注意する。

(2) 皮剝ぎ　コウゾの生木を約一㍍に切りそろえて小束にする。平釜に水を

アルカリ性液を加えて煮熟する
(『雁皮紙製造一覧』より)

入れ、その上に竹簀を並べ、さきの小束をのせ、周囲を縄で縛って動かないようにする。その上に「こしき」と呼ぶ大桶を逆さにかぶせ、火を焚いて蒸す（桶蒸し・箱蒸し）。コウゾの束を釜から取り出して冷水をふりかけると、靭皮部が収縮して木質部から剥がれやすくなる。根元のコウゾ皮を少し爪で剝いで木質部と靭皮部を分け、次に左手で木質部を握り右手で靭皮部を握って左右に開くと、皮がたやすく剝ける。それを一握りずつ束ね、竹竿などにかけて十分に乾燥する。剝ぎ方によって、黒皮部が表面にあらわれるのを黒剝ぎ（片剝ぎ）といい、逆に白い皮肉部が表面にあらわれて最先端部が筒形になるのを白剝ぎ（引剝ぎ・筒剝ぎ・すぼむき）という。

（3）表皮削り　靭皮部は黒皮・甘皮・白皮の三層からなっているが、白皮をつくるため一夜ほど水に浸して軟らかくしてから、藁草履の裏側を上にして縛りつけた木台の上にのせ、包丁をあてて表皮を削りとる。黒皮層と甘皮層を削るのが普通であるが、石州半紙の原料のように甘皮層を残す場合もある。また水溜りや小川の中の平らな石の上で、素足でよく踏んで表皮を除く方法もあり、これを楮踏みという。削りとった部分を、かす皮・そそりかす・こかわ・へぐり皮・さる皮などというが、これらは塵紙などの原料として用いる。かす皮を去った白皮は、清水の中で洗い数時間水に浸しておいて、水に溶ける部分を流し去る。この川晒しと、乾燥・塵取りを、六日ほどかけて二回行ったのを本晒し、三日ほどで仕上げたのを中晒しという。

煮熟のあと清流で灰汁をすすぎ洗う
（『紙漉大概』より）

（4）煮熟《しゃじゅく》　白皮にしただけの原料は、純粋なセルロース（繊維素）のほか、ヘミセルロース・リグニン・ペクチン・タンニン・澱粉質・たんぱく質・脂肪・糖類・鉱物質その他の不純物をふくんでいる。そこでアルカリ性の溶液を加えて高温で加熱し、原料の中の不純物をできるだけ水に溶ける物質に変え、水に流し去って比較的純粋な繊維素だけを抽出するために煮熟する。アルカリ性溶液としては古くから草木灰の灰汁が用いられ、『紙漉重宝記』には、ソバ殻の灰、蠟灰（木蠟、すなわち櫨《はぜ》の木の灰）のほか石灰を記している。明治期になってソーダ灰（炭酸ソーダ）や苛性ソーダを用い始めたが、良質の紙つくりには草木灰がよく、奉書紙にはヨモギのもぐさ灰・桐油《とうゆ》鬼殻灰・ナラやネムノキの雑木灰・稲わら灰のほか、加賀藩の幕府進納用には青ずいき（サトイモの茎）を干して焼いた灰を用いたとされている。煮熟を終えると、釜から取り出し籠に入れて水中に放置するか、清水を満たしたコンクリート製タンクに均等にひろげて浸し、絶えず水を流動させながらアルカリ成分を抜く。河川の浅瀬で一定の面積を川石で区切り、二昼夜くらい放置するのが本来の方法で、これを川晒しともいい、天然の漂白も兼ねている。

（5）漂白　白皮を漂白するには天然漂白と薬品漂白の二つの方法がある。伝統技法では主として天然漂白の川晒しであり、河川の浅瀬に石垣で小さい堰《せき》をつくって塵埃・汚物などの流入を防ぎ、そこで清流に浸す。ここを晒し場あるいは出場といい、普通は束ねたまま並べるが、奈良県吉野の紙郷では花びらの

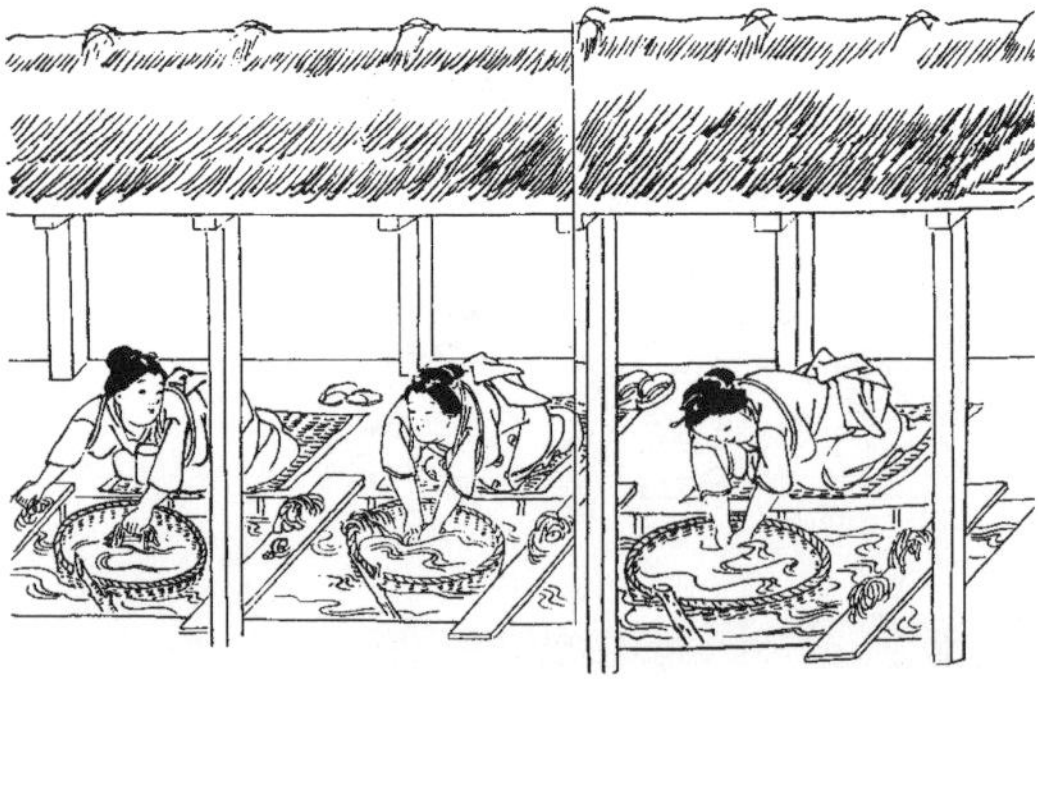

コウゾ白皮の塵取り
(『越前紙漉図説』より)

ように開かせている。山間の高地で清流の遠いところでは、畑に浅い池を設け、竹簾を敷いて小流を導くが、高知県吾川郡などでは冬の休耕田を活用している。このようにすると、水中の酸素が日光の紫外線の作用によって生成される過酸化水素およびオゾンのはたらきで自然に漂白される。また北陸などの降雪地では、晴天の日に雪上にひろげ薄く雪をかぶせ、ときどきひっくり返しながら放置しておく。雪晒しといい、この方法によるものは光沢がよい。ともかく天然漂白は繊維の光沢・強靭さを保たせる理想的な方法である。しかし時間がかかるので、いまでは消石灰に塩素ガスを作用させて製造した晒粉（カルキ kalk＝次亜塩素酸カルシウム）を用いることが多い。この薬品漂白は明治末期からはじまっており、漂白粉を多く使って時間を長くすれば、純白の紙料を得ることができるが、繊維が損傷し、光沢・歩留まりが低下する。強い紙をつくるには、やはり天然漂白がすぐれている。

(6) 塵取り　灰汁抜き・漂白工程を終えた原料は、手作業で塵を取る。清水の中のざるの上に一本ずつ浮上させ、指先で丁寧に塵（繊維の損傷部分や汚物）を取り除くが、高級紙は何回も数人の目で塵取りを繰り返して精選する。昔は川べりの小屋（川小屋）で、いまは室内で作業しているが、その精選度は紙の品位と深い関係がある。このあと布袋に入れて水中で揉み洗い、澱粉質などの不純物を完全に流し去る作業（紙出し、袋洗い、さぶりがけ）をするところもあるが、これは紙料の純度をさらに高めて、良紙をつくるためである。また近年は省力

『延喜式』の截の工程にあたる白皮の截断を，中国陝西省長安県北張村ではいまも行っている

化のため、ミツマタやガンピにはスクリーン（screen）と称する除塵機を用いている。

（7）叩解　『延喜式』の工程と対照して煮熟は「煮」、漂白・塵取りは「択」にあたり、このあとに「截《せつ》」「舂《しょう》」があるが、現在はこの二つをあわせて叩解《こうかい》といっている。「截」というのは塵取りして精選した白皮を切断する工程で、中国にはいまも残っているが、日本ではコウゾ繊維の長さを生かす技法が発展したため省略されている。叩解は集合した形の繊維束を、個々の繊維に分離させ（離解）、さらに分離した繊維を適当な長さに切断したり、適当な幅に破裂させる作業である。昔はすべて手打ちで、多くは分厚い板（たたき板）あるいは平たい石の上に置いた原料を樫《かし》材などの叩き棒で、繰り返し打ち叩く。叩き棒は約一㍍の長く太いもの（大棒）と約五〇〜六〇㌢の小さく細いもの（小棒）があり、それぞれを単独に用いるところのほか、大棒を荒打ち、小棒を細《こま》打ちに併用するところもある。また美濃・飛騨・越中などでは、石盤の上で菊花状の溝を刻んだ木槌で叩くならわしが残っている。木槌を二本持って叩くのは重労働であるが、紙料のこなれがよいので、良い紙を漉くための伝統技法として守られている。時間をかけて平均して叩きこなす単純な操作の繰り返しであるが、これに費やす労力は非常に大きいので、西欧や中国では水車動力の連碓《れんたい》機やビーターが活用された。近代の日本でもビーターなどを導入するところがふえているが、高級紙の伝統にプライドをもつ紙郷では手打ちを続けている。

美濃のコウゾを打つ槌と石盤
（『岐阜県下造紙之説』より）

長い打解棒でたたく
（『越前紙漉図説』より）

洗練された紙漉き

丁重な工程を重ねてととのえられた紙料は、経験豊かな紙漉きの洗練されたわざによってすばらしい紙葉に漉きあげられる。それには、紙料の調合→紙漉き→紙床つくり→湿紙の脱水→乾燥の工程がある。

(1) 紙料の調合　水を満たした漉槽《すきふね》に叩解した紙料をほぐしながら入れ、まず一メートル余の小さい竹あるいは木の攪拌棒（えぶり、草たて竹、たて木）でかきまぜる。このあと漉槽の両側にある支柱（馬鍬桁《ませけた》）に馬鍬《まぐわ》（まが、まぐわ、まんが、さぶり、交切《まぜきり》）をのせ、手で前後に数百回激しく動かして繊維を分散させる。近年は手動ではなく、電動スクリュー式攪拌機を用いることが多い。このあと流し漉きの場合は粘剤《ねり》を加えて、さらに攪拌棒でかきまぜて漉槽の紙料濃度を平均にする。

(2) 溜め漉き　漉き方は大きく分けて、溜め漉きと流し漉きの二法がある。溜め漉きは、漉桁《すきげた》にはさんだ簀面に紙料液を溜めて、簀目の間から液を滴下させ、簀面に残った紙料で紙層を形成する技法である。漉桁をまったく動揺させないと紙面に凹凸ができやすいため、ゆるやかに揺り動かす操作を加えることが多い。この技法は主として厚紙を漉く場合に用いられている。紙料液を少量汲めば薄紙も漉けるが、紙面の厚さが不均等になって漉きむらができやすく、小さな破れ孔ができることが多い。なお溜め漉きは粘剤を加えないのが普通であるが、宇陀紙・泉貨

溜め漉きをするドイツの紙漉き場
（J. アマン『職人尽』より）

紙・泥間似合《どろまにあい》紙など一部の溜め漉きには粘剤を加えている。

(3) 流し漉き　流し漉きは簀面に汲み込んだ紙料液を揺り動かす、すなわち流動させて、適度をこえる余り水を流し捨てて紙層を形成する技法で、和紙の場合最も多い漉き方である。流し漉きは粘剤《ねり》を添加するとともに原則として三段階の操作をする。第一の操作は初水（化粧水・数子《かずし》）といい、浅く汲んだ紙料液をすばやく簀面全体にひろげて繊維の薄膜をつくる。次の操作は調子《ちょうし》といい、初水よりやや深く汲み、簀桁を前後に（紙質によっては左右にも）揺り動かす。求める紙の厚さによってこの操作を数回繰り返すが、「揺り」の操作は紙の地合《じあい》や強度、すなわち美しさと強さに深い関係があり、一般に硬くしまって腰の強いことが望まれる半紙や半切紙は強く、奉書紙のように柔らかさを求められるものはゆるやかに揺する。このゆるやかにさざ波を立てるような漉き方を宮城県では「漣漉《れんず》き」といっている。極薄の典具帖紙の漉き方は流し漉きの極致といわれ、縦横十文字に、むしろ渦巻状に激しく揺すって地合をととのえるとともにねばり強さを与えている。最後の操作は捨て水（払い水）といい、汲み上げた紙料の層が適当な厚さになると、漉桁の手元を下げ、水面に対し三〇度くらい傾けて紙料液の半量を流し落とす。さらに漉桁を反対の前方に傾けて残った紙料液を押すようにして向う側に流し出す。この捨て水が流し漉きの重要な特徴で、これによって簀上の液面に浮いている塵や繊維の結束などの不純物を除く。漉槽の中の紙料の濃度は、ひと汲みごとに変化するので、漉き始

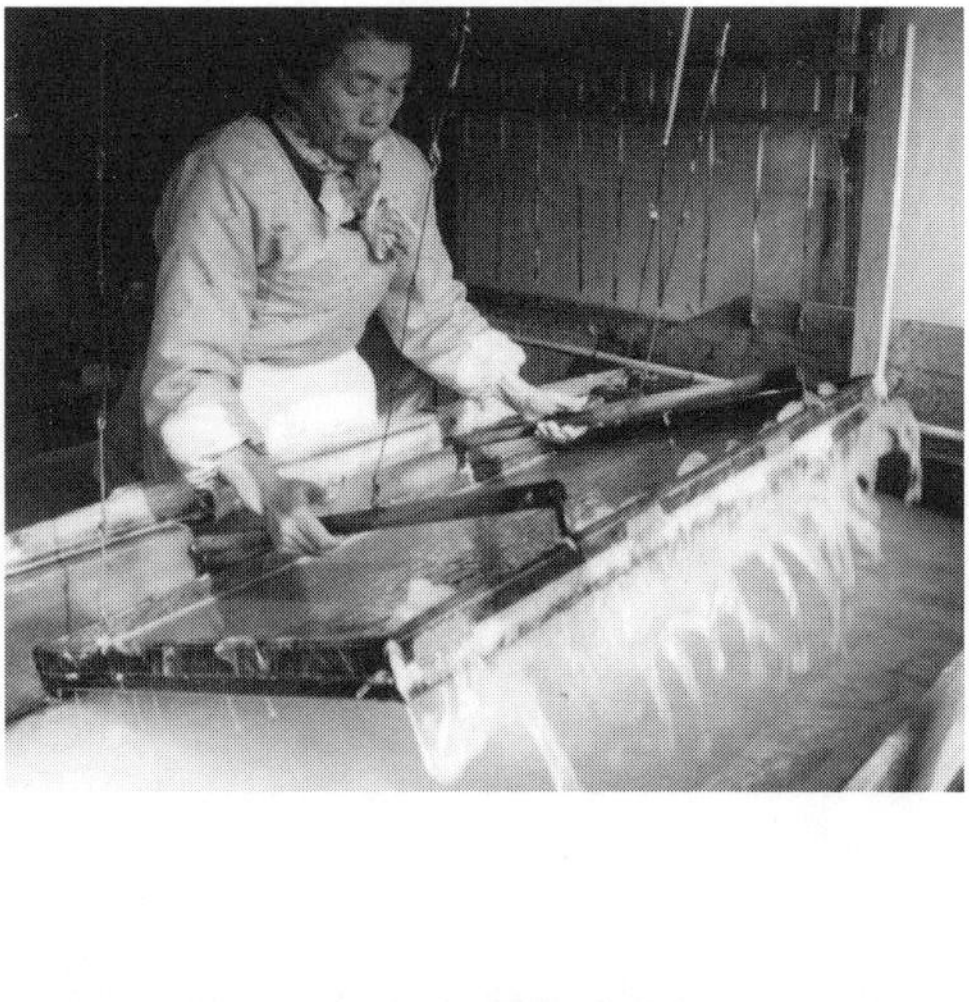
美濃紙の流し漉き

めと漉き終わりの紙の厚さを同じにするには、調子操作の回数や汲み込み量を常に調節しなければならない。揺り動かす速度や方向、幅なども紙質によって異なり、しかもリズミカルに行わなければならない。それらの適度を勘で修得し、身体に覚えこませるには長年の習練が必要で、そのような高度に洗練された技術で流し漉きが行われている。

(4) 紙床《しと》つくり　漉きあげた湿紙は、水分をできるだけ除いたのち、上桁を上げ、簀を持ち上げて、紙床板（漉付板《すきつけいた》、漉詰板《すきつめいた》、積板《つみいた》）の上に一枚ずつ積み重ねて紙床をつくる。湿紙を紙床に移すとき、床離れしやすくするために、手元の端を少し折り返しておく場合が多い。これを耳折り（ひびり、よせ）というが、藺草《いぐさ》や稲わらなどを挟むところもある。昔は湿紙の水切りのため、漉槽の側面に「桁持たせ」（簀立て板）を設け、簀を湿紙ごと傾けて立てかけておき、次の一枚を漉いてから紙床に移した。また『紙漉大概』によると、紙床に移した湿紙の簀上に細い円筒形の棒（転《ころ》ばかし木）を圧しながら回転させて水切りした。これは気泡を消すためで、いまは気泡ができないように注意しながら湿紙を重ねる。ところで、溜め漉きの場合は、湿紙を紙床に移すとき西欧風に一枚ごとに毛布を挟む。原則として粘剤を用いないので、湿紙が互いに密着して剝がれにくくなるのを防ぐためといわれるが、中国では溜め漉きでも毛布を挟まない。

(5) 湿紙の脱水　紙床に積み重ねた湿紙は多量の水分をふくんでいるので、

紙床　一枚漉くごとにヒモを挟んで紙を積み重ねる

一夜ほど放置して自然に水分を流出させ、その上に麻布・押掛板などを置いて圧搾機にかける。古くから用いられた圧搾機は槓桿《こうかん》式で、支柱の穴に圧搾棒の一端を差し込んで紙床にのせ、他端に重石《おもし》をかけるが、急激な加圧を避けるため、この石は軽いものからだんだんに重いものに変えていく。石圧法といって、紙床の押掛板の上に重石をのせるだけのこともある。近年は油圧・水圧による螺旋《らせん》式圧搾機を用いることがふえている。

（6）乾燥の方法　圧搾しても湿紙にはなお六〇～八〇％の水分が含まれているので、さらに太陽熱または火力で乾燥する。日本で昔から普及していたのは板干しで、紙床から剝いだ紙葉を干板《ほしいた》（張板《はりいた》）に刷毛で張り付け、野外に並べて天日で乾燥する。本来は簀に接した面が表であるので、この面が干板に接するように張る。干板の表裏両面に張りつけ終ると、干場に運んで板架《いたかけ》台に立てかけておく。普通冬季は半日ほど、夏季なら約一時間で干し上がる。天日干しは燃料なしで経済的に十分脱水でき、日光で漂白されて独特の光沢のある紙が得られるが、量産には適さないし、雨天には作業できない。そんな欠点があっても、良紙をつくるためにこの天日干しにこだわっている紙郷が多く、「ぴっかり千両」ということばが残っているところもある。火力乾燥法は季節・天候に関係なく、昼夜の別もなく、しかも量産に適するもので、鉄板（あるいはステンレス）製の面に湿紙を張り、湯または蒸気で鉄板を熱して乾燥する。これは近代に考案されたもので、固定式と回転式がある。固定式は、断面が三角形

湿紙の脱水　槓桿式圧搾機

や長方形の細長い縦形のものと、横に平らな鉄板を置いたものとがある。回転式は、断面が正三角形の角筒である。火力乾燥によると、紙面は　板干しより平滑になり、緊密にしまって腰が強く、均質なものが得られるが、完全に脱水されないので日時の経過につれて重量が増したり、和紙独特の味わいが失われる欠点がある。古来の板干しは日本独特の方法といえるもので、中国や朝鮮では火力で熱した壁面（中国では焙壁《ほうへき》という）を用い、西洋では室内の縄とか竿にかけて風で乾かしている。

和紙の仕上げ

乾燥し終った紙は、きびしく選別し、規定の寸法に裁断し包装する。

（1）**選別**　科学検査や肉眼検査などで、地合・塵・色彩・光沢・緊締度・けば立ち・厚さ・寸法・枚数などを調べ、破れ・損傷・汚れなどのある不良紙は除く。緊締度の大きい紙は俗に「腰の強い紙」「腰のある紙」といわれ、折り曲げたり急に引っ張ったりしたときに発する音、すなわち紙の「鳴り」を聞いて緊締度をはかることもあり、この選別には経験を積んだ熟練が必要である。

（2）**裁断**　選別の終った良紙を枚数をそろえて積み重ね、一帖ごと、あるいは決められた単位ごとに帖合紙《ちょうあい》（間仕切り、普通は色のついた紙片）を挟み、これを規定の寸法に裁断する。切断の方法には手裁ちと機械裁ちがある。手裁ちは古来からの方法で、積み重ねた紙に当板《あていた》をのせ、その上に定規（当木・当竹・

乾燥　紙の天日干しの図
（『紙漉大概』より）

切板）をあて、紙裁ち鎌でまず四辺を裁ち、次いで所定の寸法に切断する。機械裁ちは、いうまでもなく断裁機を用いる。寸法は紙種によって異なり、また時代と地域によって異同があったが、現在の主要な紙の場合を例示すると、次のようになっている。

越前大奉書　一尺三寸×一尺七寸五分（三九・四×五三センチ）
本美濃紙　九寸三分×一尺三寸二分（二八・二×四〇センチ）
石州半紙　八寸二分×一尺一寸六分（二五×三五センチ）
西の内紙　一尺一寸×一尺六寸（三三・三×四八・五センチ）

(3) 包装　裁断の終った束は、強靭な厚紙を小幅に切ったもので紐掛けする。普通は束一〇個を集めて締《しめ》といい、一締を厚紙で包装し、それぞれの紙の種類に応じて、一丸に荷造りする。その包装には普通漉き終りの残りかすを漉いた「漉きあげ紙」、またはこれに良紙を漉き合わせたものを用いる。これを強い紐で結束するが、コウゾの白皮で締めることもある。さらに製品の商標・紙銘・製造者などを捺印する。なお一丸の単位は、半紙は六締、美濃紙は四締、西の内紙は二締である。

粘剤《ねり》のすぐれた作用

西欧式の溜め漉きにはほとんど粘剤を用いないが、流し漉きには必ずネリを用いる。ネリというのは、特定の植物から抽出した粘液で、紙料液に添加し混

紙を裁ち荷造りする図
（『美濃紙抄製図説』より）

和すると、すぐれた紙質をつくるのに有効な作用がある。その効用については、①漉槽《すきふね》での繊維の沈下や凝固を防ぐ、②繊維の配列を優美にする、③紙の強度や硬度を増す、④紙の光沢をよくする、⑤薄い紙を漉くのに都合がよい、⑥湿紙の紙床からの剥離を容易にすること、などがあげられている。

潘吉星『中国製紙技術史』によると、紙料繊維は沈みやすく固まりやすいので、均質の紙を漉くには絶えず漉槽を攪拌しなければならないが、これでは生産能率が低く均質な製品を保証できないので、紙料繊維を均等に分散し浮遊させるために、植物粘液を添加して紙料液の粘滑性を高め、繊維を漂浮させる紙薬を用いるようになった、としている。したがって、中国ではこれをもともと紙薬といっていたが、漂浮剤ということが多く、またそれで紙面を滑らかにするという意味で滑水《かっすい》ともいっている。その紙薬にはじめは植物澱粉（米粉）を用いたが、やがて膏藤《こうとう》を用い、唐代にはナシカズラを広く用いるようになっている。すなわち、ネリは紙料繊維を均等に分散させ漂わせ浮かばせておくはたらきが最も重要で、それを基本として、さきにあげた効用のいくつかが派生するといえる。ネリを用いない西欧式の溜め漉きの場合、薄く漉いた紙は紙面が粗く破れ孔ができやすいが、ネリで紙料繊維が均等に分散し漂浮している流し漉きの場合は薄くても均質のねばり強い紙となる。一般に溜め漉きは厚紙を漉くのに適した技法で、流し漉きは厚紙も薄紙も漉けるが、とくに薄紙を漉くのに適した技法といわれている。西欧では極薄の典具帖紙や吉野紙に感嘆して、これらの薄い和紙を「絹紙」と呼んでいるが、この薄くてもねばり強いことは、和紙の重要な特徴と評価されている。ネリは東洋の手漉き紙に独特のものであり、その使い方が製紙技法の鍵ともいわれているが、日本のネリを用いた流し漉きは最も洗練されているといえる。また日本で、これを「ネリ」というのは、明治初期に大蔵省紙幣寮に招かれた越前の紙漉きたちの呼称を採用したからであり、繊維を互いに粘着させるのに役立っているわけではないので、「粘剤」と表記しているのは適当ではないと考えられる。

ネリを抽出する植物

ネリを抽出する植物として、今日、トロロアオイが最もよく知られている。そして古くからこれが用いられたといわれているが、実は近世初期からのようである。平凡社版『寺崎日本植物図鑑』によると、黄蜀葵は中国原産で慶長年間（一五九六－一六一五）に渡来したと記している。貞享元年（一六八四）開版の『雍州府志《ようしゅうふし》』に、紙を漉くには「楮汁ならびに登呂呂《とろろ》汁を和し」とあるが、この登呂呂はトロロカズラ（サネカズラ）のことも指すので、必ずしもトロロアオイのことではない。『和漢三才図会』造紙法の条は鰾《にべ》木汁としているが、これはノリウツギ（ヤマウツギ）のことであり、『紙漉大概』はネリとしてまずサネカズラをあげ、次にトロロアオイを記している。したがって、サネカズラやノリウツギが早くから用いられていたと考えられる。

サネカズラはビナンカズラともいい、「サ」は接頭語、「ナ」は滑の意で、滑葛ということであり、『古事記』応神天皇の条には「佐那葛の根を舂《つ》きて、その汁の滑《なめ》りを取る」とあり、古代から滑水を採取するのに用いられていたのである。楡《にれ》もまた古代に滑水をとったもので、ニレは滑《ぬれ》の転訛であり、その皮を粉にしたり、たたいて粘液をとることができる。正倉院文書巻十八、「奉写一切経用度文集」によると、神護景雲四年（七七〇）に打紙する前に湿らせる粘液のためと考えられる楡皮四把を買っている。まず打紙用としてニレの粘液を用い、やがて製紙の滑水として活用したと考えられる。

トロロアオイは温度の影響をうけやすいので主として冬季だけに用い、夏季にはノリウツギを用いるといわれるが、ノリウツギは早くから通年使用できたネリ用植物であったといえる。平安末期から始まったといわれる吉野紙は、ノリウツギだけを用いているが、これはこの植物のネリ用としての古さを語っている。これらに対してトロロアオイは栽培できて入手しやすいので、近世に最も普及するようになったのである。

ギンバイソウ（銀梅草）は名塩鳥子紙つくりでもっぱら愛用され、アオギリ（梧桐）の根のネリは土佐泉貨紙、ヒガンバナは愛知県小原（豊田市）の森下紙に用いられた。このほかウリハダカエデ、タブノキ、ナシカズラ、ヤマコウバシ、スイセン、スミレなどからもネリが採取されている。中国では数多くの植物から滑水を抽出しているが、日本でもそれぞれの紙郷で入手しやすい植物からネリを採取することが試みられたのである。そしていまはトロロアオイを主体として、ノリウツギ、ギンバイソウなどが用いられている。

塡料としての米粉と白土

植物繊維で漉いた紙を顕微鏡で調べると、各繊維間に無数の空隙がある。また平滑でなく、色も純白でなくて透明であり、柔軟すぎるなどの欠点がある。ネリはそれらの欠点を補うもののひとつであるが、ほかに塡料を加えたり、膠剤を加えたりする。中国では塡料を加えることを加塡といい、膠剤を加えてサイジングするのを施膠《しこう》といって、魏晋南北朝の頃から加工しているが、日本でもその技法を導入している。

（1）米粉　中国では紙薬としてよりも、むしろ主として墨汁のにじみ止めの

米粉の糊を挽く図
（『越前紙漉図説』より）

膠剤として早くから用いた塡料であった。糊としてよりも微粒状にして紙料に混和したものである。日本の鎌倉期から武家社会に多く流通した杉原紙は別名を糊入紙《のりいれがみ》(『諸国紙名録』は粘入紙と記す)ともいい、米粉を混和して漉いている。『和漢三才図会』は杉原紙の項に「俗に糊入といふ」と注記し、『貞丈雑記』は「杉原といふ紙は今のり入りと云紙のあつき物也」と記している。また『貞丈雑記』は「奉書紙は杉原を厚くすきたる物也」とし、奉書紙は杉原紙から展開したことを語っているが、やはり米粉を入れたものが多い。とくに甲州(山梨県)の奉書紙は肌吉(肌好)奉書とも呼ばれているが、別に糊入奉書ともいい、米粉を塡料とすることで紙肌を美しくしている。『諸国紙名録』には、市川本判と甲半切に「粘入」の注記があり、甲州は米粉を多く用いた紙郷である。『越前紙漉図説』には「糊を挽《ひ》く図」として挽臼《ひきうす》(碾臼《ひきうす》)で米をひく図をのせており、越前奉書も米粉を混入していたのである。檀紙に米粉を入れることは、天保年間(一八三〇―四四)の成立と推定される『紙漉方秘法』に記されている。

古くから公文書用の高級紙とされていた檀紙・奉書・杉原紙などを米粉を入れて漉いたのは、それによって紙面が緻密になり、白く滑らかに強くなるからであった。さらに紙は重量で取引されたので、重さを増すという意味もあった。しかしその澱粉質は紙魚《しみ》が好み、虫害にかかりやすいという重大な欠点があった。杉原紙が明治二十年(一八八七)頃に廃絶したのはこのためと考えられ、奉書紙も米粉を廃して土粉を入れるようになった。明治三十一年(一八九八)刊の『日本製紙論』は、米粉混入の紙は繊維が弱く虫害にかかりやすいとして、「今日は、全く米粉の使用を廃止して所謂糊入質の紙類はほとんど其跡を断たたんとせり」と述べている。

(2) 土粉　中国では東晋時代(三一七―四二〇)から鉱物粉末を刷毛で紙に塗ることが始まり、のちに紙料液に混入するようになったが、ヨーロッパでも不透明にして両面印刷に適するようにする技法として早くから採用されている。日本でこの土粉を混入して漉いているものに、摂津（兵庫県）名塩の泥間似合紙、大和（奈良県）吉野の宇陀《うだ》紙、筑後（福岡県）八女《やめ》の百田《ももた》紙などがある。土粉を入れるのは繊維間の空隙を埋めて滑らかにし、光沢を与えるためであるが、同時に伸縮しないで熱に耐える紙となり、泥間似合紙は箔打ちに利用されている。色間似合紙は土粉によって着色したもので、愛知県小原村（豊田市）では楮紙に土粉で着色していた。宇陀紙は伸縮しない性質を活用して表装の総裏打ちとして文化財補修の重要な素材となっている。白土粉はこのほか東洋紙、半切紙類などにも用いられた。さらに美栖《みす》紙は紙料に胡粉《ごふん》を混入し、吉野紙は干板に胡粉を塗っている。扇地《せんじ》紙には雲母《きら》粉《こ》を紙料に混入し、京から紙は雲母粉や胡粉を膠液にまぜて色料として利用した。このように、和紙つくりには鉱物粉末が巧みに活用され用途をひろげている。

和紙の寸法

手漉き紙の寸法は、紙を漉く簀《す》の大きさによってきまるが、その簀は各地でそれぞれの設計でつくられたので、定まった法則はなく個性ゆたかである。紙をつくり始めた中国の前漢期遺跡からの出土紙のなかで、甘粛省馬圏湾出土の完整な紙葉は二〇×三二チセン、同省の敦煌に近い懸泉出土の完全な形の紙は二五×三〇チセンの長方形である。前者の縦横の比は一対一・六であるが、後者は一対一・二で、正方形に近い形になっている。潘吉星『中国製紙技術史』は、古代木簡冊子の遺制を考察して「最も原始的な紙すき器は方形もしくは長方形の網の篩状の設備である」「すべて斗方《とほう》式（高さと幅がほぼ同じ）か、長方《ちょうほう》式（幅が高さの二倍）かの二種類」と述べている。斗方式というのは升形のことで、これは同寸法の木片四本を準備して枠を組み立てればよいので、原始期の古代人が最もつくりやすい紙簾であった。最も原始的な製紙法は、水に浮かべた布簾にあらかじめ調製しておいた紙料液を注ぎ込み、手などで均等にかきならして紙を簾ごと天日に干すので、澆紙《ぎょうし》法という。今もその澆紙法で造紙している雲南省のタイ族やチベット、ブータンなどの布簾はいずれも斗方式であり、陝西省長安県北張村の紙郷では四一×四三チセンの白麻紙を漉いている。そしてここではこの斗方式の紙を二枚ならべた形の長方式の紙簾で中央に仕切りをつくって漉いている。また新疆ウイグル自治区ホータンの紙は三八×四二チセン、チベットの紙は五八×六四チセンである。

この斗方式を基本として横に長く継いだ紙は巻子本を仕立てるのに適し、写経などに多く用いられたが、後世にはより広く長い紙が求められて、宋代には匹紙《ひっし》という長大な紙もあらわれている。匹とは二反分（一反は二六尺〜二八尺＝七八八センチ〜八四八センチ）の織物を意味する単位で、北京の故宮博物院蔵、南宋法常の「写生蔬果《そか》図巻」は四七・三×八一四・一センチもある。日本の製紙は中国の技術を導入したもので、古代には中国のならわしの影響が強く、奈良時代の大宝律令・養老律令の遺文を集成した『令集解』賦役令には正丁の納める調紙は長さ二尺、広さ一尺と規定し、平安時代の『延喜式』には紙屋院でつくる紙の基準寸法を広さ二尺二寸、長さ一尺二寸と定めている。これは一尺二寸×一尺一寸の斗方式判型を二つ並べた長方形である。また屋代弘賢ら編『古今要覧稿』に「太政官符の紙の寸法大方は広さ一尺七八寸、長さ一尺八寸余」「弘法大師の草書心経の紙は広さ一尺四寸余、長さ六寸九分（倍幅は一尺三寸八分）」と記しているが、これも斗方式を継承している。

藤貞幹著『好古小録』によると、延暦制の紙は一尺×二尺七寸であったとしており、『延喜式』の紙屋紙一尺二寸×二尺二寸より横幅がさらに長いが、それは横に長すぎて美しい形とはいえない。そこで縦と横の長さのバランスのとれたものが求められるようになる。中国の蘇易簡『文房四譜』によると、晋令の大紙は長さ（縦）一尺八分に対して広さ（横）は一・三八倍の一尺四寸、小紙は長さ九寸五分に対して広さは一・四四倍の一尺四寸としている。また『好古小録』には、「延暦の田券は広さ一尺四寸許《ばかり》、長さ一尺許の紙を用ふ」とあり、広さは長さの一・四倍である。このように縦横の比が一対一・四に近いものがめだっている。

洋紙の寸法は一対$\sqrt{2}$と定められているが、これは一対一・四一四である。この比の長方形はハイポテニューズ・オブロング（hypotenuse oblong）といい、長辺の中心線で半分に折ると、やはり一対$\sqrt{2}$の形となり、半折をくり返して常に類似形を得ることができ、しかも調和のとれた美しい形になる。一対一・四の長方形とはこのハイポテニューズ・オブロングをめざしたものといえるが、直角三角形の短辺を一とすれば斜辺は$\sqrt{2}$で、この斜辺のことを斜弦（勾股弦）ともいう。江戸時代の日本の学者もこの斜弦を知っており、『古今要覧稿』にも「いつの比《ころ》よりか紙の本尺といふ事あり、……大高檀紙は竪一尺五寸あり、横一尺五寸の斜弦二尺六寸四分を以て広さとす。半紙は竪八寸程あり、横八寸の斜弦一尺一寸余を以て広さとす」と記している。この記述によると、半紙は一対一・三七五であるが、檀紙は一対一・七六で、明らかな誤記であり、広さ二尺一寸とするのが正しい。飛鳥井家の歌書『八雲大式《やぐもだいしき》』には「檀紙、定法、竪一尺三寸、横一尺九寸」とあり、これは『新撰紙鑑』の中高檀紙の寸法であるが、一対一・四六で斜弦値に近い。

いずれにしても「横は縦の斜弦」と記しているのは注目すべき認識である。この斜弦値、すなわち$\sqrt{2}$の目盛は曲尺《かねじゃく》の裏目に刻まれており、表目は実寸の目盛で、古くから大工や建具職人が用いていた。紙に強い関心をもっていた大田南畝《なんぽ》（蜀山人）は、その『半日閑話』のなかで「書籍の寸法は横曲尺六寸ならば、縦は曲尺の裏尺にて六寸とすべし。縦横とも裏表の尺にて同寸とすべし。……書物に限らず縦横のある箱なども裏表の尺にて同寸とすれば格好よろし」と述べている。

縦横のバランスのとれた長方形の紙として斜弦値の判型を理想としたのであ

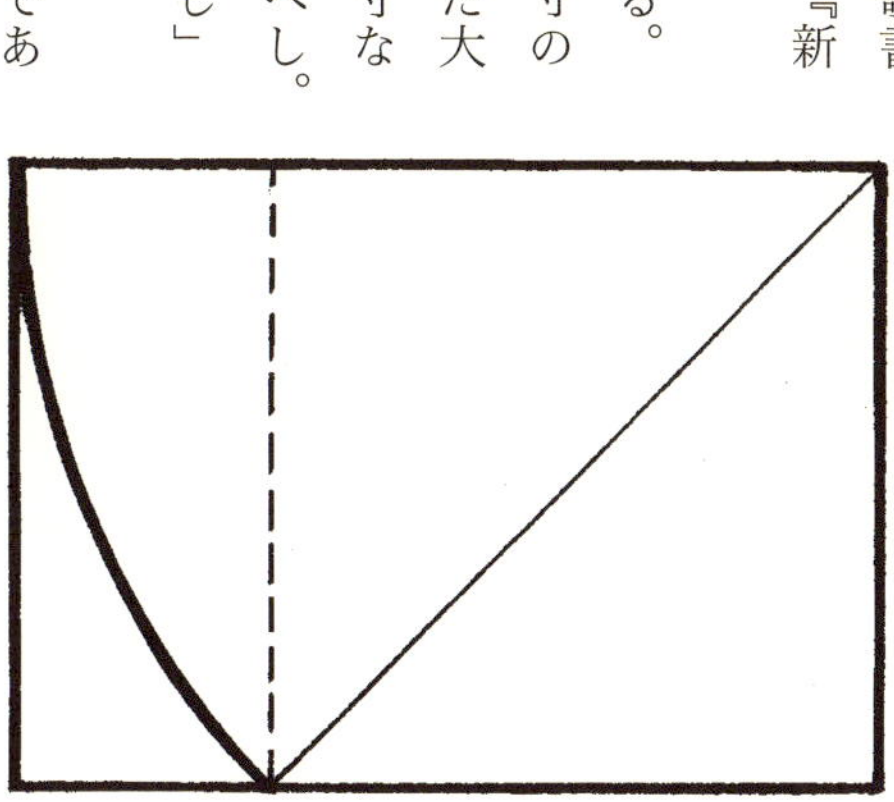

Hypotenuse oblong

るが、それは農村の紙漉きたちを統制したものではないので、現実の和紙の判型は多種多様であった。『新撰紙鑑』『諸国紙名録』によって、紙名別に縦横比を算出すると、別表のようになっていて、斜弦値に近いのは越前中奉書・漉込《すきこみ》杉原・名塩鳥子・越前小奉書などである。そして記録・印刷のための書写用のものは大体斜弦値に近く、他の用途のものは斜弦値から離れていることが認められる。

江戸時代の幕藩体制のもとでは、それぞれの藩の農民が義務づけられていた貢納のためにつくることが多く、昔から伝わっているならわしのままに簀を製作して漉き、あるいは市場性を高めるために紙の寸法を工夫して独自性を主張したと考えられる。『古今要覧稿』に「紙の寸法は古今不同にして一定しがたし、……其時宜によりて広狭長短おもふままにあつらへ漉かせしものならんか」と記しているとおりであったが、そんな状況のなかで紙漉きたちは、経験的に美しい調和のある判型を追究していたといえる。

紙の大きさは全般に小判化が進み、近代になって三六判・二三判など大判のものがふえた。『延喜式』の基準寸法一尺二寸×二尺二寸に対して、『八雲大式』の檀紙は一尺三寸×一尺九寸（縦横比一対一・四六）で横幅の短いバランスのよいものとなっている。そして檀紙のなかで、最も多く流通したのは小高檀紙（一尺一寸五分×一尺四寸五分）であるが、杉原紙はこれとほぼ同寸に、鳥子・奉書はいくらか大きく、そして美濃・中折はより小さくつくられている。中世に最も流通した杉原紙は小高檀紙に準じ、さらに庶民的で多く消費された美濃紙や中折紙は、より小判のものが求められたのである。そして近世には半紙が最も多く圧倒的に流通したが、これは杉原紙延判を縦半分に切った大きさであり、最大の消費層となった町人階層の要請に応えたものである。またさらに小判の半切紙・小杉原紙・小半紙などが市場にあふれた。

この小判化の傾向に対して、尺永（丈永）や間似合紙などのように、横幅のより長いものがつくられている。これは和紙がたんなる書写材でなく、美しくねばり強くて加工性に富み、用途が広いという特質にともなって、元結の紐・襖障子張りなどの用途にふさわしい長尺物が求められたからである。そして江戸末期から明治初期にかけて、岩石唐紙・泰平紙・楽水紙《らくすいし》や千年紙（松葉紙）など三六判の

紙名	縦(尺)	横(尺)	横／縦	摘要
常陸十文字	1.30	1.30	1.00	紙細工用
土佐御花紙	1.30	1.50	1.15	造花用
縮緬紙	1.20	1.50	1.25	紙細工用
吉野和良	0.55	0.70	1.27	漆漉用
吉野七九寸	0.70	0.90	1.29	鼻紙用
伊予泉貨	1.05	1.38	1.31	紙衣用
越前尺永	1.83	2.47	1.35	元結用
中高檀紙	1.30	1.77	1.36	書写用
西の内	1.10	1.51	1.37	書写用
美濃典具帖	0.90	1.25	1.38	版下用
越前中奉書	1.20	1.67	1.39	書写用
漉込杉原	1.08	1.50	1.39	書写用
名塩鳥子	1.26	1.77	1.40	書写用
越前小奉書	1.09	1.55	1.42	書写用
美濃中直	0.95	1.38	1.45	書写用
播磨海田	1.00	1.45	1.45	書写用
大谷杉原	1.15	1.70	1.48	書写用
備中杉原	0.94	1.40	1.49	書写用
美濃小直	0.92	1.37	1.49	障子用
吉賀中折	0.90	1.40	1.55	障子用
美濃森下	9.80	1.54	1.57	傘用
大和国栖	1.05	1.65	1.57	表装用
広島諸口	0.95	1.51	1.59	障子用
千年紙	3.10	6.00	1.90	襖用
泰平紙	3.00	6.00	2.00	襖用
名塩間似合	1.25	3.10	2.48	襖用

ものが漉かれるようになっている。

こうして和紙の判型は、底流に調和美のある斜弦値に近づく傾向をもちながらも、それぞれの藩や紙郷が個性を主張したことを反映して、まさに定法はなく、きわめて多彩であった。それは時間的にも空間的にもいえることで、同じ奉書・杉原でも産地によって差異があり、また同じ紙でも江戸期と明治期では異同がある。別表の「和紙寸法の比較」に、そのデータの一部を収録したが、江戸期の三分、四分、六分、七分などの端数は、明治期の『諸国紙名録』では五分あるいは一寸に統一されている。統一規格のないことは近代市場できわめて不利であるので、端数の整理を始めたといえるが、昭和三十三年（一九五八）八月、紙パルプ連合会は、奉書紙・美濃紙・西の内紙・半紙の原紙寸法を決定して規格化を試みている。しかし各地の紙郷の現場では、ほとんど伝統の和紙寸法が守られている。たとえば本美濃紙の場合、美濃判は九寸三分×一尺三寸三分で、紙パルプ連合会が決定したものより横幅がいくらか大きく、耳付美濃判（一尺二分×一尺四寸二分）、京間判（二尺一寸×三尺二寸）などもつくられている。

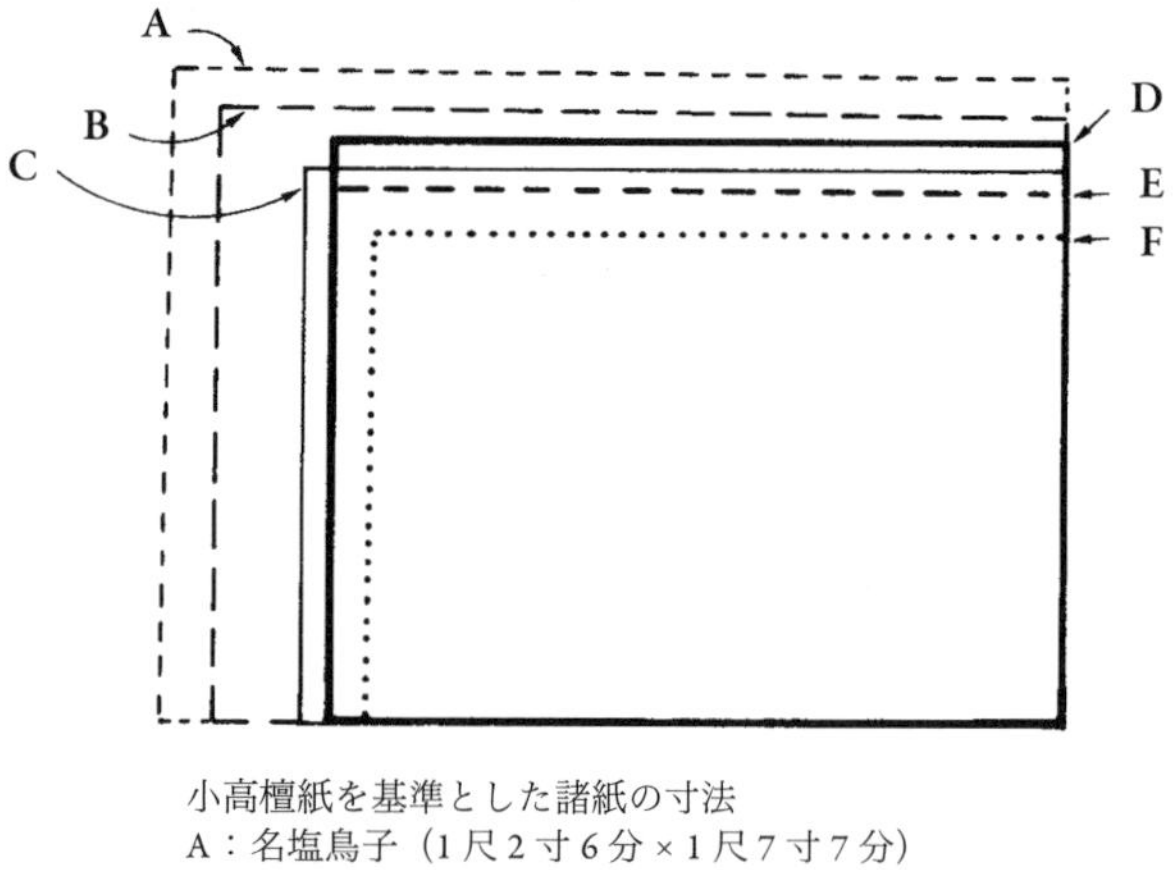

小高檀紙を基準とした諸紙の寸法
A：名塩鳥子（1尺2寸6分×1尺7寸7分）
B：越前中奉書（1尺2寸×1尺6寸7分）
C：本杉原（1尺8分×1尺5寸）
D：小高檀紙（1尺1寸5分×1尺4寸5分）
E：美濃大直（1尺5寸×1尺4寸6分）
F：美濃中直（9寸5分×1尺3寸8分）

和紙寸法の比較

紙　名	『新撰紙鑑』縦横（尺）	『諸国紙名録』縦横（尺）	紙パルプ連合会決定　縦横（尺）
越前大高檀紙	1.71×2.23	1.73×2.25	
越前中高檀紙	1.35×1.95	1.30×1.75	
越前小高檀紙	1.15×1.45	1.10×1.50	
越前大奉書	1.30×1.80	1.30×1.75	1.30×1.75
越前中奉書	1.20×1.67	1.20×1.65	1.20×1.65
越前小奉書	1.09×1.55	1.10×1.50	1.10×1.55
土佐奉書	1.10×1.63	1.20×1.70	
柳川奉書	1.10×1.50	1.15×1.65	
越前丈永	1.83×2.47	1.85×2.45	
美濃丈永	1.75×2.45	1.75×2.45	
播磨大谷杉原	1.15×1.70		
播磨中谷杉原	1.10×1.50		
播磨漉込杉原	1.08×1.50		
播磨思草杉原	1.05×1.45		
加賀杉原	1.13×1.56	1.20×1.65	
備中杉原	0.94×1.40	0.94×1.30	
土佐大杉原	1.10×1.50	1.15×1.65	
美濃大直紙	1.05×1.46	1.08×1.65	
美濃小直紙（書院美濃）	0.92×1.37	0.93×1.35	0.90×1.30
美濃典具帖	0.90×1.25	0.93×1.35	
美濃森下	0.98×1.54		
大和宇陀	1.50×1.65	1.50×1.60	
紀伊川根	0.98×1.45	0.98×1.45	
安芸海田	1.09×1.55	1.07×1.55	
伊予泉貨	1.05×1.38	1.05×1.38	
阿波仙過	1.05×1.37	1.05×1.37	

紙名	『新撰紙鑑』縦横（尺）	『諸国紙名録』縦横（尺）	紙パルプ連合会決定　縦横（尺）
常陸十文字		1.30×1.30	
土佐清帳	1.07×1.60	1.05×1.55	
伊予清帳	1.05×1.40	1.03×1.50	
常陸西の内	1.10×1.51	1.10×1.60	1.10×1.60
下野程村	1.04×1.40	1.08×1.55	
那須大八寸	1.10×1.40	1.10×1.40	
那須小八寸	0.90×1.00	0.85×1.00	
豊後広片	0.93×1.37	0.93×1.30	
安芸諸口	0.95×1.51	0.89×1.53	
石見中折	0.89×1.40	0.90×1.40	
備中三つ折	0.97×1.30		
筑後百田	0.87×1.35		
豊後板	0.92×1.36	0.93×1.40	
岩国板	0.98×1.40	0.98×1.40	
美濃板張	0.92×1.30	1.00×1.40	
周防山代半紙	0.80×1.10	0.80×1.10	0.80×1.10
石州半紙	0.80×1.10	0.80×1.10	
土佐半紙	0.80×1.10	0.80×1.10	
広島半紙		0.81×1.12	
伊予大洲半紙		0.82×1.12	
土佐大半紙		0.90×1.35	
土佐小半紙	0.70×0.81	0.62×0.83	
秩父小半紙		0.70×0.90	
岩国小半紙	0.63×0.83	0.63×0.83	
土佐小杉	0.68×0.95	0.68×0.93	
出雲延	0.69×0.79	0.69×0.79	
吉野七九寸	0.70×0.90		
吉野紙（小和良）	0.55×0.70	0.65×0.70	

紙名	『新撰紙鑑』縦横（尺）	『諸国紙名録』縦横（尺）	紙パルプ連合会決定　縦横（尺）
漆漉紙（大和良）	0.70×0.85	0.70×0.85	
美栖紙大	0.78×0.98	0.78×0.93	
美栖紙中	0.72×0.92		
美栖紙小	0.60×0.80		
小菊紙	0.68×0.88	0.65×0.85	
美濃半切	0.53×1.60	0.45×1.30	
柳川半切	0.50×1.30	0.52×2.00	
水戸半切	0.55×1.60	0.52×1.80	
越前鳥子	1.28×1.75	1.30×1.65	
名塩鳥子	1.26×1.77	1.30×1.60	
名塩大鳥子	1.40×15.0	1.50×1.80	
名塩中鳥子		1.40×1.70	
越前大間似合	1.30×3.24	1.40×3.20	
名塩大間似合	1.30×3.35	1.40×3.30	
名塩泥間似合	1.04×1.50	1.20×1.50	
越前薄葉	1.19×1.63		
名塩薄葉	1.20×1.66	1.20×1.65	
青土佐	1.00×1.57	1.30×1.50	
薬袋紙	1.03×1.53	1.30×1.50	
松葉紙	1.03×1.47	3.10×6.00	

全国の紙郷分布

全国各地での製紙は、奈良時代に中央政府の図書寮《ずしょりょう》で養成された造紙丁《ぞうしてい》によって国衙《こくが》細工所で始まり、律令体制の衰退にともなって庄園での造紙が優勢となり、中世末期には商品経済の展開とともに特産地が形成された。古代・中世の紙の消費者は公家・僧侶・武士などの上層階級だけであったが、近世には町人まで紙の消費層がひろがり、記録文化材から生活文化材としての需要がたかまり、上方市場の重要商品に成長するのを背景として、さきの特産地を中核として広く紙郷が形成された。とくに西日本の諸藩では紙を専売制に組み入れて増産を奨励したところが多く、有力な紙郷を育てた。

佐藤信淵《のぶひろ》が『経済要録』で述べているように、紙は「一日も無くては叶《かな》はざる要物」であるので、盛んにつくられるようになったのであるが、紙郷はどこにでも立地できるわけではない。大蔵永常《ながつね》は『紙漉必要』のなかで、紙を漉くには「山川の清き流れありて泥気なく小石にて浅く滞りなく流るゝ川の浄地を佳しとす」とし、その場所の「水によりて紙の善悪あれば、水見立てること第一なり」と記している。緑濃い山の懐に抱かれて、清らかな水が流れているところが、紙郷が形成されるのにふさわしい環境であった。

しかし、その環境は大体米つくりには適せず、紙漉きをいとなむ農民は貧しいので、その原料はほとんど藩庁とか紙商から供給された。したがって、藩庁の紙つくりに対する考え方、すなわち政策も紙郷形成の大きな要因であった。近世に請紙《うけがみ》制というきびしい専売制のもとに、上方紙市場に圧倒的な優位を保った西中国地方、周防・長門（山口県）、石見（島根県）、安芸（広島県）などには全郡に紙郷が広がっていた。土佐（高知県）や伊予（愛媛県）もほとんどの藩が専売制をしき、その半紙は江戸末期に周防・長門産紙に迫る勢いを示したが、土佐では農民の生産意欲をかきたてるように平紙《ひらがみ》の自由販売を許すという政策も巧みに運用している。

紙郷の分布は、大きく分類して広域分散型と局地集約型がある。局地集約型は茨城・埼玉・富山・石川・福井・奈良・徳島・熊本などの諸県で、これらは西の内紙・細川紙・越前奉書・宇陀紙など高級紙を主として産するが、紙郷のあるところは狭い範囲に限られている。江戸時代に優位を保った山口・広島・島根・高知・愛媛の各県のほか、九州の佐賀、中部の岐阜・長野・静岡、東北の福島県などは広域分散型であ

資料1　農商務統計による製紙戸数上位

	県　名	明治34年（1901）	大正10年（1921）
1	島　根	7,785	2,585
2	高　知	5,849	2,998
3	岐　阜	4,553	4,104
4	山　口	4,388	2,115
5	広　島	3,989	1,164
6	愛　媛	3,968	2,226
7	佐　賀	3,538	2,357
8	長　野	3,150	3,200
9	静　岡	2,757	1,077
10	福　岡	2,435	2,108
11	大　分	2,172	408
12	新　潟	1,990	1,118
13	福　島	1,749	889

る。この分散型は紙漉きの数も多く、農商務統計によって、明治三十四年（一九〇一）の製紙戸数一三位までを表にまとめると、ほとんどは分散型である（資料1、大正十年の統計はその後の減少ぶりをみるため参考資料として付した）。

全国の製紙戸数は、大正末期まで農商務統計でたどることができるが、昭和期は日本手漉紙工業組合連合会などの資料によって調べると、資料2のグラフのようになっている。

明治三十四年（一九〇一）の六万八五六二戸を頂点として衰退の一途をたどり、平成四年（一九九二）の時点では四〇〇余戸となっている。なお平成二十年（二〇〇八）の調査では二九二戸となっている。

資料2　全国製紙戸数の推移

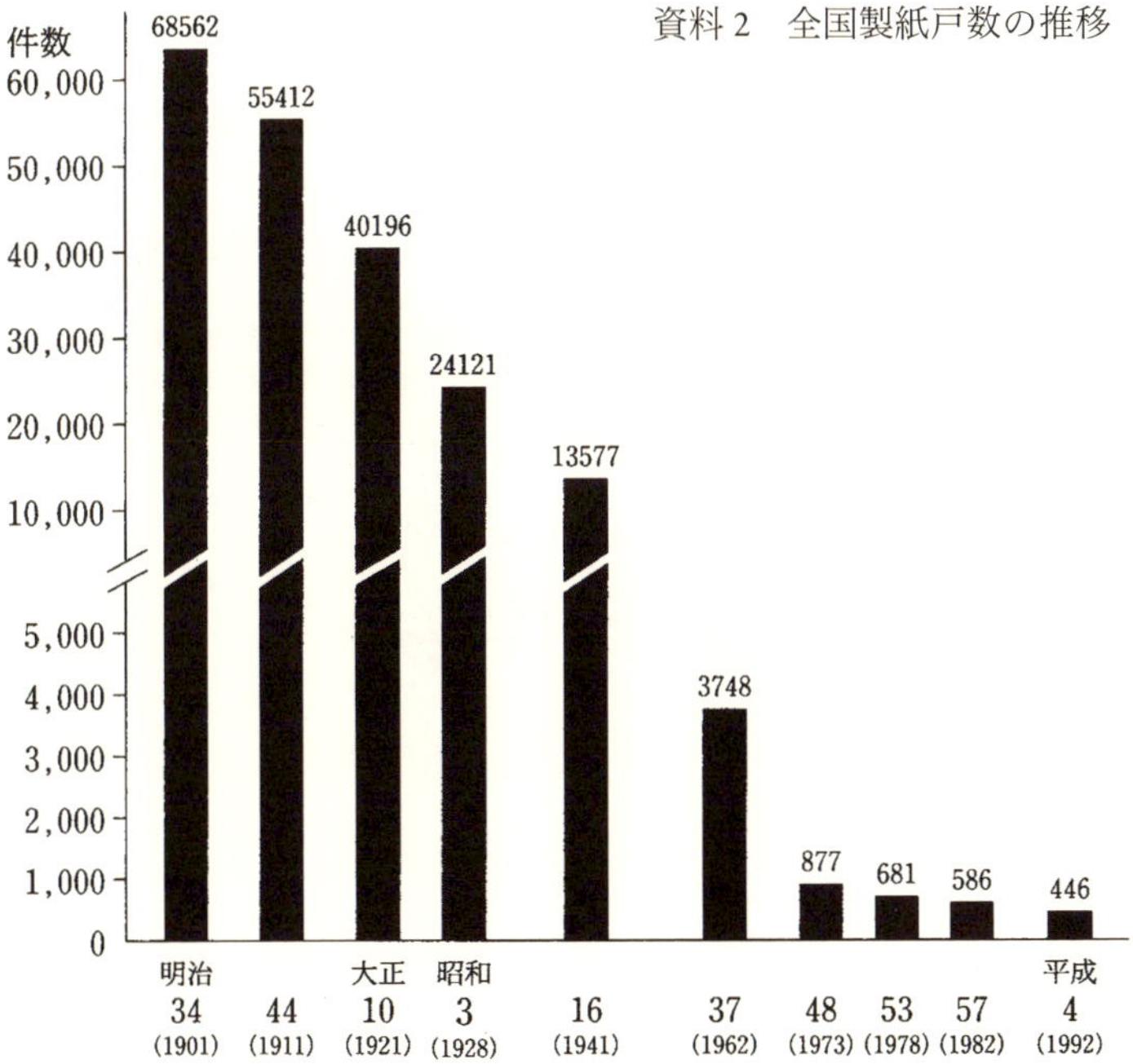

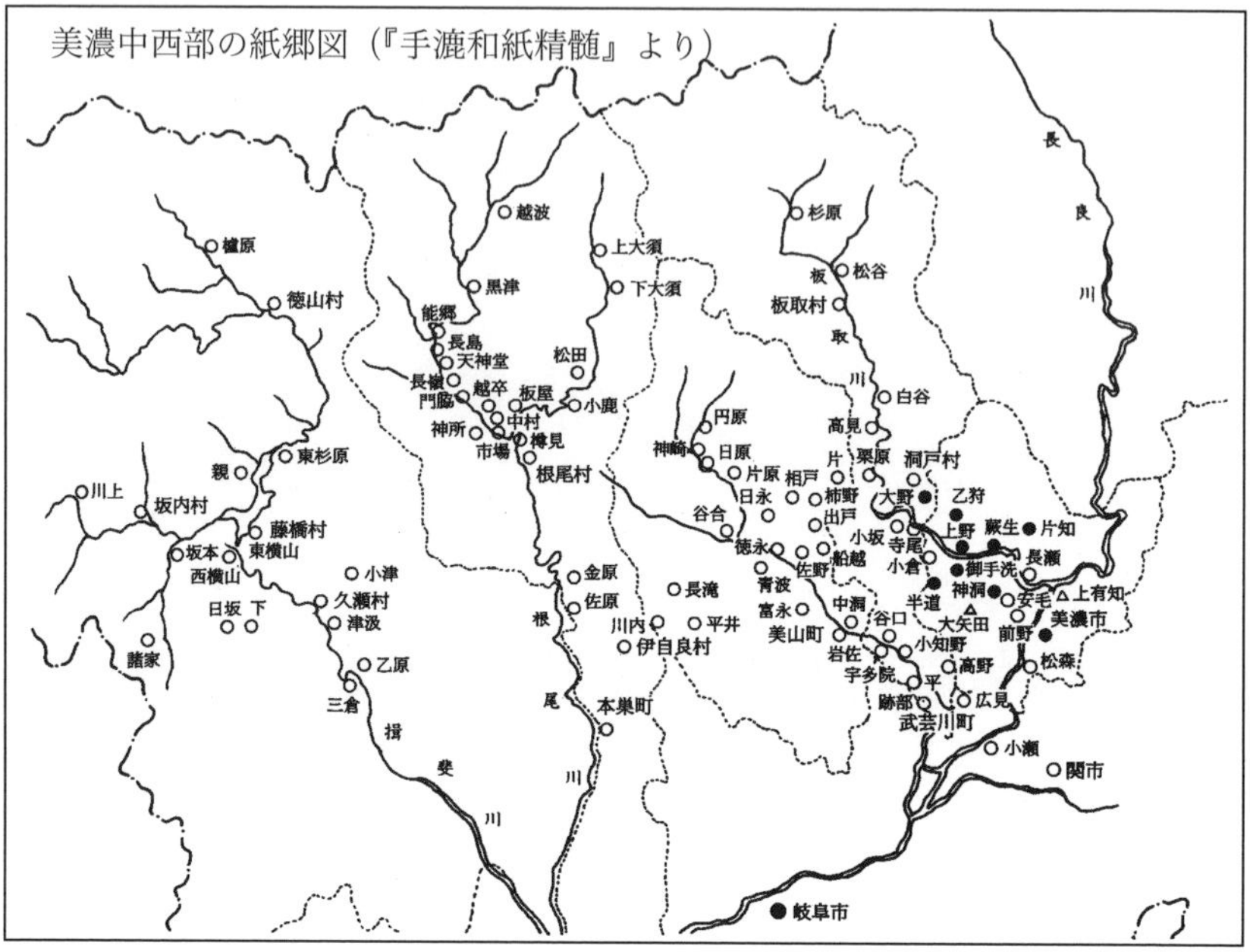

美濃中西部の紙郷図（『手漉和紙精髄』より）

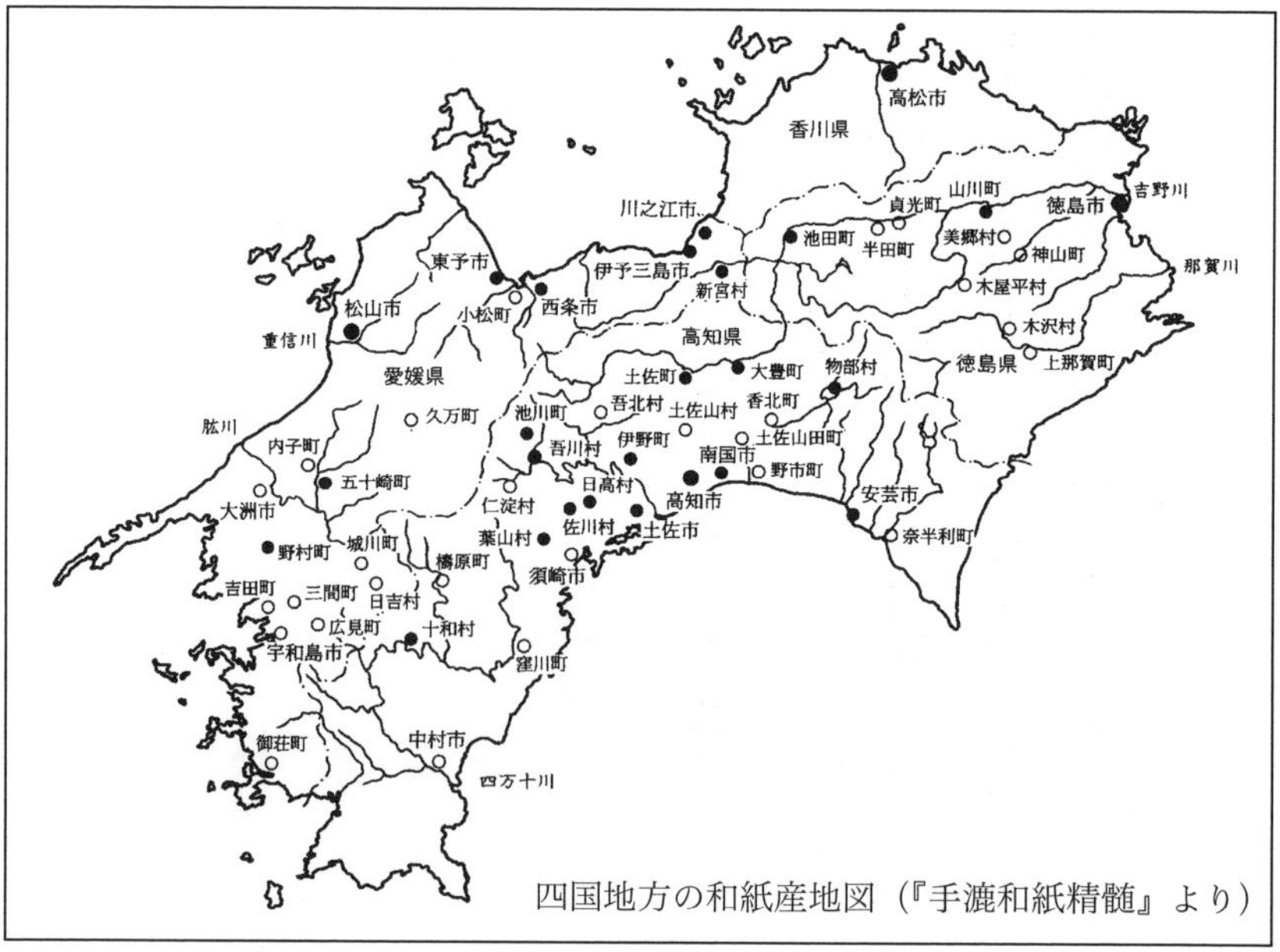

四国地方の和紙産地図（『手漉和紙精髄』より）

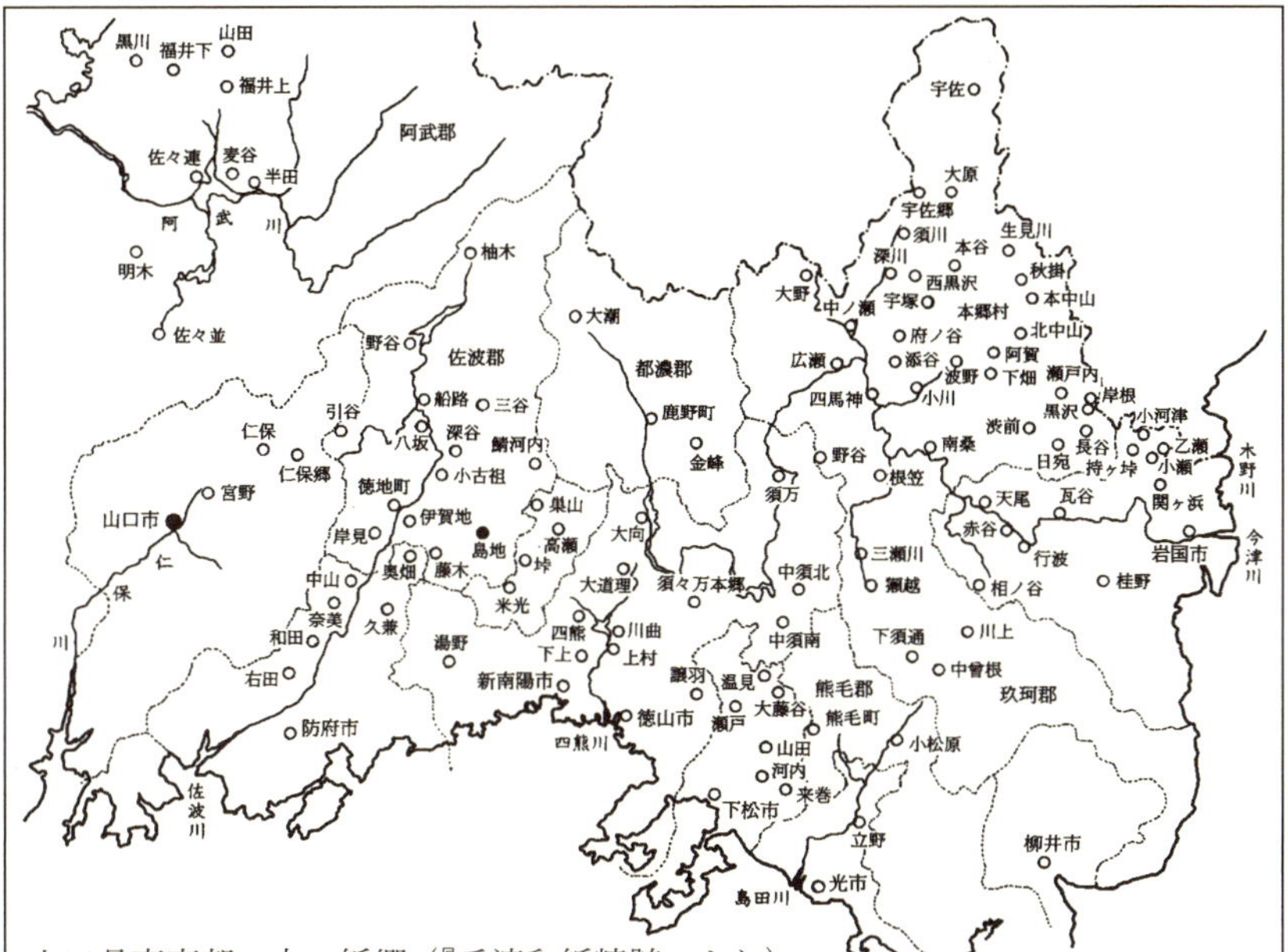

山口県東南部の古い紙郷（『手漉和紙精髄』より）

※　○印はかつて紙郷があったところ,
　　●印は昭和期にも紙郷が存在したところ.

和紙文化用語解説

凡　例

収録した項目

①小項目主義を原則とし、古代から現代にわたり、日本を主体としながら世界各地を含む関連項目を選び、収録項目は一五〇〇余である。

②各項目は日本の手漉き紙とその加工製品が主体である。これに機械すき和紙・洋紙・中国の紙のほか、日本史・書誌・出版・書道・表装などの関連部門からも必要に応じて選んだ。

見出し語

①日本読みは太字のひらがなで、現代かなづかいに従って記したあと、漢字あるいはかなまじりで項目を示した。

②外国読みは太字のかたかなで記し、適宜に原綴りを付した。

項目の配列

①項目名の読みがなにより五十音順に配列し、同音の場合は清音・濁音・半濁音の順とした。

②長音「ー」は無視して、長音を含まない見出し語のあとに配列した。

解説について

①人名の生没は年だけを示し、明確でない場合は「?」とした。

②年月日の表記は、明治五年（一八七二）十二月二日以前は太陰暦により、これに対応する西暦による年を（　）内に補った。

③外国人名などには、適宜原綴りを付した。

④製紙原料の植物名などには、適宜学名を付した。

⑤度量衡は原則として尺貫法を用い、適宜メートル法に換算して記したものもある。

⑥その項目と深い関連があって、参照することが望ましい他の収録項目名を、解説文の末尾に、↓で指示した。

⑦同じ項目名でいくつかの異義のあるものは、①②③などに分けて解説した。

図版について

①項目の解説だけでは十分でないものに約二五〇点の図版を付し、関係項目の解説文末尾に、↓で図版番号を指示した。

②白い紙の場合はその産地の風景などを、装飾加工紙にはその文様などの図版を配した。

③紙製品・製紙原料・製紙工程などについても、その関連図版あるいは古文献から引用した図を付した。

あいがみ【藍紙】 藍色紙《あいいろかみ》ともいう。タデ科の一年草藍（蓼藍《たであい》）からとった染料、玉藍あるいは蒅藍《すくもあい》で染めた紙。その色は青より濃く、紺より淡いが、この藍紙のごく濃いものは紺紙と呼ばれている。藍（色）紙の名は正倉院文書にすでにみえるが、類似の縹紙《はなだのかみ》よりは数少なく、奈良時代には藍紙より薄い藍色の縹紙が優勢であった。↓紺紙（こんし）・縹紙（はなだのかみ）

あいし【間紙】「あいがみ」ともいうが、主として美術書などで印刷途上または印刷終了後、重ねられた刷り本の間で印刷インキの裏移りの汚れを防ぐために、刷り本の間に入れる白紙のこと。また枚数を数えるのに便利なように入れる色紙、古い書物でいろいろの事項を記入するために挿入した白紙も間紙（interleaf）という。

あいしゃくはんきり【相尺半切】『諸国紙名録』『貿易備考』に甲斐（山梨県）の市川大門（西八代郡市川三郷町）産と記され、甲永半切ともいう。半切紙は縦が五寸から八寸、横幅が一尺から二尺四寸まで各種あり、相尺とは中間の長さ（間尺）の意で、五寸二分×一尺八寸である。なお標準の甲半切は五寸×一尺三寸、また甲斐の西嶋（南巨摩郡身延町）産の相尺半切は西甲永ともいい、五寸×一尺七寸でいくらか小判である。↓半切紙（はんきりがみ）

あいたきがみ【相滝紙】 石川県石川郡鳥越村相滝（白山市）を中心に漉かれていたコウゾ紙。もともとは茶煎用あるいは茶袋用であったが、金銀の箔打ちのとき槌の圧力をやわらげるための白蓋紙としても活用された。↓白蓋紙（しろぶたがみ）

あいはぎ【間剝ぎ】 重ね合わさった紙層の間を薄く剝がすこと。流し漉きの紙は原則として三段階の操作をするので、紙層が少なくとも三層になっている。また中国の夾宣《きょうせん》は、夾がかさねるの意味で二枚重ねの二層紙であり、夾貢宣《きょうこうせん》は三層紙である。また裏打ちしたものを剝がすのも間剝ぎという。

あいびょうし【藍表紙】 藍で染めた表紙。平安末期からの遺品が少なくないが、五山版などに多くみられ、古活字版などには空押《からおし》文様のものがある。

あいまさ【間政・相政】 中奉書《ちゅうほうしょ》のこと。『新撰紙鑑』の越前奉書の項に、中奉書の別名を「間政」という、と記しており、寸法は一尺二寸×一尺七分となっている。「間」は中間の意、「政」は柾目（正目）紙の意味であり、漉き目が正しい紙の意である。↓奉書紙（ほうしょがみ）

あおかちのかみ【青褐紙】 正倉院文書にみえ、青みを帯びた濃褐色の紙。

あおがみ［青紙］青色に染めた紙。正倉院文書の「経紙出納帳」によると、天平宝字元年（七五七）に写経料紙として用いられているが、青褐紙はさらに早くから同文書にみられるので、青紙も古くからあったと考えられる。中国の『文房四譜《ぶんぼうしふ》』によると、晋書に「詔を為すに青紙紫泥を以てす」とあり、明代《みんだい》の張鼎思《ちょうていし》編『琅邪代酔編《ろうやだいすいへん》』には、「詔は晋の時多く青紙を用ふ」と記されている。晋代には詔書の用紙であった。青紙の染料は青花（露草）といわれ、露草はまた縹草《はなだぐさ》の異称であって、縹紙の青紙と同じものと考えられる。『朝野群載』にみえる「廿二社奉幣次第」によると、伊勢神宮の宣命《せんみょう》には縹紙を用いるきまりであったが、中国晋代の詔書料紙と対比して重視されたようである。平安時代の『蜻蛉《かげろう》日記』『宇津保物語』『枕草子』などには、青き紙、青き色紙、青き薄様などと、しばしば記されて、和歌の料紙となっている。紺紙ともいい、近世には青土佐の別称でもあった。→青土佐（あおとさ）・縹紙（はなだのかみ）

あおくず［青国栖］国栖（宇陀）紙を青く染めたもの。『新撰紙鑑《かみかがみ》』には染宇田・国栖紺紙の別称があり、雨傘に用いた。主産地は大和の吉野であるが阿波にも産し、大坂・京都でも染めた。寸法は一尺五分×一尺六寸。→国栖紙（くずがみ）

あおすりのかみ［青摺紙］①山藍で文様を摺りつけ染めた紙。『源氏物語』乙女の巻に「青摺の紙、よく取りあへて」とみえる。②青い蠟紙のこと。『河海抄』には「青摺の紙とは青き蠟紙也。唐紙の文を印にあてゝ蠟にて摺たるを云也」とみえる。しかし、蠟箋のように蠟を用いず空摺りしたものをいうとの説もある。

あおとさ［青土佐］厚くて紺色に染めた紙で紺土佐ともいい、色のやや薄いものを、特に「青土佐」といって紺土佐と区別することもある。土佐（高知県）で近世初期からつくられており、のちに大坂・京都でもつくっているが、壁面の腰張り用として需要が多かったからである。『新撰紙鑑』によると、八寸六分×一尺二寸五分が標準であるが、一尺×一尺五寸七分の広幅のものもあり、上方ではさらに雲・絵入・塵・更紗・友禅などの文様をつけたものをつくった。青土佐を単に青紙《あおがみ》・紺紙《こんし》と呼ぶこともある。

あおなみもりした［青波森下］青波は岐阜県山県市美山町の大字名、森下紙は同町中洞の森下の原産とされており、近くの青波でも多くつくるようになったので、青波森下と呼ばれた。→森下紙（もりしたがみ）

あおばながみ［青花紙］露草（鴨跖草・鴨頭草・ツキクサ、帽子花）の花の絞り汁で染めた紙。水に浸すとすぐ脱色する特色を応用して、友禅・絵更紗・絞り染めなどの下絵描きに用いる。明治六年（一八七三）山本章夫撰『青花紙一覧』には、その製法を記すとともに露草は近江山田郷（滋賀県草津市山田町）のものを良質としており、青花紙もまたここが特産地である。帽子紙・藍花紙《あいばながみ》・移紙《うつしがみ》ともいう。↓移紙（うつしがみ）

あおびょうし【青表紙】藍で淡い青色に染めた表紙。藤原定家が手写した『源氏物語』にこの色の表紙をつけたので、その系統の本を「青表紙本」という。また 文化・文政（一八〇四－二九）の頃広く流行した通俗絵本、とくに児童向けの読物をいう。「青表紙を齧《かじ》る」という諺《ことわざ》は、わずかな学識しかないのに博識ぶるのを比喩していっている。

あおほん【青本】表紙の色から名づけられた江戸中期の通俗絵入りの小型読物（草双紙《くさぞうし》）。延享から安永（一七四四－八一）の頃に刊行され、青といっても黄みを帯びた薄い草色の表紙で、挿絵と本文が毎葉併存する体裁をとり、内容は怪異・伝説・演劇・史談などに取材している。のちに黄表紙に変わった。↓黄表紙（きびょうし）

あかがみ【赤紙】赤色に染めた紙。正倉院文書にみられ、写経料紙となっているのは、蘇芳《すおう》染料で明礬《みょうばん》媒染したもの。

あかほん【赤本】赤色の表紙をつけて、江戸中期に刊行された通俗娯楽の小型絵本。初期に行成紙《こうぜいし》の表紙をつけていたが、のちにはもっぱら丹色《にいろ》の表紙を用いたので、赤本という。大きさは半紙半裁二つ折りの中本、さらに豆本のものがあり、内容は絵が大半で、「桃太郎」「猿蟹《さるかに》合戦」などの昔話を主体とした絵解きの通俗読物。のちに浄瑠璃《じょうるり》や歌舞伎狂言の筋書など成人向きのものもあらわれている。

あきのかみ【安芸紙】安芸（広島県）に産した紙。安芸は『延喜式』に紙の上納国となっており、中世には芸州紙が名産のひとつに数えられている。広島藩は正保三年（一六四六）紙方《かみがた》を設け、宝永三年（一七〇六）から専売制に移っており、太田川流域の佐伯・山県・沼田・高宮の四郡を中心に製紙圏が形成されていた。その産紙は奉書・杉原・厚紙類・障子紙・半紙・塵紙・板紙など多種類であるが、障子紙・半紙は著名である。障子紙は諸口紙《もろくちがみ》ともいって広く知られており、半紙は大竹市小方が中核で小方《おがた》半紙とも呼ばれた。また『新撰紙鑑』に「広島塵を四ツ橋塵と云」とあるように、北浜塵は諸国の塵紙を集めているのに、四つ橋塵は広島産の塵紙が主体であった。量産に力を入れた紙産地であったが、明治初期には旧藩主浅野長勲《ながこと》が有恒社を創設して、近代工場方式による洋紙つくりの先駆となり、伝統の手漉き紙は早く衰退した。↓小方半紙（おがたはんし）・諸口紙（もろくちがみ）

あきはたがみ【秋畑紙】群馬県甘楽郡甘楽町秋畑を原産地とするコウゾ紙。群馬県の甘楽・多野両郡の産紙を代表するもので、明治初期には大畑紙とも呼ばれた。

あく【灰汁】草木を焼いた灰を水に浸してとった上澄みの水で、強いアルカリ溶液。紙原料の不純物（非繊維物質）

を水に溶ける物質に変えるため、白皮を煮熟《しゃじゅく》するときに添加して用いる。紙料の煮熟に最も古くから用いられ、『延喜式』には製紙材料としてわらと木蓮灰と灰汁を濾す槽が記されているが、『紙漉重宝記《かみすきちょうほうき》』にはソバ殻の灰、蠟灰（木蠟すなわち黄櫨《はぜのき》の灰）をあげている。近世に一般に用いられたのは、もぐさ（ヨモギ）灰、ソバ殻灰、桐油《とうゆ》鬼殻灰、ずいき（サトイモの茎）灰、クヌギ・ナラ・ネムノキなどの雑木灰、稲わら灰などで、もぐさ灰は最上品といわれ、ずいき灰は光沢を出すのに適しているとされている。石灰や苛性ソーダにくらべて、穏やかに作用して繊維を損傷することが少なく、奉書・宇陀紙などの良質紙を伝統技法でつくる紙漉きは、この灰汁煮にこだわっている。

あさ［麻］大麻《たいま》・苧麻《ちょま》（からむし）・亜麻・マニラ麻などの総称で、古代からの製紙原料。中国の初期の製紙原料には大麻（*Cannabis sativa* L.）・苧麻（*Boehmeria nivea* Gaud.）の靭皮繊維が用いられ、製紙術が西伝してアラビアでは亜麻（*Linum usitatissimum* L.）が主原料として採用され、ヨーロッパでの製紙原料の主流となった。これらはクワ科あるいはアマ科であるが、マニラ麻（*Musa textilia*）はバショウ科の多年草で、原産地のフィリピンではアバカ（Abaca）といい、近代日本では最も重要な補助原料として用いられている。古代の麻紙は主として麻布のぼろを原料としており、正倉院文書などには布紙とも書かれているが、そのころには生の麻も処理して紙がつくられていた。しかし平安末期には原料の入手がむずかしくなって、麻紙はつくられなくなっていた。→麻紙（まし）・図版1

あさかがみ［安坂紙］長野県東筑摩郡筑北村坂井に産した障子紙。旧坂井村の北東端には姨捨《おばすて》伝説で知られる冠着《かむりき》山がそびえているが、ここでは江戸初期から紙漉きがはじまり、中折紙・蚕卵台紙などもつくったことがある。

あさくさがみ［浅草紙］江戸（東京）の浅草・山谷・千住などで製した漉き返しの紙。「鼻をかむ紙は上田（信州上田製の紙）か浅草か」とあるように主として鼻紙に用いられ、その紙質が粗悪なため「悪紙《わるがみ》」とも呼ばれた。寛文のころ（一六六一－七三）の岩井守義述『浅草地名考』に浅草紙の名がみられ、貞享四年（一六八七）の『江戸鹿子』には「紙すき町」が記されている。『貿易備考』には「往時専ら江戸浅草に製せしが故に、浅草紙とも云ひ、又並六《なみろく》とも曰《い》ふ」とあり、並六の別称は、浅草並木町に六兵衛という紙漉人がいたからで、彼が浅草紙の祖であるか、彼の生産量が多かったからか、命名のはっきりした由来は不明。また山谷にも紙漉人が多く、「ひやかす」の語源について『嬉遊笑覧《きゆうしょうらん》』は、「山谷にはすきかへし紙を製する者多く、紙のたねを水に漬けおき、そのひやくる（冷える）迄に、廓中のにぎはひを見物して帰るより出でたる詞なり」と解説している。江戸末期には浅草紙つくりの中心は南足立郡

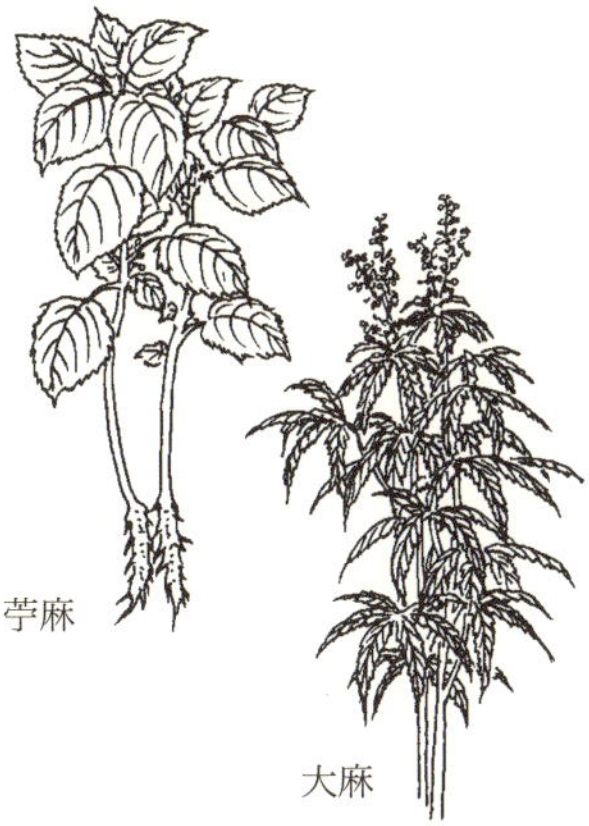

1　麻（『造紙史話』より）

2　浅草紙で作られたいろはかるた

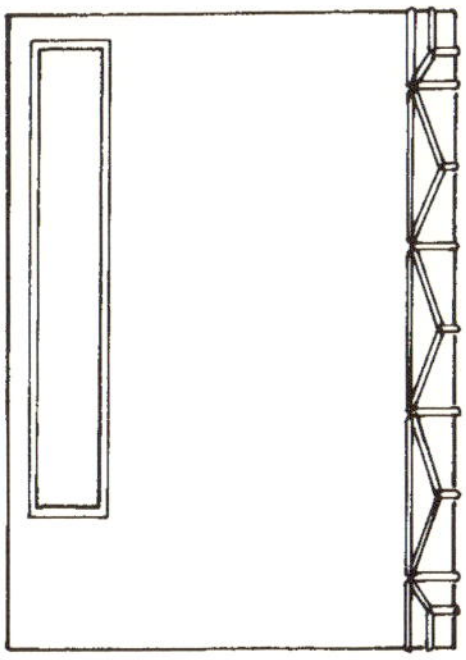
3　麻葉綴

（足立区）千住付近に移り、文政十年（一八二七）刊の佐藤信淵《のぶひろ》著『経済要録』に「江戸千住近在の民は、漉き返しの紙を製する事、毎年金十万両に及ぶ」とあり、浅草紙は江戸市民の常用として繁盛していた。↓図版2

あさのはとじ【麻葉綴】袋綴の一種で、上下の綴じの部分を麻の葉の文様に飾って糸をかがったもの。↓袋綴（ふくろとじ）・図版3

あざぶがみ【麻布紙・麻生紙・浅生紙】羽前（山形県）の上山市高松に産した極薄で漆を濾すのに用いたコウゾ紙。紙名の由来には諸説があり、元亨年間（一三二一－二四）に高松の光明院の僧、光潤が開発した光明紙がひな人形の単衣に用いられたが、麻の布のような外観なので麻布紙と名づけたという説、コウゾ皮を晒すとき麻布に包んだからという説があり、また『倭名抄《わみょうしょう》』にみえる阿蘇郷の地名にちなんだのが転じたともいわれる。しかし、寛永年間（一六二四－四四）に大和国吉野郡国樔村《くずむら》（吉野町）から来て、大庄屋・町年寄をつとめた松本長兵衛が教え、上山藩の御料紙となった柔紙《やわらがみ》（和良紙）が源流であるとする説が最も有力である。吉野紙より強靭といわれ、漆濾しには内側に吉野紙、外側に麻布紙を重ねて包むのが、本来の使い方であったという。『貿易備考』は羽前高松村産を浅生紙と記し、別に加賀二俣村の麻生紙を収録している。

あしもりすぎはら【足守杉原】備中（岡山県）足守藩（岡山市）で産した杉原紙。『新撰紙鑑』『諸国紙名録』のいずれにも足守半紙とともに足守杉原のことを記しており、足守藩が製紙を奨励していたことを語っている。

あすけがみ［足助紙］愛知県豊田市足助町・旭町周辺で漉かれていたコウゾ紙。『和漢三才図会』は美濃の寺尾、出雲の木次《きすき》とともに足助を小菊紙の産地に数えている。小菊紙は鼻紙の極上品といわれたもので、寿岳文章『紙漉村旅日記』は、この紙郷の紙を「寸分の夾雑物無き正直一途な美しい紙」と評している。↓小菊紙（こぎくがみ）

あせいし［鴉青紙］鴉《からす》の羽色の紺黒の紙。中国の胡韞玉《こうんぎょく》著『紙説』によると、『図画見聞記』には「高麗の使節が中国に来るたびに摺り畳みの扇を謁見の際のみやげものとした。その扇は鴉青紙でつくられていた」と記している。高麗国に産した紙で、加工紙の一種である。

あせんやくそめがみ［阿仙薬染紙］阿仙薬で染めた紙料を漉き染めした紙。阿仙薬というのは亜仙薬、すなわち仙薬に亜《つ》ぐ良薬という意味で、西洋ではカテキュー（catechu）といい、熱帯アジア産のアカネ科植物あるいはマメ科植物を水に浸し、その有効成分の溶けた汁を濃縮して得た褐色または暗褐色のタンニン生薬のひとつ。

あそびがみ［遊び紙］書籍の中身のうちで両面にまったく印刷されていない白紙の総称。添紙・副葉・副紙ともいう。製本するときに、四ページとか二ページの端数が出るのを嫌って、少なくとも八ページになるように中身に不足数の白紙をつけたり、あるいは単にゆとりのある体裁を整えるために白紙を入れたりする。

あたごがみ［阿多古紙］遠江国（静岡県）天竜市阿多古（現浜松市）で産した楮紙で、中頭紙《ちゅうずがみ》ともいう。

あたまがみ［頭紙］紙荷の包装などのとき、一番上（頭）に置く紙の意で、反古《ほご》あるいは紙出《しで》を漉き返した紙。当紙《あてがみ》、張紙《はりかみ》ともいう。一種の包紙で塵入りのものもあるが、一番上、すなわち頭の部分にのせるので「頭紙」と表記されている。『明治十年内国勧業博覧会出品解説』によると、甲斐国（山梨県）巨摩郡豊田村（北杜市須玉町）から出品されているが、各地でつくられていた。

あたみがんぴし［熱海雁皮紙］静岡県熱海市で江戸中期につくり始められた雁皮紙《がんぴし》。江戸幕府の儒官柴野栗山《しばのりつざん》が宝暦八年（一七五八）来《くる》の宮名主、今井半太夫とはかって糸川のほとりでつくり始め、江戸の金花堂・今井・榛原などの紙問屋が売りひろめ、とくに文人墨客に好まれた。巻紙・短冊・色紙などに仕立てたものが多く、五雲箋というのは上等品であり、朝霞箋《あさかせん》・松鱗箋《しょうりんせん》・瑞香箋《ずいこうせん》・白糸箋などもあった。また書物用としては、奉書判・西の内判・美濃《みの》判・半紙判・小菊判があった。イギリスの初代駐日公使オルコックの『大君の都』によると、一八六〇年、彼は富士登山の帰途、九月十四日から約半月間ここに滞在して、熱海雁皮紙の工程をじっくりと調査している。↓五雲箋（ごうんせん）・図版4

あつがみ［厚紙］古代にはガンピを原料とする厚様《あつよう》紙を略

した紙名として用いられていることが多いが、普通はコウゾを原料とする厚手の紙。『和漢三才図会』は厚紙の種類として大帳紙・森下紙・泉貨（仙過）紙・島包紙・西の内紙・程村紙・宇陀《うだ》（国栖《くず》）紙・百田《ももた》紙・皆田《かいた》（海田）紙などをあげている。このほか豊後笠紙・大奉紙・小西紙・名田庄紙・十文字紙など数多くの種類がある。↓厚様（あつよう）

あつよう［厚様・厚葉］雁皮紙《がんぴし》（斐紙《ひし》）の厚手のもので、厚様紙の略であり、薄様に対する語。正倉院文書に厚斐紙と記され、『延喜式』には田籍の標紙《そでがみ》（表紙）の料として「厚紙五十三張」とみえ、『万葉仙覚抄』の跋文には「鎌倉右大臣携へるところの万葉集は表紙に厚様紙を用ふ」とあって、本や帳簿の表紙として用いることが多かった。しかし、薄様にくらべて厚様が文献に記されることが少ないのは薄様が女性の懐紙として数多く愛用されたのに対して、厚様の用途は重要文書に限定されて生産量も少なく、しかも厚紙と記されていたからである。文安元年（一四四四）刊の『下学集《かがくしゅう》』でも「厚紙、薄様」とあり、天文十七年（一五四八）の『運歩色葉集』でようやく「厚様、薄様」と表記されている。『大言海』には鳥子紙《とりのこ》の説明として、薄様に対して「古名厚様」とあって、中世の鳥子紙は古代の厚手の雁皮紙のこととも考えられる。近世の『和漢三才図会』に鳥子紙について「俗に云ふ厚葉・中葉・薄葉の三品あり」と解説しており、薄葉もふくめて雁皮製の紙を鳥子と呼称するようになった。↓薄様（うすよう）・鳥子紙（とりのこがみ）

アートし［アート紙 art paper］白土（クレー）・硫酸バリウムなどの鉱物性白色顔料とカゼイン・ゼラチン・膠《にかわ》などの接着剤を混ぜて、コーター（coater 塗工機）で機械的に塗りつけ、乾燥してスーパーカレンダーを通して強い光沢をつけた紙。紙面が非常に平滑な洋紙で、艶消しのものもある。耐折度が弱い欠点があるが、多色印刷や写真版用に欠くことのできないものなので、アート（美術）紙と名づけられている。アート紙の製造は一八九〇年頃からイギリスで始まり、日本では大正四年（一九一五）に創設された日本アート合名会社（のちの日本加工製紙株式会社）によって国産化が始まっている。

あとぞめ［後染め］紙を漉きあげ、あるいは布を織り上げてから必要な色に染めること。刷毛で染料液をひく引染紙《ひきぞめ》、染料液に浸す浸染紙《つけぞめ》、あるいは霧吹きで染料液を吹きつける吹染紙は、この後染めである。

あねさまにんぎょう［姉様人形］縮緬紙《ちりめんがみ》で髷《まげ》をつくり、千代紙を折ってつくった花嫁姿の雛人形。女児の玩具で、単に「姉様」ともいう。↓図版5

アバカし［アバカ紙］マニラ麻（*Musa textilia*）のことを、原産地のフィリピンではアバカ（abaca）といい、これを原料として漉いた紙。マニラ麻は近代の日本では、紙幣のほか紙業界でも補助原料として用いているが、繊維が強靭で軽く、耐久性がある。近年フィリピンではこのアバカ紙つくりが復活している。↓マニラ麻（マニラあさ）・図版6

あぶらがみ［油紙］桐油《とうゆ》また荏油《えのあぶら》、あるいは亜麻仁油《あまにゆ》等の乾性油をひいたコウゾ製の紙。防水加工して荷造り・雨具・医療具などに用いる。油紙の製品のひとつである油単《ゆたん》は、平安中期の『倭名抄』にすでにみられ、早くからこの種の加工をして生活用品を作ることが試みられていた。近世初期の『毛吹草《けふきぐさ》』には出羽（山形・秋田）の名産と記されているが、のちには各地でつくられた。

あぶらとりがみ［脂取紙］金銀の箔打ちに何度も使って老化した紙。箔打紙は柿渋・鶏卵と稲わら灰汁の混合液に浸し乾燥することを繰り返しながら箔を打つが、一五回ほど灰汁に浸したものは打ちのばす効力が薄れてくる。この老化した箔打紙が脂取紙である。また風呂屋紙ともいい、顔の脂をぬぐいとるのに用いられる。↓箔打紙（はくうちがみ）・風呂屋紙（ふろやがみ）

あべえいしろう［安部栄四郎］出雲雁皮紙で昭和四十三年（一九六八）重要無形文化財技術保持者（人間国宝）に認定された紙匠。島根県八束郡八雲村大字東岩坂（松江市）で明治三十五年（一九〇二）に生まれ、昭和五十九年（一九八四）死去。昭和六年（一九三一）松江商工会議所の「正しき工芸品の展観」に出品した厚手の雁皮紙を、民芸運動のリーダーだった柳宗悦《やなぎむねよし》に絶賛された。柳は『和紙の美』のなかで「古書の料紙であった、あの厚手のものを、この地で再び甦《よみがえ》らすことの出来たのは、何たる幸なことであったか。世にも気高いこの雁皮紙に、私は私の情熱を注いだ」と記している。こうして安部は民芸運動に加わり、その民芸紙はバーナード・リーチの『日本の絵日記』のなかで、「この紙は田園そのものに近く、繊維の質はあたたかく、そして気持ちよい肌ざわりがあり、使うのにもってこいである」と評されている。安部は、昭和三十五年（一九六〇）から三年間正倉院の紙調査団の一員として六種の古代紙を復原したが、「和紙は自然の原料と水、それに伝統の技法でつくられ、その風土にふさわしい個性があり、それぞれの独特の良さをのばし、質の美を追究するのが、和紙つくりの正しい道である。工程をごまかさないで、誠実にふんでいくのが、手しごとに生きるもののつとめである」ともいっている。全国を巡回して良い紙を見る鑑識眼を養い、ゆたかな感性を磨き、それを洗練された技法で雅《みやび》な紙つくりに生かした人である。

あまがっぱ［雨合羽］雨天のときに着る外套《がいとう》の一種で、布製のほか紙やビニールでつくったもの。紙製の雨合羽は桐油または荏油を塗って防水している。↓合羽（かっぱ）

あまかわ［甘皮］樹木や果実の外皮の内側にある薄い皮。

コウゾなどの靭皮は黒皮・甘皮・白皮の三層から成っており、その中央層の緑色の部分。普通は黒皮と甘皮を削って白皮だけとするが、甘皮部を残すところもあり、石州（島根県）ではこのように削るのを「撫《な》ぜ皮」という。

あまかわとりのこ［天川鳥子］ 和泉国（大阪府）阿間河滝村（岸和田市阿間河滝町）に産した鳥子紙。正保二年（一六四五）刊の『毛吹草《けふきぐさ》』には、和泉産の天川鳥子に「粉をふきたる紙也」と注記している。和泉山脈はコウゾ、ガンピを多く産し、堺市が湊紙の原産地であったほか、貝塚市の旧木島村などで茶袋紙や傘紙を産し、岸和田市阿間河滝町の鳥子紙は近世初期には大坂市場でよく知られていた。なお岸和田市には紙屋町の地名が残っている。↓和泉紙（いずみのかみ）

アマテ［amate］ 中央アメリカのメキシコなどで、イチジクの樹皮をたたきのばして、衣料あるいは書写材として利用したもの。南太平洋諸島のタパに類似している。↓タパ（tapa）

あやもんせん［綾紋箋］ 斜めの織目のある絹布である綾のような文様のある紙。中国の唐代には将相の辞令書に金花綾紋箋を用いたといわれ、『牧豎閑談《ぼくじゅかんだん》』には、唐代に蜀（四川省）でつくった紙のひとつに数えている。『宋史』職官志によると、宋代にも辞令書に綾紋箋を用いている。

あらたえ［荒妙・麁栲］ コウゾ・カジノキ・フジなどの繊維を手紡ぎして織った手ざわりの粗い布。太布《たふ》もふくみ、わが国の古代の衣料。近年まで大和（奈良県）・丹波（京都府と兵庫県の一部）・越後（新潟県）などで織られていた。

4　熱海雁皮紙を販売した榛原紙店の図

5　姉様人形

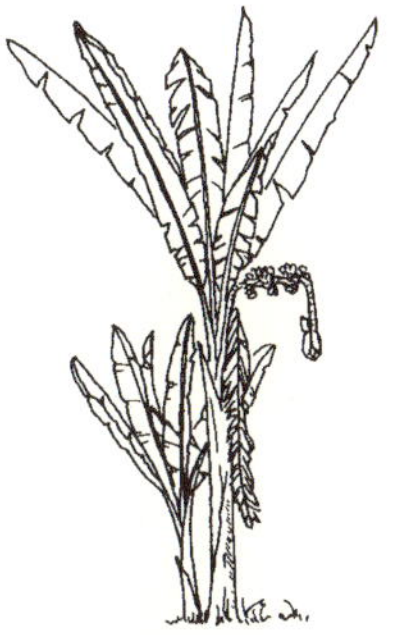
4　アバカ（マニラ麻）

7　徳島県山川町の阿波和紙伝統産業会館

↓太布（たふ）

ありまがみ［有馬紙］ガンピまたはミツマタの紙料にソバ殻の細粉を混ぜて三六判（三尺×六尺）に漉き、それに薄紙を上掛けしたものである。福井県今立町（越前市）の初代岩野平三郎が開発したものに東京の紙商が名づけて、茶室用として好評であった。

アルミはくうちがみ［アルミ箔打紙］わらしべ七〇％、コウゾ三〇％の原料で漉き、黄みがかった厚めの紙。これを湿らせたものと乾いたものを交互に重ねて、箔打機でたたくことを五回くり返して平滑にしたあと、カゼインに煤《すす》を混ぜた液を塗ってアルミ箔打ちに使う。金銀箔の澄《ずみ》打ちにも用いられる。金沢市田島町に産する。

あわがみ［阿波紙］阿波（徳島県）の麻植《おえ》郡山川町（吉野川市）を中核とする紙郷で漉かれた紙。阿波の忌部《いんべ》族の祖天日鷲命《あめのひわしのみこと》は紙祖神として、阿波のほか各地で祀られており、阿波は正倉院文書の宝亀五年（七七四）「図書寮解《ずしょりょうげ》」に紙麻《しま》四〇〇斤の未進が記され、『延喜式』では中男作物《ちゅうなんさくもつ》の紙を納めることになっているので、古くから紙を産したところである。また『延喜式』にみえる苦参紙《くじんし》はまぼろしの紙とされているが、江戸末期まで阿波でつくっていたといわれ、中世の文献『言国《ときくに》卿記』には「すがためつらしきかみ」、『御湯殿上日記』には阿波薄様の進献が記されている。近世には専売制に組み込み、紙方役所・銀札抄造所・紙加工所を設け、麻植郡のほか名西・美馬・那賀各郡に紙郷があって各種の紙の生産がふえた。『新撰紙鑑《はんがみ》』には産紙として大鷹類・奉書・杉原・小半紙・板紙と記しているが、泉貨紙・丈長紙のほか半紙も多く、さらに染宇陀紙の名産地であった。近年の紙郷は吉野川市山川町、那賀郡上那賀町（那賀町）、三好市池田町に集約され、山川町には阿波和紙伝統産業会館があり、富士製紙企業組合で各種の紙をつくっている。↓図版7

あんし［安紙］安は案の意で案紙のこと。正倉院文書にみえるが、文書の下書き、草案に用いられた紙である。

い

いかけがみ［沃懸紙］金銀箔を散らした紙。蒔絵《まきえ》で金地あるいは金彩地のことを沃懸というが、この紙名は『今昔物語』第二十八に「五寸許《ばかり》なる押覆ひたる張筥の沃懸紙に」とみえている。

いがのかみ［伊賀紙］正倉院文書の天平宝字二年（七五八）「写千巻経所銭並紙衣等納帳」にみられ、伊賀国（三重県西北部）に産した紙のこと。近世の伊賀国には伊賀郡箕曲村、名賀郡滝川村（名張市）などに紙郷があり、名張川の旧称簗瀬川にちなんで簗瀬紙《やなせがみ》と呼ばれた。これらの地域では奈良時代にも紙を漉いていたと考えられる。

いさくがみ【伊作紙】鹿児島県日置市吹上町伊作に産したコウゾ紙。伊作には鹿児島藩の楮蔵が設けられ、明治期には約四〇〇戸の製紙家がいたという。半紙・障子紙・百田《ももた》紙のほか製茶の袋とか焙炉《ほいろ》用の茶紙《ちゃがみ》もつくっていた。

いさわがみ【伊沢紙】新潟県十日町市松代町に属する旧伊沢村を原産地とし、その周辺地域で産したコウゾ紙。小国《おぐに》紙《がみ》（九寸三分×一尺三寸）より大判（一尺×一尺四寸）で、より厚く、紙床を雪中に埋める「かんぐれ」はしない。伊沢紙は厚手なので、別名を傘紙ともいい、凧紙《たこがみ》や台帳用紙にも用いられた。↓小国紙（おぐにがみ）

いしずりがみ【石摺紙】石碑に刻んだ文字を摺《す》りとる紙。碑面に白紙を当てて水で濡らし、軽くたたいて文字のところをくぼませ、綿を布で包んだたんぽに墨をつけ、打って摺りとる拓本用の紙。『実隆公記《さねたかこうき》』天文二年（一五三三）七月二十日に「大内氏の贈品になる石摺紙」とみえる。

いしめがみ【石目紙】石目の斑紋をあらわした紙。『新撰紙鑑』には播磨産とあり、「又木目紙あり、一説に伊予より出づ」と記しており、『難波丸綱目《なにわまるこうもく》』では伊予の宇和島産紙のなかにふくまれている。また『諸国紙名録』では東京産腰張紙の一種となっており、各地で石目文様を装飾加工していたといえる。

いずがはらがみ【出原紙】福島県の旧河沼郡出原《いずはら》村（耶麻郡西会津町下谷）に産した堅くて耐久性のあるコウゾ紙。文化六年（一八〇九）刊の『新編会津風土記』に記されており、周辺の諸村にも産した。

いすずがみ【五十鈴紙】吉野紙の技法を伝習して、京都府福知山市大江町二俣の田中製紙工業所でつくった極薄の紙。大江町は伊勢神宮が伊勢に鎮座する前に社殿があったと伝えられ、由良川支流の五十鈴川流域に紙郷があったので、この川にちなんで名づけている。吉野紙は漉いてすぐ干板《ほしいた》に張る簀《す》伏《ぶ》せ技法でつくるが、五十鈴紙は湿紙を積み重ね紙床《しと》を圧搾してから天日乾燥するので、ふんわりとした味わいに欠けた。改良吉野紙とも呼んだ。↓吉野紙（よしのがみ）

いずみのかみ【和泉紙】和泉国（大阪府南西部）に産した紙。和泉は古代には紙を産しなかったようであるが、『兵《へい》範記《はんき》』仁安三年（一一六八）九月七日の条の「堺紙」「折堺紙屋紙」が堺産の紙、すなわち和泉産の紙といわれている。室町期には茶人が多く、茶室の腰張りに使われた湊紙《みなとがみ》の生産が始まり、『毛吹草《けふきぐさ》』などに記すように天川鳥子もつくっている。↓湊紙（みなとがみ）

いずものかみ【出雲紙】出雲の国（島根県東部）に産した紙の総称。正倉院文書「写経勘紙解」天平九年（七三七）の条に出雲紙のことがみえ、古くから紙産地であるが、近世には松江藩主松平直政が寛永十五年（一六三八）に入封してから盛んになった。彼は忌部村野白（松江市乃白町）、大原郡木次町《きすき》（雲南市）に御紙屋を設け、また木次では飯石・大原・仁多・能義各郡の紙を集めて毎月六回の定期市が開かれていた。『新撰紙鑑』によると、出雲は延紙《のべがみ》・半紙・半切・小半紙・塵紙などの産地となっている。近年の紙漉きは八束郡八雲村《やぐも》（松江市）、能義郡広瀬町（安来市）、飯石郡三刀屋町（雲南市）に集約され、八雲村はかつて出雲雁皮紙で人間国宝となった安部栄四郎を生んでいる。↓木次紙（きすきがみ）・野白紙（のしろがみ）・斐伊川紙（ひいかわがみ）・図版8

いずものべがみ【出雲延紙】島根県松江市で産したコウゾ紙。『諸国紙名録』によると、寸法は六寸九分×七寸九分で、普通の鼻紙用の延紙とほぼ同じ判型であるが、用途は磐城《いわき》延紙と同じように書写および障子用であった。↓磐城延紙（いわきのべがみ）

いせかたがみ【伊勢型紙】伊勢（三重県）鈴鹿市白子・寺《じ》家《け》などの型屋が織物の捺染用として文様を彫った型紙。伊勢型紙彫りの技術は国の重要無形文化財に認定されているが、古老の言い伝えでは、室町末期に萩原中納言が旧知の白子山観音寺住職のもとに身を寄せ、余暇に人物・花鳥を彫刻した富貴絵形《ふうきえがた》を売ったのが始まりという。また寺家文書『形売共年数年暦扣帳《かたうりどもねんすうねんれきひかえちょう》』によると、延暦年中（七八二－八〇六）にすでに型屋四人がいたというが、一般には室町末期に始まったとされ、近世の桃山期に一二七人の型屋がいたとの記録もある。紀州侯の保護で型屋株をつくって、全国に販路を開いたが、とくに大消費地の江戸に進出し、小紋型・友禅染絵型・更紗型・蒲団型などの新しいデザインを考案して発展した。↓型紙（かたがみ）・型紙原紙（かたがみげんし）

いせごよみ【伊勢暦】伊勢神宮祭主藤浪家から奏して得た土御門家の暦の稿本によって、同神宮から刊行し、全国に頒布した暦。江戸時代には、かなの伊勢暦が内宮・外宮の御師《おし》の手で刊行され、普及している。

いせさだたけ【伊勢貞丈】江戸中期の故実学者（一七一七－八四）。通称は平蔵、号は安斎。伊勢家は代々礼法家として室町幕府に仕え、徳川将軍家にも仕えたが、貞丈は博覧強記、有職故実《ゆうそくこじつ》に精通して、武家故実の研究では当代随一の権威されていた。考証は的確、所論は公正で、該博な学殖と識見で多くの著書がある。『貞丈雑記』『安斎随筆』『安斎雑考』『神道独語』などは、その代表作で『貞丈雑記』巻十四下、紙類の部には、檀紙《だんし》・引合《ひきあわせ》をはじめ数多くの紙について考証している。また『安斎随筆』は、水引・紙子・色紙・短冊・墨流しなど、加工和紙についての論考を収録している。

いたがみ【板紙】①俎紙《まないたかみ》の「まな」を略した呼称。料理するとき、まな板の上に敷く紙で、『日本百科辞典』によると、伊勢家礼式では杉原紙を用いたが、引合《ひきあわせ》も用いられたようである。②洋式の抄紙機による板のように厚い紙、いわゆるボール紙も板紙といい、包装・紙箱・本の表紙などに用いる。↓板紙（はんがみ）

いたじめそめがみ［板締染紙］紙をいろいろな形に屏風《びょうぶ》だたみにして両面から板を当てて強く縛り染色したもの。板の当っていない部分が染色され、文様が染め出される。紙の折り方、板の形によっていろいろな文様ができるが、幾何学的な繰り返しの文様が多い。紙を三角形に折ってつくる麻の葉文様などはその典型的なもので、文様の端がぼかしたように仕上がって独特の美しさがある。↓図版9

いたずき［板漉き］簾目のない紙。漉簀《すきす》に紗を敷いて漉いた紗漉き、または縦横十文字に漉桁《すきげた》をゆする十文字漉きには簾目があらわれないので、板漉きという。藤貞幹《とうていかん》著『好古小録』に「古代ノ杉原紙ハ板ズキトテ簾メナシ、奉書モ杉原ナレドモ奉書ハスダレメアリ、美濃紙ノ類ハイカホドウスクテモ皆強紙ナリ」とある。和紙の漉き方には、奉書のように縦ゆりだけのものが多いが、美濃紙の場合は縦ゆりよりもむしろ横ゆりの操作が多いのが特徴であり、この横ゆりを加えることで紙料繊維がよくからまり強靭な紙となる。『好古小録』の記事によると、古代の杉原紙は、紗漉きあるいは十文字漉きであったので簾目がなかったようである。紗漉きは、簾目のあらわれるのを嫌う薄紙を漉くときに多く用いられている。榊原芳野の『文芸類纂』巻七には「簀文なきを板スキといふ、然れども図書式によれば、

8　島根県八雲村東岩坂の安部紙工房

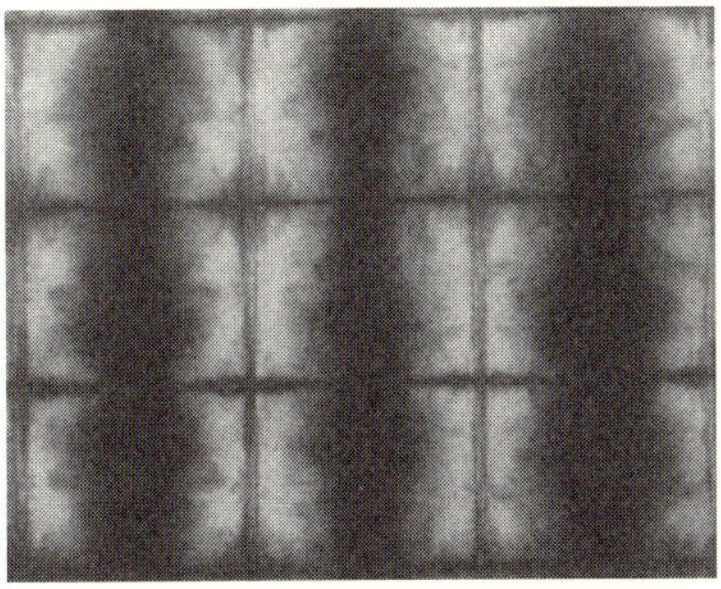

9　板締染紙

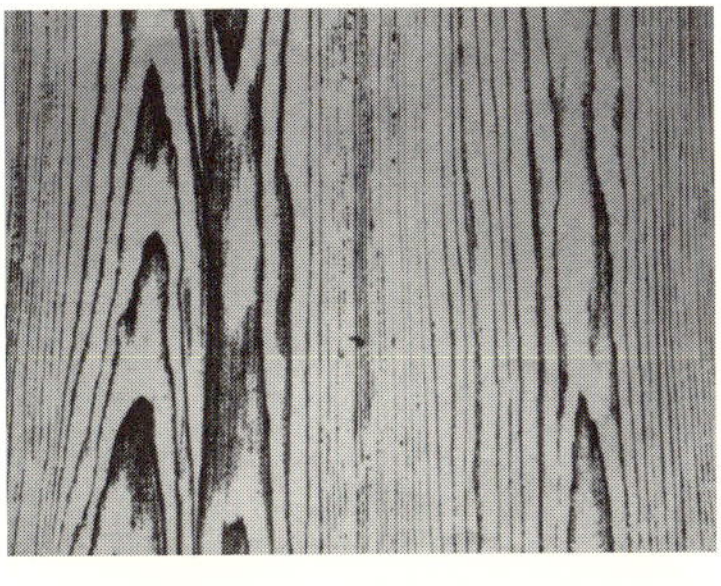

10　宮城県白石市，遠藤工房の板目紙

11　甲斐の市川大門紙漉図（『甲斐叢記』より）

簀上に紗を敷きて、水を漉し造ると見えたれば、板にて漉きたるにはあらじ」とある。

いためがみ［板目紙・撓紙］①紙を幾枚も糊で貼り重ねて圧縮し、乾かして堅く厚くつくったもの。和本の表紙や反物の包紙などに用いる。合楮・合紙ともいう。②木製雨戸の板目文様を写しとった紙。近年、宮城県や埼玉県でつくっている。→図版10

いちがみ［市紙］奈良時代の平城京東西市《いち》などで売られていた紙。天平宝字二年（七五八）の『後金剛般若経装潢等下充帳』九月二十三日の条に、「市紙十五張雑用料」とある。また天平宝字二年の『写千巻経所銭並紙衣等下充帳』には凡紙を東市庄領および西市庄領から買ったことを記しており、紙屋紙・調紙《ちょうし》のほか市紙も流通し、写経所などで調達して用いていた。→調紙（ちょうし）

いちかわはだよししゅう［市川肌吉衆］山梨県西八代郡市川三郷町市川大門の紙漉きたちのうち、徳川幕府に肌吉奉書などの御用紙を納め諸役を免除されていたグループ。その他を売紙漉衆といった。肌吉衆の人数は時代によって差があり、最も多いときは一四人で、彼らは大きな特権をもっていた。原料は富士川流域の河内地方（南巨摩郡）から優先して買い入れ、値段にも干渉し、御用紙が漉き終わるまで原料の移出は禁止された。干板用材のヒノキは河内地方の大城山・雨畑山から伐り出し、火災に見舞われると無利子十年分割払いの復興資金が貸し出された。御用紙を江戸に送るときは「献納紙」の札をかかげ「御納戸御用」の板札を立てた荷を二人ずつでかつぎ、行列を組んで送った。楮打唄《かぞうちうた》にも「漉いた肌吉送るときゃ、絵符立てゝ、御用御用でお江戸まで」という一節がある。→肌吉奉書（はだよしほうしょ）

いちかわほんばん［市川本判］甲斐（山梨県）の市川三郷町市川大門産の判之紙《はんのかみ》。判之紙は判之奉書であり、印判を押す公文書用紙のことで広幅である。市川大門産の奉書は糊入奉書ともいわれ、米粉の糊を加えている。寸法は一尺三分×一尺三寸五分。なお甲斐の西島産は西島本判といい、一尺×一尺三寸でいくらか小さい。→図版11

いちやまはんし［市山半紙］島根県江津市桜江町市山の地名を冠した半紙。市山は浜田藩に属し、石州半紙にふくまれるものであるが、『新撰紙鑑』は「紙の品色黒く厚手なり」と注記しており、『諸国紙名録』では石州半紙の別の銘柄としてあげている。

いっかんばり［一閑張］木型を使って美濃紙などを渋煎《しぶせん》（柿渋をいれて煮た糊）で張り重ね、型から抜きとって漆を塗った器具。木地や竹地に紙を張ったものもある。江戸初期の寛永の頃（一六二四－四四）帰化した明人《みん》、飛来一閑《ひらいいっかん》が伝えた技法という。江戸時代にはこの技法で各種の生活用具がつくられた。飛来家は千家十職のひとつで、茶入

筒・菓子皿など、一閑張の茶道具も多い。↓図版12

いっさいきょう［一切経］経蔵・律蔵・論蔵の三蔵およびその注釈書をふくめた仏教経典の総称。大蔵経ともいう。仏教信仰のあかしとしての一切経写経事業は天武天皇の白鳳元年（六七三）川原寺で書写したのを初めとして、宝亀三年（七七二）までの一〇〇年間に一五回行われているが、一切経の書写供養は中世までいろいろな形で続けられた。また一切経の印刷は、寛永十四年（一六三七）から慶安元年（一六四八）まで一二年間を要した寛永寺版一切経に始まり、黄檗版《おうばくばん》のほか、その後もしばしば開版が試みられている。

いっそくいっぽん［一束一本］杉原紙一束（一〇帖）と扇一本。武家社会では一束一本、一束一巻を礼物とするならわしがあり、扇一本あるいは紋緞子《もんどんす》一巻に杉原紙一束を添えるのが原則であった。寛文十二年（一六七二）刊の伊勢貞陸《さだみち》（常照）著『常照愚草』には、「一束一本と申すは扇、杉原を申す也」とあり、正徳三年（一七一三）刊の寺島良安編『和漢三才図会』は本杉原（鬼杉原ともいう）について「献上一束一本の紙となす。官家不易の慣例誠に殊勝なり」と記している。中世の公家の日録などによると、檀紙・引合《ひきあわせ》・美濃紙・修善寺紙なども贈答に用いているが、杉原紙が最も多く、杉原紙一束がその基本となったことは、杉原紙が武家社会に深く根をおろし、その象徴でもあったことを語っている。↓杉原紙（すぎはらがみ）

いつつめとじ［五つ目綴］袋綴《ふくろとじ》の綴目《とじめ》が五つあるもので、もともと朝鮮で始まったものといわれており、朝鮮綴とも

紙兜
ひょうたん
蒔絵文庫（紙の博物館蔵）
高杯（紙の博物館蔵）
銘々皿

12　一閑張各種

いう。その遺品の最も古いものとして応永十八年（一四一一）写の『縮芥抄《しゅくがいしょう》』（『拾芥抄《しゅうがいしょう》』の異本、大東急記念文庫蔵）がある。

いととじ【糸綴じ】書物の折丁を背で綴じつける方法のひとつ。「かがり」といって、洋式本の綴じ方で、針金綴じに対し、木綿糸を用いて折丁の背を鎖編みの要領で綴じつけたもの。そして手工的に綴じたものを手綴じ、機械の操作で綴じたものを機械綴じという。また和本の場合は単に糸を使って書物を綴じる意で、わが国で発明した綴葉装《でっちょうそう》や袋綴などのことである。

いなかがみ【田舎紙】室町期の土佐紙の別称。『言継《ときつぐ》卿記』の天文二十一年（一五五二）七月六日の条に、「一条殿前殿より土州御宮笥《おみやげ》として田舎紙十帖下さる」とある。土佐の一条家の所領は西南端の幡多荘であり、京都からはるかに遠いところであったので「田舎」と呼んだのであろう。↓土佐紙（とさがみ）

いながみ【伊那紙】長野県南部の伊那谷に産した紙。伊那谷には飯田市松尾・久堅・鼎《かなえ》、伊那市手良、高遠町美篶《みすず》、下伊那郡喬木《たかぎ》村などに紙郷があり、元和二年（一六一六）の『駿府御分物御道具帳』にも下伊那紙が収録されているので、江戸初期から紙が漉かれていた。この製紙圏の中核は飯田市で、ここは元結紙《もとゆいがみ》の著名な産地で、稲垣幸八が元結の原紙とされている晒紙《さらしがみ》を始めたのは正徳四年（一七一四）と伝えられている。晒紙は精選したコウゾ原料を縦ゆりだけで漉き、紙縒《こより》にすれば米一俵を吊り下げられたといわれるほどの強い良質の紙であった。また鼎町は明治初期に擬革紙の一種である万力紙《まんりきし》を産したところである。伊那紙はねばり強いのが特徴で、のちには水引の原紙や障子紙として愛用された。↓万力紙（まんりきし）・元結紙（もとゆいがみ）

いなさがみ【引佐紙】遠江（静岡県）引佐郡（浜松市）に産した紙。遠江には中世に山香荘で産した山衙《やまが》小紙があり、近世には天竜市上野（浜松市）の阿多古紙《あたごがみ》、周智郡森町天方の天方紙《あまがたがみ》が知られているが、引佐紙はもともと引佐町的場（浜松市）の紙郷を中心につくられたコウゾ紙である。

いなばのかみ【因幡紙】因幡国（鳥取県東部）に産した紙の総称。因幡は『延喜式』に中男作物《ちゅうなんさくもつ》の紙を納めるところとなっているが、盛んになったのは近世の鳥取藩時代からである。鳥取市青谷町河原にある因幡紙元祖碑は、寛永五年（一六二八）美濃《みの》（岐阜県）生まれの旅人に教えられて紙漉きが始まったと伝えている。鳥取藩の紙産地は気高郡青谷町・鹿野町、河原町・用瀬町・八頭郡佐治村（以上鳥取市）・八頭《やず》郡智頭町にあって、奉書・杉原紙・皆田《かいた》紙・小半紙・障子紙などを産した。江戸末期からミツマタ原料が導入されて画仙紙つくりに特色があり、近年は青谷と佐治に紙郷が集約されて、画仙紙を主体に工芸紙もつくって

いる。→図版13

いねわら［稲藁］　稲（*Oryza sativa* L.）の茎を乾かしたもの。麦わらとともに製紙原料のひとつで、主として補助原料として用いられている。このわらを原料としたことは、北宋の蘇易簡《そいかん》『文房四譜《ぶんぼうしふ》』に「浙人は麦茎・稲稈で紙をつくる」とあり、正倉院文書には波和良紙・波和羅紙・葉藁紙と記されている。中世には甲州藁檀紙があり、近代には大蔵省印刷局抄紙部が稲わらを苛性ソーダで処理することを開発してから和紙業界にひろまり、書道半紙・半切紙などの補助原料として多く用いられている。中国でも宣紙の補助原料となっている。稲わらは穂のついたところから第一節までの「すべ」が最もよく、第一節から下部まで節部と外苞部を除いたものを「中抜《なかぬき》」といい、外苞部だけのものは「節抜《ふしぬき》」または「どうわら」といって最下等の紙料である。

いよまさほうしょ［伊予政奉書・伊予柾奉書］　伊予（愛媛県）の東部、とくに西条市のあたりで産した奉書紙。伊予の奉書紙は、近世初期の『毛吹草《けふきぐさ》』に、すでに名産とされているが、錦絵の地紙としてとくに多く用いられた。天保十年（一八三九）刊、日野暖太郎編『西条誌』には、「奉書紙は大坂にひさぎ、江戸に運びて錦絵を摺る故に価高く、御国益少なからず」と記されている。

いらかみ［苛紙］　イラクサ（蕁麻）あるいはカラムシ（苧麻）の粗皮でつくった紙で、漆器・陶器などの包装に用いた。『貿易備考』によると、福島県大沼郡会津高田町（会津美里町）に産した。

いろせいちょうし［色清帳紙］　近世に七色紙で知られた土佐（高知県）で、明治期に清帳紙を染めて紙市場に流通させた紙。『諸国紙名録』によると、青土佐・紺土佐・浅葱《あさぎ》土佐の三種があり、寸法は一尺三分×一尺五寸。→清帳紙（せいちょうし）

いろてんぐじょう［色典具帖］　染めたコウゾ原料で漉き染めした典具帖紙。明治期のサンプルはドイツのライプチヒ書籍文書博物館にあり、近年は高知県吾川郡いの町の浜田幸雄が、造花・貼り絵などの素材としてつくっている。→典具帖紙（てんぐじょうし）

いろぶたかがみ［色歩高紙］　半紙を染めた紙で、赤歩高紙と青歩高紙がある。『諸国紙名録』染紙類のなかにみられ、「半紙染」の注記があって判型は八寸×一尺一寸。色奉書、色清帳、萌黄仙過紙、朱宇田紙など高級な紙質の染紙は早くか

13　鳥取市青谷町河原にある因幡紙元祖碑

らあったが、近世末期から明治期にかけて、細工用などの色紙の需要がふえたので、半紙にも染めるようになったものである。また普通の細工用染紙は七寸×九寸五分で、それよりいくらか大判なので「歩高」と呼んだと思われる。

いろまし［色麻紙］麻紙をいろいろな色に染めたもの。中国の唐代に重要文書は白麻紙よりも黄蘗《きはだ》で染めた黄麻紙に書くことを規定したといわれるが、正倉院文書にも色麻紙のことが記されていて、奈良時代には写経料紙にも用いられている。しかし日本では平安末期から麻紙がつくられなくなっているので、現代は福井県越前市今立町の岩野工房で特注品をつくるにすぎない。

いろまにあいがみ［色間似合紙］兵庫県西宮市名塩で、地元産の色土を漉き込んで着色した間似合紙。色土には東久《とうく》保土《ぼど》（白色）、天子土《あまごど》（卵色）、かぶた土（青色）、蛇豆土《じゃがめど》（茶褐色）があり、ほかに楊梅皮《ももかわ》の煎じ汁と油煙でガンピ繊維を染めた鶯茶色のものもつくっている。↓間似合紙（まにあいがみ）・泥間似合紙（どろまにあいがみ）

いろよしがみ［色好紙・色吉紙］ガンピあるいはミツマタ製で美しい色に染めてある紙の意で、伊豆の修善寺紙の別称。『新撰紙鑑』は、修善寺紙について、「伊豆より出るものは柿色で横に筋があり、阿波より出るものは黄色」と記している。修善寺紙の染料は櫟木《りんぼく》（バラ科の常緑小高木）である。↓修善寺紙（しゅぜんじがみ）

いわきのべがみ［磐城延紙・岩城延紙］福島県磐城地方に産したコウゾ紙。江戸中期の『和漢三才図会』では障子紙の一種にあげているが、明治初期の『諸国紙名録』には、「障子、書本、罫紙用」となっている。寸法は九寸五分×一尺三寸七分で、「延紙」といっても鼻紙用のものではなく、むしろ半紙の延判の意味で、大半紙類に属するものである。また『貿易備考』には、上遠野《かとおの》紙・磐城紙あるいは年代《ねんだい》紙ともいうと記しており、いわき市の上遠野（遠野町）が主産地であった。↓年代紙（ねんだいし）

いわくにはんし［岩国半紙］周防（山口県）の岩国藩で産した半紙。岩国藩の製紙は小瀬村（岩国市）の太郎右衛門が天正年間（一五七三－九二）に始めたとされているが、山代地方の影響をうけて紙郷が多く、寛永十七年（一六四〇）に紙の専売制を実施した。『難波《なにわ》丸綱目《まるこうもく》』によると、大坂の蔵屋敷を通じて中之島常安町の塩屋新兵衛が専門紙問屋となっている。

いわのいちべえ［岩野市兵衛］越前奉書で昭和四十三年（一九六八）重要無形文化財技術保持者（人間国宝）に認定された紙匠。福井県越前市今立町大滝で明治三十四年（一九〇一）に生まれ、昭和五十一年（一九七六）死去。越前の名紙匠、初代岩野平三郎の教えを守って、生漉《きずき》奉書漉き一筋に生き抜いて、最高の品質を誇る越前奉書の伝統を守った。水上勉の名作『弥陀の舞』のモデルで、その主人公弥平は「つよい紙、質のええ紙をつくっておれば、不景気もへったくれもありゃせん」「昔の越前奉書は、日本のどこをさがしてもないつよい紙じゃった」といっているが、近隣で木材パルプなどの使用がふえる情勢のなかで、常に純コウゾの精選した紙料《しりょう》で、強靭で良質の紙つくりに精魂を傾けた。江戸時代の高級な浮世絵版画は越前奉書で摺られているが、彼は東京の版画研究所や著名な版画家とともに研究し、四〇〇回もの摺りに耐えて、紙の伸縮によるずれがなく、年とともに色彩が冴える、強靭な版画紙もつくっている。彼の越前奉書は版画界で高く評価され、ピカソも愛用したという。彼は「仕事をごまかすと、紙は腹を立てる」といい、心をこめて強靭な紙つくりを追究した紙匠である。なお二代目も平成十二年（二〇〇〇）に重要無形文化財技術保持者に認定されている。

いわのへいざぶろう【岩野平三郎】福井県越前市今立町大滝の紙漉きの達人、名紙匠と呼ばれた人で、「紙漉きの神様」「紙漉きの鬼」ともいわれた。明治十一年（一八七八）に生まれ、昭和三十五年（一九六〇）死去。東洋史学者内藤湖南博士から天平期の麻紙を贈られて古代麻紙を復原したのをきっかけに、一流画家の意見を聞きながら、雲肌麻紙をはじめ竹内栖鳳《たけうちせいほう》愛用の大滝紙一号、横山大観好みの大徳紙など、優秀な日本画紙を創製、大正十四年（一九二五）には五・四㍍平方という大判の岡大紙《おかだいし》を漉きあげている。鳥子紙に加飾する打雲《うちぐも》・飛雲《とびくも》・墨流しにも独自のすぐれた技術をもち、雲華紙・東風紙・宮城野紙・野分紙・飛竜紙・有馬紙・七夕紙・星光紙などの美術紙を創製した。彼は原料の配合に細かく神経を配り、自然現象からひらめきを感じ、長年の経験でたくわえられた伝統技法で、多彩な紙を生み出したが、自然を深く観賞する詩心にあふれ、自然と調和する技術を駆使した紙工といえる。昭和二十九年（一九五四）の喜寿の祝いに編まれた『七十七句集』には、「春風や飛び散る紙を追うて行く」と、一枚の紙もおろそかにしない紙漉きの心を詠んでおり、また「楮干す竿に蜻蛉《とんぼ》の並びけり」「紙叩く音も沈みて今朝の雪」などの句もある。やわらかな心で自然を観賞し、しかも紙漉きには鬼ともなって熱中し、あらゆる紙を漉きこなした名人であった。↓雲肌麻紙（くもはだまし）・岡大紙（おかだいし）・雲華紙（うんかし）・白鳳紙（はくほうし）

いわみのかみ【石見紙】石見国（島根県）に産した紙。石見紙の名は『宣胤《のぶたね》卿記』永正十四年（一五一七）の条にみえるが、『紙漉重宝記』には柿本人麻呂が紙つくりを教えたと伝え、『延喜式』でも中男作物として紙を上納しているので、古代からの紙産地であった。近世には津和野藩・浜田藩のもとで、吉賀半紙・石州半紙が著名であり、大坂市場には専門の紙問屋があった。↓石州半紙（せきしゅうはんし）

いんかし［印可紙］禅宗・密教や芸道・武道で、師が弟子の悟道や秘伝修得を認許する印可状（目録）に用いる紙。コウゾ紙または雁皮紙に雲母《きら》などを散らしたものが多い。

いんかし［印花紙］中国で文様を彫った板を花板といい、これを用いて文様を摺った紙。また型紙で捺染したものも印花紙という。日本の更紗紙の中国的呼称ともいえる。↓更紗紙（さらさがみ）

インキとめがみ［インキ止め紙］コウゾの紙料に松脂《まつやに》を混和して漉き、インキがにじまないようにした紙。↓ヤネ入り紙（ヤネいりがみ）

いんきんし［印金紙］糊や漆などで文様を描き、その上から金銀箔や雲母《きら》を散らして装飾した紙。主として京都・大坂で加工された。

いんさつきょく［印刷局］官報・法令全書・職員録などの編集・印刷・発売とともに日本銀行券・印紙・郵便切手・諸証券などを製造する財務省の付属機関。明治四年（一八七一）新紙幣発行のために設けられた紙幣寮が前身で、明治十一年（一八七八）に印刷局となった。明治新政府は太政官札・民部省札を発行するとき、ほとんどの紙漉き工を福井県五箇村（越前市今立町）から招いており、明治八年（一八七五）に紙幣寮抄紙局が紙幣用紙を製造するときも彼らの協力を得ている。そしてさらにお雇い外国人の協力で、製紙機や印刷機の操作を学んで紙幣・証券を発行した。明治十五年（一八八二）印刷局の大川平三郎が稲わらパルプの工業化に成功したほか、紙幣用紙の主原料をミツマタにするなど、印刷局は製紙技術の研究センターであったが、世間で「万屋《よろずや》」と呼ばれるほど、石鹸・靴墨・機械工具・各種工業薬品もつくっていた。そしてこれが民業を圧迫すると批判されたため、明治二十年頃から印刷中心の業務を運営する機関となっている。

いんしゅうふできれず［因州筆切れず］鳥取市佐治町に産する因州三椏紙《みつまたがみ》の別名。佐治町は天保年間（一八三〇－四四）からミツマタの栽培を始め、大正期には大半がミツマタ原料となっているが、この紙は墨色が鮮明で紙肌が美しく、その平滑さが毛筆をいためないので「筆切れず」と名づけ、「因州筆切れず保存会」も結成されていた。なお佐治谷は寛永十八年（一六四一）に製紙が始まり、初期には杉原紙・半紙などが主製品であった。

いんぜん［院宣］院司が上皇あるいは法皇の命令を奉じて出す文書。宇多法皇に始まり、院政とともに国政上の重要さを増した。奉書形式をとり、形式的には院庁下文《いんちょうくだしぶみ》よりも私的なものであるが、一般の政務にも私用のためにも発せられた。

いんでんし［印伝紙］印伝革になぞらえて、型紙を用いて漆をヘラで紙に刷り、斑点文様をあらわした紙。印伝はインドから伝わったという意味で、羊または鹿のなめし革に漆で文様をつけた染革は、江戸中期から山梨県甲府で模造しているが、印伝紙は明治中期からつくられて、主として袋物の素材となった。

いんぶつ［印仏］ 仏像を印形に彫って捺印したもの。お札に類するものであるが、供養のためのもので、中国では敦《とん》煌《こう》から出た唐代の朱の印仏などが残っている。日本では平安時代以降の遺品が少なくない。↓図版14

う

ういろうがみ［外郎紙］ 江戸後期に伊豆市修善寺の落合家がつくって売り出した紙。修善寺紙の一種であるが、黒褐色で透明感があり、外郎餅に似る。外郎餅は小田原虎屋がつくり、外郎薬（透頂香《とうちんこう》）に色が似ているので名づけられており、外郎薬とは中国元朝の礼部員外郎陳宗敬が製した痰《たん》を切る妙薬。薄紅色といわれる修善寺紙よりもっと濃く染めたもの。↓修善寺紙（しゅぜんじがみ）

うえだがみ［上田紙］ 長野県上田市を中心とする上田藩で産した紙。上田藩は正徳元年（一七一一）から約四〇年間、紙の専売制を実施しており、生産量も多かった。江戸市場では「上田紙」として知られ、良質の紙も漉かれて「よろしくといふ時に出す上田紙」という川柳がある。また鼻紙の出荷量も多く「はなをかむ紙は上田か浅草か」と川柳に詠まれるほど、江戸市民に親しまれていた。

ウォーターマーク［watermark］ 紙の透かし、あるいは透かし文様のことで、透かしを入れるという意味もある。ドイツ語では**Wasserzeichen**といい、水のはたらきでつくりだす、という意味で名づけられている。中国語では、この透かし入りの紙を水紋紙といい、十世紀ないし十一世紀につくられた中国の透かし文様は波浪文など水にちなむ文様だからで、ウォーターマークも水にちなむ標識に由来するとも考えられる。ウォーターマークは、漉き型網の上に金属線で成形した文様型を固定して漉くので、イタリア語では**filgrana**（線条細工の意）、フランス語では**filgrane**という。中国では透かしの文様を麻糸で編み、日本では型紙あるいは漆型も用い漉簀に固着して漉く。なお機械すきでは、凹凸模様のあるロールで湿紙をプレスする方法もある。↓水紋紙（す

14　印仏

いもんし）・透かし入れ紙（すかしいれがみ）・黒透き入れ紙（くろすきいれがみ）・白透き入れ紙（しろすきいれがみ）・図版15

うおぬまがみ【魚沼紙】新潟県北魚沼市湯之谷の佐梨川流域に産した小判（九寸三分×一尺二寸三分）のコウゾ紙。湯之谷の中心紙郷大沢の地名にちなんで大沢紙ともいった。コウゾ原料を雪で晒《さら》して漉き、かつては障子紙が主体であったが、のちに札紙・凧紙《たこがみ》・クリスマスカードなどもつくっていた。

うきよえはんが【浮世絵版画】浮世絵は江戸時代に発達した民衆的な風俗画の一様式で、その肉筆絵に対して木版摺りした版画のこと。桃山期から江戸初期に流行した肉筆の風俗画・美人画を母体として、十七世紀後半（延宝～元禄）に菱川師宣《ひしかわもろのぶ》によって、版本の挿絵として様式の基礎がつくられた。この初期の浮世絵は単色の墨摺絵であったが、鳥居清信《とりいきよのぶ》・清倍《きよます》父子が鉛丹・黄丹の顔料を用いた丹《たん》絵を始め、さらに漆絵・紅摺絵・丹摺絵《にずりえ》を経て、明和二年（一七六五）に鈴木春信が多色摺りの版画、すなわち錦絵を創始して黄金期を迎えた。浮世絵には、初期には肉筆絵もあったが、このように版画によって独自の美の世界を展開させた。その主題は、遊里・芝居の情景、美女・役者・力士などの似顔絵を中核として、東海道五十三次の風景や花鳥、歴史画に及んでいる。作家としては、前記のほか西川祐信《すけのぶ》・奥村政信・喜多川歌麿・鳥居清長・東洲斎写楽・歌川広重・葛飾北斎などが著名で、十九世紀後半からヨーロッパ美術にも影響を及ぼした。この木版画用にも主として奉書紙が用いられ、数多く色を摺り重ねても伸縮しない強靭さが高く評価された。↓版画用紙（はんがようし）・図版16

うきよぞうし【浮世草子・浮世草紙・浮世双紙】十七世紀末から十八世紀中期に、主として上方で著作刊行された一種の小説の総称。仮名《かな》草子が古風な文体であるのに対し、日常の用語で書いた好色物・町人物・武家物・気質《かたぎ》物などの風俗小説。天和二年（一六八二）刊の井原西鶴『好色一代男』に始まるとされ、書型はだいたい大本で挿絵入りであるが、のちに半紙本になった。書肆《しょし》としては八文字屋が最もよく知られている。↓仮名草子（かなぞうし）

うきんし【烏金紙】中国製の黒い光沢のある紙。主として金箔を打ち延ばすのに用いた。烏金は赤銅の異名であり、黒金（鉄）のことであり、また石摺りの墨が濃く光沢のあるものをいう。『天工開物《てんこうかいぶつ》』によると、周囲を塞いで小さい通気孔だけがある室内で、豆油《とうゆ》を燃やした煙で竹紙をいぶしてつくり、一枚で金箔打ちに五〇回用いてから廃棄するという。またこの紙は薬種や顔料を包むのに用いた。匱《き》紙《し》ともいう。↓匱紙（きし）

うけがみせい【請紙制】紙の生産量を請負わせて完納させる制度。江戸期の周防《すおう》・長門《ながと》（山口県）、石見（島根県）

などで実施され、楮三六貫を一把《わ》とし、三把すなわち三釜で半紙一丸（六締＝一万二〇〇〇枚）を漉くことを基準とし、農民に楮石《こうぞこく》を割当ててそれに応じた紙を納めることを強制した。このきびしい生産統制によってこれらの藩は大坂市場で圧倒的な優位を確保したが、農民は終生紙を漉き続けなければならない苦しさにあえぎ、しばしば紙一揆が暴発しており、また割当量を達成できないと処罰を恐れて他の藩領に夜逃げした者もあった。

うけばり【浮張】屏風《びょうぶ》などを張るとき、骨の上だけに糊をつけて、その他を浮かせて張ること。また袋張《ふくろばり》のことでもある。→袋張（ふくろばり）

うこんし【鬱金紙】ショウガ科の多年草、鬱金の根茎を染料とし、少し酢を加えて染めた鮮黄色の紙。日本では黄色のことを「うこん色」と通称するほどで、鬱金による黄染めは古くからつくられていて、茶の湯のときの布巾《ふきん》として好んで用いられた。アルカリに鋭敏に反応してすぐ赤くなるので、ターメリック試験紙といってアルカリの検出にも使われた。

うしらん【烏糸欄】黒い罫線《けいせん》を引いた紙。中国唐代の『国史補』に宋と亳《ごう》に産すると記している。宋は宋州で河南省商邱県、亳は亳州で安徽省亳県。宋代には亳県と巴郡（四川省重慶）が著名な産地であった。なお朱色の罫線を引いた紙を朱糸欄という。

うすうだがみ【薄宇陀紙・薄宇田紙】宇陀紙は普通厚いものであるが、これを薄く漉いたもの。宇陀紙はかつて傘用であり、表装の総裏打ちに用いられているが、『諸国紙名録』は薄宇田紙を書写用としている。また『新撰紙鑑』には薄国栖《くず》紙と記されており、大和（奈良県）吉野町が主産地であった。→宇陀紙（うだがみ）

うすがみ【薄紙】主としてコウゾを原料とする薄手の紙。正倉院文書には播磨薄紙・越前薄紙・筑紫薄紙とみえるが、平安期にはほとんど薄様《うすよう》（薄葉）と記され、これは主とし

15　透かしを入れる漉型（フランスのアンペールの Richard de Bas 工房）

16　写楽画「嵐重蔵の奴なみ平」

て薄い雁皮《がんぴ》紙のことである。中世には美濃産の薄紙の名があるが、近世の紙関係文献でも「厚紙」に対する「薄紙」として記されることはほとんどない。コウゾ原料の薄紙は、吉野紙・典具帖紙など、それぞれの固有の紙名で呼ばれたからである。

うすしろがみ【薄白紙】薄いコウゾ製の白紙。『経覚私要《きょうがくしよう》抄《しょう》』応永二十八年（一四二一）八月四日の条にみえ、『御湯殿上日記』の明応六年（一四九七）三月十七日の条には「いしら（伊自良）よりうすしろ五十てうまゐる」とあって、美濃（岐阜県）産の紙。『文明日々記』文明十三年（一四八一）十二月十五日の条には「薄白十帖を花園へ進上」と記されている。寿岳文章著『日本の紙』では、森下紙に米糊などを混じてやや白くしたものではなかったかとみているが、美濃は米粉の糊を使わない生漉《きず》きの伝統を重んじた紙どころなので、原料をよく漂白して薄く漉いた紙と考えられる。

うすずみがみ【薄墨紙】反古《ほご》を漉き返したため、十分に脱色されないで薄い墨色の紙。『七十一番歌合』には「すきかへし薄墨染の夕暮もしら紙いろに月ぞいでぬる」とみえている。↓紙屋紙（かみやがみ）・宿紙（しゅくし）

うすみのがみ【薄美濃紙】記録印刷用あるいは明り障子用として近世に多く流通した美濃紙（直紙《なおしがみ》）の薄口のもの。近世には典具帖紙と同類のものとして扱われていたが、明治初期には区別して薄美濃紙と記されるようになり、薄書院紙・薄生漉《きずき》紙ともいった。普通の美濃紙にくらべて原料はより入念に精選し、こまかい目の簀に紗をのせて、よりはげしい流し漉きの操作で漉く。したがって、女性よりも男性が漉くことが多い。表装の肌裏打ちに最も多く用いられているが、提灯紙や型紙原紙もこの薄美濃紙の技法を活用したもので、洗練された流し漉きの深い伝統がある美濃の特徴ともいえる紙のひとつである。↓美濃紙（みのがみ）・提灯紙（ちょうちんがみ）・型紙原紙（かたがみげんし）

うすよう【薄様・薄葉】薄く漉いた紙葉、すなわち薄様紙の略。薄いコウゾ紙もふくむが、主として薄い斐紙《ひし》（雁皮《がんぴ》紙）を指し、厚様に対する語。薄葉ともいい、明治期には薄用紙とも記されている。『宇津保物語』蔵開の上に「白き薄様一重に、いと目出たく書き給へり」、楼の上の上には「唐の扇、薄様の中に入れ給ひて」とあり、和歌を書いたり、物を包むなどに用いた。『枕草子』には「薄様色紙は白き、紫、赤き、刈安《かりやす》染、青きもよし」「御返し、紅梅の薄様に書かせたまふが、御衣《おんぞ》のおなじ色ににほひかよひたる」とみえて、女性のこまやかな感覚を反映して数多くのいろどりの薄様がつくられ、それをみやびやかな生活にふさわしく使っていた。紅梅のほか胡桃《くるみ》・檜皮《ひわだ》・木賊《とくさ》など天然の色を映した交ぜ染めの色の薄様ができたのも、これが女流作家たちに愛好された紙だったからであり、『西本願寺本三十六人集』などにみられる料紙の美も、薄様が基本になっている。また薄様は透き写しにも用い、軽便で虫に食われないのが好まれて、書物とくに辞書類の印刷用紙ともなっている。↓厚様（あつよう）・斐紙（ひし）・図版17

うずらがみ［鶉紙］鶉の文様がみえる鶉切のこと。宝暦九年（一七五九）刊、松岡玄達成章著『結毦録《けつじろく》』巻上に鶉紙の記事がある。これは六条為顕が書いたもので、「日に透かして見れば、鶉の文見ゆ、世にこれを鶉切と云」と記している。鶉紙は鎌倉中期のから紙で、「透かしてみえる」というのは、いわゆる透かし文様ではなく、空摺り文様の意である。↓空摺り（からずり）

うそこがみ［海底紙］神奈川県愛甲郡愛川町角田に産したコウゾ紙。海底は角田の一集落で、そこを原産地とするのにちなんだ紙名である。江戸時代に山中藩の御用紙を漉き、最盛期には三〇余の製紙家がいたが、いまは消滅している。未晒しのコウゾ原料を萱簀《かやす》で漉いた素朴な味わいの紙であった。

うたかいはじめ［歌会始］新年になって最初の歌会のことで、普通宮中における年始の歌会を指し、新年儀式のひとつ。古くは毎年の定めではなかったが、明治二年（一八六九）以後、毎年一月に行われている。天皇・皇后・皇族が臨席、国民の詠進歌のなかから秀逸な歌を選んで披講するが、これらの歌を記す料紙には、古くからのならわしに従って、古制檀紙が用いられている。

うだがみ［宇陀紙・宇田紙・宇多紙］大和（奈良県）吉野郡吉野町国栖《くず》産のコウゾ紙を宇陀郡の商人が大坂市場に出荷したことから名づけられたもの。もともとは国栖紙。厚い紙で帳簿・証券・傘用のほか衣類を包む畳紙《たとうがみ》に用いられた。紙料に土粉を混ぜているので色が白く、「並白」というのはとくに表装の裏打ちに適している。一束六〇〇枚が一貫五〇〇匁の「貫五」と呼んだものは傘用であった。竹簀でなく萱簀で漉くが、これは土粉をよく分散させるとともに、紙面を趣のあるものにできたからである。吉野町窪《くぼ》垣内《かいと》の福西弘行は、この紙で国の文化財保存技術保持者に認定されている。↓国栖紙（くずがみ）・図版18

17　薄様（薄い雁皮紙）

18　宇陀紙を漉く福西工房（奈良県吉野町窪垣内）

うちがみ【打紙】木槌で打ち叩いて光沢を出した紙。写経料紙などの紙面を滑らかにするため装潢《そうこう》生と打紙使丁が作業したが、正倉院文書によると、打紙所や打紙殿があり、その道具に紙打石または打紙石があった。『延喜式』にも「凡そ装潢のしごとは、長功のときは一日に紙七百張を黏《ねや》し、紙を擣《う》つ量は二人で一日に百二十張」とある。「黏す」はねばらせることで、ニレの皮・トロロアオイの根などから抽出した粘液で紙を湿らせてから木槌で打つ。中国の屠《と》隆《りゅう》『考槃余事《こうはんよじ》』には、打紙をするには黄蜀葵（トロロアオイ）の汁を紙に引くと記している。『新撰紙鑑』の打紙の項には「生擣、灰汁擣、阿波擣、土佐擣……」とあって、灰汁や油で湿らせることもあり、また蠟を引くときも打紙した。紙砧《かみきぬた》というのは、主としてコウゾ皮を叩解《こうかい》する音のひびきを意味しているが、この打紙のことも含んでいる。なお中国では、滑らかな石や猪の牙で紙面を磨く研光《がこう》に始まり、のちに木槌で打ち叩く方法に発展しているので、打紙の原点は研光法である。↓金葉紙（きんようし）・図版19

うちぐもがみ【打雲紙】平安時代の中山忠親《なかやまただちか》の日録『山槐《さんかい》記《き》』の応保元年（一一六一）十二月二十七日の条に「消息の料紙、薄［葉］なく下絵なく内陰《うちぐもり》あり」とみえており、打雲・内曇・内陰・裏陰などとも書かれたが、鳥子紙の上下に雲形が横にたなびくように漉きかけてあるので語源的には打雲が正しい。近世初期の『尺素往来《せきそおうらい》』などは内曇と記しているが、元禄五年（一六九二）版の『諸国万買物《しょこくよろずかいもの》調方記《ちょうほうき》』は越前産として「鳥の子雲紙」と表記し、『類聚《るいじゅう》名物考《めいぶつこう》』は「うちぐもり、俗には雲紙ともいふなり」とし、『紙譜』も鳥子紙の一種として「雲」をあげているように、近世になって「曇」「陰」を「雲」と表記するようになっている。現存している打雲紙で最も古いものは、天喜元年（一〇五三）頃の書写とされる伝藤原行成《ゆきなり》筆「蓬莱切《ほうらいぎれ》」で、十一世紀にはすでにつくられていた。そして初期のものは青雲だけであったが、のちに紫雲だけとか、上に青雲、下に紫雲という趣向のものもあらわれた。『山槐記』にあるような消息の料紙のほか、色紙・短冊・懐紙・表紙などに用いられ、長年にわたって愛好された紙である。↓雲紙（くもがみ）

うちやまがみ【内山紙】長野県飯山市周辺に産するコウゾ製の障子紙。内山書院ともいう。下高井郡穂高村（いまは木島平村）内山の萩原喜左衛門が寛文年間（一六六一－七三）に美濃紙の製法を修得して始めたもの。コウゾ皮を雪に晒し、ソバの灰汁で煮熟《しゃじゅく》した強い紙であったが、明治中期から晒粉《さらしこ》で漂白している。飯山市のほか下高井郡野沢温泉村、下水内郡栄村をふくむ北信内山紙工業協同組合の代表的な紙である。明治期には越後（新潟県）でもつくっていた。↓図版20

うちわ【団扇】細い竹を骨として紙または絹を張って柄を

つけたもので、あおいで風を起こす道具。中国では漢代からあり、日本には奈良時代に入ってきた。『倭名抄《わみょうしょう》』に蒲《ほ》葵扇《きせん》とあるように檳榔《びんろう》の葉で編んだものであったが、公家の女性たちは絹張りのものを好んだ。また室町・戦国期には鉄や皮革でつくった軍配団扇もあるが、最も普及しているのは紙を張ったものである。正徳三年（一七一三）刊の『和漢三才図会』二十六には、「団扇は涼風を招く。普通は夏に持つもので、竹で作る。竹の半分で柄を作り、半分は削ってヒゴを作り、拡げて骨とする。これに紙を張る」と記している。近世の町人社会のなかで、広く普及して紙の需要が多かった分野のひとつである。↓図版21

うつしがみ［移紙］露草（アオバナ）の花の汁を紙に移して染料に用いるものを移花《うつしばな》といい、その紙を移紙という。したがって移紙は青花紙《あおばながみ》のことである。『江家次第』円宗寺最勝会の条に「鴨頭草移《つゆくさのうつし》二帖」、『吾妻鏡』建久三年（一一九二）十月二十日の条に「移花十五枚」とみえている。
↓青花紙（あおばながみ）

うのはなかみ［卯花紙］ぼろ布から藍汁を絞り出した滓《かす》を叩解して漉いた紙。京都で製し、西洞院紙《にしのとういんし》に似ているが、その質はより緻密で淡青色を帯びている。

ウーブ・ペーパー［wove paper］平織りの金網の目、すなわち織目状の透かしが入っている紙。平行線の透かしのある簀目紙《すのめがみ》（レイド・ペーパー）と違って平織りの金属網を張った漉具で漉いたもの。できるだけ平滑で緻密な地合をつくる場合に用いる。ヨーロッパでは一七五七年に初めて本の印刷に用いられ、洋紙にはこの織目型紙が広く用いら

19-1　打紙をする図（『万宝知恵袋』より）

19-2　石で紙面を光らせる研光の図

20　内山紙を漉く飯山市瑞穂の紙郷

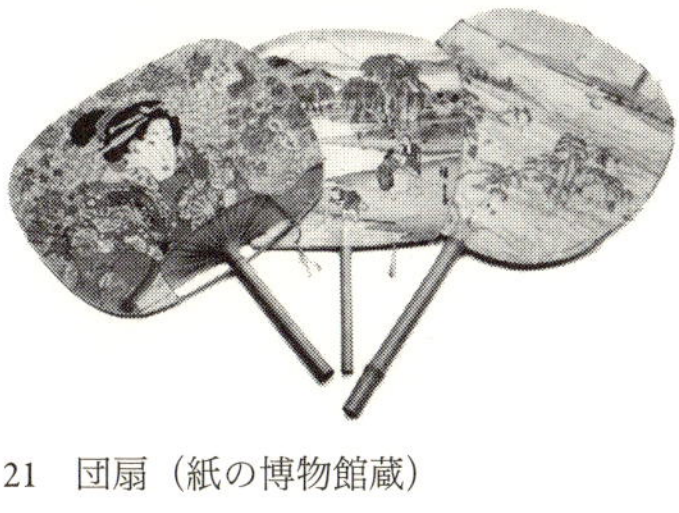

21　団扇（紙の博物館蔵）

れている。↓レイド・ペーパー（laid paper）

うぶみず［初水］流し漉きの最初に紙料液を汲み上げる操作。化粧水、数子《かずし》ともいう。簀を置いた桁の握りを両手で持ち、手許を下げて紙料液を浅く汲み、均一に簀面全体にひろがるようにすばやく操作して、繊維の薄い膜を形成する。紙の外観、紙面の精粗に関係するので、慎重に操作する。↓流し漉き（ながしすき）

うらうちがみ［裏打紙］紙・布などを補強するために、その裏面に張る紙。装背紙と書く。裏打ちの方法には、肌裏打ち・中裏打ち・増裏打《ましうら》ち・総裏打ちなどがあり、それぞれの用途に適した紙がある。すべて手漉きの和紙で、山本元著『裱具《ひょうぐ》の栞《しおり》』によると、薄口楮紙（美濃・石州）は唐紙・画箋紙の裏打ち、中厚美濃紙は絹本の裏打ち、美栖紙は中裏打ちと裂地《きれぢ》の裏打ち、宇陀紙は総裏打ちに用いると記している。これは京都の経師屋に継承されている伝統的な使い方であるが、地方によっては他の紙を使うところもある。しかしすべて生漉《きず》きであり、近年は表装紙を漉く紙郷がふえている。

うらはんがみ［裏判紙］下野（群馬県）烏山付近で産した証書・地券用のコウゾ紙。裏判とは文書の表に名を書き、その裏に書判《かきはん》（花押《かおう》）すること、あるいは書類の裏に表書の事柄を保証するために署名捺印することである。

うるしがみもんじょ［漆紙文書］漆液がしみこんでいるため耐水性・防水性をそなえ、古代遺跡から出土した文書。宮城県多賀城遺跡のほか茨城県・東京都の奈良・平安時代の遺跡で、水分の多い土中で一千余年もの間浸食されないで、発掘されている。紙と漆の結合したものの耐久性を証明しており、紙に漆を塗った紙長門《かみながと》などの生活用品は、このはたらきを応用したもので、近世には数多くつくられて庶民の生活をうるおしていた。↓紙長門（かみながと）

うるしこしがみ［漆漉紙・漆濾紙］漆液を漉《こ》す（濾過する）のに用いる紙。↓吉野紙（よしのがみ）・八寸（はっすん）

22-1　漆液を搾る図

22-2　吉野紙（漆濾紙）の紙祖，才五郎の碑（奈良県吉野郡下市町黒木）

・和良紙（やわらがみ）・図版22

うんかし【雲華紙】色地の紙に、真っ白な木材パルプ原料に明礬《みょうばん》液を少し加えて漉き掛けた紙。福井県越前市今立町の初代岩野平三郎が工夫した漉き模様紙の一種で、紙面の風情が雪すなわち雲の華を思わせるので、雲華紙と名づけられており、別名を雪降紙ともいう。輸出品として珍重されたが、いまは多く機械すきで生産されている。

うんげいし【雲芸紙】長いコウゾ繊維と粘剤《ねり》を混合し、微量の硫酸礬土《りゅうさんばんど》などで凝固させた紙料（花）を、あらかじめ漉いておいた地紙に流しいれ、わずかに簀桁《すげた》を揺すって紙層をととのえ、水切れを待って紙床に移したもの。湿紙には覆い布をかけて圧搾し、布ごと湿紙を剥がし刷毛でこすり張り付ける。乾燥を終えると、白い雲芸紙はロールをかけて平滑にするが、色雲芸紙はロールをかけないで、紙肌の凹凸の趣を生かしている。大礼紙と似た技法であるが、繊維量は多く濃密になっている。↓大礼紙（たいれいし）

うんじょうし【雲上紙】薄いコウゾ紙が湿紙状態のときに、如雨露《じょうろ》を不整形に動かして落とした水で湿紙を切り、これをあらかじめネリを効かせて漉いておいた薄いコウゾ紙に漉き合わせたもの。

うんもし【雲母紙】雲母粉を散らして装飾加工した紙。雲母粉は白雲母（Muscovite）を挽いてつくった粉で、雲母は中国南方の各地で産し、主成分は珪酸カリアルミニウムで、表面に金属性の光沢がある。銀泥に似た光沢をあらわすものとして、紙の加工に多く用いられた。『五雑俎《ござつそ》』には、江蘇省の常州を雲母紙の主産地にあげている。

うんらんし【雲藍紙】雲状文様のある藍色の紙。蘇易簡《そいかん》『文房四譜《ぶんぼうしふ》』に、唐代の学者段成式《だんせいしき》の「温庭筠《おんていいん》に雲藍紙を与える絶句並びに序」のなかで、彼が江西省九江にいたときにつくり、五〇枚を贈ったと述べている。

うんりゅうし【雲竜紙】ミツマタあるいはコウゾの地紙に、手ちぎりしたコウゾの長い繊維を散らせて雲形文様をあらわしている紙。大典紙、筋入り紙ともいう。大正十四年（一九二五）に福井県で始まり、繊維にネリを混合し、さらに硫酸礬土《りゅうさんばんど》を加えた紙料を用いるのが普通で、ここでは台漉きが主流であるが、他県の紙郷では雲竜文様の紙と地紙を漉き合わせる二層漉きが多く、さらに一槽の流し漉きだけでつくるところもある。着色した繊維を用いるのを多色雲竜紙といい、各種の紙細工の素材となっている。↓大典紙（たいてんし）

え

えいざんばん【叡山版】十一〜十二世紀の頃、比叡山延暦寺から刊行された古版の仏教書。遺品はほとんどなく、明らかに叡山版とみとめられているものに弘安二年（一二七九）から永仁四年（一二九六）にかけて承詮《しょうせん》が発願して完成したという『法華三大部』六〇巻およびその注疏九〇巻がある。

えいし［瑩紙］「瑩」は光り輝くの意で、瑩紙は光沢をつけた紙。中国ではこれを研光紙《がこうし》といい、最初は石でみがいたが、のちに巻貝や猪の牙を用いて磨いた。この瑩紙は正倉院文書にみられ、「写書所解」（続修別集三十七）には猪の牙三五個を三五〇文で購入し、一個で四〇張を磨くことを記しており、専門にこの仕事をする瑩生もいた。

えいしゃぼん［影写本］原本の上に、それを透写できる薄紙をのせて、原本の文字の敷き写しによってできた本。影《えい》鈔《しょう》本ともいう。

えいせい［瑩生］写経料紙の表面を平滑にし、金銀字を光らせるために、猪牙で磨いた工人。正倉院文書には「瑩生人別瑩紙十張」「以猪牙一個、瑩四十張」とみえ、奈良時代の写経所に配置されていた。↓瑩紙（えいし）

えいそうのりょうし［詠草料紙］詠作した和歌や俳諧、またそれを書いた草稿を詠草といい、竪（縦）と横のものがあり、詠進などの公式の場合は竪詠草で、紙を縦に二つ折りし、さらに五つに折って用い、一般に第一行目下方に署名、第二行目上部に題、第三行目最上部に和歌の上句、第四行目に下句を書く。その料紙は小奉書または杉原紙、美濃紙。横詠草は添削を乞う場合に、紙を横に二つ折りし、さらに縦に三ないし四つ折りするが、美濃紙または半紙を用いた。なお正式な詠進には懐紙を用いた。↓懐紙（かいし）

えごよみ［絵暦］文字の読めない人のために絵で暦の時節・行事を表記したもの。江戸末期頃から刊行されて、奥州の南部地方でひろまっていたので南部暦ともいう。

えず［絵図］鳥瞰図ふうに描いた絵地図で、彩色したものが多い。古写の絵図は正倉院収蔵のものにふくまれているが、江戸時代には京図・江戸図など町割を主とする絵図が多く刊行された。

エスパルトし［エスパルト紙 **esparto paper**］エスパルト・パルプに木材化学パルプをまぜて抄いた紙。エスパルト・パルプは北アフリカ原産の多年生草本のエスパルト草をアルカリ法で蒸解してつくったもの。英人ラウトレッジが一八〇六年に製造した、印刷・筆記用としてすぐれた紙である。

えぞうし［絵草子・絵双紙］絵入りの草双紙、すなわち赤本・青本・黒本・黄表紙・合巻の類。さらに広く絵本・絵入本・錦絵もふくめていう。また天災地変、一般の事件などを一枚摺りにした瓦版も絵草子という。これらに用いた紙は、おおむね粗質の紙であった。

えぞまつがみ［蝦夷松紙］明治初期に北海道の札幌・函館両監獄で漉いた紙で、松の内皮の煮汁でコウゾ皮を染めて漉いたもの。北海道では江戸末期に松前藩が函館で岩石唐紙・駿河半切をつくったことがあるが、明治初期には札幌・函館両監獄で蝦夷松紙のほか十文字紙を漉き、ほかに小樽などに漉き返しの塵紙を漉くところがあった。

えちごのかみ［越後紙］越後（新潟県）で産したコウゾ紙。『古今著聞集《ここんちょもんじゅう》』には、越後国の乙寺《きのとでら》の僧の写経用紙のため「数百の猿あつまりて、かうぞの皮を負い来たりて、僧の前にならべおきたり」とあり、僧はこれを料紙に漉かせたという。乙寺は北蒲原郡黒川村（胎内市）にあり、また『吾妻鏡』には中世の越後に紙屋荘（五泉市・加茂市）があったと記している。近世の越後各地には多くの紙郷があって、小出紙・加茂紙・小国《おぐに》紙・仙田紙・伊沢紙などを産した。

えちぜんかみすきずせつ［越前紙漉図説］一八七三年のウィーン万国博へ出品のため敦賀県（福井県）今立郡岩本村（越前市）の小林忠蔵が明治五年（一八七二）に調製した図説。楮・三椏・雁皮とトロロアオイ、ネリノキ（ノリウツギ）をまず描き、楮の刈取りから天日干しまでの全工程を図解し、とくに越前奉書のつくり方を記している。↓図版23

えちぜんのかみ［越前紙］越前国（福井県）に産した紙の総称で、とくに古代越前の産紙。正倉院文書の天平九年（七三七）「写経勘紙解《しゃきょうかんしげ》」に「越経紙一千張薄」とあり、写経料紙として薄紙を納めていたので、すでに技術水準が高

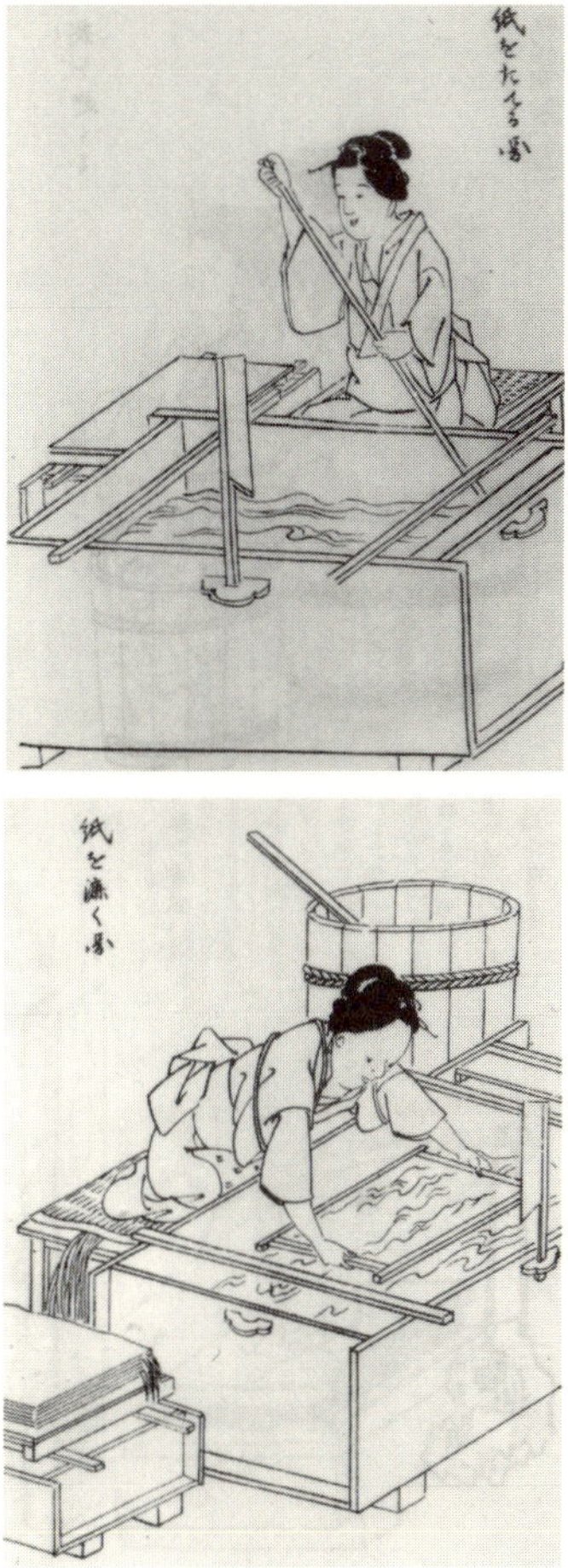

23　『越前紙漉図説』の紙漉き図（紙の博物館蔵）

24　越前紙生産の中核，福井県今立町の和紙の里会館

かったといえる。越前は継体天皇（在位五〇七－五三一）が男大迹王《おおとのおおきみ》と呼ばれた頃に川上御前が紙漉きを教えたという、全国で最も古い紙祖伝説があるところである。平安時代にはもちろん中男作物《ちゅうなんさくもつ》の紙を納め、中世には鳥子紙・奉書紙の名産地となっている。近世にはさらに檀紙《だんし》の名産地となり、そのころ高級なものと評価された紙の主産地で、『雍州府志《ようしゅうふし》』は「越前鳥子是を以て紙の最となす」とたたえ、『経済要録』には「凡そ貴重なる紙を出すは、越前国五箇村を以て日本第一とす」と評している。五箇村は今の越前市今立町で、この紙郷で最良質の紙をつくったが、越前には福井市大安寺地区の栖原郷《すはらごう》、大野市の旧西谷村・旧上庄村などにも紙郷があった。↓図版24

えちぜんびじゅつし【越前美術紙】福井県越前市今立町の紙郷で、多彩な技法を駆使してつくっている装飾加工紙。越前は古代から製紙技術の水準が高く、加工技術もまた最高水準にあって、古代には雲紙・墨流しが著名であった。近世にはさらに水玉紙や置き模様（漉き掛け）・抜き模様（漉き込み）を開発し、近代にはさらに雲竜紙《うんりゅうし》・落水紙《らくすいし》・金銀砂子入り紙・繊維引掛紙などの技法を展開して、独自の越前美術紙の世界を構成している。今立町の高野治郎製紙場で明治十八年（一八八五）に三六判（三尺二寸×六尺二寸）の紙を漉き始め、これは襖障子《ふすましょうじ》全面を一枚で覆う大きさであるため、襖紙として需要が急増し、その文様装飾のために二次加工でなく抄紙段階で加飾する越前美術紙の多彩な技法が洗練された。そして木版摺りなどの伝統技法による襖紙は衰退し、いまは越前美術紙が最も優勢である。

えっちゅうのかみ【越中紙】越中国（富山県）に産した紙で、とくに古代の紙の呼称。正倉院文書の宝亀五年（七七四）「図書寮解」には越中紙四〇〇張が未進と記されており、『延喜式』では中男作物《ちゅうなんさくもつ》の紙を納めるところとなっている。近世の越中の紙郷は売薬用の紙で栄えた婦負《ねい》郡八尾《やつお》町（富山市）周辺、加賀藩に属した東礪波《ひがしとなみ》郡五箇山（南砺市）、それに下新川郡朝日町蛭谷《びるたん》などのほか西礪波郡福光町（南砺市）、東礪波郡庄川町（同）、氷見市床鍋、さらに古代国府のあった高岡市の二塚にもあった。↓五箇紙（ごかがみ）・八尾紙（やつおがみ）

えどからかみ【江戸から紙】江戸（東京）の唐紙師たちがつくったから紙。江戸では近世の徳川幕府の街づくりにともなってから紙の需要が急増し、京から紙の流れを汲む唐紙師たちが、江戸に移住してから紙をつくった。江戸は巨大な人口をかかえるとともに火災が多かったので、から紙は品質よりも量産を求められた傾向が強く、地紙《ぢがみ》には奉書紙・鳥子紙のほか西の内紙・細川紙などの生漉《きずき》紙を用いたので「生唐《きがら》」という。また基本の木版摺りのほか型紙捺染・刷毛引き、あるいは墨色だけで文様を摺る月影摺りの技法によるから紙が多くつくられている。江戸から紙の文様は俗に「享保千型」といわれ、享保年間（一七一六－三六）から版木つくりが始まり、多くは文化・文政年間（一八〇四－三〇）にデザインされたというが、文様のパターンが多かったことを示している。その文様は京から紙文様を基調としながら、その図柄を自由に組み合わせ変形して、色づかいもより華美になっている。また江戸の風情をたたえたもののほか、京から紙にはみられない稲・銀杏《いちょう》・茄子《なす》・胡瓜《きゅうり》・金平糖《こんぺいとう》・古瓦など、町人社会で親しまれているものもデザインしているのが特徴である。江戸から紙は町人の感覚を鋭く反映して、京から紙にみられる堅さよりやわらかく、よりゆたかなものにふくらませている。↓から紙（からかみ）

えどがわかみ【江戸川紙】東京都文京区小石川の江戸川のほとりで生産した白色良質の紙。ミツマタを主原料として、墨つきがよく滑らかであったので、書簡用箋として愛用された。明治十一年（一八七八）創立の江戸川製紙場をはじめ、奥村製紙場、堀内製紙場などでつくられたもので、明治二十二年（一八八九）の『技芸百科全書』に、「江戸川紙は近来製出盛大に至りたるものにして、頗る美麗なり。白色にして光沢を帯び平滑なり。故に運筆に障害するの恐れなしとす」と記されている。

えどちよがみ【江戸千代紙】江戸でつくった千代紙。千代紙は京都が原産地で、江戸は後発地であるが、町人社会の発展にともなって需要はより多く、また浮世絵版画の木版摺りの技術が普及していたので、江戸の千代紙つくりは、京都をしのいで多彩に展開した。江戸千代紙の版元は地本問屋・絵草紙屋・小間紙屋で、柾奉書《まさほうしょ》のほか西の内紙・細川紙なども地紙として量産しているが、その源流を庶民の間に流行した千社札つくりとする説もあり、主として経師屋が受注生産した京千代紙にくらべて、生産基盤がひろい。そして松平定信がお抱えの絵師谷文晁《たにぶんちょう》のデザインで千代紙を特製したように、大名家の特製品のほか、歌川広重・歌川国貞・池田英泉・北尾重政・河鍋暁斎・鈴木其一らの一流絵師がデザインつくりに参加している。したがって江戸の風土に取材したデザインも多く、芝居に取材した歌舞伎十八番・隈取り・役者紋づくし・定式幕などもあり、華美

25　絵半切

26　絵奉書（紙の博物館蔵）

な色づかいで観賞的なものがめだつのが特徴である。↓千代紙（ちよがみ）

えはんきり［絵半切］手紙用の半切紙に絵を描き、あるいは木版印刷したもの。『文明日々記』文明十二年（一四八〇）十一月七日の条には「鴈金《かりがね》絵半切一巻」とあり、飛雁の絵が描かれている。江戸時代には町人社会で需要がふえると、上方や江戸で木版印刷したものが多くつくられるようになった。↓半切紙（はんきりがみ）・図版25

えびすがみ［夷紙］①戎紙、閃刀紙とも書き、紙を重ねて裁つとき、内側に折れ込んでいて裁ち残し、その角が出て他と異なっているもの。蛭子《えびす》の神は三歳まで足が立たなかったと伝えられ、ひずんだ形や不正常なさまの形容に用いられるからである。②夷は蝦夷《えみし》、転じて東人《あずまびと》の意味として、陸奥《みちのく》の檀紙の別称とする場合もある。谷川士清《たにかわことすが》の『和訓栞』の「にしきぎ」の項に「錦木と書き、えびすがみをつくる木也と能因はいへり、大高檀紙は此を以て造れり」とある。にしきぎはニシキギ科のマユミを指している。『鹿《ろく》苑日録《おんにちろく》』慶長二年（一五九七）五月七日の条の「夷紙一束」は、陸奥檀紙の別称といえる。

えびぞめのかみ［依毗染紙］赤紫色の染紙。「いびぞめ」とも読み、またぶどうのような色なので「葡萄染《ぶどうぞめ》」の紙ともいう。

えほうしょ［絵奉書］絵を描いた奉書で進物の掛け紙に用いるもの。絵はもともと手描きで彩色したが、石目や木版などで簡単な印刷方式によるものもあった。そして木版印刷方式で複雑な文様を多彩に展開したのが千代紙である。↓千代紙（ちよがみ）・図版26

えぼしもみがみ［烏帽子揉紙］薄様《うすよう》の紙を揉んで皺の残る程度にのばしておき、鳥子紙に糊をつけて裏打ちしたもの。裏打ちしてから、フノリを溶かして雲母《きら》を入れた液を塗るか、裏打ち紙に文様をつけ薄様を透かしてみえるようにすることもある。烏帽子は紗や和紙を揉んで漆を塗るが、それに似た感じの皺紋があるのが紙名の由来で、主として襖障子を張るのに用いられる。↓図版27

えほん［絵本］広義には絵が主体の図書の総称であるが、狭義には江戸時代に婦女童幼の教養・娯楽を主眼とした啓蒙的な版本。昔の大和絵系の絵巻物を源流とし、奈良絵本・師宣《もろのぶ》絵本などがその代表的なもので、浮世絵派の絵師の筆になるものが多い。

えまきもの［絵巻物］絵を描いて、くりひろげてゆくにつれて次々と変化する画面を鑑賞させるようにした巻物。経典の絵解きから、作り物語、説話文学、高僧伝、社寺の縁起、儀式の記録など多種多様な内容で、原則として画面を説明する詞章を美しい書体で書き添えている。奈良時代に中国の画巻《がかん》の形式を学んだもので、日本最古の遺品といえるのは天平年間（七二九－四九）の『絵因果経』である。

平安時代には歌集・物語・説話にちなむ物語絵または絵物語と呼ぶものが発展し、『源氏物語』『信貴山縁起絵《しぎさんえんぎえ》』『鳥獣戯画』などの傑作が生まれている。鎌倉時代には製作量が急速にふえ、その技法と様式が完成したといわれる。最大の豪華版といわれる『北野天神縁起絵巻』は天地五二・五㌢の大判画面に濃厚な色彩で壮大な絵が描かれている。和紙のねばり強い紙質が、このように豪華な絵巻の制作を可能にしたのであるが、絵画と文芸と書道、それに料紙の工芸美という、四つの芸術美を織り交ぜた総合芸術作品である。→図版28

えんぎしき［延喜式］ 藤原時平（のち忠平）・紀長谷雄《きのはせお》・三善清行《みよしきよゆき》らが醍醐天皇の命によって延喜五年（九〇五）に編集に着手し、延長五年（九二七）に撰進、その四〇年後の康保四年（九六七）に施行され、その後の政治のよりどころとなった施行細則。平安初期には弘仁・貞観・延喜の三大格式《きゃくしき》が撰集されたが、延喜式は現在完全な形で残っている唯一のものである。これには古代の製紙に関する情報が最も多く収録されており、「図書寮《ずしょりょう》」の条には造紙のために支給する用具・造紙工程と季節別の作業量、「民部省」の条には年料別貢雑物としての紙麻・紙の国別貢納量、「主計寮」の条には中男作物《ちゅうなんさくもつ》として紙あるいは紙麻を納める国のことが規定されている。また行政官庁別の紙使用量、社寺の祭や編暦・補任などに用いる紙などを規定し、重要文書は黄蘗で染めた黄紙を用いるのを原則とし、堅く厚いものがよいとしている。また紙花や宣命紙《せんみょうし》など色紙をつくる規定もあり、紙屋院の支所として美濃国紙屋があって、ここに造紙長上を派遣して色紙をつくらせることも記している。美濃は年料別貢雑物として納める紙麻は六〇〇〇斤で抜群に多く、美濃国紙屋が設けられて色紙

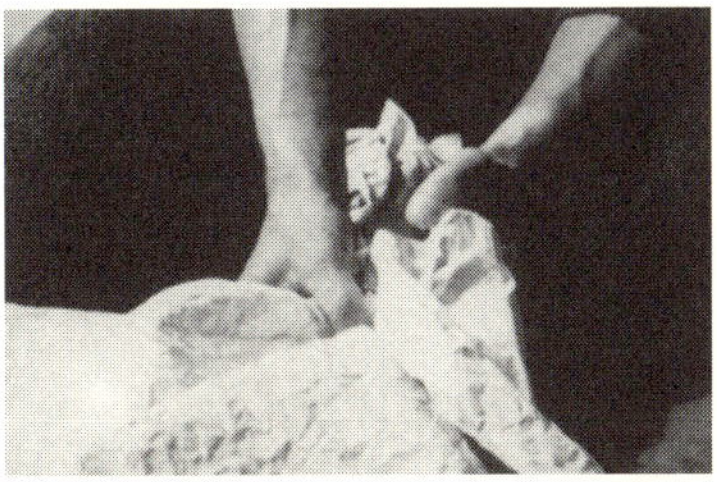

27　烏帽子揉み

28　『天神縁起絵巻』の部分

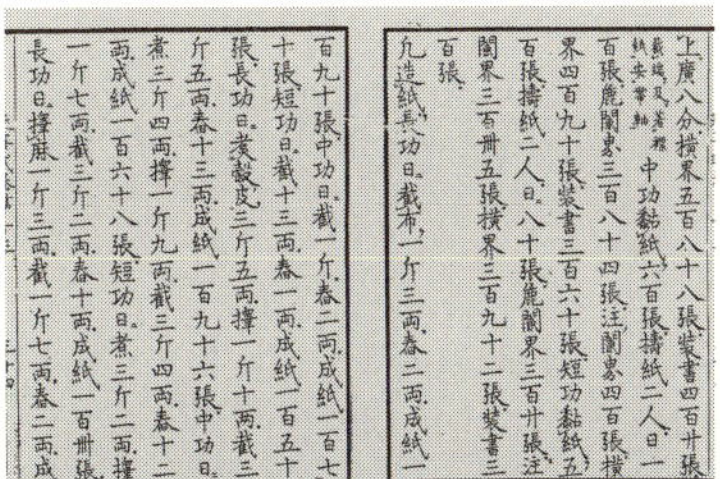

上廣八分横界五百八十八張裝書四百廿張
中功麁紙六百張擣紙二人日一
百張麁闌界三百八十四張注闌界四百張横
界四百九十張裝書三百六十張短功麁紙五
百張擣紙二人日八十張麁闌界三百廿張注
闌界三百卌五張横界三百九十二張裝書三
百張
凡造紙長功日截布一斤三両舂二両成紙一
百九十張中功日截一斤舂二両成紙一百七
十張短功日截十三両舂一両成紙一百五十
張長功日煮穀皮三斤五両擇一斤十両截三
斤五両舂十三両成紙一百九十六張中功日
煮三斤四両擇一斤九両截三斤四両舂十二
両成紙一百六十八張短功日煮三斤二両擇
一斤七両截三斤二両舂十両成紙一百卌張
長功日擇麻一斤三両截一斤七両舂二両成

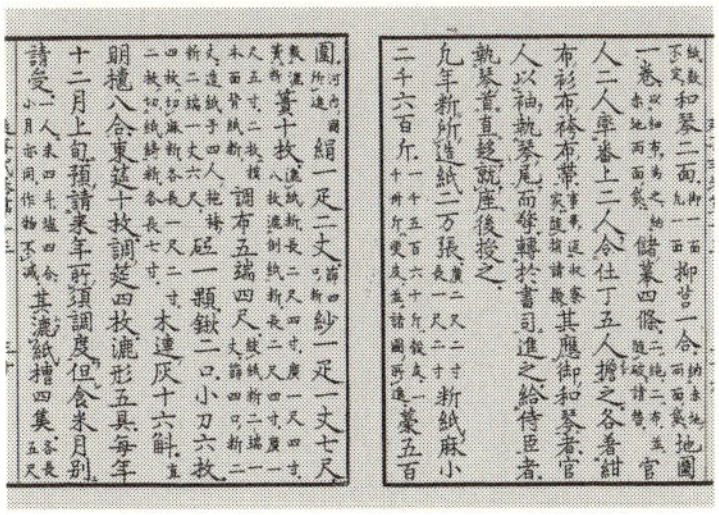

和琴二面　柳筥一合　地圖
一巻　儲藁四條　官
人二人率番上二人令仕丁五人擔之各着紺
布衫布袴布帶　其應御和琴者官
人以袖執琴尾而舁轉於書司進之給侍臣者
執琴者直趁就座後授之
凡年料所造紙二万張　紙麻小
二千六百斤　一蘗五百
圖　絹一疋二丈　紗一疋一丈七尺
簀十枚
調布五端四尺
砥一顆　鍬二口　小刀六枚
木連灰十六斛
朝播八合東莚十枚調莚四枚漉形五具毎年
十二月上旬預請來年所須調度但食米月別
請受　其漉紙槽四隻

29　『延喜式』造紙工程（上）と年料紙（下）の記事（宮内庁書陵部蔵）

を特製するところであり、製紙技術の水準がきわめて高く、平安政権に最も重視された紙どころであったことを『延喜式』は語っている。このように『延喜式』は古代の製紙事情を知るには、最も重要な基本文献である。↓中男作物（ちゅうなんさくもつ）・年料別貢雑物の紙麻（ねんりょうべっこうぞうもつのかみそ）・図版29

えんざんし［鉛山紙］中国の江西省鉛山県で産した紙。竹を主原料とするもので、鉛山はいまも竹紙の産地であるが、上質の奏本紙の主産地であった。↓奏本紙（そうほんし）

えんじゅし［槐紙］中国原産のマメ科の落葉高木、槐の黄色の花の煎じ汁を明礬媒染《みょうばんばいせん》して染めた黄色の紙。

エンボスし［エンボス紙］浮き出しの凹凸文様のついた紙。文様を彫刻した金属ロールと受けロール（ゴムまたは紙を圧縮したもの）の間に、少し湿気をふくませた紙を通し、ロールの熱気で文様を浮き出させている。縮緬紙はちぢんで深い凹凸ができるが、エンボス紙はのびたまま加工されるので凹凸は浅い。エンボス（emboss）は、浮き出しにする、浮き彫りにする、打ち出すの意である。↓縮緬紙（ちりめんがみ）

お

おいえりゅう［御家流］書道にすぐれた青蓮院門跡尊円親王のあと、代々の門跡が受け継いだ流風を青蓮院流というが、敬意を表して家様《いえよう》と呼び、さらに大衆化して御家流といった。江戸時代の公文書に最も普及していた書体である。なお三条西実隆の創始した香道の一流も御家流という。

おうぎがみ［扇紙］扇子に張る紙で扇形に裁断してあり、扇地紙《せんじし》ともいう。一枚だけのもののほか薄様《うすよう》を張り重ねることもあり、表面に雲母を塗布することが多い。『師遠朝《もろとおあ》臣記《そんき》』大治二年（一一二七）六月一日の条に「扇紙」と記されており、もともとは紙屋院でつくったと考えられるが、中世には美濃（岐阜県）が主産地となっている。近世の京都では、『三都町尽』に高辻西洞院西入ルが、大坂では『難波すずめ』に天満住吉町が扇地紙を漉くところと記され、摂津の西宮市名塩でも産した。↓扇地紙（せんじし）

おうぎし［王羲之］東晋の書家（三〇三－三六一）。字は逸少、官は右軍、会稽内史に至る。故に王右軍ともいった。詩書に巧みで草書・隷書では古今第一の書家。風景絶佳の会稽山に住み、同地の名士、謝安らと交遊し、かつて会稽山陰の蘭亭で開いた曲水の宴の時、名高い「蘭亭序」をつくった。その他「楽毅論」「十七帖」「集字三蔵聖教序」などで知られ、唐の太宗は彼を書聖と尊崇した。張華『博物志』に、王右軍は蘭亭序を書写するのに蚕繭紙《さんけんし》を用いたとし、また趙希鵠《ちょうきこく》『洞天清禄集《どうてんせいろくしゅう》』には、二王（王羲之と王献之）の真蹟は多く会稽竪紋竹紙を用いているとしている。しかし、潘吉星《はんきちせい》『中国製紙技術史』によると、蚕繭紙は絹でつくったのではなく、コウゾ・クワなどでつくった紙の美称である、としている。また竹紙は宋代にすぐれた書写印刷用となったものであり、東晋の頃にはまだつくられていない。ただ会稽はすぐれた紙の産地であり、王右軍はその長官であったので、最良質の紙に書写したと考えられる。

おうけんし【王献之】東晋の書家（三四四－三八八）。字は子敬、王羲之の子で、草書の大家であり、父とともに二王と称せられた。「洛神賦十三行」「地黄湯帖」「中秋帖」などが名高い。→王羲之（おうぎし）

おうしょくき【黄蜀葵】アオイ科の一年生顕花植物トロロアオイのことで、その根から抽出する粘液は、製紙粘剤として最も多く使われている。地方によって、トロロ、ネベシ、ニベ、ケウフノリ、サナ、ニレなどと呼ぶ。根が腐敗しやすく夏季の紙漉きには適さなかったが、大正末期から硫酸銅、ホルマリン、クレゾール石鹸液などの防腐剤によって貯蔵できるようになった。トロロアオイの学名は、*Abelmoschus manihot* Medic. あるいは *Hibiscus manihot.* 中国原産で平凡社版『寺崎日本植物図鑑』には「日本には慶長年間（一五九六－一六一五）に渡来した」とし、中国南宋の周密（一二三二－一三〇八）『癸辛雑識《きしんざつしき》』には黄蜀葵を紙すきに用いる、と記しているので、江戸期に製紙家がその知識を応用してトロロアオイを使い始めたと考えられる。貞享元年（一六八四）版の黒川玄逸（道祐）著『雍州府志』には、漉き返しの宿紙を漉く時、「登呂々根汁を合して」漉くとしており、『紙漉大概《かみすきたいがい》』では粘剤《ねり》としてまずサネカズラをあげたあとトロロアオイのことを記しているが、『紙漉重宝記』はトロロアオイのことだけを述べている。このようにして、江戸期に粘剤植物として最も重要なものとなったと考えられる。→粘剤（ねり）

おうみえだむらしょうにん【近江枝村商人】中世に美濃大矢田（岐阜県美濃市）の紙市場から京都に美濃紙を大量に輸送した近江枝村（滋賀県犬上郡豊郷町）の商人団。京都の宝慈院（上京区衣棚通寺之内上ル東側）から美濃紙輸送の特権を得て活躍し、信濃・越後の麻、越中布などの輸送にもあたった。宝慈院の開祖無着大禅尼は関市広見の松見寺で修行した人で、大矢田郷は宝慈院の所領であり、宝慈院は応仁以前から美濃大矢田上洛紙荷商人公事《くじ》取立権を持っていた。また近江には伊勢桑名から紙荷を運ぶ保内中野郷（東近江市）の商人、越前から紙を運んだ坂本（大津市）

の商人らもいたが、枝村商人は最も勢力を持っていた。

おうみとりのこ［近江鳥子］　近江国（滋賀県）に産した鳥子紙。江戸初期に刊行された『毛吹草』『諸国万買物調方《しょこくよろずかいものちょうほう》記《き》』『国花万葉記』などに、近江特産として小山鳥子が記されている。小山は伊香郡木之本町（長浜市）の小山と推定されるが、のちに鳥子紙つくりの中心となる大津市上田上桐生町では、元文・寛保（一七三六－四三）の頃に始まった、と『栗太郡志』巻三に記されている。今桐生で漉いている成子工房の起源は文政十二年（一八二九）といわれるが、近江の鳥子紙つくりの伝統はこのように古い。この鳥子紙は金銀糸台紙あるいは和歌料紙として、京都の加工業者の需要にささえられて発展した。近年は古書の復刻用あるいは文化財補修用として重視されている。↓図版30

おうらいもの［往来物］　平安後期から明治初期までに使われた初等教育用の教科書の総称。とくに江戸時代からは寺子屋教育用に編集されたものをいう。往来は手紙の往復一対の意味で、主として一年十二月の各月ごとに手紙をやりとりする形式で編集されている。最古のものは藤原明衡《あきひら》編『明衡往来』で、手紙の模範文集であったが、その後『喫茶往来』『庭訓《ていきん》往来』『商売往来』など各種のものがつくられ、小百科辞典のような内容を盛り込んで、基礎教養をさずける教科書となった。

おうれん［黄連］　トロロアオイの肥前（佐賀県）の方言。木崎盛標《もりすえ》稿の『紙漉大概』黄蜀葵の項に記されており、ドイツのケンペルは『廻国奇観』の日本の製紙法に関する章でOrenzと記している。なお同書はサネカズラを山黄連というと述べており、これにはオウスケという方言もある。↓黄蜀葵（おうしょくき）

おおうちばん［大内版］　室町時代に周防（山口県東南部）を中心に西国に大きな勢力を張っていた大内氏が出版したもの。天文八年（一五三九）大内義隆が出版した『聚分韻《しゅうぶんいん》略《りゃく》』はその代表であるが、明から輸入した紙に印刷したものがあり、また逆に紙を明に送って印刷させたともいわれる。大内氏の領した周防・長門は近世に毛利氏の支配下となり、全国一の紙生産量を誇ることになるが、その紙つくりの基礎は大内氏の開版事業をささえるために築き固められたとされている。

おおがわらがみ［大河原紙］　武蔵七党のなかの丹党《たんとう》に属する大河原氏の拠点である大河原荘（埼玉県秩父郡東秩父村）に産した紙。埼玉県製紙工業試験場に建つ「小川紙譜碑」は、大河原荘を近世製紙の発祥地としており、江戸末期には約三〇〇戸が紙を漉いていた。そして江戸中期から武蔵産として細川紙の名が高まるが、それ以前には大河原紙の名が知られていた。↓図版31

おおくらがみ［大蔵紙］　兵庫県明石市の大蔵谷で室町期に産したコウゾ紙。『大乗院寺社雑事記』長禄二年（一四五八）正月十四日の条に大倉紙、文明二年（一四七〇）七月十七日の条に大蔵紙と記されている。大蔵谷は官府に上納する物品を収納する蔵があったところである。

おおくらながつね【大蔵永常】 豊後（大分県）生まれで、江戸後期の農学者（一七六八－一八六〇）。字は孟純、通称は徳兵衛。祖父は綿作を試み、父は蠟晒しに独特の技術をもった家に育ち、幼少より学を好み、二九歳で大坂に出てから、諸国を遊歴して多くの農書を著した。『農家益』『老農茶話』『農家益後篇』『農具便利論』『農家心得草』『製葛録』『油菜録』『棉圃要務』などがあり、天保五年（一八三四）三河国（愛知県）田原藩興産方、天保十三年（一八四二）遠江国（静岡県）浜松藩興産方となり、ここで『広益国産考』を刊行した。製紙についてもくわしく、『農家益』には「楮作法並紙の漉やう」、『広益国産考』には「楮」「紙」の条が収録されている。彼が天保七年（一八三六）に書いた『紙漉必要《かみすきひつよう》』は未刊であるが、紙漉きをくわしく論じており、楮・三椏の品類と栽培法、紙郷の立地、紙料の処理法、板紙《はんがみ》・半切紙《はんきりがみ》・和唐紙・杉原紙・漉き返し紙の漉き方、黄蜀葵のことなどを収録している。↓紙漉必要（かみすきひつよう）

おおくらもみがみ【大倉揉紙】 二層ないし三層に色料を塗った紙を直径約五センチの円筒状に巻き、下から上へ二度、そして三度目は上から下へ交互に握ってゆく。次に紙を逆方向に巻き返して同じ操作を反復し、さらに巻き返しを繰り返して揉み皺を均一にしたもの。滋賀県草津市の松田喜代次（唐喜）がこの技法のほか一五種の伝統的揉み方を伝え

30　近江鳥子紙を漉く大津市上田上桐生町の成子紙工房

31　大河原紙のことも記す小川紙譜碑

32　大倉揉紙

ていた。↓揉紙（もみがみ）・図版32

おおずはんし［大洲半紙］愛媛県大洲市周辺の紙郷で漉かれた半紙。近世初期、大洲藩では寛永年間（一六二四－四四）の中期に土佐から来た岡崎治郎左衛門が御用紙を漉き、元禄年間（一六八八－一七〇四）には越前の行脚僧宗昌禅定門が奉書紙の技術を伝えたといわれ、宝暦年間（一七五一－六四）には紙を専売制に組み入れて製紙を奨励した。このため文政十年（一八二七）刊の佐藤信淵著『経済要録』には、「今の世に当りて伊予の大洲半紙、厚くして幅も優《ゆたか》也。故に大洲半紙の勢ひ天下に独歩す」と評している。そして大洲半紙の収入は藩の知行高の八〇％にも達したといわれる。そのころはもちろん純コウゾ製であったが、明治初期に稲わらその他の粗悪な原料を混入したので声価を失い、明治中期からは石灰または苛性ソーダで煮熟したミツマタを原料とする改良半紙をつくるようになって声価を回復した。主として書道用である。↓図版33

おおたかだんし［大高檀紙・大鷹檀紙］檀紙の最も大判のもの。『看聞《かんもん》御記』永享六年（一四三四）四月四日の条にみられ、そのころは天皇や高位の公家が用いた。近世には将軍家などでも用いるようになる。『新撰紙鑑』には大鷹檀紙と記されており、別名を「大縮」ともいい、寸法は一尺七寸一分×二尺二寸三分となっている。『懐紙夜鶴抄《かいしやかくしょう》』『古今要覧稿』では高（縦）一尺五寸ほどとなっているが、明治初期の『諸国紙名録』では一尺七寸三分×二尺二寸五分で、いくらか大きくなっている。↓檀紙（だんし）

おおたぶみ［大田文］鎌倉時代に一国ごとに国内の田地の面積・領有関係などを記録した土地台帳。図田帳・田数帳ともいう。二種あって、幕府の命令により作成されたものは、田数のほかに領有者を詳細に記すが、国衙の手でつくられたものは田数だけである。課役賦課の原簿となり、淡路・若狭・但馬・常陸などの諸国のものが現存する。↓図帳（ずちょう）

おおつぼがみ［大壺紙］用便後に尻を拭く紙。源師時《もろとき》の『長秋記』元永二年（一一一九）十月二十一日の条、上皇御所大炊殿《おおいどの》のしつらえを記したなかに、「其東間為御樋殿」とあり、その下に「有大壺紙置台等」と割注している。樋殿は便所、大壺は便器で、そこに用便後に使う大壺紙が常置されていたのである。近世には廃紙が多く用いられているが、平安末期の大壺紙は漉き返しの粗紙と考えられる。

おおなおしがみ［大直紙］いわゆる美濃紙のなかの最高級品。『美濃明細記』には「美濃紙隋一を大直紙と称す」とあり、いわば大美濃紙ともいえる。主として書物に用いられ、標準のものを中直紙、そして障子用のを小直紙と呼んでいた。↓直紙（なおしがみ）

おおはたがみ［大畑紙］上野国（群馬県）に産した薄いコウゾ紙。『諸国紙名録』には、油漉し用で一尺五分×一尺四寸と記されている。相模（神奈川県）にも産した。大畑はおそらく甘楽郡小幡《おばた》の地名から転じたものであろう。のちには小幡に近い秋畑にちなむ秋畑紙の名で知られている。↓秋畑紙（あきはたがみ）

おおはらがみ［大原紙］長野県大町市大原で産した糊入りの紙。上田市や松本市でも産した。

おおはんし［大半紙］半紙の大判のもの。土佐大半紙がよく知られ、『諸国紙名録』によると九寸×一尺三寸五分で、書籍用となっている。藤貞幹《とうていかん》著『好古小録』には、平安期延暦年間（七八二－八〇六）に製作した横幅二尺七寸ほどの紙を半分に切ったものだろうとしている。通常の半紙は八寸×一尺一寸が標準寸法である。↓半紙（はんし）

おおひろすぎはら［大広杉原］杉原紙の一種で、『新撰紙鑑』によると、寸法は一尺一寸×一尺五寸。↓杉原紙（すぎはらがみ）

おおひろほうしょ［大広奉書］奉書紙で最も大判のもの。『新撰紙鑑』によると、越前の大広奉書は一尺四寸五分×一尺九寸五分。また『諸国紙名録』では一尺四寸×一尺八寸五分で、明治期にはいくらか小さくなっている。↓奉書紙（ほうしょがみ）

おおほうしょ［大奉書］奉書紙のうち大判のもので、本政《ほんまさ》ともいう。『新撰紙鑑』によると、寸法は一尺三寸×一尺八寸。↓奉書紙（ほうしょがみ）

おおほん［大本］美濃紙を二つ折りして袋綴にした美濃判本（美濃本）より大きい形の本の総称。

おおまがみ［大間紙］大間書《おおまがき》に用いる紙。大間書とは平安時代に春の県召《あがためし》、秋の司召《つかさめし》などの任官の儀式、すなわち除《じ》目《もく》のときに用いた文書で、任ずべき官と人とを書き連ね、闕官《けっかん》の行をあけておいて、任官後に追書・付記した。行間を広く空けるので大間書という。『小右記《しょうゆうき》』天元五年（九八二）正月二十五日の条に「大間紙」、『西宮記《さいぐうき》』天徳四年（九六〇）正月下除目の条には「大間加紙」とみえている。また『師守記《もろもりき》』貞和三年（一三四七）三月二十三日の条には、「図書寮より大間料紙百五十枚持参」、貞治五年（一三六六）三月五日の条には、「大間料紙の寸法先例あり」と記しており、早くから除目用の紙があって、外記が長大な巻物に仕立てていた。

おおやだかみいち［大矢田紙市］岐阜県美濃市大矢田で室町中期から各旬二回ずつ月六回の六斎市として開かれていた紙市場。美濃紙の中核産地である武儀

33　大洲半紙の伝統を継ぐ愛媛県喜多郡内子町五十崎の天神産紙工場

郡武芸谷、洞戸郷、板取郷、牧谷郷（美濃市・関市）の集散市場で、全国最大の紙市場であり、もっぱら近江枝村の商人が京都に運送した。京都相国寺の禅僧万里集九《ばんりしゅうく》は応仁の乱を避けて美濃に来て、その著『梅花無尽蔵』のなかで「大矢田に産するところの魚箋あり、極楽寺は大矢田にあり、けだし岐之大市」と記している。戦乱のため大矢田と枝村との交通が途絶しがちになり、紙市場は天文九年（一五四〇）に上有知（美濃市）に移って長良川の舟運を利用して紙荷を運ぶようになり、大矢田紙市は衰退した。しかし大矢田紙市場の周辺には近世にもいくつかの紙商が育ち、なかでも小森彦三郎は最も有力な美濃紙問屋で、江戸・大坂にも進出して商圏をひろげていた。↓近江枝村商人（おうみえだむらしょうにん）・図版34、35

おおやちがみ［大谷地紙］新潟県南蒲原郡下田村大谷地（三条市）を原産地とするコウゾ紙。五十嵐川流域の下田村大谷地、五百川《いもかわ》、加茂市西山などのほか十日町市川西町仙田でもつくられ、大谷内紙とも書かれた。↓加茂紙（かもがみ）

おかだいし［岡大紙］三間（五・四㍍）平方の大きな紙で、大正十四年（一九二五）越前市今立町大滝の岩野平三郎がコウゾ四、ガンピ三、麻三の配合紙料で漉いたもの。早稲田大学図書館の大ホール正面にある壁画「明暗」の用紙で、「明」の日輪は下村観山、「暗」の雲は横山大観が描いている。この壁画が掲げられたのは昭和二年（一九二七）で、早稲田大学は当時の岡本村の「岡」と、早稲田大学創立者大隈重信の「大」をあわせて岡大紙と名づけた。↓岩野平三郎（いわのへいざぶろう）

おがたはんし［小方半紙］広島県大竹市小方町に産した半紙。大竹市周辺は広島藩の有力な紙産地だったところで、江戸末期に二〇〇〇人近い紙漉きがいたという。石見の国《くに》東《さき》治兵衛著『紙漉重宝記』にも、余った楮皮は防州岩国と芸州尾形（小方）、大竹へ送ると記しているほどで、生産量も多かった。近代には障子紙・鯉のぼり紙などを漉いたが、衰退して今は「おおたけ和紙保存会」を組織して伝統を守っている。

おかはんし［岡半紙］大分県竹田市を中心とする岡藩で生産された半紙。岡藩は竹田市竹田・豊岡・入田、大野郡清川村白山（豊後大野市）などに紙郷があって、奉書・中折のほか半紙を多く産した。そして享保十七年（一七三二）刊の『万金産業袋《ばんきんすぎわいぶくろ》』に著名な半紙のひとつとして岡半紙が記されており、『新撰紙鑑』にもみられ、豊後を代表する半紙であった。

おかもとじんじゃ［岡太神社］福井県越前市今立町大滝にあり、祭神は水波能売命《みずはのめのみこと》。今立町は大滝、岩本、定友、不老《おいず》、新在家の五村で構成され、佐藤信淵の『経済要録』に「此五箇村を以て日本第一とす」といっているように、最も知られた紙郷である。この五箇村の紙祖伝説として継体天皇（在位五〇七－五三一）が男大迹王《おおとのおおきみ》と呼ばれて越前の国にいられたころ、岡太《おかもと》川上流の水清らかな宮ケ谷に、女神と思われるやんごとない上臈《じょうろう》があらわれ、この村里は谷間であって田畑少なく、生計を立てることがむずかしいが、清らかな谷水に恵まれているので紙を漉けばよいであろうと、みずから上衣を脱いで竿頭にかけ、紙漉きのわざをねんごろに教えた、と語り継がれている。彼女に村人たちが名をたずねると、ただ岡太川の川上に住む者と答えて姿を消されたので、村人はこの女神を川上御前と尊崇し、水波能売命であるとして、岡太神社を建て祀っている。岡太神社は『延喜式神名帳』に今立郡十四座のひとつに数えられる古社であるが、延元二年（一三三七）兵火にかかり、大滝寺から改称した大滝神社域内に移っている。↓図版36

おかより［陸選］コウゾなど紙料の塵取りを水の流れの中でしないで、掘りごたつの上などですること。水流を用いる水選《みずより》に対して陸選といい、飛騨（岐阜県）、越中五箇山（富山県）のほか信濃（長野県）・越後（新潟県）など雪の深い地方の紙郷で行われている。↓塵取り（ちりとり）

おぎはんし［小城半紙］佐賀県小城市小城町に産した半紙。佐賀藩の支藩小城藩の製紙は享保十七年（一七三二）の大飢饉のあと貧民救済事業として始まったといわれるが、大坂市場では肥前産として唐津半紙と並んで流通した。大正期には約二五〇戸の紙漉きがいたが、のちに板紙工場ができて圧倒され、絶滅した。

おきもようがみ［置き模様紙］着色した文様部分が置かれている模様紙。文様の図版を彫りぬいた型紙を紗に張って着色した紙料を漉き、地紙に漉き合わせている。抜き模様

34　美濃市大矢田紙市場跡と紙の豪商だった小森家

35　美濃市港町の川湊灯台．中世末期，紙市場は大矢田から上有知（美濃市）に移り，舟運を利用して出荷された．

36　岡太神社（福井県今立町大滝）

紙とは逆で、越前（福井県）では「漉き掛け」という。↓抜き模様紙（ぬきもようがみ）

おくづけ【奥付】書籍や雑誌の巻末に著作者あるいは編集者、発行者、印刷者の氏名をはじめ、印刷・発行の年月日、版数、刷数、定価、著作権の表示、発行所名などを記したページまたはその部分のこと。欧米の図書にはないわが国独自のもので、歴史的には「刊記」に由来する。

おぐにがみ【小国紙】新潟県長岡市小国町とその周辺の紙郷で産したコウゾ紙。天和二年（一六八〇）に小国町山野田集落二〇戸が漉いたという古記録があって歴史は古く、渋海《しぶみ》川を軸とする製紙圏を代表する紙である。精選した原料を小判の簀で流し漉きするが、湿紙の塊（かんぐれといい、紙塊の意）を雪に埋めて保存し、晴天を待って干板に張るという古い伝統技法を守っている。寸法は九寸三分×一尺三寸。昭和四十八年（一九七三）国の記録作成等の措置を講ずべき重要無形文化財に選択されている。

おくらがみ【御蔵紙】米年貢の代りとして紙産地に生産の義務を負わせ、藩の紙蔵に納めさせた紙。蔵紙ともいう。紙方《かみかた》役所が扱って半紙・中折紙などが主体であるが、奉書紙・杉原紙などもふくんでおり、土佐藩のように藩庁で用いるのを御国用紙、上方に出荷して蔵屋敷から紙問屋に売るのを為登紙《のぼせがみ》と区別したところもある。また為登紙だけを御蔵紙と呼んだこともある。薩摩藩のように専売制のないところにもあったが、多くは専売制を敷いたところにこの制度があり、この蔵紙に対して農民が上納の余剰分を市価で自由に処分できるものを、平紙《ひらがみ》あるいは脇紙という。↓平紙（ひらがみ）

おぐらしきし【小倉色紙】藤原定家《さだいえ》が文暦二年（一二三五）に小倉百人一首を書いたといわれる色紙形。小倉山荘色紙ともいう。定家が歌人として非常にすぐれ、その書には雅趣があったので、中世・近世を通じて最も尊重され、江戸時代には一枚が千両であったといわれる。一首の歌を四行に書き、後世のような散らし書きではない。

おしえ【押絵】押すは貼り付けるの意で、紙片や布切れを貼って構成した絵。もともとは絵画や版画の類を屏風《びょうぶ》等に貼るのを押絵といったが、古くは衣裳人形や衣裳絵をそのように呼んだ。はじめは紙片や布切れを貼るだけであったが、のちには厚紙を布切れで包んでモザイク式に仕上げ、あるいは綿をふくませてレリーフ式に仕上げるものになった。花鳥または婦女の風俗を題材とし、上流婦人や江戸時代の奥女中の手すさびであったのが、一般家庭にも流行して額面・箸入れ・小箱・筥迫《はこせこ》・羽子板などの細工物にも応用されている。

おしがみ【押紙】疑問や補足のことを書いて文書などに押し貼った紙。付箋であり、また掲示の張紙のこともいう。『古今著聞集』十一画図に、「所々に押紙をしてそのあやまりを御自筆にてしるしつけて」と記されている。

おじたにがみ［祖父谷紙］島根県安来市広瀬町の西部祖父谷を原産地とするコウゾ紙。広瀬には松江藩の支藩広瀬藩が置かれ、祖父谷に御紙屋《おかみや》を設け、松江藩の紙工を移して、祖父谷紙を育てたといわれる。いまは広瀬紙の名で伝統が守られている。

おとぎぞうし［御伽草子］室町時代に著作された物語類で、あまり長くないものが多い。御伽草子の名は、御伽衆的な者が語って聞かせる台本的なものという意味と考えられている。しかし御伽草子の名がひろまったのは江戸時代で、柏原屋が享保（一七一六－三六）の頃に二〜三編の物語を「御伽文庫」の書名で販売し、これをさらに河内屋が「祝言御伽文庫」の名で販売したのに始まるといわれている。

おとしがみ［落紙］便所で使う紙。清紙《きよめがみ》ともいう。便所は昔厠《かわや》といい、川の上に掛けて作った屋であり、そこに落としこむ紙の意である。古代には便器を大壺《おおつぼ》といい、大便を拭く紙を大壺紙ともいった。↓大壺紙（おおつぼがみ）

おとなしがみ［音無紙］紀伊（和歌山県）東牟婁郡熊野に産した薄いコウゾ紙。熊野本宮付近は音無川の上流にあって音無里といったのにちなむ紙名。『貿易備考』には、高山・小津荷二村（田辺市本宮町）に産し、鼻紙に用いると記している。「高野六十、那智八十」といわれ、高野紙が一帖《じょう》六〇枚に対し、那智の音無紙は一帖八〇枚であった。

おにしがみ［小西紙］群馬県藤岡市鬼石《おにし》町周辺を原産地とする厚口で菜種袋などに用いたコウゾ紙。『諸国紙名録』では、原産地上野（群馬県）産を本小西とし、武蔵（東京都・埼玉県）産を小西としている。江戸中期の『新撰紙鑑』厚物類の条に「小面」と記されているのは誤植で、小西が正しい。寸法は一尺×一尺二寸。

おにしょうじがみ［鬼障子紙］京都府福知山市大江町二俣に産する障子紙。ここは鬼退治伝説で知られる丹波の大江（枝）山とよく間違えられる大江山（千丈ケ岳）から流出する由良川の支流に沿う紙郷で、この鬼退治にちなんでか、あるいは同町の南端にある鬼ケ城の地名に関連して「鬼」の字を冠したと考えられる。また強靭な紙という意味であるともいわれ、杉原紙の一種に鬼杉原という紙名もある。

おにすぎはら［鬼杉原］漉込杉原および小高（鷹）檀紙の別名。↓漉込杉原（すきこみすぎはら）・小高檀紙（こたかだんし）

おのこうじ［小野晃嗣］東京大学史料編纂所の史料編纂官、明治大学講師をつとめた日本史家（一九〇四－四二）。岡山市生まれ、東大文学部国史科卒。はじめ『近世城下町の研究』で知られたが、のち産業発達史を主要テーマとする研究に移り、昭和十一年（一九三六）『歴史地理』六五巻四・五・六月号に「中世に於ける製紙業と紙商業」を発表した。この論文は、のちに酒造業・木綿機業の論文とともに昭和十六年（一九四一）『日本産業発達史の研究』として出版されたが、和紙史の系統的研究の先駆であるとともに史料を精査したすぐれた内容のものであった。中世を主題としながら古代の造紙機構から説き起こし、中世の産紙・産地・流通に及んでいるので、和紙史研究者には必読の基本テキストと評価されている。

おはながみ【御花紙】造花用の紙で、明治期に高知県産のものが流通していた。パークス和紙コレクションでは御花紙となっているが、『諸国紙名録』は於花《おはな》紙とし、寸法は一尺三寸×一尺五寸となっている。「御会式《おえしき》の桜も吉野紙でする」という川柳もあるように、江戸時代には吉野紙、美栖紙《みすがみ》などが流用されていたが、造花専用の紙がつくられるようになったのである。現代では造花用として色典具帖紙、各種染紙が用いられている。

おばながみ【尾花紙】イネ科の多年草、ススキ、チガヤなどを原料として製した紙。「尾花」はススキの別称。

おばらいろがみ【小原色紙】愛知県豊田市小原町でつくっていたもので、コウゾ紙料に地元産の色土を混ぜて漉いた紙。兵庫県西宮市名塩の色間似合紙《いろまにあいし》はすべてガンピ紙料であるのに、小原ではコウゾ紙料を色土で染めるのが特色である。また小原色紙は、白・赤・黄・青は色土染めであるが、鼠色はコウゾの木を蒸し焼きした黒皮を利用して染めている。

おばらびじゅつこうげいし【小原美術工芸紙】愛知県豊田市小原町でつくられている美術工芸紙。昭和二十年（一九四五）に碧南市出身の画家藤井達吉が小原に移り住み、青年たちを指導して発展させ、日展に入選する作家を生み、海外でも高く評価されている。その手法は、金網でまず台紙を漉き、その上に染めた紙料繊維で花鳥・風景・文様・抽象画などを描き、さらにその上に薄い紙を漉き合わせている。素材としての紙よりも工芸作品としての紙、紙漉きの職人よりも作家を意識して創作している。

おびがみ【飫肥紙】日向（宮崎県）の南部、飫肥藩で産した紙。飫肥藩は寛政十二年（一八〇〇）に専売制をしき、先進の東諸県郡国富町本庄から紙工を雇って城下の前鶴・今町・漉屋河岸（日南市）に住まわせ、製紙を普及した。そして大坂の油屋善兵衛と提携して上方市場に販路を開いたという。藩儒安井息軒は『富国策』で、コウゾを植える土地はやせて菜穀が生育しにくいと反論しながらも、紙の生産奨励は「紙価高騰の時節なればやむをえない」と認めている。

おふだがみ【御札紙】神社の守り札用の紙。伊勢市では早くから大麻包紙・白中紙・青中紙などを産していたが、明治四年（一八七一）に伊勢神宮参拝者を案内する御師《おし》職が廃止されると、彼らが御札製造販売の特権を得て、土佐や美濃から紙工を招いて製造を始めた。そして明治三十二年

（一八九九）には周辺の製紙所を統合して大世古町の大豊和紙工業に発展し、伊勢のほか橿原・熱田・明治神宮や靖国神社など著名な神社関係の用紙を専門に生産している。↓白中紙（はくちゅうし）

オボナイし［オボナイ紙］コウゾ繊維をちぎって粘剤《ねり》と混合し、微量の硫酸礬土《ばんど》を入れて繊維を花弁状に凝固させたもの（花）で上掛け紙を漉き、別に漉いておいた地紙に伏せ重ねて一枚に漉き合わせたもの。大礼紙と同様の技法によってつくられているが、コウゾ繊維の花弁はより多くなっており、仕上げにロールをかけて光沢をつけている。昭和十年（一九三五）頃、福井県越前市今立町の滝匠《たくみ》が工夫したもので、多く輸出された。↓大礼紙（たいれいし）

おもちゃえ［玩具絵］江戸後期から明治期にかけて、主に児童を対象として発行された錦絵の一種。芸術的価値は低いが、児童教育図書として果たした役割は大きい。その内容は、図書・図鑑に類する物語絵・風俗絵・名所絵・言葉遊び・なぞなぞ・判じもの・ものづくし絵をはじめ、双六《すごろく》・かるた絵・福笑いなどの玩具または遊戯に用いるもの、着せ替え人形・組立て絵・写し絵などの、はさみや糊を使って工作するためのものがある。明治初期にはその教育効果に着目して、文部省が教訓絵・洋服の着せ替え人形などの玩具絵を発行したことがある。

おゆどののうえのにっき［御湯殿上日記］清涼殿内の御湯殿上に伺候し、天皇の側近に奉仕した女官が書き継いだ日記。現存するのは室町中期の文明九年（一四七七）から江戸末期までのもので、同時期の宮中の儀式・年中行事・皇室経済・公家の動静などを知る貴重な史料。朝廷に献納される品々のうち、紙は最も重要なものであったことが記されており、杉原紙・美濃紙をはじめとして各種の紙名を知ることができる。

おりかいし［折界紙・折堺紙］界線（罫《けい》）を引く代わりに折目をつけた紙。奈良時代からあり、正倉院蔵の孝謙天皇筆『杜家立成《とけりっせい》』光明皇后筆『楽毅論《がっきろん》』などは折界紙を用いている。

おりかた［折形］目録や進物を包む紙の折り様、また料理の添えもの、薬味などを入れた小さな紙包み。金包み、扇包み、のし包み、香包み、あるいは箸包み、ごま塩包みなど、紙の折り様が定められており、吉事には二枚、凶事には一枚で折るというきまりもあった。時代によりまた流儀によって折り様が違っていたが、包み紙も大高檀紙・柾高《まさたか》檀紙・奉書紙・美濃紙・杉原紙・半紙など、その格によって使い分けていた。室町幕府の政所《まんどころ》には折紙方《おりかみがた》の職名があるが、宮廷の進物所、鎌倉幕府の進物奉行・贈物奉行に相当し、贈物のことをつかさどるとともに、これにそえる折形を重視していた。このような先例が小笠原流などの礼法のなかで固定し、折形が贈る人のこころをあらわすものとなった。紙を折りたたんで、いろいろなものの形をつくる折紙細工も折形という。礼式の折形から遊びとして展開したのであるが、平安時代の記録に、すでに鶴や蛙の折形があり、江戸時代に一般にひろまった。寛政九年（一七九七）刊の魯縞庵義道《ろこうあんよしみち》著『千羽つる折形』は四九種を紹介しているが、全体で約七〇種あった。明治時代には幼稚園で必修の遊技となり、近年はさらに発展した重ね折り、花紋折りなど、創作折紙が大人の世界にひろがっている。↓図版37

おりがみ［折紙］紙を折り畳んで造形する、いわゆる折紙細工の意。また檀紙・奉書紙・鳥子紙・杉原紙などを横に二つに折って折目を下にして書く形式の文書。前者はもともと折形《おりかた》といったので、折形の項で解説し、ここでは後者を詳述する。折紙は折伏・折文ともいい、竪紙（竪文）に対して、紙を節約して用いる文書つくりの形式である。『殿暦《でんりゃく》』の康和二年（一一〇〇）十月十日の条に記されていて、平安末期から消息などに用いられたが、『吾妻鏡《あずまかがみ》』文治二年（一一八六）の条に「北条殿、所存を折紙に注す」とあるように、鎌倉時代に命令、通知を書くことが始まっている。室町時代には幕府の奉行人《ぶぎょうにん》が出す文書はほとんど折紙になり、進物の目録はすべてこれを用いた。『麒麟抄』には、折紙の場合、公家は必ず引合《ひきあわせ》（檀紙）を用いるとし、武士などは奉書紙や杉原紙を用いた。安土桃山時代には判《はん》物《もつ》や朱印状も折紙になり、書状に用いることが多くなった。さらに刀剣・書画などの鑑定書（極め札）を折紙に書くことは室町時代に始まり、その鑑定はいつしか世襲性を帯び、刀の本阿弥《ほんあみ》家、書の右筆《ゆうひつ》家、画の狩野《かのう》家のように、扱うものに応じてそれぞれの専門家が生まれた。こうして「折紙太刀」「折紙道具」は鑑定書付の名作の太刀、貴重な道具の意となっている。↓折形（おりかた）・切紙（きりがみ）・図版38、39

おりかみかた［折紙方］室町幕府の政所《まんどころ》に所属する職名。鎌倉幕府の進物奉行や贈物奉行に相当し、将軍家から他への進呈のことをつかさどった。進呈する品物を包む折形が重視され、その目録はみな折紙に書くのがならわしとなっていたからである。

おりぞめがみ［折染紙］こまかく折りたたんだコウゾ紙を、各種の化学染料で染めて、いろいろな文様をあらわした紙。幾何文や花文つなぎが多い。↓図版40

おりほん［折本］書籍装丁様式のひとつで、紙を横に長く継いだものを一定の幅に折りたたみ、端に表紙をかけるとともに奥にも表紙をかけたもの。巻子本《かんすぼん》の変形で、ひろげたり巻いたりするのがめんどうなので、どこでも簡便に開いたり閉じたりできるようにしており、仏典や法帖《ほうじょう》に多くみられ、中国では摺本《しょうほん》・摺巻・摺葉などという。滋賀県甲賀市土山町の常明寺および太平寺には、和銅五年（七一二）に書写された『大般若経《だいはんにゃきょう》』が折本に改装された形で残っている。なお巻子本や折本は、片面だけに文字を書写し、厚くてねばり強い紙が用いられている。↓巻子本（かんすぼん）・図版41

オルコック［**R. Alcock**］イギリスの初代駐日公使で、美術工芸に深い関心をもった文明批評家（一八〇九－九七）。**Rutherford Alcock.** ロンドンに生まれ、外科医であったが、一八四三年中国の厦門《アモイ》領事館一等書記官となってから外交官に転じ、一八五九年日英修好通商条約にもとづく初代駐日公使となり、一八六四年駐中国公使、一八七一年引退後は王立地理学会の会長などをつとめた。一八六三年出版の『大君の都』（*The Capital of the Tycoon*）はヨーロッパでの日本研究にある種の基準を提供したとされるが、ここには外国人として初めて富士山に登ったことを記すとともに、その帰途熱海に半月間も滞在して熱海雁皮紙の工程をじっくり見学したことも述べている。一八六二年のロンドン万国博への出品を斡旋し、各地の産紙のほか数多くのから紙文様を特製させて送っている。そして一八七八年出版の『日本の芸術と芸術産業』（*Art and Art Industries in Japan*）には、装飾加工された和紙について五ページをついやしている。↓図版42

おわりのかみ［**尾張紙**］尾張国（愛知県）に産する紙。正倉院文書の天平宝字八年（七六四）「奉写御執経所写経料紙注進文」に「尾張紙一万一千九百張」とあり、『延喜式』では中男作物の紙を納めることになっているので、古代の尾張は紙を産していた。しかし近世には、美濃紙の主産地である武儀川・板取川流域が尾張藩領であったので、名古

37　「ごま塩包み」の折形

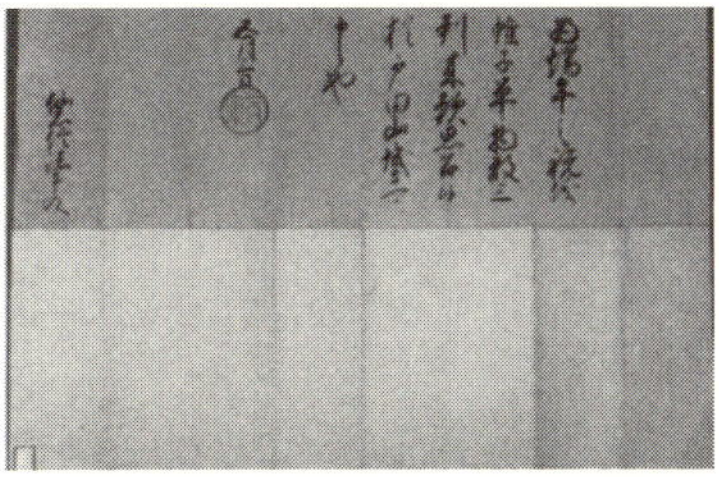
38　檀紙の折紙形式に書いた書状（紙の博物館蔵）

39　折紙細工の折鶴

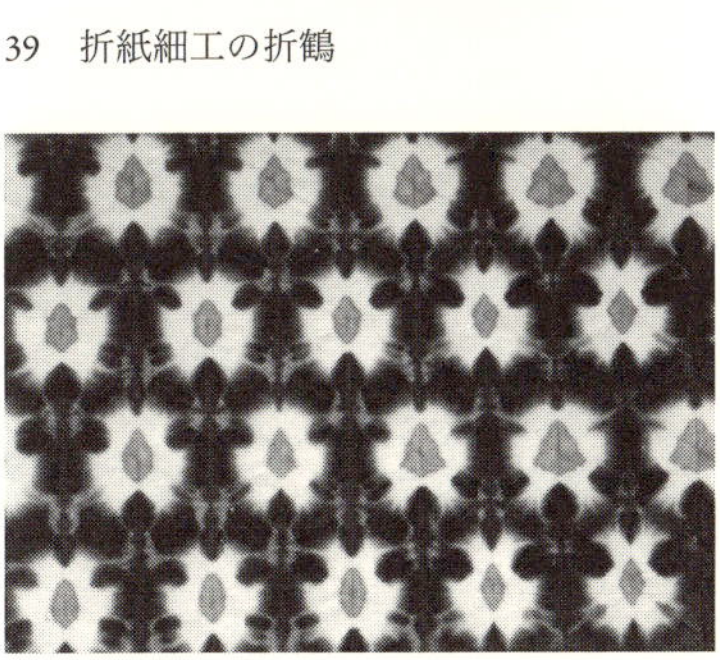
40　折染紙

屋城下に御紙漉所を設けて御用紙を漉いただけである。

おんしょうし〔温床紙〕内部を堆肥の発酵熱あるいは電熱などで温めて、促成栽培する苗床の囲いに張る紙。明治末期には障子紙とか塵紙などに油をひいた油障子を用いていたが、大正三年（一九一四）に愛知県一宮市の石田農園に頼まれて、美濃市長瀬の吉田忠兵衛が専用の温床紙をつくった。原料は粗剛な九州産コウゾ八〇%にソーダパルプ二〇%を混合したもので、のちにはマニラ麻を配合した。中国にも輸出され、広い需要があったが、やがて機械すきに圧倒され、ビニール製品で代用されるようになって消滅した。

おんどるし〔温突紙〕朝鮮の暖房装置であるオンドル（温突）の床に張る紙。オンドルは床下に煙道を設け、これに燃焼空気を通して室内を温める装置である。その床上に張って敷物代りに用いるので、コウゾ製の厚く堅牢な紙を張り合わせており、朝鮮で最も需要の多い紙のひとつであった。

41　折本「大般若波羅蜜多経」鎌倉版（宮内庁書陵部蔵）

42　オルコックが特製させて第2回ロンドン万国博に送った江戸から紙の一種「雪輪竹」

か

かいかし［開化紙］中国清代の康熙《こうき》・乾隆《けんりゅう》（一六六二―一七九五）の頃、浙江省開化県でつくられた桑皮原料の最高級印刷用紙。紙質は潔白で薄く、靭性が強く柔軟で良質であった。康熙・乾隆期は文運が盛んで、『欽定古今図書集成』『欽定四庫全書』『武英殿聚珍版』など大部の書籍が編集刊行されたが、その印刷をささえた紙である。

かいし［懐紙］たたんで懐《ふところ》に入れておく紙で、ふところがみ、たとうがみともいい、別に畳紙《たとうがみ》とも書く。また和歌・連歌などを正式に詠進するときに用いる紙も「懐紙」といい、檀紙《だんし》・杉原紙などを用いた。『宇津保物語』に「筆を取りて、懐紙にかく書きて、腰に結びつ」とあり、『更科《さらしな》日記』には「目もくれ惑ひて、やがて臥されぬるに、とまる男の送りして帰るに、ふところ紙に、思ふ事心にかなふ身なりせば秋の別れをふかく知らましとばかり書かれたるをも、え見やられず」とみえている。懐紙に和歌や消息あるいは漢詩などを書いたのであるが、平安時代には陸奥紙《みちのくがみ》あるいは檀紙、また女性は斐紙《ひし》の薄様《うすよう》を懐紙として愛用した。この時代の懐紙としての檀紙は後世のものより小さく、普通の歌会などでは小高檀紙程度の大きさのものを用いた。正式の場合でも身分による区別はなかったが、のちに身分によって詠進懐紙の寸法が決められるようになった。『懐《かい》紙夜鶴抄《しやかくしょう》』によると、「はれ」（正式）のときの懐紙は、天子が縦一尺五寸余、摂政・関白は一尺三寸余、大臣から参議まで一尺三寸、近衛中将・少将・殿上人は一尺二寸、それ以下の者は一尺一寸七、八分と五段階に分け、大高檀紙を切り詰めて用いることにしている。『八雲御抄《やくもみしょう》』には和歌の書式を「一首歌は三行三字墨黒に書くべし」と、三行三字の原則を示しているが、飛鳥井《あすかい》家は三行五字に書き、二首懐紙には二行七字の書式もあった。また女房懐紙の書式について、『懐紙夜鶴抄』は、「式正《しきしょう》の時は、うすやう一かさねにから松を銀にて書きたる料紙なり。尋常には、懐紙を用らる。端造《はしづくり》も、名もかくべからず。木立のちらしに書也」とあって、薄様にちらし書きした。女性はこの薄様を和歌にも消息にも二枚重ねて用いたが、その二枚は色が違うのが普通であった。上が紅梅、下が蘇芳《すおう》（紅梅がさねの薄様）は紅梅の咲く春に用い、上が白、下が青（卯の花がさねの薄様）は卯の花の咲く夏に用いるというように、衣服の襲《かさね》の色目にならって薄様の色をかさねた。→畳紙（たとうがみ）

かいし［界紙］界は「さかい」「くぎり」で罫線《けいせん》を引いた紙のこと。正倉院文書にすでにみえており、写経には一行十七字詰のきまりがあるので、一七階の横線を引いた界紙を下敷きして書いた。またこの界線の五・九・一三の各段は太い線を引き、偈頌《げじゅ》（仏教の真理を詩の形で述べたもの）などの書写に用いた。平安期の『延喜式』などにみえるのは、罫引きの紙を書写や書籍に用いている。↓敷紙（しきがみ）

かいし［堺師］奈良時代の天平期に、官公立の写経所に出仕して、写経用の罫引きを専門とした人。堺生ともいう。所属は装潢師の下にあったようで、罫の下敷き（敷紙）をつくっておき、丸棒の定規（今日の簿記棒のようなもの）を用いて、一日三〇〇枚に罫線を引いたという。

かいしきのかみ［掻敷紙］食物を盛る器や神前の供物の下に敷く紙。平安末期の『類聚雑要抄《るいじゅうざつようしょう》』にみえる。古代には紙の代りにハマユウ・ユズリハ・ナンテンの葉などを用いていた。

かいしょ［楷書］漢字の書体のひとつで、正書・真書ともいう。現在の楷書がいつできたかは、はっきりしない。中国の晋唐の頃は楷書は今隷といっていたが、篆書《てんしょ》が円勢であるのに対し隷書《れいしょ》が方勢であることから、隷書の生まれたのにともなって、すでに楷書的用筆法があったと考えられている。そして漢代の隷書をさらに簡略化したのが楷書であり、後漢末期に始まり、三国・魏晋南北朝を経て、隋唐に至って大成したものである。

かいたがみ［皆田紙・甲斐田紙・海田紙・開田紙］兵庫県佐用郡佐用町上月の皆田を原産地とする厚紙。『蔭涼軒《いんりょうけん》日録』延徳三年（一四九一）の条に甲斐田紙とみえ、『多聞《たもん》院《いん》日記』には開田紙と記されているが、近世の文献では皆田紙・海田紙とするものが多く、因幡・備後・安芸・周防などで模造されている。『新撰紙鑑』には厚物類として記され、播磨海田紙は縦一尺、横一尺四寸五分より五寸まで、となっている。上月の皆田では昭和三十年（一九五五）頃廃絶した。↓上月紙（こうづきがみ）

かいりょうはんし［改良半紙］愛媛県で明治中期からミツマタを主原料として漉いている半紙。愛媛県のミツマタ原料による製紙は慶応二年（一八六六）に始まったが、薦田《こもだ》篤平《とくへい》が苛性ソーダ煮熟によってミツマタ紙料《しりょう》を改良し、明治二十年（一八八七）頃から大洲市付近や四国中央市で改良半紙の名で売り出した。コウゾのほかに稲わらその他の粗悪な原料を混入して声価を失ったので、ミツマタ原料で改良したというのであるが、苛性ソーダ煮熟、ガス漂白、ビーター叩解、鉄板乾燥など改良技法を多く採用してつくっている。事務用・複写用として需要が多かったが、近年は主として書道用である。

かおう［花押］署名の下に書く判。草書体で書いた草名《そうみょう》にはじまり、それが次第に形式化されたのが花押である。名の二字のそれぞれの一部を組み合わせて草書体で書く二合体、名に関係の有無を問わず一字を選定する一合体、名字と無関係の別の形を利用する別様体、上下に横線を入れる明朝体などの区別がある。

かがくパルプ［化学パルプ chemical pulp］広義には木材およびその他の繊維原料を化学的に処理してつくったパルプ。普通は木材のパルプをいう。使用薬品の種類によって亜硫酸パルプ、クラフトパルプ、ソーダパルプなどがあり、機械的処理を併用した半化学パルプもある。わが国での略号はCP。

がかし［研花紙］中国では文様を「花」といい、文様を彫った版木の上に紙を置き、滑らかな石、猪の牙、貝殻などで文様を磨き出したものを研花紙という。日本ではこれを蠟箋という。なお文様を磨きだすのではなく、単に紙面を平滑にするために滑石などで磨くのを研光という。↓蠟箋（ろうせん）

かがのかみ［加賀紙］加賀国（石川県）産の紙。加賀が独立の行政区域となったのは弘仁十四年（八二三）で、『延喜式』では中男作物《ちゅうなんさくもつ》の紙を納める国となっている。中世には加賀杉原が知られ、応安六年（一三七三）の『実豊卿口伝聞書』に「強紙《こわがみ》と昔から云はみな堅厚、加賀杉原にて候」とあって、強紙ともいわれ、堅く厚い紙であった。中世末期には加賀鳥子があるが、強紙といわれた加賀杉原が加賀奉書となり、近世の『雍州府志』はこれを越前鳥子とともに最高級の紙としている。加賀藩のもとでは、加賀奉書をはじめ鳥子紙・半切紙・傘紙など各種の紙がつくられていた。加賀奉書の原料を煮熟するには、普通ヨモギ、ソバ殻あるいは稲藁の灰汁を用いたが、青ズイキ茎の灰汁で煮熟したものは美しい光沢があるので、江戸幕府に献上するものは青ズイキ茎の灰汁で特製したという。↓強杉原（こわすぎはら）・図版43

かきがみ［柿紙］柿渋をひいた紙で柿渋紙・渋紙ともいう。『麒麟抄《きりんしょう》』巻四に、柿紙は檀紙四枚を合わせて柿渋をひき、よく打ちたたいてつくるとあり、『節用集』にものっている。↓渋紙（しぶかみ）

かきぞめがみ［柿染紙］柿色に染めた紙。『駿府御分物御道具帳』元和四年（一六一八）調査のなかにみえる。柿色とは柿の果実の表皮のような色、すなわち赤みを帯びた黄赤色である。

がくしせん［学士箋］中国の竹を原料とする良質の書簡箋。『蜀箋譜《しょくせんふ》』に「長さ

43　加賀藩御用紙を漉いた金沢市二俣の紙郷

尺に満たず」と記されており、この半分の大きさのものを小学士箋という。太守直詔文館の陸公軫《りくこうしん》がつくったとされている。

かくてい【赫蹏】『漢書』巻九七趙皇后伝に、前漢成帝の元延元年（紀元前一二）、皇后趙飛燕の妹、趙昭儀が後宮の曹偉能を殺害しようとして、獄丞の籍武を遣わして渡させた薬を包んだものとしている。『漢書』を注解した唐の顔師古は、この赫蹏を「赤色に染めた薄い小紙」としている。後漢の蔡倫《さいりん》が紙をつくるより前に紙があったことを証明する事例のひとつとされている。

かけがみ【懸紙・掛紙】書状などの本紙と礼紙《らいし》を重ね折りたたんだ上に覆い包む紙。したがって一通の手紙を書くのに本紙・礼紙・懸紙（掛紙）の三枚を用いるのが古代の書状の通例であった。とくに重要な文書には懸紙を二枚用いることもあり、略式では懸紙を省略することもあったが、公家の日記には、礼紙の有無とか懸紙の枚数などを記録している例が多い。いわば懸紙は後世の封筒に相当する。また書状を筥《はこ》に入れてその上を包む紙は裹紙《かし》であるが、懸紙ともいっている。→竪文（たてぶみ）・礼紙（らいし）

かけじく【掛軸】書画を軸物に表装して、床の間や壁などに掛けて飾りとし、また珍重して味わうもの。書のものを掛字、画のものを掛絵、また書画ともに掛字というが、掛軸は掛物ともいう。

かこうし【霞光紙】霞が光を受けたような淡紅色の紙。『蜀志』に、五代前蜀第二代の帝、王衍（？－九二六）が金堂令張蠙に五〇〇幅を賜った、と記している。

かさがみ【傘紙】笠に柄をつけた「さしがさ」「からかさ」「蛇目《じゃのめ》傘」などに張る紙。はじめは布を張っていたが、のちに紙を張るようになった。日傘には油を塗らないが、雨天用のものには荏油《えのあぶら》を塗って防水性を与える。近世にからかさが広く用いられるようになって需要がふえ、元和二年（一六一六）調の『駿府御分物御道具帳』に「御から笠紙」があり、『毛吹草《けふきぐさ》』には紀伊（和歌山県）の産物のなかに傘紙をあげている。これは高野山麓の丹生川流域に産したので入川《にゅうがわ》笠紙と呼ばれ、とくに伊都郡九度山町河根《かね》が主産地であった。『和漢三才図会』『新撰紙鑑』などによると、傘用として西の内・程村・宇陀・百田《ももた》・皆田《かいた》・森下・豊後笠紙をあげ、明治初期の『諸国紙名録』は、武蔵の山宇田紙、伊予の宇田傘紙、安芸の広折紙、長門の広折紙、日向の宇田紙、紀伊の次第紙を記している。このように高野紙・宇陀紙・森下紙系のものが傘用として各地で生産された。洋傘が輸入され、その国産がふえるにつれて傘紙の需要は減り、今は京都の民芸風からかさや岐阜の加納傘につながるものが、わずかに残っているにすぎない。→図版44

かさねつぎ【重ね継ぎ】継紙の継ぎ方の一種で、同色の紙で濃淡のちがう五枚を同じ形に切り、約二ミリずつずらして継ぎ合わせたもの。切った形は直線の場合も波線の場合もあり、淡い色からだんだん濃い色を重ねて、繧繝《うんげん》の趣を表現する。繧繝はいわば「ぼかし」で、立体感や装飾的効果を生み出す彩色法であるが、重ね継ぎは山並みや川の流れなど、自然の風景を象徴するのに適しており、和歌料紙に多く用いられている。→継紙（つぎがみ）

かさはらがみ【笠原紙】長野県伊那市笠原を原産地とするコウゾ紙。『貿易備考』には上伊那郡美篶《みすず》村（伊那市）に産し、「美濃紙の質にして色白く質美なり」と記している。障子紙の一種。

かし【火紙】麦わらや竹を原料とする粗紙で、硝石を塗り引火しやすくしたもの。中国で鬼神の祭りに焼くのに用いた。

かじのかみ【梶紙・加地紙・加遅紙】古代にはカジノキ（穀・構）もコウゾ（楮）も同一視してカジと呼んでいたようで、それらを原料とする紙のことである。→穀紙（こくし）

かじもとせん【楮本銭】日向（宮崎県）の佐土原藩が、コウゾ皮の購入資金の藩札代用として発行した紙札。百文と五百文の代金預り証で、これが佐土原藩札に発展した。佐土原藩は宝暦・天明（一七五一－八九）の頃紙を専売制にし、三財《さんざい》川流域の西都市上三財・下三財を中心に紙の生産を奨励し、文政八年（一八二五）に紙役所、天保四年（一八三三）に紙漉役所を設けて、藩営製紙の方向に進んだ。

かずえがみ【主計紙】下野（栃木県）産の紙細工用の紙。『諸国紙名録』には一尺三寸×一尺五寸五分で「大厚重目」とあるので、厚紙の一種である。

かすがばん【春日版】平安末期から鎌倉時代にかけて、奈良の興福寺で刊行された経巻類。興福寺は藤原氏の氏寺であり、治承四年（一一八〇）平重衡の南都焼討ちで焼失した経巻の再刻につとめ、それを藤原氏の氏神である春日神社に奉献したので、春日版といわれるようになったとされている。寛治二年（一〇八八）の『成唯識論《じょうゆいしきろん》』を先駆とし

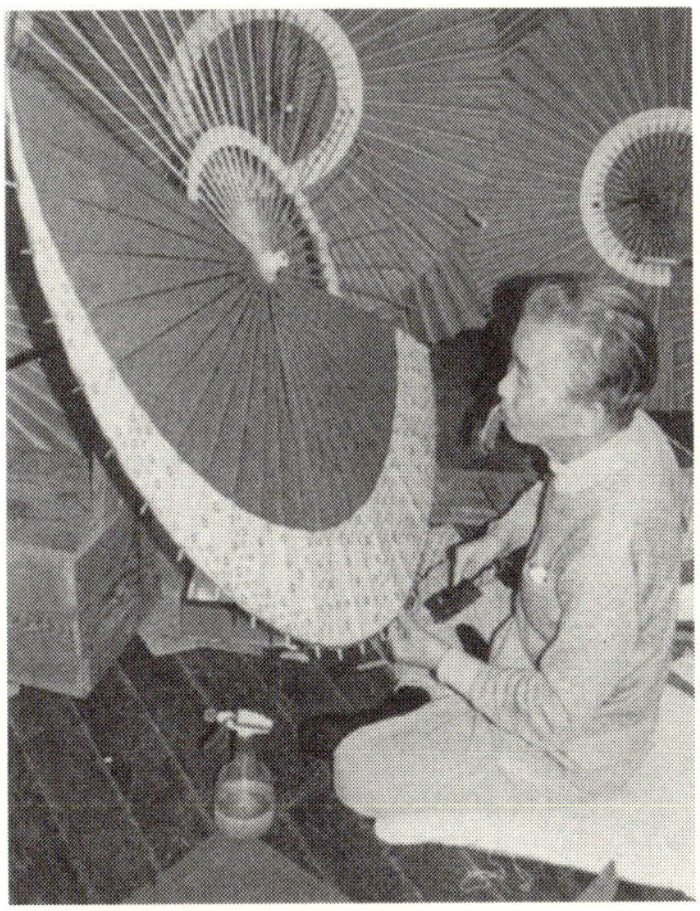

44　岐阜の傘つくり

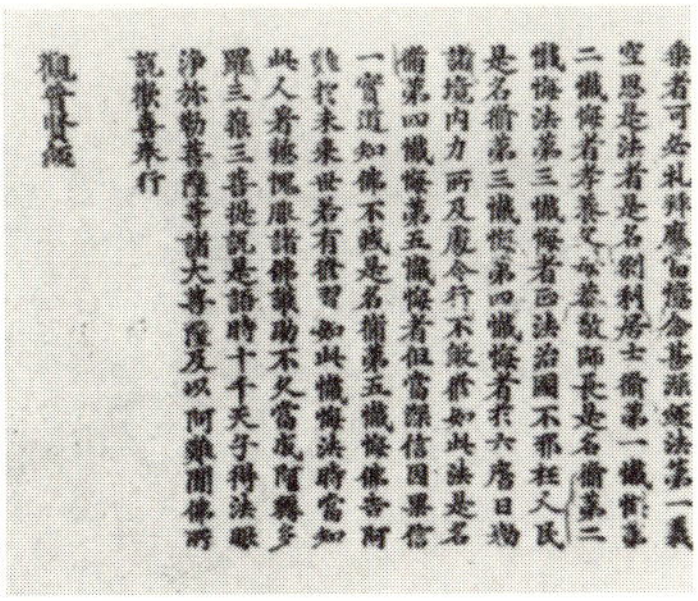

観普賢経

45　春日版『観普賢経』

て、開版は江戸時代にも及ぶが、普通鎌倉末期（十四世紀前半）頃までのものを春日版といい、紙質は厚様で、多くは粘葉装《でっちょうそう》である。↓粘葉装（でっちょうそう）・図版45

かすがみ【粕紙・滓紙】コウゾの黒皮を粕《かす》（滓）ともいい、塵ともいうが、それを混ぜて漉いた紙。↓塵紙（ちりかみ）

かせいソーダ【苛性ソーダ】水酸化ナトリウムのことで、炭酸ソーダの水溶液に石灰水を加えて煮沸し、または食塩の水溶液を電解して得る白色の脆弱な無定形の塊。石鹸製造のほか製紙にはクラフトパルプ蒸解の添加剤として用いられる。和紙の場合、ミツマタは木灰汁や石灰水で煮熟すると脱色が不十分であるが、明治初期に苛性ソーダで白くなることが確認され、紙幣の原料としてミツマタが活用されるようになったという。なお和紙原料の煮熟剤としては最も作用が激しく繊維をいためやすいので、上質の和紙をつくるのには用いられない。

かぜひきがみ【風邪引き紙】高温多湿の環境で長期間保管されている間に、腰がなくやわらかくなって変色した紙。耐久性がなく、墨や絵具がつきにくく、印刷もしにくくて毛羽立ちやすい。繊維細胞を膠着させているヘミセルロースが分解して劣化したためといわれる。また江戸時代の紙で、粘剤《ねり》に雑菌が混入していたため斑点ができたものも風邪引き紙という。

かせん【花箋】中国の文様のある紙。文様のある詩箋、あるいは華美な詩箋。花には草花のほか、あや、文様の意があり、中国では文様のことを花文という。そして花文を印刷するのを印花というので、花箋は印花紙の別称。白居易の「遊悟真寺詩」に「苔点如花箋」とあり、中国唐代には金花箋・銀花箋などもつくられ、李白の牡丹に題した詩には金花箋を用いている。猪の牙などで磨いて光沢のある文様の紙は砑《が》花《か》箋といい、また華箋は、他人の手紙を敬って、すぐれた書簡という意味である。

がせんし【画仙紙・雅仙紙・画箋紙】画撰紙・画宣紙なども書かれるが、明治中期からの紙商仲間では画仙紙とすることが多い。もともと画用の紙であったが、書道用でもあり、いまはむしろ書道用の意味が強い。『新撰紙鑑』には「画箋紙　和制なし、画を写料に製す。大なるもの一丈余なるもあり、紙あつく色潔白なり」と記している。今日では普通縦二尺二寸五分、横四尺五寸であるが、中国では横の長さ四尺・五尺・六尺・八尺・一丈など、いろいろある。そして薄い一枚漉きは単宣、二枚合わせを二層貢（夾宣・二双紙）、三枚合わせを三層貢という。中国清代の胡韞玉《こうんぎょく》『紙説』のなかの「宣紙説」によると、宣州の産紙のうち金榜・潞玉・白鹿・画心・羅紋などが書画に適しているが、いまはそれらをすべて画心と名づけている、としている。したがって、「画心」という銘柄の宣紙という意味で「画宣紙」というのが正しい表記と考えられるが、その音にあてて画箋紙、画仙紙などという呼び方ができたと考えられる。画仙紙は墨色の発色がよく、にじみが深いので、日本でも多く愛用されているが、日本で模造したのを和雅仙《わがせん》と呼ぶ。明治二十八年（一八九五）の第四回内国勧業博覧会に山梨県の市川大門（市川三郷町）、高知県の伊野（吾川郡いの町）、福島県の信夫郡福島町（福島市）から出品され、明治四十年刊の沼井利隆著『化学応用日本製紙新法』にも画箋紙の製法を述べている。現在では山梨・鳥取・愛媛・高知などのほか各地でつくられている。↓宣紙（せんし）

かたえそめがみ【型絵染紙】図案文様ではなく独創的な絵を彫った型紙で染めた紙。昭和十年（一九三五）に芹沢銈《せりざわけい》介《すけ》が沖縄の紅型《びんがた》を基調として始め、彼は昭和三十一年（一九五六）に型絵染めの重要無形文化財技術保持者に認定された。型紙は地白型・地染まり型・線彫り型などを彫り、紗張りして用いる。すなわち紗型を用いて防染糊で型付けし、よく乾かしてから豆汁《ごじる》で溶いた顔料あるいは染料を刷毛で色挿しする。色挿しのあと、よく乾かしてから水につけて糊を洗い落とし（水もとという）、干して仕上げる。この型絵染紙の作家として芹沢門下の岡村吉右衛門、小島悳次郎《とくじろう》、後藤清吉郎のほか京都の稲垣稔次郎、長野県松本市の三代沢本寿らが著名である。↓型染紙（かたぞめがみ）

かたおしがみ【型押紙】紗型（文様を彫り抜いた型紙に紗を張ったもの）を用いて、胡粉《ごふん》と澱粉《でんぷん》糊をまぜたものをへらでのばし、文様をつけた紙。この技法は紋典具帖つくりのほか、から紙つくりに用いられており、厚い型紙を用いるのを高押し、あるいは置上げという。↓紋典具帖（もんてんぐじょう）

かたおりがみ【片折紙】中折紙のいくらか小判のもの。片は二つに分れたものの一方のことで、檀紙などを縦半分に折った一方だけの大きさで、もともとは中折紙と同義。主として周防・長門（山口県）に産し、『西村集要』によると、九寸三分×一尺二寸五分。↓中折紙（なかおりがみ）

かたがみ【型紙・模紙】①洋裁や手芸などで、作ろうとする形に切って、布などの裁断に用いる紙。②布帛の捺染《なっせん》に用いるため、文様を彫り抜いた厚紙。厚紙といっても精選した純コウゾ製の薄い型紙原紙を縦横交互に二〜四枚を、

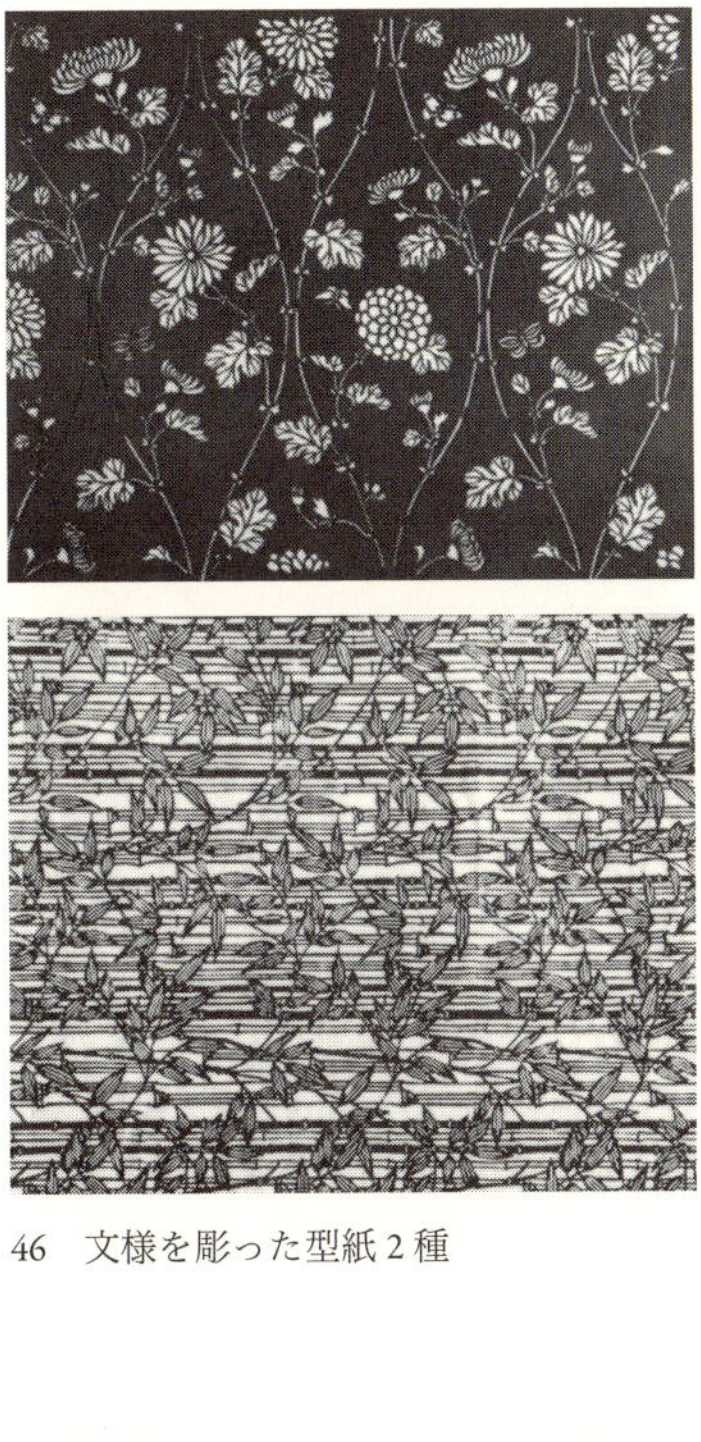

46　文様を彫った型紙2種

ワラビ糊に柿渋を練り合わせた蕨渋《わらびしぶ》で張り合わせて、板張り乾燥したものである。さらに柿渋引きと乾燥を何度も繰り返し、最後に室《むろ》に入れて数日間燻煙で燻蒸《くんじょう》し、水に強い紙に仕上げている。三重県鈴鹿市の白子などの型紙業者がこれに文様を彫刻し、捺染に用いているので、型付紙ともいう。また柿渋を引いているので渋型紙という。↓型紙原紙（かたがみげんし）・図版46

かたがみげんし［型紙原紙］型紙をつくるもとになる純コウゾ製の薄紙。三重県鈴鹿市白子の型紙製作専門業者と結んで、岐阜県美濃市上野《かみの》・乙狩《おとがり》・御手洗と武芸川町寺尾（関市）などが主産地であった。これを蕨渋で張り合わせ、耐水性を与えて型紙とするが、韓国産コウゾ紙、機械すきの型紙原紙やプラスチック・シートに型彫りする業者がふえ、手漉きの型紙原紙つくりは衰退している。↓型紙（かたがみ）

かたしろ［形代］神を祭るとき神霊の代りとして据えたもの。陰陽師《おんみょうじ》がみそぎ・祓《はら》いなどに用いた紙の人形で、これで身を撫でて災いを移し、川に流した。代りの形であるので形代といい、また紙でつくった人形なので紙人《かみびと》ともいい、撫でて祈禱するので撫物《なでもの》ともいう。『源氏物語』東屋の巻には「見し人の形代ならば身に添へて恋しき瀬々のなでものにせむ」とあり、また『貞丈雑記』は撫物について次のように記している。「なで物と云ふは、是れも陰陽師に祈禱を頼む時、陰陽師の方より紙にて人形を作りて遣すを取りて、身をなでて陰陽師の方へ送れば、其人形を以て祈禱する事有り、扨後に川へ流す也」。

かたそめがみ［型染紙］図案文様を彫った型紙を用い、糊で防染して染色した紙。布染めの型置きと同様な手染め法で、昭和十年（一九三五）に芹沢銈介が型絵染の技法を創製した。から紙の技法では型押し、千代紙つくりでは合羽摺りがいずれも型紙を用いるが、型絵染紙は多色で美しい絵を表現している。芹沢銈介についで岡村吉右衛門、小島悳次郎《とくじろう》、後藤清吉郎、三代沢本寿、稲垣稔次郎らの作家があらわれて普及した。独創的な絵というより、主として図案文様の型紙を用いて染めるのを型染紙という。富山市八尾町の桂樹舎、福井県小浜市の小堂工房、京都府綾部市黒谷和紙組合などの紙郷や京都市内の栗山工房などで、型染紙がつくられ、本の装丁・小間絵・カレンダーなど用途が広い。

かためんうだがみ［片面宇陀紙］宇陀紙の片面だけを染めたもので、諸細工に用い、近代に大阪と東京で産した。

かっすい［滑水］紙面を滑らかにするために紙料繊維を均等によく分散させ、漂い浮かばせるはたらきのある植物粘液のことで、日本の粘《ねり》剤の中国的呼称。晋代の裴淵《はいえん》『広州記』に「膏藤というのがある。津汁《しる》のすべすべしていることはたぐいがない」とあるのが滑水の起源といわれるが、明代弘治十五年（一五〇二）の『弘治徽州府志』には「羊桃藤を取って細かく擣《つ》き、別に水桶に浸してもみ、これを滑水という」と記している。羊桃藤はナシカズラで、中国では野葡萄、槿葉（ムクゲの葉）、黄蜀葵（トロロアオイ）ほかいろいろな植物から滑水を抽出している。↓紙薬（しやく）

かっぱ【合羽】哈叭、勝羽とも書き、ポルトガル語のcapaに由来する紙製の雨衣の一種。羽の字は羽織から採ったとも考えられる。十六世紀半ばころから来航したキリシタン宣教師、ポルトガル人らの外衣をまねて、蓑《みの》の代りにつくったもので、南蛮蓑ともいわれた。はじめは羅紗《らしゃ》製であったが高価なため、慶長二年（一五九七）に紙製のものが始まった。厚手の紙に荏油《えのあぶら》あるいは桐油《とうゆ》を引いて製し、正保二年（一六四五）刊の『毛吹草』には、出羽（山形・秋田県）の油紙が諸国に売られていることを記し、元禄六年（一六九三）刊の『ゑ入江戸惣鹿子』は、京橋南通、新橋南通、前片門前、白銀町通に合羽屋があった、と伝えている。万治三年（一六六〇）の『東海道名所記』に、「雨合羽、塗笠着テ、打過ル」とあるが、滋賀県彦根市の鳥居本は、東海道の旅人のための雨合羽の産地として知られ、その原紙は美濃産の森下紙や雨衣紙であった。のちに袖付合羽ができて、もともとの雨合羽は丸合羽、坊主合羽といい、綿布製のものを引廻し合羽ともいった。合羽はまた荷物や駕籠《かご》の雨覆いとなり、旅行の必需品であったが、寛保の頃（一七四一－四四）には小さく折りたたんで懐《ふところ》にいれる懐中合羽もつくられた。出産のときの敷物としてのお産合羽もあり、今のビニールシートに先行するものであった。↓合羽紙（かっぱがみ）・図版47

かっぱがみ【合羽紙】①雨合羽に加工する原紙としてつくられたコウゾ紙。合羽用としては美濃の森下紙・雨衣紙がよく知られていたが、『貿易備考』には越中（富山県）の婦負《ねい》郡・礪波《となみ》郡で合羽紙を産したと記している。著名な売薬商人の旅装具として需要が多かったからである。②合羽用として桐油・荏油を塗って加工処理した紙。地紙をワラ

47　合羽２種

ビ糊で張り合わせ柿渋に弁柄顔料を混ぜた溶液を塗り、よく揉んで乾燥する。これに桐油七、荏油三の割合の混合油を塗って浸透させ、川原の石の上に二～五日干す。これは近代の合羽紙加工法で、江戸時代の文献によると、『雍州《ようしゅう》府志《ふし》』『守貞漫稿《もりさだまんこう》』は桐油、『和漢三才図会』は荏油を塗るとしているが、一般には雨傘用には桐油、合羽用には荏油を塗るといわれている。

かっぱばん［合羽版］型紙に絵・文様の部分を切り抜いた孔をあけ、孔の上から刷毛《はけ》で絵具を塗りつけるもの。合羽摺り、ステンシルともいう。更紗紙はこの技法でつくられ、木版印刷を原則とする千代紙でも初期にはこれが用いられた。またから紙でも、大正大震災後の東京のように版木を焼失したあとの応急措置として、合羽版を活用した。

かっぴつ［渇筆］墨が少なくかすれている筆づかい。渇は「水がかれる」「水がつきる」の意で、渇筆は筆に含ませる墨量によるほか、紙質、運筆の速度にもよる。渇筆の対語は潤筆であるが、潤渇の度合は書の表現に大切な役割があり、渇筆には枯淡な趣があって、墨跡・絵画には渇筆を生かした作品がある。日本画で渇筆の味わいを生かすには麻紙が適しているといわれてる。

かていようすようし［家庭用薄様紙］一般家庭で使用されている薄い紙。機械すき和紙では五〇％をこえる主製品で、経済産業省統計では、ティッシュペーパー・生理用紙・タオル用紙・その他に分類されている。

かどでがみ［門出紙］新潟県柏崎市高柳町門出で漉かれている純コウゾ紙。小国《おぐに》紙・伊沢紙の製紙圏にあって、とくに小国紙の伝統を継承した紙である。門出の小林康生はコウゾを自家栽培し手作業で紙料を処理し、紙塊《かんぐれ》を雪に埋めるなどの技法を守って、入念に紙をつくっているので、デザイナーらに愛好されている。→小国紙（おぐにがみ）・伊沢紙（いさわがみ）

かなしょうそく［仮名消息］ひらがな書きの手紙。近世以前は女性の手紙、または女性あての手紙で、散らし書きにしたものなどもある。古代には料紙が貴重であったので、紙背《しはい》に書写した仮名消息も残っている。

かなぞうし［仮名草子］江戸前期の慶長から天和（一五九六－一六八四）の約一世紀にかけて刊行された仮名書きの通俗文芸。前代の御伽草子《おとぎぞうし》の類が新しく生まれ変わった読物で、やさしい仮名書きが原則であるが、漢字を交える場合は振り仮名をつけている。慶長二十年（一六一五）の大坂冬の陣の有様を報道した「大坂物語」はその初期のもので、説話・随筆・案内記などの教訓的な作品が多い。

かねがみ［河根紙・川根紙］紀伊（和歌山県）高野山麓河根村（伊都郡九度山町）に産した厚紙。『言継《ときつぐ》卿記』天文二十一年（一五五二）五月十二日の条に「か子紙二帖」とみえ、『和漢三才図会』には傘用の厚紙の産地のひとつに

「紀州川根」をとりあげている。大坂市場で知られた高野の傘紙の主産地で、『紀伊続風土記』には伊都郡相賀荘河根村の条に「村中傘紙を製す。世上に高野紙といふ」と記している。→傘紙（かさがみ）・高野紙（こうやがみ）

カパ［kappa］コウゾを原料とし、打ち叩いて薄くした樹皮布。南太平洋諸島ではタパというが、ハワイ諸島ではカパと呼称している。→タパ（tapa）

かぶなかま［株仲間］江戸時代に幕府・諸藩の許可した商工業者の同業組合。もちろん紙商もふくまれている。商工業の発展にともなって、業者は自己の権益を守る組合・講などを組織したが、それらを幕府・諸藩が公認し保護したもの。幕府・諸藩は冥加金《みょうがきん》を取り立て重要な財政収入源としたが、江戸後期には株仲間の独占が物価騰貴の一因となったので、天保改革で株仲間の解散を命じた。しかしそれが経済をさらに混乱させたので嘉永四年（一八五一）に再興を試みたが、明治六年（一八七三）には解散した。

かべがみ［壁紙］壁面の上張り用として装飾文様を施し、あるいは印刷した紙。中国には早くから「貼落《ティエラ》」という手描きの壁紙があり、ヨーロッパでは十五世紀から壁紙つくりが始まっている。しかし日本では中世に腰張紙を用いているが、壁面は素地のまま残すのがならわしであったので、壁紙をつくったのは江戸末期からである。その最初のものは、和唐紙つくりの人たちが開発した岩石唐紙で、皺紋のある三尺×六尺の大判のもので、のちに製法を改良して泰平紙となった。そして明治五年（一八七二）煙草入袋用の擬革紙をつくっていた東京の竹屋が、大判の金革壁紙（のち金唐革壁紙という）を創製した。これが翌年のウィーン万国博でヨーロッパの人たちに認められ、海外に輸出されて東京には一〇余の壁紙工場が設けられた。また大蔵省印刷局の壁紙製造設備を譲り受けた山路壁紙製造所の製品は最優秀と評価されて、日本をはじめイギリス・オランダの王宮の壁装に用いられた。しかし金唐革壁紙は大正期に衰退しはじめ、いまはビニール製のものが圧倒的に優勢で、業界でも wall paper の言葉は消えて wall covering と呼ぶのが常識となっている。→金唐革紙（きんからかわがみ）

がほうし［雅邦紙］大正末期に橋本雅邦画伯好みとして、福井県越前市今立町の岩野平三郎工房でつくった日本画用紙。のちにガンピとコウゾの配合紙料で漉いたものに雅邦紙と名づけ、岩野工房の代表的な日本画用紙となっている。

かまくらがみ［鎌倉紙］中世の武家が料紙として用いた紙。室町初期の『書札作法抄』に「武家の御下文紙と申は、今は鎌倉紙也。杉原にはあらず」とある。また『貞丈雑記』は「鎌倉紙の事」の注記で、「鎌倉将軍の代には、御下文とて鎌倉にて抄《す》きたるなるべし」と推測している。鎌倉で紙を漉いたとする文献はあまり見当たらないが、『延喜式』によると平安期に相模で紙をつくったことは確かであり、のちに鎌倉市の旧中和田村や平塚市の旧旭村で漉かれている。また中世に小田原で紙が漉かれたことは確かであり、このほか近世の相模にはいくつかの紙郷があった。鎌倉紙と呼ぶものは小田原あたりで漉かれたとも考えられる。

かましきがみ［釜敷紙］釜・鉄瓶・やかんなどの下に敷く紙で、とくに茶道で茶釜の下に敷くのに用いる紙。鐘奇斎《しょうきさい》藿斎《かくさい》の『茶和茶話《さわさわ》雑誌』によると、利休は因幡（鳥取県）智頭郡産の因州紙を四つ折りして用いたという。また他の流派では美濃紙を四つ折りして用い、この四つ切り判のものを小菊紙という。このほか京漉きの杉原紙も用いている。→小菊紙（こぎくがみ）

かみ［紙］主として植物性の繊維を材料とし、アルカリ液で煮沸して不純物を溶解しセルロースの純度を高くし、さらにつき砕いて軟らかい塊とした紙料を水に溶かし、樹脂または粘《ねり》剤などを加え漉いて製した薄片。中国で前漢期に紙が開発されてから近代まで長く原料は植物性繊維であったが、近年合成高分子物質を膠着させたものもふくめて紙と呼ぶようになっている。わが国では和紙、洋紙、板紙に分類し、洋紙、板紙は機械すきであり、和紙は手漉きが主流である。

かみいち［紙市］紙の市場のことで、古代には紙専門の市場はなく、平城京あるいは平安京の東西市《いち》で売られ、その紙を市紙とも呼んだ。中世には京都に西国紙商人問屋、備中屋などの紙専門問屋ができ、奈良・堺などにも紙屋があり、また紙座・反古座が成立したが、主要産地には紙市があった。美濃の大矢田（美濃市）の紙市は最も著名で、月六回も定期紙市が開かれ、近江枝村（犬上郡豊郷町）の商人が京都に輸送した。中世末期にはこの紙市は上有知村（美濃市）に移り、長良川の舟運を利用する上有知湊は紙荷を運ぶ番船でにぎわった。近世には、大坂と江戸などの大消費地に紙市場が成立して、とくに大坂では西日本各藩の蔵屋敷から出荷される紙が、有力な問屋によって盛んに取引され、江戸に回送されるものも多かった。→紙座（かみざ）・市紙（いちがみ）

かみいっき［紙一揆］江戸時代の紙漉き農民が、藩の圧政に対して生きる権利を主張して抵抗した騒動。青木虹二著『百姓一揆の年次的研究』によって紙に関する百姓一揆を拾うと、慶長三年（一五九八）から弘化三年（一八四六）までの間に六〇件が数えられる。藩別には萩二二件、高知八件、徳山五件などが多く、周防・長門国（山口県）の場合は萩・徳山藩に岩国藩の二件を加えると二九件となり、約半数がここで発生している。防・長二国の場合は割当量を必ず達成させる請紙制で、紙の生産をきわめてきびしく統制したので、農民が最も激しく抵抗したといえる。土佐（高知県）で宝暦五年（一七五五）にあった津野山一揆、天明七年（一七八七）の仁淀川上流一揆は、蔵紙を納めたあとの平紙の自由販売権を農民が確保し、伊予（愛媛県）で寛保元年（一七四二）にあった久万山騒動は、松山藩の紙専売制の計画を断念させている。肥前唐津藩の明和八年（一七七二）虹の松原一揆は二万五〇〇〇人の農民の参加した最大規模のもので、藩は楮の買上げ価格を高くしている。近世は紙が有力な商品に成長し、とくに西日本の諸藩では、専売制などで藩の財政当局と商人が利益を収奪しようと試みていたが、そのあまりにも横暴な圧政に対して、農民はささやかな要求を主張して対決し、生活権を守ったのである。

かみいれ【紙入れ】 鼻紙・小楊枝・薬品など、外出するとき必要なものを入れて携帯する用具。また紙幣などを入れて持ち歩く紙製の財布のこと。

かみうちいし【紙打石】 紙面を滑らかにし書写しやすくするために、紙を打つときに用いる台石。打紙石、紙砧《かみきぬた》ともいう。紙打ちは中国で早くから行われており、日本でも奈良時代にその技法が継承され、正倉院文書の「造石山寺所公文案」には「紙打石壱顆《か》」と記されている。

かみおうぎ【紙扇】 摺畳扇《すりたたみおうぎ》ともいい、竹製の骨に紙を張って製した扇。古代に中国から渡来したのは檜扇《ひおうぎ》で、檜《ひのき》の薄板を重ね、要《かなめ》を金具で留め、上端を白糸で綴り連ねたもので重厚であり、「冬扇」と呼ばれた。これに対し平安時代に折りたたみに耐える和紙を活用して、軽い紙扇が開発され「夏扇」といわれた。紙扇はまた「かわほり」といって蝙蝠の文字があてられたが、『源氏物語』紅葉賀の巻には、「かはほりの、えならず画《えが》きたるを、さしかくして」とあり、『大鏡』には「黄なる紙張りたる扇をさしかくして」と記されている。紙扇はもともと採涼具であるが、儀礼や遊芸でも重要な役割を果たし、中国をはじめ海外にも多く輸出され、和紙製品の代表的なものとして知られている。↓扇地紙（せんじし）・図版48

かみかぶり【紙冠】 「かみこうぶり」ともいい、紙製の冠、また祈禱のとき法師が額《ひたい》につける三角形の紙。『枕草子』に「見苦しきもの」の段に、「法師、陰陽師の紙かうぶりして祓へしたる」とみえる。中国では油を塗り装飾文様をほどこした唐代の紙冠が新疆ウィグル自治区から出土している。

かみかわさきがみ【上川崎紙】 福島県二本松市安達町上川崎に産したコウゾ紙。安達町川之端栗舟渡し場のほとりで、冷泉天皇（在位九六七－九六九）の頃に紙漉きが始まったと言い伝えられているほど歴史は古く、近世の二本松藩時代に御用紙漉きをつとめて発展した。明治期には野地勝吉が改良技

48　紙扇

法を導入して福島県最大の紙産地となり、全盛期には周辺の製紙家約一〇〇〇戸を数えた。明治初期の製品には蚕卵台紙が多かったが、ほかに半紙、中折紙、障子紙などがある。障子紙の縦寸法はもともと八寸三分であったが、明治期から八寸五分、九寸三分、九寸五分、一尺など各種のものをつくり、全国に販路をひろめた。いまは郷土玩具「三春駒」の下張り用など、各種の加工原紙をつくっている。なお上川崎は第十八回（昭和十八年下期）芥川賞をうけた東野辺薫『和紙』の舞台で、主人公友太が太平洋戦争中に生きた紙漉きの姿をくわしく語っている。

かみかわら［紙瓦］厚紙に軟土・石炭タール（コールタール）、石灰などを塗ったもの。明治初期に東京都江戸川区などで産し、第一回内国勧業博覧会に出品されており、万年瓦紙ともいう。

かみきぬた［紙砧］コウゾ皮などの紙料を木槌で打つときに用いる木または石の台。また成紙を平滑にするために打つときの台石あるいは台木。紙料あるいは成紙を打つことを、ともに紙砧という場合もある。江戸末期に浅草に近い山谷一帯は紙どころで、「寝ぬ里へひびく山谷の紙砧」「すがかきがやむと山谷の遠砧」という川柳は、山谷で紙料を打つ音が吉原の遊里にひびき伝わる情景を詠んでいる。↓打紙（うちがみ）・紙打石（かみうちいし）・叩解（こうかい）

かみくずかい［紙屑買い］紙屑その他の廃物を買い歩いて、それを売る職業、またその人。紙屑屋ともいい、紙屑などを拾い歩くのを紙屑拾いという。漉き返し紙の原料の反古《ほご》集めのため、都市では古くからこのような業者がおり、中世末期京都にあった反古座、奈良の古紙座はその前身であったといえる。そして京都の西洞院紙《にしのとういんし》、江戸の浅草紙は反古が主原料であったので、多くの紙屑買いがいた。天保十二年（一八四一）刊、岡村屋庄助編『御免御触書集覧』のなかの「紙屑並に漉返しの事」には、紙屑の値上げを統制したことが記されているが、明治初期には浅草に約一〇〇〇軒の紙屑屋が軒を並べて、明治十九年（一八八六）には東京截落商組合が組織されている。そして明治末期に荒川区日暮里・三河島、足立区千住あたりに集住するようになったが、昭和初期には三〇〇軒ほどになり、さらに紙屑集めから洋紙原料のぼろ布集めに転ずるものがふえた。↓反古座（ほござ）

かみこ［紙戸］律令制のもとで、毎年十月から翌年三月までの農閑期に図書寮《ずしょりょう》に出仕して、製紙にたずさわった品部《しなべ》（特殊技術者の集団）。『養老職員令』図書寮の条に、造紙手四人のほか山代（山背・山城）国から紙戸五〇戸の上番が定められている。そして神亀三年（七二六）山背国（京都府）愛宕郡出雲郷雲上里計帳には「紙戸、出雲臣冠」の名がみられる。山背国だけに紙戸を定めたのは、そこに製紙技術をもつ集団がいたからと考えられる。

かみこ［紙子・紙衣］　コウゾ紙でつくった衣。十文字漉きなどして強くつくった紙子紙をこんにゃく糊で継ぎ、柿渋を塗ってこんにゃく糊を薄くひき、打ち揉んで夜露にあてる操作を繰り返したものを、衣服に製する。破れやすいところに三角形の紙を張るのを火打《ひうち》といい、柿渋を塗らず寒天糊をひいて製したものを白紙子という。中国では南朝梁代の陶弘景（四五二―五三六）の『名医別録』に紙衣の話があり、『弁疑志』には唐の大暦年間（七六六―七八〇）の紙衣禅師のことをのせている。日本では『元亨釈書』に永延二年（九八八）性空上人が播磨の書写山の草庵で用いたとされて、初期には修行僧の着るものであったが、中世には武家の道服や戦陣の防寒衣となり、やがて貧しい人たちのふだん着ともなった。また芭蕉が奥の細道への旅に「夜の防ぎ」として携行した旅人の必携具であり、京都や江戸には渋紙屋・紙子屋という専門店も生まれている。主要な産地は陸前（宮城県）白石、駿河（静岡県）安倍川、美濃（岐阜県）、紀伊華井（いまは三重県）、京都、大坂、播磨（兵庫県）、安芸広島、土佐（高知県）、肥後（熊本県）八代など。なお白紙子は奈良東大寺の修二会《しゅにえ》（お水取り）で参籠の僧衣として知られており、『雍州府志』は紀伊（和歌山県）根来《ねごろ》の白紙子を紹介している。なお蘇易簡『文房四譜』によると、中国の紙衣は胡桃《くるみ》と乳香《にゅうこう》の煮汁を塗って蒸し、陰干しのあと皺紋をつける、と記している。↓紙子紙（かみこがみ）・図版49、50

かみごうがみ［上郷紙］　新潟県中魚沼郡津南町上郷に産したコウゾ紙。津南町秋成にはかつて反口紙《そりぐちがみ》を産したが、津南町は信濃川に沿い長野県飯山地方と直結しているので、上郷紙は内山書院系の紙である。そしてこの紙は飯山の紙商に出荷され、内山紙のなかにふくめて売られていた。↓内山紙（うちやまがみ）

49　紙子

50　『日本山海名物図会』の紙子つくりの図

かみこがみ［紙子紙・紙衣紙］紙子（紙衣）をつくるのにふさわしく漉いた紙。紙子は布地に代用し、ねばり強いことが求められるので、漉桁《すきげた》の縦揺りと横揺りを交互にまぜて、紙料繊維を縦横十文字によくからむように操作して漉いている。いわゆる十文字漉きした紙である。↓紙子（かみこ）・十文字紙（じゅうもんじがみ）

かみこま［紙駒］三味線の忍び弾きのときに用いる紙製の駒である。

かみざ［紙座］中世に朝廷・貴族・社寺などの保護をうけて、座役を納める代りに紙の製造・販売の独占権をもっていた商工民の同業組合。京都の宝慈院を本所とする近江枝村（滋賀県犬上郡豊郷町）の紙座は美濃紙の独占販売で知られ、近江保内中野郷（東近江市）の紙座は延暦寺の保護のもとに活動した。京都には図書寮の宿紙上・下座、中御門家の楮座、蔵人所の反古座、奈良には大乗院の紙座・雑紙座、興福寺の古紙座があり、摂津今宮浜市（大坂天王寺）、伊勢山田八日市（伊勢市）、美濃大矢田（美濃市）、越前大滝（越前市）などにも紙座があった。↓紙市（かみいち）

かみしそうじ［紙師宗二］本阿弥光悦《ほんあみこうえつ》は京都鷹ケ峰芸術村で金・銀・雲母《きら》などで自らの意匠文様を料紙に印刷加工したが、その料紙加工を担当した工匠。姓は中村で、その料紙に「紙師宗二」の小判形の名を透きこんでいるという。鷹ケ峰光悦町の古図にも住居者の一員と記されている。

かみしぼり［紙搾り］乾燥前に湿紙の紙床《しと》を圧搾して脱水する工程。ゆるやかに加圧するのがよく、普通は支柱の穴に圧搾棒の一端を差し込んで紙床にのせ、他端に重石をかけるが、軽いものからだんだんに重いものに替えてゆく。これを槓桿《こうかん》式というが、紙床の上に伏せた板の上に直接石を積み重ねる石圧法や雪中に埋める雪圧法もある。近年はさらに油圧式・水圧式・ジャッキ式などで早く処理する方法が普及している。

かみすきたいがい［紙漉大概］肥前（佐賀県）唐津藩士の木崎攸軒盛標《きざきゆうけんもりすえ》が、天明四年（一七八四）に絵図をそえて紙漉きの工程などを解説した書。捕鯨などの漁業・唐津焼の製法・石炭の採掘など、『肥前産物図説』八冊のなかの一冊として編集したもので、『紙漉重宝記』より一四年も早く、和紙のくわしい製法書としては最初のものと評価されている。近年まで稿本だけが伝わっていたので、よく知られていないが、原料としてコウゾのほかガンピのことも記しており、唐津藩で雁皮紙を漉いていたことを推測させる。粘剤《ねり》については、まずサネカズラをあげ、これがトロロアオイに先行する粘剤で、より多く使われていたと思わせるものがある。製法は多くの絵図とともに解説し、古い伝統技法を詳述、最後に反古を漉き返す法を記している。↓図版51

かみすきちょうほうき［紙漉重宝記］石見（島根県）の美

濃郡遠田村（益田市遠田町）の紙問屋、国東治兵衛《くにさきじへえ》が、名所図会で著名な画工、靖中庵丹羽桃渓《せいちゅうあんにわとうけい》の挿絵をそえて、寛政十年（一七九八）に刊行した和紙のくわしい製法書。『延喜式』『和漢三才図会』など製紙工程を略述したものは早くからあり、詳しく記述したものとしては唐津藩木崎盛標《きざきもりすえ》の『紙漉大概』があるが、これは稿本であり、『紙漉重宝記』は製法を詳述した最初の刊本である。石州半紙の振興のため初心者向けにかな書きの技術指導書としているが、紙漉きの技術を秘伝とする風潮のなかで、あえて刊行されたものだけに和紙技法の古典とされていた。そして国内での復刻はもちろん、ヨーロッパ諸国でも翻訳出版されている。内容は楮の栽培・伐採に始まり、蒸煮・剥皮・塵取り・煮熟・トロロアオイの処理・紙料の叩解・紙漉き・紙干し・仕上げ・出荷の順に工程を解説し、その道具も図解している。なお著者の国東治兵衛は藺草《いぐさ》問屋でもあったので、墓碑のある神出《じんで》の集落に「石見藺莚開祖治兵衛翁頌徳碑」が建てられている。→図版52

かみすきひつよう［紙漉必要］ 江戸後期の農学者大蔵永常《おおくらながつね》が「農書十三種」のひとつとして天保七年（一八三六）頃脱稿したといわれる未刊書。彼の全国巡歴によって得た製紙の知識を集成しており、まず原料のコウゾ・クワ・ガンピ・ミツマタの品類から仕立て方を述べ、つぎに紙漉きの環境、紙郷の立地条件を記している。そして紙料処理の概要とともに各地の差異を比較して論じ、板紙《はんがみ》・半切紙《はんきりがみ》・和《わ》唐紙《とうし》・杉原紙・漉き返し紙の漉き方を詳述し、最後にトロロアオイに言及している。紙料の叩解にはほとんど樫《かし》の棒

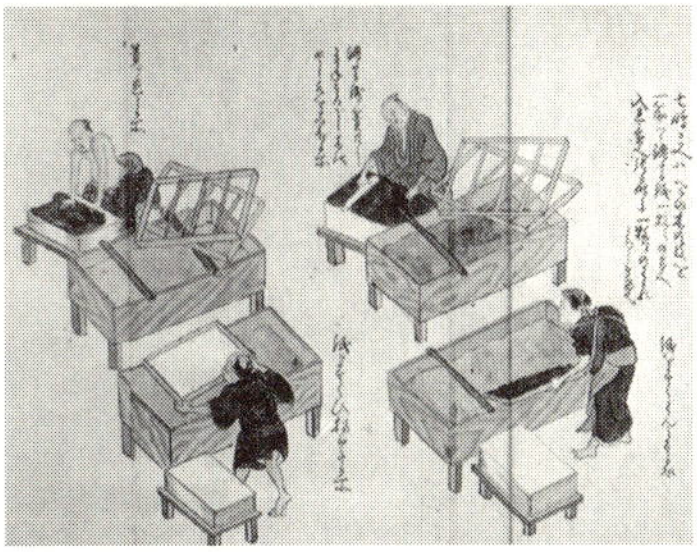

51 『紙漉大概』の紙漉き図

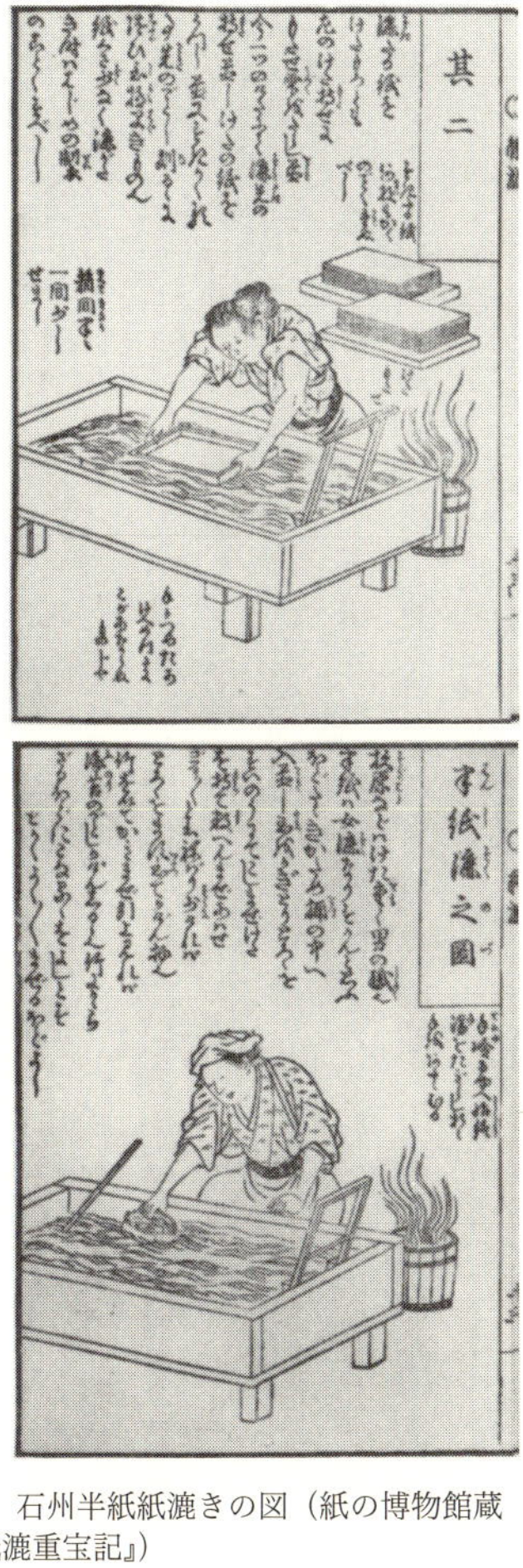

52 石州半紙紙漉きの図（紙の博物館蔵『紙漉重宝記』）

53　コウゾ白皮を打解棒でたたく（奈良県吉野町，福西紙工房）

54　美濃ではコウゾ白皮を木槌でたたくのが伝統技法（美濃市蕨生，沢村正工房）

を用いるが、美濃では木槌で打つと指摘しているのは、現地調査を重視した研究であることを語っている。和唐紙の条では、から紙障子全面を一枚で覆える大判の岩石唐紙を漉くには、別の桶にととのえた紙料をそそぎ込み、簀のまま湿紙を干すといい、普通の流し漉きとは違う漉き方（澆紙《ぎょうし》法）を記している。これは彼が文化七年（一八一〇）に江戸に下り、関東各地を視察し調査した成果のひとつである。大蔵永常がフィールドワークを重視した和紙研究の先駆者であったことを、この『紙漉必要』は語っている。↓大蔵永常（おおくらながつね）

かみすきまち【紙漉町】青森県弘前市と名古屋市西区にある地名。弘前藩は延宝二年（一六七四）に三河から招いた紙工によって紙漉きを始め、貞享二年（一六八五）には紙漉座を設けたが、それにちなんで紙漉町が残っている。名古屋のものは、尾張藩御用紙をつくる御紙漉所をつとめた辰巳家があったのにちなむ地名である。なお仙台市に紙漉山、松本市には紙漉川がある。

かみすきむらたびにっき【紙漉村旅日記】寿岳文章が静子夫人とともに、昭和十二年（一九三七）から十五年にかけて、日本全国の紙漉村を行脚してまとめた日記で、昭和十八年（一九四三）私家版で刊行。日中戦争期で交通の不便なとき、都市を遠く離れた辺地にある紙漉村を訪ね歩き、紙漉きの実地を見て古老と語り、さらに紙関係文献を調べた貴重な記録である。それまでの和紙研究は文献資料によるのが主流であったが、これは現地調査、すなわちフィールドワークを重視した和紙研究の新しい道を開いた著作として高く評価されている。太平洋戦争期には紙漉きが軍需用紙つくりに総動員されたが、この日記にはそれに先立つ時期に、各地の紙郷で継承していた伝統技法と紙漉きたちのつつましい営みがくわしく叙述されている。↓寿岳文章（じゅがくぶんしょう）

かみたくり【紙手繰り】コウゾ・ガンピ・ミツマタなどの皮をむくこと。↓皮剝ぎ（かわはぎ）

かみだし【紙出し】紙料を袋に入れて手でよくかきまぜ、澱粉《でんぷん》質などの不純物を洗い流して精選する作業のこと。煮《しゃ》熟《じゅく》し叩解《こうかい》したあとの袋洗いのことで、良質の紙をつくる必須の作業といわれている。板紙《はんがみ》・半切紙《はんきりがみ》など下等の紙はこの紙出しを省略するが、越前奉書をはじめ典具帖紙《てんぐじょうし》・吉野紙・近江鳥子紙などは歩留まりを無視して精選しており、大蔵永常の『紙漉必要』には「上紙はこの袋洗い第一にて吉野紙は別て念入れて洗ふことなり」と記している。

かみたたき［紙叩き］コウゾ白皮などの紙料を木槌または木棒で打ち叩いて、繊維を解きほぐし、こまかく砕くこと。いわゆる叩解《こうかい》作業のことで、紙砧ともいう。↓叩解（こうかい）・図版53、54

かみちょうつがい［紙蝶番］蝶番は開き戸、蓋などの開閉に用いる道具で、普通は金属製であるが、日本の屏風《びょうぶ》の蝶番は紙製である。屏風の各扇はもともと革または絹紐で連接していたが、和紙はねばり強いので蝶番に用いられたのである。また中国の屏風は片開きであるが、紙蝶番を用いるものは両開きできるので軟屏といい、中国にも輸出されて珍重された。さらに紙蝶番は各扇が分離していたのを密着させ、各扇ごとにしか描けなかった絵も、連接した広い画面に描けるようにした。↓屏風（びょうぶ）

かみながと［紙長門］紙糸を編んで器具の形をつくり漆を塗った、きわめて堅牢で耐久性のある生活用品。単に「長門」ともいうが、牛革に漆を塗った長門《ながと》印籠《いんろう》などと区別するために「紙長門」ということが多い。「ながと」という名の由来について、『守貞漫稿《もりさだまんこう》』は長門の国の藩士が内職でつくったからといい、『江戸塵塚談』は秋月長門守《あきづきながとのかみ》の屋敷でつくった印籠が流行したのにちなむとしている。紙糸の強さを漆でさらに強くしているので、きわめて耐久性があり、金属や木材の素地のものにくらべて、それに匹敵す

陣笠

韮山陣笠

鉄砲胴乱

矢筒

腰下げ弁当箱

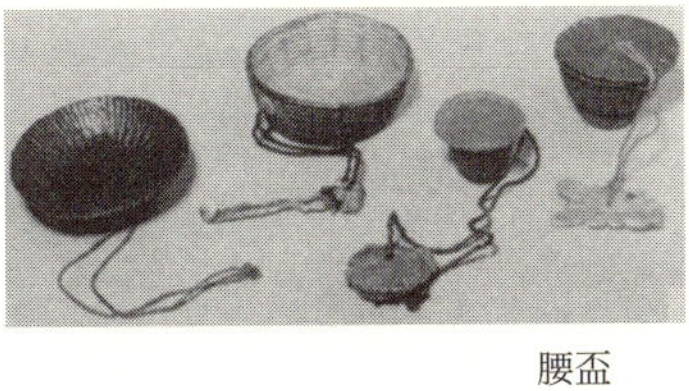
腰盃

55　紙長門各種（紙の博物館蔵）

る強さをそなえながら、非常に軽いのが特徴であった。江戸時代には印籠のほか鷹匠笠・矢筒・火薬入れ・煙草入れ・炭取り・行李・机・水筒・ふくべ（ひょうたん）・弁当箱・椀などがつくられ、市民はこの高級な生活用品を常用していた。→図版55

かみなべ［紙鍋］国栖紙《くずがみ》・美濃紙などにこんにゃく糊をひいて乾燥し、箱形にした料理用の鍋。享保十七年（一七三二）刊の三宅也来著『万金産業袋《ばんきんすぎわいぶくろ》』「こんにゃく」の条に次のように記している。「国栖紙、美濃の大直しなどに、こんにゃく玉の糊を両面より引て日にほし、是を四角に取て箱形にして早わざの料理鍋とす、たうふのくつ煮、玉子のふわふわ等は、いかにも安く出来ることなり、五徳にかけ炭火をつよくして煮るにすこしも紙にこげ色つかず、めいめい鍋をこしらへ貝殻の代りなどに用ふるに至極興味ある物なり」。またこんにゃく糊をひいた紙を細長い茶袋のような形にして、湯に入れて酒の燗《かん》に用いるのを「紙ちろり」といった。ともに実用的ではないが、料理人の数寄な遊びに用いられた。

かみのいみょう［紙の異名］紙の本来の呼び名以外の別の名称。中世の『下学集《かがくしゅう》』には、白楮《はくちょ》・白麻・魚網とあり、『撮壌集《さつじょう》』には、ほかに楮先生・楮白公・好時侯・楮葉がある。さらに『文明十八年鈔本類聚』文字抄下では、前記のほかに白雲・木膚・高文・染翰・如被《にょひ》・方潔があげられている。また近世の『本草綱目啓蒙』には、楮国公・楮知白・白州刺史・滑砥《かっと》・方絮《ほうじょ》などもみられる。

かみのこし［紙の腰］紙の緊締度（硬さ）のことで、緊締度の大きいのを「腰の強い紙」「腰のある紙」という。紙を速やかに折り曲げ、あるいは急に引っ張るときに発する音を鳴りといい、その音で緊締度を計ることがある。

かみのせんばいせい［紙の専売制］江戸時代の幕藩体制のもとで、藩の財政をうるおすため生産・流通を強く統制して専売制をしき、そのなかに紙を対象商品として組み入れること。専売制の対象は米・塩・綿・蠟・紙などで、主として近畿以西の西日本の諸藩が専売制をしいたが、紙を専売制としたのは、西日本の二〇余藩と東日本の五藩である。紙の専売制を最も早くしいたのは萩藩の寛永八年（一六三一）、ついで岩国藩が寛永十七年（一六四〇）、徳山藩が明暦元年（一六五五）となっており、これらの周防・長門（山口県）の諸藩や石見（島根県）の津和野藩は、割当量を必ず上納させるきびしい請紙《うけがみ》制であった。このため近世初期大坂紙市場での防・長の紙の占有率は約六〇％にも達したといわれている。しかし、四国その他の地域では農民の反発によって、専売制の改廃・復活を繰り返したところも多く、江戸末期の土佐などでは、専売制にもとづく蔵紙《くらがみ》よりも農民の自由販売を認める平紙《ひらがみ》の生産量が多くなっている。納めさせる統制よりも農民自身の紙つくりの熱意がまさっ

たのであるが、専売制は近世の紙の特産地をはぐくみ、生産を高める推進力であった。↓紙一揆（かみいっき）

かみばな【紙花・紙華】①自然の花を模して紙でつくった作り花。中国に源流があり、とくに仏教の伝来とともに日本でも紙花つくりが始まったと考えられている。仏前に供える仏花は古くからつくられ、『延喜式』にも正月の最勝王経斎会には一日三〇筥《はこ》、七日間で二一〇筥の紙花を供えることを規定している。東大寺二月堂の修二会《しゅにえ》（お水取り）には、「東大寺椿」「良弁《ろうべん》椿」とよばれる椿の造花を供えるのがならわしとなっている。自然の花のない季節に、枯れないで永遠の命を保つという考え方から紙花が供えられたのであるが、紙花はまた身を飾るもの（挿頭花、かざしという）、くらしを飾るものとして用いられ、庶民社会にも紙花つくりが普及している。元禄五年（一六九二）版の『諸国万買物調方記《しょこくよろずかいものちょうほうき》』大和国分の紙のなかに「薬師寺の作り花」とあり、「御会式《おえしき》の桜も吉野紙でする」という川柳もあって、薬師寺花会式の紙花は極薄の吉野紙で造ったことが知られるが、明治初期の『諸国紙名録』には、造花用として土佐産の御花紙があったことを記している。また東京・大阪に産した萌黄仙過紙は花茎用であり、花弁用には各種の染紙がつくられていた。いまは造花用として高知県産の色典具帖紙が最も多く用いられている。②紙纏頭とも書いて、芸人や遊女などに祝儀として与える白い紙。あとで現金にかえる。近松門左衛門作の『心中二枚絵草紙』などにみえる。

かみひな【紙雛】紙製のひな人形。もともとは民間信仰の形代《かたしろ》として、三月の節句に流しひなとし、また平時の玩具であったが、のちには三月の節句のひな壇に用いるようになった。↓図版56

かみふうせん【紙風船】玩具の一種で、舟形に切った数枚の紙を球状になるように貼り合わせたもの。息を吹き込んでふくらませ、手でついて空中に飛ばして遊ぶ。↓風船紙（ふうせんがみ）

かみふすま【紙衾】紙でつくったふとん。打ちやわらげたわらを包む外被として紙を用いたもので、貧民の夜具であった。これを天徳寺ともいうのは、江戸の西窪（港区芝西久保神谷町）の天徳寺門前で売ったからである。『毛吹草』には肥前（佐賀・長崎県）を紙衾の産地にあげている。中世初期からあり、『平家物語』のほか建保三年（一二一五）に成った『古事談』、建長六年（一二五四）に成った『古《こ》

56　紙雛（紙の博物館蔵）

今著聞集《こんちょもんじゅう》』にも記されている。

かみふねやく【紙舟役】 紙産地に小物成《こものなり》（小年貢）の一種として紙を上納するよう規定した割当量。近世初期の農村支配の基礎となった検地によって定められたものが多い。たとえば、美濃（岐阜県）の紙郷については、慶長十八年（一六一三）と正保二年（一六四五）の『美濃国郷帳』に記されている。それによると、伊自良村（山県郡）は慶長十八年の紙舟役銀二四匁五五、正保二年の紙舟役高一三石三一五となっており、また正保二年の郷帳で、武儀川流域二四村の紙舟役高は一六八石二四五、板取川流域一〇村は六八石〇七四と記されている。

かみやいん【紙屋院】 中務省図書寮《なかつかさしょうずしょりょう》の別所として、『西宮《さいぐう》記《き》』に記すように、平安時代の大同年間（八〇六－八〇九）に野宮《ののみや》の東に設けられた官営の製紙工場。「しおくいん」ともいう。その位置は明確でないが、『雍州府志』には「北野社の西」とあり、北野天満宮の西を流れる紙屋川のほとりと推定されている。『類聚三代格』に収録されている大同三年（八〇八）十二月十五日の太政官符では造紙長上二員を一員に減じ、弘仁三年（八一二）二月二十八日の官符で二員に復し、『延喜式』の頃も二員であった。そして初期の造紙長上に秦部《はたべ》乙足《おとたり》やその子 秦公室成《はたのきみむろなり》らが任ぜられた記録がある。秦氏は右京区太秦《うずまさ》蜂岡町にある広隆寺を中核とした紙屋川周辺に勢力を張った技術者集団で、奈良時代の紙戸もこの秦氏のグループによって構成されていた、と推測される。製紙技術センターとしての紙屋院がこの地に設けられたのも、このような歴史的背景が考えられる。造紙手は四人で、農閑期には紙戸が参加するが、『延喜式』には年間造紙量二万張（枚）と規定されている。その一日の作業量は長功（四～七月）、中功（二・三・八・九月）、短功（十・十一・十二・一月）と季節により異なるが、中功に例をとると、穀皮は煮三斤四両、択一斤九両、截《せつ》三斤四両、舂《しょう》十二両、成紙一百六十八張となっている。ここでつくる紙は麻紙《まし》、穀《こく》（楮）紙、斐《ひ》（雁皮）紙、苦参《くじん》紙や色紙で、諸国から集めた精選された原料にすぐれた技術を加えていたので、当時は最高級のものと評価されていた。『源氏物語』は蓬生の帖で、これを「うるはしき紙屋紙《かみやがみ》」と評し、鈴虫の帖では、「唐の紙はもろくて、朝夕の御手ならしにも、いかゞとて、紙屋の人を召して、ことに仰言《おおせごと》賜ひて、心ことに清らにすかせ給へるに」と特製させている。また梅枝の帖には、「色合はなやかなる紙屋紙」とあり、紙屋紙の声価は高かったが、平安末期の院政の頃から律令体制の崩壊にともなって諸国の原料が集まりにくくなり、反古を漉き返した宿紙《しゅくし》が主体となり、紙屋紙の紙質は低下した。寛喜三年（一二三一）十一月三日の宣旨《せんじ》には、図書寮に保存する古経書をつぶして宿紙を漉くことを停止した記事があり、次第に衰退して、文安三年（一四四六）の著である『壒嚢抄《あいのうしょう》』には「カミヤ紙ト云ハ何ナル紙ニカ……昔シ大内ノ中ノ紙屋ニテ調セシカハ紙屋紙ト申也」とあって、紙屋紙は過去の語り草になっている。しかし、紙屋院は南北朝の頃までは存続していたとされている。↓紙屋紙（かみやがみ）・宿紙（しゅくし）

かみやがみ【紙屋紙】奈良時代の図書寮紙屋でつくった紙を正倉院文書は紙屋紙と記しているが、普通は平安初期に図書寮別所として設けられた紙屋院で製した紙をいう。「かうやがみ」「かんやがみ」ともいう。官用の紙であり、宣旨《せんじ》紙・綸旨《りんじ》紙の名もある。全国から貢進された原料を精選して、最高水準の技術でつくったので、『源氏物語』に「うるはしき紙屋紙」というように、平安前期には最高級の紙であった。しかし、平安中期には律令体制の崩壊にともなって、原料の貢進が衰え、故紙を漉き返した宿紙《しゅくし》が主体となって紙質は低下した。漉き返しのとき、墨色を十分に除けないので薄墨紙といい、また漉きむらができやすいので水雲《すいうん》紙ともいうが、このような粗質の紙を紙屋紙と呼んだわけである。『古今秘抄』には「教長《のりなが》卿云、紙屋川といふは内にはべる黒き紙すく所なり」と記されている。また『下学集』は宿紙に「薄墨之紙也、また紙屋紙といふ」と注記している。↓薄墨紙（うすずみがみ）・紙屋院（かみやいん）・宿紙（しゅくし）・水雲紙（すいうんし）

かみやがわ【紙屋川】京都の西北郊、鷹ケ峰、鷲ケ峰、釈迦谷山などの山群に源を発し、南下して北野天満宮と平野神社の間を抜け、西ノ京太子道あたりで西へ流れて、太秦安井で御室川と合流、ふたたび南下して久世橋の上流で桂川に注いでいる。柏野《かえの》を流れているので柏川《かえがわ》、それがなまって、かい川、替《かい》川、可井川、高陽《かや》川などの異名があり、さらに北野天満宮の北にある衣笠荒見町にちなんで荒見川ともいう。荒見は荒忌《あらいみ》・散斎《あらいみ》のなまりであり、大嘗会《だいじょうえ》に奉仕する官人たちがみそぎをしたところと伝えられている。大同年間（八〇六－八〇九）に紙屋院がこの川のほとりに設けられて紙屋川とよばれるようになった。延喜五年（九〇五）撰進の『古今和歌集』には「かみやがは」と題して、紀貫之の「うば玉のわがくろかみやかはるらん鏡のかげにふれるしら雪」という歌が収録されている。↓図版57

かみやごろべえ【紙屋五郎兵衛】浅草紙の販売で著名となった江戸日本橋馬喰《ばくろう》町の紙商。宝暦八年（一七五八）刊の『当代江都百化物』、明和七年（一七七〇）刊の『辰巳之園』、

57　紙屋川

同八年刊の『画賛俳諧名物鑑』などに、その繁盛ぶりが記されている。『江戸真砂六十帖』には「紙屋五郎兵衛が成り立の事」の条があり、彼は元禄年間（一六八八－一七〇四）に開業、店売りだけでは不振だったので、子供たちに行商させて、「段々商ひはびこり、今盛りの商人なり」と記している。十組紙問屋仲間のひとりで、五〇～六〇人の店員がいたが、文化十一年（一八一四）に店は断絶し、『江戸塵塚談』には「大名高家の如くくらしけるに、夢の如く水の泡のやうなりし」と述べている。

かみやじへえ【紙屋治兵衛】大坂天満の紙商で、近松門左衛門作『心中天網島《しんじゅうてんのあみじま》』の主人公。新地の妓小春と親しみ、貞節な妻おさんとの間に板ばさみとなり、網島の大長寺で小春と情死した。文化十一年（一八一四）版の『大坂紙店積方三組』には安永一番組のなかに、文政七年（一八二四）刊『商人買物独案内』には諸紙江戸積のなかに、今橋二丁目紙屋治兵衛とあり、彼の後継者は大坂でトップグループの紙問屋であった。

かみやしょう【紙屋荘】中世に新潟県中蒲原郡にあった荘園。『吾妻鏡』文治二年（一一八六）二月三日の条に、越後の二五の荘園が記されているなかにふくまれており、『越後野志』には「蒲原郡紙屋荘、民製紙為産、荘在河内谷及七谷」とある。五泉市村松町から加茂市山間部の七谷郷にかけての地域で、近世には河内紙・七谷紙（加茂紙）などを産した。→河内紙（かわちがみ）・加茂紙（かもがみ）

かみやなかま【紙屋仲間】近世の紙問屋の独占的な同業組合。十七世紀末の元禄七年（一六九四）頃組織された大坂の二十四組問屋（大坂菱垣廻船積問屋二十四組、初めは十組問屋といった）、江戸の十組問屋に所属した有力な紙問屋の株仲間。元禄十年（一六九七）刊の『国花万葉記』には大坂で諸国の蔵紙《くらがみ》を扱う紙問屋役三〇軒を記しているが、明和三年（一七六六）に大坂で紙屋仲間が創立されて、問屋・仲買・小売などに区分したとき、問屋は約七〇軒であった。文化十一年（一八一四）刊の『大坂紙店積方三組』には、江戸方五軒、二番紙商四軒、安永一番組二六軒の合計三五軒が記されている。江戸の紙問屋は元禄二年（一六八九）刊の『改正増補日本鹿子』には五軒が記されているだけであるが、文化十年（一八一三）刊の『十組便覧』には四七人が記されている。紙の流通は、江戸前期には大坂が主導権を握っていたが、後期には江戸の紙問屋もだんだんに勢力をのばしてきたことが紙問屋仲間の数に反映している。→図版58

かみやまち【紙屋町】城下町の紙屋が集住していたところを指す地名。京都市中京区、岸和田市、岡山市、広島市、徳島市、伊予三島市、新潟県佐渡市相川町などにある。

かみやむら【紙屋村】静岡県駿府城下に近世初期設けられた紙漉き集落。徳川家康は伊豆修善寺の三須文左衛門に鳥《とり》子草《のこぐさ》・雁皮《がんぴ》・三椏《みつまた》などの独占採取権を許す黒印状を与えているが、この文左衛門はのちに紙屋村に屋敷地を拝領して紙を漉いている。紙屋村は駿河版の用紙など駿府城や江戸幕府の御用紙を漉いたが、五代将軍綱吉の貞享年間（一六八四）に御用紙の漉き立ては廃止されたという。

がもうがみ［蒲生紙］鹿児島県姶良《あいら》市蒲生町に産したコウゾ紙。近世の鹿児島藩では正保二年（一六四五）に家老となった島津図書頭《ずしょのかみ》久通の推進した藩政改革の一環として製紙振興がはかられ、各地に楮蔵（紙座）を設けて御蔵紙《おくらがみ》を漉かせ、別に雑紙蔵《ぞうしくら》を置いて藩民の自家用をつくらせた。これは一種の専売制で、宮崎県の領地にも適用したが、鹿児島県内では姶良市蒲生町・加治木町、日置市吹上町伊作などが主産地であった。なかでも蒲生町には楮蔵が設けられ、御用紙を納めるなど藩内で最も重要な紙郷で、明治中期には五〇〇余戸の製紙家がいた。障子紙のほか傘紙・百田《ももた》紙・美濃紙・西の内紙・提灯紙・元結《もとゆい》紙など多種類の紙を生産していたが、いまは衰退してわずかに残る一戸で障子紙・表装紙・書道紙などを漉いている。

かもがみ［加茂紙］新潟県加茂市七谷郷に産したコウゾ紙。七谷紙ともいう。七谷は中世初期の『吾妻鏡』に記されている紙屋荘に属したところで、明治末期から大正初期にかけては七谷郷だけで約四〇〇戸が漉いていたといわれる。なお大谷地《おおやち》紙も加茂市の紙屋に集荷されたので、加茂紙は七谷紙と大谷地紙をふくめた呼称でもある。↓大谷地紙（おおやちがみ）・七谷紙（ななたにがみ）

かやす［萱簀］イネ科の草本ススキ（*Miscanthus sinensis* Anders.）を細い竹ひごを差し込んでつないだもので編んだ紙漉きの簀。萱ひごは竹ひごより太いがなめらかで、紙肌が美しく漉けるので、宇陀紙・清光箋のほか、画仙紙を漉くのに用いられることが多い。いまは高知県だけでつくられている。

からかみ［から紙・唐紙］中国から渡来した唐紙を模造した国産紙。唐紙のうちとくに紋唐紙を模造したもので、もともとは詩歌を書く料紙としてつくられたが、平安時代に襖《ふすま》障子に張られるようになり、「から紙」はその紙の呼称であるとともに襖障子も意味するようになった。『台記別記』久安六年（一一五〇）正月七日の条に、「寝殿簾中の調度いまだ立たず、上達部座の障子絹を張るべし、今日なほ唐紙となす」とあり、また『長門本平家物語』には伊豆の目代兼隆討たれるの条に、「火白くかき

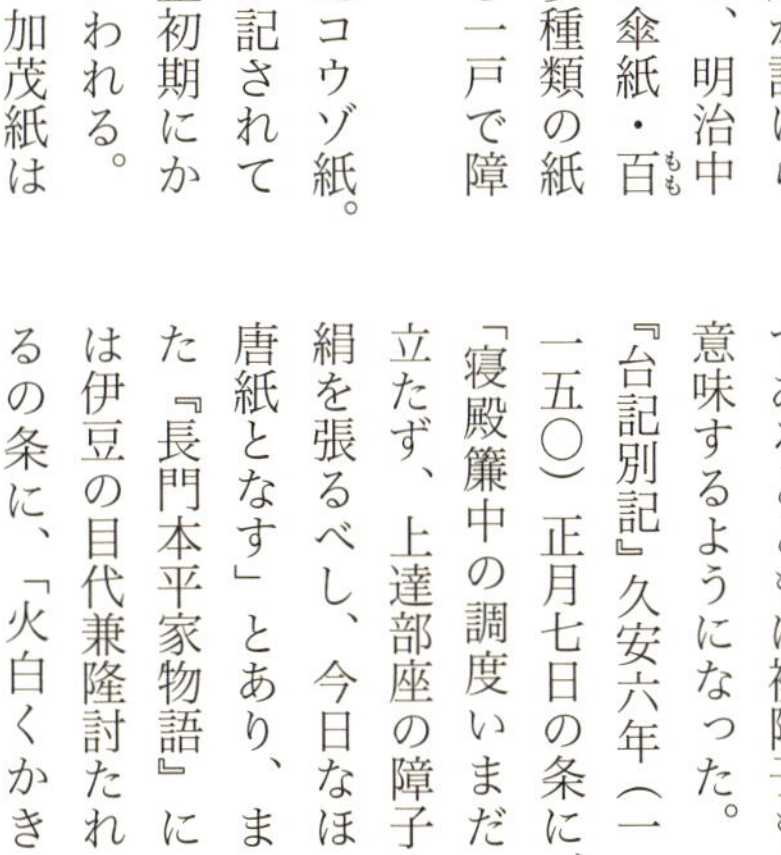

58　文化10年ころの「江戸十組紙問屋名前附」

たて、からかみの障子を立てたりけるを、ほそめにあけて」と記されている。襖障子というのは、中世にあらわれた言葉で、これに先立って唐紙障子の呼称があり、平安末期にはその需要がまかなえるほどから紙がつくられていた、といえる。奈良時代にもから紙がつくられた記録が正倉院文書にみえるが、紋唐紙の模造は平安時代になってからのようである。文治四年（一一八八）撰集の『千載和歌集』に「からかみのかたぎ（唐紙の型木）」と題する歌があり、また藤原行成《ゆきなり》（九七一－一〇二七）好みのから紙を行成《こうぜい》紙とも呼んでいるからで、平安末期に国産化されていたことは確かである。『西本願寺本三十六人集』『元永本古今和歌集』『久能寺経』『平家納経』などにも使われている。から紙の特徴は、文様を彫刻した版木を用い、雲母《きら》あるいは具（胡粉《ごふん》に膠や顔料を混ぜたもの）で摺《す》っていることであるが、版木は普通の木版印刷や千代紙ではサクラの木を用いるのに対しホオの木であり、文様を摺るにはバレンを用いないで手のひらでこするなど、特殊な技術が考案されている。「から紙」という表記は、『新撰紙鑑』に、唐紙と区別するために国産のものを「こゝにから紙としるせり」とあるので、それに従ったわけである。から紙はもともと平安京公家らの和歌料紙であったことから、いうまでもなく京都で始まったものであり、その本流を京から紙といい、公家や武士の邸宅に用いられた。近世に町人の家でも使われるようになると、大坂でもつくられるようになり、さらに江戸にも普及したが、上方では奉書紙や鳥子紙に摺ったのに対して、江戸では西の内紙や細川紙も用い、それらが生《き》漉《ず》きの紙であるため、これを「生唐《きがら》」ともいった。京から紙の文様は有職《ゆうそく》文様など伝統的なものから光悦文様・琳派《りんぱ》文様、さらに町家向きのものへと時代とともに多彩に発展するが、江戸から紙は主に町家向きの文様が享保年間（一七一六－三六）から始まったので「享保千型」と呼び、京から紙にくらべてより大衆的で量産された。しかし、京から紙は元治元年（一八六四）の蛤御門の変、いわゆる鉄砲焼けで基本財産の版木を焼失し、江戸から紙も大正十二年（一九二三）の関東大震災で打撃をうけて衰退した。伝統のから紙つくりは、いま京都の「唐長」、東京の「唐源」など、わずかに残っているにすぎない。なお江戸は火災が多く、しばしば版木を焼失したので、応急策として型紙捺《なっ》染《せん》法によるから紙つくりが発展していた。→唐紙師（からかみし）・図版59

からかみし［唐紙師］から紙をつくる専門職人。平安時代のから紙は経師がつくっていたが、中世には表布衣師（表具師）、唐紙師などの専門業者が分化した。「兼仲卿記自永仁元年十月一日至十一月廿九日巻紙背文書」に、院御方御細工唐紙師僧堯真の訴状がみえ、この訴状を網野善彦は『美濃紙』のなかで、おそらく正応五年（一二九二）のものであろうといっている。院に仕える唐紙師堯真がいたことは、そのころすでに唐紙師という専門職人がいたことを示している。北畠玄蕙が建武元年（一三三四）に著したとされる『庭訓往来《ていきんおうらい》』の「四月状往」の章には、城下に招き住まわせるべき職人のなかに唐紙師を記している。『右大弁忠長朝臣記』には応永十四年（一四二七）の紫宸殿《ししいでん》通障子注文書のなかに「からかみしの手間代五百文」とあり、さらに永正年間（一五〇四－二一）の『七十一番職人歌合』には、「そら色のうす雲ひけどからかみの下きららなる月のかげ哉　から紙し」と記されている。近世に入ると、嵯峨本の料紙つくりを担当した紙師宗二は、経師ないしは唐紙師であったといわれ、貞享元年（一六八四）開版の『雍州府志』には、東洞院二条南にいた岩佐氏が最もすぐれた唐紙師である、と記している。『京羽二重』巻一の「南北洛中」の章によると、「東洞院三条より下」が唐紙師の職人街であるとし、安永六年（一七七七）刊の『新撰紙鑑』は、から紙について「京東洞院、大坂平野辺に細工人多し」としている。『京都買物案内』には三人の唐紙師をあげているが「御唐紙師」と呼ばれた唐紙屋長右衛門は東洞院三条下ルに住み、「唐長」の屋号で現存するただ一軒の京から紙づくりである。その唐長の家系を継ぐ千田長次郎家文書によると、天保十年（一八三九）には京都に十三人の唐紙師がいたことは確実である。それが元治元年（一八六四）の蛤御門の変、いわゆる鉄砲焼けで多くの版木を焼失して衰退した。大坂の唐紙師については、江戸末期の『商人買物独案内』『大坂商工銘家集』その他の文献に、唐紙屋治兵衛、唐紙屋佐兵衛ら七人の名がみられる。江戸の唐紙師は、元禄二年（一六八九）刊の『改正増補日本鹿子』に、地唐紙師として丸屋五郎兵衛ら一三人をあげており、後発ながら業者は多かった。そして京橋通と石町通が中心であったが、明治時代には千住、音羽方面にもひろがって量産方式を採用し、大正十二年（一九二三）の関東大震災までは伝統のから紙づくりを行っていた。そして版木を失

59 『春日権現霊験記絵』にみられる梅花文のから紙

60 『七一番職人歌合』の唐紙師の図

ったあと、一時型紙を用いる捺染方式が復興したが、やがてカラー輪転印刷方式に移って唐紙師は衰退した。したがって京都の「唐長」や東京の小泉襖紙加工所（唐源）などの唐紙師は、伝統文化を継承する貴重な存在である。↓から紙（からかみ）・図版60

からかみしょうじ［唐紙障子］国産のから紙を張った障子。襖《ふすま》障子のことであるが、『長門本平家物語』によると、治承四年（一一八〇）の項に「からかみの障子を立てたりけるを」とあって、平安末期には襖障子に、色紙形に代えてから紙を張るようになっていた。なお襖障子の文字は、文安年（一四四七）刊の『下学集《かがくしゅう》』にみられ、より古い時代には唐紙障子と呼んでいた。↓から紙（からかみ）

からくれないのかみ［辛紅紙］辛紅は韓《から》から渡来した紅の意で韓紅とも書き、濃い紅色・深紅色に染めた紙のこと。染料は紅花である。

ガラスせんいいりがみ［ガラス繊維入り紙］ガラス繊維束をコウゾ繊維に混入して漉いた紙。埼玉県小川町でつくられている。ガラス繊維束は数ミクロンの単繊維を約二〇〇本集束したもので、乾燥するときに特殊な接着剤を用いて融着させている。ガラス繊維独特の光沢や感触を伝統の和紙のなかに導入した雲竜紙の一種で、本の見返し、カード、ポスターなどに用いられているが、もともと輸出用として昭和期につくられた。

からずり［空摺り］木版摺りするとき、版木面に着色料をのせないまま、その上に紙を置き、猪牙や巻貝・陶器などの平滑面で磨き、こすって文様をあらわすこと。和歌料紙の蠟箋《ろうせん》をつくるのに、この技法が用いられているが、地紙に着色したものを用いると、空摺り文様があらわれやすい。↓蠟箋（ろうせん）

からつはんし［唐津半紙］佐賀県の唐津藩で産した半紙。唐津地方は室町末期の波多氏の頃すでに製紙が始まっており、宝暦十三年（一七六三）に入封した水野忠任《ただとう》が紙を専売品として盛んになった。明和八年（一七七一）には楮の値上げを求めて総勢二万五〇〇〇人が虹の松原に集合する一揆があり、天明四年（一七八四）には、藩士木崎盛標《きざきもりすえ》が『紙漉大概』を書くなど、その盛況ぶりを反映している。安永六年（一七七七）刊の『難波丸綱目』『新撰紙鑑』にも、唐津半紙は水野和泉守の蔵紙《くらがみ》と記され、大坂の加島屋が専属の紙問屋であった。紙漉きは、かつては東松浦郡玄海町、唐津市浜玉町・相知町などに多かったが、伊万里市南波多町がのちに中核紙郷となり、いまも漉き継がれている。なお伊万里市では、近代に京花紙・提灯紙・花火紙なども産した。↓紙漉大概（かみすきたいがい）・京花紙（きょうはながみ）・花火紙（はなびがみ）

かりばり［仮張］表具や日本画を描くときなどに皺がよらないように水張りで仮に張ること。裏面に柿渋を塗った襖障子のような道具を用いるが、この道具を「仮張」ということもある。

かりやすのかみ［刈安紙］山刈安（近江刈安）の茎や葉の煮汁で染めた黄色の紙。カリヤスはイネ科の多年生草本で近江刈安と八丈刈安の二種があり、伊豆八丈島ではコブナグサといい、黄八丈の染料に用いる。媒染には古くは灰汁、後世に明礬《みょうばん》を用いているが、この上に藍を染めて緑色にする場合は灰汁媒染がよい。

かりやましょうじがみ［狩山障子紙］高知県仁淀川の上流、吾川郡仁淀川町狩山に産する障子紙。煮熟に消石灰を用いるのが特色であるが、純コウゾ、天日漂白、手打ち叩解、板干し天日乾燥という古法を守って漉いており、古格を保ち強靭で品質がよいと評価されている。

カルタうらがみ［カルタ裏紙・骨牌裏紙］遊具または博奕《ばくち》のカルタの裏に用いる紙。カルタの裏に目印となるようなものがあってはならないので、傷や漉きむらのない良質のコウゾ紙に、赤色は弁柄、黒色は松煙墨で染めている。

かれんし［花簾紙］透かし文様の入った紙の中国的呼称で、水紋紙ともいう。「花」は文様のことで、中国では麻糸で編んだ文様を紙簾に固着して、紙を漉くときその文様部分が薄くなるようにし、その薄い紙層部の文様が透けて見える。→水紋紙（すいもんし）

かわぐちがみ［川口紙］福島県大沼郡金山町川口を原産地とするコウゾ紙。『貿易備考』には、諸帳簿・表紙・袋用となっている。

かわさらし［川晒し］煮熟した紙料の灰汁《あく》抜きも兼ねて川の流れで晒すこと。水中の酸素が日光の紫外線の作用で生成する過酸化水素およびオゾンのはたらきで自然に漂白される。→図版61、62

かわちがみ［河内紙］新潟県五泉市村松町河内を原産地とする紙。『吾妻鏡』に記されている越後の紙屋荘は、『越後野志』に村松町から加茂市にかけての河内谷および七谷にあったと推定されており、河内紙は中世の紙屋荘の伝統を継承した紙ともいえる。村松町戸倉にも紙郷があり、『越後土産』に「村松戸ぐら紙」が記されている。

かわはぎ［皮剝ぎ］コウゾ・ガンピなど製紙原料の靭皮《じんぴ》を

61　吉野川の流れにコウゾ皮を晒す（奈良県吉野町窪垣内）

62　板取川の流れにコウゾ皮を晒す（美濃市蕨生）

剝ぎとる作業のこと。ガンピは生のまま容易に剝ぎとることができるが、コウゾは平釜に小束を縦に立てて入れ、「こしき」という大桶をかぶせて蒸し（桶蒸し、箱蒸し）、取り出して冷水をふりかけると、靭皮部が収縮して剝がれやすくなる。爪でコウゾの根元の方を少し剝いで木質部と靭皮部を分け、左手で木質部、右手で靭皮部を握って左右に引いて剝ぎとる。剝皮したものはコウゾ黒皮（荒皮・生皮・ぼて皮・ぶいん皮）といい、一握りずつ束ね、竹竿などに架けて十分に乾燥させる。↓図版63

かわはらがみ［川原紙］熊本県山鹿市鹿北町の川原谷に産した紙。近世初期に豊臣秀吉が試みた朝鮮の役のとき、加藤清正が捕虜の製紙工、慶春、道春を連れ帰って、兄の慶春を鹿北町芋生《いもう》（旧広見村）の川原谷、弟の道春を玉名郡玉東町木葉の浦田谷に住まわせて、紙漉きを指導させた。前者を川原紙、後者を浦田紙といい、浦田紙は明治初期に消滅したが、川原紙は玉名郡和水町など隣接地域に広がって長く漉き継がれ、山鹿灯籠の用紙となっていた。↓山鹿灯籠（やまがとうろう）

かわらばん［瓦版］粘土を固め、それに文字や画を彫って、これを簡単に素焼きしたものを原版として印刷したものに由来するとされている薄い出版物。新聞のように報道機関のなかった江戸時代に、天変地異・火事その他の報道、仇討・心中・孝子などの雑報、興味本位の戯文、流行歌などを、木版摺り一枚ないし数枚の小冊子で頒布した。瓦版の名は明和年間（一七六四－七二）に「瓦版六歌仙」と記したものがあるが、それ以前は原則として街頭で大きな声で読みながら売ったので「読売《よみうり》」といい、この名で通用することが多かった。現存する最古のものは、大坂落城のニュースを江戸に知らせた「大坂安倍之合戦図」「大坂卯年図」である。↓図版64

かんかせん［浣花箋］中国の四川省成都の浣花渓百花潭でつくられた紙。薛濤箋《せっとう》の別称。唐代の名紙のひとつで、李商隠は「浣花箋紙は桃花の色、姸姸《うつくしい》題詞が玉鉤（弦月）を詠む」という詩をつくっている。↓薛濤箋（せっとうせん）・図版65

かんき［刊記］刊本（刻本）の出版要綱についての表記。出版年、出版地、出版者などを表示し、多くは巻末に印刻している。なお刊記の長文のものを刊語という。

がんきょう［願経］種々の祈願をこめて作成供養した仏経。一時に数多くつくったり、善美をつくした装飾を加えたりして祈願の意をあらわしている。長屋王の大般若経、聖武天皇や光明皇后の願経（一切経）は早期の代表であり、中世には文和三年（一三五四）発願の足利尊氏願経がよく知られている。

かんぐれ［紙塊］紙料を漉いた湿紙を積み重ねた塊の意で、紙床とも書く。新潟県の小国紙つくりの工程のなかで、こ

の紙塊を雪の中に埋めて清浄に保存し、好天の日に掘り出して天日乾燥するのを「かんぐれ法」という。↓図版66

かんごうし【勘合紙】 勘合は割印を押した符で、切符用の紙のこと。中国の江西省に産したことが『江西省大志』に記されている。

かんこんし【還魂紙】 漉き返した紙（宿紙ともいう）のこと。明の宋応星著『天工開物』に還魂紙の名がみえ、享保十年（一七二五）伊藤長胤《ながたね》輯の『名物六帖』には、還魂紙を「スキカヘシカミ」と訓《よ》んでいる。中国では、官吏登用試験に一度落第しても、再考試の結果合格した者を還魂秀才と呼ぶが、一度用いた反古を漉きなおして再度用立てるという意味で還魂紙といったのである。しかし、還魂の原義は死者のよみがえりであり、日本では、清和天皇の女御《にょうご》藤原多美子が天皇崩御ののち生前に送られた手書を集めて漉き返させて法華経を書写したのが、漉き返しの始めといわれ、『栄華物語』『宇治拾遺物語』『吾妻鏡』などにも、漉き返し紙による写経供養のことが記されている。このような死者のよみがえりという原義もふくめて、宿紙を還魂紙といった。↓宿紙（しゅくし）

かんすき【寒漉き】 粘剤《ねり》のトロロアオイ汁は温度が上昇すると粘度が減退するので、寒い冬季にその効力を生かして良質の紙を漉くこと。昔の農家はほとんど冬の農閑期に紙を漉いたが、これはトロロアオイの効力と温度の関係を経験によって知り、良質の紙つくりを心がけたからである。なお専業の紙漉きは温度の高い夏季にはノリウツギ、ヒガンバナなどをネリとして用いていた。

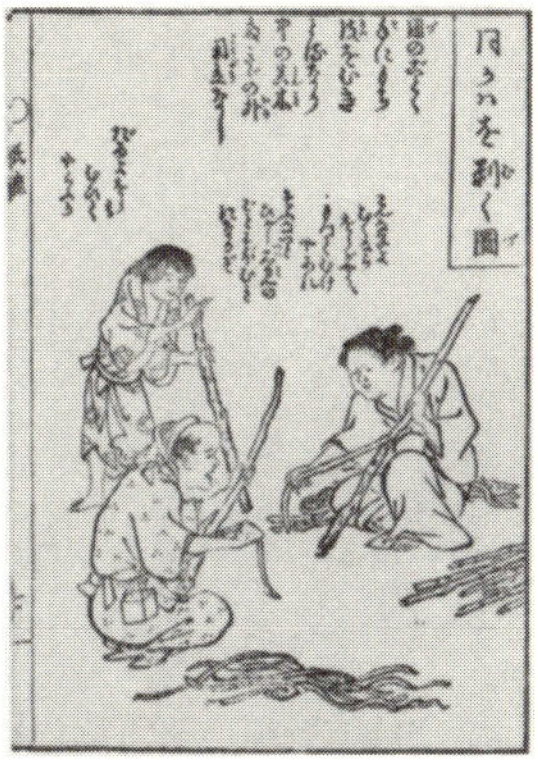

63　コウゾ皮を剝ぎとる図（紙の博物館蔵『紙漉重宝記』より）

64　江戸末期の瓦版（桂樹舎和紙文庫蔵）

65　中国四川省成都の浣花渓

66　雪に埋めていた紙塊

かんすぼん［巻子本］紙を横に長く継ぎ、端に表紙をつけ、奥に軸をつけて巻き込んだもの。書物の最も原初の装丁様式で、「けんすぼん」とも訓《よ》み、巻本《まきほん》・巻物《まきもの》ともいう。また中国では巻軸《けんじく》という。表紙の端は内側へ少し折り返し、その中に細くそいだ竹を入れ、表紙の端の真ん中に紐をつけ、その紐で巻いてひろがらないようにしているので、これを帯という。軸はたいてい円筒形であるが、いろいろな形のものもあり、その素材には木材のほか玉石・牙なども用いている。日本に現存する最古のものは、聖徳太子が推古天皇二十二年（六一四）、二十三年に書写されたという御物《ぎょぶつ》『法華義疏《ほっけぎしょ》』四巻である。↓折本（おりほん）

がんせきし［岩石紙］反古とわら繊維を主原料とした皺紋のある三六判の襖紙。明治初期に岩石唐紙を模して三重県四日市市でつくり始めたもので、兵庫県西宮市名塩にも産した。簀桁に布を敷いて漉き、それを揺り動かすことで大小の皺紋をつくり布ごと乾燥する、いわゆる簀干しにしたもの。これに彩色し、あるいは文様をつけるものもあった。↓岩石唐紙（がんせきとうし）

がんせきとうし［岩石唐紙］石でたたいたような皺紋のある三六判（三尺×六尺）の大きな紙。江戸後期に中野島（川崎市多摩区）で始まった和唐紙つくりから考案されたもので、襖障子《ふすましょうじ》一枚を覆うことのできる三六判は、この岩石唐紙に始まっている。大蔵永常《おおくらながつね》の『紙漉必要』にはその漉き方を記しているが、漉槽《すきぶね》に紙料液を入れるのではなく、別の桶につくっておいた紙料液を漉槽の水に浮かべた漉桁《すきげた》に流し込み、手で均等にかきならし、引き上げて漉桁ごと天日に干す。チベット、タイ、ブータンなどに残っている澆《ぎょう》紙法《しほう》という漉き方で、紙料液を揺り動かして厚さを均等にしないので皺紋ができる。この皺紋をさらに強調したのが泰平紙であり、主として襖障子を張るのに用いられた。↓和唐紙（わとうし）・泰平紙（たいへいし）

かんぜより［観世縒］紙こよりを二筋合わせて縒《よ》ったもの。観世縷・貫銭縷とも書く。『本朝世事談綺』五、人事門に「観世縒、文明の頃、観世世阿弥、式三番の翁の烏帽子の懸緒に、紙縒を合はせて用ゐ始むと云へり、……彼家にては、これを、合紙縒と云ふなりとぞ」とあり、観世流の二代目世阿弥が始めた、と伝えられている。冠や烏帽子の懸緒に用いた。↓紙縒（こより）

かんてんし［寒天紙］寒天を薄板状に固めて紙に似せたもの。↓ビードロ紙（ビードロし）・水晶紙（すいしょうし）

かんてんひきがみ［寒天引紙］寒天膜液（ゼラチン）にグリセリンを混ぜたものを塗布した紙。この地紙には清帳紙に碁盤目の罫を印刷したものを用い、西陣織などの図案用である。デザインを描き、失敗した線はふきとって消すことができる。

かんとうし［関東紙］近世初期に関東で産した紙。『鹿苑《ろくおん》日録《にちろく》』には慶長二年（一五九七）の条を初めとして二六か所に記されている。産地は明らかでないが、大方紙《だいほうし》を産した常陸（茨城県）あるいは下野（栃木県）のあたりと推測される。また大河原紙を産した武蔵の比企郡（埼玉県）あたりの紙をこのように呼んだ可能性もある。

かんとく【簡牘】中国古代の書写材料として薄い長方形につくった竹片を簡といい、木片を牘という。あるいは竹簡・木簡ともいい、日本でも多く出土している。簡牘に漆か墨で文字を書き、皮の紐で編んだものを「策」あるいは「冊」といい、『尚書』「周書多士篇」には「殷の先人に典があり、冊がある」と記しているので、紀元前十三世紀に簡牘があったともいわれている。春秋時代から後漢末期にかけて盛んに用いられた。前漢の簡には最も長い二尺をはじめ、一・五尺、一尺、〇・八尺（いずれも漢尺で一尺は二四センチ）の別があり、長い簡には経典を書き、短い簡には伝記・雑書を書き、また法律は特別に長くつくった三尺の簡に書いたという。→図版67

かんのんれんし【観音簾紙】中国の宋代につくられた大幅で厚く良質な紙。江西省・安徽省で産した。明代の屠隆《とりゅう》『考槃余事《こうはんよじ》』（紙墨筆硯箋）に記されているが、元・明代には観音紙ともいう。そして『考槃余事』は「明代の永楽年間（一四〇三－二四）に造紙の官局が江西省西山（南昌付近）に設けられ、その最も大きく厚くて良質の紙を連七といい、観音紙といった」と記している。

かんぱん【官版】官府（役所）関係の出版物のこと。また江戸幕府が寛政十一年（一七九九）から昌平坂学問所で出版した書物。昌平坂学問所の最初の刊行は『四書』『小学』で、幕末期までに二百数十部を出版したが、これに刺激されて、各藩の藩版、私塾の家刻本などの出版が盛んになった。

がんぴ【雁皮】古代から日本で製紙原料とされた植物。蕘花・芫花とも書き、「かにひ」あるいは「紙斐《かみひ》」から転じた名とされる。ジンチョウゲ科の植物で、学名は *Wikstroemia sikokiana* Franch. et *Sav.* であるが、これは主として関西で用いられ、カミノキ、ヤマカゴ、ヒヨ、シバナワノキともいう。関東地方で製紙原料とするのはサクラガンピ（*W. Pauciflora* Franch. et Sav.）で、ヒメガンピ、ミヤマガンピ、イヌコガンピという。このほかコガンピ（イヌガンピ *W. gampi* Maxim.）、キガンピ（キコガンピ *W. trichotoma* Makino）などの種類もある。雁

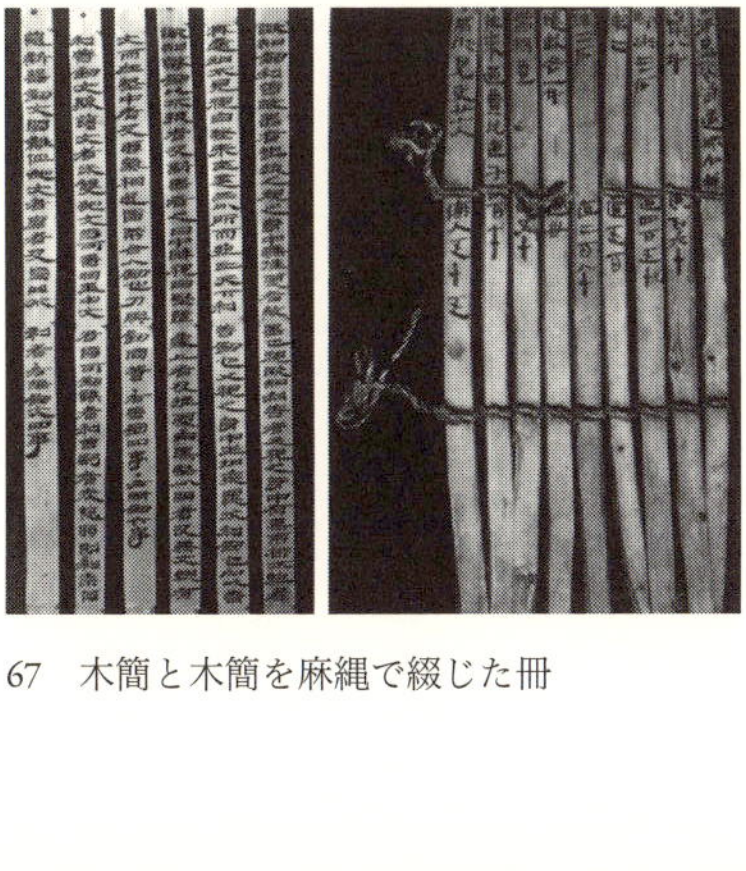

67　木簡と木簡を麻縄で綴じた冊

68　イヌガンピとガンピ（『雁皮紙製造一覧』）

皮の字が初めてみえるのは『明月記』で寛喜二年（一二三〇）三月に雁皮の花が開いたと記している。雁皮は栽培が難しく、野生のものを採取しているので、製紙原料としての供給量は少ない。高さは一ないし一・五㍍、葉は互生し、卵形で裏に絹糸状の毛をもち、夏に枝の頂にジンチョウゲに似た淡黄色の小花を咲かせる。暖地産で『延喜式』に記される斐麻《ひま》や斐紙《ひし》の貢納国は丹波より西南となっているが、石川県小松市那谷寺付近が北限、静岡県熱海市が東限とされている。靭皮繊維の長さは平均三・一六㍉、幅は平均〇・〇一㍉で、優美で光沢があり、平滑にして半透明、しかも粘着性に富んでいるので、腰の強い緻密な質の紙となる。↓図版68

がんぴし［雁皮紙］ガンピを原料として漉いた紙。古代に斐紙《ひし》、中世に鳥子紙《とりのこ》と呼ばれたもので、コウゾ皮と混ぜて漉いていることも多い。紙肌が美しく滑らかで光沢があり、平安期に女流詩人たちに愛された薄様も雁皮紙であるが、雁皮紙の名が初めてみえるのは、南北朝期（一三三六－九二）の作とされている『麒麟抄』で「すき写しにして習ふもよし、薄きがんぴ紙に……」と、また『宗長手記』の豊《とよ》原統秋《はらむねあき》の大永四年（一五二四）八月十九日付手紙に「御約束之雁皮紙」とあり、『日葡辞書』にもみえる。この紙名が多くみられるのは江戸後期になってからで、明治期には記録印刷用としての雁皮紙が美濃（岐阜県）・伊豆（静岡県）で盛んにつくられ、奉書判・美濃判・西の内判・半紙判・小菊判などがある。↓斐紙（ひし）・鳥子紙（とりのこがみ）

かんぶんし［柬文紙］柬文は手紙で、これは書簡紙である。中国明代の方以智『物理小識』は「広信府（江西省上饒県）のがよい」としており、竹を原料とする紙である。

がんりょう［顔料］水にも油にも溶けない色素の総称。絵具、白粉など所定の色を呈する不透明物質で、無機塩などの無機質が多いが、有機質のものや有機色素と無機物質とを結合させたレーキ顔料がある。

き

きかいすきわし［機械すき和紙］手漉きに対応して抄紙機ですいた和紙。和紙は本来手漉き紙のことで、明治前期渡来の海外人もJapanese Paperをそのような意味で解説しているが、明治後期から円網抄紙機などで手漉き和紙を模造することが始まった。大量生産に適し、費用も比較的安く、均等な品質のものが得られるので、大正期から主要な紙郷で機械すき工場が設立され発展した。初めは短繊維の木材パルプを主原料とする家庭用薄様紙《うすよう》など、粗質の下級紙が主流であったが、近年は抄紙機の改良によってマニラ麻・コウゾなどの長繊維紙料も利用し、典具帖《てんぐじょう》などの高級紙もすくようになり、生産量も手漉き和紙を圧倒して、その販路を大幅に拡張している。経済産業省の紙の生産統計では、昭和四十三年（一九六八）から機械すき和紙を洋紙のなかに包含させているほどである。いわば擬造手漉き紙（imitation handmade paper）が本来の手漉き和紙を圧倒しているが、手漉き和紙はまだ機械すきでは及ばないすぐれた質をそなえている。

ぎかくし【擬革紙】 皮革になぞらえた紙で、日蘭貿易によってもたらされた金唐革《きんからかわ》の模造を試みて、伊勢の多気郡明星村（三重県多気郡明和町明星）の三島屋こと堀木忠次郎が貞享元年（一六八四）に創製したといわれる。あぶら紙をわら火でいぶし、木版などで浮凸文様をほどこしたもので、これを飯野郡稲木村（松阪市）の壺屋こと池部清兵衛宗吉が、間もなく煙草入れに加工して、伊勢参りのみやげものとして売り出したのが著名となり、壺屋紙とも呼ばれた。その原紙は美濃の大永紙《だいえい》（あるいは丈永紙《たけなが》）であったが、水戸では十文字紙を用いてパーチメント（羊皮紙）を思わせる羊羹紙《ようかんがみ》をつくり、さらにそれをモデルとして江戸の竹屋こと山本清蔵が天保二年（一八三一）に黒聖多黙革紙《くろさんとめかわ》を創製した。これを竹屋絞りというが、紙面に皺の加工も加わっている。但馬（兵庫県）の栗色柳揉紙《やなぎもみがみ》・信濃（長野県）の万力紙《まんりきし》なども擬革紙の一種であり、これらは煙草入れなどの袋物加工に用いられ、さらに敷物や壁装用として発展した。→擬氈紙（ぎせんし）・金唐革紙（きんからかわがみ）・羊羹紙（ようかんがみ）・図版69、70

きがみ【黄紙】 黄色に染めた紙。中国では五行説で黄は五色の正色として貴ばれ、黄蘗《きはだ》で染めたものは紙魚《しみ》を防ぐと

69　擬革紙製の筥迫（紙の博物館蔵）

70　擬革紙製の一つ提げ煙草入れ

して早くから公文書や写経料紙に用いられていた。日本でもそれにならって重要文書の料紙となり、正倉院文書にみえる染紙のなかでも、黄系統のものが圧倒的に多い。染料は主として黄蘗であるが、刈安《かりやす》・支子《くちなし》・黄蓮《おうれん》も用い、生姜《しょうが》汁で染めることもある。

きがみ［生紙］コウゾあるいはガンピの原料だけで米粉などの糊を加えないで漉いた紙で、糊入紙に対する語。また中国では加工しない紙を意味し、加工したものを熟紙という。生紙は生漉《きずき》紙ともいい、美濃紙は生漉きの伝統を守ったので、強い紙の代表とされている。そして『紙漉重宝記』には「寒漉《かんずき》とろゝ計《ばかり》にて製するを生漉と唱へ、書物に用ひ、久敷所持するに虫は入らず、上品にして石州紙の妙なり」と記されている。『和漢三才図会』造紙法の項には、「日本の紙は皆楮を用ひ、鳥子《とりのこ》および生漉紙は雁皮の木を用ふ」、鳥子紙の項にも「堅くして滑らかなるものを生漉と称す」とあり、ガンピ製の紙を生漉紙といったと記しているものもある。

きがらかみ［生唐紙］江戸で西の内紙・細川紙を地紙として文様を木版摺りしたから紙。型紙捺染・刷毛《しけ》引きなどの技法も活用したが、京から紙は鳥子紙・奉書紙を地紙としたのに対して、需要の多い江戸では、薄くても関東産の入手しやすい生漉《きず》きの紙を用いたので「生唐」あるいは「生唐紙」と呼ばれた。↓から紙（からかみ）

きくがみ［菊紙］小菊紙の倍の大きさの薄いコウゾ紙と考えられ、中世の中折紙《なかおりがみ》の別称か。『多聞院《たもんいん》日記』の天正五年（一五七七）五月一日の条に「菊紙一帖」とみえ、『鹿《ろく》苑《おん》日録』の寛永十四年（一六三七）十月二日の条に「黄菊紙一束」とある。小折紙から発展した小菊紙が釜敷に用いられたことは、茶人の懐紙であったと考えられ、中世の茶人はもっと大判の中折紙を懐紙とし、これを菊の高貴さにちなんで菊紙と名づけたのであろう。あるいはわらなどで菊の花の形に編んだ菊座を釜敷きに用いたので、これにちなんだのかもしれない。判型は檀紙を縦半分に切った大きさと思われ、それを二つ折りして常用していたが、のちに小判の小菊紙が流通するようになったのである。↓小菊紙（こぎくがみ）

きくばん［菊判］紙の原紙寸法および判型の呼称で、原紙寸法は六三六×九三九ミリの大きさ。わが国に明治初期に洋紙が輸入されてから、四六判とともに洋紙寸法の基準となった。A列本判（六二五×八八〇ミリ）よりやや大きく、折ることによって菊判系の印刷物がつくられる。明治十五年（一八八二）頃に紙商の川上正助商店がアメリカに発注して輸入した新聞用紙が、イギリスからの輸入紙（のちの四六判）の大きさとちがっていたため使われず、新聞の「聞く」にちなんで包装紙に菊のマークをつけ、最初は菊印、のちに菊判と呼んだという説がある。↓四六判（しろくば

ん）

きし【匱紙】中国の箔打紙。明《みん》初の陶宗儀著『輟耕録《てっこうろく》』に「宋の紹興年間（一一三一－六二）のことを記したなかで、「多く匱紙を用いる。けだし金銀箔を打つものなり」とみえる。→烏金紙（うきんし）

きし【記私】寛文八年（一六六八）刊、著者不明の『枯杭集』に、「此国には昔時記私といふ人、漉《すき》はじめしなり」と記されている人物。『日本書紀』の記事によって、日本での紙祖は曇徴《どんちょう》とするのが通説であるが、『人倫訓蒙図彙《じんりんきんもうずい》』『西村集要』『大宝和漢朗詠集』などにも、記私（紀私）を紙祖とする説がみられる。しかし、記私についてのくわしいことは不明である。

きしぶはんきり【木油半切】イシャシャギ樹の油で染めた半切紙。『貿易備考』には、長門（山口県）豊浦郡下保木村（下関市菊川町）に産するとしている。イシャシャギは山茶（ツバキ）に似て花のない木という。

きすきがみ【木次紙】島根県雲南市木次町で産したコウゾ紙。松江藩は慶安二年（一六四九）木次に御紙屋を設け、紙座役八人を指名し、月六回の定期市が開かれており、出雲の製紙の中心地であった。寛政七年（一七九五）には全出雲の八割、三四〇余の紙漉きがこの周辺にいたといわれる。正徳三年（一七一三）刊の『和漢三才図会』小菊紙の項には「雲州杵築」とあり、小菊紙は鼻紙の極上品といわれていたので、ここでは良質の紙をつくっていたといえる。大正七年（一九一八）に機械すき工場ができて、急激に衰退した。

きずきがみ【生漉紙】紙面を白く滑らかにするための米粉や土粉を紙料に混和しないで、トロロアオイなどの粘《ねり》剤を加えるだけで漉いた紙。また生紙《きがみ》ともいう。→生紙（きがみ）

きせがみ【被紙】漆器の下地にかぶせる紙。漆濾しの吉野紙と同質であるが、漂白せず、胡粉《ごふん》や白粉を用いないで、灰汁をひくだけの粗製である。大和（奈良県）の丹生地方が主産地であった。

きぜんし【黄全紙】阿波（徳島県）で産した黄蘗染めの紙。『四国産諸紙之説』にみえるが、阿波では古くから黄蘗染めで虫害に強い紙をつくっており、たんに黄紙と呼んでいた。この黄染紙に黄全紙の字をあてたのである。また石見（島根県）などで産した黄半紙・黄半切に対して「きぜんし」と呼んだのかも知れない。

ぎせんし【擬氈紙】毛氈に似せてつくった紙。煙草袋紙で著名な東京の竹屋が、明治四年（一八七一）に一丈二尺（三・六四㍍）四方の十文字紙を抄製し、銅版・木版で文様をつけて、壁装・敷物用として売り出したもの。明治十年（一八七七）の第一回内国勧業博覧会に出品した山本久羅《くら》（竹屋）の解説によると、製法を次のように説明している。

煮沸した鹿角菜《ろっかくさい》（フノリ）と油煙を混和して紙の表面に塗る。別に平行線を凹刻した型紙を数多くつくっておき、湿らせた薄紙を一枚ずつその型紙と交互に重ね、円棒に巻きつけ、揉み台の穴に立て、梃子で数回緊圧する。次に薄紙を型紙に重ねる方向を変えて円棒に巻き圧搾することをくり返し、型紙の凹線を薄紙に凸刻させて皺紋《しわもん》をつくる。この皺紋のついた紙を荏油《えのあぶら》に浸して日光に乾かし、黒漆を塗って光沢をつける。さらに銅版・木版を用いて各種の文様を彩色する。壁装あるいは敷物に用いた。↓金唐革紙（きんからかわがみ）・擬革紙（ぎかくし）

きたちり［北塵］江戸時代、大坂の北浜に集荷された塵紙類。北浜塵ともいい、四つ橋に集荷されたものを四つ塵という。↓四つ塵（よつちり）

きっこうとじ［亀甲綴］袋綴の綴じ方の一種。四つ目の各綴じ穴（針目）の左右に副針目をつけ、亀の甲羅に似た形に綴じるもの。↓図版71

きっしょういんし［吉祥院紙］京都市南区吉祥院西ノ庄門口町に産した漉き返しの紙。新聞紙にコウゾやミツマタの反古《ほご》をまぜて漉き返し、経本・色紙・短冊あるいは僧侶の袈裟《けさ》の襟芯《えりしん》など、芯紙として用いられている。

きぬがみ［絹紙］①絹の屑糸をのばして樹脂系の糊で接着して薄い層を形成したもの。岐阜県美濃市で近年つくりはじめているが、装飾用である。また絹糸を叩解してフィブリル化して漉くものも実験され試作されているが、企業化されていない。②日本の薄様紙に対する欧米での呼称。silk paper, Seidenpapier という。③中世にバグダッドで製造され、ペルシア全域に普及した亜麻を原料とした紙。

きぬしゃ［絹紗］紗は生糸を絡織《からみおり》したもので、織目が粗く軽くて薄いので「うすぎぬ」「うすもの」ともいい、紙を漉くとき簀《す》の上に張るのを絹紗と呼んでいる。簀に絹紗を張って漉くのを紗漉きというが、紙に簀目や編糸の跡があらわれないようにし、紙肌を均一に滑らかにするためである。紙漉き用の絹紗は丸紗ともいい、縦糸を縦方向にしっかりと固定するが、横方向にはゆるやかに動く織りとなっており、これに柿渋を塗って用いる。↓紗漉き（しゃずき）

きぬふるい［絹篩］杉材などの細長い薄板をまるめた円形の木枠に絽《ろ》あるいは寒冷紗《かんれいしゃ》を張ったもの。から紙の木版摺りのとき、これに具や雲母《きら》を刷毛で塗り、その色料を版木面に移すのに用いる。木版画のように版面に絵具を刷毛で塗るよりも、文様をやわらかく立体感のあるものに仕上げるのに適し、から紙摺り独特の用具である。↓図版72

きぬめがみ［絹目紙］絹の布目をあらわした紙。ミツマタなどの原料で漉いた湿紙を一枚ごと絹の布でおおい、圧搾機にかけて絹目を湿紙に移している。乾燥するには紙の周囲に糊をつけて干板に張りつける。襖《ふすま》障子用のほか印刷・装丁・画材などに用いられる。

きのかちのかみ［黄褐紙］黄褐色の紙で奈良時代の写経料紙。正倉院文書にみえる比佐宜（ひさぎ・楸）紙で、赤芽《あかめ》柏《がしわ》をアルカリ媒染した紙。

キハダ［黄蘗］山地に自生するミカン科の落葉高木。学名は *Phellodendron amurense* **Rupr.** 材は光沢が美しく家具・細工物などに用いるが、樹皮は内側が黄色で苦味があり、漢方では健胃剤となり、その煎じ汁は黄色の染色剤として古くから用いられている。黄蘗で紙を染めることは東晋の葛《かっ》洪《こう》（二八三－三六三）が『抱朴子《ほうぼくし》』のなかですでに言及しており、官府用として重んじられ、また写経料紙としてめだって多い黄紙は、ほとんど黄蘗で染めている。防虫性が強いからで、日本でも写経料紙として黄紙は最も多く用いられ、『延喜式』民部上の条に「凡そ籍書は国家の重案、その用いるところの紙は黄蘗で染める」、内記の条に「凡宣命《せんみょう》文は皆黄紙を以てこれを書く」とあって、黄蘗は古代に最も多く用いられた染料である。↓図版73

きびょうし［黄表紙］草双紙の一種で、江戸後期に黒本・青本に次いで安永から文化の頃（一七七二－一八一八）に江戸で流行した黄色の表紙の絵本のこと。安永四年（一七七五）刊の恋川春町作『金々先生栄花夢』に始まり、書型は半紙半截《はんせつ》判、成人向けの読物。↓青本（あおほん）・黒本（くろほん）

ぎふけんかぞうしのせつ［岐阜県下造紙之説］ウィーン万国博の出展にそなえて、明治五年（一八七二）に美濃市本住町の紙商、正村平兵衛が作成した美濃紙製法書。本来の美濃紙製法を詳述したもので、最初の書院紙製法の条には、

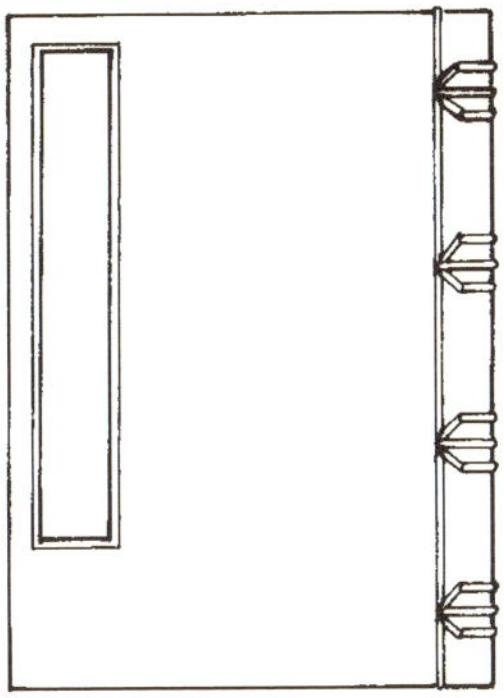

71　亀甲綴

72　絹篩

73　黄紙の染料，キハダ（黄蘗）

原料は津保《つぼ》楮が最上品であること、紙料は石盤にのせ木槌で打ちこなすことなどを述べている。次いで紛《まがい》書院・天《てん》工帖《ぐじょう》（典具帖）・薄美濃紙・丈永《たけなが》奉書・雁皮紙・小菊紙・扇地《せんじ》紙《し》の製法を要約、さらに原料のつくり方にも言及している。漉き方については、「簀小手ニテ漉揚ゲ」と簡単に記しているが、美濃では縦揺りだけでなく、横揺りをより多く加え、いわゆる十文字漉きの技法を主流としているのが最大の特徴で、『美濃紙抄製図説』に横ゆり六〜七回、縦ゆり三〜四回と記されている。↓図版74、75

きゅうしょうらん【嬉遊笑覧】天保元年（一八三〇）に成立した喜多村信節《きたむらのぶよ》著の随筆。十二巻付録一巻。主として江戸時代の風俗習慣・歌舞音曲などについて諸書から抄録・考証して私見を加え、近世の庶民生活に関する具体的な史料を豊富にふくんでいる。紙については巻二器用編に鼻紙・畳紙《たとうがみ》・小菊・小杉、巻三書画編に墨流し、付録に鬼杉原の記事がある。

きゅうひし【芨皮紙】スイカズラ科の多年草ソクズ（クサニワトコ）の繊維で漉いた紙。中国の『負暄《ふけん》雑録』に「扶桑国笈皮紙を出す」とあり、『新編常陸風土記』には水戸城下の貢知堂伊藤屋清左衛門が笈皮紙を製したと記している。笈は書物を負う箱のことで、この字は芨の誤りである。芨はソクズあるいはトリカブトのことで、製紙原料となったのはソクズと思われる。中国の『五雑俎《ござっそ》』には江蘇省常州に芨皮紙を産すると記している。

きゅうふし【朽布紙】麻布のぼろを原料として漉いた紙。正倉院文書にみえ、麻紙《あさがみ》はもともと麻布の朽廃したぼろを原料としたのであるが、生麻を処理して原料とするようにもなっていたので、朽布紙の呼称が生まれた。『延喜式』十三、図書寮《ずしょりょう》の製紙工程にも、布と麻を区別して書いている。なお中国では唐の開元年間（七一三－四一）に蕭誠《しょうせい》が野生の麻で紙をつくったという。↓麻紙（まし）

きょうからかみ【京から紙】京都の唐紙師たちがつくったから紙。から紙はもともと和歌の料紙としてつくったものを障子の上張りに流用したので、京都が原産地であり、近世初期まで「から紙」はすべて「京から紙」であった。古代から中世にかけてのから紙の需要は、公家・寺社、それに上層の武家であったので、その文様も公家向きの有職《ゆうそく》文様、寺社向きの雲文様など、伝統文様が主流である。近世には嵯峨本（光悦本）料紙としてのから紙つくりが、京から紙に強く影響したとされ、光悦桐・光琳大波・光琳菊などの琳派文様が茶方あるいは町屋向きのデザインとして採用されている。長い年月愛用され洗練された伝統的文様を継承して、きわめて実用的なのが京から紙の特徴で、その地紙《じがみ》も奉書紙と鳥子紙で、木版摺りを主流とする伝統技法を守っている。↓から紙（からかみ）

きょうかんし【強漸紙】神奈川県横須賀市で産した強勢紙

の一種。明治十年（一八七七）第一回内国勧業博覧会に横須賀の饗場幾久治、大塚静喜が出品し、その製法を説明している。蛋白（卵の白身）、硫礬丁幾《りゅうばんちんき》（礬水《どうさ》）、こんにゃく糊の三種を混和して美濃紙に塗布し、板に張り日光で乾かしたのち、石灰汁で煮熟し、すすぎ洗ってよく乾かし、藍・梔子《くちなし》などの染料で更紗文様を型紙捺染したもので、長野県の万力紙《まんりきし》の模造ともいわれる。また明治十八年（一八八五）刊の大蔵省記録局編『貿易備考』にも解説があり、「水に濡れても破れない強剛なもの」とその特徴を述べている。その現物はほとんど残存しないが、スコットランドのグラスゴー美術館には、一八七八年に他の和紙とともに日本から送ったもののなかに記録されている。↓万力紙（まんりきし）

きょうし【経紙】写経の料紙。正倉院文書の天平九年（七三七）「写経勘紙《しゃきょうかんし》解《げ》」に美作・越・播磨・美濃の国名を冠した経紙がみえているが、それらの国から写経料として納められた紙の意で、写経にはほかにいろいろな紙が用いられている。写経の際は、まず装潢《そうこう》生が書写に適するように加工して、経生が経典の文字を筆写した。

きょうじ【経師】経文を書写し、また書写された経文を、巻子本《かんすぼん》や折本に仕上げる職人。写経は仏道修行の重要な基本課目であるが、天武天皇元年（六七二）三月、大和の川原寺で一切経の集団写経が始まり、経文の書写を専門とするものを写経生あるいは写経師と呼び、略して経師といった。天平十一年（七三九）ころの写経司の例をみると、経師七八人、装潢生《そうこうせい》六人、校生《きょうしょう》一〇人で構成されており、平安初期の『令義解《りょうのぎげ》』によると、中務省図書寮《なかつかさしょうずしょりょう》の職員規定では写書手二〇人に対し装潢手四人が置かれている。このように奈良時代から平安初期にかけては書写と装潢が分離しており、経師は経文の書写が専門であった。のちに経師が装潢の仕事も兼ねるようになり、建保二年（一二一四）の『東北院職人歌合』などの経師はそのような形になっている。さらに経師は書画・屏風《びょうぶ》

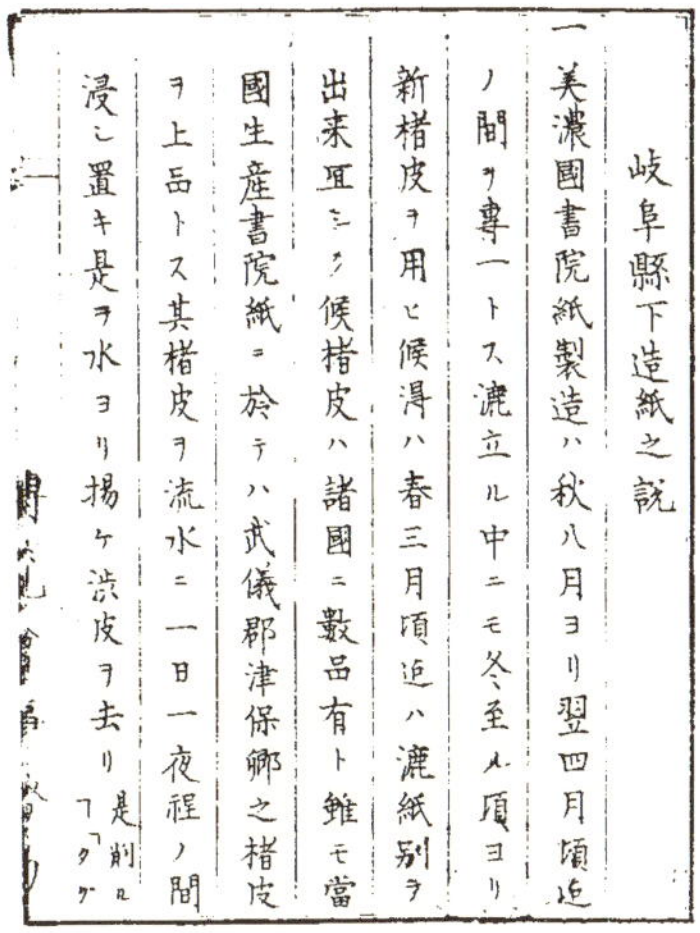
岐阜縣下造紙之説

一 美濃國書院紙製造ハ秋八月ヨリ翌四月頃迄ノ間ヲ専一トス漉立ル中ニモ冬至ノ頃ヨリ新楮皮ヲ用ヒ候得ハ春三月頃迄ハ漉紙別テ出来宜シク候楮皮ハ諸國ニ數品有ト雖モ當國生産書院紙ニ於テハ武儀郡津保郷之楮皮ヲ上品トス其楮皮ヲ流水ニ一日一夜程ノ間浸シ置キ是ヲ水ヨリ揚ケ渋皮ヲ去リ 是削ル

74 『岐阜県下造紙之説』巻頭

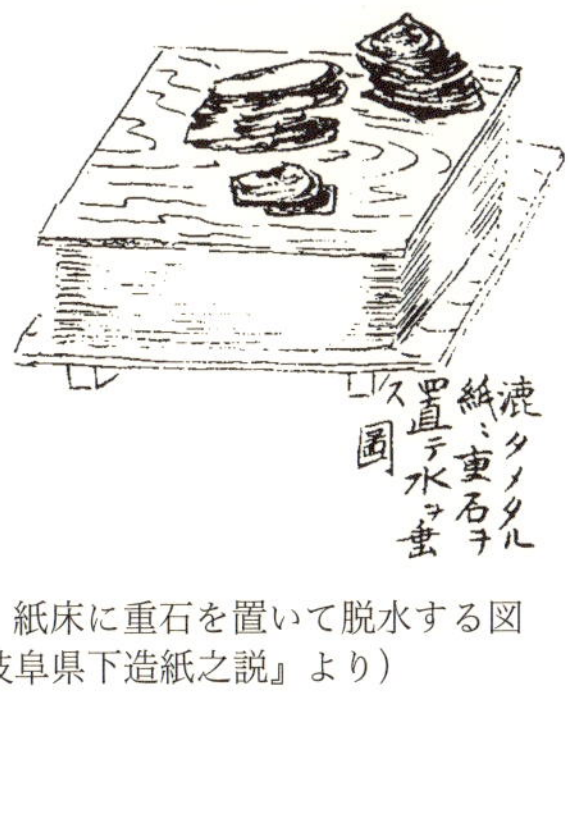

75 紙床に重石を置いて脱水する図
（『岐阜県下造紙之説』より）

・襖障子などの表装も、その仕事にふくむことになるが、それらの専門職としては鎌倉時代に「へうほうゑ師」、すなわち裱褙《ひょうはい》師（表具師）があらわれている。『雍州府志』によると、表具師の巻物は用に堪えず、経師屋の表具は宜《よろ》しからず、といっており、経師は書物の装丁にすぐれていた、といえる。また高野版の開版事業に、建仁元年（一二〇一）京都松原七条通の経師大和屋善七が登山して参加したと伝えられていることは、書写に代る摺経《すりきょう》・木版印刷の仕事に経師がたずさわっていたことを示している。写経用紙を染めたり金銀箔を散らして美しい料紙に加工するのは、もともと装潢手の仕事であったが、これもやがて経師の仕事となり、京から紙なども彼らの手でつくり始められている。経師は、紙の加工から印刷・製本にわたる広範な技術をこなした職人であった、といってよい。↓装潢手（そうこうしゅ）

ぎょうしょ［行書］漢字の書体のひとつで、楷書と草書の中間の書体であり、現代の実用面で最も多く用いられている。起源は中国の前漢末期から後漢中期にかけてで、漢代の隷《れい》書から草書・楷書ができ、この両者の長所をとって行書ができたといわれている。行書には隷書・楷書にみられないやわらかさと流れの美しさがある。

きょうしょう［校生］文字の誤りをくらべ正す仕事をする人。奈良時代の写経所には、この校生がいて、写経した文字を厳密に校正していた。経典は釈尊の教えを正しく広く布教することが目的であり、テキストとしても正確でなければならないので、二校・三校を重ね、誤写を罰することまで定められていた。

きょうせいし［強勢紙］コウゾ紙をさらに強く加工した紙。両面に薄いこんにゃく糊を塗り、乾燥したあとこれを揉み、石灰で煮てまた乾燥し、川の流れに浸し十分に水洗いしてまた乾燥する。この操作を何回も繰り返すことによって強化され、硬く弾力のある紙となる。布地の感触を出すには、手で揉むだけでは足りず足で踏んで揉む。昔は衣料のほか紙帳・刀の鞘袋《さやぶくろ》に用いられ、いまは主として紙衣の原紙となっており、本の装丁や工芸品にも使われている。仙台市中田町柳生が主産地であったが、いまは各地で生産されている。また『貿易備考』には、神奈川県横須賀で水に浸しても破れない「剛製紙ヲ出ス」と記しているが、これも強勢紙の一種であった。↓図版76、77

きょうせんし［夾宣紙・夾川紙］中国四川省夾江県産の竹紙。帳簿や印刷用で、竹紙であるのに「宣紙」とも名づけることは、安徽省の宣紙の名声にちなんで各地で流行している。

ぎょうそうし［凝霜紙］霜の凍ったように美しく白い紙。『方輿勝覧《ほうよしょうらん》』に安徽省の歙県《きゅうけん》・績渓《せきけい》に近い竜鬚《りゅうしゅ》から出る佳紙の一種としている。

きょうちよがみ［京千代紙］京都でつくられた千代紙。千代紙は進物の掛紙として用いられた絵奉書が、木版摺りの技術と結びついて量産されるようになったもので、京都が原産地である。したがって江戸初期には公家好みの有職《ゆうそく》文様が主流であったが、町人向けの需要がふえるにつれて、染織のデザインブックといえる雛形本に影響をうけた文様が優勢となり、あるいは京都の風土・行事にちなむ文様がふえている。たとえば、都おどり、京舞妓まげ散らし、八つ団子、祇園提灯、源氏香などは京都特有のデザインである。京千代紙はそのデザインと色づかいが渋く、実用的であるのが特徴で、その地紙には伊予産の柾奉書を用いている。→千代紙（ちよがみ）

きょうでんし［京殿紙］平安末期に大和（奈良県）に産した薄いコウゾ紙。東大寺文書によると、安元三年（一一七七）二見南郷の僧定覚が進上している。京殿紙の名は京都の殿中で用いる料紙の意と考えられ、中世の御簾《みす》紙の前身ともいえるもので、薄紙を漉く高度な技術をもつ大和の紙工が製作するのにふさわしいものであったといえる。

きょうはながみ［京花紙］九州北西部の紙郷で製した白く薄いコウゾ紙。筑後・肥前・肥後などで明治期に薬品で漂白したもので、都紙といっていたのをのちに京花紙と名づけた。上等な鼻紙として愛用されたが、もとは半紙判であった。なお近年は化学パルプで機械すきした京花紙もある。

きょくし［局紙］紙幣寮抄紙部の工場で、ミツマタを原料として溜め漉き法により明治十年（一八七七）に創製した紙。紙幣寮は明治十一年に印刷局と改称され、局紙と名づけて同年のパリ万国博に出品し、その美しくねばり強いことで好評を得た。証券用紙として用いられ、一九一九年のベルサイユ条約の正文用紙に採用されている。これはまた模造紙のモデルとなり、一八九八年オーストリアでSPパルプを原料として機械すきしたものをシミリー・ジャパニーズ・ベラムと名づけた。それをさらに模造して、大正二年（一九一三）に九州製紙がSPおよびスーパーカレンダーを用いてつくったのが、いわゆる「模造紙」である。→模造紙（もぞうし）

ぎょくばんせん［玉版箋］中国の厚くてきめがこまかく光

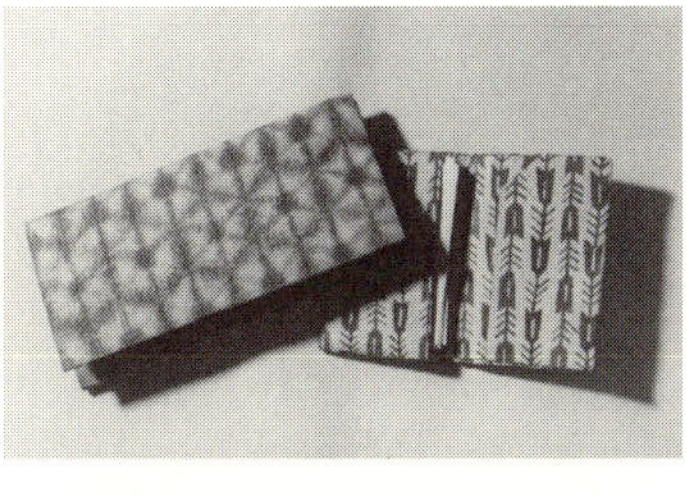

76　強勢紙の製品，紙入れと名刺入れ

77　強勢紙の椅子敷

沢のある紙。玉版は玉でつくった板、またはそれに文字を刻んだもので、古代の貴重な書籍という意味もある。『蜀《しょく》箋譜《せんふ》』によると、麻紙の一種に玉版があったが、安徽省涇《けい》県に産する宣紙の最高級品である玉版宣紙が著名である。江西・浙江両省にも産する。

ぎょしせん【魚子箋】魚子はななこ織で、織目が方形で魚卵のように斜めに交差して粒だってみえるが、そのような布目文様のある紙。中国唐代の李肇『国史補』には、蜀（四川省）の産紙のひとつとしており、蘇易簡『文房四譜』にその製法が記されている。

きよながかみ【清長紙】製茶の焙炉《ほいろ》紙あるいは茶箱などの目張りに使う強靭なコウゾ紙。静岡市安倍川支流の藁科《わらしな》川に沿う紙郷、寺島・昼居渡《ひるいど》・鍵穴・小島などの地域は清長郷と呼ばれ、ここで産した紙である。

きらながしがみ【雲母流し紙】雲母《きら》とミツマタ繊維をよくからませ、多量のトロロアオイ粘剤《ねり》と混和した液を、着色した地紙に勢いよくふりかけた紙。雲母の光と粘剤のねばり気を活用した越前美術紙の一種。光流紙ともいう。

きらびきがみ【雲母引紙】雲母《きら》をフノリ（またはヒメノリ）に溶いた液を刷毛《はけ》引きした紙。雲母は白雲母の粉末で、「きらら」あるいは「きら」といい、顔料と混合したものを色雲母という。木版摺りから紙の基本色料として広く用いられており、これを引いた紙は光沢がある。木版摺りから紙の原紙であるとともに書物の見返しや装飾用でもある。

きらもみがみ【雲母揉紙】雲母《きら》を引いた紙を揉んで皺紋《しわもん》をつけた紙。襖《ふすま》障子用のほか表具にも用いられている。↓雲母引紙（きらびきがみ）

きりかた【切形】ある形を切り出すこと、とくに紙を種々の形に折りたたみ、鋏《はさみ》でいろいろな形を切り出すもの。切紙・剪紙《せんし》ともいう。↓剪紙（せんし）

きりがみ【切紙】檀紙・奉書紙・杉原紙などを横に二つに折って、文書・目録・証書などに用いるのを折紙《おりがみ》というが、その折目どおりに切ったものが切紙である。また切紙の書状の略で、切紙に文を書いたものを巻き収め、初めの端を竪に細く折り返し、下から切って上の方を少し切り残し、切った分を状に巻いてその端を挟んでおく。このほか単に竪紙を縦に切ったもの、縦横の長さを適当に切った大小さまざまのものも切紙という。この実例は正倉院文書にすでにあり、平安時代には貢租の返抄（請取）などにも用いられた。南北朝時代には綸旨《りんじ》・令旨《りょうじ》などを記した縦横数センチの小切紙があり、室町時代に芸道などで弟子に奥義を伝授する際、その最も大切な秘伝の一部を小紙片に書き抜いたものを渡すのを「切紙伝授」という。このような定形でない切紙に対して、横半分二つに切った紙を室町時代から半切《はんきり》と呼ぶことが多くなった。なお切紙細工については剪紙《せんし》の項参照。↓折紙（おりがみ）・半切紙（はんきりがみ）

きりがみ［桐紙］桐の薄片を縦に並べ、下端に糸を通して密着させ、薄糊をひいて純白の裏打ち紙を当てたもの。桐の原木を枯らして、幹の中心線を通って六つまたは八つに割り、台カンナで薄片にけずり、薄片をソーダ灰で煮たのち、晒粉《さらしこ》液で漂白し乾燥する。十分にしぼった布巾《ふきん》でふいたガラス板または漆板の上に、桐の薄片を並べる。かつて山形市や大阪市でつくられ、箱張り・家具張り・壁張り・カードなどに用いられ、外国ではベニヤペーパーと呼ばれて輸出されることも多かった。

きりがみでんじゅ［切紙伝授］中世の室町期以後、歌道・神道その他で切紙（折目どおりに横半分二つに切り離した紙・折紙）に記した免許目録を弟子に伝授すること。美濃（岐阜県）の郡上郡大和荘（郡上市大和町）の領主、東常縁《とうのつねより》が文明三年（一四七一）飯尾宗祇に歌道の奥義を伝授し、口伝の条目を記した切紙を与えたことは著名で、これは「古今伝授」ともいう。↓図版78

キリシタンばん［切支丹版・吉利支丹版・キリシタン版］十六世紀後半から十七世紀にかけて、カトリック教会に属するキリスト教宣教師、いわゆるキリシタンらが、その布教のため世界各地で製作した印刷物。狭義には天正十九年（一五九一）から約二〇年間、日本耶蘇《やそ》会が日本内地で西洋の印刷機を用いて刊行した印刷物。日本でのものには『どちりな・きりしたん』などのキリスト教義書、『羅葡日辞典』などの語学物、『伊曾保物語』などの文学物がある。天正遣欧使節がもたらした西洋印刷機で天正十九年にまず島原半島の加津佐、次いで天草、最後に長崎で印刷されており、加津佐版・天草版などともいう。↓図版79

きりつぎ［切継］継紙《つぎがみ》の継ぎ方の一種で、小刀で直線または整った曲線に切って張り継いだもの。最も単純な継ぎ方である。↓継紙（つぎがみ）

きりはく［切箔］金銀箔をこまかく切ったもの。金銀箔を切るには金属製でなく竹製の小刀を用い、金銀箔押しの装

78　東常縁の切紙伝授にちなむ岐阜県郡上市大和町の東氏記念館

79　最初のキリシタン版『どちりな・きりしたん』

飾加工に用いる。↓図版80

きりゅうがみ［桐生紙］上野（群馬県）の桐生に産したコウゾ紙。『諸国紙名録』によると、九寸五分×一尺二寸で、帳簿・障子・日用紙となっている。

きんかせん［金花箋］中国で文様のことを「花」といい、これは金箔あるいは金泥で文様を飾った紙。唐代の李肇『国史補』には蜀の産紙に数え、元代の鮮于枢《せんうすう》撰『紙箋譜』は、唐の玄宗が李白に金花箋を与えたとし、また明代の屠《と》隆《りゅう》『考槃余事《こうはんよじ》』には、宋代の安徽省産紙のひとつとしている。なお金花羅箋、金花五色綾箋などはさらに高度に加工したものである。

きんかたおしがみ［金型押紙］紗型を用いて金箔を型押しした紙。鳥子紙に礬水《どうさ》を引き、顔料を塗り、さらに礬水を引いて顔料を止める。このあと文様を彫った紗型を使って硬めの澱粉糊をへらで置き、その上に金箔（あるいは銀を焼いて金色にした本銀箔）を押し、乾燥して綿で余分の箔をふき取っている。なお本銀箔の場合は、最後に黄色系染料を混ぜた薄い膠液を塗る。

きんがみ［金紙］金箔を押したり金泥を塗ったりした紙。また金色の紙の意もある。正倉院文書にみえる金薄敷紙、金敷紙、金塵紙などは金箔・金砂子を部分的に散らしたものであるが、『長秋記』元永二年（一一一九）の条にみえる「金銀紙」は、全紙を金銀色に装飾したもので、平安中期にはつくられていたといえる。

ぎんがみ［銀紙］銀箔を押したり銀泥を塗ったりした銀色の紙。↓金紙（きんがみ）

きんからかわがみ［金唐革紙］近世初期、オランダ船によってもたらされた金唐革に似せてつくった擬革紙の一種で地色が金色のもの。小判で袋物用のものは江戸末期からあり、大判で壁装用のものは明治五年（一八七二）に東京の竹屋が工部省鉄道寮御雇いのイギリス人、A・S・オルドリッチの指導を受けて創製し、一八七三年のウィーン万国博に金革壁紙と名づけて出展したのが好評で輸出の道が開けた。大蔵省印刷局も明治十三年（一八八〇）から試作してその品質改良につとめた。その後、東京に一五の壁紙製造業者があったが、明治二十三年（一八九〇）に印刷局の施設と技術を譲り受けて創業した山路壁紙製造所の製品は良質で、ヨーロッパのイギリス、オランダの宮殿でも愛用された。↓擬革紙（ぎかくし）

きんかわがみ［金革紙］金属箔にワニスをひいて金色の地紋や文様をあらわした擬革紙で、金唐革紙の本来の呼称。一八六七年のパリ万国博には金皮紙、一八七三年のウィーン万国博には金革紙の名で出展し、デンマーク国立博物館のコレクションにはKinkawagamiと記しており、明治十年（一八七七）の第一回内国勧業博覧会出品目録には擬製金革紙となっている。江戸末期から明治初期には金革紙と呼んでいたが、「金唐革紙」の紙名は、昭和初期の中村直次郎『和紙雑考』に記されてから定着したようである。↓金唐革紙（きんからかわがみ）

きんかんし［金関紙］中国甘粛省居延の漢代遺跡の肩水金関で一九七三年から七四年にかけて出土した二片の麻紙。同地点で出土した木簡の最も遅い年代は前漢宣帝二年（紀元前五二）で、宣帝（在位紀元前七四‐前四八）から成帝（在位紀元前三三‐前七）の頃のものと推定されている。

きんぎんし［金銀糸］薄いガンピ紙に金箔または銀箔を押して細く切ったもの、または撚り合わせたもの。織物の横糸や飾りとする。滋賀県大津市上田上桐生の紙郷はかつてその主産地であったが、金銀箔を電気蒸着する技法が開発されて、手作業の金銀糸はつくられなくなった。

きんぎんじまぜがき［金銀字交書］金字と銀字を一行おきに交ぜ書きすること。紫紙《しし》（または紺紙）に金銀字で写経することは奈良時代から行われているが、金銀字交書経は平安時代に奥州藤原清衡《きよひら》のもとで、大規模にいとなまれた中尊寺経が特によく知られている。↓中尊寺経（ちゅうそんじきょう）

きんぎんすなご［金銀砂子］金銀箔の細かい粉末。絵画・短冊・色紙・蒔絵・襖《ふすま》地などに振り散らして用いられる。しかし金銀箔は高価なので、襖紙などの場合は、金砂子は真鍮粉、銀砂子はアルミニウム粉で代用することが多い。砂子を振るには箔篩《はくふるい》に入れて振り散らす。↓図版81

きんぎんすなごとぎだしがみ［金銀砂子磨出紙］ミツマタ紙の両面に礬水《どうさ》をひき、表面に具引きしてから金あるいは銀の砂子を振り、そのあと表現をよくする特殊な液を塗り、版木面にのせて猪牙などで文様を磨き出した紙。すなわち金銀砂子を振り散らしたものに、部分的に文様を磨き出した紙。和歌料紙のほか襖《ふすま》障子張りなどにも用いられる。

きんぎんせんし［金銀潜紙］金銀平押紙に薄い典具帖紙を張った紙。金銀箔のきらびやかさを消して上品な感じにしたもので、渋さを好む日本人らしい感性によってつくられたものである。金銀箔の代りに洋金箔を用いることもあり、また典具帖紙の代りに落水紙・大礼紙を張ることもある。襖紙のほか揮毫《きごう》用にもなっている。

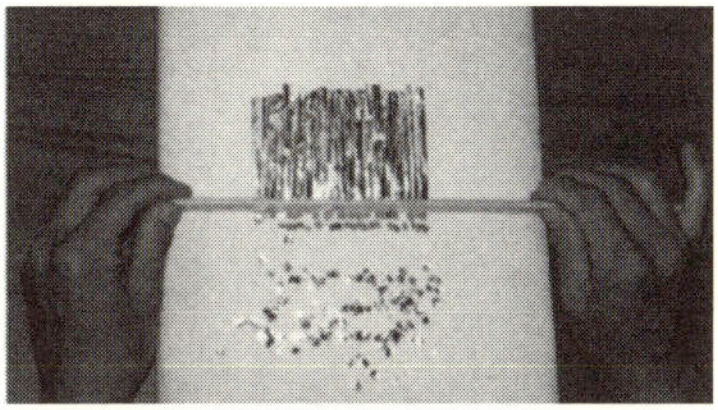

80　竹製の小刀で金箔を切る

81　金銀箔や砂子を振り散らすのに用いる箔篩

きんぎんはく［金銀箔］金や銀を槌で打って極薄の紙のようにのばしたもの。打ちのばすときに金銀をおおうものとして古くから皮革・布が用いられ、のちに中国では麻紙・烏金紙《うきんし》を、日本では泥間似合紙《どろまにあいがみ》を用いている。この泥間似合紙を箔打紙というが、金箔の製造には上澄《うわずみ》製造、箔打ち、箔移しの三工程がある。上澄製造は、金の地金を熔解し、極少量の銀・銅を混合して金合金をつくり、厚さ約五ミリの金合金を澄打紙《ずみうちがみ》で一〇〇〇分の三ミリまで打ちのばす。次いで箔打ちは、一万分の二ないし三ミリほどの薄さに打ちのばす工程で、金箔打紙《きんぱくうちがみ》は西宮市名塩産の東久保土《とうくぼど》を混入したものである。銀箔打紙は蛇豆土《じゃがめど》を混入したもので、この土粉が槌打ちによって発する熱に耐える特性を与えている。そして箔打ちの前に柿渋と卵白を混合した灰汁液に浸して乾燥することを繰り返して強化してから用いる。箔移しは所定の寸法に切って箔合紙《はくあいし》をのせ、一〇〇枚ずつ結束し、五束ないし一〇束ずつを箔箱に納める。↓箔合紙（はくあいし）・箔打紙（はくうちがみ）

きんぎんひらおしがみ［金銀平押紙］金銀箔を紙面全体に押した紙。金箔などを紙面に張ることを、業界では「押す」という。平押しするには、襖障子の枠にコウゾ紙を張り、柿渋とワラビ粉の混和液を塗って平滑にした仮張り台を使う。仮張り台に鳥子紙の周縁部だけ糊をつけて仮張りし、礬水《どうさ》を三回引く。ついで金平押紙は、膠液に椈《ずみ》（コリンゴの皮を煮た黄色染料）と胡粉を混ぜたものを塗って十分乾燥し、そのあと膠液を塗りながら金箔を押す。金箔を紙面全体に押し終わると乾燥し、綿で表面をなでて余分の金箔をふきとり、あとで薄い膠液をかけて、剥落を防ぎ光沢を出す。銀平押紙の場合は、膠液に胡粉だけを混ぜて塗り、椈は入れない。

きんぎんもみがみ［金銀揉紙］金箔または銀箔を平押しして揉んだ紙。主として襖障子を張るのに用いる。

ぎんこうし［銀光紙］銀色の光沢のある紙。中国南朝斉の製紙所でつくった良質紙。『丹陽記』には、「江蘇省江寧県に紙の官署があったが、それは斉の高帝（在位四七九－四八二）の製紙所で、かつて凝光紙をつくり王僧虔《おうそうけん》に賜った。その凝光紙は銀光紙といった」と記している。

きんすのめがみ［金簀目紙］金色の簀目文様のあらわれている紙。すだれ文様を彫った型紙を紗に張った簀で、金砂子（あるいは真鍮粉）をミツマタ繊維とともにビーターでよく混和した紙料を漉いたものを、着色した地紙に伏せ重ねてつくる。福井県の越前美術紙の一種である。

きんぞくざんぞうきょうし［金粟山蔵経紙］中国宋代に金粟山大蔵経の写経に用いた良質の紙。金粟山は浙江省海塩県西南にあり、山麓に金粟寺がある。清代の張燕昌『金粟箋説』によると、一枚ごとに金粟山経紙という小さい朱印があり、硬く黄色の繭紙で、内外にすべて蠟《ろう》をほどこし、磨いて光っていると記されている。黄紙に蠟を塗布した硬黄紙の一種で、潘吉星《はんきちせい》『中国製紙技術史』によると、原料は桑皮で厚口である。後世の人たちは、これを珍重して書画の表装に用いた。

きんでいひきがみ【金泥引紙】金箔の粉を膠水に溶き混ぜた金泥を刷毛で引いて文様を描いた紙。鳥子紙に礬水を数回引いてから、刷毛に金泥をつけて引くが、引き方は一回だけでなく、刷毛目の末尾が消えるように数回引き重ねる。また刷毛に金泥をつけるには、中心部につけ刷毛の両端には水をつける。なお刷毛は鹿の夏毛でつくったものがよいが、この技法は長年の熟練が必要で、金泥引紙は襖紙《ふすまがみ》の最高級品ともいわれている。

きんなしじがみ【金梨子地紙】金の破れ箔や砂子を梨の実の肌のような外観に振り散らした紙。鳥子紙を仮張りして礬水を二回引き、箔篩《はくふるい》に金箔の破れ箔を小石・豆などとともに入れて振り散らし、さらに金砂子を全面にばらまく。このあと自然乾燥し、密着していない余分の金砂子を綿でふきとり、薄い膠液を塗って剝落を止める。これを五〇枚ほど重ねて自然に金砂子を密着させ、一枚ずつ竿にかけて干して仕上げている。金砂子を振るには、箔篩の網目の大きさと振る密度を加減するが、大荒振り・荒振り・濃振り・微塵振り・振りつぶしの五段階があり、梨子地は微塵振りの密度である。

ぎんばいそう【銀梅草】ユキノシタ科の多年草。学名は *Deinanthe bifida* Maxim. 関東以西の山中樹陰に生え、地下茎の粘液は製紙に用いられるが、ガンピ紙専門の兵庫県西宮市名塩と徳島県では、とくに徳島県の剣山産のものを粘剤として使用していた。↓図版82

きんぱくうちがみ【金箔打紙】ガンピ原料に東久保土《とうくぼど》を混和して漉いたもので、金箔を打ちのばすのに用いる紙。泥土を入れると耐熱性があるためで、兵庫県西宮市名塩が主産地であるが、石川県能美郡川北村中島でもつくられている。箔打ちには柿渋と鶏卵を溶いた稲藁の灰汁液に浸し乾燥して用いる。↓箔打紙（はくうちがみ）

ぎんぱくうちがみ【銀箔打紙】ガンピ原料に蛇豆土《じゃがめど》を混和して漉いたもので、銀箔を打ちのばすのに用いる紙。兵庫県西宮市名塩が主産地で、石川県でもつくり、金箔打紙よりは厚く、大きな判型で漉かれ、カラー印刷用にも適している。なお金沢市二俣町でつくる銀箔打紙は泥土を入れないで、鉱物質染料で赤茶色に染めたものである。↓箔打紙（はくうちがみ）・金箔打紙（きんぱくうちがみ）

82　ギンバイソウ

きんぽうせん【金

鳳箋】 金泥で鳳凰の文様を描いた紙。中国唐代の初期、将相の官告に用いたといわれる。

きんようし［金葉紙］ 灰汁《あく》打《うち》美濃《みの》ともいい、美濃紙を灰汁に浸し、天日乾燥してから木槌でよく打ちたたいた紙。美濃紙にくらべて微黒を帯び、紙面は平滑で光沢がある。多くは写本用で虫害に強い。

きんらんし［金欄紙］ 金欄は錦地に斜文《しゃもん》組織で模様を織り、模様部分に平金糸を織り込んだもので、これに紙で裏打ちし主として表具に用いる。→表具紙（ひょうぐがみ）

きんわし［金和紙］ マニラ麻を原料とし、その長く粗い繊維束が雲竜状に絡み合っている紙。マニラ麻を苛性ソーダで煮熟し、晒粉《さらしこ》で漂白し、ビーターで離解しているが、こまかく分離した部分は地紙となっている。光沢のあるマニラ麻の繊維を光が反射して金色を帯びているので、「金和紙」と名づけられている。着色したマニラ麻を用いたのを「色金和紙」、上等のマニラ麻を用いたのを「小倉和紙」、短く切ったマニラ麻を漉き入れたのを「銀和紙」という。高知県で昭和十年代に開発され、本の装丁や各種の装飾に用いられた。

く

くいさき［喰裂・食裂］ 和紙を刃物で切らないで、水で湿したりして喰い裂いたように引きちぎること。表具などでは、その喰い裂いた部分の繊維をていねいに重ね合わせて、厚さを他の部分と等しくし、継ぎ目がめだたないようにする。和紙の長い繊維を巧みに活用する表装技法のひとつである。

くさきぞめ［草木染］ 天然の植物色素、すなわち草木染料を用いて染色すること。草木染料には紫草・茜《あかね》・鬱金《うこん》・蘇《す》芳《おう》・櫨《はぜ》の木・五倍子《ふし》・桑皮・刈安《かりやす》・藍《あい》・橡《くぬぎ》・支子《くちなし》・紅花・胡桃《くるみ》などがある。はじめは色素を直接つけて着色する摺《すり》染めであったが、のちに色素液を用いる吹染め・引染め・浸《つけ》染め、あるいは漉《すき》染めの技法が採用された。また日光や水洗に対する堅牢度を増すため、クロム・アルミニウム・鉄・銅などの金属塩類を媒染剤とともに用いることが多く、灰汁・酢なども媒染に用いている。

くさぞうし［草双紙］ 江戸中期から後期にかけて出版された仮名絵入りの通俗読物で、小型綴本のもの。表紙の色により赤本・黒本・青本・黄表紙などと呼び、内容・外形ともに発展して合巻《ごうかん》となった。「草」というのは、非本格的・通俗的の意であるが、俗に漉き返しの臭気のある悪質紙（浅草紙の類）を用いたので「臭《くさ》草紙」といったなどの説もある。全般に大衆性と娯楽性が特徴で、大衆小説の主流を占めていた。

くさりのり［腐糊］ 沈糊《じんのり》（沈生麩糊《じんしょうふのり》）の壺を湿気のある縁の下・床下などで半分土中に埋めて腐らせた糊。古糊《ふるのり》ともいう。『古今夷曲《ひなぶり》集』に表具師徳元と題して「表具師がしやうふのりは紙よりも己が命をつぐものぞかし」とあり、糊は表具師の営みに最も大切なもので、自身で糊をつくり、それを腐糊として用いている。『渡辺幸庵対話』にも「表具は古きせうふ糊にて致し申事、世に普《あまね》く知る事にて候」とある。『裱具《ひょうぐ》の栞《しおり》』によると、そのつくり方を次のように記している。「寒中に沈生麩を烹《た》き、壺に入れ、寒の水をはる。密閉して縁の下や床下など湿気のある所に、半ば土中に埋めておくのである。その水は毎年寒に取り換える。これはカビを生やさないためである。年数が経過し、腐りすぎて効のうすいときは、新糊を加えて使用する。京都の表具師などは十三年くらい経過したものを貯蔵している。」→沈糊（じんのり）

くじんし［苦参紙］ 苦参はマメ科の多年生草本クララのこと。学名 *Sophora angustifolia* Sieb. et Zucc. で、日本の山野に多く、長楕円形の小葉が互生する円柱形緑色の茎が直立して高さ八〇～一〇〇チセンに達するが、黄白色で太く紡錘状の根は苦味が強い。この根を縦に裂き、外皮を除き、五～一〇チセンに切って乾かしたものを苦参と呼び、アルカロイドの一種マトリンを約二％ふくみ、漢方では一日五～一五グラを煎じて健胃剤や駆虫薬とする。古代には、アサ・コウゾ・ガンピなどとともに、その靭皮繊維を製紙原料としたことが『延喜式』に記されており、平安時代に紙屋院でつくられた。阿波の国学者小杉榲邨《こすぎすぎむら》は、阿波では廃藩前までつくっていたといっているが、その苦味によって紙魚《しみ》の害を防ぐ紙としてつくられたようである。しかし、繊維の処理が困難なため平安末期の紙屋院ではつくられなくなり、一般に「まぼろしの紙」とされているが、毎日新聞社刊『手漉和紙大鑑』第一巻の付録には、京都の黒谷和紙組合で試作した苦参紙が添付されている。→図版83

くずがみ［国栖紙］ 大和吉野の国栖郷で漉かれたコウゾ原料の厚手の紙。白土の粉を紙料に混入しているのが特色で、かつては証券・傘などに用いられたが、いまは表装の総裏打ちが主要な用途である。『大乗院寺社雑事記』文明十八年（一四八六）十月二十一日の条に「クツシ二帖」とみえ、その一帖は練絹《ねりぎぬ》の下張りに用い

83　クララ（苦参）

られており、これは国栖紙と考えられる。元禄五年（一六九二）刊の『諸国万買物調方記《よろずかいものちょうほうき》』には「くづ紙」に割注して「うだがみ」と記しており、大坂市場への出荷を宇陀郡の紙商人が扱ったので宇陀紙（宇田紙・宇多紙）と呼ばれるようになり、のちには宇陀紙の名で流通することが多くなった。『新撰紙鑑』は「国栖紙」であるが、同じころの『難波丸綱目』は「宇田紙」としており、明治初期の『諸国紙名録』では「宇多紙」となっている。また宇田紙は阿波・石見・豊前・肥後・日向・武蔵などで模造され、近年は文化財保存に必須の表装用紙であるため、各地の紙郷で模造するところがふえている。↓宇陀紙（うだがみ）

くぜんあん【口宣案】古文書の一形式で、勅命を口で伝えるのが口宣であり、その控えの文書。平安初期に蔵人所《くろうどどころ》が設置されてから蔵人頭《くろうどのとう》が上卿《しょうけい》に口上で伝達した勅命を、念のため書付として上卿に渡した控え書をいう。この口宣案を渡すのは平安末期からで、料紙には宿紙を用いたことが多い。叙位・除目《じもく》では、これがそのまま位記・任符の役割を果たした。

くだしぶみ【下文】古文書の一形式で、律令制の変質とともに養老令の定める符に代って平安時代にあらわれたもので、上位者から下位者に下し与える文書。平安中期に弁官下文（官宣旨）があらわれ、ついで摂関家政所《まんどころ》下文・院庁《いんちょうの》下文・国司下文・留守所下文などが広く行われ、鎌倉・室町幕府でも将軍家政所下文・将軍下文などがある。初めに「下」の字とその下に宛名を記すのが原則で、袖判（文書の右端に加えた花押）を加えたものもある。

くちなしのかみ【支子紙・梔子紙】クチナシ（支子・梔子）の実で染めた紅黄色の紙。支子は黄蘗《きはだ》と同様に最も古い染料のひとつで、支子紙は奈良時代に写経料紙として多く用いられた。↓図版84

ぐちゅうれき【具注暦】奈良時代から中世にかけて主として公家が使用した太陰暦。漢文で歳位・星宿・干支・吉凶などを具《つぶさ》に（くわしく）注し、日ごとに空欄の行を設けて日記を記すようになっている。鎌倉時代には印刷したものもできたが、具注暦をもとにした仮名暦も古くからあった。

くのうじきょう【久能寺経】わが国最古のまとまった装飾下絵法華経で三〇巻。鳥羽上皇出家の際に美福門院・待賢門院・藤原通憲（信西）らの近親者たちが京都安楽寺に奉納したもの。のち静岡久能寺に移蔵されたので久能寺経という。東京国立博物館などの所蔵もふくめて二六巻が現存するが、著名な装飾経のひとつである。↓図版85

ぐはくだつし【具剥奪紙】「寸松庵《すんしょうあん》色紙」や「本阿弥切《ぎれ》」の具が剥奪している紙を模倣した紙。ミツマタ製の紙に礬《どう》水《さ》をひき、下染めしてから具を引き、その紙を揉んで具の一部を落とし、残っている具を膠で止め、さらに特殊液を刷毛引きした紙。和歌料紙の一種。

ぐびきがみ【具引紙】 胡粉《ごふん》（貝殻粉末）を膠で溶いた液を具といい、これを刷毛で引いた紙。胡粉は炭酸カルシウム粉末で日本画の白色顔料に多く用いられ、その具は木版摺りから紙の基本色料であった。膠液に胡粉のほか群青《ぐんじょう》などの顔料を加えたのを色具といい、また墨を混ぜたものを具墨という。日本画やから紙に具を用いるのは、それによって色調を明るくするとともに不透明になるからである。

くまがみ【球磨紙】 熊本県の球磨川上流域に産した紙。阿蘇家文書「阿蘇大宮司宇治惟宣解」康治元年（一一四二）六月二十一日付のものに球磨紙五〇帖とみえている。近世の人吉藩のもとでは、人吉市鶴田町、球磨郡相良村・多良木町・水上村などに紙郷があり、主として半切紙を漉いていた。

くまどりがみ【隈取紙】 茶・紫・藍などの染料で雲形・霞形などにぼかした紙。隈取とは彩色してぼかすことで、隈取した上に礬水《どうさ》を引き、雲母《きら》を散らし、あるいは金銀切箔・砂子を振り、下絵などを施しているのもある。遺品は『西本願寺本三十六人集』に多い。

くまのかいし【熊野懐紙】 後鳥羽上皇（一一八〇－一二三九）が熊野参詣の途次しばしば催した歌会での懐紙の総称。三〇数枚が現存し、筆者は後鳥羽上皇をはじめ源通親、藤原公経・家隆・雅経・定家、僧寂蓮らで、鎌倉初期の仮名書道の逸品とされている。

くまのがみ【熊野紙】 紀伊（和歌山県）の東牟婁郡熊野地方で産した紙。『御湯殿上《おゆどののうえの》日記』天文九年（一五四〇）六月十一日の条に「新大すけとのよりくまのかみまゐる」とみえ、『多聞院《たもんいん》日記』には熊野紙と記されている。熊野神社は平安期から熊野詣といって参詣客が多く、その牛王宝印は比丘尼《びくに》が全国に売り歩いたことが知られており、宝印を押す紙が早くからつくられていた。近世の熊野地方の紙郷は本宮町小津荷《こつが》・高山（田辺市）などにあり、熊野半紙・七九寸塵紙・障子紙やきわめて薄い音無紙《おとなしがみ》などを産した。

↓音無紙（おとなしがみ）

くもがみ【雲紙】 雲形の文様のある紙。『聖徳本記』によると、聖徳太子がつくった紙として雲紙・縮印紙・白柔紙

84　クチナシ

85　久能寺経

・薄紙の四種が記されて、雲紙がふくまれているが、普通には打雲紙のこと。打雲紙は雁皮紙に藍または紫に染めた繊維で雲形をあらわすが、金銀泥や絵具で雲形を描いた絵雲も、この雲紙にふくまれる。関義城編『和漢紙文献類聚』によると、寛政七年（一七九五）に成った写本、万幸記『雲箋小譜』に、そのつくり方を記している。

くもはだがみ［雲肌紙］福井県越前市今立町大滝の岩野平三郎工房で創製した麻紙。名紙匠といわれた初代岩野平三郎（一八七八―一九六〇）が東洋史学の大家内藤湖南博士から贈られた天平期の麻紙を参考に、不眠不休の努力で麻紙を復原した。そしてこの麻紙について著名な画家の意見を求めて、日本画用の紙をつくったが、その標準となっている白麻紙は大麻とコウゾの混合原料で漉き白く晒したものである。雲肌麻紙は未晒《みさら》しのため野性味があって味わい深く、白麻紙よりもむしろ雲肌麻紙を好む画家も多く、東山魁夷が描いた奈良唐招提寺の壁画にもこの紙が用いられている。→岩野平三郎（いわのへいざぶろう）

くもんし［公文紙］官公署から出す公文書の料紙。正倉院文書の天平勝宝九年（七五七）の「写書所解」には装潢《そうこう》生一人、舎人《とねり》七人が公文紙をつくり、仕丁五人が公文紙を打つ、と記されている。しかし平安期以後の文献には、この紙名はほとんどみられない。

グラウンドウッド・パルプ［groundwood pulp］木材を砕木機でこまかく砕いたパルプ。砕木パルプのことで略号はGP。繊維は短細で絡み合いが悪く、木材中の非繊維素分（主としてリグニン）をそのまま含有しているので、日光や空気に触れると退色し、もろくなって耐久性がない。したがって上質紙には使えないが、歩留まりが多く低廉で、さらに印刷適性がすぐれているため、新聞用紙をはじめ下級印刷紙・板紙《いたがみ》などの原料となっている。

くりいろがみ［栗色紙］クレヨン画に使う茶色の紙。

くるみのかみ［胡桃紙・呉桃紙］胡桃の葉や樹皮を煮た汁で染めた褐色の紙。この色がいわゆる木蘭色《もくらんじき》で、正倉院文書にみられる写経料紙として用いられ、平安期の女流詩人たちにも愛用された。

くれたがみ［久礼田紙］高知県南国市久礼田に産するコウゾ紙。南国市は土佐の国府のあったところで、久礼田には紙屋という屋号も残っていて、古くから紙が漉かれたところである。この久礼田紙は奉書紙の一種で、いくらか厚く御札紙として用いられている。

くれないのかみ［紅紙］紅花の汁で染めた紅色の紙。古くは稲藁の灰汁と梅酢で媒染したが、近年は炭酸カリと醋酸を用いるのがふつうである。正倉院文書に写経料紙としてみえるほか、『源氏物語』紅梅の巻には「紅の紙に、若やかに書きて」、浮舟の巻に「紅の薄様に、こまやかに書きたるべしと見ゆ」とあって、とくに女流作家に愛用された。

クレープがみ［クレープ紙 **crepe paper**］湿紙をプレスロールまたはヤンキードライヤーなどの上で、ドクター（紙に縮緬皺《ちりめんじわ》をつける装置）を使って縮緬状の皺をつけた紙の総称。包装紙・ナプキン・トイレットペーパー・化粧紙・衛生紙など用途が広い。↓縮緬紙（ちりめんがみ）

くろかみ［黒紙］京都の紙屋院で反古《ほご》を漉き返した宿紙《しゅくし》の別称。反古に書いた文字の墨色がぬけきっていないためで、薄墨紙ともいう。永禄十年（一五六七）写の『古今秘抄』には「教長卿云、紙屋川といふは内にはべる黒き紙すく所なり」と記されている。また正徳元年（一七一一）の白慧《びゃくけい》撰『山州名跡志』の紙屋川の条に「此所にて紙を漉初《すきそめ》けり。……宿紙とも黒紙とも云ふ」とある。↓宿紙（しゅくし）

くろかわけずり［黒皮削り］コウゾの靭皮は外から黒皮・甘皮・白皮の順に三層となっているが、外皮部を削って白皮にする作業。削るのは普通黒皮と甘皮部で、これを本引きといい、そのけずりとったものをかす（滓・粕）皮、へぐり皮、さる皮、そそりかす、こかわなどという。そして石州半紙などのように、黒皮だけ削り緑色の甘皮部を残すのを撫ぜ皮作業という。削る作業には、一晩水に浸してやわらかくし、小さい木台にわら草履の裏を上にして縛った台にコウゾ皮をのせ、包丁を当てて削るのが普通であるが、水中の平たい石の上に置き素足で踏むこともある。↓楮踏み（こうぞふみ）・図版86

くろすきいれがみ［黒透き入れ紙］透かしの部分に厚薄があって、立体的な文様を透き入れてある紙。light-and-shade watermarked paper という。黒透かし紙ともいい、透かし文様の型は、初期には文様を彫った版木に青銅の網を重ね、フェルトのふとんの上から槌で打ってつくったが、のちには蠟を彫刻したものでつくった粘土型・石膏型を用いるとか、電気メッキ法を応用してつくっている。紙幣の偽造防止のため開発されたといわれ、これに先立って色紙を漉き合わせるとか、糸入り紙とするなどの技法が考えられていた。そしてD・ハンターの『製紙術』(*Papermaking*) によると、十九世紀中期にイギリスのW・H・スミスが、この黒透き入れの技法を開発したと記しているが、イタリアのファブリアノの紙と透かしの博物館の『ファブリアノの紙工芸』は十八世紀の末期としている。そして欧米ではこの技法が普及して、紙幣以外のものにも応用されているが、特にイタリアのファブリアノで精巧なものがつくられている。日本では明治初期から紙幣に用いられているが、明治二十年（一八八七）「すき入紙製造取

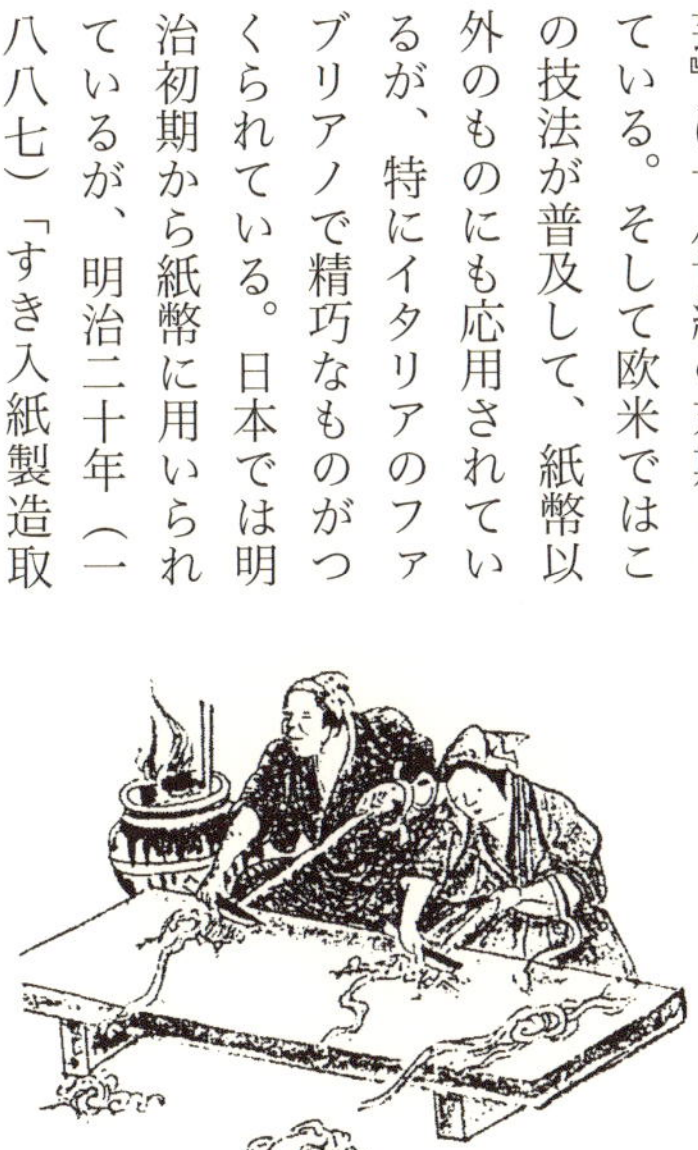

86　黒皮削り（『四国産諸紙之説』より）

締規則」によって民間で製造することを禁止し、昭和二十二年（一九四七）法律第一四九号「すき入れ紙製造取締法」によって、政府または政府の許可をうけたもの以外はこの製造を禁止する、としている。↓白透き入れ紙（しろすきいれがみ）・図版87

くろほがみ［黒保紙］黒皮（塵）の多く混入したコウゾ紙。保は律令制で地方の行政単位を荘・郷・保といったが、その最も小さい末端の行政単位である保を意味している。↓白保紙（しらほがみ）

くろほん［黒本］表紙が黒色であることから名づけられた仮名絵入りの通俗読物。赤本に次いで延宝から安永（一七四四－八一）の頃まで行われた草双紙の一種である。体裁は美濃紙半截二つ折り、一冊五枚単位で各葉に挿絵と本文が併存している。内容は青本と同様で、史話伝説、霊験談、歌舞伎、浄瑠璃取材のものが多い。↓草双紙（くさぞうし）

くろよつちり［黒四つ塵］普通は削りとる黒皮部分がついたままのコウゾ皮を石灰で煮熟（いわゆる丸煮）して、ビーターで叩解し、それを漉いて板干ししたもの。なお四つ塵というのは、江戸時代の大坂市場で塵紙は四つ橋と北浜で集荷され、四つ橋に集荷されたものを四つ塵といい、北浜のものを北脇塵、あるいは北塵といったのによっている。↓大和塵紙（やまとちりがみ）

クワ［桑］クワ科の落葉高木または低木で、学名は *Morus bombycis* Koidz. 雌雄異株または同株で、野生のほかは、もちろん蚕の飼料として栽培されている。樹皮は黄色の染料となるとともに製紙原料としても利用された。桑皮の繊維は平均してコウゾ皮より長いが、幅は狭い。そして靭皮はおおむね薄く、歩留まりが低く、白皮処理がむずかしいなどの欠点があり、大蔵永常が『紙漉必要』に記しているように、コウゾ皮などに混ぜて漉く補助原料であった。↓桑皮紙（そうひし）・図版88

くわえだがみ［桑枝紙］クワの枝から剝いだ皮を原料として漉いた紙、すなわち桑皮紙《そうひし》。『駿府御分物御道具帳』元和四年（一六一八）調べのなかにみえる。↓桑皮紙（そうひし）

くわはらがみ［桑原紙］島根県松江市八雲町岩坂の桑原を

「蓮」

「能面」

87　黒透き入れ紙（紙の博物館蔵）

原産地とするコウゾ紙。旧八雲村は安来市広瀬町の祖父谷《おじだに》紙《がみ》、仁多郡奥出雲町の馬馳紙《まばせがみ》の技法も導入して、明治期にはそれらの主産地となるが、その頃桑原紙もつくっていた。
→祖父谷紙（おじだにがみ）

くんこうし【薫香紙】紙料液に香木を煎じた液を加えて漉いた紙。写経料紙の一種。香料としては安息香・麝香《じゃこう》・白《びゃく》檀《だん》・肉桂《にっけい》などが用いられたが、燃焼して香気を発散するものと、単に加温するだけで香気を発散するものとの二種がある。

ぐんどうし【軍道紙】東京都西多摩郡五日市町（あきるの市）の軍道・落合・寺岡・本須・養老などの集落で、文政年間（一八一八－三〇）から漉かれた紙。純コウゾ製で油を漉し、あるいは帳面・袋などに用いた。

88　クワの木

け

げ【解】養老令に定められた公文書のひとつ。解状・解文ともいう。本来は被官の下級官庁から所管の上級官庁に上申する場合に用いられる文書であったが、平安時代からは直属官庁の間だけでなく、一般に上申する場合の文書として広く用いられた。

けいかみこ【花井紙衣・華井紙衣】三重県南熊野市紀和町の花井（華井）に産した紙衣。『和漢三才図会』に奥州白石、駿河安倍川、摂州大坂などとともに紙衣の著名なものとし、さらに「華井紙衣特に佳し」と高く評価されている。また『貿易備考』には、花井紙について「方言十文字紙」と付記しているので、漉桁《すきげた》を縦横十文字に揺り動かして、繊維をよくからませ強くした紙で、それで花井紙衣が仕立てられていた。

けいざいようろく【経済要録】文政十年（一八二七）の自序がある佐藤信淵《のぶひろ》の政治経済書。一五巻。諸国を遊歴し、諸学を修めて、広範囲の著作をした佐藤信淵の経済論をまとめたもので、経世済民を説く江戸時代経済学の大成的著作と評価されている。その「開物篇諸紙第十三」はいわば和紙経済論で、まず和紙が文化情報伝達に重要な役割をになう書写材であるとともに、きわめて多彩な生活用品をつくる生活文化材であり、その用途の広いことを説いて、「実に一日も無くては叶はざる要物たり」とし、「凡そ紙は皇国の産を以て、世界万国第一の上品とす」と断じている。次に和紙の歴史的展開と全国の産地分布をくわしく記し、「抑も紙には種々高価の品も多しと雖も、世に多く有用なるは半紙より要なるは無し。次に塵紙と漉き返し、次に障子紙と半切なり。其次は西の内と杉原なり」といっている。高級な檀紙・奉書紙・鳥子紙などよりも、町人大衆の需要にこたえる半紙などの有用性を重視し、「凡そ物産を興すの法は世人の愛する物を出すを要とす」としている。↓佐藤信淵（さとうのぶひろ）・図版89

げいしゅうし【芸州紙】安芸国（広島県）で産した紙。安芸で平安時代に紙を産したことは『延喜式』に記されているが、芸州紙の名は『言継《ときつぐ》卿記』永禄七年（一五六四）九月二十九日の条にみえる。正保二年（一六四五）刊の『毛吹草』には安芸の名産として広島紙子・諸口紙《もろくちかみ》をとりあげており、近世には有数の紙産地に成長している。

けいちょう【計帳】戸籍と並んで律令制の基本となったもので、税としての調・庸賦課の台帳。大帳・大計帳ともいい、大化改新後は毎年六月中に、国司が国内の戸内の口数・性別・年齢・容貌および課口・不課口の別を書いた手実《しゅじつ》を提出させ、それを集計・総合して計帳三通を作成、二通を八月三十日までに太政官に送った。その作成に要する紙・筆などは、戸籍と同様に郷戸の負担で、地方で紙をつくる要因となったと考えられている。↓戸籍（こせき）

けいりんし【鶏林紙】鶏林は朝鮮三国時代の新羅の別称。したがって鶏林紙は朝鮮南東部にあった新羅産の紙のこと。宋代の『鶏林志』に「楮紙光白愛すべし。白硾紙《はくついし》と号す」と記している白硾紙は新羅産であり、鶏林紙はコウゾ原料の良質の紙であった。

げさく【戯作】江戸中期からとくに江戸に発達した俗文学、とくに小説類。読本《よみほん》・黄表紙・合巻・洒落《しゃれ》本・滑稽本・人情本などの総称で、和漢の伝統的な文芸をまともなものとするのに対して、たわむれの著作という意味の呼称である。

けしょうがみ【化粧紙】①力士が土俵で体をぬぐい清めるのに用いる紙。②おしろいのむらを直すのに用いる薄い紙。また顔の脂肪分をぬぐつて化粧するのに用いる風呂屋紙の別称。↓風呂屋紙（ふろやがみ）

げずきがみ【下漉紙】コウゾの黒皮を多く混入して漉いた塵紙の下等なもの。「げこしがみ」ともいう。↓上漉紙（じょうずきがみ）

げだい【外題】内題（本文巻首や序などにかかげる書名）に対して、書物の表紙にみえる書名。表紙に直接書き記すものと、紙片を貼り付けて書名をあらわす場合がある。また版本には印刷外題を添付するのが普通である。書名を記す細長い紙片は、題箋・題簽・標題書・外題紙などという。↓題箋（だいせん）

けっこうし［結香紙］『本草綱目啓蒙』によると、結香は黄瑞香の別名で、黄瑞香は日本のミツマタであるので、ミツマタを原料とした紙。中国明代の方以智（一六一一－七一）『物理小識』巻八に「桐城浮山の東でも、楮紙・結香紙をすく」とあり、桐城は安徽省西南部にある。また明代の王宗沐（一五二三－九一）編『江西省大志』には、江西省産紙のなかに結香を原料とする結連三紙・結連四紙をあげている。

げつめいし［月明紙］草木染研究家の山崎斌《あきら》が長野県上内郡柵《しがらみ》村（長野市）の製紙組合で昭和七年（一九三二）からつくらせた草木染めの紙。のち高崎市の草木研究所で継承したが、色相が美しく堅牢で摩擦に強いのが特色で文人たちに愛用された。吉井勇の歌に「みすずかる信濃の紙はほのかなる月の明るさありて親しき」とある。

げてん［外典］仏教では仏の教えを説いた書を尊重して内典といい、それ以外の内容の書を外典という。仏の教え以外は外道《げどう》というからである。↓内典（ないてん）

ケナフ［kenaf］アオイ科の一年草。学名は *Hibiscas cannabinus L.* インドあるいはアフリカが原産地といわれる。ロシアで広く栽培され、米国南部、キューバ、南米では黄麻代用の繊維作物として重要である。インドや東アジアにも広く栽培されて靭皮繊維は主として袋物・ロープ・魚網などに用いられている。近年成長が早いことで非木材の製紙原料として注目され、中国では洋麻といい、大規模にケナフを生産するプロジェクトを進めている。↓図版90

けひきがみ［界引紙・罫引紙］界線は罫線のことで、罫線を引いた紙。↓界紙（かいし）

けんし［蠒紙］蠒は繭《まゆ》の意で繭紙《まゆがみ》のことであり、繭紙は檀紙の別称である。義堂周信《ぎどうしゅうしん》の『空華集《くうげ》』のなかに「甲陽蠒紙は雲よりも白し」という詩の一節があり、これは甲州檀紙のことである。↓甲州紙（こうしゅうし）

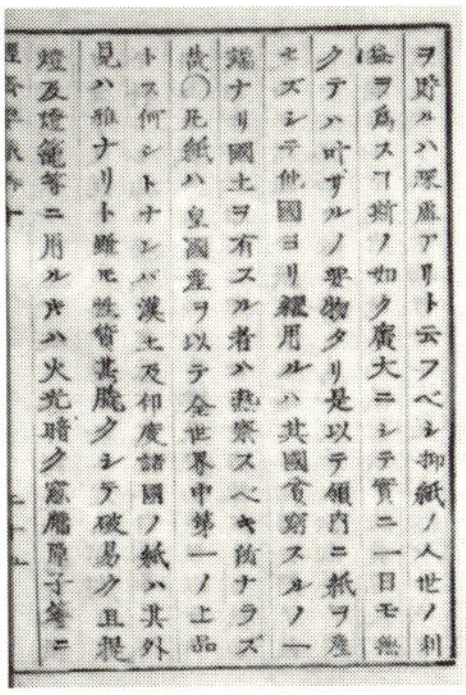

ヲ貯ルハ深意アリト云フベシ抑紙ノ人世ノ利
益ヲ為ス事斯ノ如ク廣大ニシテ實ニ一日モ無
クテハ叶ザルノ要物タリ是以テ領内ニ紙ヲ產
セズシテ他國ヨリ經用ルハ其國貧窮スルノ一
端ナリ國土ヲ有スル者ハ熟察スベキ所ナラズ
哉○凡紙ハ皇國產ヲ以テ全世界中第一ノ上品
トス何トナレバ漢土及印度諸國ノ紙ハ其外
見ハ雅ナリト雖モ性質甚脆クシテ破易ク且提
燈及燈籠等ニ用ルトキハ火光暗ク窓應障子等ニ

89　佐藤信淵著『経済要録』.「抑紙の人生の利益を為すこと斯の如く広大にして実に一日も無くては叶はざるの要物たり」と記している.

90　ケフナ

げんじがみ［源氏紙］木村青竹編『新撰紙鑑』には、「奉書に源氏絵を書たるなり」とある。源氏絵は『源氏物語』にちなむ絵のほか源氏雲を描いた絵の意があり、これも装飾文様としての源氏雲デザインの紙のことと考えられる。源氏雲は洲浜《すはま》形の金銀箔や金銀泥で飾り、たなびく雲を表現している。また御所車を図案化した源氏車とか源氏香のデザインのものも含み、主として京都で加工したから紙の一種。

げんじものがたり［源氏物語］平安中期の代表的物語文学で、紫式部著、五四帖。十一世紀初期に成立し、前編四四帖は光源氏の恋愛を描き、後編宇治一〇帖は源氏の子の薫大将の宿命的悲劇を描き、わが国文学の最高峰に位置するとされている。王朝社会の日常をくわしく描写しているので、その頃用いられた紙のことが多く記されている。「うるはしき紙屋紙《かみやがみ》、陸奥紙《みちのくがみ》」「もろき唐の紙」「薄様だちたる高麗《こま》の紙」、そして色とりどりの薄様、畳紙、障子紙、継紙などがみられ、とくに公家の女性たちがガンピ製の薄い紙、すなわち薄様の彩りゆたかなものを愛好した姿をしのばせている。→薄様（うすよう）

けんじょうし［献上紙］朝廷または幕府にたてまつるのが献上であるが、江戸時代には諸侯から将軍にたてまつるのを指すことが多く、その紙を献上紙という。江戸幕府は著名な紙産地、備中・越前・美濃・伊豆・甲斐から御用紙を納めさせていたので、献上紙はその他の諸侯からのものである。紙種はいろいろで、たとえば土佐（高知県）の七色紙、加賀（石川県）の奉書など、それぞれの産地の最高級品といえるものである。また『新撰紙鑑』の杉原紙類の条には、漉込杉原（鬼杉原）に「此紙は上々様に献上紙也」と注記しており、杉原紙類の最高級品といえるものが献上紙となり、武家社会の進物礼式といえる「一束一本」には、この漉込杉原一束を用いるのが原則であったとしている。

げんしょし［元書紙］近代に中国浙江省の富陽・蕭山などで産した帳簿・習字用の黄色を帯びた竹紙。富陽は浙江省第一の紙産地で、『浙江之紙業』には、この元書紙に「毛辺に次ぐ」と注記している。一番唐紙ともいう。→毛辺紙（もうぺんし）

けんすいしきたんもうしょうしき［懸垂式短網抄紙機］円《えん》網《もう》および短網《たんもう》抄紙機と原理は同じであるが、すき網部全体をロープで懸垂し、特色あるシェーキ（shake 振動）を可能にした機構で、圧搾部機構も加重式の軽く簡単なものにしている抄紙機。特色あるシェーキによって繊維がよく分散して地合いがよく、弱い圧搾と低い温度でゆっくり乾燥させるため艶も少なく、和紙の特徴をよくあらわした紙が得られる。高知県の高岡丑太郎が昭和三十二年（一九五七）に開発したもので、コウゾなど長繊維の紙料も多く使われて障子紙の機械化が進み、昭和三十六年（一九六一）には機械すきの典具帖紙もつくられるようになって、手漉き独特の分野をさらに圧縮することになった。

けんせんし【懸泉紙】 中国甘粛省敦煌北東六〇キロにある甜《てん》水井《すいせい》の漢代の懸泉置遺跡（置は手紙を運ぶ馬を置いている駅亭）から一九九〇年に出土した麻紙三〇余点。懸泉置は前漢武帝（在位紀元前一四一－前八七）の時に建てられ、後漢光武帝（在位二五－五七）の時廃棄されたが、魏晋時代に改築された。紙の出土したのは宣帝（在位紀元前七四－前四九）の文化層が最も古く、文字のある紙四枚のうち最も古いのは宣帝期のものである。前漢遺跡からの出土古紙はほとんど文字や絵が記されていないが、地図らしい描線のある放馬灘《ほうばたん》紙とこの懸泉紙は、前漢古紙が書写材としても利用されていたことを語っている。→図版91

けんてんし【見天紙】 見天は「光明を見る」の意で、紙肌が密で雪のように白い紙。江戸時代から明治期にかけて山口県萩市田万川町中小川に産し、御園生翁甫著『防長造紙史研究』には帳簿用と記している。

けんとう【見当】 版画や印刷などで、刷る紙の位置をきめるための目印。多色刷りの時に色がずれないようにするためのものである。

ケントし［ケント紙 **Kent paper**］イギリスのケント地方で初めてつくられた画用紙。紙質は堅く、主に製図に用い、日本では名刺・カレンダーなどにも用いている。

ケンペル【E. Kaempher】 江戸中期に来日したドイツ人博物学者・医者（一六五一－一七一六）。**Engelbert Kaempher.** ドイツのレムゴー生まれで、ドイツの諸大学で博物学・医学を修め、一六八三年スウェーデンのペルシア（イラン）派遣使節に従って、ロシアを経てペルシアに赴き、八九年同地でオランダ東インド会社の医官に就職。バタビアに至り一六九〇（元禄三）年に来日、オランダ商館長の江戸参府に従って二度江戸に至り、九二年に帰国した。その後九四年にライデン大学より医学の学位をうけ、故郷レムゴーで開業し著述で余生を過ごした。著書に『廻国奇観（異邦珍事誌）』（*Amoenitatum, exoticarum Politicophysicomedicarum*, 1712）、『日本誌』（*Geschichte und Beschreibung von Japan* 英訳 1712 刊）があり、日本の社会・政治・宗教・動植物などを鋭く観察

91　懸泉置遺跡出土，前漢宣帝期（B.C. 73–49）の文字のある紙

92　ケンペルの「日本における製紙」に収録の楮の木の図

して、ヨーロッパ人の日本研究に貢献するところ大であった。『廻国奇観』および『日本誌』には「日本における製紙法について」の章があり、和紙の製造工程をくわしく記すとともに、原料の楮・梶葛（ツルコウゾのこと）、粘剤《ねり》の黄蜀葵（トロロアオイ）・実葛（サネカズラ）について述べている。日本で和紙の製造工程を詳述したのは『紙漉大概』（一七八四）が最も早いが、これは稿本で、最初の刊本は寛政十年（一七九八）の『紙漉重宝記』である。したがってケンペルは『紙漉重宝記』より八六年も早く、和紙の製法を公刊し、ヨーロッパ人に紹介した。また「最も理由のある鎖国」の章では、「彼らは楮（Morus sylvestris）の樹皮から紙を製するが、これは竹や木綿から作る中国の紙よりはるかに丈夫であり、色も白い」と評価している。↓図版92

こ

こいでがみ【小出紙】新潟県東蒲原郡阿賀町小出に産する堅くて虫害に強い小判の紙。かつては会津藩領で文化六年（一八〇九）刊『新編会津風土記』に記され、周辺の高清水には高清水紙があった。コウゾ原料を雪晒しにし、また煮熟したあとも雪の上で天然漂白するのが特色である。昭和四十九年（一九七四）に小出和紙保存会が県の無形文化財保持者に指定されている。↓高清水紙（たかしみずがみ）

こうえつしきし【光悦色紙】本阿弥光悦が地紙に金・銀・雲母その他の彩筆で装飾した色紙にみずから散らし書きしたもの。王朝文化の復興を意図して出版した光悦本（嵯峨本・角倉本）の料紙として用いられ、その文様は京から紙にも強く影響し、光悦日向桐《ひなたぎり》・光悦蝶などのから紙文様がある。↓嵯峨本（さがぼん）

こうかい【叩解】手漉き和紙の場合は、もともと木槌または棒で紙料を打ちたたき、繊維が絡み合い膠着しやすい状態にすること。英語のbeatingで、西洋はもちろん日本でもビーター（beater）を用いることが多くなって、「紙の原料の繊維を水中で機械的に押しつぶしたり切断すること」とも定義されている。紙料繊維は多数集まって、いわゆる繊維束の状態であるので、個々の繊維に分離する、すなわち離解してから、適当な長さに切断したり、適当な幅に砕裂させる作業である。厳密には、繊維の離解と叩解は別の作業であるが、両者を含めて叩解といっている。手打ち叩解について、大蔵永常著『紙漉必要《かみすきひつよう》』は「諸国の紙は皆厚き板の上に載せて樫棍《かしこん》（カシノキの棍棒）にて叩くなり、美濃紙は石の盤にて横槌を以て両手にて二人又は三人も差向ひて叩く」と記している。このように二つの手打ち法があって、本美濃紙を漉く一部の業者はいまも木槌を用いているが、ほとんどの紙郷は約五〇〜六〇センチの小棒または約一メートルの長く太い大棒を用いている。いずれにしても、平均して叩く単純な作業で、ひと打ちに一時間はかかり、製紙工程のなかでは最大の重労働である。それでも良質の紙をつくるために、いまも和紙の伝統のなかで守られているが、大正中期の臼搗《うすつき》叩解機をはじめ、楮打解機、薙刀《なぎなた》ビーターなどが開発された。中国では早くから踏碓や水車式連碓機を開発し、ヨーロッパでは水車式製粉機を改良したスタンパーをまず用い、そして一六八〇年にオランダでホーレンダー・ビーターが開発され普及した。また洋紙原料の叩解は繊維を短く切断することを主とする遊離状叩解と繊維を打ち砕き縦に細く割る、すなわちフィブリル化を主とする粘状叩解に分けられる。遊離状叩解の繊維は、かさばり腰が弱くて紙面が粗く、強度が低いので、吸取紙のような紙に適し、粘状叩解の繊維は膠状になって、互いに絡み合いが強く緊締して、紙面は平滑で透明度が大きく、強度が高い。極度に粘状叩解したものはグラシン紙に用いられる。遊離状か粘状かは、原料の質とつくる紙によって適宜に選択されるが、叩解は紙の質に関係する最も重要な作業である。→紙叩き（かみたたき）・図版93、94

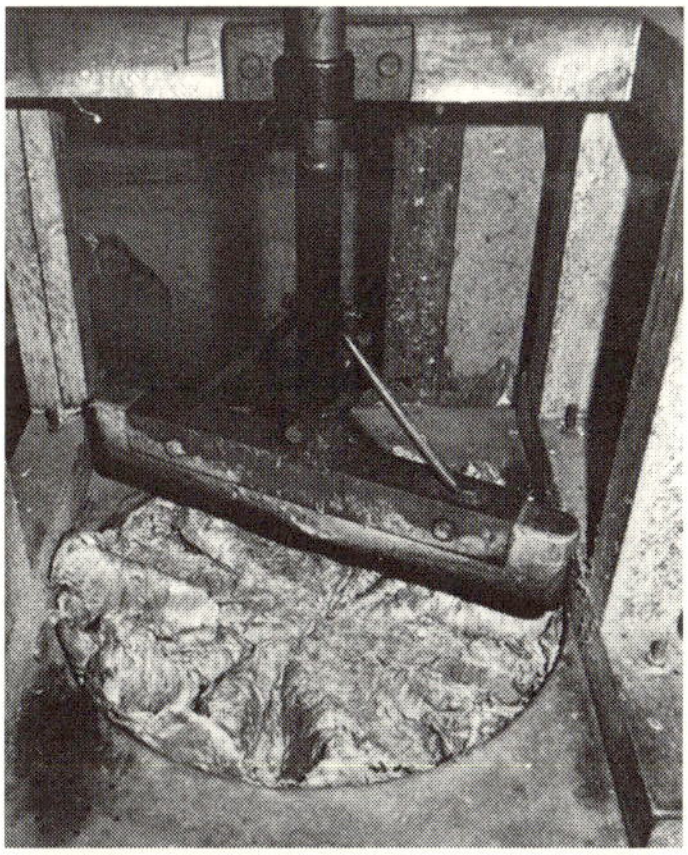

93　臼搗叩解機

94　ビーター

こうかん【黄巻】書籍のこと。中国でも日本でも古代に虫害を防ぐため黄蘗で紙を黄色に染めたからである。『貿易備考』黄紙の項に「古人写書ニ皆黄紙ヲ用フ、故ニ又書籍ヲ黄巻ト称ス」と記されている。

ごうかんほん【合巻本】江戸末期に通俗絵入り読物の黄表紙が長編になると、薄い小冊が多くてまとまりにくいので、これを数冊合わせて綴じたもの。文化四年（一八〇七）頃から明治初期にかけて行われ、十返舎一九《じっぺんしゃいっく》、式亭三馬《しきていさんば》らが始め、柳亭種彦《りゅうていたねひこ》の『偐紫田舎源氏《にせむらさきいなかげんじ》』はその代表作とされている。→草双紙（くさぞうし）

こうきとじ【康熙綴】袋綴製本の一つの方法で、四つ目綴の上・下端の穴の斜め横にもう一つずつ穴をあけて綴じ、

角のまくれるのを防いだもの。→袋綴（ふくろとじ）・図版95

こうげいし［工芸紙］芸術的要素を加味して装飾加工した紙。主として天然染料による染紙を民芸紙としているのに対して、これは多色雲竜紙や落水紙の技法を用いたもので、高知県などでは美術工芸紙と名づけているが、いずれも近代にあらわれた紙名である。そして装飾用あるいは紙細工の素材として用いられることが多い。

こうし［校紙］文字の校訂に用いる紙。正倉院文書にしばしばみられる。

こうし［荒紙］正倉院文書にみえ、抄紙工程の末期にコウゾ繊維が漉槽《すきふね》の底に沈み太い繊維を多くふくんで紙肌が荒れてみえる紙。表紙とか帙《ちつ》に用いられた。麁紙《そし》・粗紙あるいは悪紙も類似の紙と考えられる。

こうし［交子］交子は「つき合わせるもの」の意で、中国宋代の紙幣。交鈔、会子、関子ともいう。唐代の世界最古の紙幣「飛銭」に代って北宋初期、真宗（在位九九八－一〇二二）のころ富民の間で始まり、仁宗（在位一〇二三－一〇六三）の頃官府に交子務という役所を設けて発行した。馬端臨『文献通考』銭幣考には、「初め蜀人は鉄銭が重いので、個人的に券をつくり、これを交子といって貿易に役立てた。富民十六戸がこれをつかさどったが、その後富民の財産が次第に乏しくなり、負債を償《つぐな》うことができず、訴訟がしばしば起こった。……薛田《せつでん》が転運使となり、交子を廃すると貿易に不便であるので、官に請うて務を置くこととし、民の私造を禁ずるようにとの意見を出した。詔してその請いに従い、交子務を益州（成都）に置いた」と記している。こうして紙幣は宋代に広く流通するようになり、元代には交鈔あるいは宝鈔の名で発行された。→飛銭（ひせん）

こうしゅうし［甲州紙］甲斐国（山梨県）に産した紙。平安期に甲斐から紙を上納したことは『延喜式』によって知られるが、中世には義堂周信《ぎどうしゅうしん》『空華《くうげ》集』に「甲陽甄紙《けんし》は雲より白し」の句があって檀紙を産したことが明らかである。またその詩集には、甲紙・甲州紙とも記されている。『言《とき》継《つぐ》卿記』の弘治三年（一五五七）の条には、甲州紙に「藁檀紙と号す」と注記し、永禄三年（一五六〇）の条には「甲州の藁檀紙」とあるので、稲わらを補助原料として用いている。江戸時代には江戸幕府に肌吉《はだよし》奉書を本漉衆《ほんずきしゅう》が進納したが、享保十二年（一七二七）刊の『諸国名物往来』に特産として糊入紙とされているように糊入奉書が著名であった。中心の紙郷は西八代郡市川三郷町市川大門と南巨摩郡身延町西島で、奉書のほかに甲州西と名づけた西の内紙や半紙・小半紙・半切紙・障子紙など多種類の紙をつくっていた。なお西島は望月清兵衛が伊豆から製紙技術を伝えたといわれ、江戸・明治期の甲州紙には駿河産の紙とともにミツマタ原料のものが多かった。

こうずけのかみ【上野紙】上野国（群馬県）に産した紙。上野紙は正倉院文書の神亀四年（七二七）「写経料帳」に国名を冠した紙としては最も早くみられ、『延喜式』ではもちろん紙を納めるところであった。近世には多野郡鬼石《おにし》（藤岡市）にちなむ小西厚紙が最も知られたが、多野・甘楽両郡が主要な製紙圏であった。近代の上州半紙・上州半切もほぼこの地域で産した。

こうぜいし【行成紙】京から紙のうち、雲母《きら》で文様を摺った紙。『大鏡』の太政大臣伊尹《これまさ》の条に、藤原行成が「黄なる唐紙の、下絵ほのかにをかしき」紙に書いたとみえ、これが行成好みの紙とされている。また『新撰紙鑑』は「鳥子《とりのこ》に色々模様をすりこみたるなり」と注記して「から紙類」にふくめており、和歌料紙から襖《ふすま》障子に張る紙になったものである。

ごうせいし【合成紙】従来の紙が木材・靭皮繊維など天然の繊維を原料としているのに対して、石油を蒸留したときに得られるナフサを原料とするポリエチレン、ポリプロピレン、ポリスチレン、ポリ塩化ビニールなどのいわゆる高分子物質を原料として合成加工した紙。高分子物質を縦横方向に薄く引き伸ばしてフィルム状にすると同時に、合成繊維をからませ、白色顔料をまぜ、あるいは表面に塗り、薬品で表面処理するなど、紙化加工して、紙としての白色度や不透明性・筆記性などを与えている。一九六〇年アメリカのコッパー社が開発し、日本では昭和四十三年（一九六八）科学技術庁資源調査会の勧告によって、民間でも政府助成に応じて企業化し、日本合成紙株式会社なども生まれている。耐水性・耐折性が強く、寸法に安定性があり、印刷効果もよいので、屋外ポスター、カタログ、水中用地図、ブックカバーなどに適している。

こうぜいびょうし【行成表紙】藤原行成好みといわれる行成紙の表紙。その表紙のついた本を行成本という。江戸中期の通俗絵入読物に用いている行成表紙は、有職《ゆうそく》文様の一種である卍《まんじ》くずしの紗綾《さや》形文様を雲母摺りした薄色表紙が多い。→行成紙（こうぜいし）

こうぞ【楮】クワ科カジノキ属の落葉低木で、*Broussonetia kazinoki* × *B. papyrifera* が学名。和紙の主要原料で、同種のものとしてヒメコウゾ（姫楮 *Broussonetia kazinoki* Sieb.）、カジノキ（穀・梶・構 *Broussonetia papyrifera* Vent.）、ツルコウゾ（蔓楮 *B. kaempher* Sieb.）があり、かつての製紙技法書にはコウゾの学名を *B.kazinoki* Sieb. としていたが、近年の植物学書、た

95　康熙綴

とえば『日本の野生植物』木本Ⅰ（原寛ほか編、平凡社、一九八九年刊）は、これをヒメコウゾの学名とし、コウゾはヒメコウゾとカジノキの雑種としている。カジノキは雌雄異株、ヒメコウゾは雌雄同株であるが、コウゾのなかには両方がふくまれているからである。このようにコウゾ・ヒメコウゾ・カジノキは厳密にいえば異種の植物であるが、容易に識別できないので、紙漉きたちは同種のものとして扱い、古代には穀あるいは紙麻《かみそ》、近世には楮と記している。ツルコウゾは九州地方で原料として用い、ケンペルが『廻国奇観』のなかで紹介し、大蔵永常の『広益国産考』ではムクビと記している。コウゾは方言で、カゴ・カゾ・カジ・カジノハ・カミノキ・カミクサ・カウズなどと呼び、カジノキをふくめて紙の原料と考えられている。宮崎安貞『農業全書』、大蔵永常『紙漉必要』などで、いくつかに分類することが試みられているが、昭和二十一年（一九四六）刊の中島今吉著『最新和紙手漉法』は山楮（やまかご）・麻葉（あさば）・要楮（かなめ）・真楮（まかじ）に分類している。山楮は野生で、他は栽培種である。麻葉種は葉の切れ込みが深くて麻の葉の形に似ており、繊維は光沢に富み、品質がすぐれている。要楮種は麻葉種より品質が劣るが、栽培しやすく収量が多く、繊維が太く強靭である。真楮種は外皮に斑紋があって、外皮の色によって黒まだら・青まだらなどといい、栽培しやすいが収量は少ない。繊維は強剛で粗く、とくに耐久力のある強靭な紙をつくるのに用いられる。楮の靭皮繊維は麻についで長く、麻の平均一四・四ミリに対して楮は平均九・七三ミリで、幅は平均〇・〇二七ミリである。そして繊維の絡み合う性質が強いので、その紙はねばり強く、揉んでも破れず、版画用紙や障子紙、紙衣紙など強さを求められる紙の原料として広く用いられ、和紙の最も重要な原料である。↓ケンペル・図版96

こうぞきょくし【楮局紙】コウゾ繊維にトロロアオイ汁をまぜた紙料を、竹簀に敷いた紗の上に流し込み適当にひろげて、紙床に移し圧搾して鉄板乾燥した紙。局紙はもともとミツマタ繊維の溜め漉きで、大蔵省印刷局で始めたものを福井県越前市今立町などで継承しているが、高知県土佐市などでコウゾ繊維の紙料を用い、流し込み漉きの技法でつくったものである。土佐鳥子紙ともいい、豪華本の本文用紙のほか輸出されてリトグラフ（石版画）の用紙となっている。↓流し込み漉き（ながしこみすき）

こうぞこく【楮石】周防（山口県）岩国藩などの請紙《うけがみ》制のもとで、田畑の石高を楮何把に相当するかを計算して、三把（一把は三六貫）で半紙一丸（六締＝一万二〇〇〇枚）を漉かせた制度。

こうぞざ【楮座】中世末期、京都で製紙原料の楮を集荷販売する特権をもっていた商人団。蔵人出納《くろうどすいとう》を世襲した中原氏の知行に属し、楮公事《くじ》（年貢）を納めていたといわれるが、『崇恩院内府記』には中御門宣時と坊城種長が楮公事の知行権を争ったことがみえ、知行関係は複雑であった。

こうぞふみ【楮踏み】楮の外皮（黒皮）をとるために、川の流れに十分に浸し、平らな石の上に置いて素足でよく踏む作業。→図版97

こうぞむし【楮蒸し】伐採した楮の木質部と靭皮部を剥離しやすくするために、大釜で蒸すこと。平釜に水を入れて、その上に竹簀を並べ、約一メートルに切りそろえた楮生木の小束をのせて縄で縛り、その上に「こしき」と呼ぶ大桶を逆さにかぶせ、平釜の下で火を焚いて蒸す。これを桶蒸しといい、箱蒸しという方法もある。→皮剝ぎ（かわはぎ）・図版98

こうぞめがみ【香染紙】丁子《ちょうじ》のつぼみの煮汁で染めた黄色がかった薄紅色の紙。香色紙ともいう。『宇津保物語』藤原の君の段に「清らかなる香の色の紙にかきて」とみえる。→丁子引紙（ちょうじびきがみ）

こうづきがみ【上月紙】兵庫県佐用郡佐用町上月に産したコウゾ紙。上月は中世から皆田紙《かいたがみ》（海田紙）の原産地として知られるが、昭和三十年（一九五五）頃に消滅していたのを、のちに町立民俗資料館で伝統を継承する意味で漉き、上月紙と名づけている。→皆田紙（かいたがみ）

こうとし【広都紙】中国四川省華陽県東南の広都に産した紙。隋代に広都は双流といったので双流紙ともいい、また小灰紙とも名づけられていた。『蜀箋譜』には、広都紙には四種あって、仮山南・仮山栄・冉村《ぜんそん》（清水）・竹糸といい、いずれも楮皮でつくると記している。

96　コウゾの木（『広益国産考』より）

97　コウゾ踏み（紙の博物館蔵『越前紙漉図説』より）

98　コウゾ蒸しの図（紙の博物館蔵『紙漉重宝記』より）

こうのがみ【神野紙】紀伊（和歌山県）那賀郡神野荘（海草郡紀美野町）に産した紙。仁井田好古《にいだよしふる》編『紀伊続風土記』には、伊都郡九度山町古沢の高野紙と似ているが、色が白く滑らかで少し糊気があって多く帳紙に用いる、と記している。またその粗質のものは黒江塗の椀の袋紙として用いられた。

こうひし【香皮紙】桟香樹は蜜香樹ともいう沈香樹のことで、その樹皮で漉いた紙を香皮紙という。唐代の劉恂《りゅうじゅん》『嶺表録異』に、広東省の羅州・雷州・義寧・新会県で桟香樹を用いて紙をつくり、これを香皮紙と名づけたと記している。また明代の『江西省大志』には、広信府玉山で特産の百結皮を用いて紙をつくったとあるが、百結は丁香すなわち香料として用いた丁子の異名で、これもまた香皮紙の一種である。

こうびょうし【香表紙】香染表紙の略で、丁子の煮汁で染めた薄赤に黄色を帯びた色の表紙。

こうまし【黄麻紙】虫害を防ぐため黄蘗で染めた麻紙。中国の唐代に白麻紙は虫害をうけるので、高宗（在位六五〇－六八三）の時詔勅には黄麻紙を用いたが、長期保存用の重要文書用紙であった。またこの紙は写経にも多く用いられた。

こうやがた【紺屋形】染物屋が文様を染めるのに用いる型紙。紺屋《こうや》は「こんや」の転訛で、染物はもともと大部分が藍で紺染めしていたので、紺染めする紺屋が広く染物屋の名称となった。そこで型染めに用いるのが紺屋形で、『国花万葉記』には勢州（伊勢）の産とし、「当国白子にて作る、諸国につかはす也」と注記している。また『諸国万《よろず》買物調方記《ちょうほうき》』には「白子のこんかた（紺形）」と記しており、紺形ともいった。→型紙（かたがみ）

こうやがみ【高野紙】紀伊の高野山麓で産したコウゾ紙。弘法大師が製紙を伝授したという口碑があるが、『殿暦《でんりゃく》』康和三年（一一〇一）十二月六日の条に「高野紙」とある。鎌倉初期の建長五年（一二五三）から始まったとされる高野版と称する仏典印刷事業にともなって、紙郷が発展したことは確かである。元亨四年（一三二四）書写の『高野山開版目録』に「原紙・椙紙・厚紙」などとみえ、椙紙は杉原紙であるが、原紙・厚紙はいわゆる高野紙である。『大乗院寺社雑事記』の明応五年（一四九六）別記には「高野紙四百三十枚」とみえる。近世の『毛吹草』『国花万葉記』では傘紙として知られ、『新撰紙鑑』には高野厚物のほか高野中折もあって、帳簿にも用いられ、『紀伊続風土記』は古佐布荘の高野紙を「生漉《きずき》にて虫いらず、水に入りて破れず」と説明している。高野山麓の産には、ほかに川根紙《かねがみ》・島包紙・入川笠紙・次第紙など種類が多く、全般に厚く強いのが特徴。延宝七年（一六七九）刊『難波すずめ』によると、大坂には銭屋与兵衛・いけや太兵衛・山家や長左衛門らの高野紙専門の問屋もあったほど繁栄していた。「高野六十、那智八十」という俚諺は、高野紙が一帖六〇枚だったからである。↓傘紙（かさがみ）・川根紙（かねがみ）・次第紙（しだいがみ）

こうやくがみ［膏薬紙］膏薬は膏《あぶら》を塗った外用薬剤で、これを塗る地紙を膏薬紙といい、黒褐色の薬剤が裏面に滲出しないように厚く強く漉いたコウゾ紙。『岐阜県手漉紙沿革史』によると、愛知県一宮市浅井町の接骨医、森林平が発売した浅井膏の地紙として、美濃市大矢田、関市武芸川町などで漉いたもの。のちに岐阜県下呂市の下呂膏薬社と特約して同県吉城郡河合村（飛騨市）の主要製品となった。

こうやばん［高野版］鎌倉初期以後、高野山で出版された仏典の総称。現存最古の刊本は建長五年（一二五三）の『三教指帰《さんごうしいき》』で、版式・字体・装丁など春日版と似るが、高野版の方が文字の筆画は概して細めである。漆黒の墨色で厚手のコウゾ紙に両面印刷し、粘葉装《でっちょうそう》であることなどに特色がある。料紙には杉原紙のほか高野紙を多く用いている。

こうろぜんし［黄櫨染紙］黄櫨《はぜ》は櫨の木のことで、櫨の木の若芽や木片の煎じ汁に蘇芳《すおう》の煎じ汁や酢・灰などを混ぜて染めた紙料を漉き染めした紙。近年は楊梅皮《ももかわ》を灰汁媒染で染めた紙料で代用している。

ごうんせん［五雲箋］伊豆の熱海市産の五色のガンピ紙。熱海の紙は宝暦八年（一七五八）に柴野栗山が来《く》の宮の名主、今井半太夫にすすめて漉き始めたといわれ、染色した五雲箋は最高級の詩箋で、江戸の文人墨客に愛された。江戸の金花堂・聚玉堂などで売られ、大正末期まであった。↓熱海雁皮紙（あたみがんぴし）

こおりがみ［小折紙］鎌倉末期頃からの公家の懐紙。建長六年（一二五四）に成った『古今著聞集』にみえ、『吉続《きちぞく》記』の文永四年（一二六七）六月五日の条には、「小折紙を懐中より取り出す」とある。平安期の公家は檀紙や雁皮紙を畳んで懐にいれていたが、いわゆる中高檀紙を縦半分に折った大きさが中折紙であり、それをさらに縦に半分にした大きさ、すなわち中高檀紙の四分の一が小折紙である。『康富記』『親長《ちかなが》卿記』『言継《ときつぐ》卿記』などにみえて、除目《じもく》・叙位などに用いられており、平安期に比べてより小判の懐紙として中世末期に定着したと考えられる。さらに薄い吉野のべ紙から延紙・美栖紙が生まれたように、小折紙から小杉紙・小半紙あるいは小菊紙に発展したようである。↓小菊紙（こぎくがみ）・小杉紙（こすぎがみ）・小半紙（こばんし）

ごかがみ［五箇紙］富山県南砺市の五箇山に産するコウゾ紙。五箇山は上梨谷・下梨谷・赤尾谷・小谷・利賀《とが》谷の総称で、合併前は利賀・平・上平の三村から成り、平村で五箇紙協同組合、平村和紙生産加工組合など四つの共同企業体が伝統を守っている。ここでは中世にすでに紙漉きが始まっていたといわれ、近世には加賀藩に属して明暦二年

(一六五六)から紙に課税され、製紙は五箇山の人たちの重要な生業となり、江戸末期には二五〇余戸で紙を漉いていた。製品は中折紙を主として半紙・半切紙・熨斗《のし》紙・提灯紙・合羽紙・傘紙など種類が多かったが、近年は障子紙・帳簿紙・傘紙・表装紙などである。コウゾ原料をすべて雪で晒し、塵取りは水中でなくこたつの上で丹念に陸選《おかよ》りし、木槌でたたくという手間のかかる古い技法を守って、腰の強く張りのある、良質の素朴な紙を作っている。→越中紙(えっちゅうのかみ)

こかつじばん【古活字版】文禄から慶安年間(一五九二―一六五二)にかけて、主として木活字を用いて出版された本の総称。古活字版は刊記のあるものが少なく、大半は無刊記で、企業的な出版よりは篤志の出版が多いことを示している。勅版・伏見版・駿河版などで、駿河版は銅活字を用いている。

こぎくがみ【小菊紙】コウゾ製で鼻紙の極上品といわれた薄い紙。小美濃、小折ともいう。正保二年(一六四五)刊の『毛吹草』をはじめ江戸前期の文献には、備中がこの紙の名産地となっており、また『和漢三才図会』は「大きさは延紙《のべかみ》のようで剛柔艶美」とし、美濃(岐阜県)の寺尾(関市)、三河(愛知県)の足助《あすけ》(豊田市)、出雲(島根県)の木次《きすき》(雲南市)を主産地にあげている。『貿易備考』には「小折とも小美濃ともいふ」と記しているので、中世の小折紙から発展したものであろう。鼻紙のほか釜敷きにも用い、『新撰紙鑑』によると寸法は縦六寸八分~七寸、横幅八寸八分~九寸五分となっている。しかし、これは大判に漉きあげたものを四つ切りしたもので、もともとは縦が一尺三寸六分~一尺四寸、横幅が一尺七寸六分~一尺九寸で、中高檀紙ほどの大きさである。檀紙の名産地であった備中が、近世初期に小菊紙を多く産したのは、このような理由からであろう。→菊紙(きくがみ)・小折紙(こおりがみ)

こくいんじょう【黒印状】江戸時代に大名・旗本などが墨を用いた印判を押して発行した文書。主に寺社領の寄進・安堵に用い、黒印状を受けた土地を黒印地といい、年貢課役を免除された。静岡県伊豆市修善寺の三須文左衛門は、慶長三年(一五九八)三月四日付で徳川家康の黒印状を受け、鳥子草・雁皮《がんぴ》・三椏《みつまた》の伐採権独占を認められ、将軍家御用の紙を漉く特権をもっていたので、「公方紙《くぼう》」とも呼ばれた。

ごくうし【御供紙】御供は神仏に供えるものの意で、供物《くもつ》の敷紙あるいは台紙などに用い、また広く祭礼に用いる紙。奈良県天理市の天理教紙漉所でつくっており、コウゾ原料に純コウゾ製の故紙を混合した良質の紙である。

こくし【穀紙】カジノキ(構 *Broussonetia papyrifera* Vent.)またはコウゾ皮を原料として製した紙。カジノキは雌雄異株、コウゾは雌雄同株が多くていくらか違うが、古代には同一視し、穀は楮の古名ともされている。後漢の蔡倫《さいりん》が製紙原料のひとつとしたといわれる樹膚は穀皮であるとされ、魏（二二〇－二六五）の董巴《とうは》の『大漢輿服志』は、「木皮を用いたのは穀紙と名づけた」と記している。また陸機（二六一－三〇三）の『毛詩草木鳥獣虫魚疏』には、江南の人が穀の皮を績《つむ》いで布をつくり、また搗《つ》いて紙をつくり「これを穀皮紙という」と述べている。日本に製紙術が伝来して麻布よりもコウゾが主要な原料となったが、古代にはこれを穀または紙麻と記すことが多く、その紙はすべて穀紙と書かれている。コウゾ原料のものを穀紙と呼称したわけで、楮紙とは書かなかった。楮の字については、承平七年（九三七）源順撰『倭名抄』に「楮ハ穀木也」とあり、中世の字書類『下《か》学《がく》集』『撮壌《さつじょう》集』などは白楮・楮国公・楮葉は紙の異名としているが、コウゾ原料の紙は、檀紙・杉原紙・奉書紙・美濃紙などのそれぞれ固有の紙名で記されている。また古代の穀紙は檄紙・梶紙・加地紙・加遅紙などとも書かれている。↓梶紙（かじのかみ）

こけがみ【苔紙】海藻または川藻をコウゾ繊維の紙料に混ぜて漉いた紙。中国では陟釐《ちょくり》紙または側理《そくり》紙といい、水苔・川青苔を漉きこんだものを西晋（二六四－三一七）の頃からつくっており、また唐代には発菜《おごのり》（海髪）を用いて発箋を産した。日本では菅原道真の『菅家文草』に「青苔色紙」とあり、『本朝続文粋』十三、願文下の長治元年（一一〇四）の跋文のある津村正恭著『譚海《たんかい》』巻四には、摂津名塩（西宮市）の孫右衛門が海藻の漉き入れ紙で富を得たことを記しており、熱海雁皮紙のひとつに海苔箋があった。明治期には東京で襖障子用として川藻を漉き入れた楽水紙がつくられ、のちに大阪でも模造した。近年は奈良県・島根県などで雅味のある料紙のひとつとしてつくっているところがある。↓側理紙（そくりし）・楽水紙（らくすいし）

こげがみ【焦紙】ガンピ原料を楊梅皮《ももかわ》で灰汁媒染した紙料で漉いた土佐の薬袋紙《やくたいし》の別名。天日乾燥すると焦茶色になるからで、『新撰紙鑑』には薬袋紙に「土佐より出る極品とす、本コゲと云御献上口は江戸にて御大名様方の敷ふすまに用ゐ給ふ也」と注記されている。↓薬袋紙（やくたいし）

ここんようらんこう【古今要覧稿】内容を事項によって分類編集したわが国最初の類書。諸般の事項を諸種の部門に分類し、その起源・沿革を考証しており、幕命をうけて国学者屋代弘賢《やしろひろかた》（一七五八－一八四一）が文政四年（一八二一）から天保十三年（一八四二）にかけて編集に従い、五六〇巻を調進、業半ばで没し、明治三十八～四十年（一九〇五～〇七）に刊行された。紙については巻二百三十二、同二百三十三の器具部文書具にあり、紙の始原・平安期の抄紙・造紙法・紙寸法・紙の字義・短冊寸法などを、各種の文献から広く引用して考証している。

ございばん【五山版】中世の鎌倉期から室町期にかけて、京都五山ならびにその関係者によって出版された書籍の総称。禅籍約一九〇種をはじめ漢籍・国書など約四〇〇種が刊行され、語録集や詩文集・作詩参考書が多い。最古の伝本は延応元年（一二三九）の『首楞厳経《しゅりょうごんきょう》』で、一般的な特徴は宋版や元版の復刻が多い。仏典中心だった出版を、初めて仏典以外の書籍、すなわち外典類にも及ぼしていることも五山版の特徴である。

こしがみ【漉紙】コウゾの黒皮、すなわち塵のまじってい る紙。上漉・中漉・下漉などに分類され、塵のまじり方が少ないのが上、多いのが下である。紙を漉くとき、終末の段階には漉槽のなかで沈んだ塵が紙料液に残り、いくらか塵のあるままに漉いたものが漉紙の原型であるが、黒皮を活用するため、初めから塵を入れることを意図してつくったわけである。『万金産業袋』『新撰紙鑑』『諸国紙名録』によると、石見（島根県）・土佐（高知県）・阿波（徳島県）・淡路（兵庫県）などで産し、大体半紙判でつくられていた。

こじがみ【巾子紙】巾子《こじ》は冠の頂上後部に高く突き出て髻《もとどり》を差し入れ、その根元にかんざしを挿す部分。巾子紙は冠の纓《えい》を前方に折り曲げ、巾子を挟むようにして留めるために用いる紙。檀紙を二枚重ねて、長さ四寸余、幅一寸五分ほどに切り、その中央に長方形の穴を切り抜いたもの。束帯などの時は纓を垂らしているが、平生は纓を巾子紙に入れており、天子は金箔を押した巾子紙、すなわち金巾子紙を用いた。→図版99

ごしきのかみ【五色紙】五種の色の紙。五色とは普通、赤・青・黄・白・黒であるが、時代によって変化があり、緑・鼠・紅・柿などが加わる。中国では南北朝時代に陳の除陵（五〇七－五八三）の『玉台新詠』序に「五色花箋、河北・膠東の紙」とあって、河北省や山東省に産している。日本では正倉院文書にすでにみえているが、近世越前の五色奉書は、紅・浅葱・黄・柿・鼠の色とするのが原則であった。一般に白・黒の色が茶系や鼠系の色に変化しているようである。なお『貿易備考』によると、五色檀紙および五色奉書は赤・青・黄・萌黄・薄柿となっている。

ごしきぼうしょ【五色奉書】天然染料で染めたコウゾ紙料で漉き染めした五色の奉書紙。五色は時代によって差異があり、福井県越前市今立町に残る江戸初期のものは、黄・浅紅（淡黄・桃）・鼠・赤（弁柄）・青（藍）であるが、鼠が黒や紫に、青が緑になるなど、いろいろに変わっている。江戸中期の『新撰紙鑑』には、越前産の「色奉書」について「五色あり、但し広狭の二品あるなり」と注記しており、色奉書は早くから五色であったようである。

こしたてがみ【漉立紙】コウゾ原料で漉いてすぐ干板に張って乾燥した紙で、湿紙を紙床《しと》に重ねる工程を省略して製している。江戸時代から大和吉野で製し、オランダ国ライデンの国立民俗学博物館収蔵のシーボルト和紙コレクションのなかにもみられるが、これは藍染めして髷の中に入れ、髪形を保たせるために用いられた。

こしはりかみ【腰張紙】壁や襖《ふすま》の下部に張る紙。茶室の壁の腰張りから始まったともいわれ、堺の湊《みなと》紙が最も知られている。近世初期の『毛吹草』には腰張紙を山城と和泉に産するとしているが、『雍州府志』は、それが湊紙であり、堺と京都でつくられると述べている。のちに摂津名塩・伊豆でも産し、さらに名塩や羽前山形産の松葉紙なども腰張りに用いられている。↓湊紙（みなとがみ）

ごしゅいんし【御朱印紙】御朱印を押す公文書に用いる紙。朱印とは花押《かおう》の代りに朱色の印肉で押した印判で、戦国時代から将軍・大名・武将などが公的文書を発行するときに用いた。寛政七年（一七九五）に成った津村正恭著『譚《たん》海《かい》』によると、将軍から大名にあてた御朱印紙は越前鳥子を、寺社あてには大鷹檀紙を用いる、と記している。

こすぎがみ【小杉紙】杉原紙の小判で主として鼻紙として用いたもの。小杉原紙の略称である。茶人はこれを二つ折りして釜敷きに使った。近世初期からつくられており、『毛吹草』や『国花万葉記』では信濃（長野県）・常陸（茨城県）・加賀（石川県）が主産地であるが、『新撰紙鑑』によると、さらに広がって、磐城・下野・越前・大和・因幡・長門・土佐・豊前にも産している。寸法は七寸×九寸。↓杉原紙（すぎはらがみ）

こせき【戸籍】古くは「へじゃく」ともいい、律令制下で班田収受や氏姓決定などのために六年ごとにつくられた、戸を単位とする人口台帳。家族の性別・年齢・課不課の別・受田額などを記載するが、大化改新後制定され、平安中期まで行われた。この戸籍は三通作成され、一通は国衙（国府）、二通は中務《なかつかさ》・民部両省に納められるが、それに必要な紙・筆・墨は郷戸の負担となっていた。このため国衙の細工所ではたらく造国料紙丁が養成され、地方に紙漉きが広まるもとになったと考えられている。なお『日本書紀』には、欽明天皇元年（五四〇）に秦人《はたびと》・漢人《あやひと》の戸籍を編んだことが記されており、それは木簡であったかもしれないが、渡来人の技術集団である彼らが調達した紙を用いたことも推測され、推古十八年（六一〇）の曇徴《どんちょう》より前に日本で紙つくりが始まっていたとする説の一つの根拠となっている。↓計帳（けいちょう）

こぜんじのかみ【小禅師紙・古禅師紙・厚染紫紙】『健寿御前日記』にみえる紙の名。『平家物語』巻一殿上闇討の条に「五節《ごせち》には、白うすやう、しゅぜんじの紙、巻あげの筆」とあって修善寺紙の最も

99　巾子紙

古い記録との説があったが、これは「こせんじ」の誤記とされている。「こせんじ」には小禅師・古禅師・厚染紫のほか古宣旨・濃染紫・厚染紙なども考えられているが、厚染紫を支持する説が強い。厚くて紫に染めた紙のことであろう。

ごぜんひろぼうしょ［御前広奉書］大広奉書と大奉書の中間の判型の奉書。越前から幕府や朝廷に奉書を献上していたので、とくに「御前」の名を冠しており、『新撰紙鑑』によると、寸法は一尺三寸五分×一尺九寸三分で、中広の別名がある。↓奉書紙（ほうしょがみ）

こそせん［姑蘇箋］姑蘇山は中国江蘇省蘇州の南にあり、蘇州の別名を姑蘇城といったが、蘇州は紙の装飾加工の中心であり、姑蘇箋はここでつくられた加工紙のひとつ。宋代の『蜀箋譜』によると、「姑蘇箋にならってつくった雑色粉箋を仮蘇箋といい、金銀の文様がある。姑蘇箋には布紋が多いが、仮蘇箋は羅紋であり、紙がやわらかくて薄い」と述べている。姑蘇箋は布紋の地に金銀泥で文様を描いた装飾紙である。

こたかだんし［小高檀紙］檀紙のうち小判のもの。小高檀紙の名は『師守《もろもり》記』貞治六（一三六七）年七月二十一日の条に初出している。貴顕用の料紙として大判の大高檀紙がつくられたのに対して、需要の多い小判のものができたわけで、近世の寸法は一尺一寸五分×一尺四寸五分。小縮《こしぼ》・鬼杉原ともいう。↓檀紙（だんし）

こちず［古地図］十六世紀以前の、主として手描きによって作成された地図。正倉院宝物のなかにある奈良時代の地方図とか、日本全図としての行基図系統のもの。いわゆる近代地図に対しての語で、印刷されたものでも伝来の少ない初期のものを加えることもある。

こちょうそう［胡蝶装］主として中国で行われた装幀様式で、竹紙などの薄いものに印刷した面を内側に折り重ね、版心部分の折目の裏側を糊で留め、その背の部分に包み表紙をつけている。したがって丁を繰るごとに印刷面の裏、すなわち白紙が交互にあらわれる。宋・元代から始められたといわれ、竹・稲わらなどを原料とする薄紙で黄色がかったものが多く用いられている。

こっけいぼん［滑稽本］江戸後期の宝暦（一七五一－六四）頃から始まった小説の一形態で、滑稽の要素を加えた教訓的読物。のちには滑稽だけを主とした。十返舎一九《じっぺんしゃいっく》の『東海道中膝栗毛』、式亭三馬《しきていさんば》の『浮世風呂』『浮世床』などの傑作がある。書型は中本で、厚手の表紙をかけて題簽だけの簡単な体裁のものが多いが、ときには凝った意匠のものもあった。↓中本（ちゅうほん）

コットンし［コットン紙 **cotton paper**］木綿繊維またはソーダパルプで製した、厚くてやわらかい嵩高《かさだか》の書籍用紙。中国でいう綿紙は樹皮が原料である。↓綿紙（めんし）

コッピーし［コッピー紙］一枚ずつ手書きする労を省く複写用の薄紙。幾枚も重ねて上から圧写する。J・J・ラインは『日本産業誌』のなかで、ガンピ製薄様紙について「透写・筆写や製図に好適のすばらしい紙である。日本にある外国の商社は多く複写用としている」と記している。これは美濃（岐阜県）および熱海（静岡県）産の薄様紙についてであるが、コッピー紙として輸出される道を開いたのは高知県の吉井源太である。明治十年（一八七七）の第一回内国勧業博覧会に彼が出品した薄様大半紙が輸出用コッピー紙に最適と評されて竜紋賞をうけ、コッピー紙と呼ばれるようになった。輸出量がふえるにつれて追随する生産者がふえ、粗製乱造されたため、海外から取引を拒絶されたこともあったが、改良精選した紗漉きコッピー紙で信用を回復した。薄様紙と呼ばれたものは、もともと純ガンピ製であったが、輸出増加にともなってミツマタを混入し、その混入率が高いものは粗製品として海外の信用を失ったので、のちに混入率を五〇%までとしている。また漉き方には簀漉きと紗抄きがあり、紗漉きは紙面に簀目跡が残らないようにした改良技法といえるが、この紗漉きコッピー紙つくりの技法は、明治三十二年（一八九九）頃から謄写版原紙つくりに活用された。

コーテッド・ペーパー［coated paper］白土（クレー）などの鉱物性顔料と接着剤を混ぜた塗料または合成樹脂などを、コーターと呼ぶ塗布機あるいは抄造機付属の塗布機で、加工原紙の片面または両面に塗布加工した、つまりコートした紙の総称。塗工紙ともいう。アート紙・コート紙・キャストコート紙・ポリエチレン加工紙などが主なものである。紙面をきわめて平滑で緻密なものにし、印刷効果を高めるためで、近年は生産量がふえている。

コートし［コート紙］コーテッド・ペーパーの一種で、わが国での特殊品名。アート紙よりも顔料の塗工量が少なく品質が劣る。↓アート紙（アートし）

こなおしがみ［小直紙］美濃の直紙《なおしがみ》の小判のもの。『新撰紙鑑』によると、書院美濃ともいい、縦九寸より九寸二分、横幅一尺三寸七分。主として障子張りに用いられた。↓直紙（なおしがみ）

このはすきいれがみ［木葉漉入紙］地紙の上に木葉を置き、その上に薄い紙を漉き合わせたもの。松浦静山著『甲子夜話《かっし》』巻二十三に、伊予（愛媛県）大洲藩で特製したことを記しており、観世能興行の切手（入場券）に用いられ、演題にちなんだ植物を漉きいれていた。江戸末期にすでにあったが、多く作られるようになったのは近代のことで、木葉のほか草花や蝶を挟んだものもできており、木葉漉合わせ紙ともいう。また紙料の中に木葉を混合して漉くものもあり、これは木葉漉込み紙という。

こばんし［小半紙］半紙の小判の意で主として鼻紙に用い

るもの。小菊紙・小杉紙よりのちに定着した紙名で、正徳三年（一七一三）刊の『和漢三才図会』にみられ、その産地として周防・石見・因幡・阿波・備中をあげている。さらに『新撰紙鑑』では、摂津・出雲・安芸・土佐・越前・加賀・信濃・下野・磐城が加わっており、鼻紙の下級品ながら需要が多かった。寸法は五寸五分×六寸五分（磐城）から七寸×九寸（摂津）までいろいろあるが、小杉紙よりはいくらか小さい傾向がある。

ごはんし［御判紙］御判は印判・花押《かおう》を敬っていう語で、将軍や武将の花押のある重要な公文書の料紙のことで、公《く》文《もん》紙ともいう。『延徳二年（一四九〇）将軍宣下記』には評定着到・寺社方目録・御吉書などの料紙に御判紙を用い、それに杉原紙を用いたと注記している。のちに奉書紙などで代用し、越前では判之奉書をつくっていた。

こひきあわせ［小引合］檀紙を大衆向けにしたと考えられる引合紙の小判のもの。小高引合紙を略して小高引合・小高引といい、さらに小引合とも呼んだわけである。小高引は『後法興院記』文安元年（一四四六）の条に見られ、小高檀紙とほぼ同じ頃に初見され、小引合は明応四年（一四九五）の『東常縁《とうのつねより》聞書』にみられる。↓引合紙（ひきあわせがみ）

こひせん［虎皮宣］虎の皮の斑紋に似た文様を染めてある宣紙。虎皮宣紙の略。北宋初期の蘇易簡『文房四譜』にはマーブル紙（斑紋紙）の源流ともいえる製法で流沙箋をつくることを述べているが、銭存訓ら中国の研究者たちは、この虎皮宣は流沙箋あるいは魚子箋の流れを継承して、安徽省涇県で創案したものとしている。なお虎皮宣は清代初期頃からつくられたといわれる。↓宣紙（せんし）・図版100

こひつぎれ［古筆切］巻子や冊子の形で伝えられている古筆（古人の筆跡）の経典や歌書の断片。幅《ふく》仕立てにしたり手鑑に押したりするために切断されており、そのゆかりの地名・所有者などにちなんで高野《こうや》切・本阿弥《ほんあみ》切などという。

ごふ［護符・御符・御封］神仏が加護して厄難から逃れさせようという札。「ごふう」ともいう。真言の密呪や神仏の名・像を書いた紙片で、肌身につけたり飲み込んだり、また室内に貼ったりする守り札。

ごふん［胡粉］貝殻を焼いてつくった白い粉。室町時代以後に日本画の白色顔料として用いており、これと膠《にかわ》を混ぜたものを具《ぐ》といい、から紙の木版摺り色料として用いられている。また中国の晋代の張華『博物志』には「錫を焼いて胡粉と成す」とあり、古代には錫を焼いた粉末を胡粉といっていた。

ごへいし［御幣紙］神事のお祓《はら》いに用いる榊・竹などを幣《へい》串《ぐし》といい、それに挟む白色または金銀・五色の紙。

こぼうしょ［小奉書］奉書紙の小判のもの。『新撰紙鑑』によると、越前（福井県）産の小奉書は別名を上判といい、一尺九分×一尺五寸五分。丹後・因幡・加賀・美作・阿波・京都のものも同寸である。なお『諸国紙名録』では一尺一寸×一尺五寸。↓奉書紙（ほうしょがみ）

こほん［小本］江戸時代に半紙本の半分以下の大きさにつくられた本。また洒落《しゃれ》本の異称。↓洒落本（しゃれほん）

こまがみ［小間紙］装飾用加工紙の総称。包紙・祝儀または儀式用の紙、懐中紙、鼻紙用の小奇麗なものなどである。また小さい空間を飾り、あるいは包紙として用いる漉模様紙を、福井県越前市今立町では美術小間紙といっており、襖障子用の美術紙の技術を活用している。

こものなり［小物成］小年貢ともいい、江戸時代の雑税の総称。中世には公事《くじ》といったもので、年貢すなわち正税である本途物成《ほんとものなり》に対するもの。土地の用益またはその産物を対象とする山年貢・林永など、その地方の特産物に対する税で、紙もこの小物成にふくまれて課税された。

ごようし［御用紙］朝廷・幕府や藩主の用務のために特製された紙。この御用紙をつくるのは、それぞれの紙郷で選ばれた熟練の紙工であり、たとえば江戸幕府の御用紙は、檀紙を備中（岡山県）の柳井家、奉書紙を越前（福井県）の三田村家、雁皮紙を伊豆（静岡県）の三須文左衛門、肌吉奉書を甲斐（山梨県）の本漉衆がつくり、美濃紙は岐阜県美濃市牧谷や武芸谷の特定の紙工がつくっている。

こより［紙縒・紙撚・紙捻］「かみより」から「こうより」「こより」と転じたもので、紙を細く切り裂いて、縒って紐状にしたもの。かみなわ、かみひねりともいう。この紙糸二筋をより合わせたものを観世縒《かんぜより》という。『江家次第』や『山槐記』などに「紙撚を以て結ぶ」とあり、『宇治拾遺物語』には「黄なる紙撚にて十文字にからげたり」とあるなど、文書や箱を結ぶひも、あるいは綴じる糸となり、元結としても用いられている。また油に浸して火をともす紙燭《しそく》にも用いられるなど、便利なものであった。昭和二十年（一九四五）頃までは、文書の綴じ糸としてこよりが使われていたが、クリップとかホッチキスなどができて、こよりの使用は廃れた。↓観世縒（かんぜより）

ころばかしぎ［転ばかし木］漉いた紙を簀ごと紙床《しと》に伏せ、簀の上で回転させながら圧して脱水する細い円木。現在の和紙製造工程では省略されているが、昔はこの工程があった。『紙漉大概』には「漉たる紙を簀共に重ね、ころばかし木を廻し水をしぼる」とあり、その図が描かれている。↓紙漉大概（かみすきたいがい）

こわすぎはら［強杉原］

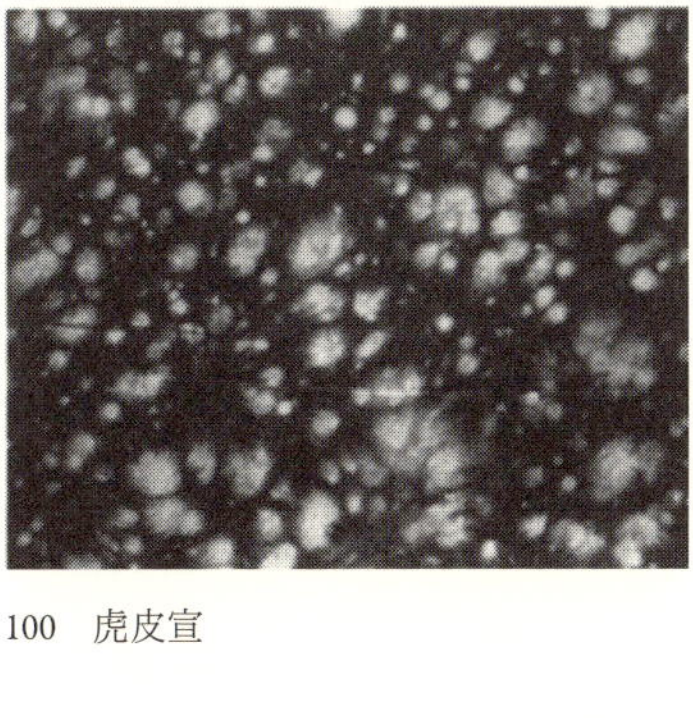

100　虎皮宣

杉原紙の一種で、より硬くて厚く、主として加賀（石川県）に産した。強紙《こわがみ》とも呼ばれ、応安六年（一三七三）の『実豊卿口伝聞書』には、「強紙と昔から云は皆堅厚、加賀杉原にて候」とあり、叙任もしくは官位の昇進を申請する申文の料紙としている。中世の文献には数多くみられ、京都だけでなく奈良市場にも流通していたことが『大乗院寺社雑事記』や『多聞院日記』によってうかがえるが、『看聞御記』『言継卿記』によると、散状《さんじょう》、礼状にも用いている。→加賀紙（かがのかみ）・杉原紙（すぎはらがみ）

ごわにしがみ［五把西紙］西の内紙の一種で、五把の名は五束の把束を「五把」と略称し、この紙は五把が取引の単位となっていた。西の内紙が一枚二匁であるのに対しこの五把西紙は一匁で、西の内紙の半分の薄紙である。一帖は四〇枚、一〇帖が一束であるので、五束は二〇〇〇枚、一俵は五把の束三つを包装したので六〇〇〇枚である。→西の内紙（にしのうちがみ）

こんし［紺紙］紺色に染めた紙。紺色は青と紫のまじりあった濃い藍色で、染料は主として蓼藍《たであい》である。正倉院文書の「間写経本納返帳」に「金字紺紙紫表」とあり、これは天平勝宝五年（七五三）の記録であるので、紫紙に比べて相当遅く、奈良時代末期から文献にあらわれている。したがって美麗な写経である金字経は、奈良時代にはほとんど紫紙に書かれ、平安時代になって紺紙金字経が主流となった。→藍紙（あいがみ）

こんしきんじきょう［紺紙金字経］奈良時代から平安時代にかけて盛んに行われた写経のうち、紺色に染めた厚様に金泥で写経したもの。紺紙金泥経ともいい、銀泥で書かれたものを紺紙銀泥経・紺紙銀字経という。紺紙に墨字では読みにくいので金銀泥で書いたわけで、紺紙金字経はとくに平安時代に多くつくられている。→紫紙金字経（ししきんじきょう）

こんにゃくのり［蒟蒻糊］サトイモ科の多年草コンニャクの球茎を乾燥して粉末にし、水に溶かしたもの。夏は水、冬はぬるま湯でかきまぜながら溶かしている。主成分はマンナン（mannan）で、澱粉ではなく一種の多糖類。ねばり強く、和紙に引いて紙衣《かみこ》をつくるのに用いる。『和漢三才図会』には「こんにゃく糊で厚紙を継ぎ、柿渋を塗る」とあり、『万金産業袋《ばんきんすぎわいぶくろ》』には、こんにゃく糊を「紙子へうら表なく引て日に干す」と記されている。また衣料の顔料摺り込み捺染や綿糸などの擬麻加工にも使う。さらに近年はマーブル紙つくりのベース液に用いることもある。→紙衣（かみこ）

さ

さいうんし［彩雲紙］美しくいろどった雲文様のある紙。水戸市藤柄町で産したことが『貿易備考』にみえる。

さいかし［彩霞紙］美しいいろどりの霞の文様がある紙。中国清代の陳元竜『格致鏡原』によると、『牧豎閑談《ぼくじゅかんだん》』に蜀（四川省成都）の薛濤《せっとう》がつくった、と記しているという。

さいきはんがみ［佐伯板紙］豊後（大分県）佐伯藩で産した板紙。佐伯藩は享保十七年（一七三二）に紙座を設けて統制を始め、安永八年（一七七九）には伊予大洲藩から紙工を招いて品質の改良をはかり、寛政六年（一七九四）から紙の専売制をしいたところである。佐伯市の旧弥生町上野・切畑、旧直川村直見、旧本匠村中野などが主要な紙郷で、板紙をはじめ半切・広片紙などが多かった。安永六年（一七七七）刊の『難波丸綱目』や『新撰紙鑑』には佐伯板紙が豊後産の知られた紙として記されている。またこれを豊後板紙ともいう。

さいきんし［洒金紙］中国で紙のうえに粘接剤（膠水《こうすい》あるいはフノリなど）を塗り、金銀を散らした紙。その金粉の量や形によって三種に分れる。紙面に金粉の小片が雨や雪のように密集しているのは「屑金」、部分的に分布しているのは「片金」、紙面全体に散らしているのは「冷金」という。また銀粉を散らしたのは洒銀紙である。

さいこうし［蔡侯紙］中国の『後漢書』蔡倫伝に、後漢和帝の元興元年（一〇五）尚方令（宮廷工房長）の蔡倫《さいりん》が紙をつくり奏上したとあり、その紙を蔡侯紙というと記されている。蔡侯というのは、彼が元初元年（一一四）に陝西省南部の竜亭侯に任ぜられたからである。→蔡倫（さいりん）

サイジング［sizing］紙のにじみを防ぐため、インクや水の浸透抵抗性を付与する工程のこと。その方法としてサイズ剤を紙料に調合する内面サイジングと、紙の表面に塗布する表面サイジングがある。東洋では書画・印刷用紙に礬《どう》水《さ》引きするのが、このサイジングのひとつといえるが、西洋ではほとんどの紙にサイジングしている。西洋での製紙が遅れたのは、パーチメントという良質の書写材があったことのほか、東洋の紙はインクがにじみやすくペンでの書写に適しなかったからで、十四世紀前半（D・ハンター『製紙術』の年表では一三三七年）にイタリアのファブリアノで動物膠によるサイジングを始めてから書写材としての評価が高まり、ヨーロッパ各地に広まったのである。

さいしんわしてすきほう［最新和紙手漉法］大蔵省印刷局研究所勤務の中島今吉著で、改良技法や作業機が導入された時期の和紙製法書。昭和二十一年（一九四六）刊。吉井源太の『日本製紙論』は手づくりを主流とする製紙技法書であるが、機械すきと競合する流れのなかで、和紙の補助原料の幅が広がり、叩解機・圧搾機・乾燥機なども導入して、手漉き紙の合理化が進んでいる実状を反映した技法書。紙の繊維の検定、紙の強度・緊締度などについての実験データも多く引用して記述されている。

サイズ［**size**］サイズには寸法の意味があるが、製紙業界ではとくにインクや墨汁のにじみ止めのために用いる薬品のことをいう。毛羽立ちを防ぐように紙の表面性を改善するもので、サイズ剤としては、ロジン（精製した松脂《まつやに》）・ゼラチン・澱粉《でんぷん》・合成樹脂などがある。

さいせいし［再生紙］回収された新聞・雑誌などの故紙をときほぐして、ふたたび漉き直した紙。洋紙の主原料である木材パルプ資源の不足から、近年は故紙の利用率が高まり、再生紙活用の声が高まっている。和紙の世界では、故紙の再生利用は古代から始まっており、これを漉き返し紙・宿紙・還魂紙などといった。また近世町人社会では消費需要が急増して、裁ち屑の紙出《しで》が都市から各地の主要紙郷に還流されて半切紙に漉き返され、江戸・上方には紙屑拾いを業とするものが多くいて、それらを再生した浅草紙・西洞院《にしのとういん》紙・高津紙などの粗紙がつくられていた。↓宿紙（しゅくし）・漉き返し紙（すきかえしがみ）

さいはいし［采配紙］軍陣で大将が打ち振るって指揮する采配に用いる紙。徳川家康が関が原合戦に使った采配の紙は美濃国武儀郡御手洗村（美濃市）の彦左衛門が漉いたと伝えられているが、『濃州徇行記』には、「神祖駿府御在城の時、大矢田村、御手洗村、小倉村、上野村、蕨生村、谷口村の者共より御采配紙を漉き奉り」とあり、また日光東照宮創建の時の御幣紙を漉いたと記している。采配の紙は美濃紙に限られたわけではなく、厚手のねばり強い紙が用いられ、また白紙のほかに金・銀や先染めのものも用いられた。

さいりん［蔡倫］中国後漢の宦官《かんがん》で、製紙技術の改良に偉大な功績があった人物。蔡倫は湖南省耒陽《らいよう》県の生まれで、字《あざな》は敬仲。後漢の和帝（在位八九－一〇五）が即位すると、中常侍《ちゅうじょうじ》となって政治に参与、尚方令（宮廷の調度品を製作する工房の長官）に進み、元興元年（一〇五）に和帝に紙を献上した。『後漢書』蔡倫伝に、「倫すなわち意を造《いた》し、樹膚・麻頭および敝布・魚網を用い、以て紙と為す。元興元年、これを奏上し、帝その能を善《よ》みし、これより従用せざるはなし。ゆえに天下みな蔡侯紙と称す」とある。蔡侯紙というのは、のちに彼が竜亭侯に封じられたからである。永初年間（一〇七－一一四）には謁者劉珍や博士、良吏らと儒教経典の校訂事業に参加し、みずから開発した紙を筆写材として用いた。彼は和帝の擁立にも活躍するなど政治力を発揮したが、鄧太后にそそのかされて安帝（在位一〇七－一二四）の祖母宋貴人をおとしいれようとしたことがあり、安帝にかつての罪を追及されようとしたので、服毒自殺したという。『後漢書』の記事によって、彼は紙の発明者とたたえられていたが、近年中国の考古学研究が進み、前漢期の麻紙が各地で発掘されているので、発明者ではなく、植物繊維による製紙技法を改良し、書写材として普及させた人物として評価されている。↓図版101

さえきかつたろう［佐伯勝太郎］明治期の製紙技術教育の創始者（一八七〇－一九三四）。山口県岩国市錦見生まれ、東京大学工学部応用化学科卒。明治二十八年（一八九五）大蔵省印刷局に入り抄紙部長として製紙を指導、大正九年（一九二〇）製紙界における最初の工学博士となる。大正十三年（一九二四）印刷局を勇退、同十五年静岡県駿東郡長泉町の高野製紙所を改組し、特種製紙を創設して社長となる。明治四十三年（一九一〇）化学工業全書第十五冊として著述した『製紙術』（明治四十五年単行本として刊行）は、製紙技術のテキストとなった。また特種製紙は、一般の記録印刷用よりも各種の特殊な用途にふさわしいバラエティに富む紙類をつくる特色を堅持している。

ざおうがみ［蔵王紙］宮城・山形両県境にある蔵王山の東南麓にある宮城県白石市に産する紙。かつて白石の紙郷を訪れた川合玉堂画伯が名づけたといわれている。白石は紙《し》布《ふ》・紙衣《かみこ》の名産地であったので、蔵王紙布紙・蔵王紙衣紙に特色があり、また近年は草木染めの蔵王色紙もつくられている。蔵王色紙は胡桃《くるみ》を染料とするものが主流で、そのひとつである日向《ひなた》染紙には味わい深い風趣がある。↓紙子紙（かみこがみ）・紙布紙（しふし）・日向染紙（ひなたぞめがみ）・図版102

さかしたがみ［坂下紙］岐阜県中津川市坂下町に産した障子紙で坂下書院ともいう。坂下町の紙郷は江戸時代に苗木藩の紙幣用紙を納め、目張紙などもつくっていたが、近代には主として障子紙を漉いた。

さがにしき［佐賀錦］江戸時代に佐賀藩家中の女子がつくった手織りの錦織。緯《よこ》糸に穴糸（ボタン穴をかがるのに用いる、よりのかかった太い絹糸）を、そして経《たて》糸に金糸（ガ

101　清代乾隆年間の蔡倫像（銭存訓著『中国書籍紙墨及印刷史論文集』より）

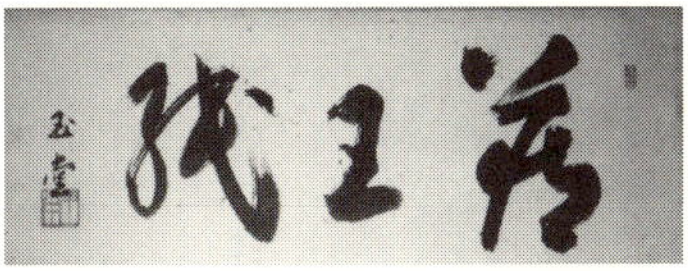

102　蔵王紙の命名者，川合玉堂の書

さ

ンピ紙に金箔を押して細く切ったもの）を用いている。紙入れ・袋物・袱紗《ふくさ》・帯などに使われた。↓図版103

さがぼん［嵯峨本］慶長（一五九六－一六一四）後半から元和年間（一六一五－二三）にかけて京都の嵯峨で出版された書籍の総称。開版者は本阿弥光悦およびその門下の角倉素庵で、古来「光悦本」「角倉本」とも呼ばれるもの。多くはひらがなまじりの国文学書で、版式・装丁の美しさで有名である。寛永三筆のひとりにたたえられた光悦が書き、料紙の下絵は琳派の祖俵屋宗達《たわらやそうたつ》が描き、紙師宗仁が木版摺りしてから紙風に仕立て、王朝文学の復興を意図したものといわれている。

さがみがみ［相模紙］相模（神奈川県）に産したコウゾ紙。『多聞院日記』天正十六年（一五八八）五月十一日の条に、相州から上京した紙屋甚六が「国紙三帖持来」とあり、相州の国紙とは相模紙のことである。

さきぞめ［先染め］織物の原糸や紙の原料をまず必要な色に染めてから、織ったり漉いたりすること。紙の場合は、これを漉染めといい、染紙を量産するのに適した技法である。↓漉染紙（すきぞめがみ）

さくらえがみ［桜江紙］島根県江津市桜江町に産した紙。室町期に桜江は桜井津といって、江川西岸の要港で、安芸（広島県）と結ぶ交通の要衝でもあり、近世浜田藩の主要な紙産地のひとつであった。明治初期の『諸国紙名録』にみえる市山半紙は桜江町に合併された旧市山村の産で、かつて半紙が主製品であったが、桜江紙は純コウゾの障子紙である。

さくらがみ［桜紙］①女性用懐中紙の一種で、明治二十五年（一八九二）東京音羽の竹内林之助が、桃色の地紙に「貴婦人用さくら花紙」と印刷した商標をつけて販売した紙。小町紙・八重紙などと名づけて追随する紙問屋もあって、都市で流通したが、大正末期には京花紙に圧倒されて消滅した。↓京花紙（きょうはながみ）②桜の樹皮で製した紙。桜皮をカバともいい、それで煙草入れや箱をつくる桜皮《かば》細工は秋田県仙北市角館《かくのだて》町で盛んであるが、寛政十二年（一八〇〇）刊の人見子安著『黒甜瑣語《こくてんさご》』に、桜紙をつくったことが記されている。

ざくろがみ［柘榴紙］柘榴の実の皮（樹皮や葉でもよい）を染料とし、鉄媒染で染めた黒色の紙。

ささがみ［笹紙］クマザサなどのササ類を主原料として漉いた紙。太平洋戦争後に石川県輪島市三井町の遠見周作が試みたのが最初で、彼はミョウガ・クズ・カヤ・スギ皮などでも漉く異色の紙漉きであった。近年は北海道上川総合振興局（雨竜郡）幌加内町の農産加工総合研究センターで、ササを原料とするはがき・名刺などをつくっている。

ザゼチ　花祭り・神楽《かぐら》などの斎場を荘厳にするために、紙《し》垂《で》とともに飾る切り透かしの紙。鳥居・社のほか供物に代わる魚・餅、あるいは吉祥文様など絵柄はいろいろである。また地方によって名称が異なり、エリモノ・エリメ・オサガリ・サゲガミ・キリヌキ・キリハライなどという。

さつかがみ［佐束紙］静岡県の遠江狭束郷原産のコウゾ紙。狭束郷はかつての城飼郡、今の掛川市にあり、浜田徳太郎『紙――種類と歴史』はここを原産地としているが、駿河の志太・安倍両郡にも多く産した。『言継《ときつぐ》卿記』の天文二十四年（一五五五）、弘治三年（一五五七）の条には、「さづか紙」と記されており、『駿河国新風土記』は安倍郡藁科川流域、渡辺華山の『金楽堂日録』は志太郡岡部・藤枝に産すると伝えている。大半紙の判型で近世には帳簿用紙として知られていた。

ざっし［雑紙］日常生活に使う雑用の紙。→雑紙（ぞうし）

さっしぼん［冊子本］書物の装丁様式で、粘葉装《でっちょうそう》・大和綴《やまととじ》などの綴じてある本のことであるが、折本をふくみ、巻子本以外の総称。もともと長方形の紙を二つ折りしたままで綴じたが、これは少し大きすぎるので、さらに二つ折りし、一枚の紙の四分の一の大きさの「四半本」が多い。また六分の一の大きさに折ったものは「六半本」で、これは方形に近いので「升形《ますがた》本」という。また綴じ方によって粘葉装（胡蝶装）・大和綴・袋綴などに分類される。

さつま・おおすみのかみ［薩摩・大隅紙］薩摩・大隅（鹿児島県）に産した紙のこと。薩摩は大隅とともに中男作物の紙を納めるところとして『延喜式』に記されているが、また隼人司《はやとのつかさ》は漉簀一〇枚の材料を給されて漉簀をつくっており、薩摩は漉簀の生産地でもあったので、紙つくりの盛んだったところといえる。中世の『新撰類聚往来』には「紙綿殊に饒《ゆたか》なり」とあるが、近世には正保二年（一六四五）に家老となった島津図書頭《ずしょのかみ》久通が藩政改革の一環として製紙を奨励した。すなわち各地に楮蔵（紙座）を設けて藩の御蔵紙を漉かせ、別に雑紙蔵を置いて藩民の自家用紙をつくらせた。その主産地は姶良《あいら》市蒲生町・加治木町、日置市吹上町伊作であるが、全地域に散在して紙郷があり、障子紙・傘紙・百田《ももた》紙・美濃紙・西の内紙・提灯紙・元結紙など多種類の紙を産した。また島津重豪《しげひで》は天明七年（一七八七）に新垣仁屋を琉球から鹿児島に転籍させて、全国で初めて和唐紙をつくらせている。明治三十四年（一九〇一）の統計では鹿児島県に九〇六戸の紙漉きがいたが、いまは蒲生町に一戸残っているにすぎない。

さとうのぶひろ［佐藤信淵］江戸後期の経世家（一七六九―一八五〇）。出羽国（秋田県）雄勝郡西馬音《にしも》

103　佐賀錦

内《ない》村（羽後町）に生まれ、父に従って諸国を遊歴、一六歳のとき江戸に出て宇田川玄随に蘭学、木村桐斎に天文・地理・暦算・測量などを学ぶ。津山藩に藩政改革の仕法を献じ、徳島藩家老の食客となったのち上総国（千葉県）あるいは江戸に隠棲して著述に励み、平田篤胤に国学を学んだ。その後文化十三年（一八一六）神道講習所設立問題で江戸払いとなり、さらにその禁を破ったため、天保三年（一八三二）には江戸十里四方御構いとなり、武蔵国足立郡鹿《しし》手袋《てぶくろ》村（東京都足立区）に蟄居、天保十年（一八三九）蚕社の獄に連座したが、わずかに罪を免れ、翌年綾部藩主九鬼氏に勧農策を講じ、老中水野忠邦に認められて『復古法概言』を著している。その著作は『宇内混同秘策』『開国要論』『経済要録』『農政本論』『草木六部耕種法』など、農学論から国家経営論に及び、きわめて広範囲のものであった。このうち文政十年（一八二七）刊の『経済要録』では和紙経済を論じ、天保三年（一八三二）刊の『草木六部耕種法』には楮・三椏と檀紙のことを記している。↓経済要録（けいざいようろく）

サネカズラ【実葛】マツブサ科の常緑蔓性低木。学名は*Kadsura japonica* Dunal. 茎の粘液は製紙用であるとともに鬢《びん》付《つけ》油の材料であるのでビナンカズラともいう。またサナカズラともいうが、「サ」は接頭語、「ナ」は滑の意で、『古事記』応神天皇の条に「佐那葛の根を舂《つ》きて、その汁の滑《なめ》りを取る」と記されている。中国では粘剤《ねり》のことを滑水ともいうが、古代の流し漉きには、サネカズラの粘液が用いられたと考えられる。江戸中期の和紙製法を記した『紙漉大概』は、主要な粘剤としてトロアオイよりもこのサネカズラを用いることを記している。↓図版104

さはくし【左伯紙】中国の後漢末期に左伯がつくったといわれる名紙。張芝の墨・韋誕の筆と名を等しくして並称された。左伯は字《あざな》が子邑で東萊（山東省掖県）の人。五世紀の蕭子良《しょうしりょう》が王僧虔《おうそうけん》に答えた手紙のなかで、「子邑の紙は研妙輝光」と述べており、紙面を美しく滑らかにする加工技術をほどこした紙である。

さぶりがけ【馬鍬掛け】叩解《こうかい》した紙料をさらに精選する作業を指す、仙台地方の方言で、越前奉書の紙出《かみだ》し、袋洗いに相当する。深い水槽に叩解した紙料を入れて、粗い竹製の櫛の歯のような馬鍬《まぐわ》（さぶり）でかき混ぜながら解きほぐし、その水の中に手を入れて上下に静かにかき混ぜながら、針の先で細かいゴミや繊維の固まりを完全に取り除く。そのあと布袋で濾し、繊維を集めて玉にする。東北地方で念入りに良質な紙をつくる人だけが実行した作業である。↓紙出し（かみだし）

さぶろくばん【三六判】襖《ふすま》障子全面を一枚で覆えるように三尺×六尺の大きさを基準に漉いた和紙。襖障子に張る紙は普通一〇〜一二枚、間似合紙《まにあいがみ》なら五〜六枚で全面を覆っていたが、文化年間（一八〇四－一八）に中野島（川崎市多摩区）で和唐紙つくりを始めた田村文平が、岩石唐紙を三六判で漉き始めた。この岩石唐紙はやがて泰平紙・楽水紙へと展開するが、明治十年（一八七七）刊の『諸国紙名録』によると、間似合紙で知られる兵庫県西宮市名塩では、千年紙（松葉紙）を襖障子用として三尺一寸×六尺の判型で漉いている。また同書には屏風間似合を三尺五寸×五尺五寸の大きさに、名塩でも越前でも漉いていたと記している。そして越前市今立町では、この屏風間似合を漉く技術を活用し、高野治郎製紙場が明治十八年（一八八五）に三六判を漉きはじめ、襖障子用越前美術紙の基礎をつくった。なお本の判型で三六判というのは三寸×六寸である。↓岩石唐紙（がんせきとうし）

ざらがみ［更紙］ 良質でない洋紙で、もとはローラーもかけず紙面がざらざらしていたので、この呼称がある。新聞用紙や下級印刷用紙であり、砕木パルプ（groundwood pulp）を主原料としているので、groundwood paper という。

さらさがみ［更紗紙］ 室町末期に南蛮貿易によってもたらされたインド更紗・ジャワ更紗などの文様を型紙捺染した紙。更紗はポルトガル語の sarasa（木綿布の意）、またはインドの地名 Surat に由来するといわれ、中国名は花布・印花布・皿砂である。江戸中期の『新撰紙鑑』に、更紗紙は京・大坂で産するとなっているが、江戸でもその頃からつくられ、明治期には東京が主産地となり、本所・深川・浅草などが本場であった。表具や細工用のほか私的な部屋の襖障子張りにも用いられたが、江戸は火災が多く、から紙版木をしばしば焼失したので、この更紗紙の技法を活用し、型紙捺染のから紙つくりが普及していた。

さらしがみ［晒紙］ 長野県飯田市周辺でつくった元結の原紙。美濃の恵那郡浅谷村（三河の東賀茂郡朝日町の浅谷《あさかい》か）から来た稲垣幸八が正徳四年（一七一四）につくったと伝えられ、コウゾの白皮を叩解したあと、さらに水流で灰汁をぬき、よく晒した紙料で漉いている。この紙が完成したあと、名古屋から来た桜井文七が元結をつくって売り出したので「文七元結」という。↓元結紙（もとゆいがみ）

さらしながみ［更級紙］ 長野県更級郡大岡村（長野市）で産した小杉原紙。一種の鼻紙で、明治十四年（一八八一）刊の『広益農工全書』には、「小杉原、信州更級に出づ」と記されている。

サルファイト・パルプ［sulphite pulp］ 木材のチップを蒸解釜の中で亜硫酸塩（sulphite）と熱と圧力で処理した化学パルプで亜硫酸パルプという。略号はSP。一般に純度が高く、軟らかで叩

104　サネカズラ

解しやすく、高級な紙料であり、これを用いた紙は伸縮が少なく印刷適性がよい。上級書籍用紙をはじめ、上等・中等筆記用紙ともなり、砕木パルプを配合して新聞用紙・更紙・雑誌用紙のほか包紙など、広範囲に用いられている。

さんげ［散華］仏を供養するために花を散布すること。その花は季節の花のこともあるが、紙製の花を用いることが多く、五色の蓮華《れんげ》の花弁状などのものを筥《はこ》に盛って、声《しょう》明《みょう》に合わせながらまき散らす。↓紙花（かみばな）

さんけんし［蚕繭紙］蚕繭は紙の繊維が白くこまかく、光沢があり、蚕糸を交織したようであるのを形容する美称で、この紙は蚕繭でつくったのではなく、コウゾ皮などの樹皮が原料である。中国唐代の張彦遠《ちょうげんえん》『法書要録』に、王羲之が蚕繭紙を用いて「蘭亭序」を書いたと記しているのが有名である。また檀紙の別称を繭紙ともいうが、これは繭肌のような小さい皺紋があるので、このように名づけられたと考えられる。↓繭紙（まゆがみ）

さんざし［蚕座紙］孵化した毛蚕を蚕卵紙から羽箒で掃き移す蚕座として用いる紙で、掃立紙ともいう。コウゾ製で、蚕卵紙よりは薄いが幅は広く、一尺六寸×三尺一寸五分が基準寸法である。養蚕の盛んな長野県、福島県、埼玉県などで多く産した。↓蚕卵紙（さんらんし）

さんせいし［酸性紙］紙面の酸性度（pH）が六・五以下の弱酸性の紙で、欧米では酸性サイズ紙あるいはロジンサイズ紙と呼んでいるもの。十六世紀初頭から木材パルプを主原料とする機械すきが始まり、ロジンサイズとそれを定着させる硫酸礬土《ばんど》（硫酸アルミニウム）が採用されたが、硫酸イオンが弱酸性化して劣化を早め、紙の寿命を短くする原因となっている。したがって長期保存を目的とする分野には用いられなくなっている。↓中性紙（ちゅうせいし）

さんちゅうし［山中紙］飛騨（岐阜県）あるいは上野（群馬県）で漉かれた紙の俗称。飛騨の吉城郡河合村（飛騨市）あたりを下山中通と呼んだので、その産紙を「下山中紙」または「山中紙」といった。また上野国西南部の神流川の渓谷を甘楽谷または山中谷といい、その蚕種原紙を「山中紙」と呼んでいた。このほか信濃（長野県）の上伊那郡美《み》篶《すず》村（高遠町）産の紙もこのように呼んだ。

サンド・ペーパー［sand paper］泉貨紙などの厚紙に礬水《どうさ》を塗り、これに砂をふりかけて乾燥したあと、余分の砂を除いて膠液で剥落を止めたもの。磨研紙・砥石（といし）紙・やすり紙ともいう。↓磨研紙（まけんし）

さんとめがみ［桟留紙］下野（栃木県）産の呉服を包む厚いコウゾ紙。サントメはポルトガル語のSão Thomé が語源で、聖トマスが布教に来たという伝説のあるインド東岸のコロマンデル地方を指し、そこから渡来した細番手の広幅綿布を桟留縞という。それがのちに日本でも織られ、もともとその包装のために漉かれた畳紙《たとうがみ》である。紀伊高野山の島包紙に類するもので、『諸国紙名録』には一尺二寸五分×一尺四寸五分となっているが、より大きくいろいろな寸法で大延判もつくっている。

さんもんちよがみ［三文千代紙］粗質の紙に単純な文様を木版摺りした安価な千代紙。子供の遊具用として江戸でつくられたもので、江戸の辻ごとにあった木戸の番太郎が、駄菓子や玩具とともに売っていた。↓千代紙（ちよがみ）

さんらんし［蚕卵紙］蚕《かいこ》の蛾《が》に卵を産みつけさせる厚紙。蚕紙・蚕卵台紙・蚕種原紙ともいう。江戸時代から主要な養蚕地帯で用いられているが、明治五年（一八七二）に蚕種原紙規則が制定され、埼玉県深谷・福島県福島・長野県上田に売捌所を設けて大蔵省製造の原紙を販売させて統制したことがある。しかし同十一年にこの規則は廃止されて、民間の養蚕組合でつくっている。『貿易備考』はその原紙の主産地として、福島県伊達郡下小国村（伊達市）と長野県小県郡長瀬村（上田市）をあげているが、群馬県や埼玉県にも産した。↓蚕座紙（さんざし）

し

しおこがみ［塩子紙］常陸（茨城県）那珂郡の大宮町・美和村（常陸大宮市）など那珂川支流の緒川流域に産した障子紙。かつて塩籠荘《しおごしょう》のあったところで、美和村檜沢に塩子紙の名人がいたという。『新撰紙鑑』は障子紙、『諸国紙名録』には提灯紙としている。寸法は一尺×一尺四寸。

しおたがみ［塩田紙］佐賀県嬉野市塩田町に産した京花紙《きょうはながみ》。塩田町にはかつて約三〇〇戸の製紙家がいて、主として京花紙を漉いたが、同町鍋野が中核だったので鍋野紙ともいった。↓京花紙（きょうはながみ）

しおはまがみ［塩浜紙］伊勢（三重県）の醍醐寺領曾《そ》禰《ね》庄で中世に産した紙。『三宝院文書』の暦応三年（一三三八）七月十三日付請文にみられ、曾禰庄は安芸郡安濃村（津市）にある。なお塩浜の地名は四日市市にあり、ここが原産地であろうか。

じがみ［地紙］①扇・傘などに張るために、その形に切った紙。とくに扇地紙の略として用いる。↓扇地紙（せんじし）②金銀の箔を張り付ける下地の台紙。

しきがみ［敷紙・式紙］①下敷きにする紙。写経料紙の下敷きには十七段階の横線を引いた紙を用い、これを写経式敷といい、正倉院文書では式敷紙・式紙・敷紙と記している。式紙というのは一行十七字詰という写経のきまりにのっとっていることを示し、敷紙はたんに下敷きの意味であろう。②紙製の敷物。紙を糊で張り合わせて強化し、あるいは柿渋などを塗って、室内の敷物として用いるもの。

しきし［色紙・式紙］①いろいろな色の紙。すなわち染紙の意。斎宮の忌み言葉で染紙は仏経を指すので、古代の文献では一般に色紙という。『延喜式』によると、宣命紙《せんみょうし》には黄・縹《はなだ》・紅の三色があり、戸籍用紙は黄色に染めさせるほか、祭事の紙花などを紙屋院でつくっており、『類聚符《ふ》宣《せん》抄』には阿曇兼遠《あずみかねとお》が造色紙長上に補任されている記事もみえる。いずれにしても、色のついた紙の総称である。②和歌・書画などを書く方形の紙。金銀を散らすのもある。『宇津保物語』『枕草子』その他に「白き色紙」という表現がしばしば見られる。これは、色のついていない色紙であり、天徳四年（九六〇）の『内裏歌合』に「献ずる所の歌は色紙を以て小字を書く」とあるように、和歌を記すのに用いる紙のことである。『源氏物語』の梅枝の帖には、「こゝの紙屋の色紙の、色あひ花やかなるに、乱れたる草の歌を、筆にまかせて、みだれ書き給へるさま、見所限りなし」とあり、また橋姫の帖に「白き色紙の厚肥えたるに」とみえて、厚い紙で和歌用の色紙がつくられていたことがわかる。檀紙などで製したのであるが、のちに鳥子紙なども用い、文様を描いたり、金銀箔を施した。『延文百首』には、その詠進のときの鳥子色紙として、縦一尺二寸六分から八寸五分まで、いろいろの寸法があったことを記し、定法はなかったが、『本朝世事談綺』に「色紙短冊の寸法は三光院殿（三条実枝）より始まる」として、色紙は大きなものは縦六寸四分、小は六寸、横は大小とも五寸六分としている。しかし、江戸時代には、さらに小さくなり、『新撰紙鑑』に大が縦六寸四分×横五寸六分、小が六寸×五寸三分とあり、現在では普通縦九寸、横八寸と大きくなっている。後世にはこの色紙を式紙と書くこともある。↓図版105

しきしがた［色紙形］詩歌を書く色紙の形に切った紙面、または色紙の形を描いた輪郭の中に詩歌などを書いて、屏風・襖・障子などの画の形に表装したもの。『小右《しょうゆう》記』の長徳五年（九九九）十月三十日の条に、「右大弁行成、屏風色紙形に書く」とあり、『大鏡』一条天皇の条には、「関白殿道隆東三条つくらせたまひて、御障子に歌絵など書かせたまひし色紙形を、この大弐に書けとのたまはするを」とあるように、古代には障子類の装飾法として色紙形を描いたり、押したりした。↓色紙（しきし）

しけびきがみ［刷毛引紙］櫛状の刷毛で茶褐色の液を縞柄文様にひいた紙。丁子引紙の別名。↓丁子引紙（ちょうじびきがみ）・図版106

しけびきがみ［絓引紙］絓絹《しけぎぬ》を張った紙。絓絹とは粗い絓糸で織った絹布のことで、これに紙を裏打ちしたものは、多く表具などに用いる。↓表具紙（ひょうぐがみ）

しし［紫紙］紫色に染めた紙。正倉院文書天平十一年（七三九）の「写経司啓」に「紫紙一万六千張」とあり、紫根の染料で椿の灰汁または酢を媒染剤として染めている。奈

良時代の装飾経には、紺紙よりも紫紙に金泥で書写したものが多く、紫紙金字経という。↓紫紙金字経（ししきんじきょう）

ししきんじきょう［紫紙金字経］紫根で紫色に染めた料紙に、金泥で経典の文字を書写したもの。紫紙金泥経ともいう。聖武天皇が国分寺に納めさせた金光明最勝王経など奈良時代の遺品があり、奈良時代には紺紙金字経より紫紙金字経が多かったといわれている。↓紺紙金字経（こんしきんじきょう）

じせいし［磁青紙］中国明代の宣徳貢箋《せんとくこうせん》の一種で、青花《そめつけ》の磁器に似た藍染めの紙。屠隆『紙墨筆硯箋《しぼくひっけんせん》』には「段素（緞子・絹織物）のように堅くてねばり強く宝とすべし」と評価している高級な加工紙である。↓宣徳貢箋（せんとくこうせん）

しせつ［紙説］中国清代末期に安徽省涇県で生まれた胡韞《こうん》玉《ぎょく》が、一九二三年刊行の文集『朴学斎叢刊』第三冊に納めた論文。蘇易簡の『文房四譜』以来、製紙を論じた最も広範な著作で、正名・原始・用料・詳品・稽式・染色・弁朝・分地・考工・故事の一〇部に分け、別に紙工と宣紙説が付載されている。宣紙説は唐以来の歴史沿革を考察したのち、彼が涇県楓坑、大小嶺、泥坑の産紙地区での見聞にもとづき、宣紙の製造工程を概述している。

しせん［紙銭］銭形に切った紙、あるいは銭形を印刷した紙。葬送の時に棺に入れる祭具で、通貨ではない。中国では古くから民間で用い、『唐書』王璵《おうよ》伝には、唐の祠神を司る宰相であった王璵が、葬送のとき棺に入れた銭が墓から盗まれるので、民間で鬼神の祭りに紙に印した銭形が使用されているのを見て、以後この紙銭を用いることを規定した、と記している。この頃から中国で葬送のとき紙銭を焼くならわしとなり、杜甫《とほ》の「彭衙行《ほうがこう》」の詩に「紙を剪《き》りて我が魂を招く」とあるように、紙の人形を焼いている。日本にも奈良時代からこのならわしが伝わっているが、長く六道銭を棺に入れることがつづき、もっぱら紙銭を用いるようになったのは近代に入ってからといわれている。

しせん［詩箋］詩を書く料紙。罫や彩色または花鳥などの文様がほどこされ、透かしを入れたものもある。中国唐代

105　色紙各種

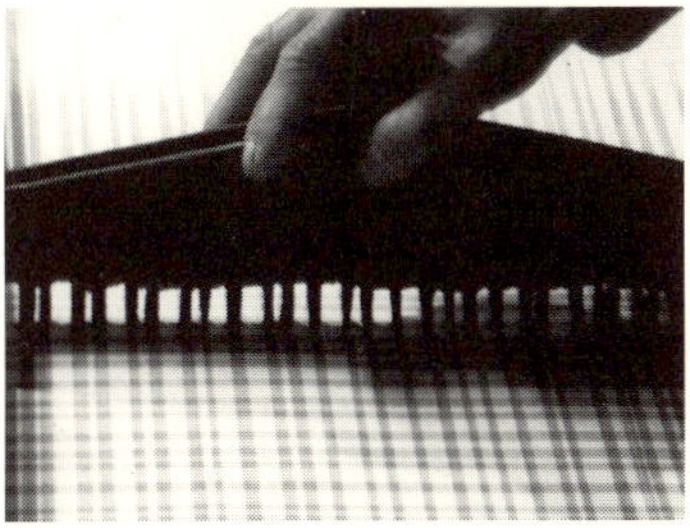

106　丁子引きの刷毛

に成都で薛濤《せっとう》がつくらせたという薛濤箋、あるいは浣花箋《かんかせん》も詩箋の一種であり、中国では多種のものがつくられている。

しせんふ【紙箋譜】中国元代の鮮于枢《せんうすう》（一二五六－一三〇一）の撰。一巻で、古文献の中から紙に関する記事を抄録したもの。

しそ【紙素】紙のもとの意で、広義には紙の原料であるが、紙料を煮熟し塵取りし、さらに叩解した、純度の高いセルロース（繊維素）のこと。

しそうすぎはら【思草杉原】杉原紙の一種。『新撰紙鑑』には「杉原此所より初めて漉出《すきいだ》すを云ふ也、江戸表に一束一本の献上物也」とあり、杉原紙のなかでも高級品のひとつである。「思草」は「おもいぐさ」あるいは「詩藻」にちなみ、詩文を書く料紙として調製したとも考えられるが、「しそう」は産地のことで兵庫県宍粟《しそう》郡であり、宍粟市山崎町鹿沢あたりが原産地と考えられる。寸法は縦一尺五分ないし一尺一寸、横幅一尺四寸五分。そして一束は普通五〇〇枚であるが、これは四〇〇枚となっている。↓杉原紙（すぎはらがみ）

しそく【紙燭】紙のこよりを油に浸し灯火として用いたもの。また宮中の夜間の儀式用照明具として、松の木を長さ約一尺五寸、太さ径約三分の棒状に削り、先の方を炭火で焙って黒く焦がし、その上に油を塗って点火したが、下は紙屋紙で左巻きにした。『竹取物語』には「まづ紙燭さして来《こ》。この貝、顔見ん」とあるが、承平七年（九三七）源順撰『倭名類聚抄』にもみられ、古代には必備の照明具であった。

しそしん【紙祖神】『古語拾遺』の神武天皇大和奠都《てんと》の条に、「天日鷲命《あめのひわしのみこと》の孫《すえ》は、木綿《ゆう》また麻また織布《あらたえ》を造る。よって天富命《あめのとみのみこと》をして天日鷲命の孫を率ゐて肥饒地《よきところ》を求め阿波国に遣はし、穀《かじ》、麻の種を植ゑしめき。その裔《すえ》今彼の国にあり。大嘗の年に当りて、木綿、麻布、また種々《くさぐさ》の物を貢《たてまつ》る。郡の名を麻殖《おえ》とする所以《ゆえ》の縁《もと》なり」とある。穀は楮であり、木綿はこの穀の皮を細く裂いたものである。これを織れば栲布《たくぬの》となるが、これは紙の原料でもある。屋代弘賢『古今要覧稿』、佐藤信淵『経済要録』は、和紙の起源をこの記事に求め、徳島市の忌部神社、吉野川市山川町の忌部社、山口県玖珂郡本郷村（岩国市）の楮祖神社、茨城県美和村（常陸大宮市）の鷲子山上神社、山梨県市川三郷町市川大門の神明宮、東京都文京区音羽一丁目今宮神社境内の天日鷲神社などで、天日鷲命を紙祖神として祀っている。↓図版107

しそにんぎょう【紙塑人形】コウゾ・ミツマタの繊維を主原料とし、木材パルプ・胡粉・粘土・木粉などの補助原料を加え、これに澱粉糊・フノリなどの接着剤を添加して練り固めたものを彫刻してつくった人形。最後の仕上げには染紙を薄く剝いで加飾するが、歌人の鹿児島寿蔵が創始し、彼は人間国宝に指定されていた。最初素焼き人形をつくっていたが、破損しやすく色彩が剝落しやすい欠点を補強するために、紙塑人形を開発したもので、和紙のように弾力性があって強く美しいのが特徴である。

しだいがみ［次第紙］密教で修法の順序を記すのに用いた厚紙。紀州（和歌山県）の高野山麓に産し、『新撰紙鑑』には一尺一寸×一尺七寸となっている。また『諸国紙名録』には同寸法で、傘張りとか帳簿用としている。

したいしっき［紙胎漆器］素地に紙を張り重ねてつくった漆器。土・木・竹・金属などの代りに紙で素地をつくったもので、平安時代のものとして、和歌山県高野山金剛峯寺の紙胎花蝶蒔絵念珠《ねんず》箱、愛知県稲沢市万徳寺の紙胎漆塗彩絵花籠《けご》などがあり、奈良県生駒郡斑鳩町中宮寺の文殊菩薩像も紙胎で文永六年（一二六九）の作である。後世に一閑《いっかん》張《ばり》と呼ばれるものも紙胎漆器である。

したえがみ［下絵紙］蝶・鳥・草・花・木などの簡素な絵を、緑青《ろくしょう》・群青《ぐんじょう》の顔料や金銀泥で描いた紙。十一世紀中期の伝紀貫之筆『桂本万葉集』の料紙などにみられ、和歌の雰囲気をかもす加工技法としてしばしば用いられている。

しちょう［紙帳］紙でつくった蚊帳《かや》のこと。夏の蚊をふせぐとともに冬には防寒のためにも用いた。江戸時代に流通したといわれるが、『大乗院寺社雑事記』長禄二年（一四五八）九月十日の条に「杉原三帖蚊帳料」とあり、『蔭涼《いんりょう》軒《けん》日録』文明十七年（一四八五）の条に「紙帳」とみえるので、室町期からあった。『毛吹草』には京都と肥前（佐賀県）をその産地にあげ、需要のふえたことを示している。

しちようれき［七曜暦］七曜は日・月と火・水・木・金・土の五星を合わせた名称で、それらの位置を記載した暦。古代の朝廷では元日の節会《せちえ》に、中務省《なかつかさしょう》の陰陽寮《おんみょうりょう》に命じて奉らせているが、『延喜式』には具注暦二巻、七曜暦一巻を陰陽寮でつくることとし、それに必要な紙のことを規定している。

しで［紙出］紙を裁つときに出る屑、すなわち紙の裁ち屑のこと。安永六年（一七七七）刊の陰山三郎兵衛編『難波丸綱目』には、「紙出行さき」として、美濃・越前・吉野・高野・名塩・播州三原・広島・丹後をあげている。大坂市場の紙問屋から主要な産地に返送され、半切紙などの原料として再利用されていた。明治五年（一八七二）の『岐阜県下造紙之説』には、紛《まがい》書院や小菊紙は諸国諸紙の紙出を、扇地《せんじ》紙・丈長奉書は奉書紙の紙出を用いたと

107　紙祖神，天日鷲命を祀る徳島県吉野川市山川町の忌部社

記している。

しで［紙垂・四手］神前に供する玉串《たまぐし》・注連縄《しめなわ》などに垂れ下げるもので、古くは木綿《ゆう》（コウゾ皮を細く裂いた糸）を用いていたのに代えて、のちに紙を一定の形に切って用いたもの。↓図版108

していそう［紙釘装］和紙の強さを利用した製本法で、袋《ふくろ》綴《とじ》と同様に背側の方に上下一か所ずつ穴をあけ、各穴にこよりを通してその両端を開き、釘の頭のようにして留めて製本したもの。また二か所だけでなく四か所くらい留めたものもある。

しと［紙床］漉きあげた湿紙を積み重ねたもの。湿紙を積み重ねる底に置く板を湿紙堆積板《しとあていた》、漉付板、漉詰板、紙床板、積板、吸詰板《すいつめいた》などという。↓図版109

しはいもんじょ［紙背文書］現在表に見える文書ではなく、最初に書かれた文書。裏文書ともいい、古代には紙が貴重であったからであるが、紙背文書がしばしば表文書よりも貴重な価値のある史料であることがある。

しふ［紙布］紙を細く切り撚った紙糸で機織した布。経緯《たてよこ》ともに紙糸を用いたものを諸紙布《もろしふ》、経に絹・綿・麻糸を用いたのを絹紙布・綿紙布・麻紙布という。軽く肌ざわりのよい夏の防暑着である。近世初期の『毛吹草』は陸奥産として紙布をあげ、『和漢三才図会』は奥州白石（宮城県）の特産とし、白石では平織だけでなく、雲才織・杉綾地・竜紋地・縮緬《ちりめん》地・紋綾織・紅梅織などもつくった。白石の紙布は昭和三十年（一九五五）に国の記録作成等の措置を講ずべき無形文化財に選択されている。↓図版110

しふ［紙譜］各種の紙の標本を集めたもの。見本帳として作成されたものが多く、文化（一八〇四－一八）の頃の橋本経亮『紙譜』『遠年紙譜』は著名であり、加賀藩主の前田綱紀《つなのり》が各地の工芸品を収集した『百工比照』のなかにも紙譜がふくまれている。また「譜」は物事を系統立てて記録することで、紙についての記録を「紙譜」といい、木村青竹編『新撰紙鑑《かみかがみ》』は、「紙譜凡例」と記し、版心には「紙譜」と印刻しているので、この書は『紙譜』の名で呼ばれることが多い。また中国の鮮于枢はその著を『紙箋譜』としている。↓新撰紙鑑（しんせんかみかがみ）

しぶかたがみ［渋型紙］布地や紙に捺染するため、蕨渋を引いて防水加工した型紙。たんに型紙ということが多い。↓型紙（かたがみ）

しぶかみ［渋紙］大半紙・美濃紙とか帳簿の反古《ほご》を張り合わせたものに柿渋をひいて防水性を与えた紙。衣料・敷物や本の表紙などいろいろのものを包むのに用いる。渋引紙・柿紙ともいい、南北朝期の『麒麟抄』付録にすでにみられ、『多聞院《たもんいん》日記』永禄八年（一五六五）九月八日、元亀三年（一五七二）八月三日の条に「シブ紙」とあって、中世にすでに柿渋による加工が相当多く行われていたことを

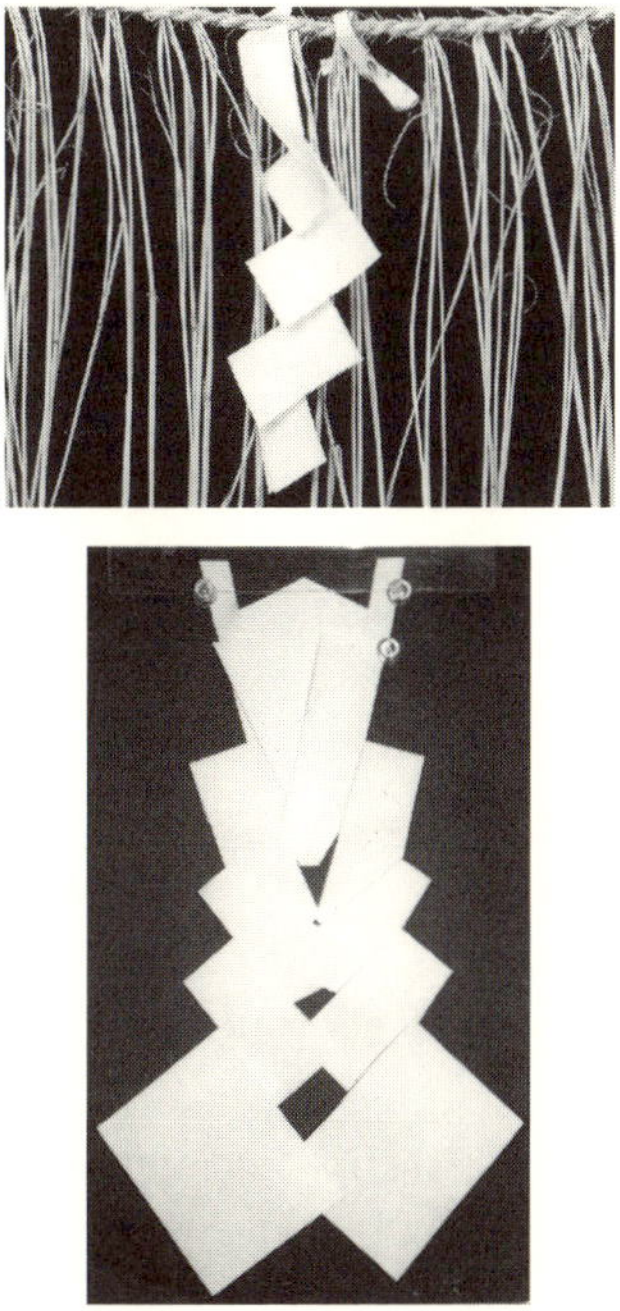

108　紙垂2種

109　漉いた湿紙を紙床に移す
（美濃市蕨生の後藤茂工房）

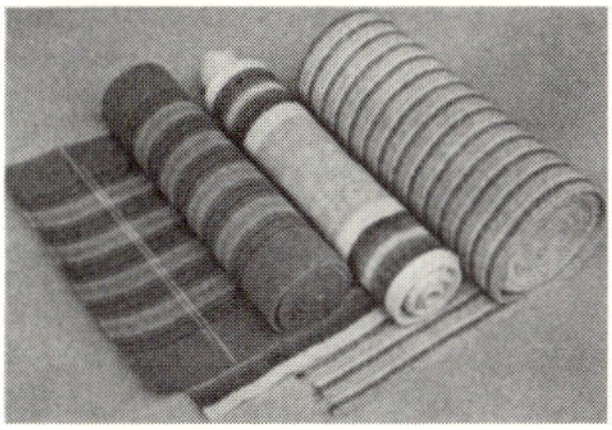

110　紙布

語っている。平安時代からある紙子は柿渋を塗り、こんにゃく糊で張り継いで揉みやわらげたものであり、渋紙や紙子は旅装用具として需要が多かったので、近世初期から京都の五条松原通、大坂の久宝寺町には渋紙屋や紙子屋があった。また京都の四条京極の西に奈良物町があるが、奈良産の渋紙を扱うところであったから、と『雍州府志』は記している。このほか奥州白石、駿河安倍川、紀州華井、播州姫路、安芸広島、肥後八代などは紙子の主要産地であり、渋紙は各地でつくられていた。↓紙子（かみこ）・柿紙（かきがみ）

しふし［紙布紙］　紙布の紙糸をつくるのに用いる紙。紙糸は紙を縦に細く切って撚りをかけるので、漉桁《すきげた》の操作は前後の縦揺りだけで、繊維を縦方向に揃えて漉いている。紙布紙の原料は主としてコウゾであるが、近年はミツマタ・ガンピも用いている。↓紙布（しふ）

しへい［紙幣］　紙でつくった貨幣。兌換《だかん》の有無によって兌換紙幣・不換紙幣の二種に区別し、発行者の地位によって政府紙幣と銀行紙幣（銀行券）とに分ける。江戸時代に諸藩が発行した藩札は領内だけに通用する不換紙幣である。日本全国に通用するのは、明治元年（一八六八）七月、維新政府が由利公正の建議で発行した不換紙幣の太政官札が最初。これが外国資本に損害を与え国際的非難を浴びたので、翌年兌換紙幣化して信用を回復した。明治四年（一八七一）紙幣寮（のちの大蔵省印刷局）を創設し、ドイツなどの先進技術を導入して贋造を防ぐ良質の紙幣を発行した。紙幣の用紙は、精巧な印刷に適し、長年の取扱いに耐える強さが必要であり、福井県のすぐれた紙漉きたちを招いて改良を重ね、ここが近代の紙質研究の技術センターとなり、

海外でも高く評価された局紙を生み出している。↓印刷局（いんさつきょく）

しぼいりだんし［皺入り檀紙］めだった皺紋を加工した檀紙。古代の檀紙には繭紙とも呼ばれて繭肌のようなこまかい皺紋があったが、この皺入り檀紙のものは装飾的にめだつように加工しており、元禄期（一六八八－一七〇四）頃から始まったといわれている。『新撰紙鑑』には檀縮、色縮と記して「縮」の字で皺入りのことをあらわしている。皺紋をめだたせるには、何枚かの台紙の上に皺紋をつける仕上げ紙を重ね、湿らせてから仕上げ紙に定規で線をつけたりしたあと、角度を変えて剥ぐ。その角度と台紙の厚みによって皺紋の大小が異なるとされ、皺紋には菱絞り・横絞り・竹縞絞り・小絞りなどがある。↓檀紙（だんし）・図版111

しぼいりほうしょ［皺入り奉書］めだった皺紋を入れた奉書紙。皺入り檀紙をまねたもので、縮《しゅく》奉書・縮芳章ともいう。↓縮奉書（しゅくほうしょ）

しほうきり［四方切］筑前（福岡県）産の一尺四寸角に漉いたコウゾ紙。煙草包紙用。

しぼり［絞り］①絞って皺紋を寄せた染紙。すなわち絞り染紙の略。②揉み皺をつくって文様を打ち出し、油・漆・金属箔などで装飾加工した擬革紙の別称。イギリスの第二代駐日公使パークスの『日本紙調査報告』には、煙草入袋紙の擬革紙を「絞り」と記している。また江戸の著名な煙草入袋紙業者である竹屋の擬革紙は「竹屋絞り」と呼ばれていた。

しぼりそめかみ［絞り染紙］紙の一部をつまみ、あるいは棒を差し込んでその先端部を糸で巻きつけたものを染めた紙。糸でまきつける絞りをいろいろに工夫して、オリジナルで多彩な絞り染紙がつくられている。

シーボルト［P. F. Siebold］江戸後期に来日したドイツ人医師・博物学者（一七九六－一八六六）。Philipp Franz von Siebold. ヴュルツブルクの学者の家に生まれ、この地の大学で医学・地理学・民族学を研究。卒業後、東洋研究を志願し、文政六年（一八二三）オランダ商館付医員として長崎の出島に来航。翌年長崎郊外に鳴滝塾を開いて診療と教育に従い、全国から来た高野長英・小関三英・湊長安・美馬順三・高良斎ら数十名の俊英を育てた。文政九年（一八二六）商館長に従って江戸に参府、伊藤圭介・大槻玄沢・最上徳内らと交流、文政十一年（一八二八）帰国のとき国禁の地図の海外持ち出しが発覚して、国外追放処分をうけた。安政五年（一八五八）日蘭通商条約の締結によってその処分は取り消され、翌安政六年オランダ商事会社顧問として再び来航、文久元年（一八六一）江戸に出て幕府に外交策を建言したが、オランダ総領事に妨害され、翌年帰国。慶応二年（一八六六）ミュンヘンで死去。多方面に日本文化を研究し、『日本』『日本植物誌』『日本動物誌』などの大著がある。オランダのライデンにある国立民族学博物館には、江戸参府の帰途、大坂で彼が買い集めた和紙コレクションが保管されているが、彼は和紙についての関心も深く、『日本』に収録の「江戸参府紀行」には静岡の現地視察にもとづくミツマタ紙の製法が記されている。また和紙の原料であるコウゾ・ツルコウゾ・ミツマタ、粘剤のノリウツギ・ウリハダカエデの学名には、彼が命名者として記されている。↓図版112

しま［紙麻］コウゾ・カジノキの古称。「麻」の古名は「そ」で、訓読すると、「かみそ」となり、その音便が「こうぞ」である。正倉院文書の宝亀五年（七七四）「図書寮解《げ》」には「諸国未進紙並筆紙麻事」とあって、紙麻二四八斤の未進を記し、『延喜式』には年料別貢雑物として諸国の紙麻貢納量を規定し、美濃は最高量の六〇〇斤となっている。またガンピは斐紙麻と表記していた。↓コウゾ・ガンピ

しまつつみがみ［島包紙］島は島織または縞織の略で、転じてそのような織文様のある布帛の意であり、島包紙は呉服・反物類を包む紙のこと。紀伊（和歌山県）高野山麓の特産ともいえる厚紙で、寸法は一尺五分×一尺六寸。淡路では小島包といって、いくらか小さい一尺×一尺五寸三分のものを産した。

しみ［紙魚］紙を食う小さい虫で、衣魚・蠹魚・壁魚とも書き、学名 *Lepisma saccharina* L. のシミ科シミ目に属する昆虫。英語では silver-fish または bristle-tails, book-worm という。世界中に約二〇〇種が分布し、日本では数種発見されており、体長は普通一ミリ以下、体は紡錘状で後方に細くなり、後尾に三本の長い尾毛をそなえ、背は銀白色の光沢をもつ鱗片で覆われている。一般に暗所を好み、日本で最も多いヤマトシミは書庫・納戸・倉庫などの物陰に生息している。紙類・書物・布などの糊をなめて食害する。また紙に穴をあけて大害を及ぼすのはシバンムシ科の甲虫、シバンムシ（死番虫）である。

111　菱文皺のある檀紙

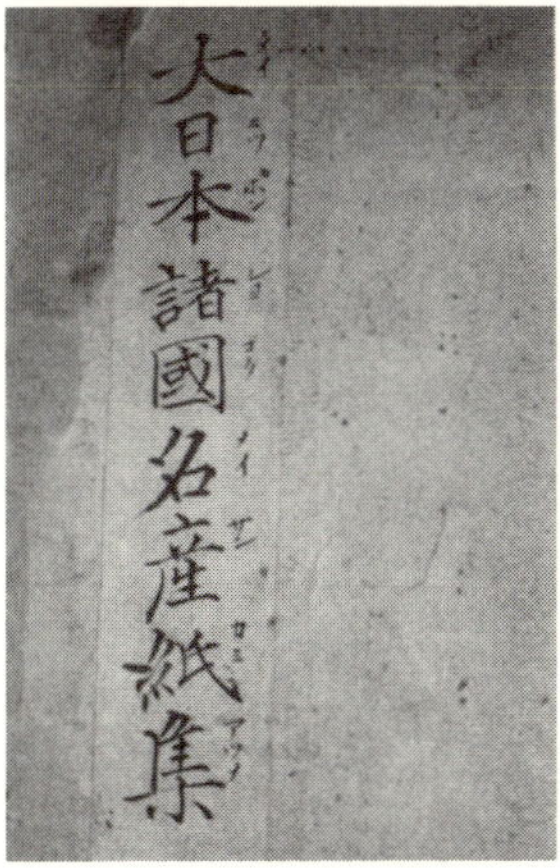

112　シーボルト収集の和紙標本を集成した『大日本諸国名産紙集』

しめ［締］紙の束を数える語。半紙一締は一〇束、すなわち一〇〇帖で、一帖は二〇枚なので二〇〇〇枚。美濃紙は一締が五束で、すなわち五〇帖、一帖が四八枚なので二四〇〇枚である。

しもいながみ［下伊奈紙］信濃（長野県）の下伊奈郡産の紙。近世初期の『駿府御分物御道具帳』のなかにみられ、下伊奈郡と飯田市周辺に紙郷が散在していた。

しもつけのかみ［下野紙］下野（栃木県）に産した紙。下野紙のことは正倉院文書の宝亀五年（七七四）「図書寮解《げ》」にみえ、『延喜式』では中男作物の紙のほか年料別貢雑物として麻紙を納め、また位記を書く麻紙は下野と上総から納めることになっている。下野は古代から紙を産し、那須で奉書や檀紙をつくったと伝えられ、近世には常陸（茨城県）の大方紙の模造のほか桟留紙・程村紙を創製し、杉原紙・小杉・小半紙・彦間（飛駒）紙・那須大八寸など多種の紙を産している。↓那須紙（なすがみ）

しもふりがみ［霜降紙］着色した木材パルプ繊維をミツマタ繊維とともにビーターにかけてよく混和させ、この紙料を粘剤を用いて漉き、別の湿紙状の地紙に伏せ重ねて漉き合わせた紙。着色した木材パルプが柔らかい和毛《にこげ》のように曲線を描いて全面に散らばっていて霜降文様の布地を思わせ、また和毛のような趣から「毛入り紙」ともいう。襖《ふすま》障子張りのほか装幀用である。

しゃきょうし［写経紙］仏教の経典を書写するのに用いた紙。経紙ともいう。仏教では、経典の文字を「一々文々是真仏」と崇拝し、その経文を書写することは仏道修行の基本課目であり、その修行によって功徳が与えられる、とされている。このため仏教文化の盛んだった古代には、僧侶は写経を日課のひとつとし、貴族層にも写経する者が多かった。こうした個人の写経のほか、奈良時代には国家事業として、あるいは天皇・皇后・皇族らの発願による大規模な集団写経事業が行われた。この集団写経は、天武天皇元年（六七二）三月、川原寺で始めた一切経の写経を筆頭に、その後一〇〇年間に一切経が二一部書写されている。このような集団写経には、写経司とか写経所が設けられ、正倉院文書によると、その一例としての光明皇后発願一切経写経所は天平十一年（七三九）頃に九四人の構成で、そのうち七八人が写経師であった。また二〇〇余人の大規模な時もあった。このほか地方の寺院などでの写経を考えると、膨大な写経紙が必要であり、このため各地で製紙が盛んになり、大和朝廷に貢納されていた。正倉院文書に、美作《みまさか》経紙・越経紙・播磨経紙・美濃経紙などと記されているのは、もちろん写経紙であるが、とくに経紙と名づけなくとも写経に用いられたものが多かった。また写経所には装潢《そうこう》師がいたが、『令義解』に「截治《せつじ》するを装といひ、色を染めるを潢といふ」とあるように、紙を打って平滑にし、色を染め、界線を引き、紙を継ぎ、端を切るなどして、写経の準備をするとともに写経が終ると、それを巻子本に仕上げた。その仕事のひとつに色を染めることがふくまれているのは、写経紙は染めて用いることが多かったことを示している。『延喜式』に、経典の忌詞《いみことば》を「染紙」というと記しているのも、写経紙は染めるのが通例であったことを意味している。そしてその染色は、黄蘗染めの黄色か、橡《つるばみ》（クヌギの実）で染めた木蘭色《もくらんじき》がほとんどであった。これらは、いわゆる仏門の色だからであるが、紫色や藍（紺）色なども使われている。紫紙や紺紙の場合は墨汁で書きにくいので、金泥あるいは銀泥を用いて書き、紫紙金字経、紺紙金字経などと呼ばれる。これらは華美な装飾によって信仰の厚さを示そうとしたもので、さらに花鳥模様の下絵を添えるなどしたものは荘厳経・装飾経とも呼ばれている。

しゃきょうし［写経司］奈良時代に官で写経させるために設けた役所。奈良時代は仏教文化が盛んで、写経事業が普及しており、官でも大規模な一切経の写経などをしばしば行っていた。

しやく［紙薬］中国で水槽の中に入れて紙料繊維が固まり沈むのを防ぐため、紙料液に混ぜあわせて繊維を分散させ浮遊させる植物粘液。紙薬は晋代からすでに用い、初めは米粉の糊、植物澱粉液であったが、唐代には膏藤《こうとう》・羊桃藤（ナシカズラ・楊桃藤・滑藤）などから抽出した汁を用いており、これを滑水ともいう。紙面を滑らかにするという意味で、日本で「ぬれ（滑）」から転訛したニレ（楡）の皮から粘剤《ねり》を抽出したのに通じるところがある。南宋の周密（一二三二－九八）の『癸辛《きしん》雑識』には、「およそ紙を擣《す》くには必ず黄蜀葵（トロロアオイ）の梗《くき》・葉を用いる。……もし黄蜀葵がなければ、楊桃藤・槿《むくげ》の葉・野葡萄のいずれでもよい」としている。楊桃藤や黄蜀葵は最も多く用いられたが、楡皮や毛冬青《もうとうせい》（モチノキ）もあり、また福建省では野枇杷根・欖根・椰子葉・楠葉・膠樹葉・杜仲根・柏樹根など十数種を用い、四川省では山礬（アオバナハイノキ）、雲南省では沙松樹（コウヨウザン）、チベットでは仙人掌《さぼてん》、台湾では馬拉巴栗《マラパリ》（**Malabar chesnut**）など、多種類のものを用いている。→粘剤（ねり）・図版113

しゃくし［笏紙］公家が束帯のとき右手に持つ長さ一尺二寸の板片を笏といい、式次第などの心覚えを書いて貼る紙が笏紙である。『水左《すいさ》記』の承暦四年（一〇八〇）正月十六日の条に「召外記宣輔令押笏紙」、永保三年（一〇八三）正月一日の条に「節会日於家押笏紙参内、是

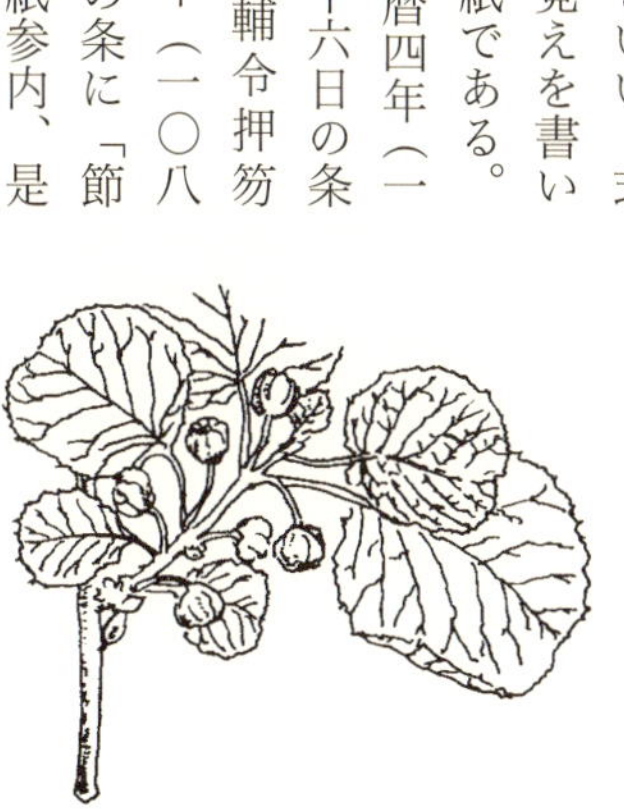
113　中国の紙薬抽出植物のひとつ，羊桃藤

故実也」とあり、このように笏紙は、公家の備忘メモとして用いられていた。

しゃこうせん［謝公箋］中国宋代に四川省でつくった加工紙。『蜀箋譜《しょくせんふ》』によると、謝景初（一〇一九－八四）が薛《せつ》濤箋《とうせん》をまねてつくらせた一〇色の手紙用の紙である。一〇色は深紅・粉紅・杏紅・明黄・深青・浅青・深緑・浅緑・銅緑・浅雲である。

しゃじゅく［煮熟］製紙原料にアルカリ性溶液を加えて高温で加熱し、原料の中にふくまれている、セルロース以外の不純物をできるだけ水に溶ける物質に変え、水に流し去って比較的純粋な繊維素だけを抽出する作業。すなわち原料から澱粉質・蛋白・脂肪・タンニン・リグニン・ペクチン・糖類・鉱物質などの不純物を除く作業で、良い品質の紙をつくるための重要な工程である。煮熟用の薬剤としては、木灰・石灰・ソーダ灰・苛性ソーダがある。古くは木灰だけであったが、ついで石灰も用いられ、ソーダ灰・苛性ソーダは近代に導入されている。木灰にふくまれる炭酸カリおよび炭酸ソーダの作用はきわめてゆるやかで、繊維を損傷することが少なく、伝統の高級紙をつくるのにしばしば用いられている。苛性ソーダの作用は激しく、木材・竹・稲わらのような木質化度の高いものやマニラ麻・藺草《いぐさ》などの硬質原料の煮熟に適している。煮熟したあとは流水にひたして灰汁抜きする。

しゃずき［紗漉き］柿渋をひいた絹紗を簀に張って漉くこと。簀目や編糸の跡が紙面にあらわれないようにして、均一に滑らかな紙をつくるためである。『延喜式』にみえる紙漉き道具のなかの紗には「漉簀に敷く料」と注記しており、平安中期にはすでに紗漉きがあった。典具帖紙・薄美濃紙・薄様紙・図引《ずびき》紙などの薄い系統の紙や繊維が細く短いガンピ紙を漉くのに用いられている。薄紙を漉くには一寸幅に四〇～五〇本のひごを編み込んだ極細の目の簀が用いられているが、粗目の簀でもその上に紗を張れば極細目の簀に等しい効果を期待できる。極薄の紙に紗漉きが用いられることと考え合わせて、『延喜式』の紗は主として薄紙を漉くのに用いられたものと思われる。↓絹紗（きぬしゃ）

しゃついせん［煮硾箋］宣紙の一種で、厚手のものを木槌でたたいて光沢を出した紙。煮硾宣紙ともいう。いまは木槌でたたかず、ロールをかけて硬く緻密にしている。

じゃのめがみ［蛇目紙］蛇目傘を張るのに用いる染紙。蛇目傘というのは、中心部と周辺部とを赤・紺・黒色などに塗り、蛇の目の形をあらわした傘。岐阜県吉城郡河合村（飛騨市）で、この傘張り用としてコウゾ原料を合成染料で赤・紫・橙《だいだい》・紺などに染め、漉き染めしたのを蛇目紙という。

しゃれぼん［洒落本］江戸中期から後期に流行した小説の

一形態。遊里に取材して、客と遊女の言動・会話を主とした文体で写実的に描いている。体裁は半紙四つ折りの大きさで小本と呼ばれ、紙数は三〇～四〇枚ほどで、多く茶色の簡単な表紙をつけている。山東京伝を代表作家とし、天明七年（一七八七）刊の『通言総籬《つうげんそうまがき》』などが著名である。

しゅいんじょう【朱印状】朱印を押した公的文書。戦国時代以降、武将が政務・法令・軍事などの文書に、花押の代りに印章を押すことが盛んになり、そのうち朱印を用いたもの。これによって所領を安堵したり給付したほか、海外渡航を許可し、この朱印状を携えた渡航船を朱印船という。

じゅうさいぼう【柔細胞】ミツマタ・ガンピ・コウゾなどの靭皮に多くふくまれ、繊維を結合させるかすがいの役割を果たしている細胞。この柔細胞は紙に強さを与えるだけでなく、色素や粘質物を含んで紙の風合いにも影響するとされている。日本では、紙つくりの経験によってこの柔細胞をより多くふくむ靭皮繊維を和紙の主要原料として選び、この柔細胞が和紙のすぐれた紙質をはぐくみ、ささえているともいわれる。

しゅうだがみ【朱宇田紙】俗に線香紙ともいい、蘇芳《すおう》で朱色に染めたもの。もともと宇田紙（宇陀紙）を染めたと考えられるが、『諸国紙名録』には、清帳紙の二枚継ぎを蘇芳で染めると記しており、東京と大阪で産した。

しゅうちんばん【聚珍版】活字版と同じで、中国の清の乾隆帝が珍書を木活字で印行するのに際して、活字版の雅号を考案させ、珍書を聚《あつ》めて印行するという意味で、この称呼を用いたのに始まる。

しゅうちんぼん【袖珍本】袖やポケットに入れて携えられるほどの小型本の総称。袖珍判・掌中判ともいう。もと三五判（三寸×五寸）、三六判（三寸×六寸）、または菊半裁、四六半裁のものを意味したが、現在では文庫判・新書判などがこれに該当する。馬上で読むのに便利な小型本の意味で馬上本とも呼ばれた。

じゅうもんじがみ【十文字紙】①漉簀《すきす》を縦横十文字に揺すって繊維をよくからみ合わせた紙質の強靭な紙。正徳六年（一七一六）刊の『四民童子字尽安見』には、森下紙に「十文字に漉き合羽に用ふ」とある。美濃産の十文字紙は合羽とか紙子などに用いられたが、やがて擬革紙などの耐久性を求める加工紙の原紙となった。江戸の擬革紙は常陸（茨城県）・下野（栃木県）産の十文字紙を用い、

114　十文字漉きの横揺りの操作

のちに江戸の竹屋は大判の十文字紙を自製して金革壁紙をつくった。明治期には下野の烏山（那須烏山市）産が最も知られ、パークスの『日本紙調査報告』にも記されており、『貿易備考』は遠江国豊田郡東藤平村（浜松市）や函館監獄署でもつくったと述べている。②秋田県平鹿郡十文字町（横手市）で産した障子紙。同町館前には「紙たたく音の眠らし夏木立」の句碑があり、夏にも漉くほどの紙郷があったところである。↓図版114

じゅうようむけいぶんかざい［重要無形文化財］ 演劇・音楽・工芸技術その他の無形の文化的所産で、歴史的または芸術的価値の高いものを無形文化財といい、そのうちとくに重要で国が指定するものを重要無形文化財という。そしてこれを高度に体現できる者または正しく体得しかつ精通している者を保持者として認定している。和紙関係で昭和四十三年（一九六八）に越前奉書の岩野市兵衛、出雲雁皮紙の安部栄四郎が技術保持者（人間国宝）に認定され、のちに石州半紙技術者会、本美濃紙保存会、細川紙技術者協会が総合認定されている。また平成十二年（二〇〇〇）から同十四年にかけて二代目岩野市兵衛（越前奉書）、浜田幸雄（土佐典具帖紙）、谷野剛惟《たけのぶ》（名塩雁皮紙）も追加認定されている。

じゅうれんし［縦簾紙］ 奈良・平安時代に中国から舶載された麻紙に日本の古筆家が名づけた呼称。『楽毅論』『喪乱帖』『孔侍中帖』『李嶠雑詠』『光底戒牒』などに用いられている。中国では南北朝期に固定式の紙漉き器から紙簾（漉簀）を簾床（漉桁）に置く組立式に発展したとされ、紙面に簾紋のめだつものが多くなっており、舶載の麻紙には縦の簾紋が多いので、このように名づけたという。

じゅがくぶんしょう［寿岳文章］ 昭和期の英文学者・書誌学者（一九〇〇－九二）。昭和十一年（一九三六）に日本文学者新村出の主導で京都に設けられた和紙研究会の最も有力なメンバーで、甲南大学教授であった。英文学では『神曲』の翻訳のほか『英文学の風土』、書誌学では『ウィリアム・ブレイク書誌』『書物の世界』などがあるが、和紙関係の著作が多い。昭和十八年（一九四三）私家版として刊行した『紙漉村旅日記』は、彼の和紙研究に対する深い熱意をこめたものとして評価され、『和紙風土記』（河原書店）の著作のほか『和紙研究』誌には重厚な論考を数多く発表した。昭和三十五年（一九六〇）から三年間の正倉院の古紙調査では主導的役割を果たし、昭和四十二年（一九六七）和紙の体系的な通史をまとめて『日本の紙』（吉川弘文館）を出版した。これは和紙研究の基本テキストとされているが、その後昭和四十八年（一九七三）に『和紙の旅』（芸艸堂）を刊行している。このほか和紙関係の著作・論文が数多く、昭和後半期には和紙研究の第一人者の地位にあった。昭和初期には柳宗悦《むねよし》の民芸運動にも参加しており、全国の紙郷行脚とともに文献資料と紙漉きの現場を結びつけて、幅広い視野で和紙史の展開を研究した学者である。兵庫県多可郡多可町の杉原紙研究所には「寿岳文庫」がある。

しゅくいんし【縮印紙】『聖徳本記』に聖徳太子がつくったとしている四種の紙のひとつ。縮はのちに大高檀紙を大縮《しぼ》と呼んだように、皺紋のことと考えられ、板干しでなく縄干しのため皺紋があったのであろう。しかし、縄干しの紙は紙面を平滑にするため木槌で打つのがならわしとなっていたので、山岡浚明《まつあけ》の『類聚名物考』には「縮紙といふ物は、是れ打紙の事にやあらん」とみえている。

しゅくし【宿紙】反古を漉き返した紙。いわゆる再生紙である。「すくし」ともいう。十分に墨色がぬけていないで、しかも漉きむらがあるので、薄墨紙あるいは水雲紙ともいう。『三代実録』巻四十九によると、仁和二年（八八六）十月二十九日に薨じた藤原多美子は清和天皇の女御の一人であり、元慶四年（八八〇）に天皇崩御ののち、生前に送られた手書を集めて漉き返した紙に、法華経を書写し、大斎《さい》会《え》を設けて恭敬《くぎょう》供養し、天皇の並々ならぬ恩徳に報いた、と記している。このことは『今鏡』にもみえている。漉き返し紙は還魂紙ともいって写経供養の宗教的な意味をもっているが、紙屋院では原料難のため反古を集めて漉き返した宿紙を多くつくるようになった。『上卿故実』の御物忌事の条に「奏すべき文、みな宿紙を用ふ」とあって、宮中の物忌みの折に用いられるのは当然であるが、綸旨《りんじ》や口宣《くぜん》案《あん》を記す公文書の用紙ともなった。この漉き返しで紙をつくることは、原料難の都市製紙業者の宿命であり、のちに京都で宿紙上座・宿紙下座が組織され、その伝統を継ぐ西《にしの》洞院《とういん》紙も主に漉き返しであった。また堺の湊紙や大坂の高津紙、江戸の浅草紙も漉き返しが主体であり、京都には早くから故紙回収の業者がおり、中世に蔵人所《くろうど》に所属する反《ほ》古《ご》座があって中原氏が支配していた。江戸については、天保十二年（一八四一）岡村屋庄助編『御免御触書集覧』に、紙屑の買占めや値上げ競争を規制する文書がみえ、紙屑屋と称する故紙回収業者があったことを示している。↓紙屋紙（かみやがみ）

じゅくし【熟紙】中国の塡粉《てんぷん》・施膠《しこう》・槌打《ついだ》などの加工処理をした紙。宋の邵博《しょうはく》の『河南邵氏聞見後録』巻二十八に、「唐人に熟紙があり、生紙がある。熟紙はいわゆる妍妙輝光なものであり、その法は一ではない」とある。『唐六典』および『新唐書』百官志には、門下省弘文館、中書省国史館、秘書省に熟紙匠が六人ないし一〇人いて、生紙を書写に適するように加工処理したことを記している。また日本では、生漉《きず》きの紙を加工して書画を写しやすいようにならした紙で、とくに槌で打って光沢をつけ、あるいは礬水《どうさ》を引いたものをいう。『延喜式』十八、式部上には、補任《ぶにん》・

除目《じもく》・宣旨などは熟紙に書く、と記しており、近世末期の阿部良山著『良山堂茶話』には「熟紙は膠礬を刷治したものをいふ」とし、礬水を引いて紙面を滑らかにし墨色がにじまないようにしたものを指している。↓生紙（きがみ）

しゅくしざ［宿紙座］紙屋院の製紙の衰退にともない、中世に京都の製紙工たちで組織された座。宿紙上座と下座があり、上座は椙井《もみい》氏によって統率され、かつて北野天満宮近くの紙屋院に直属していた製紙工たちの組織、下座は小佐治氏のもとに丸太町円町の東方、紙屋川沿いに住んでいた新興の製紙工たちで組織していた。『嘉良喜随筆』巻一の「京師の紙座」の記事によると、紙座仲間一二〇〜一三〇軒があり、うち一五人が免許札を拝領し、椙井・小佐治の両人は図書または点香といい、三〇石を拝領、将軍家の公方にお目見えのとき、紫宸殿《ししいでん》の階《きざはし》の上より二つ目で香をつぐ役などをつとめた。紙座は禁中へ上米《あげまい》を運上し、一年に四六〇〇枚の宿紙と暦紙（暦の宿紙）、幣紙、茅輪の巻紙を献上した、という。また『京都御役所向大概覚書』の記録によると、文明五年（一四七三）九月の御下知状を紙漉仲間が持っていたが、これは宿紙座の中興期のことといわれているので、宿紙座はもっと古い時期からあったわけである。そして正徳五年（一七一五）には、椙井・小佐治両家のもとに、年寄兄頭部六人、組頭三人があり、紙漉舟は二〇五艘、舟持株一三〇人がいたが、実働は一二一人であった。献上するのは、宿紙七五〇〇枚、強紙《こわがみ》（幣紙）・吉書紙各二五〇枚、暦紙・茅輪之白紙各五〇枚、万歳之御用紙一〇〇〇枚、薄様之地紙一五〇枚で、ほかに臨時の需要にも応じていた。これらの紙工たちは、紙屋院の衰退にともなって、西洞院のほとりに移住し、蛸薬師通から松原通にかけて集まっていた。『三都町尽』によると、西洞院の高辻通と松原通に特に多かったようであり、江戸時代に西洞院紙《にしのとういんし》と呼ばれる紙をつくったのは、この宿紙座系の紙工たちである。↓西洞院紙（にしのとういんし）

しゅくほうしょ［縮奉書・縮芳章］皺紋のついている奉書紙。「ちぢみほうしょ」とも訓《よ》み、縮は縮めるの意であるが、紙・布などの表面にこまかい筋目が縮みよったものが皺であり、皺紋のついたものを縮と表記したのである。皺紋のある大高檀紙には「大縮」の別称がある。また皺は「しぼ」ともいい、縮奉書は「しぼほうしょ」と訓むこともある。なお陸前（宮城県）の仙台藩では奉書を芳章と記したが、縮芳章は白石市遠藤工房で近代につくりはじめたものである。

しゅしょうし［修正紙］年中行事のひとつ、修正法会のための料紙。修正法会は正月八日から三日間または五日間諸寺で行われ、その年の天皇の無事・国家の繁栄を祈る。

しゅぜんじがみ［修善寺紙］伊豆市修善寺町で産し、文安元年（一四四四）成立の『下学《かがく》集』には修禅寺紙として「色は薄紅なり」とされている紙。原料はもともとコウゾであったが、のちに徳川家康が三須文左衛門に与えた黒印状にあるように鳥子草（オニシバリ）、ガンピ、ミツマタなどを用い、バラ科の橉木《りんぼく》で染めている。『平家物語』の流布本殿上闇討の条に「五節には白薄様、修善寺の紙、巻上の筆……」とあり、長門本・八坂本などには小禅師紙・厚染紫の紙（小宣旨紙の意）とあって、異説もあるが、鎌倉期には漉き始められたといわれる。『新撰紙鑑』には「柿色にて横に筋目あり」とあって、柿色紙とか色好《いろよし》紙ともいう。また修善寺の桂谷にちなんで伊豆桂紙ともいい、天和二年（一六八二）、水戸光圀が朝鮮通信使に贈った七種の紙のひとつで、名紙に数えられていた。他国ではこれを摸造したものを朱染紙・朱善寺紙とも記し、阿波（徳島県）・土佐（高知県）・加賀（石川県）などでもつくられていた。↓色好紙（いろよしがみ）・図版115

じゅぼくどう［入木道］　書道のこと。中国東晋（三六五－四二〇）のころ書道の名手王羲之《おうぎし》が木に書いた文字の墨が深くしみこんで、これを削ってもなお文字の跡が残っていたという故事にもとづいている。

しょいんし［書院紙］　書院造の明り障子を張るのに適した紙という意味で、障子紙の別名。『岐阜県産業史』製紙篇武儀郡の条に、文化年中（一八〇四－一八）武儀郡長瀬村（美濃市）の武井助右衛門が尾州侯に納めた美濃紙が、殿中書院の明り障子に適するとされたので、「書院紙といへる名称はこの時よりの事なりといへり」と記しているが、享保十七年（一七三二）刊の『万金産業袋』、安永六年（一七七七）刊の『新撰紙鑑』にすでに書院紙の名がみえているので、もっと早くからそのように呼ばれていた。正徳三年（一七一三）刊の『和漢三才図会』には障子紙について「濃州寺尾より出るもの最も佳し」とし、『新撰紙鑑』には寺尾の書院紙漉工の名人といわれる四人の名をかかげ、江戸末期の喜田川守貞《きたがわもりさだ》編『守貞漫稿』には、「近世障子と云は専ら美濃を以て之を張るなり」とあって、美濃書院紙が最高級品と評価された。そして明治期に美濃では、二つ折書院、三つ折書院などもつくり、書院紙の名がひろまり、コウゾ以外のマニラ麻や晒《さらし》パルプを原料とした改良書院紙などもつくられた。この改良書院に対して純コウゾ原料のものを在来書院といって区別したが、のちにはこの在来書院にもコウゾ以外の原料を混入するようになったので、純コウゾの美濃書院の伝統を守る意味で本美濃紙保存会が組織されている。なお内山書院など、他県の障子紙に「書院」の名をつけているものもある。↓障子紙（しょうじがみ）

じょう［帖］　帖には折り手本、法帖

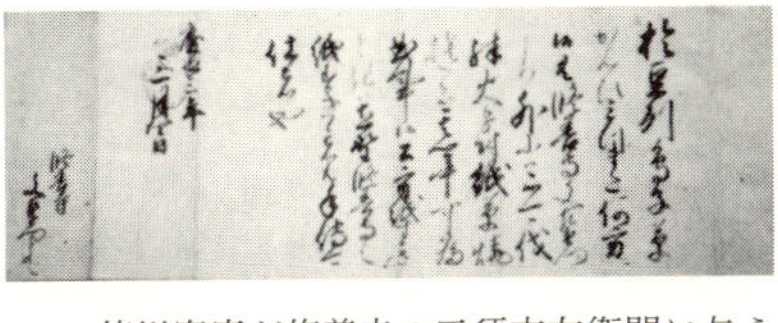

115　徳川家康が修善寺の三須文左衛門に与えた黒印状

の略、幕二張をまとめて数える語など、いろいろの意味があるが、紙の一定枚数を数える場合に用いる語である。一帖の枚数は紙の種類によって異なり、半紙は二〇枚であるが、檀紙・程村紙《ほどむらがみ》は二六枚、西の内紙は四〇枚、奉書紙・杉原紙・美濃紙は四八枚、泉貨紙・高野紙は六〇枚、半切紙は九六あるいは一〇〇枚などとなっている。→束（そく）

しょうえんじがみ［生臙脂紙］サボテンに密生するコチニール虫（臙脂虫）を煮た煎じ汁を染料として、錫《すず》媒染して赤色に染めた紙。媒染剤として酢を用いると黄赤色に、明礬では紫赤色、鉄では青紫色になる。

しょうかせん［松花箋］中国の淡い柿色の紙。明代の屠隆『考槃余事《こうはんよじ》』には、松花箋をつくる法が収録されており、槐《えんじゅ》の花の煎じ汁に雲母《きら》粉・明礬《みょうばん》などを加えて、紙を淡く染めるのがよいと記している。また唐代の李匡乂《りきょうがい》撰『資暇集』には、松花箋は早くからあり、薛濤《せっとう》が工人に命じて小幅につくらせたのが薛濤箋であると記している。

しょうきんし［銷金紙］銷は「とかす」「ちらす」の意で、金箔を散らし飾った紙のこと。中国の宋の王応麟撰『玉海』には、天禧四年（一〇二〇）に御製文草・粉箋とともにこの銷金箋を賜ったと記している。

しょうけんようし［証券用紙］各種の証券および重要文書に用いる紙。紙質が強靭で堅く締まり、耐久性のあることが求められるので、一般にやや厚手で、明治期には局紙が愛用された。また透かしを漉きいれたり、着色繊維を漉き込んで偽造防止に役立てることが多い。

しょうこうたんせん［松江潭箋］中国明代の江蘇省蘇州付近で産した彩箋。松江は呉淞江のことで、これにちなんだ紙名。屠隆『紙墨筆硯箋《しぼくひっけんせん》』には、「荊州連紙を厚く裏打ちして紙面を磨き、蠟を用いて各種の花鳥文様を描いたもの。堅くすべしていて宋箋に似ている」と記している。

しょうし［椒紙］香味料および健胃剤として用いられる山《さん》椒《しょう》（漢名は蜀椒）の果実を水に浸した液を紙料に混ぜて漉いた紙。防虫のために黄蘗《きはだ》で染めた紙と同様に紙魚《しみ》を防ぐための処理をした書物印刷用紙である。中国の清代の人、葉徳輝『書林清話』巻六によると、宋版『春秋経伝集解』の末尾に「椒紙を用いてつくり、淳熙四年（一一七七）九月に上覧に供した」と記しているという。

じょうし［上紙］上等の質の紙。正倉院文書には写経料として、しばしば上紙が用いられていることがみられ、下等の質を意味する下紙の記録はほとんどない。『延喜式』には暦用に上紙を用いることが規定されている。その図書寮《ずしょりょう》の条に「上穀紙」とみえているので、上紙とはコウゾ原料のものと考えられるが、「穀皮・斐皮各一斤で、上紙各三十張を造る」とも記しているので、ガンピ原料の上紙もあったようである。

じょうし［上梓］出版と同意である。印刷術として木版が主であった時代に、中国では板木の材料として梓《あずさ》を多く用いたからで、印刷して出版することを「梓に上す」あるいは「上梓」といった。日本では板木の材料に桜が多く用いられ、明治初期には「上桜」とか「上木」などの語が用いられた。

しょうじがみ［障子紙］障子は室内に立てて物をさえぎり隔てる具のことで、襖《ふすま》・屏風《びょうぶ》・衝立《ついたて》などもふくむが、普通は明り障子に張る紙のこと。中世から近世へと時の流れにつれて需要がふえ、近世には全国至るところの紙郷でつくられていた。しかし、地方によって骨格子の寸法に差があるため、ほとんどは産地の周辺で消費され、一部の産地の障子紙だけが市場で取引きされた。書院の明り障子に適するという意味で書院紙ともいい、美濃書院が最も著名であるが、『和漢三才図会』には「濃州寺尾より出るもの最も佳し」とし、ついで周防（山口県）・磐城（福島県）・下野（栃木県）・安芸（広島県）を主産地としている。このほか因幡・甲斐・肥後・土佐・信濃などで産したものが市場に出回った。なお中国では障子紙のことを欞紗紙《れいしゃし》と記している。→書院紙（しょいんし）・図版116

じょうずきがみ［上漉紙］上漉・中漉・下漉紙の別があり、コウゾの黒皮（外皮）、すなわち塵のまじり方が少ないのが上漉紙である。そして多いのが下漉紙、中等のものが中漉紙である。「じょうこしがみ」ともいう。享保十七年（一七三二）刊の三宅也来著『万金産業袋《ばんきんすぎわいぶくろ》』は土佐産とし、『難波丸綱目』や『諸国紙名録』によると、淡路（兵庫県）、伊予（愛媛県）、石見（島根県）でも産し、大体半紙判につくられていた。

じょうせんたんざく［成選短籍］成選とは律令時代の官人の定期叙位、またはその叙位に選ばれることで、叙位に選ばれた人名を記す紙札が成選短籍（短冊）である。『延喜式』十九、式部下の条には「四月七日、成選短冊を奏す」とあり、『三代実録』巻三十九には、元慶五年（八八一）の条に「例に依って式部・兵部二省、成選短籍を奏す可し」とみえている。

しょうそういんもんじょのかみ［正倉院文書の紙］正倉院文書の中にみられる多彩な紙。その紙名を原料を示すもの、色相を示すものなどに分類すると、次のようになっている。

〈1〉原料を示すもの。麻紙、穀紙（檀紙・梶紙・加地紙・加遅紙）、斐紙（肥紙）、竹幕紙、布紙（朽布

116　明り障子

紙）、葉藁紙（波和良紙・波和羅紙）、楡紙（楡荒紙）、檀紙（真弓紙）、杜仲紙、本古紙（本久紙）。

〈2〉産地や固有名詞を冠するもの。紙屋紙、上野紙、下野紙、常陸紙、上総紙、武蔵紙、越後紙、佐渡紙、越中紙、越前紙、甲斐紙、遠江紙、尾張紙、美濃紙、近江紙、播磨紙、丹後紙、出雲紙、美作紙、長門紙、筑紫紙、智威師紙。

〈3〉流通ルートをあらわすもの。市紙、調紙。

〈4〉色相を示すもの。色紙、五色紙、彩色紙、雑色紙、白紙（白麻紙・白布紙・白中紙）、黄紙（黄荒紙）、赤紙、緑紙、紫紙、紅紙、縹《はなだ》紙（花太紙）、藍色紙、青褐紙、黄褐紙、浅黄紙、赤紫紙、黒紫紙、滅紫紙、辛紅紙、滅紅紙、青褐滅紫紙、浅緑紙、深緑紙、浅縹紙、深縹紙、浅紅紙、深紅紙（ほかに浅・深・中を冠した色紙）。

〈5〉染料名を示すもの。蘇芳紙（朱芳紙）、比佐宜紙（楸紙・比佐木紙・久木紙）、蓮葉染、垣津幡染、木芙蓉染、胡桃染（胡桃紙・呉桃紙）、橡《つるばみ》紙、波自紙、刈安紙、松染紙（松紙）、須岐染紙。

〈6〉形と質をあらわすもの。長紙（長麻紙・長黄紙）、短紙（短麻紙）、上紙、中紙、下紙、凡紙、麁紙、直紙、荒紙、斐厚紙、斐薄紙、四尺麻紙、三尺麻紙、一尺六寸麻紙、半紙、平紙、悪紙、空紙、破紙、余紙、生紙、雑紙。

〈7〉用途を示すもの。料紙、写紙、経紙、校紙、疏紙（常疏紙）、表紙、紙、広注紙、麁注紙、注契紙（注喫紙）、麁契紙、装潢紙、安紙、式紙、敷紙（式敷紙・机敷紙）、纏紙、間紙、暦紙、考文紙、公文紙、書造紙、障子料紙、大唐院紙、大唐僧紙。

〈8〉加工法をあらわすもの。打紙、継紙（端継紙）、瑩紙、界紙（界引紙・引界紙・堺紙）。

〈9〉金銀箔などで装飾加工したもの。金薄紫紙、金薄敷白紙、金薄敷青褐紙、金薄敷滅紫紙、金薄敷紫紙、金薄緑紙、金薄敷縹紙、金薄敷青紙、青褐金敷紙、銀薄敷紅紙、銀薄敷青褐紙、、浅緑金敷紙、浅緑敷銀薄紙、青褐金敷紙、金敷深紅紙、金敷緑紙、金敷縹紙、金敷紅紙、金敷紫紙、敷金緑紙、敷金紫紙、敷金縹紙、敷金色紙、敷金白橡紙、敷金青褐紙、敷金滅紫紙、敷金銀色紙、敷金銀薄紙、敷金薄滅紫紙、白褐敷金紙、銀薄縹紙、敷銀薄紅紙、敷金塵紫紙、金塵緑紙、金塵紫紙、金塵縹紙、金塵色紙、金塵白紙、金塵白橡紙、金塵深紅紙、金塵青橡紙、金塵滅紫紙、金塵青褐紙、銀塵白紙、銀塵紅紙、銀塵縹紙、銀塵青褐紙、銀塵浅緑紙、銀塵浅蘇芳紙。

しょうそく［消息］手紙・書状・文通のことで、「しょうそこ」とも訓《よ》む。故人の残した手紙を集めて、その紙の裏に供養のため関係者が書写したものを「消息経」といい、各時代の消息を集めて帖《じょう》に仕立てたものを「消息手鑑」という。また消息文の慣例語句を集め示した往来物『消息往来』は寛政五年（一七九三）刊の高井蘭山編があり、その後多くの類書が出ている。

じょうどきょうばん［浄土教版］ 鎌倉時代以後、京都の知恩院を中心に出版された浄土宗関係の仏典数十種のこと。建仁四年（一二〇四）の『無量寿経』を最古とし、『往生要集』『黒谷上人語燈録』などが著名である。写経ふうの字体に特徴があり、巻子本《かんすぼん》または帖装（折本）が多く、またかなまじりの出版物としては最も早いものである。

しょうとくたいし［聖徳太子］ 推古天皇の即位と同時に皇太子となり摂政をつとめた人（五七四－六二二）。本名は厩戸皇子《うまやどのおうじ》。冠位十二階および憲法十七条の制定、遣隋使の派遣、『天皇記』『国記』の編集などのほか、仏典の研究も深く、『三経義疏《さんぎょうぎしょ》』はその著作とする説もある。太子の伝説は早くから神秘化され、太子信仰が形づくられて、和紙づくりの祖とする説もある。『和漢三才図会』には、『聖皇本紀』からの引用として「太子は楮紙を制し、つひに雲紙および縮印紙・白柔紙・俗薄紙の四種を造る」と記している。しかし寿岳文章は『日本の紙』のなかで、この記事は「眉唾物であろう」と否認している。

しょうばいがみ［商売紙］ 御用紙とか御蔵紙に対する語。『甲斐国紙漉記』によると、御用紙に指定されている市川大門（市川三郷町）に対して西島（身延町）産の紙は商売紙となっており、加賀の河北郡の紙漉き村を調べた『加州郡方日記』には、二俣村（金沢市）産の四〇品目のうち一三種を一般商紙としている。また越前奉書には誂物《あつらえもの》と商物《あきないもの》とがあり、商物は諸国に販売するものであった。

じょうはん［上判］ 越前奉書のうち小奉書の別名。↓奉書紙（ほうしょがみ）・小奉書（こぼうしょ）

しょうひし［小皮紙］ 中国の芙蓉などでつくった紙のこと。宋応星撰『天工開物』十三製紙、皮のつくり方の条に「芙蓉などの皮でつくったものは小皮紙と総称する。江西では中夾紙という」「雨傘や油団扇に張るには、みな小皮を用いる」とある。

じょうふく［条幅］ 画仙紙を縦に半分に切った半切《はんせつ》を掛け軸にしたもの。その全紙を縦に用いて掛軸にしたものは堂幅という。

しょうふのり［生麩糊］ 生麩は小麦粉から麩質を除いた小麦澱粉のことで、これを水でよく溶き、熱湯をそそぎ十分に攪拌してつくった糊。これで紙を張り付けると、はがす際に紙の繊維がめくれずにきれいに離れるので、表具や染色に用いるが、表具には新糊よりも貯蔵して腐らせた腐糊《くさりのり》がよいとされている。

しょうめんずり［正面摺り］ 版画の版木は普通下絵を表裏逆に彫っているが、まともに彫った版木で摺ること。浮世絵版画の美人の着物などに用いられているが、モダーン版画にも利用されている。

しょくせんふ［蜀箋譜］ 中国元代末期の人で四川省華陽生

まれの費著がつくり、とくに蜀（四川省）に産した紙を論じている。四川省は隋唐の時代に全国有数の紙産地で、『唐六典』巻九に「四庫の書物は両京（長安と洛陽）に各二本ある。全部で二万五九六一巻、みな益州（四川省）の麻紙を用いる」と記されているほどである。『蜀箋譜』は四川省に各種多様な紙が産したことを紹介し、女流詩人薛濤《せっとう》がつくらせたといわれる薛濤箋（浣花箋《かんかせん》）と謝景初の十色箋についてくわしく説明している。

しょけい［書契］　契は「わりふ」「てがた」で、古代には木に刻み印をつけたものを交換して約束のしるしとしたので、書契は木に彫りつけた文字の意。転じて文字のことである。また証拠として用いる書付、あるいは記録の帳簿。『易経』の繋辞《けいじ》下には、「上古は縄を結んで治め、聖人これに易《か》えるに書契を以てす」とみえている。

しょこくしめいろく［諸国紙名録］　尾崎富五郎編で明治十年（一八七七）横浜の錦誠堂が出版した、日本の諸国に産する紙名を記した書。江戸中期の『新撰紙鑑』が檀紙・奉書など紙類別であるのに対し、これは国別に主要な産紙を記し、その別名、用途のほか寸法・帖員を付記している。そして『新撰紙鑑』に欠落あるいは省略されている磐城・駿河・甲斐・武蔵・信濃・伊豆など主として江戸市民用に出荷されたものも含んでいるので、全国のより広い産紙の状況を知ることができる。また巻末には和唐紙・東京漉紙・表具紙・本表紙・表具用品も収録し、江戸末期から東京で盛んになった紙・加工紙の情報も豊富である。↓図版117

しょさつれい［書札礼］　書札（手紙・書状）を書く礼式などに関する慣例的な規定。公家様式と武家様式があり、公家様式は奈良時代の公式令にみえるが、現存するものは弘安八年（一二八五）の一条内経らの選定した『弘安礼節』がある。武家様式は鎌倉幕府のもとで成立したと考えられるが、整備されたのは室町初期の『今川了俊書札礼』で、ほかに『大館常興書抄札』、伊勢貞頼の『宗五大草紙』などがある。これらには、身分・位階などの差異によって書札に用いる紙が違うことも述べている。室町初期に成立したとされる『書札作法抄』には、「武家には杉原ならではたとされる文をばかゝぬ事也。引合《ひきあわせ》、檀紙などにてはゆめゆめ書くべからず。ただし、女性の本（元）への文には、又引合、檀紙にて書きて、杉原にては書くべからず。女性も又杉原にて文書事なし」とある。武家は主として杉原紙を用いたのであるが、公家と武家の使う紙がはっきりと分かれていたのは鎌倉期のことで、建武・暦応（一三三四－三九）以来は、武家（足利氏）が在洛してから、公家も武家も僧家も「皆同じやうに書事おほし」としている。すなわち室町期から公家様式と武家様式がだんだんに混合したとされており、将軍家などで檀紙・引合などを用いる例がふえている。

じょし［絮紙］　中国の古代の紙について、許慎の『説文解字』に紙は「絮《じょ》の一苫《せん》」と記しているのにもとづいて、「きぬわた」でつくった紙と解釈されているもの。清代の段玉裁は『説文解字註』で、「紙を造ることは漂絮より昉《はじ》まる」とし、漂絮は「きぬわた」（古真綿《ふるまわた》）の再生法であるので、絮を「きぬわた」と解するのが通説となっている。しかし『説文解字』では「絮は敝綿《ぼろわた》である」とし、またその「絡」の項に「絮である。一にいう。麻のいまだ漚《ひた》さないものである」と説明しているので、絮は絹絮ではなく麻絮、すなわち麻のぼろわたと解することができる。前漢期遺跡から近年出土している紙もすべて麻布のぼろを原料としていると分析されていることと考え合わせて、「麻のぼろわたでつくった古代の紙」とするのが、絮紙の正しい意味と考えられる。

じょじせいし【女児青紙】女児は蚕の俗称で、蚕にも似た淡い青色の紙で、いわゆる蚕繭《さんけん》紙の別称。北宋の初期、陶穀（九〇三－九七〇）著『清異録』に、建中元年（七八〇）に来た日本の使節は能書家で、彼が通訳に与えた書の紙は「女児青」というと記し、また「卵光白ともいって鏡面のように滑らかである」と述べている。→蚕繭紙（さんけんし）

しょどうし【書道紙】毛筆を用いて文字を巧みに書くのにふさわしい紙。文字を書くだけならどんな紙でもよいのであるが、墨色を美しく見せるには白いものがよく、そして墨つきのよい紙が書道に適している。墨を吸収しないとか吸収しすぎるものでなく、墨を適度に吸収することが要件で、早くから書道家は中国の宣紙を源流とする画仙紙（画箋紙）を最も愛用している。宣紙は墨色が五色に分かれるともいわれるが、『新撰紙鑑』には画箋紙の項に「和制なし」とし、色唐紙の項には「唐より渡るもの上品なり、和制大におとれり」としている。江戸時代にはほとんど中国製を用いたと考えられるが、江戸末期には和唐紙がつくられて文人に愛用され、近代には中国の画仙紙をモデルとして「和画仙」がつくられるようになっている。和画仙の主産地は山梨県、鳥取県、愛媛県であるが、墨つきをよくするにはコウゾやミツマタ原料のものよりも、木材パルプ・稲わら・竹・チガヤ（茅）などを配合した紙料で漉いたものがよいので、その配合比率を研究して漢字用、かな用などの紙を漉き分けている。したがって日本の書道紙、すなわち和画仙は、独自性が強く流動的で、きわめて多彩である。

しょどうはんし【書道半紙】書道の練習用として半紙判に漉かれているもの。文字を巧みに表

117 『諸国紙名録』

現する書道というより、むしろ初歩の習字用として使われ、需要が多いため半紙判になり、稲わら原料のわら半紙など粗質のものがつくられたが、いまは手漉きされるものは少なく、ほとんど機械すきになっている。

しょもつがみ［書物紙］木版印刷あるいは筆写記録した書物をつくるのに用いる紙。『諸国紙名録』には、美濃（岐阜県）産に大書物紙・書物目録紙があり、書院紙もまた書物用となっている。美濃判本が和装本の基準であり、美濃紙は書物用の最も重要な紙であった。ほかにコウゾ製では磐城延紙・土佐大半紙・土佐清帳紙・豊後広片紙などが書物用であった。またガンピ製のものは伊豆産の雁皮書物紙が最も著名で、美濃や摂津名塩（西宮市）にも産した。

しらかわがみ［白河紙］岐阜県加茂郡を貫流する白川流域に産したコウゾ紙。『尋尊大僧正記』明応五年（一四九六）七月二十七日の条に、美濃の持是院（斎藤利国）から白河五〇帖を贈られたと記しており、室町期の美濃産紙のひとつ。『東白川村誌』には、明治二十年（一八八七）頃まで漉いた紙として、柏本紙、続き紙、行灯《あんどん》紙をあげており、行灯紙というのは透かし文様のある紋書院紙で、薄い紙も漉いていた。

しらきはんし［白木半紙］筑後（福岡県）八女郡白木村（立花町）に産した半紙。『和漢三才図会』は、半紙について筑後柳川の産を最高級品と評価しているが、白木はその主産地であった。

しらほがみ［白保紙］コウゾの黒皮（塵）の混入率の低い塵紙、または漉き返し紙の一種。保は律令制における行政の末端組織であり、荘・郷と並ぶ行政単位。いわば「紙郷の紙」といえるもので、周防（山口県東南部）など専売制をしいたところで、良質の御蔵紙を納めたあとで漉いた塵入りあるいは漉き返しの紙である。そして塵の混入が少なく、白灰（貝殻を焼いた灰）・白土などを混ぜて白くしたのが白保、塵の多いのが黒保、中等のものが中保である。周防のほか安芸・備後二国（広島県）・肥前（佐賀県）・土佐（高知県）・伊予（愛媛県）・東京などでも産している。

しろいしかみこ［白石紙衣］宮城県白石市産の紙衣。白石は仙台藩に属したので仙台紙衣ともいう。ここは江戸時代に紙衣の名産地で、『和漢三才図会』には、「按ずるに紙衣は奥州の白石、駿州の安倍川、紀州の華井《けい》、摂州の大坂これを出す」とある。また『日本山海名物図会』には、奥州仙台紙子と題して紙子製造図をそえ、「仙台かみこ、地紙つよく、よく能くもみぬきてこしらゆる故、やわらかにてつやよし」と述べている。紙衣紙はコウゾの強靭さを生かして十文字漉きしたもので、こんにゃく糊で継ぎ、柿渋を塗ってから揉みやわらげて、紙を布に代用するもので、洗濯することもできる。近年はこれを強勢紙ともいっているが、白石はその主産地であり、仙台でも長く漉かれていた。

しろかわ［白皮］製紙原料の靭皮繊維は外から黒皮・甘皮・白皮の三層で構成されており、その最も内部の部分を白皮という。製紙原料として処理するには、外側の黒皮・甘皮の部分を削り（甘皮を残すこともある）、白皮を漂白して良質の紙をつくる。↓靭皮繊維（じんぴせんい）

しろくばん［四六判］紙の原紙寸法が七八八×一〇九一ミリの大きさのもの。もとはイギリスの規格（クラウン判）で、わが国に最も早く輸入されて菊判とともに洋紙の基準寸法となっていたもの。折ることによって四六判系の印刷物がつくられる。また日本工業規格外の出版仕上寸法のひとつで、一二七×一八八ミリの大きさであり、これは規格のB6判（一二八×一八二ミリ）に近い。B5判（一八二×二五七ミリ）に当たるものを四六倍判（一八八×二五四ミリ）と呼んだ。原紙の面積が美濃紙の八倍に相当するので当初は大八判といい、ついで明治中期から判型の標準的な大きさが四寸二分×六寸一分であるので、簡単に四六判と呼んだ。↓菊判（きくばん）

しろすきいれがみ［白透き入れ紙］線条で構成された文様の透かしが入っている紙。黒透き入れ紙は明暗の面があって立体的図像の透かしがみられるが、これは単純な線の透かしが白くみえるので、白透き入れ紙、白透かし紙という。十三世紀末期、一二八二年にイタリアのファブリアノで始まり、教会の力を示す十字架、不朽の権力を象徴するサークル（円）や王冠、永遠を象徴する太陽・月・星、さらに人像・手・足・動物・植物などの文様、そしてのちには製紙工場名・西暦年の数字などが透き入れられている。ヨーロッパでは、これを製紙工場の商標に代るものとして透き入れたので、ほとんどの手すき紙にみられるが、日本では主として紙幣の偽造防止のために用いたので、あまり普及していない。↓黒透き入れ紙（くろすきいれがみ）・図版118

しろぶたがみ［白蓋紙］金銀箔を打つときに、打ち槌の圧力をやわらげるために箔束の上下に挟むコウゾ紙。石川県石川郡鳥越村神子清水《みこしみず》（白山市）でつくられていた。かつては近くの同村相滝が主産地であったので相滝紙の名で知られていた。↓相滝紙（あいたきがみ）

しんあんどせん［新安土箋］中国の安徽省から浙江省を流れる新安江上流部に産する紙。新安江上流部には、安徽省徽州府歙県、浙江省建徳県、同省淳安県など、古くからの著名な紙郷がある。したがって、その産紙は良質で、南宋の『負喧野録』は「新安の玉版

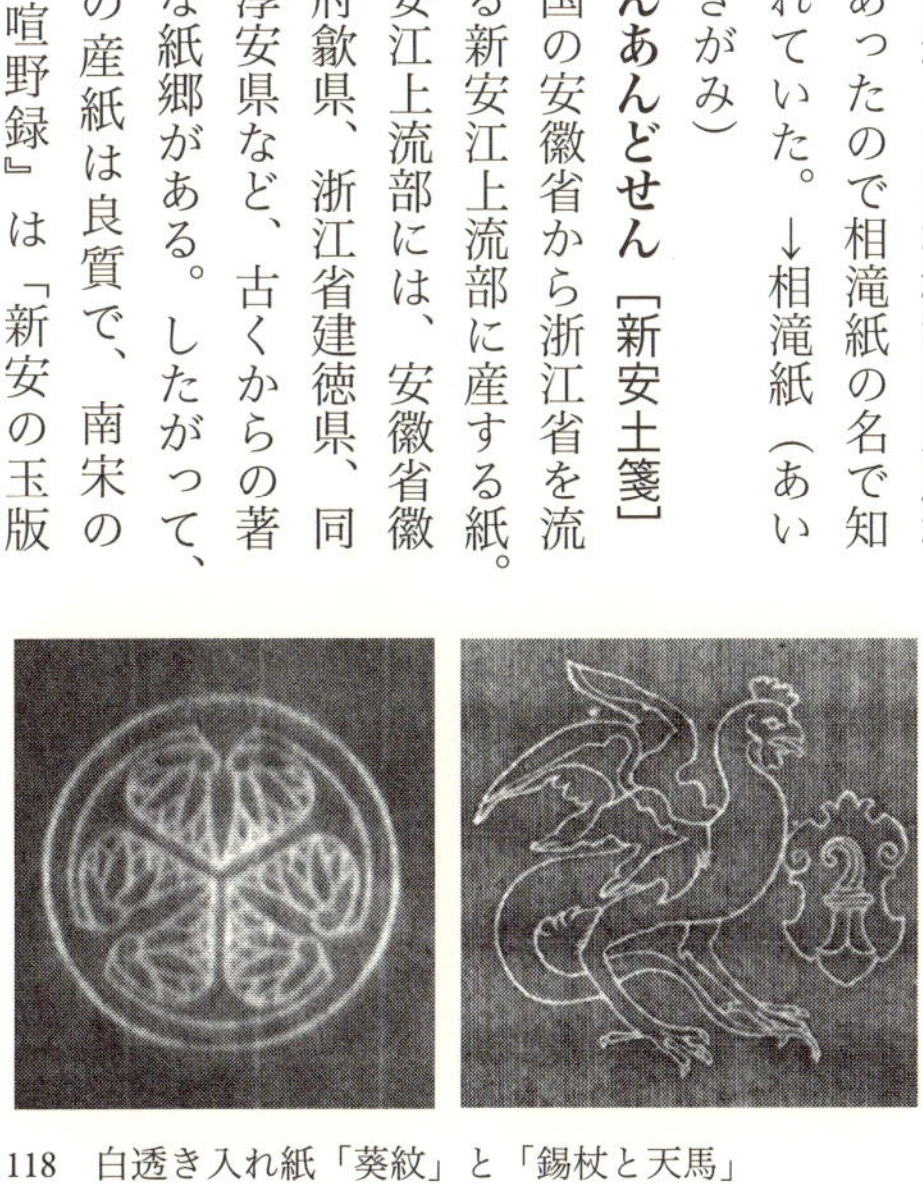

118　白透き入れ紙「葵紋」と「錫杖と天馬」

は色・肌目《きめ》がきわめて細かくすべすべしていて、白い」としている。

しんがみ［芯紙］本の表紙や衣服の襟芯《えりしん》などに用いられる、古新聞を漉き返した紙。かつては東京が主産地であったが、張子紙・だるま紙と同類である。

じんぐうし［神宮紙］明治神宮外苑絵画館壁画用として大正十四年（一九二五）に高知県吾川郡いの町の中田鹿次が漉いたコウゾ製九尺（二七三センチ）平方の紙。

しんさつし［神札紙］著名な神社で御札などに用いる紙。伊勢神宮参拝客の世話や案内をする御師《おし》たちが明治初期に役職を廃止されて神宮の御札製造の特権を得、美濃・土佐などから紙漉きを招いて、明治五年（一八七二）ころ製造を始めた。明治三十二年（一八九九）に数か所の漉屋を統合して、伊勢市大世古町に大豊和紙工業を設立し、伊勢神宮のほか橿原・明治・熱田の諸神宮や靖国神社などで用いる紙を専門に漉いている。

じんじょうすぎはら［尋常杉原］加賀杉原紙を強《こわ》杉原というのに対して、普通の杉原紙のこと。『薩戒記』の永享五年（一四三三）十一月三日の条には「料紙は強杉原に非ず、ただ尋常杉原なり」とある。→杉原紙（すぎはらがみ）・強杉原（こわすぎはら）

しんせんかみかがみ［新撰紙鑑］江戸時代の紙の種類・品質・産地などについて、最も多くの情報を収録した書。『紙譜』ともいう。京都の紙商木村青竹が享保十三年（一七二八）に編集した遺稿によって、安永六年（一七七七）に京都・大坂・江戸の五人が版元となって共同出版した。京都を中心とする上方市場に流通した紙であるので、西日本の産地に重点が置かれて、武蔵（埼玉県）・甲斐（山梨県）・駿河（静岡県）などの産地のことは記されていないが、そのころの西日本の諸藩の専売制を中核として紙の生産が発展していた実態を反映している。まず諸国に産する紙類目録をかかげたあと、檀紙類・奉書類・杉原類・小杉並延紙《のべがみ》小半紙鼻紙類・美濃直紙類・諸国厚物並仙貨類・中折清帳大半紙類・板紙《はんがみ》類・雑紙類・諸国半切《はんきり》類・鳥子《とりのこ》類・外国紙類・から紙類・経師類・諸国半紙並塵紙類の順に、産地・紙名・寸法と短い注記があり、最後の半紙類には荷印も記している。編者は現地を視察したわけではなく、流通市場で得た知識にもとづいているので、紙名・地名・寸法の誤記もあるが、江戸中期の紙業繁栄の情勢を知ることができる重要文献である。→図版119

しんとりのこ［新鳥子］木材パルプを主原料として機械すきした鳥子紙。ガンピを主原料とし、ミツマタ、コウゾなどを補助原料として手漉きした鳥子紙を本鳥子と名づけ、機械すきを新鳥子として区別したのである。しかし新鳥子は量産できるので、から紙加工の原紙として本鳥子を圧倒する形で用いられている。→鳥子紙（とりのこがみ）

じんのり［沈糊］小麦粉の粗粉から製した生麩《しょうふ》（なまふともいう）を水に溶かすと、澱粉質は下に沈み、蛋白質は上に浮くが、その沈んだ澱粉質（沈生麩）でつくった糊。沈《じん》生麩糊《しょうふのり》ともいい、表具師が用いる糊で、寒中につくり、湿気のあるところに何年も貯蔵し、腐らせたものを使う。↓腐糊（くさりのり）

じんぴせんい［靭皮繊維］茎の周辺部からとれる繊維。狭義には二次成長にともなって形成層からつくられる二次篩《し》部《ぶ》（植物の繊維束の篩管のある部分）のこと。多くの場合長さが非常に長く厚膜で、強さ、耐水性、耐腐朽性に富み、和紙にはコウゾ、ガンピ、ミツマタ、麻類などの靭皮繊維が使われている

す

すいうんし［水雲紙］反古《ほご》を漉き返して墨色がぬけきらず、漉きむらのある紙。宿紙の別称。黒川玄逸（道祐）著『雍州府志《ようしゅうふし》』は、宿紙の製法について述べ、「今西洞院河辺でこれを造る。数遍墨の汚れを洗ふといへども、なほ淡墨色を帯ぶ。これによって水雲紙と号す」と記している。↓宿紙（しゅくし）

すいしょうし［水晶紙］寒天を薄板状に凝固させたもので、硝子紙・ビードロ紙・寒天紙ともいう。『新撰紙鑑』にすでにみえるが、『貿易備考』には東京府下と京都府伏見駕籠町に産す、と記している。↓ビードロ紙（ビードロし）

すいとりがみ［吸取紙］インクで書いた紙の上に押し当てて、その水分を吸い取らせる紙。blotting paper といい、化学パルプ・砕木パルプなどを用いた無サイズの紙である。

すいぼくが［水墨画］墨色の濃淡の調子によって描く絵。中国で山水画を中心にして唐代中期に起こり、宋代に盛行した。わが国には鎌倉時代に伝わり、禅宗趣味と関連して普及し、室町時代に最も栄えた。

すいもんし［水紋紙］透かし入り紙の中国的呼称。中国では唐代に透かし文様を入れることが始まっており、初期はすべて水にちなむ文様だったので、水紋紙と名づけたのである。ヨーロッパで透かし文様をはじめたイタリアで filgrana（線条細工）といっているのに、英語では watermarked paper というのは、中国の古い透かし文様にちなんだものと考えられる。中国に残存する最古の水紋紙とさ

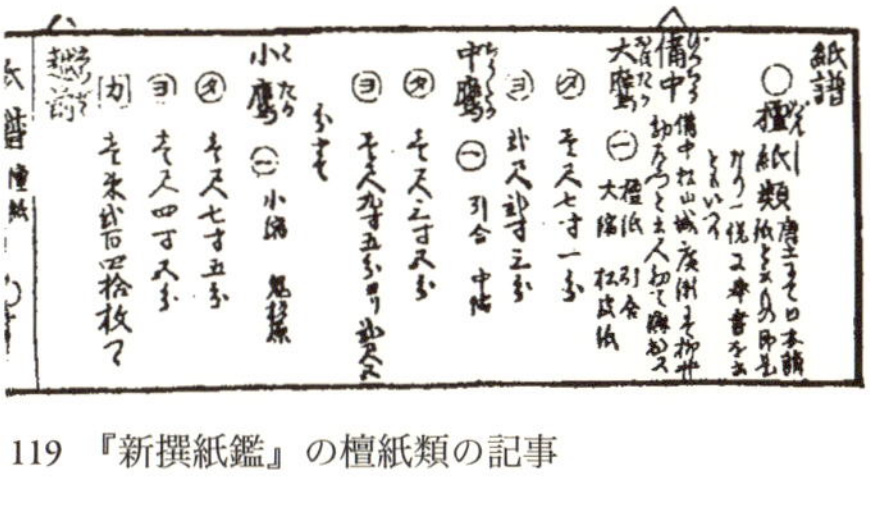

119 『新撰紙鑑』の檀紙類の記事

れる北京の故宮博物院収蔵の李建中（九四五－一〇〇八）の「同年帖」には波浪文があり、同院の米芾《べいふつ》（一〇五〇－一一〇九）「韓馬帖」には雪中楼閣図の透かしがみられる。また上海博物館収蔵の沈遼（一〇三〇－八五）「所苦帖」には波浪文様がみられ、イタリアで透かし入れを始めた一二八二年より二百余年も早い水紋紙であり、透かし入れは中国で始まったといえる。↓花簾紙（かれんし）

すいりゅうし［水流紙］ 如雨露《じょうろ》をフリーハンドで動かしながら落とした水で、薄紙の紙層をいろいろな文様に切り、この上掛紙を薄い白紙または色地の紙に漉き合わせたもの。文様には孔雀・すだれ・格子・波・観世水などがある。如雨露から流し落とす水圧は、落水紙・レース紙・水流紙の順に強くなり、水流紙は最も強い水圧で紙層を切っている。↓落水紙（らくすいし）・レース紙（レースがみ）

すいれんし［翠簾紙］ 翠簾は緑色のすだれで、翠簾紙は御《み》簾《す》紙と同義であり、美栖紙の別称。翠紙ともいい、『難波丸綱目』には、吉野産紙のなかに、大翠紙、中翠紙、小翠紙と記している。↓美栖紙（みすがみ）

すおうのかみ［蘇芳紙］ 蘇芳を灰汁媒染した紫赤色の染紙。蘇芳はマレー語の Sapang から転じた名称で、熱帯アジア原産のマメ科の落葉小高木で、その材片が染料となる。正倉院文書にもしばしばみられるので、古代から染料として輸入されていた。なお明礬《みょうばん》で媒染したものは赤紙といい、鉄媒染すると紫色になり、「にせ紫」というのは蘇芳を鉄媒染したものである。

すかしいれがみ［透かし入れ紙］ 透かし文様を入れている紙。透き入れ紙ともいう。中国では水紋紙・花簾紙といい、北京故宮博物院収蔵で波浪文様の透かしがある李建中「同年帖」の紙葉は十世紀のものである。イタリアでは一二八二年に、キリストを象徴する十字形に小円をそえた単純な透かしを入れたものから始まっている。中国では詩箋用の飾りにすぎなかったが、ヨーロッパでは製紙業者の商標であったので多彩に発展し、のちに紙幣の偽造防止のために用いられ、白透かし（light watermarked paper）のほかに色透かし（coloured watermarked paper）や黒透かし（light-and-shade watermarked paper）も開発された。日本で最初の透かし入れ紙は、福井藩の御紙屋のひとり、加藤播磨が萌黄地鳥子紙に梅と鶯の文様を漉きこんで、万治三年（一六六〇）に藩主に献上したものである。藩札用としては、延宝七年（一六七九）徳島藩が抄造した阿波延宝札が透かしの最初で、その後多くの藩札に用いられた。透かし文様を鮮明にあらわすためには、溜め漉きで厚口の紙が適しているが、美濃の紋障子紙は薄口の流し漉きで透かし文様を入れている。これは享保七年（一七二二）刊の三宅也来著『万金産業袋《ばんきんすぎわいぶくろ》』巻一の「美濃国紙」のなかにみられるので、十八世紀初期から始まったといえる。透かしの文様部分を薄くするために、漉簀《すきす》（漉型）に固着する彫刻型はヨーロッパでは金属の線条細工、中国では麻糸を編んだもの、日本では型紙または漆型であるが、紋障子紙は糸を編んだものである。なお日本で黒透かしをつくるのは原則として大蔵省印刷局に限定され、「すき入れ紙製造取締法」によって、民間では許可なしに黒透かしをつくることはできないことになっている。なお透かし入れに似たものとして、漉き込み紙・落水紙・流水紙がある。↓水紋紙（すいもんし）・図版120

すきあわせがみ［漉き合わせ紙］二枚の紙の間に加飾品を挟んで漉き合わせた紙。岐阜県産のものは二枚とも薄紙の場合が多く、上掛けに落水紙を用いて加飾品が透けてみえる特色がある。加飾品には紅葉・笹・羊歯などの植物を硫酸銅液（胆礬《たんばん》液）に浸して変色を防ぐ処理をしている。福井県産のものは、襖《ふすま》紙用としてつくられることが多いので地紙は厚く、上掛けに薄い大礼紙を用いることが多い。そして加飾品も植物のほか染紙など多彩である。近年は他の紙郷でも作られるようになった。↓図版121

すきいれがみせいぞうとりしまりほう［すき入れ紙製造取締法］紙幣の偽造防止のため、日本政府が民間人の黒透き入れ紙を作ることを禁止した法律。日本では立体的な図像の黒透かしを明治初期から紙幣に用いており、明治二十年（一八八七）七月二十三日の勅令第三六号で「すき入れ紙製造取締規則」を定め、「紙幣、兌換券、公債証書、大蔵省証券其他政府発行の証券に類似の文字画紋また凸字画紋を人民に於て製造することを禁ず」としている。そして昭和二十二年（一九四七）十二月四日法律第一四九号で「すき入れ紙製造取締法」が定められ、次のように規定している。「黒くすき入れた紙または政府紙幣、日本銀行券、公債証書、収入印紙、そのほか政府の発行する証券にすき入れてある文字もしくは画紋を白くすき入れた紙は、政府または政府の許可を受けた者以外のものは、これを製造してはならない。」

すきうつし［透き写し］薄い紙などを書画・図画の上に置き、透かし写すこと。敷き写しともいう。天保五年（一八三四）刊の桓斎先生著『画伝幼学絵具分量考』には、雁皮紙を「古画をうつすによろしきかみ也」とし、また「夫れ

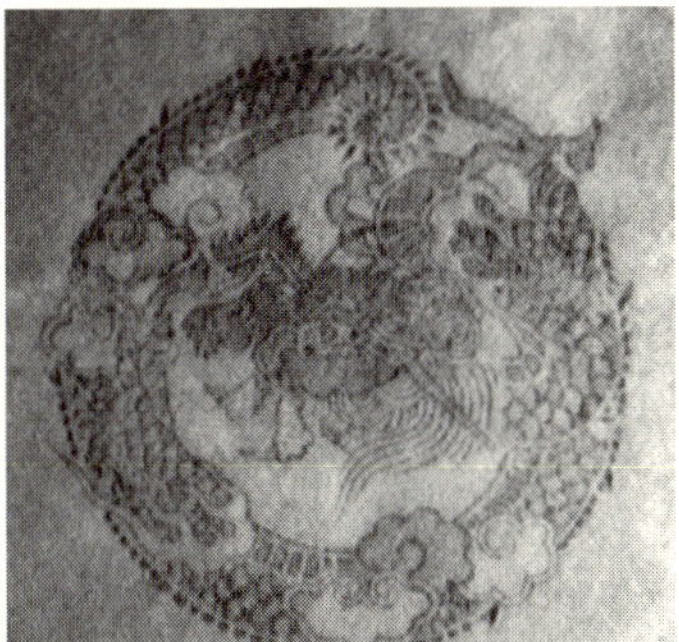

120　透かし入れ紙「竜紋」

121　漉き合わせ紙

絵を模すには美濃紙を最上とす」と記している。したがって透き写しには、薄い雁皮紙、すなわち薄様と薄美濃紙が好んで用いられた。

すきかえしがみ［漉き返し紙］反古を叩解して水に溶かし、再び漉いた紙。紙料を再生利用したもので、平安時代に紙屋院で反古を漉き返したものは宿紙《しゅくし》と呼ばれた。また中国では還魂紙といった。→宿紙（しゅくし）・還魂紙（かんこんし）

すぎかわがみ［杉皮紙］杉皮の繊維だけに粘剤《ねり》を混ぜあわせて流し漉きした紙。昭和二十四年（一九四九）頃に能登（石川県）輪島市三井町の遠見周作が始めたもので、杉皮は水気の多い夏に剝ぎとり、表皮を鎌で削り、適当に切断したのち苛性ソーダで二昼夜煮熟し、打解機にかけて、さらに晒粉でいくらか漂白している。紙面には杉皮の粗いたくましい繊維があらわれているが、壁や襖障子張り、アルバムの表紙として用いられ、いまは他の紙郷でもつくられている。

すきげた［漉桁］漉簀をささえて紙を漉きあげる用具。ヒノキ材でつくられた木枠で、上桁（女桁）と下桁（男桁）に分れ、蝶番《ちょうつがい》でつなぎ、上桁には二個の握り（手取り）がついており、漉き手はこの握りを持って簀桁を操作する。下桁には簀をささえる支木《ささえ》が並んでいて、これを「小ざる」という。小ざるは上の部分がとがった刃状になっており、簀をささえてたわまぬようにするとともに、簀から水を濾過させるはたらきをしている。桁材のヒノキは入念に良材を選んでいるが、桁にたわみやひずみがあると、平らな紙が漉けないからで、水を吸収しないように漆塗りした高級品もある。上桁は汲みあげた紙料液を溜め、あるいは流しゆするスペースであるが、朝鮮では上桁のないもので流し漉きしており、中国では上桁の代りに簀の端の太い部分に平らな板をはさむだけのもの（辺柱・圧板）が多い。また大判の漉桁は重いので、天井にしつらえた弓あるいは吊りという竹の棒に上桁の握り部か下桁の先端を紐で結び、竹棒の弾性を利用して操作する。→図版122

すきこみすぎはら［漉込杉原］杉原紙の一種で最高級のもの。『新撰紙鑑』には別名を鬼杉原といい、「上々様への献上紙也」と記している。また武家社会の贈答のならわしとして紙一束と扇子一本を意味する「一束一本」、あるいは反物一巻にそえる「一束一巻」という時の杉原紙一束は、この漉込杉原を用いるのが原則であった。寸法は一尺八分×一尺五寸。また献上する時は、一〇帖を重ねて一束を水引で結ぶので「十帖紙」といい、さらに「漉込」ともいう。→杉原紙（すぎはらがみ）

すきす［漉簀］漉槽《すきふね》の中から紙料液をすくいあげて、その上に紙層を形成する用具。和紙の場合、かつては萱でつくった簀（萱簀）を用いることも多かったといわれるが、近代はほとんどは竹を細く丸く削った籤《ひご》（片子）を絹糸または馬の尾毛で編んだ竹簀である。漉簀は汲み上げた紙料液の水を簀目を通して漏れ落ちさせ、繊維をさえぎって簀の上に湿紙層を形成するが、簀目の大きいものは水漏れが速く微細物をとどめないので、いわゆる冴えた紙が得られる。またひごが太く簀面の粗いものでは紙面が粗く、網糸や簀目の跡がめだつものとなる。したがって、編糸や簀目跡をめだたなくするために簀に漉紗（絹紗）を取り付けて紗漉きしたが、近代には細い竹ひごで簀目の細かいものがつくられている。また紙の厚薄は簀目の精粗と深い関係があり、一寸（三㌢）幅に編みこまれている竹籤の数は、厚物用が一七～二五本、中物用が三〇～四〇本、薄物用は四五～五〇本が標準とされている。このような極細の竹ひごで漉簀を編むのは、素人ではむずかしいので、昔から熟練した専門職人の手でつくられていた。↓図版123

すきぞめがみ［漉染紙］コウゾ、ミツマタ、ガンピなどを叩解して色染めした紙素を漉いたもの。すなわち先染めした紙素を漉いた紙。正倉院文書に須岐染とあるのは漉染めのことである。これには三つの方法があり、普通広く用いられているのは、漉槽《すきふね》に紙素を溶解したあと着色料を加えてよくかきまぜ、紙素を染めてから漉きあげる。これは染紙を量産するのに最も適している。つぎは浸染《つけぞ》め法であらかじめ染めた紙素をつくって、漉槽に入れてよくかきまぜてから漉きあげる。水に溶けにくい顔料を使う場合には、この方法は不便である。もう一つの方法は、一度染めた色紙を水に入れどろどろの紙素の形にもどしてから漉きあげるもので、藍色の奉書紙をつくる場合などに用いられている。↓浸染紙（つけぞめがみ）・引染紙（ひきぞめがみ）

すきはめ［漉嵌め］古文書の虫穴や欠失部に紙の繊維を漉き込むこと。これらの修補に従来は紙片を貼っていたが、近年漉槽のなかで漉き込む方法を開発したものである。リーブ・キャスティング（leave casting）ともいう。

すぎはらがみ［杉原紙］中世の武家社会で最も多く流通した中厚のコウゾ紙。原産地は兵庫県多可郡多可町加美区の杉原谷といわれ、もともとは『殿暦《でんりゃく》』永久四年（一一一六）七月十一日の条に、藤原忠実が娘泰子と息子忠通にそれぞ

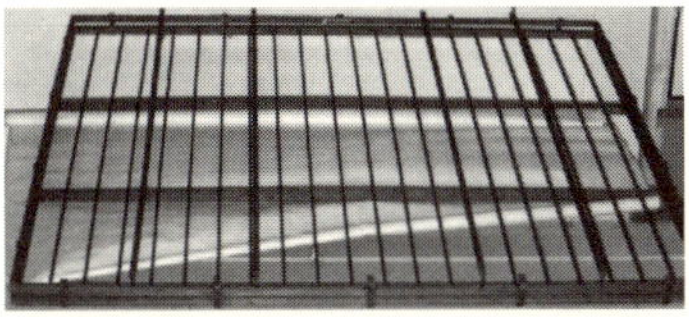

122　漉桁

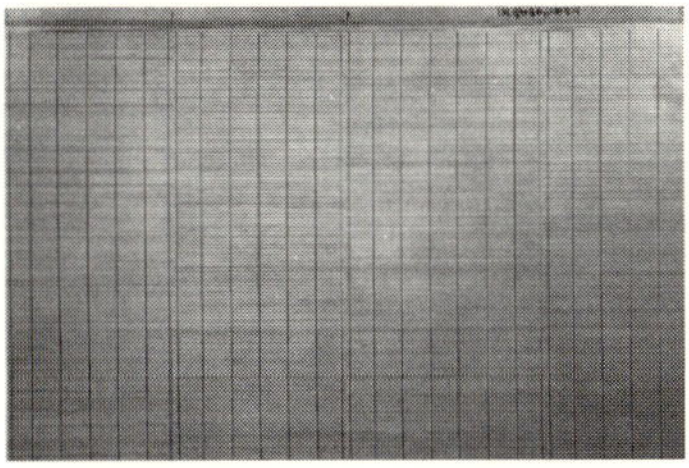

123　漉簀

れ椙原庄紙《すぎはらしょうし》百帖を贈ったとあるように、「椙原庄紙」といったが、中世には杉原紙の名が定着し、略して「杉原」「スギ」「スイ」ともいい、「水原」と記すこともあった。『北条九代記』には承久元年（一二一九）「杉原紙はじめて流布す」とあって、鎌倉方面にも普及したことがわかり、室町初期の『書札作法抄』には「武家には杉原ならでは文をば書かぬ事也」と記している。武家の常用紙として愛好されたので、中世すでに加賀・出雲・石見・備中・周防・豊前・越後などで模造され、近世には約二〇か国で産した。判型には大・中・小があり、小杉原は鼻紙であるが、大杉原・中杉原は消息・文書用紙であった。『新撰紙鑑』は播磨産杉原紙のことを特に詳記し、その種類を大広・大物・大中・漉込・大谷（本谷）・中谷・荒谷・八分・久瀬・思草と分け、別名を鬼杉原という漉込杉原と思草《しそう》杉原を一束一本という贈答用のものとしている。最も大きいのは大谷と荒谷の一尺一寸五分×一尺七寸で、これを縦半分に切ったのが近世のいわゆる半紙判であり、このことからも杉原紙が武家・町人社会の常用紙であったことがうかがえる。この紙は米粉を混和して漉くのがひとつの特徴であったが、虫食いに弱いため記録用としては生《き》漉《ず》きの美濃紙に圧倒され、明治二十年（一八八七）頃には廃絶した。昭和四十七年（一九七二）旧加美町立の杉原紙研究所が設けられ、生産を復活しているが、米粉を入れない紙である。昭和五十八年県の重要無形文化財に認定され、平成五年（一九九三）県の伝統工芸品に指定されている。↓図版124

すきふね［漉槽・漉舟］紙を漉くために紙料を溶解しておく槽《おけ》。日本では普通漉く紙の大きさに合わせて、木製で長方形のものをつくっている。平安時代の『延喜式』では、長さ五尺二寸、広さ（幅）二尺一寸、深さ一尺六寸、底の厚さ一寸三分となっているが、江戸期の『紙漉大概』によると、一尺五寸×四尺八寸、深さ一尺とあり、これは唐津半紙用とみられる。奉書紙が主体の『越前紙漉図説』では、三尺二寸×四尺三寸、深さ一尺五寸となっていて、古代のものより小さくなっていたが、いまは二尺×三尺の、いわゆる二三判、あるいはこの横倍判（二尺×六尺）を漉けるものが多い。したがって大半の漉槽は長さ一八〇㌢前後、幅は一〇〇㌢前後、深さ約四〇㌢のものになっている。漉槽の材質は松、ヒノキ、スギ、ツガなどであるが、近年はコンクリート製やステンレス張りのものがふえている。漉槽の左右には「馬鍬《ませ》かけ」という二本の軸受けが立ち、槽の内側の左右に、簀桁をのせる「桁持たせ」あるいは「桁橋」とよばれる二本の棒が手前から向かい側にかけて置かれている。中国には　漉槽をつくらないで、地面を掘り下げて周囲を石や煉瓦で固める構造のものがあり、漉き手は腰部までの深さの穴に立って漉くが、漉槽の高さによって漉き手の姿勢が違っていた。日本でも土佐光信筆の『職人尽』をはじめ『紙漉重宝記』『止戈枢要《しかすうよう》』などには、正座して漉く姿が描かれ、埼玉県の『細川紙漉工程図』や『岐阜県製紙見取図』には、膝部まで掘った穴に立ったり腰掛けたりする姿勢で漉いているのがみられる。また低い漉槽で中腰の姿勢のものもあるが、座ったり中腰の姿勢では疲れやすいので、いまは底に脚とか台をつけて高くした漉槽で立って漉く方式のものが普及している。↓図版125

すぎめがみ［杉目紙］杉の木目を出した薄片を並べ密着させて、白紙で裏打ちした紙。木目によって杉柾目《まさめ》紙と杉杢目《もくめ》紙の別がある。

すきもようがみ［漉模様紙］手漉き和紙の製造工程のなかで、湿紙の乾燥が終る前に各種技法をほどこして模様をつけた紙。したがって打雲・飛雲にはじまり、雲竜紙、落水紙、水流紙、塵入り紙、漉き合わせ紙、透かし入れ紙、抜き模様紙、置き模様紙、金銀粉混入紙、布目紙など、多彩な技法で模様をつけた、広範な種類のものをふくんでいる。

ずこうし［頭甲紙］頭甲は笠の裏側に、かぶりよいようにつける小さな輪の形をしたもので、これをつくるのに用いる紙。反古の漉き返し紙で、近代につくられた。

すざきはんし［須崎半紙］高知県須崎市とその背後の高岡郡佐川町・津野町に産した半紙。天保十五年（一八四四）刊の大蔵永常著『広益国産考』に、「大坂の紙問屋へ承るに、……土州より出る紙四分にて」とあり、土佐産紙は江戸末期の大坂紙市場で四〇％の占有率を誇ったが、その大半は半紙であった。そしてその半紙は吾川・土佐両郡産を土佐半紙、須崎周辺のものを須崎半紙といい、農商務省編の明治十四年（一八八一）商況年報には、品質は須崎半紙の方がはるかにまさると記している。純コウゾ製、天日干しで、須崎半紙は土佐を代表する半紙であった。

すじいりがみ［筋入紙］コウゾやミツマタの手ちぎりの長い繊維を筋ともいい、これが紙面に雲状に散らばっている紙で、いわゆる雲竜紙の別名。↓雲竜紙（うんりゅうし）

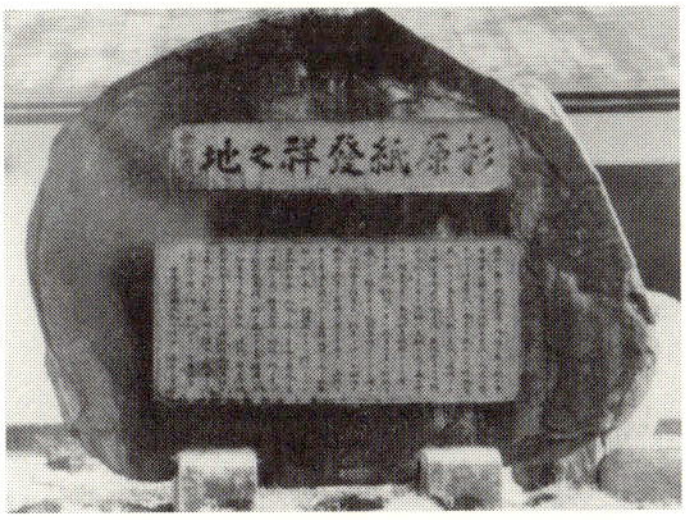

124　「杉原紙発祥之地」の碑

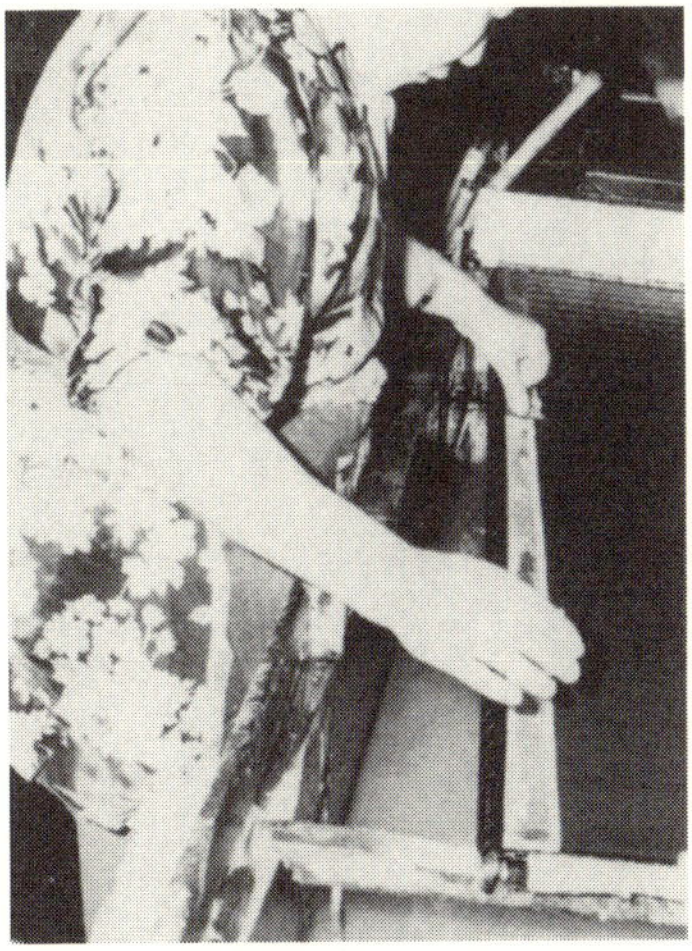

125　簀桁を桁橋にのせ，耳折りをしているところ

ずしょりょう［図書寮］経籍・仏典のほか、その校写・装《そう》潢《こう》、紙筆墨の調達などをつかさどった中務省の役所。大宝元年（七〇一）に制定の大宝律令によって設置された。清原夏野が天長十年（八三三）に撰上した『令義解』によると、造紙手は四人で、別に紙戸《かみこ》五〇戸が山城から冬の農閑期に上番して製紙に従っていた。造紙手は天平期に八人にふえたが、『類聚三代格』によると、大同三年（八〇八）には造紙長上二人を一人に、造紙手八人を五人に減らしており、『延喜式』では造紙手は四人になった。また『類聚三代格』の弘仁十三年（八二二）閏九月二十日の太政官符には、大国六〇人、上国五〇人、中国四〇人、下国三〇人の造国料紙丁《りょうしちょう》がいたと記しており、彼らが諸国で紙をつくることを規定している。さらに『延喜式』には、図書寮の年間造紙量を二万張（広さ二尺一寸、長さ一尺二寸）と決め、その原料は穀皮一五六〇斤、斐皮一〇四〇斤、計二六〇〇斤となっている。この原料は美濃の六〇〇斤をはじめ二三か国と大宰府から年料別貢雑物として、また中男作物《ちゅうなんさくもつ》としては一人当たり穀皮三斤二両、斐皮三斤ずつを貢納することを定めている。これら諸国から集めた原料で図書寮は紙をつくったが、その製紙場として紙屋川のほとりに紙屋院が設けられた。そして内蔵寮《くらりょう》用の色紙四六〇〇張をつくるため毎年図書寮の造紙長上一人を美濃国に派遣する規定もあり、美濃にも図書寮関係の製紙場があった。なお日照時間により長功・中功・短功と区分して、製紙工の作業量も規定している。後世には校写・造紙などの事務は廃されて経籍専門となり、禁裏御文庫本を中心とする専門図書館の形で宮内省図書寮となっていたが、太平洋戦争後に宮内省が宮内庁に縮小されたとき、書陵部に改組されている。
↓紙屋院（かみやいん）・中男作物の紙（ちゅうなんさくもつのかみ）

すずおしがみ［錫押紙］錫箔を押した紙。金銀箔は高価なため、その代用として明治初期ころから錫箔を用いることがふえており、金唐革紙の文様で金色にみえる部分も、錫箔を押してニスを塗ったものが多い。

ずちょう［図帳］全国の田地台帳で、田図と田籍からなっており、民部省図帳ともいう。律令制のもとでは、全国の田図と田籍を作成し、民部省の図帳倉に保管して班田収受施行に備えることが規定されており、そのために大量の紙が必要であった。班田を行うごとに変更があるので、弘仁十一年（八二〇）に、天平十四年（七四二）・天平勝宝七年（七五五）・宝亀四年（七七三）・延暦五年（七八六）の四田籍を除いて破棄したが、平安時代以降に荘園と公領との間で争いがあるときには、現実の坪付と図帳が照合された。鎌倉時代にはこれが大田文《おおたぶみ》に変った。↓大田文（おおたぶみ）

すてみず［捨水］流し漉きで、所要の厚さの紙層を形成したあとの余水を流し捨てる操作のことで、払い水ともいう。汲み上げた紙料が簀上で一定の厚さに達すると、簀桁の手許を下げて水面に三〇度くらいに保って槽《ふね》の縁につけ、簀に残る半量を手許に流し捨て、つぎに簀桁を反対に前方へ傾け押すようにして残留液を流し捨てる。この捨て水が流し漉きの最大の特徴であり、簀上の液面に浮いている塵や繊維束などの不純物が流し捨てられ、紙の裏面が形成される。→流し漉き（ながしすき）・図版126

スピーカー・コーンし［スピーカー・コーン紙］拡声器において音波を出す円錐（コーン）形の紙製振動板。和紙でつくったものは音波をやわらげるとして、埼玉県小川町の紙郷でつくられていた。

ずびきがみ［図引紙］製図用に礬水《どうさ》をひき、あるいは紙料に礬水を混ぜて漉いたミツマタ製の製図用薄紙。明治初期に高知県の吉井源太が開発したコウゾ製の礬水漉入図写紙を改良し、明治中期からミツマタを主原料としてつくり、海外にも輸出された。近年は透写よりも建築設計図を描くのに多く用いられている。

すぶせ［簀伏せ］漉きあげた湿紙を紙床に移さないで干板に直接移し伏せること。湿紙を紙床に移して重石で圧搾すると紙が硬くなるので、ふっくらと柔軟な地合に仕上げるために、美栖紙と吉野紙つくりで伝統的に守っている技法である。漉き手の女性と干し手の男性が作業のリズムを合わせて働くことが求められ、これらの紙を漉く夫婦はけんかをしたことがないという。→図版127

すぼむき［すぼ剝き］コウゾ皮を剝ぎとるとき、白い皮肉部が表面にあらわれ、最先端が筒状になるようにすること。石州産コウゾなどの剝ぎ方で、白剝ぎ、引剝ぎ、筒剝ぎ、すっぽん剝きともいう。

ずみうちがみ［澄打紙］金箔の上澄《うわずみ》を打つのに用いる紙。金箔をつくるにはまず厚さ約五ミリの金合金を延槌《のべつち》で一〇〇分の三ミリまで打ちのばし、さらに澄打紙を用いて、小兵《こっぺい》・荒金《あらかね》・小重《こじゅう》・大重《おおじゅう》・上《あが》りの五段階に打ちのばす操作で一〇〇〇分の三ミリの上澄をつくる。近年小兵・荒金の段階でハトロン紙を用いるが、もともとはすべて澄打紙を用いた。

126　流し漉きの特徴とされる捨水の操作（島根県三隅町の久保田工房）

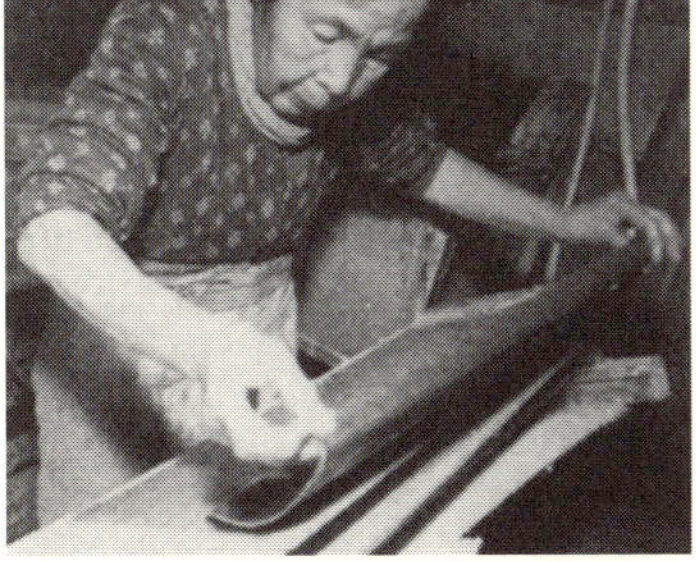

127　美栖紙の簀伏せ（奈良県吉野町の上窪工房）

澄打紙は金沢市田島産で、わらしべ（ニンゴ）七〇％とコウゾ三〇％の配合紙料で漉くので黄色を呈しており、田島西の内紙ともいう↓箔打紙（はくうちがみ）

すみながし［墨流し］和歌料紙の一種で、墨汁により水流の文様をあらわした紙。主に和歌料紙として用いられたが、いまは各種の装飾紙ともなっている。『古今集』巻十に在原業平の子滋春《しげはる》の「すみながし」の歌があり、「はるがすみながしかよひぢなかりせばあきくるかりはかへらざらまし」と詠んでいる。『古今集』は延喜五年（九〇五）に撰進されているので、九世紀には墨流しがつくられていた、と考えられる。現存している最も古いものは、『西本願寺本三十六人集』の料紙として用いられており、伝藤原有家筆の「多田切」は「墨流切」ともいわれている。墨の流れの線とひらがなの流麗な線とがよく調和して、色紙だけでなく、短冊や懐紙にも、この加工技法が使われた。福井県越前市武生の広場家は、仁平元年（一一五一）に広場治左衛門が春日明神からこの秘法を授かったと伝えているが、越前は古くからこの墨流しの産地である。もともと鳥子紙に加工されたものであるが、江戸中期から奉書紙にも加工され、千代紙の文様のひとつにもなっている。文政十三年（一八三〇）刊の喜多村信節《きたむらのぶよ》著『嬉遊笑覧《きゆうしょうらん》』にはその製法を次のように述べている。「墨流しの法、桐の木白灰一匁、松脂五分、明礬三分、これをまぜ合はせ、墨または紅粉、藍などの絵の具を加へ用ふ。また一法、墨の内へ松脂、煙草のしぼり汁を入れるもよし、先ず油気なき器に水を汲み、硯墨に松脂を入れ、また青松葉よく搗きて、その汁を入れたるもよし、墨を筆に浸し、水の上に筆先を入れば、墨丸く浮かむを、細き竹串、箸などの先、頭髪を撫で油気を付けてさし入れば、墨開き散りめぐる時、その鉢を静かに動かせば、色々にうずまくを紙につけて移しとるなり。金泥は板に張り、乾しあげて墨の間を彩るなり」。『尺《せき》素《そ》往来』には、「藤貞幹《とうていかん》云、墨流し後世種々奇巧をなすが如きは古昔はなし、淡墨を用ふ」とあって、平安時代のものは薄墨一色であったが、近世には紅や藍の絵具を用い、さらに金・銀泥も使って華麗な墨流しがつくられるようになった。また現在の製法は、水槽に松脂の煮汁を混ぜた墨汁を滴下し、その中心を松脂の煮汁をつけた細棒で突いて拡散させる操作を繰り返すのが基本であるが、松脂の代りに無患子《むくろじ》皮の煎じ汁などを混ぜる方法も考案されており、料紙つくりや染物業者なども製作するようになっている。なお墨流しの技法は、ヨーロッパのマーブル紙の源流ともいわれるが、中国の斑紋紙あるいは流沙紙を源流とするのが正しい。また韓国では墨流しを墨添紙（Meokchim ji）と呼んでいる。

すりきょう［摺経］写経に対して木版摺りして仏典および版経を作成する行為を意味する語。中国では隋代に始まる

す

といわれるが、日本では平安中期、『御堂関白記』寛弘六年（一〇〇九）の条に、法華経一〇〇〇部を摺写したことがみられ、諸種の祈願供養のため、一時に多数の仏経を作成する必要から営まれるようになった。この摺経供養（摺写《しょうしゃ》供養・摺供養）は、その後中世を通じて盛んに行われたが、最古の遺品は承暦四年（一〇八〇）の墨書識語がある『妙法蓮華経』巻第二（もと法隆寺蔵、のち安田文庫蔵）の一軸である。

すりぞめ【摺染め】植物染料など天然の色素を直接繊維に摺りつけて着色すること。古代に行われた原始的染色法で、『古事記』『日本書紀』には青摺・丹摺《にずり》などがみられる。

すりぼとけ【摺仏】平安中期に摺経が始まってから仏像を版木に彫刻し、これを摺刷《しょうさつ》したもので、「すりぶつ」「しょうぶつ」ともいう。造立供養を営む本尊の胎内などに多数巻き納め、一時に多数の仏像を調製供養する意味の功徳を祈願した。その他、お札や散華の用に供したものもある。また多数の画像の仏を得るために、大型の線画摺仏の上に彩色を加え、掛物に仕立てたものなどもある。

するがのかみ【駿河紙】駿河（静岡県）産の紙。『延喜式』には紙を上納するところとなっているので、平安期から紙を産していた。中世には『御湯殿上日記』の明応七年（一四九八）、享禄四年（一五三一）の条に「するかかみ」とみえる。また『言継《ときつぐ》卿記』の天文二十四年（一五五五）、弘治三年（一五五七）の条にみえる「さつか紙」は佐束紙で、これも駿河産紙である。近世には安倍・興津・富士の各河川流域に七〇余の紙郷があって、糊入紙・半切・半紙・小半紙・塵紙・厚紙など、いわゆる駿河物と呼ばれる各種の紙を主として江戸市場に出荷した。ミツマタを原料として導入しているのが特色で、駿河半紙はとくに著名であった。→駿河半紙（するがはんし）

するがばん【駿河版】徳川家康が晩年に駿府（静岡）に退隠したのち、銅活字を用いて出版した『大蔵一覧集』（慶長二十年＝一六一五）と『群書治要』（天和二年＝一六一六）をいう。家康の側近にあった金地院崇伝、林羅山らがこの事業に関与した。この銅活字は、のちに徳川頼宣の転封にともなって紀州和歌山藩に移され、和歌山藩はこの銅活字を用いて、弘化年間（一八四四–四八）に『群書治要』を再印刷した。

するがばんし【駿河半紙】駿河（静岡県）で産したミツマタ原料の半紙。大宮（富士宮）の紙問屋、池谷が販路を開き、天明

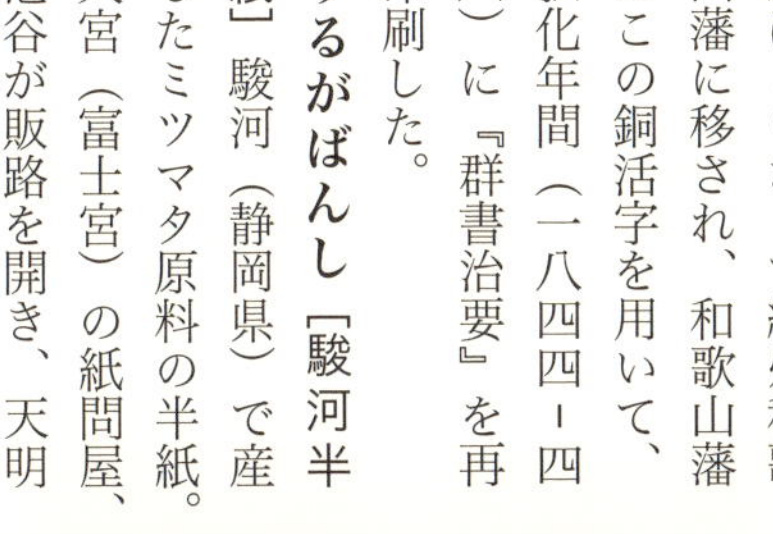
128　駿河半紙漉場の図（紙の博物館蔵『大日本物産図会』）

六年（一七八六）から天保七年（一八三六）に至る約五〇年間が全盛期だったといわれる。ミツマタ原料の利用については、甲斐の市川大門（市川三郷町）出身で庵原郡和田島（静岡市）あるいは富士宮の村役人だった渡辺兵左衛門定賢が大規模に栽培したと伝えられ、富士宮市白糸の滝の近くに「三椏栽培記念碑」が建っている。また『駿河国新風土記』には、駿河半紙は庵原郡河内村（静岡市）の和泉左束と呼ぶ者が漉き出した、という説をのせている。↓駿河紙（するがのかみ）・図版128

すんしょうあんしきし［寸松庵色紙］紀貫之筆と伝えられ、から紙に書かれた升形の粘葉本《でっちょうぼん》であったが、のちに截断された古筆切。『古今集』の四季の歌を一首ずつ抜書きした断簡で、散らし書きの書風は秀麗を極め気品が高い。現在は三十数枚が諸所に分蔵されているが、江戸初期の茶人佐久間直勝が彼の茶室寸松庵に一二枚を愛蔵していたので、この名がある。

せ

せいがわうちがみ［清川内紙］岡山県川上郡備中町清川内（高梁市）を原産地とするコウゾ紙。『新撰紙鑑』に備中三つ折紙が記されており、中折紙も産して、備中地方ではこれらを常備して進物や儀式のほか帳簿や障子張りに用いていた。清川内紙はこの中折紙のことで、もともと純コウゾ原料であったが、のちにコウゾ・ミツマタ半々の配合紙料で、主として障子張りに用いられ、いまは清川内から倉敷市に移った丹下哲夫が伝統を守っている。

せいこうし［清江紙］中国の宋元時代に江西省の清江で産した紙で、藤紙の一種。陳槱《ちんゆう》の『負喧野録』巻下には、「堅くすべすべして、墨を留めない」と評している。

せいこうせん［清光箋］高知県吾川郡仁淀川町吾川に産する画仙紙。画仙紙にはいろいろな原料を配合するのが普通であるが、これはミツマタ一〇〇％の紙料を萱簀で流し漉きしているのが特徴である。かな文字または淡彩の墨絵用に適している。

せいたんひ［青檀皮］青檀（*Pteroceltis tartarinowii* Maxim.）はニレ科青檀属で中国安徽省長江以南の地、宣城西の南陵から涇県の西郷小鎮にわたる丘陵に生長するとされている。形がコウゾに似ているので古人は楮樹、谷（穀）樹と誤称したことがある。青檀の皮は宣紙の主原料で、書画用紙の理想的原料であるが、植生地域が限定されているため、宣紙の生産量がふえるにつれて原料不足となり、コウゾ皮やクワ皮が混入され、明清時代には稲わら（砂田の稲わら）を混用することが多くなって、近年は稲わらの混合率がむ

しろ高い宣紙がつくられている。↓図版129

せいちょうし［清帳紙］大福帳などの地紙に用いたコウゾ製の丈夫な紙。清帳は江戸幕府で租米蔵納の諸入費を記載した勘定簿のことで、転じて清書された帳簿の意。『新撰紙鑑』には、土佐・肥後・日向・伊予・石見・筑後柳川などの産としているが、土佐清帳紙が最も知られ、国の記録作成等の措置を講ずべき文化財に選択されている。吉井源太著『日本製紙論』は、紙質強靭で帳簿のほか合羽・温床用障子にも用いられたが、上等質の紙のため土佐でもわずかに高岡郡野老山（越知町）、黒岩村（佐川町）近傍だけでつくる、と記している。現在は吾川郡吾川村（仁淀川町）だけに産している。↓図版130

せいはん［整版］活字版に対して、一枚の木版に一枚分の反体字などを彫刻して印刷の原版としたもの。またその版で印刷したもの。いわゆる木版（彫版）印刷で、江戸末期ころまで行われた。版木材には梓《あずさ》や桜が用いられたが、山桜の自然木が最良のものであったといわれる。

せいほうし［栖鳳紙］コウゾに木材パルプを配合した紙料で漉いた日本画紙。福井県越前市今立町の岩野平三郎工房で、竹内栖鳳画伯の求めに応じて、墨付き・絵具ののりなどを考えて漉いたもの。なお高知県土佐市で大正末期にミツマタを主原料とした紙に栖鳳紙と名づけていたことがある。

せがわがみ［瀬川紙］歌舞伎俳優の瀬川菊之丞にちなむ花元結に用いる紙。『諸国紙名録』の「東京漉」の中にみられ、一尺二寸×一尺六寸で横幅は普通の元結地紙より一寸ほど広い。

せきしゅうばんし［石州半紙］近世石見国（島根県）の津和野藩・浜田藩で産した紙。津和野藩は正保三年（一六四六）鬼主水《もんど》といわれた家老、多胡主水真益がコウゾの栽培を奨励して全産紙を買い上げ、万治元年（一六五八）には紙の専売制を実施して、農民に割り当てた生産量の完遂を強制した。また浜田藩は技法を普及するため国東《くにさき》治兵衛が『紙漉重宝記』を刊行しており、ともに数多くの紙郷があって、大坂市場への流通量が多かった。『新撰紙鑑』には、

129　青檀（『造紙史話』より）

130　清帳紙を漉く尾崎茂工房（高知県吾川村岩戸）

その主産地として、浜田藩の朝倉・津茂・丸茂・市山、津和野藩の宇津川・伊野・新山中・殿・日貫をあげている。原料コウゾの白皮とともに甘皮も用いて漉き、ねばり強く耐久性があり、しかも雅味があるのが特色で、記録・版画・障子・表装・襖下張りなど用途が広く、石州半紙技術者会は昭和四十四年（一九六九）に国の重要無形文化財に総合指定されている。→石見紙（いわみのかみ）・図版131

せきとく［尺牘］「しゃくとく」ともいい、手紙・書状のこと。牘は方形の木の札で、尺牘は主として漢字で表記した手紙をいう。

せきばんいんさつ［石版印刷］石版石に特殊なインクで書写した原稿を転写して製版し印刷すること。一七九六年にミュンヘンでゼネフェルダーが開発したもので、これをリトグラフ（lithography）というのは、一八〇五年に鉄製印刷機を完成したミッテラーが命名したものである。

せきよしくに［関義城］昭和期の和紙研究家（一八九二―一九七九）。宮城県仙台市生まれ、東京大学工学部機械工学科卒。三菱製紙常務取締役、紙パルプ技術協会会長・三菱工業顧問・ベロイト日本副社長などを歴任、紙の博物館名誉顧問もつとめたが、紙関係文献の収集家として知られるとともに地道な研究家であった。和紙関係の著書には、『英文・日本の手漉紙』（チンデールと共著）『古今和紙譜』『古今紙漉紙屋図絵』『江戸明治手漉紙製造工程図録』など、その巨大な収集文献を活用し集大成した資料集的なものが主体であるが、研究書としては『江戸東京紙漉史考』『手漉紙史の研究』がある。このほか海外の紙についての論文も多く、首都圏での和紙研究のリーダーであった。

せっかい［石灰］動物の骨や殻などが堆積してできた石灰岩を焼いてつくったのを生石灰（CaO）といい、水に反応したものを消石灰（$Ca(OH)_2$）という。主成分は炭酸カルシウムで、工業用アルカリの重要な原料であり、和紙の煮熟工程で草木灰汁の代わりに用いられる。紙料に対する作用は草木灰汁に次いでゆるく、とくに高知・愛媛・岡山県などで多く用いられている。

せっこうせん［雪貢箋］東京産の高級封筒用紙。別に角判ともいい、寸法は一尺九寸×三尺五寸。

せっとうせん［薛濤箋］中国唐代の女流詩人、薛濤が四川省成都の浣花渓《かんかけい》百花潭の水で工人につくらせたとされる紙。木芙蓉《もくふよう》の皮を原料とした小幅の詩箋で、彼女と交友のあった詩人たちに愛用されて名声が高まり、後世これを模製することが続き、『天工開物』にもその製法が紹介されている。浣花箋ともいう。→浣花箋（かんかせん）

せつもんかいじ［説文解字］中国最古の部首別字書で一五巻。後漢の許慎《きょしん》が永元十二年（一〇〇）に撰したもので、九〇〇〇余の漢字を五四〇の部首により分類して字形の成立ちを説明しており、中国文字学の基本的古典。このなかに紙は「絮《じょ》の一苫《せん》」と記している。苫はスゲやカヤを編んだむしろ、すなわち簾であり、絮は敝綿、すなわち「ふるわた」であるが、この絮を「きぬわた」と解する説が有力であった。漂絮といって簾の上に古真綿（きぬわた）をひろげて、水を打ちながらたたきのばす技法があるからであるが、この説に従えば、紙は蚕のつくる絹の動物繊維で作り始められたことになる。しかし近年中国の前漢時代の遺跡から出土した古紙の原料はすべて植物繊維、とくに麻類の繊維である。『説文解字』の「絮」のつぎの「絡」の説明には「絮也、一に曰《いわ》く、麻の未だ漚《ひた》さざる也」とあり、「絡」とはまだ水に漬けない状態の麻の絮のことであるとしているので、絮は麻のふるわたと解釈することもできる。古代の紙はほとんど麻布のぼろが原料であり、絮を絹絮でなく麻絮と解釈するのが妥当と考えられる。このように麻絮とすれば、『説文解字』は、紙を麻のふるわたを簾で形成したもの、と説明しているのであり、前漢古紙の実物と符合する。↓図版132

せつようしゅう［節用集］室町中期（十五世紀後半）に始まり、明治初期に及んだ「いろは引き」の通俗国語辞書。日常生活に必要な節に用いるという意味で、百科事典的な性格を兼ねていたので非常に普及し、辞書の代名詞ともなった。しばしば改編されているが、刊記のある最初の刊本は天正十八年（一五九〇）の饅頭屋本《まんじゅうや》で、これと慶長二年（一五九七）刊の易林本《えきりん》が著名である。

セルロース［cellulose］植物の細胞膜および繊維の主要な成分で、グルコースが結合して生じた鎖状高分子化合物の一種。$(C_6H_{10}O_3)n$. 分解するとブドウ糖になり、木綿・麻・木材パルプ、あるいは和紙の主原料であるコウゾ・ミツマタ・ガンピなどの主成分で、製紙原料としてのほか、熱・電気の不良導体、火薬、コロジオンの製造に用いる。

せんいひっかけがみ［繊維引掛紙］文様を成形した金属型にミツマタ繊維を引っ掛け、これを紗に伏せてから軽く水につけて繊維をひろがらせ、あらかじめ漉いておいた地紙に伏せ重ねたもの。昭和初期に京都の木田書一が扇面地に文様をつける手法として開発したが、京都や福井県で襖紙

131　石州半紙の伝統を守る島根県那賀郡三隅町古市場（浜田市）の紙郷

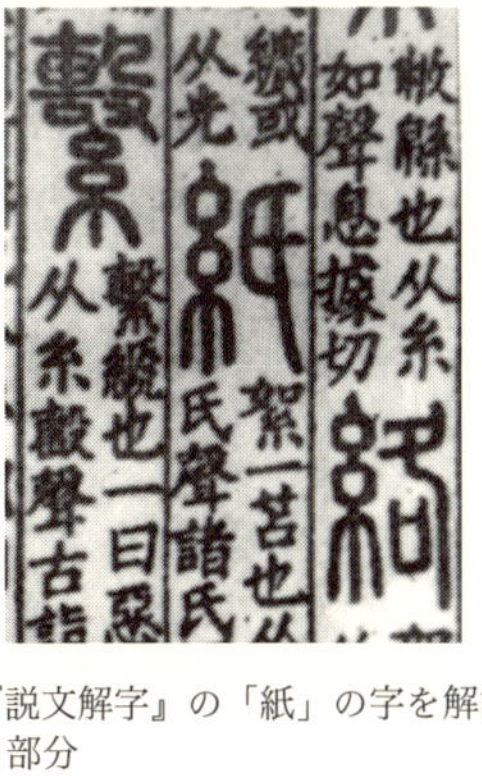

132　『説文解字』の「紙」の字を解説している部分

などの加飾技法として活用されている。かつて繊維引掛紙は光王紙あるいは光沢模様紙と呼ばれたこともある。

せんかし【泉貨紙・仙過紙】泉貨居士が中世末期に開発した漉き合わせのコウゾ製厚紙。泉貨居士は本名、土居（兵頭）太郎右衛門、西園寺公広《きんひろ》に仕え、伊予国（愛媛県）東宇和郡野村町の白木城主であったが、天正十二年（一五八四）長宗我部元親に攻略されて野村町の安楽寺に退隠し、この紙の技法を考案した。昔は別々に漉きあげた二枚の湿紙を合わせたほか、漉桁の上に萱簀と竹簀を置いて漉いた二枚を合わせていたが、いまは漉桁に竹ひごの密度が違う精粗二枚の簀を前後に並置して漉き、その二枚を一枚に合わせる。台帳・経本・型紙のほか合羽や紙衣などに広く用いられ、『新撰紙鑑』によると、土佐（高知県）、阿波（徳島県）、備後・安芸二国（広島県）、淡路（兵庫県）や大和（奈良県）吉野にも産していた。近代にもさらに広くつくられており、愛媛県野村町（西予市）の泉貨紙は、昭和五十五年（一九八〇）に国の記録作成等の措置を講ずべき無形文化財に選択されている。↓図版133

せんかし【仙花紙】故紙・砕木パルプ（GP）および未晒し亜硫酸パルプ（SP）を原料として、ヤンキー抄紙機で抄造した印刷用の粗紙。紙の色が白くない点が手漉きの泉貨紙と似ているので仙花紙と名づけ、太平洋戦争後に統制外として売り出し、紙不足に苦しんでいた出版業界にもてはやされた。しかし、コウゾ製の厚く強靭な泉貨紙とはまったく異質の粗紙で、その出版物は変色して文字が読みにくく、一部は良質紙で複製された。↓泉貨紙（せんかし）

ぜんこくてすきわしれんごうかい【全国手すき和紙連合会】手すき和紙業者の全国組織。昭和十四年（一九三九）に、日中戦争下の戦時総動員体制に応じて手漉和紙業界の初めての全国組織として全国手漉和紙組合聯合会が結成され、同十六年全国手漉和紙工業組合連盟、さらに日本手和紙工業組合連合会に改組された。太平洋戦争後は活動停止の形であったが、昭和三十八年（一九六三）文化庁文化財保護部が全国の和紙実態調査を始めたのに呼応して、全国手すき和紙振興対策協議会が設立され、同四十五年（一九七〇）に現在の全国手すき和紙連合会に改組された。孤立した紙郷の紙漉きには一部加入していないものもあるが、ほぼ全国の業者を網羅しており、会員は三百余人。毎年全国大会を開き業界の諸問題を討議して、和紙の伝統を守り、その発展につとめている。

せんざいし【千歳紙】若松の生葉と牡蠣《かき》殻の灰をコウゾ皮などに混ぜて漉いた紙。『貿易備考』によると、福岡県八女市柳島・忠見で産し、襖紙や壁装に用いた。千年紙・千《せん》代《だい》紙・松皮紙・松葉紙ともいい、『貿易備考』松皮紙の項に記しているように、松の葉や内皮の煮汁を着色のために用いたり、コウゾの外皮（塵）などを混ぜた紙料にトロロアオイを加えて漉いて、塵入り紙の形になっているものもある。明治十年（一八七七）刊の『諸国紙名録』にみえる千年紙は三尺一寸×六尺の大判で、一枚で襖障子全面を覆うほどの大きさで漉かれている。またこの頃東京で漉かれたものを、千代紙《せんだいし》と呼ぶこともあった。↓松葉紙（まつばがみ）・松皮紙（まつかわがみ）

せんし【宣紙】 中国の安徽省宣州府で産した紙で、理想の書画用紙とされている。『新唐書』地理志に宣州府から貢納したことが記されているが、清代の胡韞玉《こうんぎょく》『紙説』の付録「宣紙説」によると、かつては宣城・寧口・太平などでも産したが、その頃は涇県だけに産するので「涇県紙」とも名づける、といっている。張彦遠『歴代名画記』は、「好事《こうず》者は常に宣紙百幅を置くべし。法を用いて之に蠟し以て模写に備う」と、画師たちの必備の画紙としている。書画用のため大判で白く平滑であり、『紙説』はその原料を楮皮あるいは檀皮《たんぴ》とするが、主原料は青檀《せいたん》（*Pteroceltis tartarinowii* Maxim.）であった。青檀はニレ科の多年生木本で、涇県の周辺に多く産した。

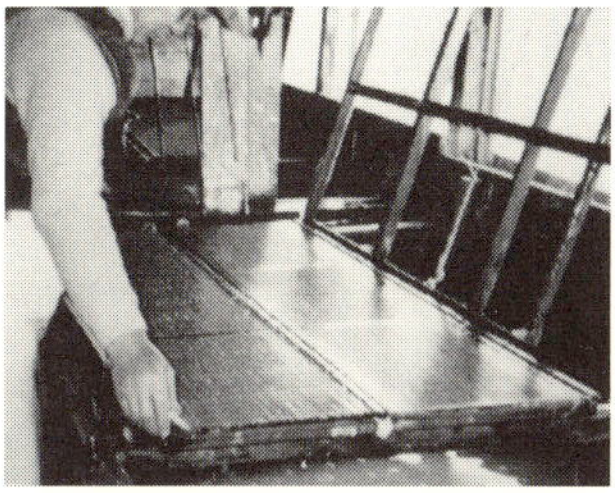

133　泉貨紙は前後に精粗２枚の簀を置いて漉き，漉き合わせて厚くする（愛媛県野村町，菊地工房）

134-1　唐代の剪紙（中国敦煌で発見）

134-2　剪紙（日本）

近年は稲わら・竹・楮皮を混合してつくり、一枚漉きは単宣、二枚合わせを二双紙（夾宣《きょうせん》・二層貢）といい、三枚合わせを三層貢、あるいは玉版紙・玉版箋ともいう。玉版箋は白い厚手の上質紙で、表面が玉のように滑らかな紙の意。近代では宣紙の上質なもののことである。なお日本で画箋紙というのは、普通、単宣のことであり、また書道家は書の表現には宣紙が最高とする人が多いが、宣紙には墨色のにじみが濃淡五段階に分かれるという特徴がある。

せんし【剪紙】 中国で古くから伝わる民間工芸で、紙を使って草花・鳥獣・人物・風景などさまざまな図案を切り抜いたもの。『荊楚《けいそ》歳時記』には、周王朝の時代に綾絹や金箔に図案を切り抜いた記録があるが、紙を使ったものは、盛唐の詩人杜甫の詩「彭衙行《ほうがこう》」に「紙を剪《き》りて我が魂を招く……」とあり、盛唐に始まっている。中国では祭事や祝い事の飾り、室内装飾、贈答用、本のカット、動画など広範囲に用いられて、数多くの名手が育った。日本では「切紙」あるいは「切形」と呼ばれ、まず祭事用として、松竹梅・えびす・大黒様などの吉祥図案のものを神棚に供えた。鈴鹿市白子では、伊勢参りの旅人のみやげとして富貴絵《ふきえ》をつくったが、これが起源となって伊勢型紙が発展した。また紋切りといって家紋を切り抜く技法があり、室町時代には七夕の天の川切形があり、江戸時代初期には各種の装飾に用いる手芸として発達した。三井家に伝わる剪綵《せんさい》もこの技法のひとつで、三井高福《たかよし》の著した『剪綵大意』がある。また明治時代の寄席興行から「廻し切り」が流行している。その用紙は、古くは檀紙・奉書紙・西の内紙などが用いられ、普通には美濃紙やコウゾ製の半紙である。腰の強い紙が適し、渋紙を用いることもある。↓切紙（きりがみ）・図版134

ぜんし［全紙］画仙紙一枚の縦四尺五寸、横二尺二寸五分（一三六×六八㌢）全判の大きさ。これを縦半分に切ったものが半切《はんせつ》、縦四分の三に切ったものが聯落《れんおち》、縦四分の一に切って二枚一組の一対にすることを聯という。↓聯（れん）

せんじがみ［宣旨紙］宣旨を書くのに用いる紙。ほとんど紙屋紙を用いた。宣旨は天皇の命を伝える文書であるが、本来の形である詔勅の発布にはきわめて複雑な手続きが必要であったのに対して、これは簡単な手続きで出された公文書。内侍《ないし》が勅旨を蔵人《くろうど》の職事《しきじ》に伝え、職事が太政官の上卿《しょうけい》に伝え、上卿はその用件によって少納言または弁官をして外記《げき》または大史に命じて文書をつくらせ発行した。

せんじし［扇地紙］扇をつくるために使う紙。扇面紙ともいい、古くは扇紙ともいった。扇は奈良時代には檜扇《ひおうぎ》といって檜の薄板を用い、また竹製のものもあったが、平安時代に斐紙《ひし》（雁皮紙《がんぴし》）を張った紙扇が日本でつくられるようになった。中国の紙にくらべて、日本の紙は折りたたみに耐えて強く美しいからであるが、扇地紙は平安時代から紙屋院でつくられ、中世には宿紙座が生産していた。正保二年（一六四五）刊の『毛吹草』や寛文五年（一六六五）刊の『京すずめ』などにも、京都が扇地紙の産地であることが記されているが、美濃も扇地紙の産地であった。享保二年（一七一七）頃の『京都御役所向大概覚書』には、美濃から京都に入ってくる扇地紙のため紙漉きたちが困窮したので、明暦三年（一六五七）に「牧野佐渡守殿時分停止被仰付候」とある。『濃陽志略』や『濃州徇行記』には、山県郡徳永・岩佐村（山県市）、武儀郡宇多院村（関市）で扇地紙を産した、と記している。↓紙扇（かみおうぎ）

せんじゃふだ［千社札］地方の神社およそ一〇〇〇社を巡拝するのを千社詣《もうで》といい、その参詣人が持参して社殿に貼り付ける紙札。自分の氏名・生国・店名などを書くが、のち図案化して木版摺りとなり、仏閣・橋梁などにも貼った。山田桂翁著『宝暦現来集』には、千社札を貼るのは、天明年中（一七八一－一八八）麹町の天紅という男が参詣の覚えとして貼ったのが初めとしている。そしてやがて木版摺りして、参詣もせずしていたずらに貼り歩いたり、千社札の交換を楽しむことが流行した。東随舎著『思出草紙』には、この貼札や交換会の流行に幕府が禁令を出したと記しているが、千社札の意匠を競い交換するならわしは長く続いている。→図版135

せんだいし【千代紙】松の葉や内皮の煮汁のほかコウゾの黒皮（塵）などもコウゾの白皮の紙料に混ぜて漉いた紙。いわゆる千歳紙であるが、とくに東京での呼称で、襖障子の下張りに用いられた。→千歳紙（せんざいし）

せんだがみ【仙田紙】新潟県中魚沼郡川西町仙田（十日町市）とその周辺に産したコウゾ紙。

せんとうし【剡藤紙】中国浙江省嵊《じょう》県の南、曹娥江の上流にある剡渓《せんけい》沿岸で野生の藤を原料として製した紙。西晋の張華（二三二－三〇〇）の『博物志』に「剡渓には古藤が多く、紙をつくることができる。だから紙は剡藤《せんとう》と名づけている」と記しており、西晋期から藤紙がつくられていた。隋唐時代には全盛期となり、高級な文書用紙として文人に愛用され、皮日休は「二遊詩」（『全唐詩』巻六〇七）で「剡紙は月より光る」とたたえ、顧況は「剡紙歌」をつくっている。また『唐六典』『翰林志《かんりんし》』などによると、白藤紙・黄藤紙・青藤紙の種類があって、用途の異なる重要文書に用いられていた。→藤紙（ふじがみ）

せんとくこうせん【宣徳貢箋】中国明代の宣徳年間（一四二六－三五）につくられた加工紙。生地色のもののほか五色粉箋・五色大簾紙・磁青紙《じせいし》・陳青款《ちんせいかん》などの種類があった。これらは樹皮紙で、陳青款は楮紙で三、四枚に剝がれる厚さがあった。磁青紙は藍を用いて染め、当時流行の青花《そめつけ》の磁器に似ていたので、このように名づけられている。また磁青紙で作るものに羊脳箋があった。清代の沈初『西清筆記』に、「羊脳に頂烟墨（上等な墨の一種）を混ぜて穴蔵に貯え、長いこと経ってから取り出して［磁青紙に］塗り、磨いて箋をつくる。漆のように黒く、鏡のように明らかである」と記している。このように宣徳貢箋は高級な加工紙

135　千社札

で貴重であり、主に表装用で、書画に用いられることは少なかった。

せんねんし［千年紙］松の内皮の煮汁とコウゾ皮などを混ぜた紙料で漉いた紙。↓千歳紙（せんざいし）

せんぶりがみ［千振紙］リンドウ科の二年草、センブリの煎じ汁は健胃剤であるが、この煎じ汁で染めた紙。徳島県吉野川市山川町の産で、淡茶色の紙であるが、熱湯に浸して胃腸薬のセンブリを煮出して飲む。

せんみょうし［宣命紙］天皇の即位・改元・立后・立太子・神事などを神々・百官または人民に述べ伝えるために発せられ、宣命体で綴られた文書が宣命であり、これを書き記す料紙を宣命紙という。その紙の色は『延喜式』に定められており、その内記の条に「およそ宣命文はみな黄紙を以て書く。ただし伊勢大神宮に奉る文は縹《はなだ》紙を以て書き、加茂社は紅紙を以て書く」とある。春日神社とか石清水《いわしみず》八幡宮などに奉る普通のものは黄蘗染めの「黄宣命」であるが、伊勢大神宮に奉るものには藍染めの「青宣命」、加茂神社に奉るものには紅花染めの「赤宣命」を用いた。

そ

そううらうち［総裏打ち］表装の最後の裏打ちをすること。掛軸の場合は古くから主として宇陀紙が用いられ、巻子の場合はガンピとコウゾの混合紙料で漉いた紙が多く用いられる。↓裏打紙（うらうちがみ）

そうこうし［装潢紙］写経のために装潢手が打って光沢をつけ、あるいは染めて定寸に切り、界線を引いた紙。↓装潢手（そうこうしゅ）

そうこうしゅ［装潢手］写経所などで紙を切り、継ぎ、打ち、界線を引き、あるいは染め、書写された経本に竹軸を削って表紙をつけ、軸に緒をつけて巻子本に仕立てるなどの仕事をした工人。『令義解』によると、中務省図書寮《ずしょりょう》には、造紙手と同数の四人が定員となっており、「経籍を装潢することを掌る」としている。またここには「截ち治むるを装といひ、色を染むるを潢といふ」と説明している。『延喜式』には、装潢の一日当りのノルマを記し、中功の場合「黏紙《ねんし》六百張、擣紙《とうし》二人日一百張、麁闌界《そらんかい》三百八十四張、注闌界四百張、横界四百九十張、装書三百六十張」となっている。黏紙は「紙をねやす」と読むが、紙に粘液を引いて湿らせること、擣紙は打ち紙、麁闌界は長さ七寸二分、広さ（幅）七分の罫線を一枚に二七行引き、注闌界は広さ（幅）八分で一枚に二四行の罫線を引く。このように装潢手は、文字を書くための紙をととのえ、書かれた紙を巻子本に仕立てる技術者であった。しかしやがて、この装潢の仕事を経師が兼ねるようになり、あるいは専門の表具師が分化して、装潢手とは呼ばれなくなった。経師はもともと経典の文字を書くことを専門とする写経師で、彼らが自分で巻子本に仕立てるようになったからである。経師はまた、摺経《すりきょう》や木版印刷が行われるようになると、印刷の仕事も行っており、その仕事の内容は広範囲にわたっている。

そうごんきょう［荘厳経］ 主として紫または紺に染めたガンピ紙に金銀泥で写経し、あるいは下絵を描くものもあり、さらに表紙や見返しも金銀の切箔・砂子・野毛などで華麗な絵または文様を描いて仕立てた、豪華で善美をつくした経典。装飾経ともいう。写経はもともと白紙に書くのが原則であるが、なんらかの装飾を施すことは敦煌写経にもあり、奈良時代には紫紙あるいは紺紙の金泥経がある。浄土信仰にともなって平安中期から鎌倉期にかけて貴族たちが多くの装飾経をつくった。長保四年（一〇〇二）十月二十二日、一条天皇の生母、東三条院（藤原詮子）のための法華八講が行われた時、一条天皇宸筆の法華経は界線の上下に金泥で蓮華を描いた装飾経であった。治安元年（一〇二一）九月十日、皇太后藤原妍子に仕えていた女房が阿弥陀堂で供養したときの法華経について、『栄華物語』は「経の御有様えもいはずめでたし。あるは紺青を地にして黄金の泥して書きたれば金泥の経なり。あるは綾の文を下絵にし、経の上下に絵をかき……」と記している。この法華経は消失しているが、現存する古いものとしては、大治元年（一一二六）のものといわれる中尊寺経、永治元年（一一四一）頃の久能寺経、長寛二年（一一六四）の平家納経などがある。鎌倉期にも豪華な荘厳経がつくられたことが『明月記』の安貞元年（一二二七）十一月十七日の条にみえるが、その代表的なものとして埼玉県比企郡ときがわ町の慈光寺に伝来する慈光寺経がある。

そうし［草紙・草子・双紙・冊子］ ①草は略の意で、下書・草案の料紙。北村季吟『枕草子春曙抄《しゅんしょしょう》』に、枕草子と題した心は「物のしたがきを草案、草稿などと云へる、其心にて、いまだ清書をもしあへざる物との心にや」とある。②転じて随筆をはじめ昔物語、小説などをいい、とくにかな書きの御伽草子・浮世草子はその例である。③綴じてある本の総称。

そうし［壮紙・荘紙］ 韓国産紙の代表ともいえる重厚な趣きのある紙で、李朝期には重要文書に用いられた。もともと純コウゾ皮を原料としたが、近年は化学パルプも混入している。

ぞうし［雑紙］ 日常の雑用に使った粗製の紙。また薄手の鼻紙の別称。中世の美濃雑紙・奈良雑紙などで、近代のティッシュ・ペーパーの源流といえるもの。

ぞうししゅ［造紙手］ 古代中央政府図書寮《ずしょりょう》所管の製紙場（紙屋院）で養成された製紙技術者。また各国衙に派遣されて製紙技術を指導した者。貞観（八五九－七七）の頃、惟宗直本《これむねなおもと》の注解した『令集解』によると、大同三年（八〇八）二月十六日の官符で、もと八人であった造紙手を「今、五人に定む」と規定している。さらに天長十年（八三三）の清原夏野撰『令義解』巻一、職員令、中務省図書寮の規定では、「造紙手四人、雑紙を造るを掌《つかさど》る」となっている。そしてこれら造紙手が紙戸を指導して製紙にたずさわったが、『延喜式』によると、諸国から貢進した穀皮一五六〇斤、斐皮一〇四〇斤、計二六〇〇斤の紙麻で、広さ（幅）二尺二寸、長さ一尺二寸の紙を一年間に二万張（枚）つくることが規定されている。地方の製紙関係者については、『類聚三代格』によると、造紙手の定員は二人で、そのもとに紙丁として大国六〇人、上国五〇人、中国四〇人、下国三〇人を置くと定めている。→造紙長上（ぞうしちょうじょう）

ぞうしちょうじょう［造紙長上］古代中央政庁図書寮の製紙技術者である造紙手たちの長、すなわち製紙技師長。奈良時代は定員二人であったが、『令集解』および『類聚三代格』によると、大同三年（八〇八）に一人に減らし、弘仁三年（八一五）に旧定員に復している。そしてこの年、図書寮造紙手少初位秦公室成《はたのきみむろなり》は、前長上秦部乙足《はたべのおとたり》の死去に代って造紙長上に任ぜられている。また『類聚符宣抄』巻七の、天暦五年（九五一）九月に式部省にあてた太政官符には、造紙長上に従七位上阿曇兼遠《あずみのかねとお》の補任を請願していることが記されている。『延喜式』十五内蔵寮《くらりょう》には、色紙について、「美濃国に遣わして之を造らしめよ」とあることから、美濃国には紙屋院の支所があり、特に色紙つくりにすぐれていた、と考えられている。『権記《ごんき》』の長保四年（一〇〇二）二月一日の条にも「美濃国紙屋長上宇保良信」とみえている。→紙屋院（かみやいん）・図書寮（ずしょりょう）

そうしょ［草書］漢字の書体のひとつで、文字をくずし書きにした書体。草書は中国の秦末から漢初期に興ったといわれる。これを隷書の草書体、すなわち草隷といい、隷書の早書きである。そして徐々に単純化したのである。前漢元帝（在位紀元前四八－前三三）の時、史遊が急就篇をつくったが、これを急就草といい、後漢の章帝（在位七五－八八）の時、杜度が上奏文に書いた草書を章草という。後漢の和帝の元興元年（一〇五）蔡倫が紙を改良普及させてから書道はいちじるしく発展し、草書もまためざましく展開した。

そうしょくきょう［装飾経］明確な装飾の目的をもってつくられた経巻。色紙経・下絵経・一字宝塔経・一字蓮台経・刺繍経などの形式がある。→荘厳経（そうごんきょう）

ぞうしょひょう［蔵書票］図書の所蔵者のしるしとして、図書の一部に貼付する印刷された小紙票（book plate, ex libris)。ドイツで一四八〇年ころからヒルデブラント・ブランデンブルクがカルトジオ会僧院に蔵書を寄贈したときに貼付した、天使が紋章を持っている図柄を印刷したものが最古といわれる。わが国では室町時代に寺院の仏書収蔵に際して、京都の醍醐三宝院で分類排架の識別機能を兼ねて紙票に捺印したものが知られている。江戸時代のものはほとんど蔵書印を捺印した紙片を表紙に貼付したものが多い。欧米式の蔵書票が紹介されたのは明治中期からで、蔵書票の用語は大正中期から定着し、貼付せずに趣味的に交換するものもある。近年は伝統工芸の木版印刷と和紙の技術を生かし、あるいは石版・ステンシルの技術を活用して、すぐれた図案を配したものが普及している。

そうつきがみ［双月紙］ 山形市双月町で産したコウゾ紙。中世末期の山形城主最上義光《もがみよしあき》の頃から紙を漉いていたと伝えられており、障子紙を主体に傘紙・塵紙をつくっていた。

そうてい［装丁・装幀・装訂・装釘］ 書物を綴じ仕立てること。装幀の字が多く用いられたが、幀の正しい音は「トウ」で掛物を意味するので、「ただす」「さだめる」「きちんとまとめる」という意味の訂の字を用いた装訂を本来のものとし、日本書誌学会では昭和初期にこの字を用いることを規定したことがある。釘は「くぎ」で綴じ目の穴をあけることを意味し、江戸後期の藤貞幹《とうていかん》が用いたが、明治期の洋装製本に装釘の字が多く使われた。丁《ちょう》は紙などを数える語であるとともに「てい」の音をあてた簡略字で、近年多く用いられている。装幀には、本を保存できるように仕立てるとともに装飾の意味もふくみ、明治末期から昭和初期にかけては画家の片手間仕事であった。しかし、紙だけでなくそれ以外の材料や構造の問題もふくんでおり、近年は総合的なすぐれたデザイン感覚を求められて、装幀は書物の形式面の調和美をつくりあげる技術あるいは意匠とされている。

そうばん［宋版］ 中国の宋代（九六〇－一二七九）に刊行された出版物の総称。宋刊本ともいう。時代によって北宋版・南宋版と区別し、多くは当時の臨安・四川・福建の地方で出版された。文字の彫刻が丁寧端正で品格があることで知られ、料紙も美しい白紙が多く、わが国では静嘉堂文庫に最も多く収蔵されている。

そうひし［桑皮紙］ クワ（桑）の皮を原料として漉いた紙。中国では三世紀から五世紀にかけての魏晋南北朝時代からすでに桑皮を原料とし、宋元刊本の印刷用紙としても多く用いられた。また北部と西域で特に多くつくったが、日本では近世になってからのようである。徳川家康の紙コレクション『駿府御分物御道具帳』元和四年（一六一八）調べにふくまれる桑枝紙がそれであるが、天保七年（一八三六）刊の大蔵永常著『紙漉必要』には「桑の若皮だけでは紙に漉きにくいので、楮に混ぜて漉くと常の紙になる。桑皮だけの紙は下品で縦横に裂ける」という趣旨のことを書いている。したがって補助原料としては使われていたのであるが、楮原料が不足すると桑皮だけを用いることになり、山梨県北巨摩郡須玉町・武川村（北杜市）、長野県北安曇郡宮本村（大町市）の桑皮紙が知られている。また『貿易備考』には、伊豆国君沢郡木負村（沼津市西浦）と賀茂郡熱海村（熱海市）や北海道の札幌監獄署から製出する、と記している。

そうほんし［奏本紙］奏本は上奏文の折本のことで、これに用いる紙。屠隆『紙墨筆硯箋《しぼくひっけんせん》』によると、江西省鉛山県が主産地であった。

そうもくかい［草木灰］草木を焼いて得た灰。カリ・燐酸などに富み、古くから肥料として用いられたが、これから抽出した灰汁は、和紙の紙料煮熟に最適のものであった。作用がゆるやかで、紙料繊維を損傷することが少なく、伝統を重んじて良紙をつくる紙漉きが用いている。製紙用の木灰には、もぐさ灰、ソバ殻灰、桐油《とうゆ》鬼殻灰、ずいき茎灰、ナラ・クヌギなどの雑木灰、稲わら灰などがある。越前奉書ではもぐさ灰を最上品とし、加賀奉書は青ずいき茎灰で煮熟したものの光沢がよく幕府献上用に使ったという。また大和吉野の宇陀紙は、クヌギ灰を最上として灰煮宇陀紙の特製品をつくっている。

そうもんし［窓紋紙］紋障子紙の別称。山岡浚明《まつあけ》著『類聚名物考』には「紋ずきの美濃紙なり」とある。また服部元《もと》喬《たか》（南郭《なんかく》）の『南郭文集』四編巻九には、「曇海上人に与える書は柳川窓紋紙」と記しているので、筑後（福岡県）柳川で漉いた紋障子紙を窓紋紙といったとも考えられる。
↓紋障子紙（もんしょうじがみ）

そく［束］束はたばねる、まとめるの意であるが、紙を数える単位としては、一〇帖《じょう》を一束という。一帖の枚数は紙の種類によって異なるが武家社会の贈答形式という一束一本、一束一巻の一束は杉原紙を原則とし、杉原紙一帖は四八枚であるので、その一束は四八〇枚。↓帖（じょう）

そくほんし［束本紙］記録用紙であるとともに、束脩《そくしゅう》などのとき師にさしあげる上質紙。明治初期の『諸国紙名録』には山城（京都）産で「献上餝紙」と注記しており、寸法は九寸×一尺二寸で半紙判より大きく、大半紙判に近い。

そくりし［側理紙］水苔、すなわち川藻あるいは海苔を漉き込んだ紙。中国では西晋の武帝（在位二六五－二九〇）の頃からつくられており、水苔のことはもともと陟釐《ちょくり》といっていたが、後世の人がその音が似ていることから側理と記したのである。また水苔だけで紙を漉くことはむずかしく、コウゾなどの紙料に混合して漉いたものである。↓陟釐紙（ちょくりし）・苔紙（こけがみ）

そし［素紙］素には織ったままの白絹、白色、もと、生まれたままなどの意があり、素紙は漉いたままの白い紙。白紙と同じで、加工も装飾もしていない生紙。ふくさ紙と同義といえる。『兵範記』久安五年（一一四九）十月二十五日の条に「素紙墨字妙法蓮華経二十部百六十巻を模写し奉る」、久寿二年（一一五五）十月二十二日の条に「素紙妙法蓮華経百部八百巻を模写し奉る」また『山槐記』仁安二年（一一六七）六月二十六日の条に「百部素紙経を供養せらる」とある。『延喜式』五神祇の条に「仏は中子と称し、経は染紙と称す」と記しているように、写経料紙は染紙を用いるのが原則で、さらに打って平滑にしたり金銀箔で装飾することが多いが、漉いたままの白紙に書写したのを素紙経と記している。伝西行筆の藤原伊尹《これただ》の家集『一条摂政集』、最澄の消息である『久隔帖』、空海の消息『風信帖』などの料紙は素紙といわれ、伝藤原俊成筆の『元輔集』にも素紙がふくまれているが、平安時代の料紙は加工し装飾したものが多く用いられて素紙に書くことは少なかった。後世には素紙に書写することが多いが、嵯峨本では加工した具引き雲母摺りに対して白紙のものを素紙摺りといって区別している。

そし［疏紙］疏は経典などの注釈書の意で、それに用いる料紙のこと。正倉院文書にみえる。

そし［麁紙・粗紙］紙面に繊維束がめだち荒れてみえる粗悪な質の紙。正倉院文書にすでにみえており、包装とか表紙に用いられた。→荒紙（こうし）

ソーダばい［ソーダ灰 soda ash］工業用の無水炭酸ナトリウム。炭酸ソーダともいう。ガラス・石鹸の製造や繊維工業に用いるが、和紙の製造工程では煮熟の時に用いる。明治十五年（一八八二）頃から用い始めており、石灰より作用力が大きく、繊維を損傷することがなく、しかも簡便に使えるので、最も多く使用されている。

そでがみ［褾紙］褾褫《ひょうてつ》（巻物の表紙）に用いる紙。→表紙（ひょうし）

そばがらいりがみ［蕎麦殻入り紙］コウゾ原料にソバ殻を混ぜた紙料で漉いた紙。長野県大町市でつくられていたが、福井県越前市今立町でソバ殻の細粉を鳥子紙に漉きこんだものを有馬《ありま》紙という。→有馬紙（ありまがみ）

そめうだがみ［染宇陀紙］傘張り用として主として紺色に染めた宇陀紙。『新撰紙鑑』に青国栖《あおくず》紙の別名として「染宇田」「国栖紺紙」と記している。初めは宇陀紙の原産地大和（奈良県）で染めたが、京都・大坂でも染め、また蛇目傘に用いるのを「阿波染」といって藍の名産地である阿波（徳島県）で量産された。明治初期の『諸国紙名録』によると、本染・端染・片面染などの種別があった。

そめがみ［染紙］いろいろな色に染めた紙であるが、色模様のある紙ではなく、紙全体をある一つの色で染めた紙、いわゆる無地染めの紙のこと。また『延喜式』巻五神祇に、忌詞《いみことば》として「仏を中子《なかご》と称し、経を染紙と称す」とあるように、染紙は仏経のことで、写経料紙はほとんど黄蘗染めの黄色、あるいは櫟《くぬぎ》の実すなわち橡《つるばみ》を使った木蘭色《もくらんじき》（黄茶色）に染められていたからである。奈良時代には図書寮《ずしょりょう》が製紙を担当したが、『令義解』によると、図書寮には装潢《そうこう》手《しゅ》四人が置かれ、装潢について「截治《せつじ》を装といひ、色を染めるを潢といふ」と注記している。装潢手が紙を染めていたのであり、正倉院文書の「造物所作物帳」には、天平六年（七三四）五月一日の記事のなかに、胡桃《くるみ》染、比佐宜《ひさぎ》染、木芙蓉《もくふよう》染、蓮葉《はすのは》染一万二百十八張をつくった、と記録している。また前田千寸《ゆきちか》の『日本色彩文化史』によると、正倉院文書には各種の染紙二六五万五五一九張が記載されている、と述べている。とくに黄蘗染めの黄紙が多いが、これは仏門の色であるとともに虫害を防ぐ効果があり、この意味で製紙が始まるとともに紙を染めることも始まっていたといえる。もちろんそれは天然染料の、いわゆる草木染めであり、写経用紙の多大な需要とあいまって、本草学の知識を活用したその技術は急速に発展し、奈良時代にほとんど完成の域に達していた。そして平安時代には、紅梅・二《ふた》藍《あい》・朽葉《くちば》・萌黄《もえぎ》・海松《みる》・木賊《とくさ》・浅葱《あさぎ》など交染《まぜぞ》めで中間色をきめこまかく表現する染色があらわれ、また香料の丁子《ちょうじ》を用いた、丁子染めの紙なども生まれた。現代では、民芸紙の名で草木染めの技法が伝えられているが、紙細工などの素材として近年染紙つくりを始めた紙郷の製品には、合成染料を用いたものが多くなっており、また顔料引き染紙などもつくられている。↓色紙（しきし）

そんし［損紙］ 印刷または製本の作業中に、種々の原因によって生じた使用できなくなった紙。やれ（破）ともいい、印刷した損紙を刷りやれ、印刷前の白紙の損紙を白やれという。印刷には、あらかじめ損紙の生ずることを見込んで、適当な率の予備損紙を加えるのが一般的である。

た

だいえいし［大永紙］岐阜県産で三重県の擬革紙である壺《つぼ》屋《や》紙加工の原紙。日本で最初に擬革紙を開発した三重県多気郡明和町明星の堀木家文書にその加工原紙について「本紙ハ煙草入製造原料紙ニシテ、通常大永紙ト云ヒテ、岐阜県山県郡富永地方ニ産ス」と記されている。ただしこれは明治期の文書で、開発した江戸前期に大永紙という紙名は見当たらないので、初期の擬革紙加工原紙は「大永」ではなく、丈永《たけなが》紙あるいは森下紙であったと考えられる。↓擬革紙（ぎかくし）・壺屋紙（つぼやがみ）

たいかし［耐火紙］紙料に石綿を混合して漉いた紙。石綿の耐火性を利用したもので、高知県の吉井源太が明治二十五年（一八九二）頃に試作して防火紙と名づけている。石綿紙ともいう。

だいきがみ［大気紙］埼玉県小川町などに産した厚口のコウゾ紙。『諸国紙名録』には、小西紙《おにしかみ》と同様に菜種一斤袋用となっているが、寸法は一尺一寸×一尺三寸で、いくらか大きい。↓小西紙（おにしがみ）

だいごじばん［醍醐寺版］京都の醍醐寺で開版した書物。弘安三年（一二八〇）に『大乗玄論』五巻を開版したが、その版木を火災で失ったため、永仁三年（一二九五）に重版した。

たいし［苔紙］池や谷川に浮生する川苔をコウゾ皮に混入して漉いた韓紙の一種。李朝期の中宗十三年（一五四一）に金安国が創案したといわれている。

たいしつし［耐湿紙］水にぬれても急激に強度が落ちない紙。メラミン樹脂・尿素樹脂またはゴムテックスで処理してつくっており、強度は大きく、耐水紙・湿潤強力紙ともいう。地図用紙として用い、包装などにも利用されている。

だいじょういんじしゃぞうじき［大乗院寺社雑事記］奈良の興福寺大乗院の尋尊・政覚・経尊の日記。約一九〇冊。宝徳二年（一四五〇）から大永七年（一五二七）に至る応仁の乱前後の基本史料で、このうちの『尋尊大僧正記』『尋尊大僧正記補遺』などが刊行されている。このなかに杉原紙が五二〇か所、檀紙が二六四か所にみられるほか、その頃流通した数多くの紙名が記されている。紙消費の中心だった京都に対して、奈良での流通状況を知るにも最良の史料である。

たいしょうみずたまがみ［大正水玉紙］染めた地紙の上に、水滴で丸い孔をつくった白い上掛け紙を伏せ重ね、地紙の色によって色彩のついた水玉模様をあらわしている紙。江戸中期からの伝統の水玉紙に比べると、地紙と上掛け紙が逆になっており、襖《ふすま》障子のほか色紙・短冊に用いられた。大正初期に初代岩野平三郎が開発したものである。↓水玉紙（みずたまがみ）

だいすき【台漉き】 溜め漉きや流し漉きは、漉槽《すきふね》の中の紙料を漉桁《すきげた》の漉簀の上に汲み込むが、台漉きは漉簀の上に別に調製しておいた紙料を流し込み、軽く漉桁を揺り動かして漉く技法。福井県で雲竜《うんりゅう》紙や雲肌紙をつくる時に用いている。

だいせん【題箋・題簽】 書名や順序数などを記すために和装本の表紙に貼付する細長い紙片、あるいは布片。巻子本《かんすぼん》では表紙の端、折本では中央、冊子本は中央または左上部に貼る。普通は白紙であるが、染紙や模様紙を使うこともある。外題紙《げだいし》ともいう。

だいぞうきょう【大蔵経】 仏教経典の総称で、一切《いっさい》経と同じ。↓一切経（いっさいきょう）

たいてんし【大典紙】 福井県で雲竜紙をつくり始めたのは大正十四年（一九二五）であるが、昭和三年（一九二八）の昭和天皇即位の大典があったので、雲竜紙を大典紙と呼称した。したがって、大典紙は雲竜紙の別称であったが、のちに福井県では、大典紙は手ちぎりの長い楮繊維を混ぜて漉いたものをいい、雲竜紙は粘剤と混合した手ちぎりの長い繊維に硫酸礬土《ばんど》を加えて花弁状に凝固させたものを混入して漉いたものとしている。また手ちぎりの長い繊維の少ないのを大典紙、その多いのを雲竜紙と区分するところもある。↓雲竜紙（うんりゅうし）

だいとくし【大徳紙】 コウゾにガンピを加え、さらに少量の竹パルプを混合した紙料で漉いた日本画紙。福井県越前市今立町大滝野初代岩野平三郎が横山大観画伯好みのものとして創製したもので、「大徳」は岩野平三郎が朝夕仰いだ山の名である。↓岩野平三郎（いわのへいざぶろう）

だいふくちょう【大福帳】 商家の商取引きの元帳で、本帳または大帳ともいう。わが国の商業帳簿使用は室町末期の土倉帳に始まり、江戸時代に一般化した。業種によって帳簿の種類は違っていたが、主要なものは大福帳・買帳（仕入帳）・売帳（売上帳）・金銀出入帳・判取帳・注文帳・荷物渡帳の七種であった。そのうち大福帳は買帳・売帳・金銀出入帳の三種を統括する最も重要な帳簿であり、得意先との取引状況が一目ではっきりとわかるように仕組まれていた。したがって、豪商は厚くて強い良質の紙を用い、長い紐をつけておいて、火災の時は井戸につるし、鎮火すると引き上げてすぐ商業活動を始めた。大福帳の紙は水に浸かっても破れないものを用いたわけで、仁井田《にいだ》好古《よしふる》編『紀伊続風土記』は帳簿用だった高野紙について「生漉《きずき》にて虫いらず、水に入りて破れず」と記している。↓帳紙（ちょうがみ）・図版136

タイプライターようし【タイプライター用紙】 typewriter

た

paper〕タイプライターの印字に用いる紙。高知県で典具帖紙をつくり始めたのは明治十三年（一八八〇）といわれ、翌年の第二回内国勧業博覧会に吉井源太が出品した大幅土佐典具帖紙は進歩一等賞を得て、「トサ・ステンシル・ペーパー」の名で輸出され、主としてタイプライター用紙として用いられた。しかし、後にはほとんど機械すきとなり、普通ボンド紙をタイプライター判に合わせて断裁したものが用いられている。ボンド紙とは、ぼろ・化学パルプを原料とし、よく叩解し強サイズを施してつくった締まった紙で、良好な印刷適性と筆記性をもっている。

たいへいし〔泰平紙・太平紙〕ミツマタを主原料として胡粉・顔料を混入して漉き、皺紋のある三尺×六尺の、いわゆる三六判の紙。江戸で和唐紙を始めた中川儀右衛門が開発したという岩石唐紙つくりの技法を改良してつくったもの。岩石唐紙は流し込み式の漉き方で自然にできた皺紋であるのに対して、中野島（川崎市多摩区）の田村文平が流し漉きして手でたたいたり縮めたりして皺紋を強調したのが泰平紙で、襖障子・壁装用あるいは敷物用として売り出して著名になった。天保十四年（一八四三）に創製し、将軍家慶《いえよし》の上覧に供した時、「泰平の世にできた紙」という意味で、泰平紙の名が生まれたという。また染色したり、透かし入れや金銀砂子散らしなどで装飾したものもあった。のちに東京西大久保の田村房之助、小石川久堅町の川島庄之助ら製造者がふえている。また三重県四日市市、兵庫県西宮市名塩、岡山県津山市でもつくられ、昭和初期まであった。→岩石唐紙（がんせきとうし）・図版137

たいほうし〔大方紙・大奉紙〕常陸（茨城県）久慈郡金砂郷村（常陸太田市）を原産地とするコウゾ紙。『大乗院寺社雑事記』の文明三年（一四七一）十月二十二日の条にみられ、正保二年（一六四五）刊の『毛吹草』では「佐竹大方」となっている。佐竹氏の領内で育ったのであり、のち

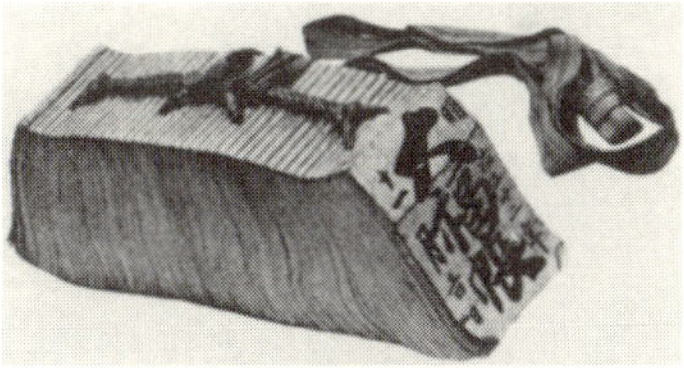

136　大福帳（紙の博物館蔵）

137　泰平紙の皺紋

138　常陸佐竹大方紙の図（『諸国名産図会』より）

に佐竹氏が移封された出羽（秋田県）に技法が伝わり、『新撰紙鑑』などには出羽の産紙となって大奉紙と称したが、大法紙・大芳紙と書くこともあった。↓図版138

たいほうりつりょう［大宝律令］文武四年（七〇〇）に文武天皇が刑部《おさかべ》親王・藤原不比等《ふひと》らに命じて、天武天皇制定の飛鳥浄御原《きよみはら》令を拡大して整備させたもの。律六巻、令一一巻。大宝元年（七〇一）に制定されて翌年実施し、天平宝字元年（七五七）の養老律令施行まで律令国家の基本法となった。その全文は今日伝存しないが、『令集解』などによってその一部を知ることができる。この律令に、図書とともに製紙を所管する図書寮《ずしょりょう》に造紙手四人を置き、別に山背（山城）に紙戸五〇戸を定め、また紙を調として納めさせることを規定している。

たいれいし［大礼紙］雲竜紙に似ているが、コウゾの繊維が固まった形で散らばっているもの。長い繊維を生かして叩解したコウゾの紙料にトロロアオイの粘液を混ぜ、明礬《みょうばん》を入れて繊維を凝固させ、花弁のようにする。その紙料をうまく分散させた紙をつくり、あらかじめ漉いておいた地紙に伏せ重ねて一枚に漉き合わせる。大礼紙の名は、昭和三年（一九二八）の昭和天皇即位式の大礼にちなみ、越前市の産紙で印刷用のほか箱張り・封筒・便箋などに用いる。

たかおがみ［高尾紙］岡山県新見市高尾で産したコウゾ紙。新見市は『東寺百合《ひゃくごう》文書』の寛正五年（一四六四）、同六年、応仁二年（一四六八）などの記述で、東寺領新見庄から公《く》事《じ》物として中折紙を納めていたことが知られる。近代には主として障子紙を漉いたが、コウゾにガンピを一〇％混ぜた紙料で漉き、美しい光沢のあるものであった。

たかしみずがみ［高清水紙］新潟県東蒲原郡上川村（阿賀町）の小集落、高清水を原産地とするコウゾ紙。会津藩領であった近世初期から同村小出とともに紙産地として知られたところであるが、高清水は小出より早く衰退した。『貿易備考』には「粗紙にして塵紙および塵半切の類」と記されている。↓小出紙（こいでがみ）

たかせほうしょ［高瀬奉書］大分県日田市高瀬川流域に産したコウゾ紙。日田地方は近世に天領で、日田代官は西国諸大名の監察役として強い権限をもち、広瀬久兵衛は九州全域に広い販路をもっていた。このような環境のもとで日田の紙は発展し、豊後の諸藩が半紙などの大衆紙を主体としたのに対して、ここではより良質の高級紙を産し、その代表といえるのが高瀬奉書である。日田はまた九州各地に流通したコウゾ原料も豊富だったところである。

たかだんし［高檀紙］丈高《たけたか》檀紙の略。高檀紙の名は『編御《へんぎょ》記《き》』建永元年（一二〇六）四月二十四日の条に初出し、『園太暦《えんたいりゃく》』文和五年（一三五六）三月三日の条には「御製高檀紙ニ被遊了」とある。のちの大高檀紙と同義と考えられるが、大高檀紙の名は『看聞《かんもん》御記』永享六年（一四三四）

四月四日の条に初めてみえる。↓檀紙（だんし）

たかつがみ【高津紙】大阪市東成区高津付近で産した漉き返し紙のこと。大蔵永常著『紙漉必要』の「漉返紙の事」の条にみえる。

たかつきがみ【高月紙】明治初期に東京でつくられた敷紙の一種。洋紙に胡粉を引き、群青《ぐんじょう》・紺青《こんじょう》・雲母《きら》の三種をそれぞれフノリで練り合わせ、適宜に文様を描いたもの。第一回内国勧業博覧会に東京都中央区新富町の高築重右衛門が出品している。

たくし【拓紙】①木や石または石碑や器物に刻まれた文字や文様を紙に写し取ったものを拓本というが、これに用いる紙。中国では拓本を搨本《とうほん》といい、樹皮原料の宣紙を用いているが、日本ではコウゾ原料のねばり強い紙を用いている。②彫刻した版木の文様を拓写した紙。宮城県白石市でつくられており、胡桃《くるみ》皮とかハマナスの根の煎じ汁で染めた紙子紙の表裏にこんにゃく糊を引き、カツラまたはサクラ材に文様を彫った版木にのせて、ブラシで丹念に叩いて文様を打ち出し、新聞紙や乾布で湿気をいくらかぬぐってから、墨汁あるいは絵具で湿らせたタンポ（綿を丸めて布で包んだもの）で軽く叩いて文様を写し取っている。これは昭和三十年代に白石市の佐藤忠太郎が、かつて紙衣文様の木版摺りに用いていた版木を活用して開発したもので、佐藤渉、吉見昭雄の両工房で継承している。紙衣のほか紙入れ・ハンドバックなどに加工され、襖障子張りにも用いられている。↓図版139

たくぬの【栲布】コウゾ繊維で織った白布。『夫木《ふぼく》和歌抄』に「いかなれば恋にむさるるたくぬののなほさゆみなる人の心ぞ」とある。栲は楮の古名で、朝鮮語の tak は楮のことである。その樹皮を細く裂いた糸を木綿《ゆう》といい、『豊後風土記』には「常に栲の皮を取りて木綿を造る」と記されている。↓木綿（ゆう）

たくほん【拓本】木や石あるいは石碑や器物に刻まれた文字や文様を紙に写し取ったもの。石摺《いしずり》・搨本《とうほん》ともいう。その方法は湿拓と乾拓があり、湿拓は被写物の上に紙をのべひろげ、これに水を刷《は》いて密着させ、半ば乾いてから、上から墨汁をしみ込ませたタンポで叩く。乾拓は湿らさずに蠟墨または釣鐘墨で上から摺る。↓拓紙（たくし）

たけ【竹】イネ科の多年生常緑木本の総称で、ときに分離独立させてタケ科ということもある。アジアのほかアフリカ、南北アメリカにも産するが、東アジアの特に中国で主要な製紙原料となってい

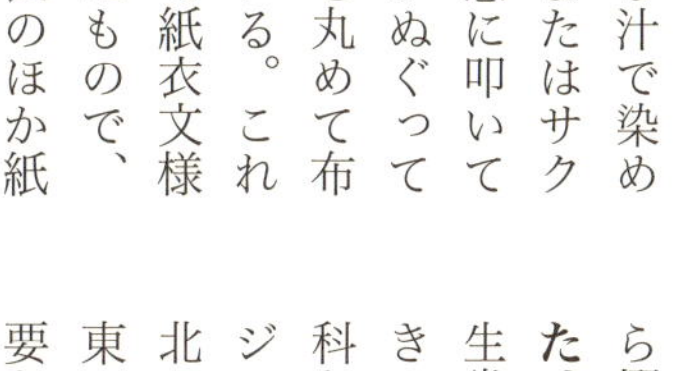

139　拓紙つくり（宮城県白石市，吉見工房）

る。唐代に広東・浙江省などで竹箋がつくられた記録があるが、宋・元時代に宋版の印刷用紙として急成長し、中国で最も多く用いられている。竹の種類はきわめて多いが、製紙原料となっているのは、主として茅竹《ぼうちく》（毛竹・シノダケ *Phyllostachys edulis*）、苦竹《くちく》（マダケ *P. bambusoides*）、淡竹《たんちく》（ハチク *P. nigra Muro var. henonis*）で、孟宗竹《もうそうちく》（*P. pubescens*）なども用いられる。繊維の質は、わら繊維よりやや長く、弾性と不透明性に富み品質もよいが、靭皮繊維に比べると、繊維が短く紙質が脆弱である。↓竹紙（ちくし）

たけかわがみ［竹皮紙］竹の皮を薄く剥いで裏打ちした半紙判のもの。『諸国紙名録』諸製紙類にみえる。

たけなが［丈長・丈永］奉書紙で普通より大判のもの。尺長・尺永・丈高とも書く。『和漢三才図会』は尺長は奉書の属で越前（福井県）府中産を上とし、丹後（京都）綾部産がこれに次ぐ、としているが、美濃（岐阜県）・阿波（徳島県）・伊予（愛媛県）・土佐（高知県）・日向（宮崎県）にも産した。寸法は越前丈永紙の場合、一尺八寸五分×二尺四寸五分で、元結に用いられることが多く、紅丈永・金丈永・銀丈永など彩色装飾したものもつくられていた。↓奉書紙（ほうしょがみ）

たけやしぼり［竹屋絞り］天明年間（一七八一－一八九）江戸日本橋で創業した竹屋（山本清蔵）が製した煙草入れ袋用の擬革紙。『守貞漫稿』には竹屋の煙草入れ袋紙は「壺屋より価高く上製なり」とし、『明治十年内国勧業博覧会出品解説』には、天保二年（一八三一）に十文字紙で製した黒聖多黙革《サントメ》は、広く愛用されて「竹屋絞り」と呼ばれた、と記している。竹屋はのちに大判で敷物用の擬氈紙を明治四年（一八七一）に、壁装用の金革紙を明治五年に創製して、金革壁紙輸出の道を開いた。↓擬氈紙（ぎせんし）

たけやまち［竹屋町］古田織部の趣向で唐人に繡作《しゅうさく》させたという錦紗の裂地《きれじ》で、京都の竹屋町で製したので名づけられている。主として表具に用いられるが、この文様はから紙にも採用されている。↓図版140

たこがみ［凧紙］細い竹骨に紙を張り、糸を付けて風力によって空高く揚げる凧を造るのに用いる紙。凧のことは関東ではたこ、関西ではいか、いかのぼりといい、凧揚げは古くから各地で行われ、凧合戦なども催されている。これをつくるのにいろいろな紙が用いられているが、おおむねコウゾ原料のねばり強い厚口の生漉《きず》き紙、たとえば西の内紙、美濃紙などが多く使われる。↓図版141

たじまがみ［但馬紙］但馬（兵庫県）で産した紙。『延喜式』によると、但馬は中男作物《ちゅうなんさくもつ》として紙、年料別貢雑物として紙麻七〇斤を納めることになっており、平安初期には紙を産していたが、「但馬紙」の名は『新猿楽記』に初出する。したがって、平安末期には但馬紙の名が知られるようになっているが、治暦二年（一〇六六）成立とされる『明衡往《めいこうおう》来《らい》』には「但馬黒川紙絶句一両首有之」とあり、その産地として朝来郡生野町黒川（朝来市）の地名が記されている。『兵範記《へいはんき》』では法成寺、『葉黄記』では賀茂祭に但馬紙を貢進したことが記され、弘安二年（一二七九）の「但馬大田文」によると、朝来郡の立脇（朝来市）、養父郡の建屋・三方（養父市）に紙田があったことがわかり、『神鳳抄』によれば、伊勢内宮の荘園ともいえる田公御厨《たぎみみくりや》（美方郡新温泉町）も産地であった。また江戸時代の記録では豊岡市の伊賀谷、奈佐谷などで紙が漉かれ、障子紙の奈佐紙は著名であった。このほか美方郡香美町が但馬紙の産地となっていた。

たしょくうんりゅうし［多色雲竜紙］コウゾまたはミツマタ原料の地紙に、多色の着色繊維を散らせて雲形文様をあらわした紙。→雲竜紙（うんりゅうし）

ただちがみ［田立紙］岐阜県境に接する長野県木曽郡南木曽町田立に産した障子紙。享保年間（一七一六―三六）に紙漉きが始まったと伝えられ、大正期には約一〇〇戸の製紙家がいたという。

たつわらがみ［立原紙］京都府福知山市立原を原産地とするコウゾ紙。丹後は近世に檀紙・奉書紙・丈永紙・杉原紙などを産し、立原はその主要な紙郷であった。『貿易備考』には与謝郡畑谷村（宮津市）の産としているが、立原紙が丹後で広くつくられていたことを語っている。

たていわがみ［立岩紙］長野県小県郡長和町立岩に産した紙。長和町長久保は中山道の宿駅として栄えたところで、立岩はひな人形用の紙を生産し、「立岩ひなや紙」とも呼ばれていた。のちには戸籍台帳用紙などが主体となった。

たてがみ［立紙］漉槽《すきぶね》の最後の紙料をすくって終ることを「仕舞い立て」という。「たて」には「門をたてる」というように「閉じる」の意があり、このようにして漉いたのが本来の「立紙」である。しかし、漉槽の最後まで残った紙料は黒皮や塵が多く混じっており、もともと黒皮を混入して漉いた粗紙を「立紙」と呼ぶことが多く、ほとんど包装や袋に用いられた。また竪《たて》紙・立紙は竪文《たてぶみ》・立文という書状形式の用語の別称である。→竪文（たてぶみ）

たてじまもんぞめがみ［経縞文染紙］コウゾ製の薄手の紙

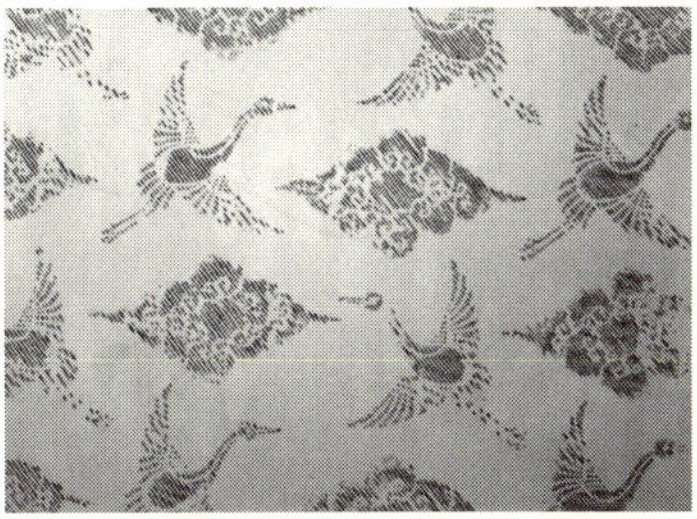

140　竹屋町雲鶴文様

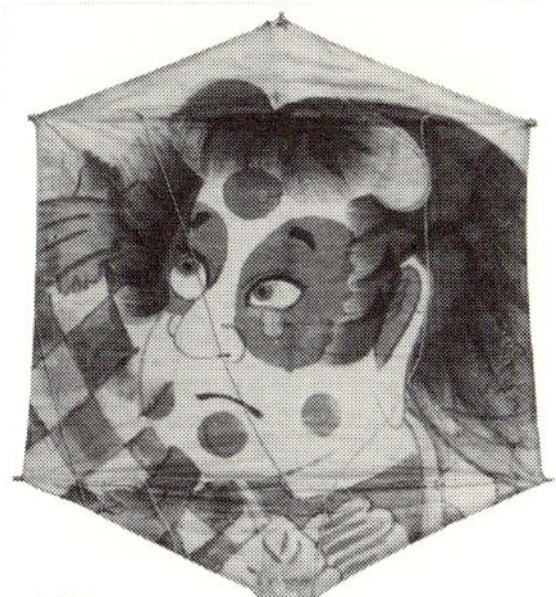

141　紙凧

を屏風《びょうぶ》たたみに折ってその折目を染め、経縞文様をあらわした紙。簡易な技法であるが、十分に乾燥させた紙を用いるのがよいとされている。

たてぶみ［竪文・立文］書状形式のひとつ。竪紙・立紙ともいう。檀紙・奉書紙・杉原紙などの全紙をそのまま用いて書く形式で、原則として官府文書や証文などに用いられた。『源氏物語』五十、浮舟の帖に「すくすくしきたてぶみ取添へて」、『枕草子』二に「ありつる文の、結びたるも、たてぶみも、いときたなげに、持ちなしふくだめて」とある。古式の竪文のつくり方は、一重に書状を巻き、その上に礼紙を竪に巻き、さらに白紙を横にして包む。これを表《うわ》巻《まき》といい、表巻の上下の余った分をひねり、そのひねったところに、紙縒《こより》を後ろから前へまわして、真結びに切り、表巻に宛名を書く。これが式正《しきしょう》の竪文である。また頭だけねじって結んだのは結文《むすびぶみ》、頭を折り巻いてその端を挿しておくのをひねり状という。そして男性用の手紙は上の方を短く、下の方を長くするのが原則で、女房文の場合は逆に上が長く、下が短いのが原則であった。なお全紙を横に二つに折って用いるのを折紙という。↓折紙（おりがみ）

たとうがみ［畳紙・帖紙］昔、衣冠束帯の時、畳んで懐に入れ、鼻紙としたり、和歌などを書くのに用いた紙。懐紙（かいし、ふところがみ）と同義。また厚紙に渋・漆などを塗り、たたんで衣類・小裂《ぎれ》・結髪具などを入れるようにしたものを畳紙という。『蜻蛉《かげろう》日記』のなかの「これかれ見出でて、これなにならむと言ふを取りて、やがて畳紙の中にかく書きけり」、『源氏物語』夕顔の帖の「御畳紙に、いたう、あらぬさまに、書きかへ給ひて」などは、常時携帯して文字を書いていたことを示している。また『堤中納言物語』の「掃墨《はいずみ》入りたる畳紙を取り出でて」、『古本説話集』の「また畳紙に丁子《ちょうじ》入りたり」などは包装用の例を示している。このほか畳紙を細くして書状を結ぶなど、多彩な用途があった。また『枕草子』には「みちのくに紙の畳紙」とあって、陸奥紙を用いたことがわかるが、斐《ひ》紙の薄《うす》様《よう》の場合もあり、鼻ふき用としては吉野紙、釜敷用としては小菊紙など、時代とともに畳まれる紙の質は変化したが、包装用としては常に厚手の十文字漉きのものが好まれた。なお紙の折りたたみ方については、『条々聞書貞丈抄』に、「たゝう紙の事は、三枚をびやうぶの如く三間にたゝみ、三重に入れちがへ、二に折り候はば四方なり、紙数以上九枚なり、引合《ひきあわせ》ならば四つにたゝみ、右の如く折重ね候、……杉原などあまり厚く候へば、二枚づゝ重ね候」とある。↓懐紙（かいし）

たなばたがみ［七夕紙］地紙の上に各種の色紙を小さい四角形に切ったものを散らし、その上に薄い紙を漉き合わせたものである。多くの小さな色紙が、七夕祭の葉竹につけて飾る五色の短冊を連想させるので、七夕紙と名づけてい

る。→図版142

たのしまがみ［田島紙］金沢市田島町に産する紙。田島はかつて一七〇戸の紙漉きがいたところで、奉書・西の内紙・懐紙・傘紙・障子紙などをつくり、厚紙系のものに特色があった。近年は二戸が金銀箔つくりに用いる澄打紙《ずみうちがみ》などを漉いている。

タパ［tapa］南太平洋諸島などでコウゾ類（ガンピもふくむ）の白皮を原始的な方法でたたきのばしたもの。もともとは衣料としての布であったが、樹液で絵を描き文字を書く書写材としても利用された。環太平洋地域だけでなく、東南アジア、アフリカ東岸のほか、古代中国でもつくられており、中国では榻布《とうふ》・答布と呼んだ。日本のコウゾ製の布である栲布もタパであるという説もあるが、これはコウゾ皮を裂いた糸（木綿《ゆう》）を織ったものである。
↓アマテ（amate）

たばこいれがみ［煙草入紙］煙草入れの袋をつくるのに用いる地紙。
近世初期には、油紙一重を閑清《かんせん》縫い（袋物の端などを、糸をあらわして打ち違いにからげ縫うこと）したが、いくらか進むと、柿渋に砂糖液を混ぜたものを厚紙に何度も厚く引いて、皮のようにしたものを用いるようになった。擬革紙と呼ばれるもので、さらに油紙をわら火でいぶして磨いたのが羊羹紙であり、またヨーロッパから渡来の金唐革をまねて、彫刻版木で文様を圧出し、漆・金属箔を用いて装飾加工するようになった。最も早くあらわれた伊勢製を壺屋紙といい、水戸製は羊羹紙、そして江戸の竹屋でつくったのを竹屋絞りという。壺屋紙の煙草入れは伊勢参宮の土産物として、皮革に代えて紙製とし元禄（一六八六－一七〇四）の頃に始まり、竹屋絞りは天保二年（一八三一）に黒聖多黙革《くろさんとめ》と称する揉紙《もみ》を製したのが初めという。しかし、文化十一年（一八一四）刊の『本朝勝槩記《しょうがいき》』には「武蔵紙煙草匣《たばこいれ》」とあり、文政八年（一

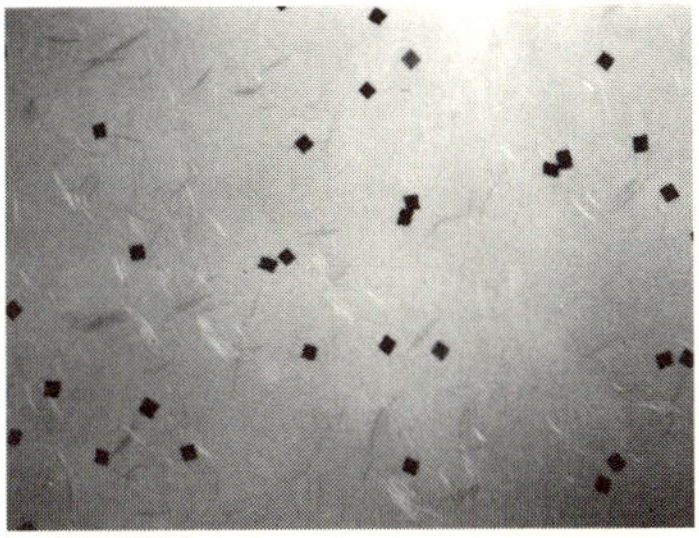
142　七夕紙

143　煙草入れ

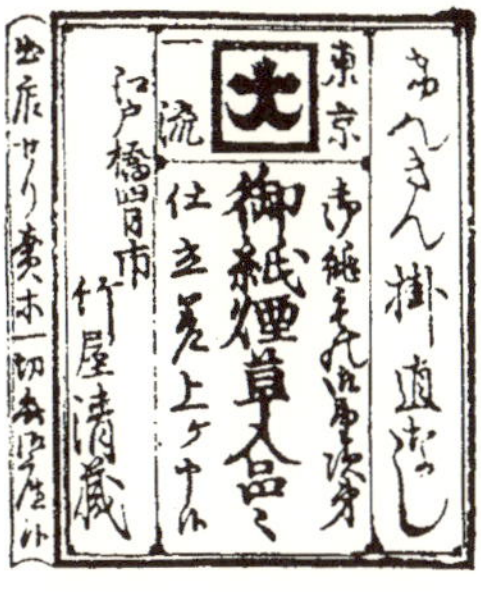

144　江戸の著名な煙草入紙業者だった竹屋の商標（紙の博物館蔵）

八二五）刊の『進物便覧』には東都土産としての「紙たばこ入れ」の下に「竹屋」の注記があるので、江戸ではもっと早くからつくっていたといえる。このほか『国花万葉記』に駿河の安倍川紙子紙で煙草入れをつくったと記し、『貿易備考』には但馬（兵庫県）・信濃（長野県）にも産したことを記している。↓擬革紙（ぎかくし）・図版143、144

だびし［茶毘紙］香木をこまかく砕いた粉を漉き込んだといわれていた紙。『賢愚経』に用いられた料紙で、その断簡である大聖武切、中聖武切、小聖武切のほか、阿弥陀切、久世切などに用いられているのが茶毘に付した骨を砕いて漉き込んだように見えたからである。近年の顕微鏡による分析試験によると、香木の粉末を漉きこんだものではなく、マユミ原料の塵入り紙で、微粒子はマユミ靭皮の塵であるとされている。

たふ［太布］本来はコウゾ樹皮の繊維を手紡ぎして地機《じばた》で織った布。栲布《たくぬの》とも、また荒妙《あらたえ》ともいう。『万葉集』には、木綿《ゆう》を吉野川の激流に晒す歌があり、大和のほか各地で太布がつくられていたが、土佐（高知）・阿波（徳島）で特に多く産した。『古語拾遺』には、「天日鷲命《あめのひわしのみこと》の孫《すえ》は、木綿及《また》麻并織布《またあらたえ》を造る」とあり、木綿でつくる太布は阿波の特産品のひとつであった。なお太布は、広い意味でフジ・カズラ・シナノキなどの繊維で織った布もふくんでいる。↓栲布（たくぬの）

たまねぎがみ［玉葱紙］玉葱の皮の煎じ汁で染めた紙。昭和初期から始まったもので、明礬あるいは鉄媒染で黄あるいは茶系に染まる。

ためずき［溜め漉き］汲みあげた紙料液を漉桁に挟んだ簀面に溜め、水の滴下にまかせてその紙料全部で紙層を形成する漉き方。漉桁をまったく動かさないと紙面に凹凸ができやすいので、ゆるやかに縦横に揺り動かす。この技法は中国での原初期からのもので、ヨーロッパでは広く普及しており、紙料液を多くすくえば厚く、少なくすくえば薄い紙がつくれるが、薄紙は厚さが不均等になって漉きむらができ、小さい破れ孔ができることもある。したがって、厚い紙を漉く時、あるいは土粉などを混入して流し漉きできない時に適した技法。日本では檀紙・泉貨紙・薬袋紙・泥間似合紙などの漉き方といわれていたが、明治初期に紙幣寮抄紙部（のちの大蔵省印刷局）が西洋式の漉き方で局紙をつくった時に溜め漉きと名づけ、在来の漉き方を普通漉き（流し漉き）と区別した。汲み込んだ紙料全部で紙層をつくり、捨て水しないことのほか、漉きあげた湿紙を紙床に移す時、一枚ごとに毛布（フェルト）を挟み重ねることが流し漉きとはめだって違うところである。したがって、ヨーロッパでは、漉き工と伏せ工の二人が共同して作業するのが原則となっているが、中国では湿紙を挟まないので、溜め漉きの場合も漉き工だけでこなしている。↓流し漉き

(ながしすき)・図版145

だるまがみ【達磨紙】 禅宗の始祖である達磨大師の座禅した姿を模した張子の玩具を「だるま」というが、このだるまをつくるのに用いる紙。張子紙・芯紙ともいい、紙料は新聞紙が主体で、コウゾ原料の故紙を混ぜて溜め漉きしている。張子の達磨に張りやすく、機械すきにはないやわらかな味わいがあり、主として東京・埼玉・山梨などで生産されていた。

たんがらがみ【丹殻紙】 ヒルギ科の常緑低木、オヒルギ(雄蛭木、漢名は紅樹)の別称を丹殻というが、その樹皮の煎じ汁で染めた赤茶色の紙。重クロム酸カリ、あるいは石灰で媒染することもある。

だんかん【断簡】 古書・古文書などのわずか一部分が残存したもの。切《きれ》・切れ端・残片・残紙ともいい、多くは一枚もしくは一枚に満たない残片をいう。正倉院収蔵の大宝二年(七〇二)戸籍断簡は、各地の紙質を比較する資料として貴重なものとされているが、詩歌や物語の断簡が古筆切《こひつぎれ》に仕立てられ、妙跡《みょうせき》の鑑賞用として尊重されているものも数多い。

たんごのかみ【丹後紙】 丹後国(京都府)に産した紙。正倉院文書や『延喜式』によって、丹後が古代の産紙国であったことは明らかであり、近世には『新撰紙鑑』にみられるように、檀紙・奉書などの厚手の紙で知られ、杉原紙も産していた。

たんざく【短冊】 短尺・短籍・短策・単尺とも書き、「たんじゃく」ともいう。『日本書紀』に斉明天皇四年(六五八)十一月、有間皇子が蘇我赤兄《あかえ》らと短籍を取って謀反のことを占った話があるが、この短籍は「ひねりぶみ」と読み、占いや福引きに用いる細長い紙片の意味である。字を書いて物に結びつけるものも短籍といった。『三代実録』巻三十九に「例に依って式部兵部の二省、成選短冊を奏すべし」とあるが、六位以下の官人の功過を考査し、そのなかから叙位すべき選に入った者を式部・兵部の輔《すけ》が引率して太政官に行き、大臣の列見をうける儀式があり、その列見をうける者の氏名を書いた紙片が「成選短冊」であり、それを入れる箱を「短冊筥」という。なお、短冊はのちに和歌を書く料紙として定着した。正和二年(一三一三)四月十七日、花園天皇は物忌み中のため内々和歌会を催され、懐紙に書かないで短冊に歌を書かれたが、式正《しきしょう》には檀紙、略儀には短冊が用いられるようになっていた。その起源については、

145　溜め漉き(スイスのバーゼル製紙博物館で)

二条為世（一二五一－一三三八）が高野山蓮華谷花折《けせつ》院にいた時初めて用いたという説が『煙霞綺談《えんかきだん》』その他に書かれており、また頓阿（一二八九－一三七二）が美濃の不破の関を通った時の歌を、関のひさしの板に書いて二条為世に贈り、その板の大きさにより、頓阿と為世が短冊の大きさを決めた、という説もある。いずれにしても、鎌倉末期から南北朝期にかけて広く用いられるようになり、初めは白紙を細く切っただけの白短冊であったが、室町中期以後に文様や絵を描き、金銀砂子や切箔などを散らし、さらに裏打ちまでするようになった。短冊の寸法についてはいろいろの説があり、今川了俊の『今川大双紙』には、「今時分の長さは一尺二寸也、広さ一寸二分、是は定家の流也。家隆には一尺三寸、ひろさ一寸三分也、総じてふはの関屋の板ひさしの板のひろさ程也、是は一寸八分也」とある。また享保（一七一六－三六）頃の『関秘録』巻七は「短冊寸法の事」として「短冊長一尺二寸、横一寸八分程成物なり、とり子紙なり」とある。現在は縦一尺二寸（三六・四センチ）、横二寸（六・一センチ）が普通である。ところで、古式の短冊の横幅を一応一寸八分と考えると、大高檀紙や屏風間似合（または色間似合）を十二枚に切るか、小高檀紙を八枚切りした寸法になる。式正の和歌料紙が檀紙であったので、檀紙を細長く切って和歌短冊がつくり始められたと考えられる。→色紙（しきし）

だんし【檀紙】 奈良時代にはマユミ（檀）の樹皮で漉いたといわれるが、平安期からはコウゾを原料とした厚紙。紙面にこまかい皺紋があるので繭紙・松皮紙とも呼ばれた。この皺紋はもともと縄にかけて乾燥したからで、後には干《ほし》板《いた》に張っている。同じコウゾ原料の紙であるのに穀紙と区別して檀紙というのは、この縄干し乾燥による皺紋が特徴だったからと考えられる。平安期のみちのく（陸奥）紙と同じもので、朝廷・幕府の公文書用紙、式正の和歌料紙であり、公家の男たちは懐紙として愛用した。中国のならわしを継承して、式正の歌会では身分によって料紙に大小の差があった。『編御記』建永元年（一二〇六）四月の条に初めてみえる高檀紙は丈高檀紙の意で、標準寸法の大判であることを示し、南北朝期には大高檀紙、小高檀紙の名があらわれている。近世の中高檀紙は中世の普通の檀紙に相当すると考えられるが、高を鷹とも書いた。中世の引合紙は、檀紙の同物異名とする説と別物とする説があるが、需要の増加に伴ってより安く供給するためにつくられたものと考えられ、近世には姿を消している。古代の主産地は陸奥であるが、中世には讃岐（香川県）、備中（岡山県）が著名になり、備中松山城下の広瀬（高梁市）の柳井家は朝廷・幕府の御用檀紙調製の特権を与えられていた。この柳井家のことを記した『蹇驢嘶余《けんろせいよ》』には、引合は他人にもつくることを許すが、大高檀紙、小高檀紙は当主の柳井左衛門だけがつくり、「板ニ付テ乾カサズ、縄ニカケテ干シ、朝露ニアテ、シワノヨリタルヲ少シ打也」としている。近世には越前（福井県）・丹後（京都府北部）・阿波（徳島県）・京都などでも産した。現代の檀紙には人工的な皺紋があるが、越前で板干し乾燥法で製したものには皺紋が消え、その特徴が失われるので、檀紙らしい特徴をあらわすため皺紋をつける技法を開発して加工したのである。

だんしまち【檀紙町】香川県高松市の香東川のほとりにある地名。『花園天皇宸記』正中二年（一三二五）十二月十一日の条に「讃岐檀紙」とみえ、建武元年（一三三四）に成った『庭訓《ていきん》往来』には讃岐の特産として円座と檀紙をあげている。讃岐は中世前期には檀紙の名産地であったが、それにちなむ檀紙村が後に檀紙町となったのである。

だんしめんでん【檀紙免田】檀紙を納めることで、領主に対する年貢・公事《くじ》を免除される田。免田は中世に社寺・荘官・手工人などに荘園経営上の職務に対する報酬として支給されていた。正安二年（一三〇二）に美作（岡山県北部）弓削《ゆげ》庄内の籾村（津山市籾保）に「檀紙免」があったという記録があり、備中には多くあったと考えられる。

たんばのかみ【丹波紙】丹波国（京都府・兵庫県）に産した紙。古代に紙を産したことは正倉院文書や『延喜式』によってうかがえるが、『兵範記《へいはんき》』保元二年（一一五七）、『執政所抄』寛元四年（一二四六）の条には、法成寺盂蘭盆《うらぼん》講に上品弘紙三〇〇帖を丹波から納めている。中・近世にはめだった紙所ではないが、明治期の『貿易備考』には、多紀郡篠山（篠山市）をはじめ氷上（丹波市）・天田（福知山市）・何鹿（綾部市）の各郡にも紙郷があったことが記されている。→図版146

たんびょうし【丹表紙】濃い赤の丹《に》色に染めた表紙。時日の経過とともに黒みを帯びる。近世初期の直江兼続《かねつぐ》所持の本に多くみられるが、五山版にも遺品があって南北朝の頃からつくられていたといわれる。

たんもうしょうしき【短網抄紙機】抄き網部のフローボックスの位置が長網抄紙機とは逆の方向にあり、湿紙はドライヤーに向かって反対方向に一二㍍以下の短網上で構成され、クーチロール後反転してヤンキードライヤーに導かれる抄紙機。円網抄紙機と同様の機構をもちながら、相当な高速で含水量の多い湿紙を抄造できるように工夫したものである。豊富な水量を使用できるので、製品の地合《じあい》がよく、機械すき和紙に多く用いられている。

たんろくぼん【丹緑本】江戸初期の色摺り木版印刷の

146　丹波国，綾部市黒谷の紙郷

技術がまだ十分に発達していなかった頃、版本の挿絵に丹(朱)・緑・黄などの色彩を筆で簡単に加えた本。丹と緑が主要な色であったので丹緑本といわれた。寛永(一六二四―四四)の頃の仮名草子などの小型本にみえはじめ、延宝(一六七三―八一)頃まで行われた。

ち

ちからがみ【力紙】①相撲と関連して力士の髻《もとどり》を結ぶ紙。また土俵の四本柱の左右の柱に吊っておいて鼻をかむなどに用いる化粧紙のこと。②力の強くなることを祈願するために仏寺の仁王像に嚙んで投げつけ、またはひねって仁王像の金網などに縛りつける紙。③綴じ目などを補強するために張る丈夫な紙。

ちぎりえ【千切絵】手先でこまかく切った紙片を貼って構成した絵。美しくあたたかく、そして渋さと深みを兼ねそなえた和紙の染紙を彩色素材として、昭和初期に始まった紙工芸。一般には趣味的な作品が多いが、高い水準の芸術性を追求する画家は、これを「紙彩画」と呼んでいる。

ちくかん【竹簡】古代に文字を書き記すため薄く削った竹の札。中国の戦国時代に竹の豊富な楚の国などで用い、湖南省長沙などで出土している。また策ともいい、任官の辞令書は策書、天子から臣下に与える文書を策命という。↓木簡(もっかん)

ちくごのかみ【筑後紙】筑後(福岡県南部)の国に産した紙。正倉院文書の「写一切経検定帳」天平十八年(七四六)の条に筑紫薄紙、同十九年の条に筑紫紙とあり、『延喜式』によると、大宰府管内から年料別貢雑物として斐紙一〇〇〇張、麻紙二〇〇張、斐麻二〇〇斤を納めているので、古代から紙がつくられていた。中世後期の文献『後法成寺尚通公記』『言継《ときつぐ》卿記』にも筑紫紙の名がみられるが、近世には筑後市溝口の福王寺に定住した越前の僧、日源上人が故郷から弟の新左衛門ら三人の紙工を文禄四年(一五九五)に連れてきて、村人に製紙技術を指導させたのが九州各地に広まり、ここが近世九州製紙発展の原点になったといわれている。福王寺には「九州製紙開祖・日源上人碑」が建っているが、柳川藩は特に製紙を奨励し、奉書のほか半紙《はんがみ》・半切紙・板紙・中折紙・杉原紙・清帳紙など多種の紙を産した。『和漢三才図会』には半紙について「筑後柳川の産上と為す」と記して、最高級品と評している。近年は八女市が九州製紙圏の中核となっており、表装用の紙が主要な製品となっている。

ちぐさがみ【千草紙】兵庫県宍粟《しそう》郡千種《ちぐさ》町(宍粟市)に産するガンピ製の紙。西播磨地域の佐用川流域にある佐用郡佐用町上月地区は皆田紙の原産地であり、宍粟郡の千種川流域にもかつては多くの紙郷があり、思草《しそう》杉原の産地にも比定されていたが、長く伝統が絶えていた。近年、倉敷市の丹下哲夫に学んだ千種町河内の吉留新一が手漉きの本流を忠実に守って、純ガンピ原料で天日干しの鳥子紙をつくり、千草紙と名づけている。

ちくし［竹紙］①中国で若竹の繊維を処理してつくっている紙。竹紙は、李肇『国史補』の記事から唐代に広東省韶関付近で始まり、広東・浙江両省でつくられたといわれるが、その頃は書写だけに用い、破れやすいものであった。宋代に技術改良が進んで印刷にも耐える紙となり、豊富な原料にめぐまれて、中国で最も多くつくられる代表的な紙となっている。その製法は宋応星の『天工開物』にくわしく記されているが、中国の工人のすぐれた技術がうかがえる。日本では正倉院文書に竹幕紙（竹膜紙）がわずかにつくられた形跡があるが、書道用紙としてこの製作を始めたのは近代のことである。また明治期に静岡県富士市伝法で若竹で製したものも竹紙といった。②江戸時代にガンピを原料として越前で産した薄い鳥子紙の別称。『新撰紙鑑』に記され、竹葉紙ともいったが、明治期の『貿易備考』によると、二種あって、曇色のものは透写用、白色のものは木版印刷の版木に貼る紙として用いている。

ちくまくし［竹幕紙・竹膜紙］竹の繊維を原料として漉いた紙。竹膜は竹の幹の中にある薄皮のことであるが、それでは紙とならない。あるいはそのような薄い紙をあらわす紙名ともいえるが、やはり竹麻、すなわち竹の繊維と考えられる。正倉院文書の「写経目録」の中に天平五年（七三三）頃からみえている。中国では九世紀の李肇『国史補』に蜀の麻紙・魚子箋などとともに「韶の竹箋」と記しており、広東省の韶関付近で唐代に竹紙がつくられたことを明らかにしている。しかし、唐代のものは破れやすく、宋代に改良されて実用性が高まっている。奈良朝の竹膜紙は唐の技法を導入したものと考えられるが、正倉院文書にわずかにみえるだけである。

ちけんし［地券紙］明治五年（一八七二）から政府が土地永代売買の禁を解除して土地の私有権を認め、その所有者に交付した地券（明治二十二年廃止）に用いた特製の紙。紙質は産地によって若干の差があったが、普通は黄褐色の厚手で、中に芯を入れたので「芯紙」とも呼んだ。地券本来の需要がなくなってからは、木材パルプおよび反古を原料としてつくられ、画用にも使われた。

ちす［帙簀］巻子本・経巻などを巻いて包む帙。竹帙ともいい、色糸で編んだ竹の簾を芯にし、表を綾で包み、四周を錦などで縁どり、組紐をつけたもの。「じす」とも読む。

ちずようし［地図用紙］地図はしばしば開いて見るので、強靭で折り畳みに耐え、しかも精密な画線の印刷に適するようにした平滑で厚い上質紙。西欧の手漉き紙にはほとんど透かし文様がはいっていたが、地図用には透かしのないものがつくられた。和紙は耐折性がすぐれているが、印刷適性の点では特殊な加工が必要である。

ちちぶがみ［秩父紙］埼玉県秩父郡東秩父村に産する障子紙。秩父郡には東秩父村のほか小鹿野町、吉田町（秩父市）などにも紙郷があったが、近年は東秩父村だけで漉かれている。東秩父村の紙は中世末期から近世初期にかけて大河原紙の名で知られ、比企郡小川町に隣接して盛んな紙どころであった。なお東秩父村には、昭和五十一年（一九七六）に指定された国の重要民俗資料、手漉き和紙用具の資料館のほか東秩父和紙センターがある。↓図版147

ちつ［帙］書冊の損傷を防ぐために包む覆い。書套、套子ともいう。多くは厚紙に紙または布を張ってつくり、小鉤《こはぜ》（爪）をつける。小鉤には竹や象牙を用いている。↓図版148

ちゃがみ［茶紙］茶葉を入れる袋などに用いる紙。『駿府御分物御道具帳』にみえ、美濃の武儀郡大矢田村（美濃市）の与兵衛が、幕府用の茶袋紙を納めたという。また河野通春著『駿河国新風土記』には安倍郡産物の条に「中河内、西河内の村々にて往昔より漉出す紙、楮を用いて是を製す。茶の袋となす。故に茶紙また厚紙とよぶ」とある。駿河の府中（静岡）を中心として、近世に製茶業が発展し、これにともなって駿河の紙郷で茶紙つくりが盛んになったわけで、安倍郡の清長《きよなが》（静岡市）を原産地とする清長紙は茶箱の目張りや焙炉《ほいろ》にも用いられた。

ちゅうがんし［中顔紙］一九七八年中国陝西省扶風県太白公社中顔村の穴蔵で発見された麻紙。漆器に付属している銅飾りの器の中に埋められていたが、穴蔵内の文物は前漢宣帝（在位紀元前七三－前四九）前後のもので、その頃につくられたものと推定されている。最大片は六・八×七・二センチ、淡黄色で白色が混じっている。

ちゅうごくせいしぎじゅつし［中国製紙技術史］中国での製紙の起源から近代までの紙の歴史をたどり、敦煌《とんこう》石室写経紙、古代書画紙、紙薬、その他の研究論文を加えた書。潘吉星著、佐藤武敏訳で平凡社から一九八〇年刊。著者の潘吉星は、西安東北郊の灞橋《はきょう》で出土した古紙を、一九六四年一一期の『文物』に「世界で最も早い植物繊維紙」と発表し、蔡侯紙よりさかのぼって前漢期に紙の起源があると主張した。後にさらに古い放馬灘《ほうばたん》紙なども出土しているが、前漢期に紙の起源があることを定説化させる端緒を開いたといえる。後世の紙についても、数多くの文献を引用し、同時に科学的検証を加えて論じ、中国の紙史の正しい姿を論証している。

ちゅうしんじょう［注進状］古文書の一形式で、書物の明細を注記して上部機関に提出する書状。注文《ちゅうもん》・勘録状ともいう。平安後期から室町後期頃にかけて用いられた。土地状況を記録したものが多く、検注状とか実検状とかいうのがそれである。年貢の決算を注記したものは結解《けつげ》状・算用状ともいった。

ちゅうずがみ［中頭紙］ 阿多古《あたご》紙の別称。→阿多古紙（あたごがみ）

ちゅうすぎ［中杉］ 中等の大きさの杉原紙。『新撰紙鑑』にみえる土佐中杉は九寸五分五厘×一尺二寸。

ちゅうずきがみ［中漉紙］ コウゾの塵（黒皮）の混入率が中等程度の紙。「ちゅうこしがみ」ともいう。→上漉紙（じょうずきがみ）

ちゅうせいし［中性紙］ 紙面の酸性度（pH）が六・五以上のアルカリ性サイズ紙。ロジンサイズの代りにサイズ剤としてケテンダイマー（AKD）やアルケニル無水コハク酸（ASA）を用い、アラム（硫酸アルミニウム）の代わりに陽性澱粉やカチオンポリマーを使い、さらに不透明度や印刷適性を向上させるために填料《てんりょう》には白土の代わりに炭酸カルシウムを用いている。

ちゅうそぼん［注疏本］ 儒教の経典、十三経の古い注釈である注と、その注をさらにわかりやすく説いた疏とを、経書の本文に組み入れて編集したテキスト。注疏本は中国宋代から出版されているが、十三経を合刻したのは明の嘉靖年間（一五二二－六七）の李元陽本が最初である。

ちゅうそんじきょう［中尊寺経］ 大治元年（一一二六）の中尊寺供養願文にみえる藤原清衡夫妻発願の一切経で、著名な荘厳経のひとつ。紺紙に金銀字を交書《まぜが》きし、金泥で扉絵を添え、表紙も金銀で宝相華《ほうそうげ》の文様を描き、鍍金鏤《ときんろう》の銀杏型軸を付けている。豊臣秀吉の小田原攻めの際、奥州を征した豊臣秀次が中尊寺から接収し、のちに木食《もくじき》上人を介して高野山に寄進した。高野山に四千二百余巻が残存し、ほかにいくらか流出し散在しているが、中尊寺に金銀字交

147　埼玉県東秩父村の和紙センター

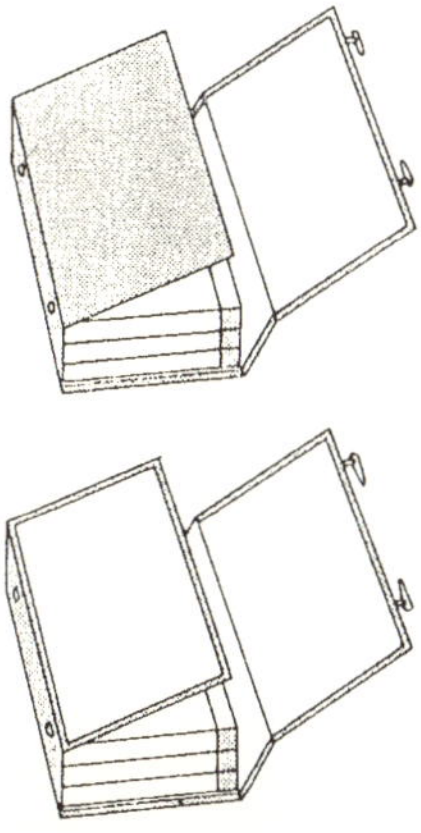

148　無双帙（上）と鏡帙（下）

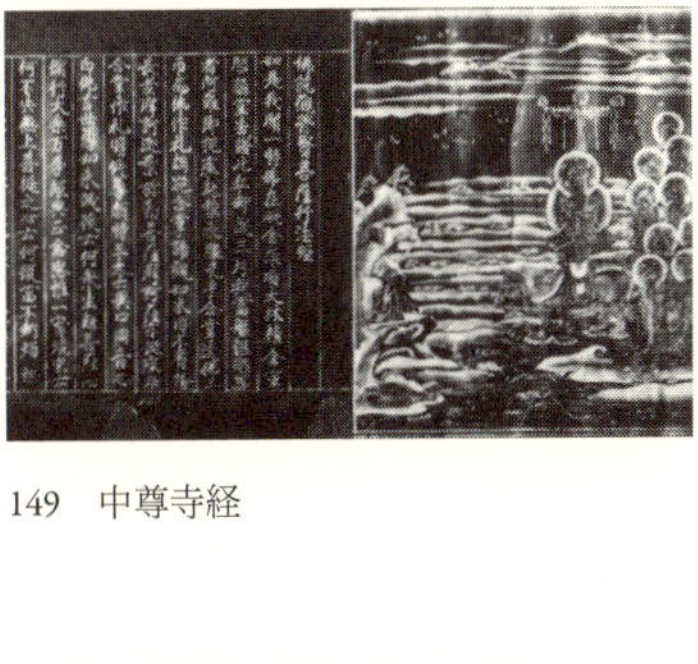

149　中尊寺経

書経六巻が残っている。↓荘厳経（そうごんきょう）・図版149

ちゅうなんさくもつのかみ［中男作物の紙］中男は成年男子を正丁《せいてい》というのに対し、大化改新では少丁といっていたが、養老令で中男と改められた。初めは一七～二〇歳であったが、天平宝字元年（七五七）には一八～二一歳となった。中男には正丁の四分の一の調・庸・徭役が課されたが、代わりに郷土の物産を納めさせた。紙やその原料も中男作物にふくまれ、『延喜式』二十四主計上には、その規定があり、一人当たり上納量は紙四〇張、穀皮三斤二両、斐紙《ひし》麻《ま》三斤となっている。紙を上納することになっているのは、伊賀・伊勢・尾張・参河・駿河・相模・武蔵・安房・上総・下総・常陸・近江・美濃・信濃・上野・下野・若狭・越前・加賀・越中・越後・丹波・丹後・但馬・因幡・出雲・石見・播磨・備後・安芸・周防・長門・阿波・讃岐・伊予・土佐・日向・大隅・薩摩の四一か国である。このうち播磨は「紙・薄紙」、日向は「斐紙」となっている。また紙を納めていない肥前は斐皮、豊後は穀皮を納めている。

ちゅうほうしょ［中奉書］中等の大きさの奉書紙。越前の中奉書は一尺×一尺六寸五分で「間政《あいまさ》」ともいう。

ちゅうほん［中本］大本の半分の大きさ、すなわち美濃紙二つ切りを二つ折りにして袋綴《ふくろとじ》にした本。簡単にいえば、美濃判本（美濃本）の半分の大きさの本であり、滑稽本・人情本の判型で、それらの異称ともなっている。

ちょうえいし［張永紙］中国南北朝時代の南朝劉宋の人、張永がつくった紙。沈約《しんやく》の『宋書』張永伝に「張永は隷書が巧みで、また着想がよく、紙や墨は全部自分で造った」としているが、彼のつくった紙には、宮廷工房である尚方の紙も及ばなかったといわれている。

ちょうがみ［帳紙］帳簿に用いる紙。『和漢三才図会』によると、美濃（岐阜県）と紀伊（和歌山県）に大張紙を産し、森下紙、泉貨紙、その他備中（岡山県）、土佐（高知県）、阿波（徳島県）などの厚紙が適するとなっており、清帳紙はその良質のものといえる。染紙や塵紙あるいは小判のものを除けば、多種の紙が帳簿に用いられ、『諸国紙名録』には、板張・中折・広折・宇田・西の内・細川・彦間・桐生なども帳簿用としている。このほか一般の半紙も多く使われ、宝暦七年（一七五七）刊の『商人生業鑑《あきんどすぎわいかがみ》』巻二には、商いを始めるには二条辺に六畳敷の裏店を借り「半紙の帳一冊とぢて」とある。しかし、帳簿は生業のいのちともいえるものであるので、豪商らは長期保存に耐える厚くて強い良質の紙を用いた。↓大福帳（だいふくちょう）

ちょうし［調紙］調は租・庸とともに古代律令制の税のひとつであり、絹・糸・鉄・魚介類など諸国の物産を納めるもので、この調として納めた紙のこと。正倉院文書にみえ、中央政府の図書寮《ずしょりょう》でつくる紙屋紙に対して地方から上納した紙をいう。

ちょうし［調子］流し漉きの第二段階で厚さをつくる操作。第一段階の初水《うぶみず》よりやや深くすくいあげ、漉桁を前後に（紙質によって左右にも）振動させ、紙料繊維を積み重ね、水を滴下させて紙層を形成させる。そして紙層が求める厚さになるまで数回繰り返し操作する。調子操作の回数や汲み込み量は常に調節し紙料液を振動させる「揺り」の巧拙は紙の地合《じあい》や強度に関係する。半紙や半切紙など緊締度の望まれるものは強く揺り、奉書紙類のように柔らかさの必要なものは緩やかに揺る。また一般に流し漉きは縦揺りに偏しているが、繊維のからみを強くするには横揺りを加え、美濃紙はむしろ横揺りが多いといわれ、典具帖紙《てんぐじょう》は縦横に、いわば渦巻き状に強く揺り動かしている。↓流し漉き（ながしすき）

ちょうじがみ［丁子紙］フトモモ科の熱帯常緑高木、丁子の蕾《つぼみ》を乾燥したものは丁香といって香料であったが、これを染料として用いた赤みを帯びた黄色、あるいは茶系の紙。丁子染紙・香染紙ともいい、奈良末期から始まったとされている。全面を染めるには浸し染め法を用いるが、丁子は香料でもあって高価なので、ふつうは全面を染めるのではなく、櫛の歯のように間隔のある刷毛で引き染めすることが多く、これを丁子引紙という。↓丁子引紙（ちょうじびきがみ）

ちょうじびきがみ［丁子引紙］白地に茶色の細い横線をひいてある紙。襖障子や本の表紙に用いる。もともとは丁子の蕾を乾燥したものを煮出して染液とし、等間隔に脱毛した櫛状の刷毛でひいたのであるが、のちには代用染料として紅花の洗い汁、楊梅皮《やまもも》の煎じ汁、煤《すす》灰などを用いている。『源氏物語』などにみえる香染紙と同じであり、刷毛《しけ》引紙ともいい、文様には横線だけのほか格子や雲霞形のものもある

ちょうしんどうし［澄心堂紙］中国五代時代に金陵（南京）を首都とした南唐の後主、李煜《りいく》は文雅の道に関心が深く、剡道《せんどう》に監督させ安徽省徽州（歙県《きゅうけん》）と池州（貴池）に命じて、宮中用としてつくらせた最高級紙。澄心堂は金陵に設けられた図書館といえるもので、蘇易簡『文房四譜』には、「南唐に澄心堂紙がある。細薄光潤で当時第一であった」と評している。のちには書画用の理想的なものとして倣澄心堂紙がつくられている。梅堯臣《ばいぎょうしん》（一〇〇二－六二）の詩に、「寒渓に楮を浸し、夜の月の下で舂《つ》き、氷を敲《たた》き、簾を挙げて脂を匀《ひと》しく割《わ》ける。焙り乾かすと、堅滑なること玉を舗《し》いたようであり、一幅が百銭もすることを疑ったことはない」と詠まれている。「氷を敲き」の句から敲氷紙《こうひょうし》と書くこともある。

ちょうせんとじ［朝鮮綴］本の袋綴の綴じ穴が五つ目のもの。五針眼訂法ともいう。古い朝鮮本の綴じ方に多くみら

れるが、書物の形が大きいので綴じ目を多くして装幀したのである。↓五つ目綴（いつつめとじ）

ちょうちんがみ［提灯紙］提灯に張るのに用いる薄紙。福岡県八女市、佐賀県の佐賀市大和町名尾で、提灯紙と名づけるものがつくられていた。岐阜県では薄美濃紙や典具帖紙・紋書院紙を用いた。また『諸国紙名録』によると、茨城県産の塩子紙も提灯用となっている。↓図版150、151

ちょうばんし［張板紙］韓国特有の家屋様式であるオンドル（温突）の床に張る厚紙（積層紙）。純コウゾ紙を何枚か糊で張り合わせて乾燥したものを石板上で平滑に打ちならし、これに油を浸透させて乾燥している。

ちよがみ［千代紙］和紙に各種の文様を木版で色摺りした紙。吹絵紙・絵奉書から展開したもので、もともとは進物の包装用であったが、紙人形つくりや紙細工に用いられることが多い。この起源について中村直次郎著『随筆からかみ』は、「徳川家大奥女中達に玩《もてあそ》ばれるようになってから、千代田城にちなんで千代紙と称され」としている。しかし、真実の起源は京都にあるといわれ、千代野御所と呼ばれた京都の宝慈院の尼僧たちがつくって流行させたから、という説がある。また関義城《よしくに》はその所蔵する「三種古紙之由緒」という文書に「千代姫君御物好之紙故に千代紙と云」とあり、京都の伏見宮あるいは閑院宮の千代姫が愛好されたので千代紙と名づけられたと主張している。他の加工紙と同様に千代紙も京都で生まれたものである。経師は本来の表装の仕事のほか木版印刷にも携わったが、千代紙もまたその技術を活用して、彼らによって始められたと考えられ、京都寺町通の経師屋彦兵衛の引札にも「鳥の子千代紙品々」とみえている。こうして京都で創製された千代紙は、御所・公家などにふさわしい有職《ゆうそく》文様の伝統的デザインとか草花・友禅文様などの渋い雅趣のあるものが主流であった。やがて江戸では大名家がお抱え絵師にデザインを描かせたほか、錦絵の技術を活用して京都をしのぐほどに盛んになり、さらに文様は鮮明で大柄な江戸趣味のものを加えて多彩になった。金花堂・聚玉堂ほかの紙屋の引札は、京都製を京千代紙といい、江戸製に東《あずま》千代紙と名づけている。また明治期には、新撰模様紙・新撰友染紙・新撰意匠紙と名づけて川端玉章らの絵師がデザインし、大正期には伊東深水や竹久夢二のものもつくられた。千代紙の寸法は、江戸時代は大奉書（三九・四×五四・五センチ）、中奉書（三六・四×五〇センチ）、小奉書（三三×四七センチ）が多く、明治以後は俗に柾紙《まさかみ》といわれた伊予奉書（三八×五八センチ）が使われ、昭和期には柾紙の半截判（二七×三八センチ）が普通となっている。

ちょくはん［勅版］勅令によって活字印刷で出版された書籍。朝鮮に出兵していた武将がもたらした活字印刷器具を後陽成天皇に献上し、その活字で文禄二年（一五九三）に印行した『古文孝経』を文禄勅版という。そして慶長二年（一五九七）に新製した大型木活字で印行した『勧学文』『錦繍段』などを慶長勅版、御水尾天皇が元和七年（一六二一）に銅活字で印行した『皇朝事宝類苑』を元和勅版という。

ちょくりし【陟釐紙】陟釐は水苔、川青苔（川藻）の別名で、それを漉き込んだ紙。のちに誤って側理とも書き、側理紙ともいう。蘇易簡の『文房四譜』によると、西晋の張華の『博物誌』ができあがった時、武帝から張華に側理紙百番（枚）を賜わったと記している。麻や楮皮の原料に水苔を混ぜて漉いたもので、水苔だけで漉いたものではない。中国では今でも古書修補の装幀に用いており、日本で明治期に楽水紙の名で襖障子用の紙となり、今は奈良県や島根県で川苔入り紙としてつくられている。→楽水紙（らくすいし）

ちょし【楮紙】コウゾ皮を原料として漉いた紙の総称。古代には穀紙《こくし》と書かれていた。→穀紙（こくし）

ちょっかしきしょうしき【直火式抄紙機】抄き網部と圧搾部は円網《まるあみ》および短網抄紙機と同様であるが、ドライヤーが重油バーナーの炎熱を吹き込む直火式となっている抄紙機。主としてクレープ紙の抄造に用いられた。昭和初期、岐阜県の後藤政市が開発したもの。

ちりかみ【塵紙】コウゾの靭皮は黒皮・甘皮・白皮の三層から成り、普通黒皮を剥ぎ取って紙料とするが、この黒皮の層を塵とか粕（滓）といい、これを利用して漉いた紙が塵紙または粕紙である。また故紙を再生したのを塵紙ということもあり、下等な粗紙のこと。塵紙は黒皮のついたままのコウゾ皮を煮熟（丸煮）してつくる（たとえば黒四つ塵）こともあるが、普通は白皮の紙料に塵（黒皮）を混ぜて漉いている。鼻紙・落とし紙・包装紙のほか、壁の腰張り・襖や屏風の下張りにも用いる。コウゾの白皮に混ぜて漉く場合、黒皮の混入度によって白保・中保・黒保、あるいは上漉・中漉・下漉と分けて呼ぶこともある。近世の大坂市場では長門山代塵（本座塵）・周防岩国塵（座塵）・石

150　岐阜の提灯紙張り

151　提灯

見塵・大和塵などが著名で、ほかに広島塵・足守《あしもり》塵・出雲塵・名塩塵（摂津）などが知られ、土佐・阿波・三河・筑後ほか半紙をつくるところではほとんど塵紙を漉き、大坂で漉いたのを地塵という。また大坂の四つ橋に集まるのを四つ橋塵（四つ塵）、北浜に集まるのを北脇塵（北塵）といった。

ちりとり［塵取り］煮熟・灰汁抜き・漂白などの工程を終えた紙料を、清水の中のざるで一本ずつ浮上させながら塵を指先でていねいに取り除く作業。この場合の塵とは、降雹・霜害・病虫害などによる繊維の傷跡・芽跡や付着した塵埃などである。いわば紙料を精選する工程で、粗紙はこの工程を省略することもあり、普通一回だけであるが、越前奉書や箔打ち用雁皮紙などでは、三回ほど同一の紙料を数人の目と手で塵を取り、繰り返し選別する。紙料を水に浮上させながら精選するので「水選《みずより》」（あるいは「水直《みずなおし》」）ともいい、紙漉き図説には川岸に小屋がけして（川小屋という）水流を利用して丹念に塵取りしている風景がしばしば描かれているが、今はほとんど室内の大きな水槽で作業している。このほか富山県五箇山（南砺市）などの積雪地では、こたつに入り水流を使わないで木板の上に紙料を載せて精選するのを「陸選《おかより》」（「空直《からなおし》」）という。また近年はこの手作業をする人が不足しているので、ミツマタやガンピの紙料の場合には、スクリーンという除塵機が多く使われている。↓図版152

ちりめんがみ［縮緬紙］縮緬のようなこまかい皺《しわ》文様をつけた紙。近代のクレープ・ペーパー。享和（一八〇一–〇四）の頃の作といわれる『寛文見聞記』に「縮緬紙とてちゞまりたる紙に、彩色の模様したる、うつくしき紙を髻《もとどり》ゆひにす。田舎にては、雛之幕に用ひける、今は縮緬の鬼絞りなどとて、価百疋《ひき》の余もすべし」と記している。『諸国紙名録』には東京産となっており、江戸末期から加工されていた。その製法は秘伝とされていたが、明治九年（一八七六）の『米国フィラデルフィア博覧会報告書』にみられるほか、ドイツの地理学者、J・J・ラインが一八八六年に出版した『日本産業誌』にも詳述されている。平行した細い溝を数多く凹刻した型紙に湿紙を挟み重ねて巻き、その円筒を立てて上から圧迫して縮ませることを何回も繰り返すと、こまかい皺文ができる。この皺文を付ける器械を揉み台といい、金革紙や擬革紙を作る時にも用いている。縮緬紙は主として婦人の髪飾りに用いたが、明治期には印刷した紙を揉んで製した、いわゆる「ちりめん本」が流行したこともある。↓クレープ紙（クレープがみ）・図版153

ちりめんぼん［縮緬本］縮緬紙でつくった本。明治期に来日していた外国人が日本の民話などを英語・ドイツ語・フランス語などに翻訳したのを、長谷川竹次郎らが印刷し、縮緬揉みして製本したのが最も著名である。縮緬紙に深い

関心をもった西欧人に高く評価され、欧米の図書館に多く収蔵されている。→縮緬紙（ちりめんがみ）

チンデール［**T. K. Tindale**］アメリカ合衆国進駐軍の元総司令部民政局につとめながら和紙の研究を深めて、一九五二年に英文『日本の手漉き紙』（*The Handmade Paper of Japan*）を出版した人。Thomas Keith Tindale. 大蔵省印刷局王子工場で漉き入れ美術紙に感動し、各地の紙郷を巡歴するとともに関義城の協力を得て、和紙に関する知識を修得した。『日本の手漉き紙』は、①The Fiber ②The Handmade Paper of Japan ③The Seki Collection ④The Contemporary Collection ⑤The Watermarks Collection の五部に分かれ、約三五〇点の標本紙が収録されているが、門外不出とされていた印刷局の透き入れ美術紙二〇点も含まれている。二五〇部限定で、タトル商会が出版元であるが、非売品。

つ

ついたて［**衝立**］障屏《しょうへい》具の一種。衝立障子の略。一枚の襖《ふすま》障子または板障子に台をとりつけて、移動しやすくしており、古くは宮中や寝殿に用いられ、後世には玄関・座敷などに立てて隔てとした。黒塗りの枠には葛布・絹布を張っていたが、やがてねばり強い和紙が張られ、両面に画や書が書かれた。平安時代の清涼殿の昆明池障子・年中行事障子および猫障子は、この衝立障子である。

つがるがみ［**津軽紙**］明治期に福島県や山形県で漉かれ、帳簿・写本あるいは障子張りに用いられたコウゾ紙。明治六年（一八七三）のウィーン万国博には大津軽紙が福島県から出品されており、『貿易備考』によると、福島県の二本松市上川崎、福島市飯坂、山形県白鷹町深山などに産し、方言で蔵半紙というと記している。青森県の津軽藩では弘前で紙を漉いていたので、この津軽藩に関連があると考えられるが、『貿易備考』の陸奥国の条には、津軽紙のことを記していない。

つぎがみ［**継紙**］糊で継ぎ合わせた紙、または色や質の異

152　昔は川岸に小さな小屋をつくって，その中で丹念に塵取りしていた

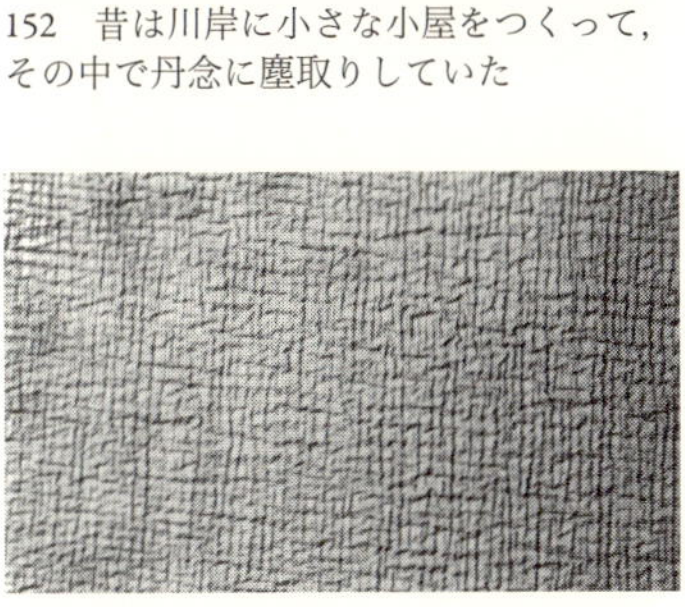

153　縮緬紙の皺紋

なる二種以上の紙を継ぎ合わせて一枚の和歌料紙としたもの。続紙《ぞくし》ともいう。料紙を継ぎ合わせる技法には、直線を継ぎ合わせる切り継ぎ、破り裂いた線を継ぎ合わせる破り継ぎ、濃淡五種の紙を同じ線に切り二ミリほどずらして継ぎ合わせる重ね継ぎの三種類がある。正倉院文書にみえる継紙は、たんに糊で継ぎ合わせたものと思われるが、『源氏物語』梅枝《うめがえ》の巻に「さまざまなる継紙の本ども、古き新しき、とりいで給へる」とあるのは、和歌料紙の技法によるものである。『西本願寺本三十六人集』には和歌料紙としての継紙が含まれている。↓継色紙（つぎしきし）

つぎしきし［継色紙］色紙を糊で継ぎ合わせてつくったもの。藤原行成《ゆきなり》の『権記《ごんき》』には、長保三年（一〇〇一）五月二十八日に継色紙一巻を贈られたとあり、寛弘七年（一〇一〇）には継色紙に書いた記事がある。古筆切で「継色紙」というのは伝小野道風筆で、継紙に万葉集・古今集などの歌を書写している。↓継紙（つぎがみ）

つきだがみ［月田紙］岡山県真庭市勝山町月田で産したコウゾ紙。月田の紙郷は勝山藩の藩札紙もつくっていた。近年、真庭市久世町樫西に産する樫西紙は月田紙の復活といえる。

つくしのかみ［筑紫紙］筑紫は古代の筑前・筑後両国（福岡県）をいい、ここで産した紙。正倉院文書に筑紫紙のほか筑紫斐紙もみえ、コウゾ紙のほかガンピ紙もつくっていた。そして『顕戒論縁起』によると、渡唐した最澄上人が筑紫斐紙二〇〇張を進納しているので、当時は日本の代表的な紙であったといえる。平安期に大宰府から納めたのも筑紫紙であり、近世には筑後柳川を中心に各種の紙をつくっている。

つけぞめがみ［浸染紙］漉きあげた白地の紙を染液に浸して染めたもの。漉き染めでは染色がいくらかぼやけて、すっきりと冴えた色になりにくいので、濃く美しく冴えた色に染める場合に用いられる。いわゆる後染《あとぞ》め法のひとつで、紺紙・紅紙・紫紙をつくるには、この浸染め法が適しているといわれている。しかし、浸染めはもともと布地を染めるのに適した手法で、紙は布地のように絞ることができないので、特に薄紙を染めるには適していない。

つづきがみ［続き紙］筑前（福岡県）に産した障子用の紙。『諸国紙名録』によると、九寸×三尺二寸の横幅の長い紙。

つづけがみ［続紙］紙を横に張り継いだもの。『権記《ごんき》』の寛弘七年（一〇一〇）三月二十日の条に「東宮于時御庭、召予給続紙一巻」、また『左経記《さけいき》』の長和五年（一〇一六）正月五日の条には「余参入、召続紙、即取紙二巻、授執筆人」とあり、平安時代に続紙は巻紙の形であったことがわかる。紙を張り継ぐことは写経の例のように奈良時代から行われており、白紙だけでなく色紙を継いだ続色紙もあった。後世には切紙を張り継ぐのが通例となって、巻紙という語もこれを巻いたものを指すようになり、主に書簡用となった。

つつみがみ［包紙・裏紙］物を包むのに使う紙。古代には「裏紙」と書いた。『菅家後草《かんけこうそう》』四八八には「紙で生薑《しょうが》を裏み、薬種と称す」とあり、『延喜式』十三舎人寮の条には「裏紙五百四十張」とみえている。貴族社会ではその裏紙として檀紙や薄様の色紙など高級なものを用い、中世の進物奉行・折紙方なども、文書や進物の包装にどの紙を使う、と定めていた。しかし、近世の町人社会の頃になると、大量な需要のため、より粗雑な紙が使われるようになり、半紙とか塵紙が包装紙の主流となった。また美濃の板張紙、紀伊の島包紙、下野の桟留《さんとめ》紙、上野の小西《おにし》紙、武蔵の山宇陀紙・大気紙など、衣料・菜種・蚕種ほかの包装や袋用として知られるものが市場に流通するようになっている。近代には機械すきのハトロン紙や板紙が主流となるが、包装に用いるのはどのような紙でもよく、特定のものではない。

つのがみ［角紙］牛の角を削って煎じた膠液を厚紙に塗り、乾燥してまた塗ることを繰り返して透明にしたもの。『麒麟抄』にみえる。

つぼやがみ［壺屋紙］煙草入れ袋をつくるのに用いた伊勢（三重県）産の擬革紙の一種。伊勢の擬革紙は多気郡明和町明星の三島屋こと堀木忠次郎が貞享元年（一六八四）に創製したとされているが、元禄（一六八八－一七〇四）の頃、松阪市稲木町の壺屋こと池部清兵衛宗吉が参宮みやげとして擬革紙製の煙草入れ袋を売り出して著名になったので、その屋号にちなみ壺屋紙という。当初は荏油《えのあぶら》を塗ったものに型付けした程度のものであったが、柿渋で塗り固め皺文をつけるなどして改良し、より皮革に似たものとし、狂歌師、太田蜀山人が「夕立ちや伊勢のいなぎの煙草入ふるなる光る強いかみなり」と詠んでいる。これが原型となって水戸の羊羹紙、江戸の竹屋絞りなどの擬革紙が生まれている。→擬革紙（ぎかくし）・図版154

つぼりょう［坪量］一平方メートルの紙一枚の重量をグラム（g）で示したもの。紙の厚薄を示す単位。和紙の場合は一平方尺当りの匁数であらわしていたが、昭和二十九年（一九五四）の通産省令によってメートル法のグラムであらわすよ

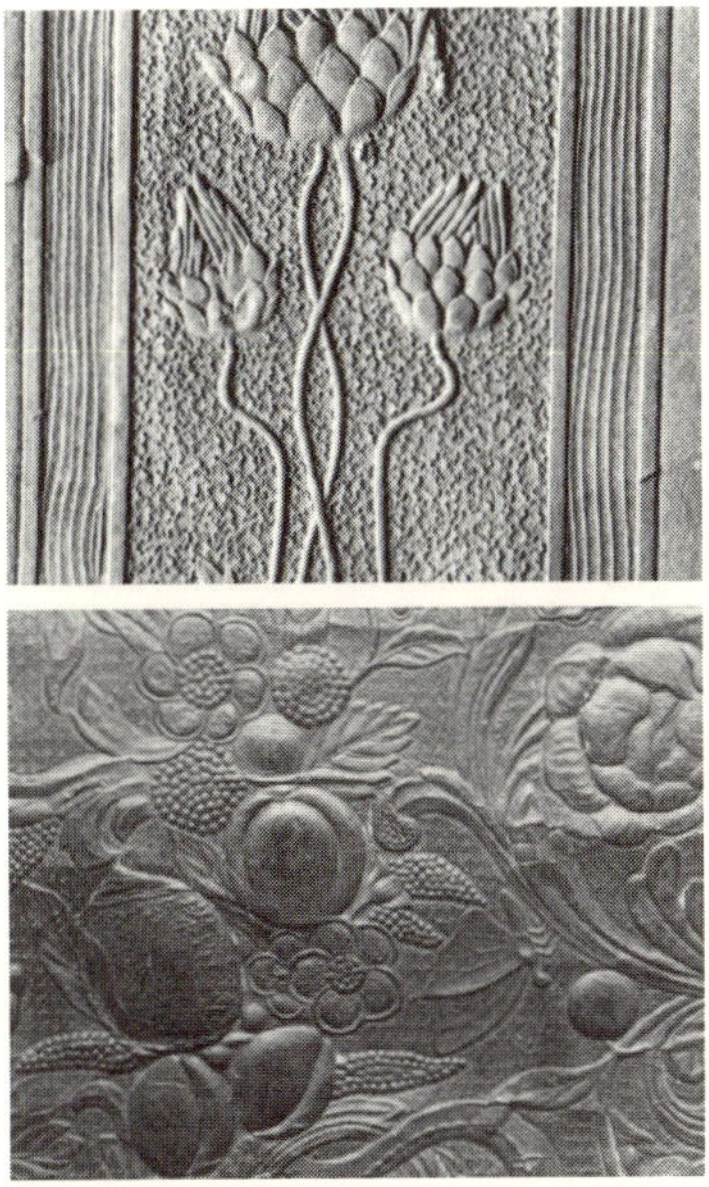

154　壺屋紙 2 種

うになった。

つやなしがみ［艶無紙］光沢のない紙面の粗い紙。『新撰紙鑑』には越前（福井県）と大和（奈良県）の産となっている。

つらゆきがみ［貫之紙］京から紙のなかで、雲母《きら》を引いた地紙に具《ぐ》で文様を摺り出した紙。紀貫之の好んだ和歌料紙という意味で、特に文様を雲母で摺る行成《こうぜい》紙に対する呼称である。

ツルコウゾ［蔓楮］九州地方で和紙の原料に用いた蔓性のコウゾ。学名は *Broussonetia Kaempferi* Sieb. で、ドイツ人のケンペルが『廻国奇観』の中で紹介している。製紙原料として粗質で、大蔵永常著『広益国産考』には「むくび」と記しており、ムクミカズラ、ムキミカズラともいう。

つるばみのかみ［橡紙］橡はクヌギまたはその実であるドングリの古名で、ドングリの煎じ汁で染めた紙のこと。この染料で鉄媒染すると、黒に近い灰色（黒つるばみ）、灰汁媒染すると、灰色を帯びた赤黄色（黄つるばみ）となる。これは仏門の色である木蘭色《もくらんじき》であり、奈良時代の写経料紙として数多くつくられている。

て

ティッシュペーパー［tissue paper］①薄くてやわらかい薄紙の総称。薄様の和紙のほか辞典用紙・シガレットペーパー・タイプ用紙などで、坪量は和紙が二〇㌘以下、洋紙は四〇㌘以下。②衛生紙・顔ふき紙・トイレットペーパー・紙綿などの使い捨て紙の総称。

てかがみ［手鑑］古筆見《こひつみ》が鑑定の標準とすべき代表的な古筆切《きれ》を貼り込んだ法帖《ほうじょう》。また古筆愛好者が鑑賞のために古筆切を貼り込んだ帳面。公家・武家では、その子女を嫁がせる場合の大切な道具であった。→古筆切（こひつぎれ）

てがみ［手紙］①手は文字・筆跡・書の意味で、用件などを記して他人に送る文書。書簡・書状・書信・手札・書札・往来・玉章・雁書・鯉素・魚書・尺素・尺牘・消息・ふみ・たまずさなど、多様な呼称があり、簡・牘や素は、紙がなかった頃に木簡や絹布に書いた名残であるが、紙が開発されてからは紙に手紙を書いた。そして全紙をそのまま用いるのを竪文《たてぶみ》（立文）、横に二つ折りして書くのを折紙《おりがみ》、この折紙を二枚に切り離したのを切紙というが、最初からこの切紙の判型に漉いた半切紙が近世社会で手紙用として多く流通していた。↓半切紙（はんきりがみ）・消息（しょうそく）②巻子本《かんすぼん》の天地につけた余白紙のこと。文字が天地いっぱいに書かれた時や大きさに違いがある時につけている。

てがわりはんし【手替半紙】年貢代わりに割当量の生産をきびしく義務づける請紙《うけがみ》制をしいていた周防（山口県）・石見（島根県）などで、半紙以外に漉かせた高級紙のこと。御園生翁甫著『防長造紙史研究』第四章岩国藩造紙のなかで、この手替半紙のことを説明しており、「万治三年（一六六〇）の手替紙は、半紙百丸にて片折四丸・皆田《かいた》二丸・小紙二丸の割に漉かしめられた」と記している。

てついろがみ【鉄色紙】柿渋を引いて陰干ししたあと、鉄器あるいは針を煎じた汁を引いた紙。文政九年（一八二六）刊の佐藤成裕著『中陵漫録』にその製法が記され、書物の表紙に用いられた。

でっちょうそう【粘葉装】書物装幀様式のひとつで、印刷または書写した紙を二つ折りし、各紙の折目の外側面に糊をつけて重ね合わせ、接着させて一冊としたもの。表紙は前後からそえるか、またはくるみ表紙とする。厚様の紙の両面に書写印刷されているものが多く、平安末期から鎌倉期の日記・経典・辞書などにめだつ装幀様式である。なお糊で張り合わせただけのものを粘葉装、その背に穴をあけて糸でかがったものを胡蝶装《こちょうそう》として区別する説もある。↓胡蝶装（こちょうそう）・図版155

てっぱんかんそう【鉄板乾燥】鉄板を湯または蒸気などで熱し、湿紙を鉄板面に張って乾燥すること。鉄板の乾燥面が固定したものと回転するものとがあり、固定型には、断面が三角形や長方形の細長い縦形のものと、横に平らに鉄板を置いたものがある。回転するのは断面が正三角形の角筒である。鉄板乾燥では和紙独特の味わいが多少失われるが、気候に左右されず昼夜の別なく操業でき、また量産できて効率がよい。現在はステンレス製のものが広く普及している。↓図版156

てんぐじょうし【典具帖紙】美濃（岐阜県）で漉き始めた最も薄いコウゾ紙のひとつ。文明七年（一四七五）の竜安寺算用状に「天宮上」の名で初出するほか、天久常・天郡

155　粘葉装『新撰字鏡』天治元年写（宮内庁書陵部蔵）

156　鉄板乾燥機に湿紙を張る

上・天貢上・天狗状などともいう。『大乗院寺社雑事記』明応四年（一四九五）十二月二十三日の条に、美濃の持是《じぜ》院公性《いんこうしょう》（斎藤利国）から「天久常五十帖」を贈られたとみえ、『新撰紙鑑』には、板下・裏張りに用い「紙うすく漆越のごとし」とし、寸法は九寸×一尺二寸五分と記している。『濃州徇行記』によると、武儀郡洞戸郷・牧谷郷・日永村・徳永村のほか土岐郡・恵那郡にも産している。ともかく美濃の特産で、高い水準の流し漉き技術が必要であったが、明治期には土佐（高知県）の吾川郡・高岡郡でも漉かれるようになり、欧米にも輸出された。今は機械すきによるものがふえ、手漉きは吾川郡いの町の浜田幸雄らがわずかにつくっているにすぎない。江戸時代には裏張りのほか漆漉しや紙布の紙糸に用いられ、近代の輸出ものは宝石などの貴重品の包装、歯科医療、美術品の補修裏打ちなどに用いられた。→図版157

でんけん［田券］田地の所有権を証明する文書。『好古小録』に「延暦十三年の田券に、縦一尺許《ばかり》、横一尺四寸許の紙を用ひ、嘉祥、斉衡の頃、縦一尺余、横一尺三寸余の紙を用ひる者多し。皆延暦制の二尺七寸許の半紙なるべし」とあり、当時の全紙を縦半分に切った半紙が用いられた。『延喜式』によると、紙屋紙の標準寸法は縦一尺二寸、横二尺二寸で、延暦（七八二－八〇六）の頃は、横幅のさらに広い紙が標準だったようである。縦がほぼ一尺で横が一尺三〜四寸というのは、江戸時代の杉原紙・美濃紙などの寸法に近い。後世は杉原紙などを縦半分とし、あるいは全紙のまま用いた、と考えられる。

てんこうかいぶつ［天工開物］中国における技術の百科全書というべきもので、明代末期に江西省奉新の人、宋応星（一五九〇頃－一六五〇頃）が著し、崇禎十年（一六三七）に刊行された。上・中・下の三巻に分けて穀類をはじめとして重要産業一八部門の生産過程をくわしく記述している。「製紙」は中巻の第一八部門で、紙の材料、竹紙のつくり方、皮紙のつくり方の順に詳述している。竹紙の製造については最も早い系統的叙述で、その工程別の図解も添えているが、一七七一年日本で翻刻本があらわれ、十九世紀前半期にはフランス語と英語に翻訳されている。

てんしょ［篆書］書体の名称。周の宣王の時（紀元前七二七）、史官籀《ちゅう》が史籀編をつくり文字を整理した。これ以前の文字を古文といい、籀の制定した文字を籀文または大篆といったという。しかし、この区分は明確でなく、古文・籀文を合わせて古籀という呼称もある。秦の始皇帝が天下を統一して、乱れていた文字も整理して丞相李斯《りし》の献策を容れて新しい文字を制定したのを秦篆または小篆という。そして大篆・小篆を合わせて篆書という。→隷書（れいしょ）

でんせき［田籍］律令制のもとで班田の終るごとに田図と

ともに作成し、受給戸主の姓名と町段歩を列記した土地台帳。「でんじゃく」ともいい、大化二年（六四六）八月に諸国に令してつくらせたのが最初で、弘仁十一年（八二〇）からのちは田籍を廃して田図のみを進上させた。『延喜式』には、班田使が受ける紙が八九二五張となっているが、これは紙屋院の年間造紙量二万張の約四五％にあたる。したがって、古代の田籍つくりには大量の紙が用いられたと考えられる。↓戸籍（こせき）

てんとくじ［天徳寺］江戸における紙衾《かみふすま》の別称。江戸の芝西久保巴町の天徳寺の開山、称念上人が苦行中に紙衾を用いたと伝えられ、その寺の門前で売っていたからである。『守貞漫稿《もりさだまんこう》』には天徳寺について夏に用いた紙帳にわらしべなどを入れて周縁を縫い、紙衾として再び売るもので、「江戸の困民奴隷らがこれを買ひ、布団に代へて寒風をふせぐ」とし、また「享保前はこれを売り歩く、享保以来廃して見世店で売るのみ」と記している。↓紙衾（かみふすま）

てんねんせん［天然箋］樹葉の形や色を木槌で打って写し取った紙。宝暦十三年（一七六三）刊の大枝流芳著『雅遊漫録』にみえ、石盤に奉書紙か杉原紙を数枚置き、その上に天然の葉を広げ、さらに一枚の紙をのせて打つ、と製法を記している。

てんぴかんそう［天日乾燥］紙床《しと》から剝がした湿紙を干板（張板）に刷毛で張りつけて、天日で乾燥すること。近年は鉄板乾燥がふえているが、和紙独特の味わいを保つには天日乾燥がよいとされている。吉野紙・宇陀紙・美濃紙・清帳紙など、伝統の良紙をつくるには、天日干しを守っているところが多い。↓図版158

てんぴさらし［天日晒し］黒皮を削った白皮を天日に晒して漂白すること。適度の太さに束ね、竹竿や稲架《はせ》にかけて干し、あるいはむしろの上に並べることもあるが、時間のかかる自然漂白法である。中国の宣紙の紙料は何か月も天日に晒すといわれている。

てんりょう［塡料］製紙の時に紙料液に配合する鉱物性の粉末。中国では、古くから紙面を平滑にし白くするとともに不透明にするために、白亜・石膏・滑石・石灰・陶土などの粉末を混ぜて漉く技法があり、これを加塡法といった。

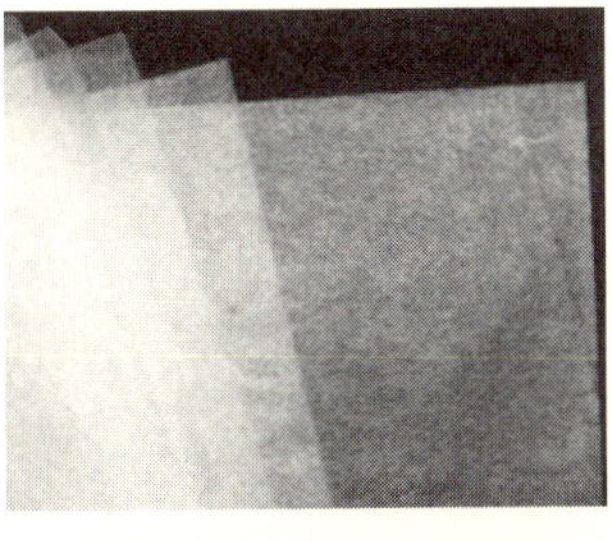

157　典具帖紙

158　天日乾燥

日本の泥間似合紙や宇陀紙はこれを活用している。ヨーロッパの紙は、特に印刷適性を追究し、紙面の平滑さとともに両面印刷に耐える不透明度を求めて、ほとんどの紙に填料を入れている。そして填料としてはクレー（白土）・炭酸カルシウム・タルク（滑石）が最も広く用いられ、二酸化チタン・硫酸亜鉛・硫酸カルシウム・亜硫酸カルシウム・硫酸バリウム・珪藻土なども紙の種類に応じて使われている。

と

どうあんし［道安紙］高野山麓でつくられた画用の紙。元文五年（一七四〇）刊、狩野春卜編『画工潜覧』に「山田道安と云人、高野山下の河根《かね》と云所にて、画の為に紙を漉せたり、是を道安紙と云、乃楮紙にて、今簿帳に用ゆる紙に相似たり」と記されている。

どうさがみ［礬水紙（礬水引紙）］明礬《みょうばん》と膠の溶液である礬水（陶砂）を引いた紙。明礬はにじみを止め、膠は墨の発色をよくするためで、書画・印刷に用いる。中国の『月《げつ》令広義《れいこうぎ》』には礬紙、『市肆記《ししき》』には膠紙と記し、漿紙《しょうし》・漿粉紙と記すこともある。礬水は膠と少量の焼明礬を水に入れて熱し、かき混ぜながら混合してつくる。

とうざんし［東山紙］岩手県東磐井郡東山町（一関市）産の紙。北上川西岸の平泉に対して東岸の東稲《たばしね》山一帯は東山と呼ばれたのにちなんだ紙名である。仙台藩の製紙奨励によって盛んになり、寛政十年（一七九八）刊の里見藤右衛門『封内土産考』には、東山町の田河津・長坂が紙産地と記されている。近代には主として障子紙を漉き、今は観光客向けの紙製品をつくっている。↓東山紙（ひがしやまがみ）

とうし［唐紙］中国でつくられ、日本に舶来された紙。正倉院文書には、唐麻紙・唐長麻紙・唐短麻紙・唐白紙・大唐僧紙・大唐院紙などの文字がみえ、写経などに中国の紙が用いられている。しかし、その文書中に「四人造大唐僧紙」「十七人造大唐院紙」などとあるので、天平期には日本で唐紙といわれるものをつくり始めている。『宇津保物語』『枕草子』『源氏物語』などにも「唐の紙」「唐の色紙」が散見するが、『源氏物語』鈴虫の帖には「唐の紙のもろくて、朝夕の御手ならしにも、いかゞとて」とあって、紙質は日本のコウゾ紙などに比べて脆弱だったようである。平安中期の中国は宋代で竹紙が隆盛であったので、『源氏物語』の「唐の紙」は竹紙であったとも考えられる。本居宣長は『玉勝間』のなかで、「物を書くにはなほ唐の紙に及《しく》ものなし」と評しており、『新撰紙鑑』にも「外国紙類」

として各種の唐紙を掲げて「唐より渡れるもの上品なり、和制大いにおとれり」と注記している。文字を書くのに適し、今も和紙より唐紙を好む書道家が多い。なお近代に書道界で唐紙と呼んでいるものは、竹の繊維を原料とするものが主流で、やや繊維が粗くざらついて墨色も悪いものを一番唐紙（元書紙）、茶色で紙肌も滑らかなものを二番唐紙（毛辺紙）、白く墨色も出てやわらかいのを白唐紙といっている。↓から紙（からかみ）

とうし［陶紙］陶磁器の原料であるセラミック粉体八五％に紙の原料である木材パルプ一五％を混ぜて抄紙機ですいたもので、成形して焼成すると陶磁器になる紙。折ったりねじったり、切ったり張ったりして成形し、摂氏一〇〇〇度ほどの焼結炉に入れると、陶紙のパルプ分は消失して陶土だけが焼結する。東洋パルプと日鉄鉱業が共同開発したもの。

とうし［透紙］紙質がよく鮮明で透視できる薄いコウゾ紙。したがって透視紙ともいい、筑後（福岡県）八女市・筑後市、越前（福井県）越前市に産し、『貿易備考』によると、中国にも輸出され、障子用に適したという。

とうじひゃくごうもんじょ［東寺百合文書］加賀藩第五代の藩主前田綱紀《つなのり》（一六四三－一七二四）が、京都教王護国寺（東寺）所蔵の文書を調査し、整理分類して、それを納めるために百合の櫃《ひつ》を製作して寺に寄進したのにちなんで、納められている文書を百合文書という。十四世紀から十六世紀にかけての東寺の諸記録で、東寺領備中新見庄の中折紙のほか杉原紙・山衙《やまが》小紙《こがみ》、さらに京都にあった紙屋のことなどが記されている。

とうしゃばんげんし［謄写版原紙］薄様のガンピ紙にパラフィンを引いたもの。謄写版はアメリカのエジソンが十九世紀末に発明し、日本では明治二十七年（一八九四）に堀井新治郎が実用化したが、その原紙は主として高知・岐阜両県でつくられた。紗漉きコッピー紙の技法で開発したといわれ、太平洋戦争後にも手漉き業者をうるおしていたが、電子複写機の出現によって命脈を絶たれた。↓図版159

どうはんが［銅版画］銅板（copperplate）でつくった凹版で刷った画。亜欧堂田善・司馬江漢らがオランダから渡来した書物で学んで、銅版彫刻の凹版をつくって始め、石版より前の時期の書籍の挿絵・額絵の印刷に盛んに使われた。なお江戸時代の銅版は彫刻銅版であるが、近年のものは腐食銅版、蝕刻銅版（エッチング eching）である。

どうはんげんし［銅版原紙］陶器面に転写する図案を印刷する紙。純コウゾの反《ほ》

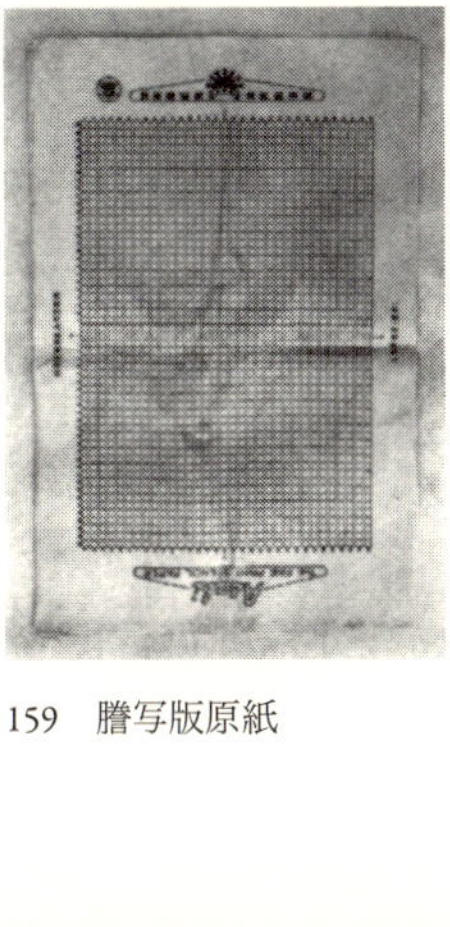

159　謄写版原紙

古《ご》五〇%、木材パルプ五〇%の混合紙料をソーダ灰で煮熟して漉いたもので、美濃市の紙郷の特産であった。今は機械すきに圧倒されて消滅している。

とうひつのり［刀筆吏］文字を書き記す役人。また文書を草する役人。刀筆とは古代に竹簡・木簡に文字を記すために用いた筆と、誤字を削るのに用いた小刀のこと。転じて筆のこと。その筆を用いて書記するのが刀筆吏であり、書記のことを刀筆手ともいい、小役人を指す。

とうほん［搨本］搨は「手でたたく」「石摺りする」の意で、石刻の碑文などの文字を拓摺《たくしょう》して書物の形に仕立てたもの。石摺本・碑本ともいう。

とうようし［東洋紙］ミツマタ繊維を厚く溜め漉きした局紙をモデルとして、高知県の吉井源太らが民間で開発した大判の紙で、コウゾ繊維を溜め漉きしたもの。標準寸法は一尺七寸×二尺二寸六分。高知のほか福井・岐阜・福岡などの諸県に産し、封筒・辞令用紙のほか包装に適しており、特に反物あるいは綿を包むものとして中国に多く輸出された。

とうろうがみ［灯籠紙］福岡県八女市産で、熊本県山鹿市の山鹿灯籠用として供給されている紙。純白で厚めのものであるが、干板に張りつける時ツバキの葉でこすっているので、独特の光沢のある紙肌である。かつては熊本県鹿北町（山鹿市）の川原紙や玉名郡玉東町の浦田紙が山鹿灯籠用であった。↓山鹿灯籠（やまがとうろう）

とおとうみのかみ［遠江紙］遠江（静岡県西部）で産した紙。正倉院文書にはみえるが、『延喜式』では紙の上納国に含まれていない。しかし、中世の山衙《やまが》小紙や佐束《さつか》紙は遠江の産であり、近世には阿多古紙・天方紙・引佐《いなさ》紙を産した。

とおのがみ［遠野紙］福島県いわき市遠野町の上遠野・入遠野・根本・大平《おおだいら》・深山田・根岸などで産したコウゾ紙。二本松藩は上川崎紙を藩領自給用としたのに対し、棚倉藩は寛保三年（一七四三）遠野町根岸に紙楮会所を設けて市販紙つくりを奨励し、遠野町はその中核紙郷であった。紙漉きは永禄年間（一五五八－七〇）に始まったといわれ、その紙は江戸市場だけでなく上方市場にも「岩城物」の名で流通し、安永六年（一七七七）刊の『新撰紙鑑』には、岩城小杉、岩城小半紙と記されている。江戸市場では岩城延紙が帳簿用紙として愛用された。天明八年（一七八八）の古川古松軒『東遊雑記』、寛政年間（一七八九－一八〇〇）の『諸国紙日記』も遠野の紙業繁栄を記録している。障子紙のほか保存記録用・紙衣用など多彩な用途があって強靭さに特徴があり、遠野町深山田の瀬谷家でその伝統が守られている。なお寿岳文章『紙漉村旅日記』によると、ここでは溜め漉きを「ゆりどめ」、流し漉きを「くみなげ」といったと記している。

とくちはんし［徳地半紙］山口市徳地で産した半紙。徳地の紙は文治二年（一一八六）東大寺再建の木材調達に来た東大寺大勧進、俊乗坊重源上人が製法を伝授したという伝説があり、天文七年（一五三八）に成った策彦周良《さくげんしゅうりょう》の『初《しょ》渡集《としゅう》』に徳地紙のことが記されている。寛文六年（一六六六）には徳地宰判内でも請紙制となって農家は紙の上納を義務づけられ、生産が多くなって『新撰紙鑑』には「幅広く色白し」と評されている。近代には明治六年（一八七三）に請紙制が廃止されて早く衰退した。→請紙制（うけがみせい）

とけくさがみ［融草紙・とけくさ紙］ミツマタにコウゾを少し加えた紙料を赤と黄に染めて別々の容器に入れ、十分に粘剤《ねり》を加えたのち、簀の上に張った紗に流しこみ、簀桁を溜め漉きふうにゆすり抄造したもの。赤と黄の紙料がむらむらと雲肌をあらわしているが、ロールをかけて紙面を滑らかに仕上げる。高知県土佐市の小松直弥がつくったもので、二種の着色紙料（紙草）が融け合っているので、「とけくさ」と名づけている。

とこうし［都好紙］装飾加工紙の一種。京都人好みの意で、京都の五条辺の産。鳥子紙や奉書紙などを濃淡いろいろの色で染めて趣向をこらしており、襖障子に張るのにふさわしいものであった。

とさがみ［土佐紙］土佐国（高知県）に産した紙。土佐は『延喜式』にみられるように平安期に紙を産しており、中世には『宣胤《のぶたね》卿記』永正十四年（一五〇六）の条をはじめ、『御湯殿上日記』『言継《ときつぐ》卿記』などに、土佐紙・厚土佐紙・田舎紙の名がみられ、主として幡多荘の一条家から京都に贈られている。近世土佐の製紙は藩の専売制を背景として有数の産地に成長し、近代には吉井源太が連漉器《れんずきき》の開発や技術革新を先導して全国首位の産額を誇り、「和紙王国」を自負していた。機械すき和紙の先進地でもあるが、吾川郡いの町には「いの町紙の博物館」があり、土佐紙の伝統を守る拠点となっている。→図版160

とさがみごうしかいしゃ［土佐紙合資会社］和紙の本格的な機械すきの先駆となった高知県の製紙会社。明治三十六年（一九〇三）、丸一合資・上田合名・伊野精紙の三社が合併して設立され、零細な家内企業を主流とする手漉き和紙業を、大規模な工場方式に展開させたが、明治三十九年（一九〇六）、同社伊野工場で円網《まるあみ》抄紙機による機械すき和紙つくりを始めた。同四十一年には高知市鴨田に機械すきの大工場をもうけ、同四十三年には土佐紙株式会社に改組

160　土佐紙の中核拠点「いの町紙の博物館」

し、大正三年（一九一四）芸防抄紙会社と合併した。この動きが愛媛県・徳島県・静岡県・岐阜県・福井県などに機械すき和紙の工場を展開させるきっかけとなったが、土佐紙株式会社は大正十四年（一九二五）、日本紙器製造株式会社と合併して日本紙業株式会社となった。

とさこうぞ［土佐楮］土佐（高知県）に産するコウゾ。昭和六十年（一九八五）の生産量二二〇トンは全国の五二・五%を占めているように、高知県は最大産地であり、土佐紙をささえるだけでなく全国の紙郷に供給されている。土佐コウゾは大別してアカソ（ヒメソ・キイソ・トノソともいう）、アオソ、タオリ、カナメ（シロコウゾ・マソともいう）、クロカジなどの種類があり、アカソを最も多く産している。アカソの繊維は細く長くて丈夫で光沢があり、歩留まりもよくて、典具帖紙・清帳紙に最適である。アオソは繊維が短く歩留まりが悪いが、生長が早くて耐寒性があり、黒皮で用いられることが多い。タオリはカジノキの一種で、繊維が長く太くて歩留まりがよく、粗い繊維なので提灯紙・傘紙などに適している。カナメはカジノキの一種で、繊維がタオリより細く弱いので、やわらかい紙に用いられるが、病虫害に強く繁殖しやすい。クロカジもカジノキの一種で、繊維が長く光沢があるが、結束ができやすく地合《じあい》が悪くなるので、あまり使われない。未離解繊維による雲竜紙の模様部分やランプセードなどに用いられる。

とさこがみ［土佐小紙］土佐（高知県）産小杉原紙の別称。『諸国紙名録』の土佐産小杉にそのように注記している。『貿易備考』『江戸東京紙漉史考』によると、明治期に麻布・小石川などで土佐小判・土佐子紙・土佐古紙を産したと記しているが、これらは土佐小紙のことである。しかし、原料は反古あるいは紙出《しで》で、漉き返しの紙であったと考えられる。

とさないろがみ［土佐七色紙］近世に土佐（高知県）で産し、江戸幕府に献上されたほか上方市場でも著名だった七種の色紙。↓七色紙（なないろがみ）

とちゅうし［杜仲紙］杜仲は中国のトチュウ科の落葉高木ではなく、正倉院文書にみられる杜仲紙の原料はニシキギ科の落葉低木マサキといわれている。奈良時代のわずかの期間だけつくられたようで、これだけを紙料としたというよりは補助原料であったとの説もある。中国南部では紙薬として杜仲を用いているので、日本で粘剤として用いたとも考えられる。『大言海』には、杜仲はコウゾ皮の細い糸、すなわち木綿《ゆう》の別称とし、大蔵永常『紙漉必要』も「木綿は杜仲とも書き」と記しているので、杜仲紙は穀紙の別名であったかもしれない。↓図版161

とびくもがみ［飛雲紙］ガンピ紙にちぎれ雲を思わせる大小の雲形を漉きかけた紙。玉雲紙ともいう。榊原芳野『文芸類纂』巻七には、「古人の遺書を見るに、往々銭許《ばかり》或は無患子《むくろじ》の大きさなる青雲を紙上に点ぜしあり。これを俗に飛雲と称す」とみえている。雲形は青雲と紫雲がある。現存する最も古い飛雲紙は、天喜元年（一〇五三）頃の書写とされている伝藤原行成筆の「伊予切」および「法輪寺切」で、打雲紙と同様に十一世紀につくり始められたと考えられる。古筆切にみられる飛雲紙をみると、摂関期のものは雲形が大きく、院政期には小さくなっているが、中世・近世のものはなく、打雲紙のようには伝承されなかった。現代では福井県越前市今立町の岩野平三郎工房などでわずかに復元されているにすぎない。↓雲紙（くもがみ）

とめがみ［留紙］留は禁止の意で、御用紙漉き以外の者あるいは他国で製造ならびに販売することを禁止した紙。土佐藩で正徳五年（一七一五）に薬袋紙を留紙としたことは有名で、土佐から脱走して製造し大坂で販売した二人は死罪、吾川郡伊野村（いの町）で学んで讃岐の高松に帰って製造したものも死罪となり、また阿波藩では海部郡の人が製造を願い出たのを許さなかった。↓薬袋紙（やくたいし）

ともがみ［共紙］共は同一の意で、同質の紙のこと。本文紙と同質の紙を表紙とする時などに、共紙の表紙をつけるという。

とりのこがみ［鳥子紙］古代の斐紙と同じくガンピを原料とする紙で、嘉暦三年（一三二八）頃の記録とされる『雑事記』に鳥子色紙に界線を引いて法華経を書写したことを記しているのが初出とされている。延文年間（一三五六－六二）の『延文百首』にも「鳥子色紙」とあり、『後深心関白記』の延文元年十二月二十五日の条には「料紙鳥子、同紙二枚を以て之を裹《つつ》む」と記されていて、鎌倉末期から鳥子紙の呼称が一般化した、と考えられる。その紙名については、『下学《かがく》集』下巻器財門に「紙色鳥の卵の如し、故に鳥子といふなり」と説明しており、『撮壌《さつじょう》集』は「卵紙《トリノコ》」と表記している。また両集とも、鳥子紙（卵紙）と薄様を紙名に掲げながら厚様を欠いているのは、平安期の厚様をこの頃には鳥子と呼んでいた、とも考えられる。しかし、近世の『和漢三才図会』には、鳥子紙について「俗にいふ、厚様、中様、薄様、三品有り」と記すように、すべてのガンピ紙を鳥子と呼ぶようになっている。『延文百首』にみられるように詠進料紙であり、あるいは写経料紙となり、ときには公文書・消息用紙ともなった。特に滑らかで堅く、耐久性のある強く美しい紙であるので、上層階級では永久保存を期待する書冊をつくるのに愛用された。中世から近世にかけての主産地は越前と摂津の名塩（西

161　マサキ（杜仲）

宮市）で、ふすま障子用の間似合鳥子などもつくっているが、『国花万葉記』によると、近江の小山（伊香郡木之本町）、和泉の天川（岸和田市阿間河滝）にも産している。さらに明治中期の『貿易備考』には近江の桐生（大津市）、出雲の意宇《おう》（松江市）をあげている。このほか伊豆・美濃・土佐などはガンピ紙の産地として知られるが、「鳥子」の紙名はあまり用いていない。現在はさらに広い地域で鳥子紙がつくられているが、その紙質は変化している。『雁皮紙製造一覧』『広益農工全書』『貿易備考』などには、「楮ト雁皮ヲ調和シテ之ヲ製ス」とし、『大言海』は「楮トがんぴトノ皮ヲ原料トシテ、漉キタル紙。今ハ三椏ヲ用ヰル」としている。越前では手漉き紙を本鳥子、機械すき紙を新鳥子といい、本鳥子の純ガンピ原料を特号、ガンピとミツマタの混合を一号、純ミツマタを二号、コウゾと木材パルプの混合を三号、木材パルプだけを四号と区別している。ガンピの原料が少ないのに需要が多いため、他の原料を主体とし、特にミツマタで紙の風合いを似せ、卵色に着色している。なおフランスでは鳥子紙の光沢が真珠を思わせるとして、パピエ・ナクレ（papier nacre）といい、詩文集の愛蔵版などに用いている。→斐紙（ひし）・薄様（うすよう）・厚様（あつよう）・雁皮紙（がんぴし）

とりのこぐさ［鳥子草］修善寺紙の原料として用いた植物で、オニシバリのことといわれている。静岡県伊豆市修善寺町の三須家文書の中の、慶長三年（一五九八）三月四日付で徳川家康が三須文左衛門に与えた黒印状に、「豆州において、鳥子草、がんぴ、みつまたはどこでも修善寺の文左衛門のほかには伐るべからず」と記している。鳥子草は修善寺紙の主要原料であったわけで、オニシバリはガンピ、ミツマタとともにジンチョウゲ科の植物であり、樹皮が非常に強いので鬼縛と名づけられており、また葉は秋に生じ夏に脱落するのでナツボウズの別名がある。

どろまにあいがみ［泥間似合紙］摂津の名塩（西宮市塩瀬町）でガンピ原料に地元産の泥土を混入して漉いた間似合紙。岡田徯志著『摂陽群談』（元禄十四年刊）には、「名塩鳥子土、同所に在り、此土を設け鳥子紙に漉交《すきまじ》へ美を能くす」とある。泥土には、東久保土《とうくぼど》（白色）、天子土《あまごど》（卵色）、カブタ土（青色）、蛇豆土《じゃがめど》（茶褐色）などがあり、一種あるいは二種を混入し、五色鳥子、染鳥子と呼ばれたように、泥土で着色したわけである。この泥土を混入することは、着色のほか虫害に強く伸び縮みせず、さらに耐熱性を増す効果がある。青色の泥間似合紙は「箔下間似合」といって、金箔を押す時の下張りにすると、金箔の皺が寄らず、その色が冴える。また耐熱性を利用して箔打ちに用いられ、金箔打紙には東久保土、銀箔打紙には蛇豆土を混入しており、金沢市や滋賀県湖南市甲西町に出荷している。→箔打紙（はくうちがみ）

トロロアオイ　アオイ科の一年生顕花植物で、その根から抽出した粘液は最も重要な製紙粘剤。トロロアオイは中国原産で、漢名は黄蜀葵。→黄蜀葵（おうしょくき）・図版162

どんちょう［曇徴］　推古天皇十八年（六一〇）に高句麗《こうくり》から渡来した僧で、日本で製紙を始めたといわれる人物。『日本書紀』推古天皇十八年には、「春三月、高麗王僧曇徴、法定を貢上す。曇徴は五経を知り、かつ彩色《しみのもの》および紙・墨を能くし並びに碾磑《てんがい》を造る。けだし碾磑を造るはこの時に始まるか」とある。この記事は、曇徴が彩色（絵具）・紙・墨・碾磑（石臼）をつくり、碾磑はこの時に初めてつくったのだろうと述べているが、製紙が始まったとは記していない。蔡倫が中国で初めて紙をつくったのではないように、日本でも曇徴が初めて紙をつくったのではない。これに先立って大和政権の宮廷では渡来人の史部《ふひとべ》が文書の作成を担当しており、その用紙も物資調達を担当した蔵部《くらべ》の渡来人技術者がつくっていたと考えられる。しかし、日本では先行する古紙が発掘されておらず、これが製紙についての最古の文献であるため、曇徴が製紙を始めたとする説が根強い。山梨県身延町西島の栄宝寺には、蔡倫・曇徴と西島の紙祖といわれる望月清兵衛を描いた画幅の版木があり、曇徴を日本の紙祖とあがめている。→図版163

162　トロロアオイ

163　曇徴像

な

ないてん［内典］仏教の経典の総称。仏教の立場で仏教の書物を尊重していう語で、仏典以外の書物を外典《げてん》という。→外典（げてん）

なおがみ［名尾紙］佐賀県佐賀市大和町名尾を原産とするコウゾ紙。名尾の紙つくりは、福岡県筑後市溝口で五年間修業した納富由助が元禄三年（一六九〇）に帰郷して始め、佐賀藩の御用紙も漉いた。明治十年（一八七七）の第一回内国勧業博覧会には由助の子孫、納富良右衛門が名尾紙を出品しているが、主として障子用と傘用で、のちに名尾提灯紙が著名となった。→提灯紙（ちょうちんがみ）

なおしがみ［直紙］標準的な正常な美濃紙の意。中世の文献には「美濃紙」「濃紙《のうし》」と記されており、近世の享保十七年（一七三二）刊『万金産業袋《ばんきんすぎわいぶくろ》』に「なおし類」とみえているので、「濃紙」を「直紙」と表記するようになったようである。『新撰紙鑑』によると、大直紙は縦一尺ないし一尺六分、幅一尺四寸六分で書物・目録に用い、中直紙は「上美濃」ともいって九寸五分〜六分×一尺三寸八分、小直紙は書院美濃・書院小直ともいって九寸〜九寸二分×一尺三寸七分となっており、ほかに紋障子・典具帖・小菊なども美濃直紙類にふくめている。

ながあみしょうしき［長網抄紙機］走行するエンドレスの長い金網をもっている抄紙機。紙料はこの金網の上に流し出され、紙層が形成される。フランスのルイ・ニコラス・ロベール（Louis Nicholas Robert）が一七九八年に特許を得たが、ロンドンのフォードリニア兄弟（Henry and Sealy Fourdrinier）が機械を買い、改良して一八〇八年に実用化したので、Fourdrinier (paper) machine という。

なかうち［中打］古書の原紙の虫に食われたところなどを補修する場合、一枚の紙を二枚に剝いで、その間に紙を入れて糊で張り合わせること。

なかおりがみ［中折紙］檀紙あるいは杉原紙を縦半分に切った大きさに製したコウゾ紙。折紙が檀紙を横半分に折って用いたのに対して、縦半分に折った判型のものをつくったわけで、普通は後世のいわゆる大半紙（九寸×一尺三寸五分）に類するもの。『貿易備考』羽前の国の項に「大半紙、方言中折ト称ス」とある。『東寺百合文書』の応仁二年（一四六八）新見庄代官にあてた文書にみられ、備中（岡山県西部）で産したことがわかるが、『言継《ときつぐ》卿記』天文十九年（一五五〇）の条に賀州中折、天文二十三年（一五五四）の条に美濃中折と記されている。横半分に切った半切紙（または切紙）もあらわれている頃で、縦半分に切った大きさのものが考案されたのである。近世初期には美濃産中折紙が著名で、これは典具帖紙の別称ともいわれるが、やがて石見（島根県）が主産地となり、筑後（福岡県）・豊後（大分県）・土佐（高知県）・紀伊（和歌山県）などでもつくり、紙質は中等の厚さで文書・帳簿・障子などに用いられるものになっている。『新撰紙鑑』によると、寸法は縦八寸九分〜九寸、横幅一尺二寸五分〜一尺四寸。

ながざがみ［長座紙］カステラの下敷き、高級菓子の上掛けなどに用いる紙。もともと純コウゾ塵入紙であったが、のちに反古を主原料とする反古長座紙もつくられていた。佐賀県小城市の特産であった。→向座紙（むかいざがみ）

ながしこみすき［流し込み漉き］水を満たした漉槽《すきふね》に漉桁《すきげた》を浮かべ、別の容器につくっておいた紙料を流し込み、手のひらでかきならして漉く技法。澆紙《ぎょうし》法、潑入《はっにゅう》法ともいう。雲南省やチベット、タイ、ブータン、ネパールなどに残っている漉き方で、漉簀は布張りで、漉きあげた湿紙を漉簀につけたまま天日乾燥する、きわめて原始的な技法である。紙料液を澆《そそ》ぎ散らすので中国では「澆紙法」といい、福井県では「台漉き」と呼んで、雲竜紙や雲肌紙つくりに用いている。なお江戸末期に川崎市多摩区の中野島などでつくった大判の岩石唐紙は、この流し込みの技法を用いたことが、大蔵永常の『紙漉必要』の「和唐紙の漉方」の条に記されている。

ながしすき［流し漉き］漉桁《すきげた》ですくった紙料液を簀面の上の上桁の枠内で揺り流し、適度をこえる余水を流し捨てて紙層を形成する漉き方。流し漉きは沈みやすく固まりやすい紙料を、均等に分散させ漂浮させるために粘剤《ねり》（あるいは漂浮剤・滑水）を添加して溶解させ、原則として三段階の操作をする。第一段階の初水《うぶみず》の操作で紙の表をつくり、第二段階の調子操作で紙の厚さを自由に調節し、厚い紙をつくる時は数回繰り返す。最後の捨て水操作は、一定の厚さを形成したあとの余水を流し捨てて紙の裏をつくる。この余水を捨てる捨て水の操作が流し漉きのひとつの特徴である。この流し漉きでは、厚い紙も薄い紙もつくれ、しかもネリによって繊維を均等に分散させているので均質でねばり強く、薄くても破れない紙ができる。この薄くても破れない紙をつくるために流し漉きは開発されたと考えることもでき、平安時代の薄様や中世の吉野紙・典具帖紙は、この流し漉きによってつくられている。中国では唐代後期から宋代にかけてより薄い紙がつくられるようになっているが、その薄紙つくりには紙薬を用い拍浪《はくろう》技法を洗練させたという。拍浪とは紙料液を波打たせることである。流し漉きは西洋にない東洋のユニークな漉き方で、特に日本で発展したが、中国でも書画用などの高級紙はすべてこの流し漉き技法を活用している。また漉槽の紙料濃度は汲むごとに減少するので、調子の回数や汲み込み量は常に調節しなければならない。また和紙は多種多様であり、目的とする紙によって揺り動かす速度・強さが違うが、これらをすべて身体で覚え、習熟するには長年月を要する。↓初水（うぶみず）・調子（ちょうし）・捨水（すてみず）・溜め漉き（ためずき）・図版164

なかたかだんし［**中高檀紙**］檀紙のうち中判のもの。大高・小高檀紙の名は中世の文献に記されているが、標準寸法といえる中高檀紙は、中世には単に檀紙といい、近世の文献からみられるようになる。『懐紙夜鶴抄』には、式正の歌会の懐紙（檀紙）は縦寸法が天子は一尺五寸余（大高檀紙）で、摂関・大臣・参議級が一尺三寸ほど、それ以下が一尺一寸七分ないし八分となっているので、摂関・大臣・参議級のものは中高檀紙に相当する。『新撰紙鑑』によると、備中（岡山県西部）・越前（福井県北部）の中高檀紙は縦一尺三寸五分、横一尺九寸五分までとなっている。

なかつはんし［**中津半紙**］大分県中津市に産した半紙。江戸時代の中津藩は製紙を奨励し、中津半紙の名は享保十七年（一七三二）刊の『万金産業袋《ばんきんすぎわいぶくろ》』にすでにみられ、『新撰紙鑑』『諸国紙名録』にも記されていて著名であった。中津ではほかに障子紙・中折紙・小菊紙なども漉いていたが、今は消滅している。

なかほがみ［**中保紙**］黒皮（塵）の混入率が中程度のコウゾ紙。周防（山口県）などで産した。↓白保紙（しらほがみ）

なかゆいがみ［**中結紙**］筑後（福岡県）八女市の紙郷で産した結び紐用のコウゾ紙。中結とは包み物の中ほどを紐で結ぶこと、あるいは衣服の裾をそろえるために紐を腰に結ぶことである。

なぎなたビーター［**薙刀ビーター**］ホーレンダー・ビーターのロールの代わりに薙刀形の回転歯を組合わせて取り付けたもの。通常二〜六枚の回転歯が三〜六か所に取り付けられている。ホーレンダー型では一本の長い繊維に小さい繊維が巻きついて生ずる結束、すなわち双眼（にない、つづみ、くびり、まんぎりなどという）ができやすいが、薙刀型にはその恐れがなく、コウゾ皮やクワ皮の繊維を解きほぐし打ち砕くのに適している。↓ホーレンダー・ビーター（Hollander beater）

なじおがみ［**名塩紙**］摂津有馬郡名塩（兵庫県西宮市塩瀬町名塩）付近に産するガンピあるいはコウゾ製の紙。正保二年（一六四五）刊の『毛吹草』には、摂津の特産として名塩鳥子とあり、寛文十二年（一六七二）刊の『有馬山名所記』は、名塩紙について「鳥の子をはじめて五の色紙、雲紙までもすき出す事、越前につぎては世にかくれなき名塩なるべし」と記している。この色紙は地元の泥土を混ぜて着色している泥間似合紙のことである。ガンピ製が主体であるが、湊《みなと》紙・松葉紙などのコウゾ製のものもつくり、土佐藩の留紙《とめがみ》であった薬袋紙も産するなど、江戸時代には上方市場に近いユニークな産地であった。↓泥間似合紙（どろまにあいがみ）・図版165

なじおとりのこ［名塩鳥子］兵庫県西宮市名塩特産の鳥子紙。名塩鳥子の銘柄が上方紙市場に出るのは寛永十五年（一六三八）以後といわれるが、江戸初期から鳥子紙の名産地となり、正保二年（一六四五）刊の松江維舟（重頼）著『毛吹草』にも、摂津産の紙のなかに名塩鳥子と記されている。水上勉の『名塩川』は弥右衛門をここの紙祖としているが、集落の西端中山に「紙漉・東山弥右衛門之墓」が安政三年（一八五六）名塩紙漉同業仲間によって建てられている。ここでつくった鳥子紙類は泥間似合紙をはじめ間似合紙・色間似合紙・雲紙・薄様など多彩で、越前に比肩すると評価されていた。特に屏風やから紙障子用のものは、大坂・京都の大消費地をひかえていたので需要が多く、大坂には専門の問屋もあった。近代には泥間似合紙が金・銀箔打紙に活用されて、その声価を保っている。↓名塩紙（なじおがみ）・鳥子紙（とりのこがみ）

なすがみ［那須紙］下野（栃木県）那須地方に産したコウゾ紙。『駿府御分物御道具帳』に「なす紙」「大なす紙」、『毛吹草』には「那須大方紙」とあり、『国花万葉記』には、大方紙に「那須より出る、其外那須八寸など名紙多く江戸に出る」と注記している。↓下野紙（しもつけのかみ）

なすこうぞ［那須楮］茨城県北部の久慈郡大子《だいご》町周辺に産するコウゾで、明治以後に常陸より優勢になった栃木県那須地方の商人が全国に売り広めたもの。土佐コウゾを綿とすれば、那須コウゾは絹にたとえられるといわれ、光沢がよくて繊維がこまかいので、地元の茨城県・栃木県のほか各地から需要が多く、特に越前奉書・美濃紙の原料として用いられている。

なすのがみ［那須野紙］下野国（栃木県）那須野で産したコウゾ紙。井原西鶴の『一目玉鉾』、上田秋成の『雨月物語』に用例がある。あるいは『駿府御分物御道具帳』にみえる「なす紙」「大なす紙」の後世の呼称とも考えられる。

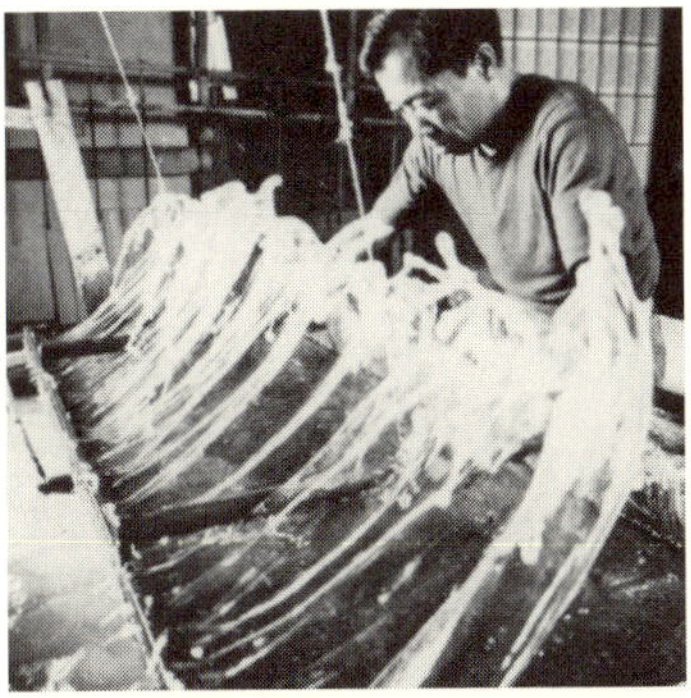

164 流し漉きの極致といわれる典具帖紙漉き（高知県いの町，浜田幸雄工房）

165　摂州名塩の紙漉き図（吉田重房著『筑紫紀行』より）

↓那須紙（なすがみ）

なぜかわ［撫ぜ皮］コウゾの表皮を削る時、普通のように白皮にしないで、甘皮の部分も残して黒皮部分（さる皮ともいう）だけを削ること。甘皮部分も原料として用いる石州半紙の紙漉きの独特の用語である。↓石州半紙（せきしゅうはんし）

なたしょうし［名田庄紙］若狭（福井県南部）の遠敷郡名田庄村（大飯郡おおい町）、すなわち南川の流域を原産地とするコウゾ紙。正保二年（一六四五）刊の『毛吹草』に若狭の名田庄厚紙とみえており、享保十七年（一七三二）刊の『万金産業袋』には淡路（兵庫県）産のなかに「名田の庄」紙があって、模製されている。『新撰紙鑑』では厚物類にふくまれ、若狭産で寸法は一尺八分×一尺四寸となっている。

なないろがみ［七色紙］土佐（高知県）で産した七種の色紙。近世土佐の紙祖といわれる安芸三郎左衛門家友が、慶長六年（一六〇一）入封した山内一豊に進献し、徳川幕府に献上するのがならわしであったという。吾川郡伊野・成山の御用紙漉きだけが製した朱善寺・柿色・黄・紫・桃色・萌黄・浅黄の七種の色紙で、近世初期の上方市場でも土佐の名産として知られていた。

なかたにがみ［七谷紙］新潟県加茂市の加茂川に沿う七谷郷に産したコウゾ紙。天保（一八三〇－四四）の頃「たらいの中で一尺平方の紙を漉いたのが、紙漉きの初め」と伝えられ、明治末期から大正初期には約四〇〇戸の製紙家がいた。主製品は障子紙で、ほかに袋紙・画用紙なども漉いた。↓加茂紙（かもがみ）

なばりがみ［名張紙］三重県名張市周辺で産したコウゾ紙。旧伊賀郡箕曲村、名賀郡滝川村などで明治末期には約一〇〇戸が紙を漉いていたといわれ、名張川の旧称簗瀬《やなせ》川にちなんで簗瀬紙ともいい、あるいは伊賀半紙とも呼ばれた。『貿易備考』には、名張紙は傘用と記されている。

ナプキンし［ナプキン紙］食事の時に口をぬぐう布巾に代用する紙。反古と稲わらを原料とした粗質のものであるが、皺ひだをつけ文様型を押している。明治初期には外国人が典具帖紙を用いていたが、そんな高価なものではない低廉なものが求められて、明治十六年（一八八三）に高知県の吉井源太が開発した。当初はコウゾ皮だけを原料としたが、輸出の増加にともなって反古と稲わらを用いて低価格のものとした。明治二十七年（一八九四）静岡県の原田製紙が円網ヤンキー抄紙機でナプキン原紙を抄造し、のちに手漉きのナプキン紙は消滅して、今はすべて機械すきとなっている。

なみろく［並六］浅草紙の別名で、浅草寺門前の茶屋町と東仲町の間にあった並木町に通称、六兵衛という紙漉きがいたのにちなんで名づけられている。『貿易備考』の「すきかへしかみ」の項に「往時専ら江戸浅草にて製せしが故に浅草紙と曰《い》ひ、また並六とも曰ふ」と記している。↓浅草紙（あさくさがみ）

ならえほん【奈良絵本】室町末期から江戸前期にかけて製作された絵本の一種。奈良絵と呼ばれる肉筆の彩色画を挿入しており、多くは土佐絵ふうの粗雑なものであるが、金銀泥を用いた豪華なものもある。東大寺・興福寺などの奈良の絵仏師が注文を受けて製作したとの説があるが、確証はない。絵巻物と木版絵入本の中間に位置し、巻子本から転化した冊子の形態で横本が多く、間似合紙が多く用いられている。大部分は室町期の短編小説であるが、源氏物語、承久記、住吉物語などもある。婦女子を対象としたもので、棚飾り本や嫁入り本とされていた。↓絵本（えほん）

ならがみ【奈良紙】中世の大和（奈良県）に産した紙。中世の大和は興福寺が国内の要地を荘園として勢力をふるったが、ここから京都に紙を贈るのがならわしとなっていた。
奈良紙のことは、応長元年（一三一一）北室法印隆兼の『応長灌頂記《おうちょうかんじょうき》』にみえるのが最も古いが、『看聞御記』『蔭涼軒日録』『宣胤卿記』ほかにしばしばみられ、奈良雑紙・大和紙・吉野紙・吉野雑紙とも記されている。『七十一番歌合』に、「忘らるゝ我身よいかにならがみの薄き契りはむすばざりしを」とあるように、奈良紙は薄いのが特徴であり、『御湯殿上日記』にみられるように、これを「やはく〵」「やわく〵」とも呼んでいる。↓吉野紙（よしのがみ）

なりたきよふさ【成田潔英】大正・昭和期に製紙関係文献資料を収集し、多くの編著があり、紙の博物館の初代館長（一八八四―一九七九）。熊本市生まれ。青山学院英語師範科卒、明治三十九年（一九〇六）米国インディアナ州ディポー大学に留学、外国商社勤務ののち大正七年（一九一八）王子製紙社員となり、昭和二十一年（一九四六）退社するまで、内外の紙関係文献を収集、資料の保管に尽くし、昭和二十五年（一九五〇）製紙記念館（昭和四十年紙の博物館と改称）の創立とともに初代館長となり、昭和四十五年（一九七〇）名誉館長となった。次のような多数の著作がある。『日本紙業綜覧』『紙業提要』『楮及楮紙考』『三椏及三椏紙考』『手漉和紙考』『洋紙業を築いた人々』『東西紙漉図絵』『王子製紙社史』『紙漉平三郎手記』『紙碑』『和洋紙談叢』『九州の製紙業』。

なんが【南画】南宗画《なんしゅうが》ともいい、東洋画の一派で北画（北宗画）に対していう。北画が多く宮廷の専門的画家の手になる細緻な描写を主とするのに対して、南画は文人墨客などの素人的で、形にこだわらず気品を重んじて心の中の思いを表現することをもって理想としている。水墨で描くことが多いが、着色のもの、あるいは細密なものもある。南画と北画の区別は明代以後のことといわれ、唐の王維を南画の祖とし、宋の董源《とうげん》・巨然《きょねん》・米芾《べいふつ》らを経て、元の王蒙・倪雲林《げいうんりん》・黄公望《こうこうぼう》・呉鎮に至って大成した。日本では江戸中期から盛んになり、池大雅《いけのたいが》・田能村竹田《たのむらちくでん》・与謝蕪村《よさぶそん》らが名高い。↓北画（ほくが）

なんきんかんし［南京官紙］近世に中国から渡来した唐紙（毛辺《もうぺん》紙）のうち最上質の紙の呼称。正徳三年（一七一三）刊、寺島良安編『和漢三才図会』の「毛辺紙」の項に「中華より来るものすべて唐紙と称し、南京官紙を以て上となす」と記されている。↓毛辺紙（もうぺんし）

なんし［南紙］北紙に対して揚子江流域を主とした中国の南部でつくられた紙の総称。南宋の趙希鵠《ちょうきこう》『洞天清禄集』および明の屠隆《とりゅう》『考槃余事《こうはんよじ》』に、「北紙は横簾を用いて紙をつくり、紋は必ず横である。またその質は粗にして厚く、これを側理紙という。……南紙は竪簾《たてすだれ》を用い、紋は必ず竪である」「二王の真蹟は多く会稽竪紋竹紙を用いる」と記している。しかし、南北両紙の簾文を比較調査した潘吉星は『中国製紙技術史』のなかで、この論断はすべて正しいとは限らないとしている。そして北の中原地域は芨々草《きゅうきゅうそう》（ハネカヤ）または萱草の茎で編んだ紙簾を多く用いたので質は粗く、南の揚子江流域は主として竹簾を用いたので精細で良質の紙がつくられたのであろうと論じている。↓北紙（ほくし）

なんとばん［南都版］京都を北都とするのに対して奈良を南都というが、奈良および付近の諸大寺で、平安時代から江戸時代にかけて出版されたものの総称。現代では春日版（興福寺）のほか、それぞれの寺名を冠して法隆寺版・東大寺版・西大寺版などと呼ばれることが多く、定義の不明確な南都版の名称は一般に用いられなくなっている。↓春日版（かすがばん）

に

にかわサイズ［膠サイズ glue size］膠は獣類の骨・皮・腱などを水で煮た液を干し固めた獣膠と魚類からつくる魚膠があるが、この膠に明礬を加えたもの。礬水《どうさ》・陶砂ともいう。紙のにじみ止めと毛羽立ちを防ぐのに用いる。D・ハンターの『製紙術』紙史年表によると、一三三七年に初めて獣膠を用いたとしているが、イタリアのファブリアノは羊毛工場が多く、その廃物をインクのにじみ止めに活用したのである。↓サイズ［size］

にさんばん［二三判］近代に和紙を大判に漉くようになり、最も普及している二尺×三尺の判型。江戸末期の和紙の判型は、岩石唐紙の三尺×六尺判は別として、丈永紙の一尺八寸×二尺二寸、大間似合紙の一尺三寸×三尺二寸が大判に属するものであった。ところが、土佐（高知県）の吉井源太が小半紙八枚、大半紙六枚取りの大型連漉器《れんすきき》を考案してから、連漉器で大判の紙を漉く地域が広まった。そして清帳六幅漉き、小半紙八面漉きなどといって漉いた紙を小判に断裁して荷造りしていたが、近年は二尺×三尺の周縁に裁ち代分として一～二寸のゆとりをもたせた判型で漉き、そのまま荷造りするのが多くなっている。

にしきえ［錦絵］明和二年（一七六五）に絵師鈴木春信・狂歌師巨川らによって創始された華麗な多色摺りの浮世絵版画。これに先立つ丹絵《たんえ》や漆絵の色は筆彩であり、紅摺絵《べにずりえ》は紅と緑を木版摺りしたものであったが、多色木版摺りの技法が開発されて錦絵が生まれた。以後、錦絵は浮世絵版画の代表的名称となり、多くの作家と彫師・摺師の協力で、主題と技法の幅をひろげ、広く世に迎えられた。↓浮世絵版画（うきよえはんが）

にしじまがせんし［西島画仙紙］山梨県南巨摩郡身延町西島に産する画仙紙。西島は望月清兵衛が伊豆の修善寺紙の技法を導入したところと伝えられ、元亀二年（一五七一）に彼は武田信玄に本判紙を献上して紙舟役を命じられ、西島の西と辛未《かのとひつじ》の歳の未にちなんで「西未」之紙改印を与えられている。したがって栄宝寺域には「蔡倫社」とともに彼の頌徳碑も建っている。江戸時代には周辺にも多くの紙郷があり、糊入奉書・檀紙・西の内紙・小半紙・帳紙・蔵半紙などを漉き、明治期から三椏改良半紙が主力製品であったが、近年は画仙紙専門となっている。原料はミツマタおよび木材パルプの故紙に胡粉を混ぜており、半自動化した漉き方が普及している。↓図版166

にしのうちがみ［西の内紙］茨城県常陸大宮市山方町西野内原産の厚いコウゾ紙。細貝八郎右衛門知治が西野内で漉き始めたのに対し、水戸藩主徳川光圀が正保五年（一六四八）に原産地にちなんで名づけたといわれる。また百帖紙ともいい、近世の常陸産紙を代表する紙で、『大日本史』の料紙としても用いられた。正徳三年（一七一三）刊の『和漢三才図会』の厚紙の項にその名がみえ、宝暦四年（一七五四）刊の『日本山海名物図会』には「上品」の紙の中にふくめている。『諸国紙名録』によると、寸法は一尺一寸×一尺六寸で、証券や帳簿用であり、大坂よりも江戸市場で多く流通し、明治三十四年（一九〇一）から明治四十年まで内務省令によって程村紙とともに選挙人名簿および投票用紙となっている（明治四十年から大正十五年〈一九二六〉までは

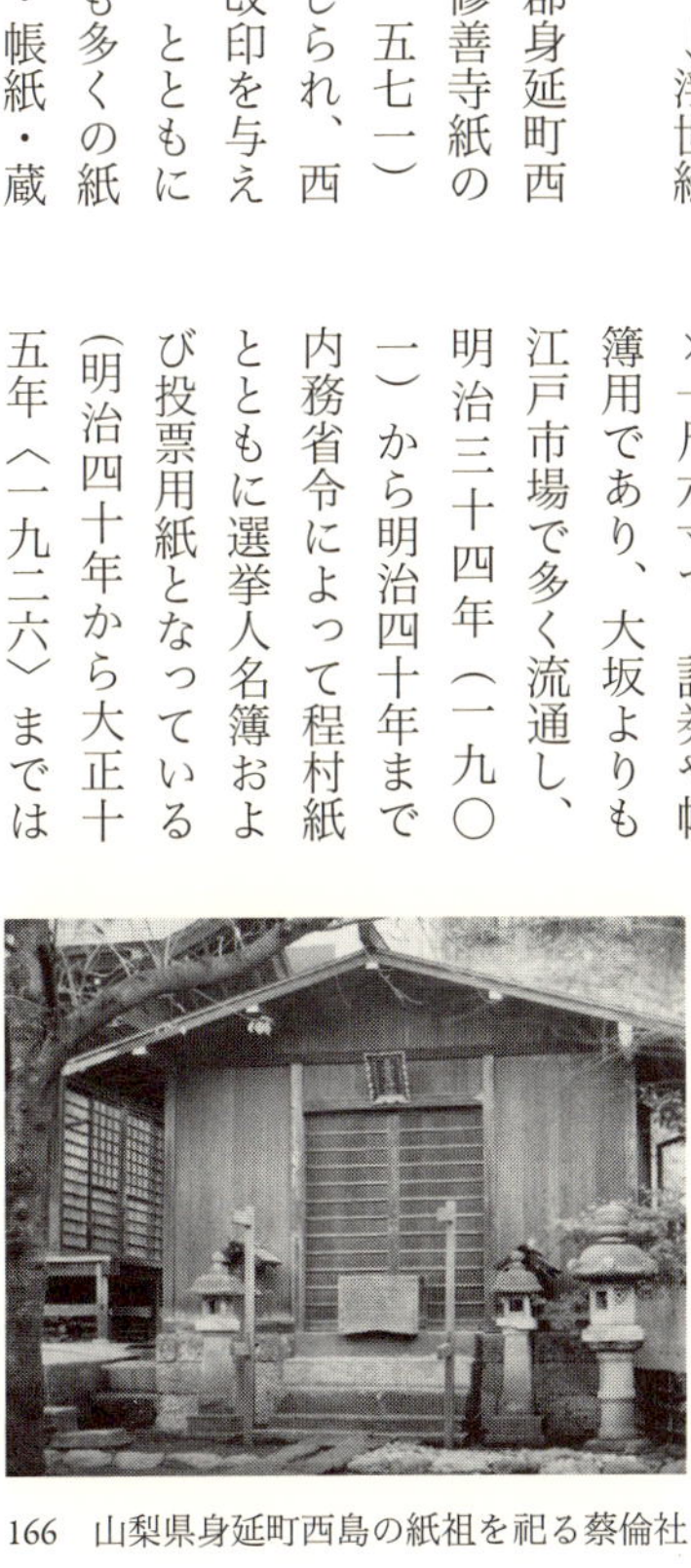

166　山梨県身延町西島の紙祖を祀る蔡倫社

美濃紙）。佐竹大方紙から発展したと考えられ、那珂郡鷲子《とりのこ》村（常陸大宮市）周辺にも産したので鷲子紙（鳥子紙）とも呼んだ。一帖四〇枚、四〇〇枚を一束とし、五束を一締《しめ》（二〇〇〇枚）、二締を一丸として出荷した。なお甲斐で模造したのを甲州西という。→五把西紙（ごわにしがみ）・図版167

にしのとういんし【西洞院紙】京都の西洞院川のほとりで漉かれた紙の総称。西洞院川は一条町尻（新川）から南へ中御門（椹木町）に至り西へ、西洞院通を南へ九条まで流れていた川で、今は埋め立てられている。この川沿いの蛸薬師通から松原通にかけて紙漉き場が軒を並べ、『京都御役所向大概覚書』によると、正徳五年（一七一五）には一一六人が紙を漉いていた。その製品の中核は漉き返しの宿紙であるが、ほかに強紙《こわがみ》（幣紙）、吉書《きっしょ》紙、茅輪《ちのわ》之白紙、暦紙、五色紙、湊紙、扇地《せんじ》紙などがあった。宿紙は大都市の製紙の常として反古を再生したのであるが、図書寮の支配下で宮廷用紙を献上しなければならなかったことにもよっている。扇地紙や五色紙は京都の紙加工材料であり、湊紙は茶室などの腰張り用として求められた。また『京羽二重』には、西洞院通の高辻通に土佐紙、松原通に半切紙を多く産したとも記しており、西洞院紙といわれるものの種類は多彩であったが、普通は浅草紙と同様に漉き返しの紙が主体となっている。→宿紙（しゅくし）・図版168

にしほんがんじぼんさんじゅうろくにんしゅう【西本願寺本三十六人集】三十六人集は奈良・平安時代の著名な歌人三十六人の家集で、現存する最古の古写本のうち代表的なものが西本願寺本である。平安末期、十二世紀初期の書写といわれ、藤原定信ら当時の能書家の寄合書きである。粘葉装《でっちょうそう》全三九帖のうち三二帖は平安時代の書写、他は後代の補写とされているが、その書とともにすばらしい料紙を用いたきわめて美麗な本で、平安後期美術の粋と評価されている。料紙には厚様・薄様・打雲・飛雲・墨流し・継紙・から紙・蠟箋などがつかわれ、かな文字の表現にふさわしいガンピ原料の紙が主体であるとともに、最高水準ともいえる加飾の技法が施されている。

にじみ【滲み】「にじむ」というのは水が物にしみ込むことで、墨字などが紙にしみひろがったのを「にじみ」という。紙の不規則にからみあった繊維のなかには、肉眼で見ることのできない数多くの毛細管があり、墨汁が紙にふれると、水分は毛細管に浸透して拡散し、筆跡がにじむのである。これを洇《いん》水（游水）現象というが、にじみを止めるには礬水《どうさ》（明礬と膠の溶液、中国では膠礬水）を引くのが常識となっている。にじみは英語で feathering といい、にじみ止めにサイズ剤を用いる。→礬水紙（どうさがみ）・サイジング（sizing）

にびいろのかみ【鈍色紙】クヌギの実・皮、クリの実・皮などのタンニン質の染料を鉄媒染した、やや青みを帯びた鼠色の紙。『源氏物語』澪標《みおつくし》の巻には「鈍色の紙の、いと香ばしう艶なるに」とみえている。また同書葵の巻には「濃き青鈍の紙」とある青鈍色は、下に藍染めしたあと鼠色に染めたものである。

にべ［鮸・鰾］①ニベ科の海魚、鮸《にべ》の鰾《うきぶくろ》から製した鮸鰾《にべにかわ》（鰾膠）のこと。粘着力が強く、食用・工業用。②製紙の粘《ねり》剤を抽出するノリウツギ（ヤマウツギ）の方言のひとつ。

にほんしきさいぶんかし［日本色彩文化史］明治末期から四〇余年かけて、前田千寸《ゆきちか》が日本の色彩文化について研究し集大成した書。昭和三十五年（一九六〇）岩波書店刊。日本人の生活と色彩との関係史を詳しく考察しているが、和紙史と関連して、正倉院文書に見られる染紙の諸相についてすぐれた研究成果を発表している。正倉院文書にみられる染紙は、黄紙が最も多く二四三万一八一〇張で、胡桃《くるみ》紙《かみ》八万四〇三八張、楸紙《ひさぎがみ》六万三八一九張、紫紙二万四三三二張などの数字を挙げている。また神護景雲四年（七七〇）までにつくられた一切経の書写に使われた黄紙は三七万五九六〇張とも記しており、写経料紙の主流が黄紙であったことを具体的数字で語っている。

にほんしちょうさほうこく［日本紙調査報告］イギリスの第二代駐日公使パークス（Harry Smith Parkes）が一八七一年に英国議会に提出したReports of the Manufacture of Paper in Japan. 一八六九年にイギリス政府から日本紙調査を指令されたパークスが、神奈川・大阪・長崎駐在の領事らと協力して、原料・製法・紙の種類などを総括したもので、外国人の個人的関心ではなく政府指令による最初の大規模な調査報告である。製法は国東《くにさき》治兵衛著『紙漉重宝記』の翻訳であり、「紙類目録」は領事たちが地元の紙問屋の協力を得て作成したものである。この報告書とともに送られた原料および紙の収集品は、ビクトリア・アンド・アルバート美術館とキューの王立植物園に保管されている。報告書の目録によると、収集した紙および紙製品（原料もふくむ）は四五〇種で、明治初期の市場に流通していたものほとんどを含んでいるといえるが、現在保管されているのは三〇一種である。散逸しているのは加工紙、とくに擬革紙がめ

167　西の内紙の伝統を守る菊地紙工房（茨城県常陸大宮市山方町）

168　京都西洞院の紙漉き（『新刻平安十詠』より）

だち、皮革に代用できる紙ということに深い関心をもって研究調査された形跡がうかがえる。いずれにしても、パークス和紙コレクションは、明治初期に和紙が生活文化材として多彩に活用されていたことを実証する貴重な資料である。↓図版169

にほんのかみ［日本の紙］ 寿岳文章著で、吉川弘文館から『日本歴史叢書』14として昭和四十二年（一九六七）に刊行された、体系的な和紙の歴史書。それまでの和紙研究に関する数多くの論考を参照し、独自の見解にもとづいて和紙の通史を編集しており、和紙研究の基本テキストといわれていた。中国の蔡倫《さいりん》、日本の曇徴《どんちょう》より前に紙があったとする見解をはじめ、古代の紙についての幅広い視野からの考察が記されている。そして中世の武家社会に展開した杉原紙・奉書紙・鳥子紙などを詳しく論じているが、近世の紙についてはいささか論じ足りないところがある。現代の紙郷はほとんど近世に成立して、時勢にもまれながら生きながらえたのであり、現代の和紙につながる近代が空白であるのは惜しいが、和紙の通史をまとめあげた功績はきわめて高く評価されている。↓寿岳文章（じゅがくぶんしょう）

にゅうかわかさがみ［入川笠紙］ 和歌山県九度山町に産した傘紙。紀州（和歌山県）の傘紙は、江戸初期の『毛吹草』『諸国万買物調方記』『国花万葉記』などに高野山麓の名産と記されているが、『新撰紙鑑』には入川（丹生川）笠紙とあって、これは紀州傘紙の代表といえるものであった。↓傘紙（かさがみ）・高野紙（こうやがみ）

にゅうし［入紙］ 袋綴じされた本の用紙が薄かったり損じたりしているのを補修するとか、破損を予防するために、綴じを解いて各紙葉の中に別紙を入れて綴じ直し、しっかり保つようにすること。またその入れた紙。紙を挿入するだけで糊づけはしない。合い紙ともいい、中国では襯紙《しんし》・鑲紙《じょうし》という。

にょうぼうほうしょ［女房奉書］ 勾当内侍《こうとうのないし》（掌侍四人中の首位の者）など天皇側近の女官が勅命をうけて、消息体（散らし書）で書いた文書。中世の鎌倉期に始まり、室町期以後多く用いられた。

にらうがみ［韮生紙］ 高知県香美郡香北町（香美市）の韮生郷に産したコウゾ紙。『高知県史』古代中世編の「長宗我部地検帳」からみた諸職人一覧表「カミスキ、カミヤ」のなかに香美郡韮生谷亀遠村とあり、また吉井源太著『日本製紙論』には近世末期の「製紙有名の村落」のなかに香美郡韮生が記されており、早くから著名な紙郷のひとつであった。明治初期の『四国産諸紙之説』の土佐産紙のなかに「梅の久保」とあるのは、香北町梅ノ窪が原産地で、韮生郷産のうち特にすぐれているのを「梅の久保紙」と呼んでいたようである。

にれかわがみ【楡皮紙】ニレ皮を原料として漉いた紙、あるいはニレ皮を粘剤《ねり》として用いて漉いた紙。正倉院文書にみえるが、天平感宝元年（七四九）の「華厳経料充装潢《そうこう》注文」には既楡紙《きにれ》とあり、「奉写二部大般若経銭用帳」「奉写一切経用度文案」では楡皮を装潢のために用いたことを思わせ、紙面を平滑にするために樹液を塗ったか、紙料に混和したものと推測される。「にれ」は滑《ぬれ》から転じたもので、皮をむけば粘滑なことで名づけられており、皮を乾かして粉にしたものは楡皮粉といって菜や吸い物にまぜ、汁は家具の塗料となっている。この滑らかにする働きが紙にも活用されたのであるが、楡皮紙は奈良時代の文献にみられるだけである。『延喜式』に「黏紙」とあるのは「紙をねやす」、すなわちトロロアオイなどの植物粘液を塗ってしめらせることで、このあと槌で打って紙面をなめらかにするのであるが、奈良時代にはその粘液を抽出する材料のひとつとしてニレ皮を用いたのであろう。ニレ皮は強靭な靭皮繊維をもち、アイヌの厚子《あつし》織の原料であり、紙を漉くこともできる。

→図版170

にんじょうぼん【人情本】江戸末期、洒落本から転じて、主として遊里にからむ男女の情愛を描いた恋愛小説。体裁は美濃判半裁二つ折りの中本で、中型絵入読《よみ》本《ほん》とも呼ばれ、各編に口絵、本文のほかに数点の挿絵がある。文政（一八一八－三〇）の初期から明治初期にかけて流行し、初期には市井の悲しい情痴的恋愛の描写が主流であったので「泣本」とも呼ばれた。天保（一八三〇－四四）の盛期の代表的作家は為永春水で、その『春色梅児誉美《しゅんしょくうめごよみ》』が著名である。→洒落本（しゃれぼん）

ぬ

ぬきみよし【抜三好】稲わらを原料として奉書紙を模倣した紙。明治十年（一八七七）刊『諸国紙名録』に阿波産「秡三好」（書物用、一尺七分×一尺四寸五分）とみえるが、これは「抜三好」の誤植と考えられる。「抜」は「中抜」

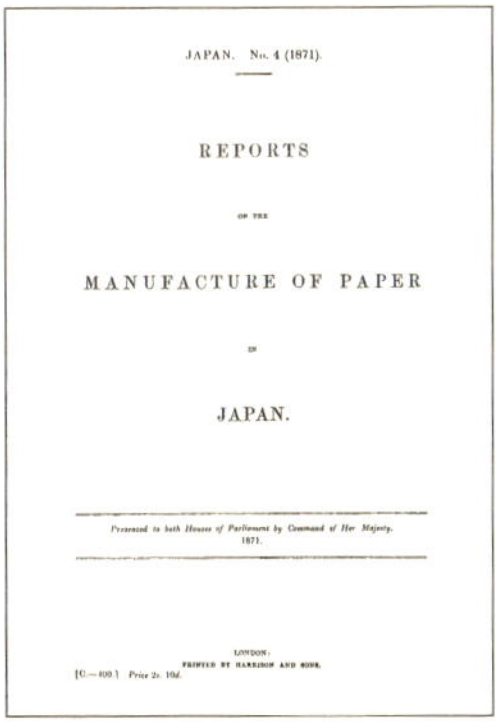
JAPAN. No. 4 (1871).

REPORTS

ON THE

MANUFACTURE OF PAPER

IN

JAPAN.

Presented to both Houses of Parliament by Command of Her Majesty, 1871.

LONDON:
PRINTED BY HARRISON AND SONS.

169　パークス『日本紙調査報告』の扉（紙の博物館蔵）

170　ニレ

の略で、稲わらの関節部と外包部を除いた中茎部だけを指す。「三好」は備後の三次《みよし》に産した「三好奉書」の略であり、阿波（徳島県）で稲わらを原料としてほぼ小奉書判に漉き、書物用として販売したものである。

ぬきもようがみ［抜き模様紙］文様部分が白く抜いた形にみえる模様紙。文様の型紙を紗に張り付けた簀にのせ、染めた紙料を漉いて文様部分の抜けた上掛け紙をつくり、これを白い地紙に漉き合わせたもの。越前（福井県北部）では、これを「漉き込み」ともいう。↓置き模様紙（おきもようがみ）

ぬさ［幣］麻・木綿《ゆう》・帛または紙などでつくって、神に祈る時に供え、また祓《はらえ》に捧げ持つもの。みてぐら、にぎて、幣束ともいう。転じて贈り物の意。

ぬのがみ［布紙］麻布などのぼろを原料として漉いた紙。正倉院文書、『延喜式』などにみえる。麻紙はもともと麻布のぼろを処理したものであるが、のちに生《なま》の麻を原料としたものを指し、古来の麻布のぼろを原料とするものを布紙としたと考えられる。朽布紙の略称。↓朽布紙（きゅうふし）

ぬのめがみ［布目紙］縦横に細い直線のある布目文様を加工してある紙。羅紋紙《らもんし》ともいい、中国では唐代から蜀（四川省）でつくられているが、日本では『実隆公記』天文二年（一五三三）の条にみえ、「新撰紙鑑」では経師類、『諸国紙名録』の山城（京都府）産紙のなかにみられる。紗漉きの紙も布目紙の一種である。↓羅紋紙（らもんし）・紗漉き（しゃずき）・図版171

ね

ねさしがみ［ねさし紙］草木灰・ソーダ灰などで煮熟しないで、黒皮のついたままのコウゾ皮を発酵させて、どろどろに分解した繊維を漉いた塵入りの紙。麹《こうじ》や納豆などを室《むろ》に入れて熟成させるのを「ねかす」というが、「ねさす」は「ねかす」の転訛で、原料を「ねさした」紙の意である。この発酵の方法には、むしろをかぶせ時々水をかけながら一週間ほど放置するほか、土中に埋めて腐敗させることもある。

ねずみがみ［鼠紙］鼠色の漉き返し紙のこと。反古《ほご》の文字の墨色が十分に脱色されないで鼠色になり、東京の浅草周辺ではこの種の紙が多かった。↓宿紙（しゅくし）

ねずみはんきり［鼠半切］漉き返しの半切紙。鼠色に染めたものも含み、灰色半切とも書く。主として東京で産した。

ねずみはんし［鼠半紙］鼠色の粗末な半紙。反古の墨色が十分にぬけきっていない漉き返しの半紙。

ねり［粘剤］水中で固まりやすく沈みやすい紙料纖維を均等に分散させ漂浮させて置くために、紙料液に混和する植物粘液。トロロと呼ぶほかネベシ（美濃）、ノリ（土佐）、ネリ（越前）、タモ（駿河）、サナ（因幡）、オウスケ（九州）などの方言があり、さらにニレ、ニベ、ケウフノリ、フノリなどともいうが、明治初期印刷局抄紙部に招かれていた越前の紙工たちの「ネリ」という呼称が一般に通用するようになった。日本では流し漉きには必須で、漉簀からの水漏れをゆるやかにして漉桁を揺り動かす操作にゆとりを与えるほか、紙の腰を強くし紙床から剝がれやすくするなどと論じられている。しかし、中国では紙薬《しやく》といい、紙料纖維の分散と浮遊を重視して漂浮剤ともいい、またこれによって紙面が滑らかになるので滑水ともいい、原始的漉き方の澆紙《ぎょうし》法でも用いている。ネリを抽出する植物としては、古代日本ではニレ、サネカズラなどを用いたと考えられるが、近世から最も多く用いられたのはトロロアオイ（*Abelmoschus Manihot*）とノリウツギ（*Hrdrangea paniculata*）である。このほかアオギリ・スイセン・スミレ・ギンバイソウ・ナシカズラ・サネカズラ（ビナンカズラ）・ヒガンバナ（マンジュシャゲ）・タブノキ（イヌグス）などが用いられた。中国での紙薬用植物は紙薬の項に記しているように黄蜀葵・楊桃藤・槿葉・毛冬青など数多く、韓国ではハルニレ・トロロアオイを用いた。なお粘剤の本体は水溶性の複合多糖類ポリウロニドで、機械すきなどには合成高分子のポリアクリルアミド、ポリエチレンオキシドを用いている。↓紙薬（しやく）・図版172

ねんし［念紙］木炭の粉を全面に密着させた紙。下絵を本紙に写しとる際に用い、本紙と下絵の間に挟み下絵の線をなぞって本紙に写す。念取紙ともいう。

ねんだいし［年代紙］磐城延紙の別称で、福島県磐城地方のほか茨城県の北部にも産したことが『貿易備考』に記されている。↓磐城延紙（いわきのべがみ）

171　布目紙と布目紋

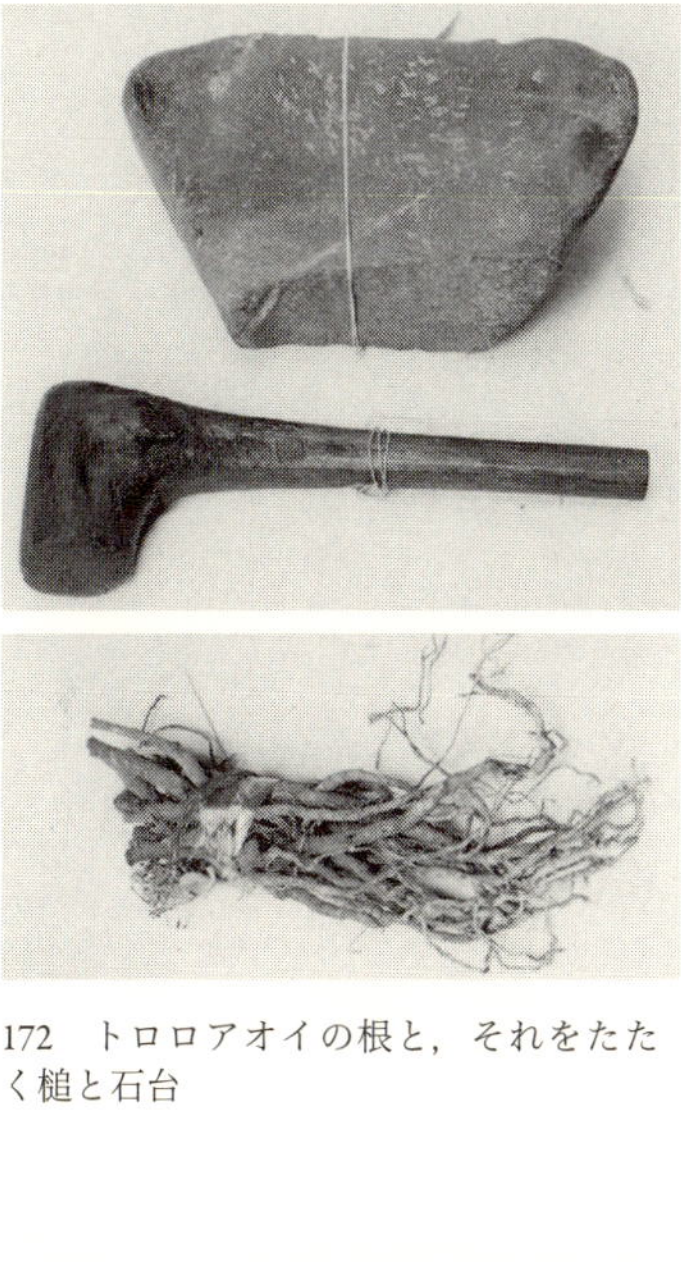

172　トロロアオイの根と，それをたたく槌と石台

ねんどばんぶんしょ［粘土版文書 clay tablets］世界文明の発祥地といわれるメソポタミア地方で紀元前三〇〇〇年頃から豊富に産する粘土を煉瓦型・多角柱型・円板型・円筒型などに練り固め、植物の茎などでつくったペンで文字を書き記し、日光で堅く乾燥させたり窯で焼いたりして保存したもの。陶板文書・泥板文書ともいわれ、文字は楔形文字が圧倒的に多いが、別系統のクレタ文字・線状文字といわれるものもある。

ねんりょうべつこうぞうもつのかみそ［年料別貢雑物の紙麻］律令制で成人男子の正丁に課される調として納める特産物を年料別貢雑物というが、紙麻《かみそ》および紙もその中にふくまれた。『延喜式』二十三民部下によると、紙麻は伊賀・伊勢・尾張・参（三）河・近江・美濃・出羽・若狭・越前・丹波・但馬・因幡・伯耆・播磨・美作・備前・備中・備後・周防・紀伊・阿波・讃岐・伊予の二三か国と大宰府から三二六〇斤を納めることになっている。このうち美濃が最高の六〇〇斤で、丹波・阿波・讃岐の三か国は穀皮（紙麻）と斐皮（斐紙麻）を、備後と周防の二国と大宰府は斐紙麻だけとなっている。また下野は麻紙一〇〇張、大宰府は斐紙一〇〇〇張と麻紙二〇〇張を納めると規定されている。

の

のうぎょうぜんしょ［農業全書］江戸前期の農学者宮崎安貞（一六二三－九七）著、元禄九年（一六九六）刊、一〇巻の農学書。第七巻四木之類の章に楮の種類、栽培法、刈取り後の処理などを詳しく述べている。そして楮の功能について、「第一は 貴賤日用の書状或は事を記し雑事に用ひ、万其所用となる事はかるべからず、葉は茶にし、……又此皮を以てきる物を造り、衾《ふすま》としては堅く暖にして貧家の助けとなる。彼是其徳ならびなき霊木なり」と記している。

のうし［濃紙］美濃紙または濃州紙の略称。↓美濃紙（みのがみ）

のげ［野毛］金銀箔を細長く切った切箔の一種。芒《のぎ》ともいい、砂子などとともに絵画や装幀の飾りに用いる。↓金銀箔（きんぎんはく）

のしがみ［熨斗紙］①熨斗をつける進物の熨斗包みを折ったり、儀式用の上包みに用いる紙。もともとは「のばした紙」の意で、江戸時代加賀藩に「のし紙」を納めた富山県南砺市五箇山の中折紙は、二〇枚ずつ重ね二つ折りして縦八寸、横六寸の定規で三方を裁断したが、厚みのある紙は横幅にいくらか差異がでるので、広げのばしたまま縦八寸、横一尺二寸の定規で裁断したのを「のし紙」といった。のちに上方や江戸では、熨斗包み折りに適した方形の紙もつくられた。②近代には、贈答品の上にかけて用いるため、熨斗・水引などの図柄を印刷してある紙の意である。

のしろがみ【野白紙】島根県松江市乃白町を原産地とするコウゾ紙。寛永十五年（一六三八）松江藩主松平直政が入封した時、越前出身の中條善右衛門をつれてきて、乃白に設けた御紙屋で紙漉きを指導させ普及につとめた。したがって乃白の地名にちなんだ野白紙は松江藩製紙の原点ともいえる紙で、元禄十一年（一六九八）刊の『増補日本鹿子《かのこ》』、享保十二年（一七二七）刊の『諸国名物往来』にも、出雲の名産として野白紙が記されている。

のとがせんし【能登画仙紙】石川県輪島市仁行で太平洋戦争後に漉かれた画仙紙。遠見周作がコウゾやスギ皮で紙漉きを試みたのち、クマザサ四〇%、わら二〇%、マニラ麻四〇%の配合で漉いた画仙紙である。

のべがみ【延紙】縦七寸、横九寸ほどの小さいコウゾ紙で主として鼻紙に用いるもの。また「のべ」ともいう。貞享五年（一六八八）刊の白眼居士著『正月揃』に「延」とみえ、元禄五年（一六九二）刊の『諸国万買物調方記』には大和産の「のべかみ」に「うるしこしがみ」と注記している。中世の漆漉し用の吉野紙は五寸五分×七寸ほどであったが、懐紙用として七寸×九寸ほどの延判にしたのを「吉野のべ」といい、この吉野のべ紙を源流として、江戸の元禄期には「延紙」の呼称が定着したようで、井原西鶴の『好色一代女』にも「細緒の雪駄、延べのはな紙を見せかけ」とある。また『和漢三才図会』は延紙について「小杉原なり。……常に懐中に蔵して鼻汁をふき去るべし」とし、大和吉野・出雲・備中を産地に挙げている。のちには各地で産しているが、鼻紙でないものもあって、明治初期の『諸国紙名録』によると、磐城延紙は九寸五分×一尺三寸七分で障子や書籍用、また下野・武蔵に大延判を産し、越後縮判が一尺三寸×一尺八寸、帯地判が一尺五寸×二尺一寸となっている。

のぼせがみ【為登紙】藩の紙蔵から上方の蔵屋敷に出荷する紙。御蔵紙は藩庁用の御国用紙と、上方の蔵屋敷に送り、紙問屋に売る為登紙とを含んでいるが、為登紙だけを御蔵紙ということもある。それは上方の蔵屋敷で為登紙とともに脇紙《わきかみ》（平紙《ひらかみ》）を扱うこともあったからである。いずれにしても、土佐藩・大洲藩・柳川藩・萩藩などの為登紙は、藩庫をうるおす重要な財源であった。↓御蔵紙（おくらがみ）

のりいれかみ【糊入紙】滲み止めとともに色を白くするために、米粉の糊を紙料に加えて漉いたコウゾ紙。普通米粉糊を最も多く混和する杉原紙を指すが、甲斐の糊入奉書も著名である。米粉の糊を加えることは、中国で南北朝期から墨汁のにじみ止めを目的として始まっており、日本では紙色を白くするほか重量を増やすためともいわれ、杉原紙のほか奉書紙・檀紙などにも用い、製紙用具の資料館には米を粉にするひき臼がみられる。しかし、米粉糊は虫害の要因となるので、近代には用いられなくなった。

ノリウツギ［糊空木］ユキノシタ科の落葉低木。ノリノキ、ニベノキ、トロロノキ、キネリ、サビタ、ニレ、ノリダマ、キダモ、ヤマウツギなどの異名があり、学名は *Hydrangea paniculata* **Sieb.** 各地に産するが、特に北海道産のものがよく知られ、その樹皮からとって製紙用ネリとするものを「サビタ糊」「北海道糊」という。マツ皮種とホド皮種があって、ホド皮種の方がネリに適し、トロロアオイのように温度の影響を受けることが少なく、夏季にも安定して用いることができるので、吉野紙や近江雁皮紙・越前奉書紙は、昔はノリウツギだけを用いていた。『和漢三才図会』の造紙法の条には「鰾《にべ》木《のき》汁一合を和して」とあり、鰾木はノリウツギの別名であるが、おそらくトロロアオイを用いるより前の平安後期から吉野紙などをつくるのに用いられていたと考えられる。↓粘剤（ねり）・図版173

173　ノリウツギ

のわきがみ［野分紙］ガンピあるいはミツマタ原料に、荒たたきしたコウゾの赤筋やマツ・紅葉などをまぜて漉いた紙。野分は秋から冬にかけて野の草を吹き分ける強い風で、その野分によって飛散する樹葉の姿を想定したものである。

は

ばいかぎょくばんせん【梅花玉版箋】中国清代の康熙《こうき》・乾《けん》隆《りゅう》期の芸術的加工紙。大きな四角形で、樹皮紙の表に粉蠟を加え、金泥または銀泥で氷梅の図案を描き、「梅花玉版箋」という長方形の朱印を加えている。

ばいたらよう【貝多羅葉】貝多羅は梵語の pattra（葉の意）に由来し、多羅樹（パルミラヤシ palmyra palm）の葉のこと。インドではこれに竹筆や鉄筆などで経文を彫りつけ黒色染料で文字を鮮明にしたので、書写材の一種である。南インドやスリランカでは椰子《やし》（ココヤシ coconut）やタリポット椰子（talipot tree）の葉も用いた。

はいばらもみがみ【榛原揉紙・灰原揉紙】二〜三ミリの等間隔で平行した皺の線をあらわした揉紙。陶器を焼いた灰や不良品の捨て場を灰原といい、平行した皺の線はその積み重なった灰の層の断面に似ているので灰原揉みといったが、江戸末期に江戸の榛原紙店が売り出して「榛原揉紙」と名づけた。平行線をつけるのに、昔は簀に巻きつけて折目をつくったが、いまは左手で紙を巻き上げながら、右手を左右に動かして折線をつくっている。↓図版174

はがき【羽書】室町末期から江戸時代の慶長年間（一五九六－一六一五）にかけて伊勢の山田で発行された紙幣。わが国最古の私札といわれ、通貨的な有価証券の性格をもち、寛永八年（一六三一）に幕府が山田奉行に命じて羽書制度を整備した。中国の明朝では紙幣を「羽檄《うげき》」といい、檄文の上に鳥の羽を配し、飛ぶように早く流通することを期待したといわれる。また羽書は端銭を処理するのを目的とする端書に由来するとも伝えられている。伊勢商人が使っていた商業手形や貨幣の預かり証を伊勢外宮の山田御師《おし》職が発展させたものとされている。現存する最古のものは慶長五年（一六一〇）発行と推測される山田羽書であるが、伊勢にはほかに宇治羽書・射和《いざわ》羽書・松阪羽書・丹生《にう》羽書・中万《ちゅうまん》羽書・白子羽書・一身田羽書などがある。またこれにならって摂津大坂、和泉堺、大和下市などでも私札の羽書が生まれているが、これがのちの藩札発行に展開していく。↓藩札（はんさつ）

ばかたがみ【場形紙】肥後（熊本県）産の主として障子用の紙で、縦幅八寸二分のもの。場形は地場形または本場形の略と考えられる。肥後には近世初期に加藤清

174　榛原揉紙

正が朝鮮から連れ帰った慶春・道慶兄弟が紙漉きを広めた鹿本郡鹿北町川原谷（鹿北市）と玉名郡玉東町浦田谷、筑後から移った紙漉きが始めた八代市宮地などの紙産地があり、いずれも場形紙を産した。第一回内国勧業博覧会には川原谷に近い玉名郡三加和町野田（和水町）から出品している。なお延判は縦幅九寸二分で、鹿児島県などからの需要があった。

はきょうし［灞橋紙］中国陝西省西安市東北郊の灞橋地区煉瓦工場（磚廠《せんしょう》）建設工事場の古墓から一九五七年に出土した紙。数片の布切れで包んだ銅鏡の下にあった紙片で、最大のものは長さ・幅とも約一〇㌢、原料はほとんど大麻で少量の苧麻《ちょま》を含んでいる。古墓は前漢武帝（在位紀元前一四一－前八七）の頃のもので、伴出した半両銭が紀元前一一八年に使われなくなったものであるので、この紙は紀元前一一八年以前につくられたものと推定されている。中国自然科学院自然科学史研究所の潘吉星《はんきちせい》は、『文物』一九六四年一一期号に「世界で最も早い時期につくられた植物繊維紙」と発表したが、一九八六年に出土した放馬灘《ほうばたん》紙に次ぐ古紙とされている。北京の歴史博物館、西安の陝西省博物館に展示されている。↓図版175

はくうちがみ［箔打紙］金箔・銀箔を打ち延ばすのに用いる紙。中国や西欧では箔打ちに普通は皮革を用い、日本でも古代は同様であったが、江戸末期から名塩（兵庫県西宮市塩瀬町）産の泥入り鳥子紙を使い始め、良質のものが量産できるようになった。金箔打ちには名塩で東久保土《とうくぼど》と呼ぶ白色のもの、銀箔打ちには蛇豆土《じゃがめど》という茶褐色のものを混入して漉いた紙を用いる。稲わらのしべを焼いた灰に熱湯を通して灰汁をとり、この灰汁五升余に柿渋一合余、鶏卵数個を入れた液をつくり、この液に泥入り鳥子紙を約一〇時間浸し、それを三日間陰干しにし、叩いて乾かす。この作業を二～三回繰り返して、やや透明で滑らかになったものを箔打ちに用いる。この打紙の間に箔を挟み重ね、その上下に猫皮を巻き、さらに牛皮で包んで機械で打つ。しかし、二、三回使うと紙の箔を延ばす力が弱まるので、また灰汁の液に浸けて紙面に艶と強靭性を与えて用いる。一五回ほど使った箔打紙は老化して使えなくなる。これを風《ふ》呂屋紙《ろやがみ》とも呼び、顔の脂取りなど化粧用の紙として用いる。主産地の西宮市名塩のほか金沢市二俣、石川県能美郡川北町中島にも産する。なお中国では箔打ち用として烏金紙《うきんし》（匱紙《きし》）がある。↓風呂屋紙（ふろやがみ）・烏金紙（うきんし）

はくおしがみ［箔押紙］金・銀・錫箔《すずはく》などを押した紙。紙全面に押す場合と部分的に押すものとがあり、全面のものは金紙とか金平押紙という。部分的なものは本の表紙・背などに文字や図をあらわしたものである。↓金銀平押紙（きんぎんひらおしがみ）

ばくこうし【麦光紙】麦わらを原料として漉いた紙。寛政十年（一七九八）刊、井上玄洞著『玄洞筆記』に麦わらで麦光紙をつくったことを記している。元禄十四年（一七〇一）の跋文があるので近世中期につくったわけであるが、『新編常陸風土記』には水戸の伊勢屋藤左衛門がつくったと記している。中国では一〇世紀の『文房四譜』に浙江省でつくることを記しており、蘇東坡《そとうば》（一〇三六－一一〇一）の詩には「麦光几《つくえ》に舗《し》く浄《きよ》くして瑕《きず》なし」という句がある。→麦藁（むぎわら）

はくしたまにあいがみ【箔下間似合紙】兵庫県西宮市名塩で、ガンピ原料に主としてカブタ土を混入して漉いた間似合紙。東久保土《とうくぼど》を混入することもあるが、カブタ土の場合が多く、その青色が上に重ね張りした金箔の色を冴えさせる。→泥間似合紙（どろまにあいがみ）

はくじゅうし【白柔紙】白くて柔らかい紙の意。『聖皇本記』に聖徳太子が創製したとされている。

はくしょ【帛書】帛は絹布で、絹布に文字や絵を書いたものを帛書という。春秋時代（紀元前七七〇－前四〇三）の墨翟《ぼくてき》の著『墨子』兼愛下の巻には「竹帛に書く」と記しているので、縑帛《けんはく》は春秋時代から書写材となっており、中国湖南省長沙の戦国楚墓や漢墓から出土した帛書・帛画は著名である。『後漢書』蔡倫伝には、「昔から文書は竹簡を編んだものが多く、縑帛を用いたものを紙といった」とも述べており、中国では紙が開発される前には、竹簡と縑帛が主要な書写材であった。

はくちゅうし【白中紙】中紙は中判、中厚、すなわち中等の大きさと厚さの紙の意で、その白色のもの。『中井履軒年成録』は、各種の紙を大・中・小にわけるのがよいとして、「中紙」は「今の半紙なり」としている。中判・中厚の紙で青色のものを青中紙、黄色のものを黄中紙という。白中紙は正倉院文書にすでにみられ、江戸末期に伊勢市では白中紙・青中紙、また明治期には島根県で黄中紙を産したと記されている。またパークスの『日本紙調査報告』には、岐阜県美濃市牧谷で産したのを牧中紙と記しているが、古代の白中紙はともかく、近代の「中紙」「下紙」というものはいずれも反古《ほご》や紙出《しで》を原料とする漉き返しである。

はくついし【白硾紙】白くて紙肌を滑らかにするため砧《きぬた》打ちしてある韓紙。中国の『宋史』には「高麗で白硾紙を産出する」と記し、『鶏林志』には「高麗の楮紙は光白愛す可くして、白硾紙と称した」と述べている。

はくほうし【白鳳紙】昭和天皇即位御大礼の悠紀《ゆき》・主《す》基《き》屏風絵料紙として、福井

175　中国西安市灞橋の前漢古墓から出土した灞橋紙の紙片（陝西省博物館蔵）

県越前市今立町の初代岩野平三郎が漉いた紙。川合玉堂・山元春挙両画伯が揮毫《きごう》し、京都の伏原春芳堂が屏風に仕立てたが、白鳳紙はコウゾ六、ガンピ四の配合率で漉かれ、のちに日本画家たちに愛用された。また高知県産白鳳紙はミツマタ原料で衣裳図案用に適していた。

はくろくし［白鹿紙］中国江西省貴渓県の竜虎山などに産した書写用の紙で、碧・黄・白の三種がある。元代の紙である白籙紙《はくろくし》から転じたと考えられる。『涇県志《けいけんし》』には宣紙の一種として白鹿があり、『江西省大志』にも大白鹿・小白鹿とあって、良質の白い紙である。

はけ［刷毛］獣毛を束ねて木製の柄に植え、端を切りそろえたもの。糊・漆・染料・顔料・塗料などを塗るのに用い、紙漉きは湿紙を干板に張るのに用いる。干板張り用の刷毛は、馬毛、棕櫚《しゅろ》、わらしべなどでつくることが多い。また拓紙や擬革紙の文様を打ちだすには、豚毛の打刷毛が用いられている。さらに表具などには撫《なで》刷毛・水刷毛の別があり、それぞれの用途に応じて獣毛の質や形を考えたものがつくられている。

ばけんわんし［馬圏湾紙］中国甘粛省敦煌《とんこう》石窟の北西九五キロにある馬圏湾の漢代軍事哨所跡から出土した五種の麻紙。ほとんどは断片であるが、一枚だけは二〇×三二センチの完全な形の紙葉で、周縁部は漉き放しであることを示す耳がつき、さらに布簾の紋もみられる。同時出土の木簡の紀年は前漢宣帝の元康年間（紀元前六五－前六一）から平帝の元始五年（紀元五）に及んでいる。

はしがみ［箸紙］紙を折り畳んで袋状にし、箸をさすようにしたもの。特に正月用の太箸を包むもの。また遊里では、三度目の馴染み客に名入りの箸紙を出す定めで、客の定紋を入れるならわしがあった。

はしきらずがみ［端不切紙・不裁紙］漉いた紙の端を切らない、すなわち耳付きの紙で、『東寺百合《ひゃくごう》文書』応永二十九年（一四二二）十月十四日の条に「御成方用途注文」として「ハシキラズ五帖」とみえ、飛驒（岐阜県）では特にそのように名づけた紙を産した。『吉城郡河合村誌』によると、天正年間（一五七三－九二）領主金森長近が端不切紙製造用のヒノキ製張板二〇枚を大字稲越の清水彦太郎に与えている。『駿府御分物御道具帳』にも「はしきらず紙」と記され、『経済要録』に武州小川（埼玉県比企郡小川町）にも産するとしている。また『明治十年内国勧業博覧会出品解説』には、越後（新潟県）刈羽郡鯖石谷岡田村（柏崎市高柳町）と下野（栃木県）安蘇郡上彦間村（佐野市田沼町）から不裁（ハシキラズ）紙を出品している。

はしぞめうだがみ［端染宇陀紙］宇陀紙を端染めしたもので、日傘のほかいろいろな細工に用いた。『諸国紙名録』によると、大坂と東京で産し、寸法は一尺五分×一尺六寸。

はじのかみ［波自紙］「はじ」は「はにし」の略で「はぜ

（櫨）」であり、これを染料とした染紙。櫨の木で染めたものは黄櫨染《こうろぜん》ともいい、茶色に染まり、奈良時代には写経料紙として用いられている。

ばしょうし［芭蕉紙］沖縄県でつくる芭蕉布はイトバショウ（*Musa basjoo Sieb.*）の茎の皮の外側を用いるが、芭蕉紙は内側の皮（バサケー）を主原料として漉いたものである。イトバショウはバショウ科に属する大形多年草で繊維の状態はマニラ麻とよく似ている。この芭蕉紙は沖縄の特産で、かつては公文書にも用いられたが、今は主として紅型《びんがた》染めや草木染めの用紙であり、書道用紙ともなっている。↓琉球紙（りゅうきゅうし）

はすのはそめがみ［蓮葉染紙］蓮の葉で染めた紙。奈良時代の写経料紙のひとつ。灰汁媒染で淡い茶色に染まっている。

はずりがみ［葉摺紙］草木の腊葉《おしば》を紙面に印刷した紙。明治十年（一八七七）第一回内国勧業博覧会に東京浅草元町の山本万吉が出品し、草木の腊葉をつくり蓖麻子油《ひましゅ》・胡粉《ごふん》・顔料などでこれを紙面に摺る、と製法を記している。新意匠の襖用として考案したものである。

はだうらうち［肌裏打ち］巻物・掛物・書画帖・古文書などの表装する技法のひとつで、布肌や紙肌に直接裏打ちすること。これには薄口のコウゾ紙が適し、薄美濃紙が最も多く用いられるが、場合によっては美栖紙《みす》なども用いている。↓裏打紙（うらうちがみ）

はだよしほうしょ［肌吉奉書・肌好奉書］甲斐（山梨県）産の紙肌の美しい奉書紙。享徳三年（一四五四）の飯尾永祥撰『撮壌集』に「肌吉」とみえるが、『言継《ときつぐ》卿記』には甲州檀紙を藁檀紙としているので、中世の肌吉が甲州産であったかどうかは不明。しかし、天正十一年（一五八三）には市川肌吉奉書紙漉衆が、徳川家康によって諸役を免除され、江戸幕府の御用紙として肌吉奉書紙を進納している。近世の甲斐は糊入奉書の主産地として知られているが、その特製品といえるのが肌吉奉書紙である。明治期の『諸国紙名録』では、これを広本判といっている。

はちぞうはんし［八蔵半紙］西日本の主要な紙産地である八か国の藩の蔵屋敷から出荷される半紙。『大阪紙商業沿革史』によると、その八か国とは、周防（長門を含む）・石見・安芸・土佐・伊予・阿波・肥前・肥後である。いずれも紙を専売制に組み入れたり、生産を奨励していたところである。

はちぶすぎはら［八分杉原］播磨（兵庫県）産杉原紙の銘柄のひとつで縦が一尺八分のもの。『新撰紙鑑』によると、寸法は一尺八分×一尺四寸八分となっている。

パーチメント［parchment］羊皮紙ともいい、緬羊《めんよう》・山羊《やぎ》などの獣皮を石灰で晒し、滑石で磨いて光沢を付けた書写材料。仔牛の皮でつくるベラムも含めてパーチメントということもある。小アジア西岸に近いベルガモン（今のトルコのベルガマ市）に首都を置いたアッタロス王朝のエウメネス二世（在位紀元前一九七―前一五九）がエジプトのアレクサンドリア図書館長をスカウトしようとし、エジプト王プトレマイオス五世によってパピルスの輸出を禁止されたので、パーチメントを開発したと伝えられている。しかし、獣皮から書写材をつくる技術は紀元前十五世紀頃から地中海沿岸諸国にあったので、パピルスの輸出禁止措置をうけた機会に獣皮紙つくりを復活したのが真相ともいわれている。ともかく紀元前二世紀頃に開発され、ヨーロッパで十二世紀に紙つくりが始まったのちも、高級な書写材料として十五世紀頃まで多く用いられた。

はっすん［八寸］①もともと縦八寸を原則とした厚紙であるが、のちにはより大判になっている。下野（栃木県）の那須（那須町）、佐野（佐野市）や信濃（長野県）で産し、特に那須大八寸は近世初期から下野産紙の代表的なものであった。『諸国紙名録』によると、那須大八寸は一尺一寸×一尺四寸、中八寸は一尺×一尺二寸、小八寸は九寸×一尺で大帳用となっている。②漆濾しに用いる吉野紙の別称。明治十四年（一八八一）刊の宮崎柳条編『広益農工全書』の漆濾紙漉法の条に「之を製する家八十戸許《ばかり》、該地にて八寸とよび、坊間に吉野紙と称す」とある。幅八寸、長さ一尺六寸に漉いて縦半分に切断し、方八寸として用いたからである。今は八寸×一尺七寸に漉いている。③越中（富山県）で漉かれた障子紙。越中の明り障子の横桟の間隔は八寸だったので、この障子用の紙は八寸×一尺二寸という独自の寸法であった。

はっせん［発箋］発菜《おごのり》を麻、コウゾなどの紙料に混ぜて漉いた紙。紙面に黒い筋が残っているもので、苔紙の一種。科挙《かきょ》の合格者を発表するのに用いられた。中国では唐代からつくられており、朝鮮で李朝時代につくったものがよく知られている。

はっぷん［八分］隷書《れいしょ》の書体で、直線的な古隷に対して、律動性のある運筆のものである。分隷ともいう。↓隷書（れいしょ）

はつぼく［発墨・溌墨］墨を磨《す》った墨汁の一種の光沢の放ち方。墨ののび、墨色の深さなどにより、墨色の可否をいう。

ハトロンし［ハトロン紙 patron paper］クラフトパルプで製した褐色の片艶の紙。軽包装・封筒などに用いられる。

はないろがみ［花色紙］花色は露草の花で染めた薄い藍色、すなわち縹《はなだ》色のことで、花色紙は縹色に染めた紙。↓縹紙（はなだのかみ）

はなえしき［花会式］四月八日に釈尊の降誕を祝って行う法会、灌仏《かんぶつ》会《え》、花祭りのこと。花で飾った小堂（花御堂）をつくり、水盤に釈迦像を安置し、参詣者は小柄杓で甘茶

（正しくは五種の香水）を釈迦像の上に注ぎ、また持ち帰って飲む。「御会式の桜も吉野紙でする」という川柳は、薬師寺の花会式に吉野紙の造花を飾ったことを詠んでいる。

はなおがみ【鼻緒紙・花縄紙】 擬革紙の一種で、下駄の鼻緒として用いる紙。大蔵省記録局編『貿易備考』には、煙草入紙とほぼ同じで、福井産の大高紙、栃木県烏山および東京産の十文字紙を用いてつくる、と記している。明治・大正期に東京の江東地区が主産地であった。

はながみ【鼻紙】 鼻汁などをぬぐうための紙。古代には鼻紙の名はなく、懐紙《かいし》・畳紙《たとうがみ》を用いていた。永禄（一五五八－一五七〇）の頃の『条々聞書貞丈抄』には、「鼻紙は今の世のちひさく切りたる鼻紙にはあらず、杉原引合《ひきあわせ》などを小さくたゝみて懐中する也、ふところ紙とも、たゝう紙とも云也」と記している。すなわち古代から中世には、檀紙・引合・杉原紙などの懐紙で鼻汁をぬぐったのであるが、中世後期には「今の世のちひさく切りたる鼻紙」がつくられている。それは女房ことばで「やはやは」あるいは「やわやわ」と呼ばれたものである。『御湯殿上日記』の明応二年（一四九三）十二月十七日の条に「御宮けにやわ〳〵三そく、御ひはしまゐる」、大永八年（一五二八）四月二十二日の条に「うちやまのほりて、やは〳〵十そく、ゆゑん五ちやう御れいにまゐる」などと書かれており、天文二年（一五三三）九月二十日の条に「にしむらならよりの御みやげとてやわやわ廿そくまゐる」とあるように、奈良産のものである。これは公家の日録などに奈良紙・奈良雑紙・吉野紙などと書かれているが、『七十一番歌合』で「忘らるゝ我身よいかにならがみの薄き契りはむすばざりしを」と表現されているように、薄くて柔軟な肌ざわりのよい紙であった。それを簾中の高貴な女性たちが愛用したので「御簾《みす》紙《がみ》」と呼んだのが転じて、近世には美栖紙、三栖紙と書かれるようになり、美栖紙は鼻紙の最高級品と評された。また鎌倉末期から室町初期の作といわれる『めのとさうし』に、「案に今も貴人は御袖をとて吉野のべをもみてかさね、角をそろへ紙よりを細く通して奉るなり」とあり、「吉野のべ紙」をより早い時期から鼻紙としていた。「のべ」は「展」「延」で、『箕山大鏡《きざんおおかがみ》』に「男は小幅はぬるし、展の大はゞを用べし」とあるように、女性用のものより幅広く男性用の鼻紙としてつくられたのが「のべ紙」である。吉野紙は最も薄くしかもねばり強さのある紙で油や漆を濾すのに用いられたが、吉野のべ紙の寸法は各種あり、安永六年（一七七七）刊の『難波丸綱目《なにわまるこうもく》』によると、五寸八分×七寸五分から七寸×九寸までである。近世には鼻紙の需要がふえ、「延紙」の名で各地でつくられたが、これは俗に「七九寸」ともいい、七寸×九寸が鼻紙の基準寸法のようになった。『見た京物語』には、「女郎鼻紙にみす（美栖）を用ひず、皆のべ（延紙）なり」とあり、延紙が庶民の鼻紙となったようである。このほか小菊紙・小杉原紙（小杉紙）・小半紙なども鼻紙に用いられたが、『新撰紙鑑』には、これらを上方市場に出荷する産地を次のように記している。［三栖紙］大和、［小菊紙］美濃、［延紙］吉野（大和）・出雲・阿波、［小杉紙］越前・那須（下野）・信濃・上田（信濃）・岩城・因幡・加賀・土佐・長門・高瀬（豊前）・吉野（大和）、［小半紙］岩国（周防）・山代（周防）・広島（安芸）・阿波・土佐・越前・加賀・石見・那須（下野）・信濃・南枝（信濃）・上田（信濃）・岩城・出雲・疋田（曳田のこと、因幡）。このうち三栖紙には「上々様御鼻紙に用」と注記して最高級品とし、美濃の小菊紙と越前小杉紙に「二つ折にして釜敷に用ゆ」と記している。また信濃の産地が多く記されているが、「よろしくといふ時に出す上田紙」「はなをかむ紙は上田か浅草か」などという川柳があって、上田藩の上田小杉や上田小半紙は上方市場で知られるとともに、江戸市民にも常用されていた。さらに漉き返しの浅草紙も鼻紙に用いられたことが、この川柳からうかがえる。明治中期からは九州産の京花紙が多く出回っていたが、明治末期から発展した機械すきで鼻紙などの雑用紙が量産され、手漉きの鼻紙は姿を消した。↓懐紙（かいし）・畳紙（たとうがみ）・延紙（のべがみ）

はなだのかみ［縹紙・花田紙・花太紙］縹色、すなわち薄い藍色に染めた紙。ツユクサ（鴨頭草）の花で染めたもので、縹色は花色ともいい、正倉院文書によると、写経料紙としても多く用いられている。ツユクサの花は移花《うつしばな》ともいい、移紙もまた縹紙といえる。↓移紙（うつしがみ）

はなだまき［花田巻］伊予清帳紙の別称。『新撰紙鑑』は、伊予清帳紙に「宇和島より出、大半紙同寸にてうつくしき物、又花田巻と云」と注記している。↓清帳紙（せいちょうし）

はなちかみ［放紙］日給簡《につきゅうのふだ》の下に上番の日数を書いて張る紙。日給簡とは宮中で殿上に出仕する者の氏名を記してその日の当番を表示した札。

はなびがみ［花火紙］コウゾ繊維を化学染料で着色し、硝石粉をまぜて薄く漉いた紙。導火紙縒《こより》、信号用紙旗などに用いるが、佐賀県伊万里市南波多町に産した。

パピエ・マッシェ［**papier mâché**］濡らしてドロドロにした紙の意であるが、それで成形した細工もの。張子《はりこ》などで、成形したあと顔料や漆を塗って装飾しているものが多い。

パピルス［**papyrus**］古代エジプトでパピルス（カミガヤツリ）という草の茎から製した書写材料。紀元前三〇〇〇年頃から紀元一〇世紀頃まで、エジプトやヨーロッパで用いられた。近年パピルスを復元したエジプトのラガフによると、茎の表皮を剝き髄を薄く削ってローラーで圧延し、水に浸して粘着力が生じたところで髄の薄片を縦横に並べ、強くプレスしながら乾燥させている。古代ローマの博物学者プリニウスが『博物誌』に書いた製法は、布に髄を挟み、木槌で叩いて水分を吸収させたのちにプレスすることになっているが、専門家たちはラガフの製法が古代のパピルスに最も近い方法とみている。パピルスの薄片の粘着はナイル川の水に含まれる細菌の働きによるとの説があったが、ラガフは「薄片を配列してプレスすると、組織のなかの脈管の空隙が圧縮されて密着する」とし、彼は実際に日本の水道水でつくる実験もした。したがって、近年では青ズイキの薄片で擬似パピルスをつくることも試みられている。アドルフ・グローマンがオーストリアのE・ライネル大公収蔵のパピルス文書を研究して一九二四年に公表した論文によると、パピルス文書の最後の年代は九三六年となっており、一〇世紀中期にパピルス文書が消えて、エジプトでは紙が使われるようになったといわれる。またヘルムート・プレッサー著『書物の本』によると、最後のパピルス原本は一〇二二年につくられたという。↓図版176

ばふんし【馬糞紙】裏打ちに用いる下等な紙。また藁などを原料とした黄色で堅いボール紙。天文十七年（一五四八）に成った『運歩色葉集』にみえ、『鹿苑《ろくおん》日録』慶長十七年（一六一二）十二月二十八日の条には「ハフン紙十枚」と記されている。中世末期からすでにみられた紙であり、『新撰紙鑑』では外国紙類、すなわち中国産紙のひとつとして採録し、「一説に竹紙の塵紙と云、しかるや否やをしらず、今多く唐紙の上包に用ふるを見る、又法帖のうらうちに用ふ」と注記している。『和漢三才図会』には「日本の塵紙に対比される」と説明しており、中国の竹紙の下等な塵紙を馬糞紙と呼んだのであるが、近代にはわらパルプなどで製したボール紙を指すようになっている。

はまだとくたろう【浜田徳太郎】昭和中期の和紙研究家（一八八三―一九六五）。早稲田大学政経科卒。博文館発行『太陽』主筆ののち、日本製紙連合会書記長、紙パルプ連合会発行『紙及パルプ』主筆をつとめ、『日本紙業発達史』『和紙の創成と発達』『和紙つれづれ』『紙――種類と歴史』などの著作がある。

はようはくし【鄱陽白紙】鄱陽は中国江西省の北境にある湖の名で、その広いことにちなんだ長大な紙。北宋の陶穀『清異録』には「長きこと一疋（五丈六尺＝約一七㍍）の絹のようで、光沢があり、しまって厚く白い」と記している。↓匹紙（ひつし）

パラフィンし【パラフィン紙 **paraffin paper**】パラフィン蠟を主とした塗料を、塗りまたはしみ込ませた紙。

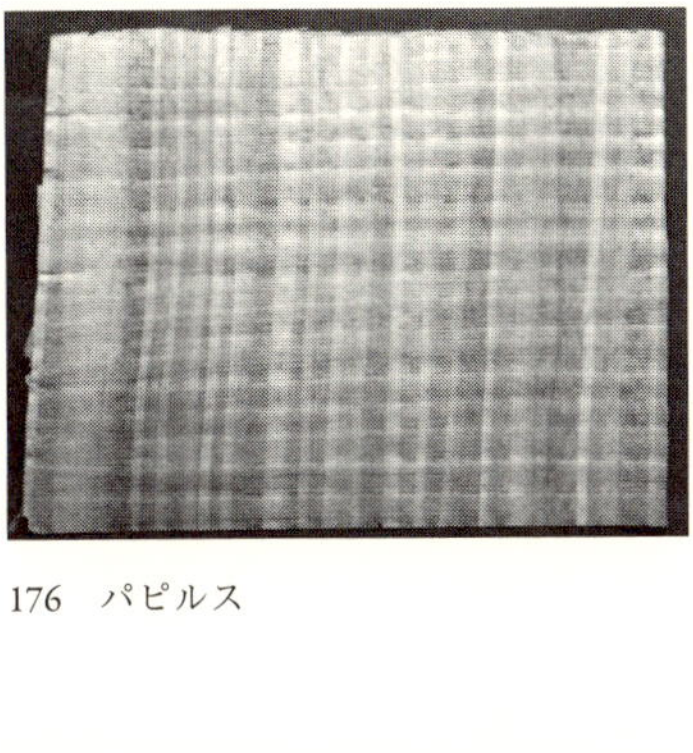
176　パピルス

蠟紙ともいう。グラシン紙・模造紙・クラフト紙などを原紙として、加熱して融かした蠟液を片面または両面に塗り、あるいはしみ込ませたのち、冷却して仕上げる。中国唐代の硬白紙・硬黄紙、日本の江戸中期『新撰紙鑑』にみえる蠟打紙は、このパラフィン紙の前身といえるが、明治中期の謄写版原紙はガンピ紙に蠟引きしたものである。いわゆるパラフィン紙は明治三十三年（一九〇〇）頃から製造し始めたといわれ、その防湿性を活用して軍需品として発展し、のちには食料品その他の包装に広く用いられている。→蠟紙（ろうがみ）・蠟打紙（ろううちがみ）

はりえ［貼り絵］和紙の、特に染紙をはさみで切ったり手でちぎったりして、台紙に貼って構成した絵。染紙の色を絵具代りに活用し、またちぎった時の毛羽《けば》の味わいを生かしている。

はりこがみ［張子紙］張子細工に用いる粗紙。張子というのは、木型に紙を重ね張りし、乾いてから型を抜き取ってつくったもの。あるいは木や竹などを組んだ上に紙や布を張ってつくったもので、張貫《はりぬき》・張形《はりがた》ともいう。張子人形、張子の虎、張子の駒などがあり、張子紙はこれらの張子細工のほかマネキン人形のボディ、お面、だるまなど用途が広い。新聞紙を主体にコウゾ原料の反古や木綿をまぜた紙料を溜め漉きして、干板にローラーで密着させて乾燥している。明治初期に東京の千住方面で始まり、昭和初期には特に盛んであったが、今は廃絶している。山梨県・埼玉県でもつくられた。→達磨紙（だるまがみ）・芯紙（しんがみ）・図版177

はりまのかみ［播磨紙］播磨（兵庫県西部）に産した紙。正倉院文書には播磨紙のほか、国名を冠した経紙・中紙・中薄紙と播磨簀がみえて技術水準の高かったことがうかがえるが、宝亀五年（七七四）の「図書寮解《ずしょりょうげ》」に斐麻五斤の未進が記されていることは、コウゾ紙だけでなくガンピ紙も漉いていたこと示している。また『延喜式』によると、紙麻《かみそ》の上納量二一〇斤は美濃に次いで多く、中男作物の紙にも特に薄紙と書いてあり、ほとんど厚い紙を漉いていた時代に播磨からは薄紙の上納が規定されていたといえる。したがって、中世に杉原紙や皆田《かいた》紙を生み、全国有数の紙産地として評価されるようになっている。→皆田紙（かいたがみ）

はるきがみ［春木紙］長く荒々しいコウゾ繊維の束で装飾加工した厚紙。装飾文様の繊維束はトロロアオイの粘液によく浸しているので光沢があり、祝い事のカードなどに用いられる。紙名の由来について、昭和十年（一九三五）頃輸出用として生産された時、関係者の市原春吉にちなんだとするほか、その主産地であった岐阜または静岡県の製紙工場長の姓を冠したとの説があるが、確かではない。ハルノキはハンノキ（ハリノキ）のことで、榛《はんのき》の実は松かさ状で染料ともなるが、荒い繊維束の状態がハルノキを思わせるのであえてこのように名づけたのかもしれない。かつては北陸・山陰にも産したが、今は主として高知県に産する。

パルプ［pulp］パルプとは粥《かゆ》状物質を意味する言葉で、普通植物を化学的あるいは機械的な方法で処理（パルプ化）して繊維を抽出し、製紙などの主材料となる状態にしたもの。製紙の場合は紙料《しりょう》ともいう。原料の種類により、木材パルプ、わらパルプ、竹パルプ、木綿パルプ、麻パルプ、楮パルプ、三椏パルプなどに分類し、ほかに紙屑紙料（故紙類など）、破布紙料などがある。また化学パルプ、機械パルプなど製法による分類、製紙パルプ、溶解パルプなどの用途による分類もある。

ばれん［馬楝・馬連］木版摺りの時、版木に当てた紙の上をこする用具。紙を重ねてつくった当皮《あてかわ》という円形の凹みの中に芯を入れて竹の皮で包み、滑りをよくしている。

はわらがみ［葉藁紙・葉和羅紙・波和良紙］稲または麦のわらを原料として漉いた紙。正倉院文書の天平十九年「写経疏間紙充装潢帳」に初めてみえるほか、奈良時代末期には数多くの文献に記されているが、料紙不足の際の応急的代用紙の性格をもっていると寿岳文章『日本の紙』は記している。中国では唐代に稲や麦のわらが製紙原料として用いられているが、日本ではそれだけか、あるいはコウゾ皮などに混ぜてつくった紙である。のちに稲わらは製紙の代用原料としてしばしば用いられ、明治十四年（一八八一）には、大蔵省抄紙部が、栃木県下都賀郡寒川村中里（小山市）に紙質（藁）製造所を設け、翌十五年には大川平三郎が稲わらパルプの工業化に成功して、いわゆる藁半紙（わらばんし）や板紙《いたがみ》の製造を促進している。

はんがみ［板紙］俎《まないた》の上に敷く紙やボール紙を意味する「いたがみ」ではなく、「はんがみ」の呼称で近世に主として西日本でつくられた紙で、主要な用途は書籍用であるが、包装などにも使われた粗製の紙である。元禄十年（一六九七）刊の『国花万葉記』には、美濃（岐阜県南部）産の板紙に「書籍」と割注し、また享保十七年（一七三二）刊の『万金産業袋《ばんきんすぎわいぶくろ》』には阿波（徳島県）の板紙について「板紙とは、みの紙の大きなるもの、本屋につかふ耳きらずの紙也」と記している。近世の町人社会のなかでつくられるようになり、『新撰紙鑑』はその産地として、美濃・阿波のほか淡路・周防・石見・出雲・備中・安芸・肥前・肥後・筑後・豊前・豊後を挙げている。その寸法はまちま

177　犬張子（紙の博物館蔵）

ちで、豊前中津の板紙は九寸二分×一尺三寸六分、最大の洲本板紙は一尺五分×一尺五寸五分であるが、美濃の一尺×一尺四寸が標準と考えられる。書物用の高級紙である美濃の大直紙《なおしがみ》は一尺～一尺五分×一尺四寸五分であり、これに似た大きさの、いくらか粗製のものがつくられたのであろう。書写用ではなく木版印刷用としては粗製でもよく、江戸時代の出版文化の発展とともに量産が求められ、その需要に応えたものと考えられる。天保七年（一八三六）大蔵永常稿の『紙漉必要』は板紙の製法にふれて「杉原等の上紙は袋洗ひをなせ共、板紙、半切類の下品なる紙は叩きたる儘《まま》にて漉事なり」として、紙料を精選しないことを述べている。このような粗製の紙では、典具帖紙のように版下書きには使えず木版印刷用紙としたので、「はんがみ」と名づけたと考えられる。またこれを張り合わせて表紙にも使い、あるいは包装にも用いる雑紙のひとつであったようである。明治初期の『諸国紙名録』では、板紙の産地が周防・石見と数少なくなり、ここでは用途を日用紙としている。

はんがようし［版画用紙］絵や図を彫った木版・石版・銅版を用いて刷った画を総称して版画といい、この画を刷るのに用いる紙。版画といえば、日本では特に木版画を指すことが多く、これに用いる紙は墨一色刷りなら薄くてよく、近世には杉原紙・美濃紙などが使われた。しかし、多色刷りには、重ね刷りの色がずれないように、伸縮しないで強く厚いものが好まれて奉書紙が最も愛用され、鳥子紙なども使われた。また近年は色刷りに圧力の強い印刷機が用いられるようになり、紙面をより平滑にするためより濃く礬《どう》水《さ》引き加工するようになっている。西洋に起源がある石版画（リトグラフ）・銅版画（エッチング）の用紙は、こまかい線も鮮明に表現するため平滑な紙が求められ、鳥子紙系のものが好まれている。↓図版178

はんぎ［版木・板木］木版印刷用の版として文字や図案を彫刻する板。彫板《えりいた》・形木《かたぎ》ともいう。板材として中国では梨《なし》・棗《なつめ》のほか梓《あずさ》を用い、出版することを上梓《じょうし》、鏤梓《るし》というのは、この梓を用いたのに由来している。この手法を導入して日本では、古くはヒノキを用い、室町時代からは桜・梨・朴《ほお》、細密画の場合は黄楊《つげ》を用いたが、普通は桜である。乾燥による反癖《そりくせ》を防ぐため両木口に添木《そえぎ》することが多い。両面に彫刻し、版木一枚で二ページが摺れる。この彫刻を業とする者を板木屋といい、版木を重要な財産として所蔵するのを蔵板・蔵版という。↓木版印刷（もくはんいんさつ）

はんきりがみ［半切紙］切紙は大小さまざまの形に切った紙の意を含んでいるが、横半分に二つに折って、折目に沿って切り離した形のものを、中世の室町期から「半切」と呼ぶようになった。折紙はもともと檀紙（引合）や鳥子紙などを用いたが、中世の武士社会では杉原紙が最も流布し、それを横半分に切ったものを「杉原半切」といい、これが半切紙の原形といえる。蜷川親元の『文明日々記』の文明五年（一四七三）八月八日の条に、八幡田中殿からの返書は杉原半切に書かれていたとあり、文明十二年（一四八〇）十一月七日の条には「絵半切」の文字がみえている。この半切紙は主に消息、覚書などを書く料紙として広まり、これを糊で横に長く張り継ぎ、巻いて手紙用としたのが巻紙である。享保十七年（一七三二）に成った『昔々物語』（八十翁疇昔物語）には、「昔は用事の手紙取替し稀にて、使にて口上を申遣す。女中も大方下女使にて用事口上にて済故、文にて申遣はす事稀也。（中略）近年は口上にて済事までも書状になり云々」とあり、また「六十年已前より半切紙を用る事也」とあって、寛文年間（一六六一）に始まったとしている。町人社会で需要がふえたため各地で産するようになり、江戸時代初期、大坂・京都にはすでに半切紙問屋や半切紙を漉く職人がいたほどである。『新撰紙鑑』によると、半切紙の寸法は縦五寸～六寸、横一尺～二尺三寸、また大半切（広半切）というものは縦六寸～八寸とまちまちで、杉原紙の横半切が標準であったが、いろいろな紙を半切したものが生まれていた。また『新撰紙鑑』には筑前・豊前二国（福岡県）に五色半切があることを記すとともに、大坂・京都で色半切、絵半切の加工が盛んなことを明らかにしている。さらに江戸末期からは、ミツマタ製の駿河半切や伊豆熱海産のガンピ製半切紙が江戸の文人たちに愛好された。↓切紙（きりがみ）・折紙（おりがみ）・図版179

ばんきんすぎわいぶくろ［万金産業袋］ 三宅也来著で、序文に「享保壬子之春」とあって享保十七年（一七三二）刊といわれる諸工芸の技法書。印判類・硯石にはじまり、太刀作り・印籠・硝子細工・織物類・食品類など広範な技法書であるが、巻一に「紙類一色」の章があり、諸国の紙の品、その数量単位、荷印などを詳しく記している。「土佐より出る紙類」として中折・厚紙・杉原・仙過《せんか》・仙過塵・小杉・大半紙・薬袋紙《やくたいし》・青土佐・清帳・半切・のべ紙・小半紙・新漉・中すきなどを記しており、江戸中期の主要産地別にどんな紙が上方市場に流通していたかを語る重要な

178　歌川貞秀筆「紙漉図」の版画（『風流職人尽』より）

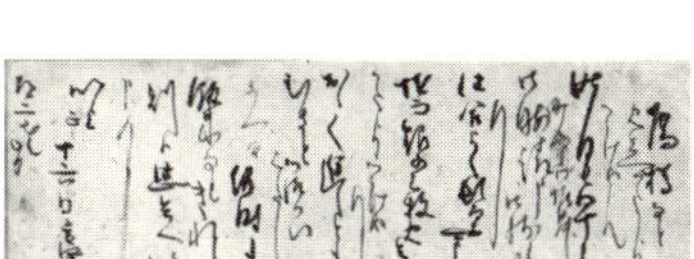

179　半切紙に記した書状

文献である。また巻六の「こんにゃく」「ところてん」の章などは、紙の加工に関する記事を含んでいる。

はんさつ【藩札】 近世の幕藩体制下では硬貨発行権は幕府が独占していたが、諸藩が許可を得て発行し領内だけで通用する信用通貨としての紙札。寛永七年（一六三〇）の福山藩をはじめとして、西日本の諸藩を主とする五〇余藩が発行した。福井藩は寛文元年（一六六一）に始め、ガンピとコウゾの混合紙料で漉いた。また諸藩は領内よりも他藩の技術水準の高い紙郷で良質の紙を漉かせ、偽造防止のために白透かしを入れたものが多かった。↓図版180

はんし【半紙】 もともと全紙を縦半分に切ったものであるが、近世には縦八寸～八寸五分（二四～二五・五センチ）、横一尺八分～一尺一寸（三二・四～三四・五センチ）に製して日常の用紙とした。正倉院文書の「写一切経検定帳」にみえる半紙は、単に経紙を半分に切って用いたという意味であり、『好古小録』には平安初期の半紙について「延暦十三年の田券《でんけん》に縦一尺許《ばかり》、横一尺三寸余の紙を用いる者多し。皆延暦制の二尺七寸許の半紙なるべし」とある。大きな寸法の紙を半分に切って田券に用いたのであり、後世の大半紙と呼ばれるものに近く、たとえば土佐大半紙は縦九寸一分、横一尺三寸五分であった。近世の半紙の全紙にあたる寸法のものは『新撰紙鑑』などによって、越前の小奉書判か杉原紙の寸延判と考えられるが、おそらく杉原紙の寸延判を縦半分に切ったものが原形と考えられる。『多聞院日記』の天正十三年（一五八五）二月二十三日の条に「ハンシ一束遣之」とあり、『日葡辞書』（一六〇三年刊）にも Fanxi として採録されているので、室町末期には半紙の原形があらわれていた。半紙は半切紙と同様に紙を節約して用いるという発想から生まれたものであり、その時代に最も流通した紙が母体であったと考えられるので、その母体としては杉原紙がふさわしい。正保二年（一六四五）刊の『毛吹草』には周防（山口県）の物産として「山代半紙」が記されているが、江戸時代には周防・長門を中核とする西中国地方が日本最大の紙産地に成長し、その主製品は半紙であった。延宝七年（一六七九）刊の『難波すずめ』に、半紙の大産地である岩国・山代・徳地・鹿野・浜田・吉賀・広島などの専門紙問屋が大坂にあることが記されているのは町人の需要が高まったことを示している。こうして半紙産地は全国にひろがり、佐藤信淵《のぶひろ》は『経済要録』で「抑《そもそ》も紙には種々高価の品も多しと雖も、世に多く有用なるは、半紙より要なるは無し」として半紙の効用をたたえ、「大洲半紙の勢ひ天下に独歩す」と伝えている。また筑後柳川の半紙は良質をもって聞こえ、土佐（高知県）の須崎半紙のほか阿波（徳島県）・豊後（大分県）の半紙などは大坂市場をにぎわして西日本が中心であったが、江戸市場には武蔵（東京・埼玉）の山半紙、磐城（福島県）の半紙やミツマタ製の駿河半紙が多く出荷された。帳簿・書道・包装のほか用途が広く、明治以後も各地の紙郷の主製品であったが、機械すきの発展にともなって衰退し、今は石州半紙・美濃半紙・土佐半紙などの伝統的なものだけがわずかに残り、鳥取・愛媛・山梨県などでは、書道用専門の半紙をつくっている。この書道半紙は運筆・墨つきなどと関連して純コウゾ製は少なく、ミツマタ・チガヤ（茅萱）・竹パルプ・木材パルプ・わらパルプなどの混合紙料でつくられている。

はんし【幡紙】中国の古代に字を書くのに用いた絹のこと。胡韞玉《こうんぎょく》『紙説』の正名の章に、帋《し》の字を説明して、「その字巾に従う。字を書く時その長短によってこれを切った。古へ縑帛をもって、書の長短により、事に従って絹を截る。すなわち幡と名づける」としている。

ばんし【蛮紙】①中国では四川省産の紙のひとつ。また高麗紙のこと。②『言継《ときつぐ》卿記』永禄十年（一五六七）七月十九日の条、『鹿苑《ろくおん》日録』元和二年（一六一六）七月十三日の条にみられる蛮紙は、南蛮の紙、すなわちポルトガル船などによる舶来の紙（ヨーロッパの手漉き紙）の意である。

はんしばんほん【半紙判本】半紙（八寸×一尺一寸）を縦半分に二つ折りした判型の和本。半紙本ともいい、五寸五分×八寸（一六六×二四二ミリ）の判型である。

はんしん【版芯】袋綴になった和漢古書版本の前小口、すなわち各丁の折目にあたる部分のこと。整版印刷の場合は、一枚の版木の中心になることから生まれた呼称。柱、折目ともいい、この部分の前後両ページにわたり書名、著者名、丁数などが印刷されることが多い。↓整版（せいはん）

はんせつ【半切・半折】唐紙・画仙紙などの全紙を縦に二つに切ったもの。またそれに書画を書いたもの。唐紙の寸法はいろいろであるが、『諸国紙名録』によると、本唐紙は二尺一寸×四尺三寸。中画仙紙は二尺五寸×五尺となっている。したがって、唐紙の半切はほぼ一尺×四尺三寸ということになる。これを軸物に仕立てたものを条幅という。

ハンター【D. Hunter】世界各地の紙郷を巡歴し、その著作の多くを自分で漉いた紙に自分でつくった活字で印刷した、国際的に著名な紙史研究家（一八八三－一九六六）。Dard

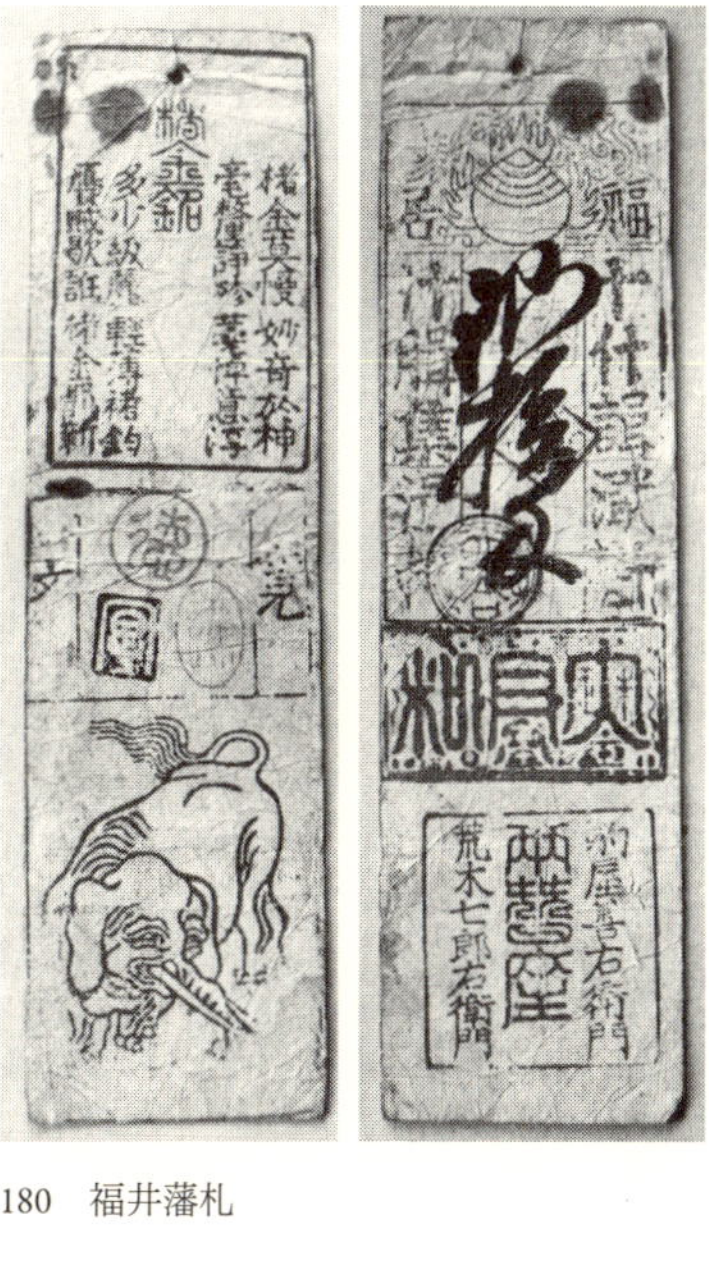

180　福井藩札

Hunter アメリカ合衆国オハイオ州スチューベンビルに生まれ、父は印刷業者。一九〇八年オーストリアのウィーンで活字デザイン、次いでイギリスのロンドンで手漉き紙の道具つくりを学び、ニューヨーク州マルボーロ・オン・ザ・ハドソンに印刷と製紙の工場を設け、一九一九年オハイオ州チリコーテに移り、紙に関する最初の本『昔の紙つくり』(*Old Papermaking*)を一九二三年に出版。南洋諸島を旅して『原始的な紙つくり』出版(一九二七年)のあと、一九三三年来日して福井・岐阜・高知・愛媛・岡山各県の紙郷を視察したのち韓国・中国の紙郷を巡歴し、一九三六年『日本・韓国・中国への製紙行脚』(*A Papermaking Pilgrimage to Japan, Korea and China*)を出版した。この本では和紙工芸を世界最高のすばらしい紙をつくるものと評価し、その原動力は粘《ねり》剤を用いる洗練された流し漉きにあるとしている。このほか『南シャムの製紙』『インドの手漉き紙つくり』『アメリカの手漉き紙つくり』『十八世紀までの紙つくり』『製紙術——古い工芸の歴史と技術』などがある。ハンターが世界四〇余国の紙産地をフィールドワークした旅程は約五〇〇万マイルに達し、彼の収集した資料を保管する製紙博物館は、一九三九年マサチューセッツ州ケンブリッジに設立され、一九五四年ウィスコンシン州アプルトンの紙化学研究所、そして一九九二年ジョージア州アトランタの紙の科学技術研究所、The Robert C. Williams American Museum of Papermaking に移管され展示されている。↓図版181

はんのかみ【判之紙】花押《かおう》または印判を押す公文書の料紙。↓御判紙(ごはんし)

はんばりがみ【板張紙】江戸後期に主として美濃(岐阜県南部)で産したとされる帳簿用の紙。『新撰紙鑑』に美濃産として板紙《はんがみ》と板張紙があって別種のものと扱われており、寛政年間(一七八九-一八〇一)の『濃州徇行記』には板紙の名は消えて板張紙だけとなっており、板刻用の板紙はつくらず粗製の帳簿用としての板張紙をつくるようになったと考えられる。『新撰紙鑑』は「美濃板張」に「名礼《なれ》の塵紙上品也、下品を諸部といふ」と注記しており、『濃州徇行記』には、貧民あるいは小百姓が漉くとしている。主としてツルコウゾを原料とし、サネカズラなどのネリを用いて漉き、塵などのまじった粗製の紙である。また明治初期の『諸国紙名録』によると、美濃のほか長門(山口県)・筑後(福岡県)・豊後(大分県)でも産し、帳簿用または障子用で塵の多いものは包装用となった。これらの地域でも、かつて板紙と呼んでいたのを板張紙と呼ぶようになったのである。すなわち板張紙は、板紙を原点としてより粗質のものが量産されたものといえる。なお高級紙をつくる美濃市牧谷などでは、干板のひび割れの目張りに用いる厚紙を板張紙と呼んでいた。↓板紙(はんがみ)

はんばん【藩版】江戸時代に各藩で刊行した図書、または刊行を援助した図書の総称。天明・寛政・享和期（一七八一－一八〇四）の藩校設立が盛んだった頃に多く刊行され、萩藩の明倫館版、水戸藩の彰考館版など藩校が開版したものが多い。もともと販売を目的とせず、藩内教育のテキストとしたものが主流であるが、阿波藩の黄紙を用いた『通《つ》鑑《がん》』、紀州新宮藩の『丹鶴叢書』は、すぐれた出版物とされている。のちに書店が版木を譲り受けて出版したものもある。→官版（かんぱん）

バンビキナし［バンビキナ紙 Charta Bambycina］シリア領内のバンビキナでつくられ、ヨーロッパに輸出された紙。シリアの首都ダマスカス製の紙をCharta Damascena（ダマスカス紙）といい、バンビキナ製の紙をCharta Bambycinaと呼んだが、Bambycinaをbombycina（棉花）と誤解し、これを棉紙と考えるようになった。そしてバンビキナという地名を冠した紙を、棉を原料として製した紙とする誤解が長く通用していた。

ひいかわがみ［斐伊川紙］島根県の斐伊川に沿う飯石郡三刀屋町上熊谷（雲南市）に産したコウゾ紙。出雲の製紙の中心地だった木次《きすき》の製紙圏に属し、未晒しの純コウゾを原料とした自然色の素朴さをたたえたすばらしい紙である。→木次紙（きすきがみ）

ひがさがみ［日笠紙］江戸初期に備前（岡山県）和気郡日笠村（和気町）の豪族、日笠加佐衛門が藩主の池田忠雄の命で京都に赴き、本阿弥光悦の鷹ケ峰芸術村で製紙術を修得し、帰国して漉いたといわれる紙。江戸末期まで漉かれていたとされている。

ひがしやまがみ［東山紙］紀伊（和歌山県）に産した紙のひとつ。『高野山文書』又続宝簡集の「金剛心院文書」文明十一年（一四七九）八月四日の条や慶長六年（一六〇一）の「衆徳中寺領目録並検校支配帳」にみえる。伊都郡九度山町の丹生川流域の河根《かね》・古沢などに産したものを指す。

ヒガンバナ［彼岸花・石蒜］ヒガンバナ科の多年草。学名

181　ハンター『日本・韓国・中国への製紙行脚』の本扉

は *Lycoris radiate* Herb. カミソリバナ、シビトバナ、ユウレイバナ、トウロウバナ、マンジュシャゲ、捨子花、天蓋花ともいう。鱗茎から抽出した粘液は製紙用粘剤で、夏季にもその作用が弱まらないので、愛知県西加茂郡小原村（豊田市）などで用いられていた。↓図版182

ひきあわせがみ［引合紙］中世にあらわれた檀紙類似の紙で、檀紙の別称ともいわれる。引合の紙名については、『貞丈雑記』の男と女を引き合わせるのに用いたからとする説のほか、『雍州府志』は衣の襟を引き合わすように三つに折り曲げて用いたからとしているが、寿岳文章は『日本の紙』で鎧《よろい》の右脇で胴の前と後ろを引き合わせるところを引合といい、そこに入れて懐紙として用いたから、と述べている。『実躬《さねみ》卿記』正安四年（一三〇二）二月二日の条に「引合百帖」と初めてみえるが、もともと檀紙の特殊な用途の呼称であったのが、檀紙の需要増加にともなって、公家や武家により安く多く供給する形でつくられたのであろう。伊勢貞丈の『檀紙引合之弁』は、檀紙と引合は別のものとし、歌書の『八雲大式』から引用して檀紙の定法は一尺三寸×一尺九寸、引合は一尺二寸×一尺九寸六分で、引合の縦幅は小さいと記している。また檀紙の大きさによる分化にともなって大高引合（大高引）あるいは小高引合（小高引）、さらに大引合・小引合の別が生まれた。しかし、『貞丈雑記』に「昔は有て今はなき紙也」と記しているように、近世には『駿府御分物御道具帳』にはみられるが、まもなくこの紙名は消えている。↓檀紙（だんし）

ひきぞめがみ［引染紙］漉きあげた白地の紙に、染液を含ませた刷毛で引いて色染めした紙。刷毛を用いて引くので刷毛引染めであるが、略して単に引染めという。後《あと》染め法のひとつで、無地染めのほか、模様染めの地色染めとか、二種以上の色の交《まぜ》染めに用いられる。しかし媒染剤を必要とする場合は、染料に対して適当な量の媒染剤を刷毛引きで反応させることはむずかしいので、ほとんど用いられていない。↓浸染紙（つけぞめがみ）・漉染紙（すきぞめがみ）

びこうし［美光紙］岐阜県美濃市蕨生《わらび》でつくる落水紙、および落水紙を利用する漉き合わせ紙に名づけた商品名。美光紙工業所が昭和後期に美濃の美術工芸品のひとつとしてPRしたが、今はこの紙名は使われていない。

ひこまがみ［彦間紙・飛駒紙］下野（栃木県）安蘇郡田沼町（佐野市）の下彦間など飛駒川流域の紙郷で産したコウゾ紙。上野（群馬県）桐生市付近でも産しており、端切らずの耳つきで帳簿用のほか手板《ていた》に用いた。手板とは江戸時代に金品を送るのに用いた証書、積荷目録のことである。

ひさぎのかみ［楸紙］トウダイグサ科の落葉高木、赤芽柏《あかめかしわ》の古名を楸といい、このヒサギの葉あるいは皮の煎じ汁で染めた紙。天平期に写経料紙として用いられ、正倉院文書には比佐木紙・久木紙とも書かれている。無媒染で染まるが、灰汁媒染すると茶系の木蘭色《もくらんじき》となり、これは仏門の好む色であった。また鉄媒染すると濃い紫色になる。

ひし【斐紙】 斐はガンピの古称で、斐紙はガンピの靭皮繊維で製した紙。正倉院文書には天平十九年（七四七）「能登忍人解」に「斐紙四百六十七張」とあるほかしばしばみられ、奈良時代からつくられているが、ガンピは中国や朝鮮でほとんど用いられていない日本独特の製紙原料といわれている。その繊維はこまやかで美しく、これで製した紙は美しく光沢があって、しかも強かったので古代から最高級の紙とされていた。平安時代には特に女流文学者たちに愛好され、薄く漉かれた薄様、あるいはこれを草木染めした色紙が、かな文字の表現にふさわしいものとされた。また中世からは鳥子紙《とりのこ》の名で公家や僧侶に珍重された。いわゆる雁皮紙《がんぴし》であるが、近世には雁皮紙というより鳥子紙と記されることが多く、雁皮紙の呼称が定着するのは近代になってからのようである。→鳥子紙（とりのこがみ）・雁皮紙（がんぴし）

ひし【肥紙】 ガンピを原料とする斐紙の別称。正倉院文書天平十八年（七四六）の「経疏料紙受納帳」ほかにみえるが、肥前や肥後の紙ではなく、斐の「ひ」の音にあてて肥紙と書いたようである。→斐紙（ひし）

びし【美紙】 斐紙の別称。『兵範記《へいはんき》』保元二年（一一五七）七月十五日の条などによれば、法成寺の盂蘭盆《うらぼん》講のために美紙三〇〇帖ずつを備中（岡山県）・備後（広島県）・丹波（京都府）・但馬（兵庫県）から貢納する定めであった。そして檀紙とは別の紙として記されていて、それぞれ斐紙麻の産地であるのでガンピ紙（斐紙）をこのように呼んだと考えられる。

ひしま【斐紙麻】 雁皮《がんぴ》の古称。古代にはコウゾを紙麻、ガンピを斐紙麻といい、さらに略して斐麻《ひま》とも記した。正倉院文書「図書寮解《ずしょりょうのげ》」の「宝亀五年諸国未進紙並筆紙麻事」には、播磨国（兵庫県）が斐麻五斤、備前国（岡山県）が斐麻一〇斤をまだ進納していないことを記している。また『延喜式』の年料別貢雑物の条には、丹波（京都府）・備後（広島県）・周防（山口県）・阿波（徳島県）・讃岐（香川県）・伊予（愛媛県）・大宰府から斐紙麻を納めることが規定されている。→斐紙（ひし）

ひせん【飛銭】 遠距離間の取引の隆盛にともなって、銭貨の代用として発行された為替手形。中国唐代の元和二年（八〇七）発行の世界最古の紙幣である。馬端臨《ばたんりん》の『文献通考』銭幣考には、「憲宗（在位八〇五－八二〇）は銭が少ないので、また銅器を用いることを禁じた。その頃商人は都に至り、銭を諸

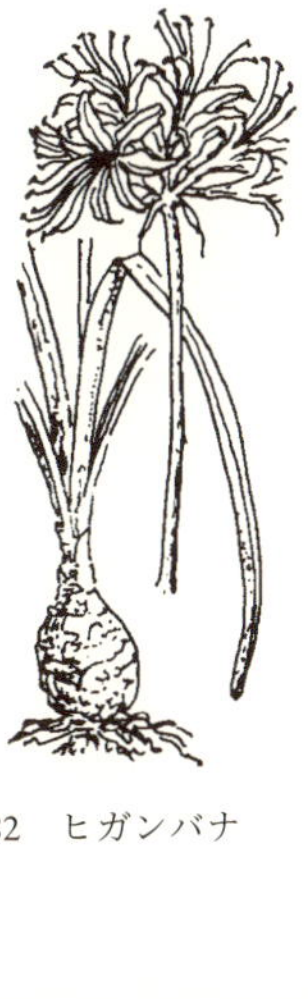
182　ヒガンバナ

道進奏院や諸軍諸使・富豪に委ね、軽装で四方に赴き、券を合わせてこれを取った。これを飛銭と称した」と記している。そして宋代にはこの飛銭に代わって交子が流通した。↓交子（こうし）

びぜんのかみ［備前紙］備前（岡山県）に産した紙。備前は『延喜式』によると、紙麻を納めているが、紙を納めることになっていない。紙の生産の少ないところであるが、『大和額安寺文書』には、備前金岡庄（岡山市）から正安元年（一三二四）頃年貢としての檀紙を納めたことが記されている。近世の岡山藩の頃は、『備陽国史』に旭川流域の御津郡四日市・津高郡野々口村・川高村・下田村・紙工《しとり》村（以上岡山市）、吉井川流域の赤坂郡黒本村・滝山村・黒沢村（赤磐市）、和気郡塩田村・大田原村・日笠下村（和気町）などに紙郷があったと記されている。吉井川流域のものは日笠紙を源流とし、和気紙とも呼ばれたという。↓日笠紙（ひがさがみ）

ビーター［beater］中仕切りのある楕円形の槽と刃のついた回転ロールおよび受刃でつくられており、原料を叩解する機械。ロールと受刃の間をパルプ液が通って叩解されるが、各種の型がある。↓ホーレンダー・ビーター（Hollander beater）・図版183、184

ひだがわがみ［飛田川紙］大分県竹田市飛田川に産した紙。岡藩は紙の専売制を実施したところで、上方市場では岡半紙の名で知られていたが、竹田市はその城下町であり、飛田川と玉来はその中核紙郷であった。昔は半紙・傘紙を主体として京花紙・障子紙などを産したが、近年は表装用の紙となっている。

ひたちのかみ［常陸紙］常陸国（茨城県）に産した紙。常陸紙の名は正倉院文書の天平宝字二年（七五八）の「写千巻経所銭並紙衣納帳」「金剛般若経等料紙納帳」にみえ、奈良期はもちろん平安期にも東国有数の紙産地であった。したがって中世には佐竹大方《だいほう》紙、近世には西の内紙の原産地として著名になっている。↓大方紙（だいほうし）・西の内紙（にしのうちがみ）

ひだのかみ［飛驒紙］飛驒国（岐阜県北部）に産した紙。『延喜式』に飛驒は中男作物を貢納しなくてよいことになっているので、古代のことはわからないが、中世には紙を産し、『葉黄記』によると、建仁二年（一二〇二）に賀茂祭に飛驒上紙二〇帖を上納している。また『文明日々記』『実隆公記』『言継《ときつぐ》卿記』などにもみえ、近世には金森長近の奨励もあって。吉城・益田両郡で広く漉かれたが、市販されるものは少なかった。延享二年（一七四五）の長谷川忠崇著『飛州志』には、産紙として無雁《むかり》紙・端不切《はしきらず》紙・大切紙・小切紙・丈長《たけなが》紙・丈高紙・益田紙・竹原紙・高山紙などが記されている。これらが山中紙《さんちゅうし》と呼ばれたこともある。↓山中紙（さんちゅうし）・図版185

ひっし【匹紙】 匹《ひき》は反物二反を単位として数える語で、昔は鯨尺の四丈、一五・二㍍にあたるが、匹紙は正確に一匹の長さというわけではなく、大幅の紙の意である。中国宋代に紙簾（漉簀）をつくる技術や造紙術が進歩してつくれるようになった紙。明代の文震亨《ぶんしんこう》『長物志』巻七に「宋朝に匹紙があり、長さは三丈から五丈に至るものであった」と記している。また北宋初期の蘇易簡『文房四譜』には「黟《い》・歙《きゅう》の間、良紙が多い。凝霜・澄心の名がある。また長いものは五〇尺（一五・一五㍍）が一幅というのもできる。歙の民は数日その楮《こうぞ》を理《おさ》め、その後長い船に漬け、数十人の男が簾を挙げてすく」と述べている。安徽省南部の黟州・歙州一帯でつくられていた。

びっちゅうだんし【備中檀紙】 備中（岡山県）の各地で中世の室町期から漉かれた檀紙で、近世にも最高級品の名声を保った。備中檀紙の名は『看聞御記』永享三年（一四三一）正月十九日の条に初めてみえるが、小野晃嗣『日本産業発達史の研究』によると、檀紙を納めたところとして東寺領新見庄（新見市）、山科家領水田庄（真庭市）、石清水八幡宮領水内《みのち》庄（倉敷市）、日羽庄（総社市）、井原庄（井原市）などが記録されており、水内庄に近い高梁市広瀬の柳井家は、禁裏および将軍家御用の特権をもつ名紙匠であった。室町末期の成立とされる『蹇《けん》驢嘶余《ろせいよ》』には「備中の大高《おおたか》檀紙、小高檀紙、引合《ひきあわせ》は、広瀬ヤナイ右衛門、渡辺八郎左衛門。ヤナイ右衛門ただ一人してこの紙を作るなり、この紙は余人に許さず。ただし引合は同名者にゆるすなり、大高・小高は許さざるなり」と記されている。柳井家が御用檀紙を漉く特権を得たのは永禄年間（一五五八－七〇）といわれるが、勘右衛門を名乗る当主だけが相伝の祖法を守って漉いていた。また同書には「板に付けて乾かさず、縄にかけて干し、朝露にあててしわのよりたるを少し打也」とあって、檀紙は本来縄干しと

183　薙刀ビーター

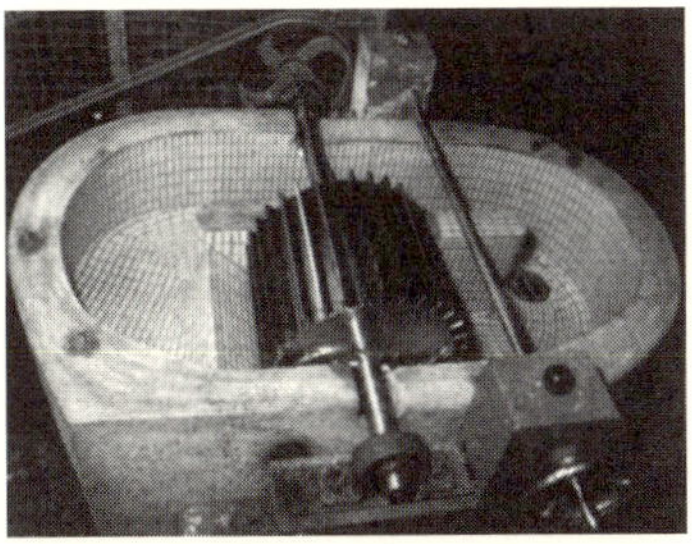

184　ホーレンダー・ビーター

185　飛騨紙　岐阜県飛騨市河合町の紙郷

いう特殊な乾燥法によっていたことを明らかにしている。柳井家の特権は近世にも継承されたが、『新撰紙鑑』にも檀紙類の筆頭に備中檀紙を記して、高く評価している。↓檀紙（だんし）

びっちゅうのかみ［備中紙］『江家次第』によると、円宗寺最勝会に備中の上紙三〇帖を納め、また『兵範記《へいはんき》』『執政所抄』などには法成寺盂蘭盆《うらぼん》講に美紙あるいは上紙を三〇〇帖納めているので、平安末期から備中紙は良質のものと評価されていた。そして備中は中世に檀紙の主産地に成長しており、京都には備中屋という紙問屋もあり、近世にも檀紙の名産地であった。

ビードロし［ビードロ紙・硝子紙］ビードロはポルトガル語の vidro に由来する硝子のことで、硝子紙・水晶紙ともいう。テングサ（心太草）の粘質物を凍結し乾燥したゼラチン透明膜である寒天を薄板状に凝固させたもので、寒天紙・ところてん紙ともいう。そしてこれを着色したものが鼈甲《べっこう》紙である。寒天を凝固させたものであるので、厳密にいえば紙ではないが、江戸時代から紙の一種として扱われている。享保十七年（一七三二）刊の『万金産業袋《ばんきんすぎわいぶくろ》』の「ところてん」の条にはところてん紙のつくり方を述べており、享和二年（一八〇二）刊の埋木《うもれぎ》の人知れぬ翁《おきな》（森山孝盛）著『賤《しず》のをだ巻』には、翁の若い頃には煙草入れ袋を油紙や渋紙のほかびーどろ紙でつくったと記している。『新撰紙鑑』『諸国紙名録』には水晶紙とあり、高鋭一編『日本製品図説』にもつくり方が記されているが、透明で光沢があるので、夏障子や団扇《うちわ》の透かし、織物の艶出し、女子の首飾りなどに用いられた。↓水晶紙（すいしょうし）・鼈甲紙（べっこうし）

ひなたぞめがみ［日向染紙］宮城県白石市でつくられている、濃淡の茶褐色の皺文のある紙。黄蘗《きはだ》染めして皺文をつけた紙衣《かみこ》紙を、さらに胡桃《くるみ》の煎じ汁で無媒染あるいは灰汁媒染で染めて竹簀あるいは金網にのせ、片端からひだをつくって天日に干し、乾くと平らに伸ばし、こんにゃく糊を塗って干し上げている。日光のよく当たる凸部は濃く、皺文の深い凹部は淡く発色して、風雅な趣きの紙となっている。↓図版186

ひはく［飛白］漢字の書体のひとつ。筆画のなかにところどころ墨がつかないで、かすれて白く飛びあがるように見えるので、このように名づけられている。後漢の蔡邕《さいよう》が、人が刷箒《はけほうき》で字を書いているのを見て創始したと伝えられている。弘法大師の「七祖像賛」、則天武后《そくてんぶこう》の「昇仙太子之碑々額」などの書が著名である。

ひゃくまんとうだらに［百万塔陀羅尼］天平宝字八年（七六四）恵美押勝の乱が平定され、孝謙上皇が再び即位して称徳天皇となり、三宝加護の仏恩に感謝し、勅願を発して木製の小塔百万基を作らせた。この小塔は轆轤《ろくろ》を用いて作り、高さ一九・五㌢、露盤径一〇・五㌢、露盤の下部に深さ約九㌢の円孔をうがち、その中に無垢浄光大陀羅尼経の中に説かれた根本・相輪・自心印・六度《りくど》の四種の陀羅尼を、幅五・四㌢、長さ二五〜五七㌢の紙に印刷し、巻いて収納した。この陀羅尼を納めた小塔を供養礼拝することによって、一切の罪障の消滅を念願するという趣旨である。これを「百万塔陀羅尼」といい、六年余を費やして宝亀元年（七七〇）に完成、南都の大安・元興・興福・薬師・東大・西大・法隆の七大寺、摂津の四天王寺、近江の崇福寺、大和の弘福寺の計十大寺に分納した。現在は法隆寺関係のものだけが残存する。この陀羅尼の印刷は銅版説・木版説などがあるが、近年は木版説が強く、紙は麻紙あるいは楮紙で虫害を防ぐため黄蘗汁で染めており、現存する世界最古の印刷物のひとつとして貴重である。近年韓国慶尚北道慶州の仏国寺の釈迦塔で発見された陀羅尼経は、七〇四〜七五一年の印刷でさらに古いと、韓国の学界は主張しているが、百万塔陀羅尼は数多く残存している点に特色がある。いずれにしても、これは手漉き紙の生命力の強さを証明する文化遺産である。→図版187

ひゅうがはんきり［日向半切］日向（宮崎県）に産した半切紙。享保十七年（一七三二）刊の『万金産業袋』、安永六年（一七七七）刊の『新撰紙鑑』に日向半切の名があり、江戸時代の日向で最も多く生産されていた。幕領本庄（東諸県郡国富町）の豪商和泉屋が扱って声価を高めているので、西都市・東諸県郡一帯の製紙圏でつくられ発展した。

ひょう［表］古文書の形式のひとつで上達文書。主として臣下から天皇に対して、祥瑞・慶事の祝賀、官職などの拝辞をあらわすために奉るもの。書式は丁重さをきわめ、四六騈儷体《べんれいたい》の美文で能書家が清書した。摂政・関白などが辞職する場合には、三度表を奉ったのちに勅許されるのが慣例であった。

ひょうぐがみ［表具紙］巻物・掛物・書画帖・屛風《びょうぶ》・襖《ふすま》などをつくるのに用いる紙。江戸中期の『新撰紙鑑』には表具紙として、花色・玉子（卵）・柿・浅黄・紫・茶・黒・鼠・緑青の染紙、印金（緞子《どんす》紙・純金襴《きんらん》）のほか揉紙を挙げている。明治初期の『諸国紙名録』はさらに広範囲に次

186　日向染紙

187　百万塔陀羅尼

のような紙を記している。絓引《しけひき》紙（大判・寸延地・小判）、金襴紙（大判・小判・色）、無地色紙（浅黄・煤竹・栗皮・花色・鼠・藤鼠・萌黄・白茶・丁子《ちょうじ》・鶯茶・柿）、横揉紙（大判・色）、更紗紙、金更紗紙（赤地・紺地）、青土佐紙、雀形金泥摺込形、丁子引物、白間似合、横竪筋違引。染紙・金襴紙・揉紙のほかに絓絹を張った絓引紙・更紗紙・青土佐紙、さらに刷毛引紙なども用いられた。↓表装紙（ひょうそうし）

ひょうし［表紙・標紙］標《ひょう》はそではし、飾りの意で、巻子《かんす》本《ぼん》の巻頭をかざるものを標紙《そでがみ》といったが、のちに書籍や帳簿の表裏に付ける厚い紙を表紙と記すようになっている。紙の少ない古代には表紙を特に厚くしたり装飾しないで本文と同じ共紙を用いるのが普通であったが、朝廷の行う大規模な写経などの場合は、信仰の厚さ、荘厳さをあらわすため、良質なものを表紙に用いた。正倉院文書の「経紙出納帳」によると、黄紙、黄麻紙、縹《はなだ》紙・紫紙・楸《ひさぎ》紙などの色紙のほか、浅緑敷銀薄紙・敷金縹紙・敷金紫紙・金薄敷紫紙・金薄敷緑紙など金銀箔を散らしたものを用いている。『延喜式』でも、写経や暦・田籍などの表紙として本文とは別の紙を用いていることがうかがえる。綺《あやぎぬ》や羅《うすぎぬ》・緞子《どんす》・錦・繍《ぬいとり》などの布製の表紙もあったが、『徒然草』八十二段に「羅の表紙は、とく損ずるはわびしき」とあるように、保存性の点で紙は布よりすぐれている。そして平安時代にはガンピ紙の染紙や墨流し・打雲などの漉模様紙、さらに紋唐紙が表紙の装飾に好んで用いられた。しかし、中世からは武家社会を反映して装飾性は薄れ、藍や茶色系の無地の染紙あるいは丁子引きの紙が多くなり、近世には板紙《はんがみ》・板目紙《いためがみ》（撓《いため》紙・合楮《ごうちょ》）などの厚みのある紙が流通するようになり、これに型押ししたものが多く用いられた。↓板紙（はんがみ）・板目紙（いためがみ）

ひょうしちょう［評紙帖］北宋の米芾《べいふつ》（一〇五一－一一〇七）が一〇種の紙について述べたもの。六合《りくごう》紙・福州紙・河北桑皮紙・由拳《ゆけん》紙などの項目について記している。米芾は書画ともによくしたが、書画の鑑定にもすぐれていた。

ひょうそうし［表装紙］表装は表具のことで、表具紙と同じであるが、近年は特に裏打ち用の紙の意である。表具紙というのは主として各種の染紙・金襴《きんらん》紙・揉紙・更紗紙・刷毛引紙など加工処理したものを意味しており、裏打ち用の紙はその一部として含まれているにすぎない。近年福岡県・高知県・埼玉県その他で製している表装紙は、早くから裏打ちに用いられている薄美濃紙・美栖《みす》紙・宇陀紙を模造した白紙あるいはガンピ・コウゾ交漉《まぜす》き紙などで、加工処理したものはほとんどない。↓表具紙（ひょうぐがみ）

びょうぶ［屏風］室内に立てて風を防ぎ、また仕切りや装飾として用いる障屏具《しょうへいぐ》の一種。縦長の木枠に紙や絹を張ったものを二枚（二曲・二扇）・四枚・六枚・八枚などつなぎ合わせ、折り畳めるようにしたもの。中世以後は左右二つの屏風を一双として組合わせ、関連する図柄を描くのが原則となっている。各扇をつなぎ合わせるのに古くは革紐を用いたが、日本ではねばり強い和紙の特質を生かして紙の蝶番《ちょうつがい》を用い、各扇を連続した絵画スペースとして構成できた。このため各扇面だけに限定されていた絵が広いスペースに描かれるようになり、大和絵ののびやかな展開を助長した。祝いの場などには地紙の全面に金箔・銀箔を押した金屏風・銀屏風が用いられている。

びょうぶまにあい【屏風間似合】 屏風を張るのに用いる間似合紙。襖《ふすま》障子用の間似合紙より横幅が狭く、越前と摂津の名塩に産したが、『新撰紙鑑』によると、縦一尺二寸～一尺二寸五分、横二尺一寸～二尺二寸二分。のちには大判のものがつくられ、『諸国紙名録』によると、縦二尺×横五尺五寸となっている。

ひらがみ【平紙】 御蔵紙のように国用ないし藩用としての義務を課されないで、生産農民が自由に処分できる普通の紙。御蔵紙を基幹とするのに対して脇紙という。土佐藩（高知県）では宝暦二年（一七五二）に平紙の制が始まっているが、安永六年（一七七七）の『難波丸綱目』には脇紙問屋があって、各地の蔵紙に属さないものを取り扱っている。平紙は自由販売が原則であるが、土佐藩では問屋を指定したことによって高岡郡津野山や吾川郡仁淀川上流域で紙一揆が起こり、天明五年（一七八五）に完全な自由販売権を認められてからますます生産が高まった。そして江戸末期の弘化年間（一八四四－四八）の土佐藩では年産額約一二万丸のうち蔵紙はわずかに三二〇〇丸で、平紙が圧倒的に多く、近代に和紙王国の地位を築く基礎が固められた。→御蔵紙（おくらがみ）

ひるたんがみ【蛭谷紙】 富山県下新川郡朝日町蛭谷に産するコウゾ紙。純コウゾで手打ち叩解という古い技法を守っており、素朴で強く虫の食わないのが特徴といわれる。障子紙のほか帳簿紙や紐紙・版画紙として用いられる。

ひろおりがみ【広折紙】 中折紙の広幅のもの。広中折紙の略で、広片紙ともいう。安芸（広島県）・長門（山口県）・豊前（福岡県）・豊後（大分県）などに産し、豊前・豊後では広形紙とも書いた。『西村集要』によると、縦九寸二分～九寸五分、横幅一尺四寸～一尺五寸五分。傘張りや書類に用いた。→中折紙（なかおりがみ）

ひろせがみ【広瀬紙】 島根県安来市広瀬町に産する紙。広瀬は松江藩主松平直政の第二子近栄《ちかよし》が分封されて広瀬藩を置いたところで、祖父谷《おじたに》に御紙屋を設け、松江藩から紙工を招いて祖父谷紙を育て、その技術は近代に八束郡八雲村岩坂（松江市）に流入していた。近年広瀬町でも紙つくりが復活して広瀬紙と名づけているが、祖父谷紙のよみがえりといえる紙である。→祖父谷紙（おじたにがみ）

びんごのかみ［備後紙］備後の国（広島県東部）に産した紙。備後は平安時代に中男作物《ちゅうなんさくもつ》の紙のほか斐紙麻《ひしま》二〇〇斤を納めたところである。そして中世の『兵範記』『執政所抄』によると、法成寺盂蘭盆《うらぼん》講に美紙あるいは上品弘紙を進献しているので、ガンピ紙を産するとともに良質のコウゾ紙の産地であった。近世の『新撰紙鑑』によると、奉書類・厚紙・杉原紙・諸口紙を産している。各郡に広く紙郷が散在したが、なかでも三次《みよし》市周辺から上方市場に出荷した奉書紙は、「三好奉書」と呼ばれて著名だった。この三好奉書の中核産地は庄原市柳原で、干板につける時ツバキの葉でこすって美しい紙肌とした最高級品であった。

びんせん［便箋］手紙を書くための用紙。信箋・書簡箋ともいう。昔は手紙を書くのに半切紙を用いたが、今は罫線などを印刷した小判のものが多い。

びんろうじし［檳榔子紙］ヤシ科の常緑高木、檳榔樹の実を檳榔子といい、その煎じ汁で染めた紙。無媒染で茶色であるが、石灰媒染で赤茶色、鉄媒染で黒色となる。

ふ

ファンシー・ペーパー［**fancy paper**］意匠をこらした装飾紙。あるいは珍しい特選紙。ファンシー（fancy）には空想・幻想・嗜好・道楽のほか装飾的・特選などの意味があり、加工和紙にはこの概念に相当する紙が多いが、ファンシー・ペーパーは近代の洋紙業界の造語である。

フィブリルか［フィブリル化 **fibrillation**］物理的化学的叩《こう》解作用によって繊維を枝状に分岐させること。箒《ほうき》状化ともいい、これによって繊維の表面積比率が高くなり、水素結合を形成するのに都合がよくなる。またむらがなくてこまかく、緊密な紙を作るのに有利である。

ふうあい［風合い］紙や織物の感触や見た感じのこと。いわば手ざわりの意味であるが、その定義は漠然としている。内容は硬軟性、弾性、精粗などの総合された性質とされている。

ふうきえ［富貴絵］伊勢（三重県）鈴鹿市白子に伝えられている切抜き細工。富久絵・福絵ともいう。中国の剪紙《せんし》に似たもので、白子では室町末期に萩原中納言が旧知の白子山観音寺住職のもとに身を寄せ、余暇に人物・花鳥を彫った富貴絵形を売ったのが起源と伝えている。伊勢参りのみやげものとして売られ、のちには「おかげ参り」「大名行列」「開化風物」といった図柄のものもあった。型彫りの職人が手習いとしてつくったともいわれるが、伊勢の型紙彫りが盛んになるもとになったものである。→型紙（かたがみ）

ふうじがみ【封紙】巻き畳んだ手紙などを封じるのに用いる紙。明治初期に広島県山県郡に産した。

ふうせんききゅうし【風船気球紙】太平洋戦争中に爆弾をつるして飛ばした風船気球に用いた紙。二尺×三尺判で、こんにゃく糊を塗って強化しており、各地の手漉き業者を動員してつくらせた。→図版188

ふうせんし【風船紙】常陸国（茨城県）水戸の神永某が発明した厚くて強く皮革のような紙。『貿易備考』によると、軽気（水素・ヘリウムなど）を洩らさないので、この紙で風船をつくり、氷嚢・水筒・座布団なども製したという。

ふえくらがみ【笛倉紙】千葉県夷隅郡大多喜町笛倉で産したコウゾ紙。明治十年（一八七七）の第一回内国勧業博覧会に出品されている。

フォクシー【foxy】紙にあらわれた狐色の斑点。紙についたカビによって生じるもので、紙料が精選されていないで不純物のまじっているものにあらわれやすい。また腐敗したネリを用いて漉いたものや鉄板乾燥によるものにもあらわれることがある。

ふかのがみ【深野紙】三重県飯南郡飯南町深野（松阪市）に産したコウゾ紙。深野は櫛田川の上流、伊勢街道に沿う紙郷で、慶長十四年（一六〇九）頃に郷士の野呂俊光が美濃から三人の紙工を招いて美濃紙つくりを始めたと伝えられ、大正十一年（一九二二）に俊光の頌徳碑が建てられている。文化元年（一八〇四）刊の西村和廉著『勢陽俚諺《りげん》』には深野紙を美濃紙と比較して「楮のこなし強く障子などに用候ても雨気にいたみ又は煤《すす》に弱り候て破れやすく」と評している。

ふきえがみ【吹絵紙】地紙の上に紙を切り抜いた型を置き、筆に墨汁または絵具をふくませ、これに息を吹きかけて種々の形をあらわしたもの。奈良時代からの装飾紙のひとつであるが、のちには霧吹《きりふき》を用いて色料を吹きかけ、千代紙つくりなどにも用いられている。

ふきすりがみ【蕗摺紙】蕗の葉と茎の文様を染料で摺った襖《ふすま》紙の一種。明治十年（一八七七）の第一回内国勧業博覧会に秋田県北秋田郡銀山町（北秋田市阿仁町）の堺五兵衛が出品しているが、藍と雌黄《しおう》を調合した染液を蕗の葉と茎に塗り、その上に紙、さらに金巾《かなきん》の布をのせて、たんぽ（綿を丸めて布で包んだもの）で軽く圧して摺っている。その頃東京でつくられた腊葉《おしば》摺りの葉摺紙に類するものである。→葉摺紙（はずりがみ）

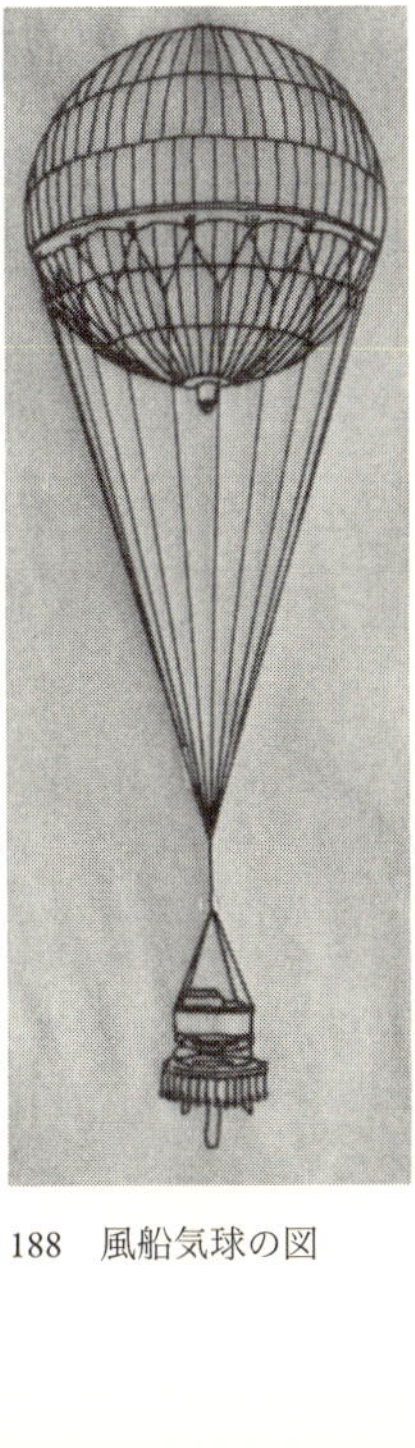

188　風船気球の図

ふきぞめ［吹染め］地紙に文様を切り抜いた型を置き、霧吹で絵具などを吹きかけて染めること。↓吹絵紙（ふきえがみ）

ふくさがみ［覆紗紙・袱紗紙］「ふくさ」は糊を引かない絹布のことで、米粉の糊を紙料に加えないで漉いた生紙《きがみ》を覆紗紙という。ふくよかで柔らかい紙の意もある。仲山高陽稿『画譚雞肋《がたんけいろく》』に「ふくさ紙は、墨路外へにじむゆゑ」とみえ、にじみを止めるには皂莢《さいかち》の煮汁を引いたあと、明礬を煮て引くとよい、としている。

ふくろがみ［袋紙］袋をつくるのに用いる紙。紙入れ・煙草入れ・手提げなどの袋物をつくるには、厚くてねばり強い紙がよく、強勢紙が多く用いられており、江戸時代から明治期にかけて擬革紙も使われた。また『諸国紙名録』によると、武蔵の小西紙・大気紙・山宇田紙・甲斐の仙過紙などが袋用となっており、菜種袋や繭袋をつくっている。さらに越中の薬袋、駿河の茶袋などをつくるのに用いたのも袋紙の一種である。

ふくろとじ［袋綴］冊子本装幀様式のひとつで、文字を記した面を外側にして紙を一枚ずつ中央の線で二つに折り、幾枚か重ねて折目でない方を糸やこよりなどで下綴じしたあと、前後に表紙をつけて明朝《みんちょう》綴・康熙《こうき》綴などに綴じたもの。普通の和装本はこの装幀が多く、中世からこの袋綴の本がふえているが、反古や薄い紙を用いてこの様式のものがつくられたからで、時代が下がるにつれて多くなっている。↓明朝綴（みんちょうとじ）・康熙綴（こうきとじ）

ふくろばり［袋張］ふすま障子あるいは額を張る時の下張りの技法で、下張り用の紙の縁三～五センチの部分だけに糊をつけて、他の部分は浮かして張り込むこと。袋掛《ふくろがけ》、浮張《うけばり》ともいう。

ふしがみ［五倍子紙・付子紙］五倍子《ふし》は白膠木《ぬるで》の木の葉にできるタンニン質の塊で、これに鉄漿《かね》（おはぐろの液）を反応させて、黒色に染めた紙。

ふじがみ［藤紙］フジの皮を原料として漉いた紙で、藤皮紙ともいう。京都府宮津市畑で近年まで漉いていたが、『新編常陸風土記』には、水戸城下の貢如《ふんにょ》堂、伊勢屋藤左衛門がつくったと記し、『貿易備考』によると、福島県大沼郡三島町川井、岡山市今谷にも産した。中国で西晋の張華（二三〇－三〇〇）『博物志』に、浙江省曹娥江の上流にある剡渓《せんけい》でつくられたと記され、宋代まで盛んに生産された。これを剡藤紙《せんとうし》といい、強靭で高級な文書用紙として愛好され、皮日休の「二遊詩」には「剡紙は月より光る」とたたえている。乱伐のため原料不足となって衰滅したが、明代には江西省清江でつくられた記録がある。

ふしみばん［伏見版］慶長四年（一五九九）から同十一年までの八年間に、徳川家康が京都伏見の円光寺住の三要元《げん》佶《きつ》に命じて、木活字で出版させたもの。円光寺版ともいう。

『孔子家語《けご》』『六韜《りくとう》』『三略』『貞観《じょうがん》政要』『周易』『七書』などで、ほかに富春堂（五《い》十《そ》川《がわ》了庵）に命じ開版した『東《あずま》鑑《かがみ》』がある。

ふすまがみ［**襖紙・褄稿紙**］襖障子を張るのに用いる紙。もともとは京都で始まったから紙であるが、大坂・江戸でもつくられ、都好紙・利久《りきゅう》紙・行成《こうぜい》紙・貫之《つらゆき》紙のほか泰平紙・楽水紙・擬《ぎ》氈《せん》紙・千歳《せんざい》紙や松皮紙も用いられている。さらに東京の銅版摺紙・葉摺紙、羽後の蕗摺紙があり、近年は越前の漉き掛け技法による美術紙や京都の洛鳳紙もつくられている。古代のから紙は小判で一二枚で襖障子一帖分であったが、五枚ないし六枚でよい間似合判となり、近代には一枚で全面を覆える三六判、またはさらに大判のものがふえている。

ふすましたばりがみ［**襖下張紙**］襖障子の下張りに用いる紙。襖障子の下張工程は、骨縛・打付け張（押張）・蓑張・べた張・袋張（浮張《うけばり》）・清張などに分かれ、初期の下張工程には反古・茶塵紙・桑塵紙・湊紙などを用い、後期の下張工程には美濃紙・細川紙・石州半紙・間似合紙などを用いている。すなわち初期工程は粗質、後期工程は良質のもので、ねばり強さが必要なためコウゾ原料の紙が好んで用いられた。

ふすましょうじ［**襖障子**］建具の一種で、木で骨を組み両面に紙や布を張ったもの。もともとは柱間にはめ込んで間仕切りする押障子であったが、十世紀頃から引き違い遣戸《やりど》形式で、敷居の上をすべらせて開閉できるものになった。「ふすま」の名義について、『和訓栞』『玉勝間』などは「衾《ふすま》のやうであるから」とし、『安斎随筆』は「袍《ほう》の裏のあるものを襖といひ、障子の表も裏もはるので襖といふ」と記しており、また『和漢三才図会』は「寝間にたてるから」とし、被障子・寝間障子とも書かれている。もとも布を張っていたが、平安時代から色紙形、さらに紋唐紙を模造したから紙を張ることが多くなったので、これを「唐紙障子」と呼ぶようになった。まず唐紙障子という呼称があって、襖障子の呼称は文安元年（一四四四）の『下学《かがく》集』にみられるように十五世紀頃から始まっている。喜田川守貞《もりさだ》の『守貞漫稿』には、「唐紙、京坂にてふすま紙也、江戸にてからかみと云」とあるが、近世には「ふすま紙」「から紙」が併用されていた。なお襖障子は衝立・屏風と同様に、もともと描画のスペースで、高級なものは大和絵あるいは金《きん》碧障屏画《へきしょうへいが》が描かれていたが、一般市民の住宅用には木版摺りなどのから紙を張ることが多い。↓から紙（からかみ）

ふせん［**付箋・附箋**］つけ札・つけ紙・張紙《はりがみ》などともいい、小紙片に必要な文字を記して、書物の対応する部分につけるもの。たんに目印のために張りつける紙のことである。

ぶぜんのかみ［**豊前紙**］豊前国（福岡県東部・大分県北部）に産した紙。正倉院に大宝元年（七〇一）の豊前の戸籍があるので、古代から紙を産したと考えられるが、『延喜式』では紙の上納国に含まれていない。近世初期に紙を産したことは『鹿苑《ろくおん》日録』にみられ、中期には『難波丸綱目』や『新撰紙鑑』によって、中津藩で半紙や半切をつくったことが知られる。

ふだがみ［札紙］布を染色して蒸煮する時、発注者などのメモ札をつくるのに用いる紙。柿渋を塗って用いるが、高熱にも溶けない耐熱性の強いコウゾ紙で、京都府綾部市黒谷と高知県長岡郡大豊町岩原で産するものがよく知られている。

ふとうせん［布頭箋］麻布の糸くずを原料として漉いた紙。中国北宋時代の四川省眉山県出身の詩人、蘇東坡《そとうば》の『東坡詩林』巻十一に、「川紙（四川省の紙）は布頭機《あさぬののはた》の余り、つまり経糸《たていと》の緯糸《よこいと》を受けていないものを取り、それで紙をつくる。布頭箋と名づけられ、その名声は天下第一であった」と書いている。

ふところがみ［懐紙］懐に入れておく紙。畳紙《たとうがみ》・鼻紙ともいう。『宇津保物語』蔵開下に「筆を取りて、懐紙にかく書きて」、『源氏物語』紅梅の巻に「紅の紙に若やかに書きて、この君のふところ紙にとり混ぜ、押したゝみて」とみえている。↓懐紙（かいし）・畳紙（たとうがみ）

ふのり［布海苔・海蘿］海産の紅藻フクロフノリの煮汁で製した糊。鹿角菜はふのりの別称。品質によって真海蘿《まふのり》・雑海蘿《まざりのり》・並物と区別し、品質の良い真海蘿は煮ると不透明で粘着性が強く、織布用経糊《たてのり》・緯糊《よこのり》、染絹布の張り糊・仕上げ糊、金属や顔料を捺染する際の糊として使われる。また揉みから紙の顔料を溶き、仕上げに塗るのに用いられている。

ふろやがみ［風呂屋紙］泥土入りガンピ製の箔打紙は、柿渋と卵を溶いた灰汁に浸して金銀箔を打ち伸ばすが、その使い古した紙である。それで顔面を拭うと脂肪分が除かれ、入浴したようになるので風呂屋紙という。弘化二年（一八四五）刊の北慎言著『梅園日記』巻四に「金銀の箔打ちたる紙を風呂屋紙といふは、これにて面を拭へば、よくあぶらけをされば、浴したるにひとしとの意にて、名付しにや」と記されている。昔は絵具師や薬屋が、この紙で朱を包んだともいい、中国の烏金紙《うきんし》・匱紙《きし》にあたるが、『天工開物』によると、烏金紙は竹製で豆油をいぶしているので、日本の箔打紙とは異質のものである。↓箔打紙（はくうちがみ）・脂取紙（あぶらとりがみ）

ぶんかみすがみ［文化美栖紙］表装用として美栖紙より大判に漉いた紙。コウゾ紙料に胡粉を混入するのは美栖紙と同じであるが、簀伏せしないで紙床《しと》に積み重ね、圧搾して鉄板乾燥するなどの便法でつくっており、奈良県吉野町の昆布工房のものは二尺×二尺五寸（六〇六×七五八ミリ）に漉いている。↓美栖紙（みすがみ）

ぶんこし【文庫紙】反物・帛紗《ふくさ》・襟地《えりじ》などを包む厚地の紙。彩色し、あるいは文様を施したものもある。『貿易備考』によると、筑後国上妻郡柳瀬村（八女市）、信濃国上水内郡栃原村（長野市）および常陸国那珂郡鷲子村（常陸大宮市）などで産し「泉貨紙の上品にして色白く紙膚滑なり」となっているが、その他の各地でも産した。伊予の泉貨紙、紀伊の島包紙、下野の桟留紙なども呉服を包むのに用いられた。

ぶんごのかみ【豊後紙】豊後（大分県）に産した紙。豊後は『延喜式』に中男作物《ちゅうなんさくもつ》の穀皮を納めるところと記され、紙産地とはなっていないが、古代には国東《くにさき》半島に仏教文化が栄え、中世末期には大友氏のもとで府内（大分市）にキリシタン文化が栄えたので、紙つくりが盛んになっていた。近世の元禄五年（一六九二）刊の『諸国万買物調方記』には元結紙の産地と記され、享保十七年（一七三二）刊の『万金産業袋《ばんきんすぎわいぶくろ》』には岡半紙、安永六年（一七七七）刊の『新撰紙鑑』には奉書・広片・板紙《はんがみ》・杉原・中折・半切・小菊紙を産すると記されている。上方市場でもよく知られた紙どころとなっているが、紙郷は全域に広がっていた。杵築・日出・府内・臼杵・佐伯・岡の各藩に紙郷があり、天領の日田地方は高瀬奉書の産で知られている。なかでも臼杵藩と佐伯藩は専売制をしいており、その半紙・板紙は岡藩の半紙とともに大坂に多く出荷されていた。豊前の中津をふくめて大分県には明治三十四年（一九〇一）に二一七二戸の製紙家がいたが、今は竹田市と由布市で伝統の灯を守っているにすぎない。↓佐伯板紙（さえきはんがみ）・高瀬奉書（たかせほうしょ）

ぶんじんひょうぐ【文人表具】大和《やまと》表具よりは簡単で、中国的趣味の表具。本紙を一つの裂《きれ》や紙で包んでいるのが特徴である。袋仕立、見切り表具ともいう。↓大和表具（やまとひょうぐ）

ふんせん【粉箋】中国で紙面の空隙を埋めるため白色粉末を塗った紙。初期には澱粉《でんぷん》糊に白色粉末を浮かせた液をまぜて刷毛で引いたが、のちには紙料液に白色粉末を混入して漉いた。白色粉末は、白亜・石膏・滑石粉・石灰・陶土などで、中国では東晋（三一七－四二〇）の頃からこの技法があったとされている。紙料液に白色粉末を混入するのを「加填法」というが、兵庫県西宮市名塩の泥間似合紙、奈良県吉野町の宇陀紙などは、この加填法を活用しており、紙面を滑らかにするほか伸縮しない、熱に耐えるなどの長所がある。

ぶんぼうしふ【文房四譜】中国北宋の蘇《そ》易簡《いかん》（九五八－九九六）が著作した五巻本で、筆・硯・紙・墨の順に、古書からの引用に自身の見聞をまじえて解説している。雍熙三年（九八六）の自序があり、その巻四は「紙譜」で、紙全般を専門に論じた最初の本である。「漢初にすでに幡（紙

・幅と同義）紙で簡に代えることがあった。……後漢和帝の元興の年にいたり、中常侍蔡倫が故布や魚網・樹皮を切ってこれをつくるのがいっそうたくみであった。ちょうど蒙恬《もうてん》以前すでに筆があったといわれるようなものである」と、蔡倫より前に紙があったと記している。このほか宋以前の紙関係記事が網羅されて、中国の紙つくりの古さを実証し、安徽省黟《い》県の良紙、江蘇・浙江省の竹紙、浙江の人の麦茎・稲わらでつくった紙など、著者の見聞による重要な資料が盛り込まれている。

ふんろうせん［粉蠟箋］漉きあげた紙に白色の鉱物粉末の溶液を塗り、さらに蠟で加工処理した紙。魏晋南北朝時代の塡粉紙と唐代の加蠟紙を合わせたもので、米芾《べいふつ》（一〇五一－一一〇七）の『書史』には、「唐の中書令、褚遂良《ちょすいりょう》の枯木賦は粉蠟箋に写したものである」と記している。唐代に起源があるといえるが、明・清代にもにも多くつくられたといわれている。

へ

へいけのうきょう［平家納経］平清盛が平家一門の繁栄を願い、仁安二年（一一六七）厳島神社に奉納した経巻。三三巻で厳島絵巻ともいい、優秀な装飾経で国宝となっている。平清盛が長寛二年（一一六四）に発願し、一門が法華経二八巻をはじめ般若心経、無量義経、観普賢経、阿弥陀経などを書写し、清盛の願文を添えている。表紙・見返しには経の内容を解説する絵があり、金銀泥で装飾した美麗な経巻である。↓装飾経（そうしょくきょう）・図版189

べたばり［べた張］「べた」は一面に隙間のない様で、襖の下張などの工程で、全面に糊を塗布して張ること。↓袋張（ふくろばり）

べっこうし［鼈甲紙］鼈甲は亀類の甲で、櫛や眼鏡縁の細工に用いられるものであり、その色に似せてつくったもの。ゼラチン透明膜である寒天を薄板状に凝固させたものを硝子紙・水晶紙というが、この寒天膜液にクチナシ汁、紅粉などを混ぜて凝固させたのが鼈甲紙である。玳瑁《たいまい》紙・琥珀《こはく》紙ともいい、五色の顔料を混ぜたものもあり、東京・大阪・京都などでつくられた。

べにずりえ［紅摺絵］浮世絵版画の発達過程の中の一様式。墨摺絵に丹《たん》を施した丹絵、やや複雑な色彩と膠を塗った漆絵と、筆彩色法が発達したあとに版彩色に転じたもの。中国の詩箋にヒントを得て版木に見当をつけて摺った。延享元年（一七四四）頃から浮世絵師の奥村政信が始めたといわれ、初めは単純に紅を主調にして緑を配した程度であったが、宝暦五年（一七五五）頃から紅と緑のほか青を加え、

さらに黄を摺り加えて錦絵に発展した。↓錦絵（にしきえ）

ペーパー・フラワー［**paper flower**］自然の花に似せて紙でつくった人工の花。紙花つくりは中国で始まっているが、花のない季節の飾りとして西洋でも東洋でも布や紙を用いてつくった。その紙を用いたものがペーパー・フラワーである。かつてペーパー・フラワーを学ぶためにアメリカ合衆国に渡った人が「なぜあの美しくやわらかい和紙を用いないのか」とたしなめられ、すぐ帰国したという話があるが、自然の花を模造するには、洋紙よりも和紙が適している。↓紙花（かみばな）・図版190

へみだんし［**逸見檀紙**］山梨県八ヶ岳南麓を逸見郷といい、北杜市須玉町若神子あたりに産した檀紙。中世の甲州檀紙は市川大門付近が主産地であるが、その流れを伝えたもの。

ベラム［**vellum**］仔牛の皮を水に浸けて軟らかにし、脂肪をとってから肉を削り取り、さらに石灰水で処理して乾かし、除毛した皮を軽石でこすって、表面を滑らかにした書写材。パーチメント（羊皮紙）に含めて呼ばれることもある。↓パーチメント（parchment）

189　平家納経（厳島神社蔵）

190　和紙の花

へんがく［**扁額**］表具の一形式で、門戸・室内などに懸ける横長の額。中国では手巻きもできる横長のもので、懸ける時は左右の両端を釘で留める。日本では詩文・語・歌などを書く場合が多い。

べんがらそめがみ［**弁柄染紙**］弁柄（Bengala 紅殻）で染めた紙料を漉き染めした紙。弁柄は赤色の酸化鉄の顔料。インドのベンガル地方に産したのにちなむ名で、この地方に産する赤土は良質の赤い絵具（インディアン・レッド）として名高い。

へんしょう［**返抄**］金銭・年貢その他の領収書で、平安時代の用語。中世以降は請取状・所納状ともいった。普通はきわめて小さく切った紙か、杉原紙を細長く切ったものを使っていた。

ほ

ほいろがみ［**焙炉紙**］茶の葉を焙《ほう》じる時の用具に張るコウ

ゾ紙。製茶業の盛んな静岡県や埼玉県でつくられたが、これに柿渋などを塗り、強化して用いる。

ぼうえんし【防炎紙】特殊な燐酸系の防炎液に浸し、乾燥した障子紙。長野県大町市社《やしろ》の腰原福松が開発したもの。

ぼうかんし【防寒紙】紙衣《かみこ》紙を改良して寒気を防ぐとともに保存性の高い強靭な紙。コウゾ紙料にこんにゃく糊と明礬を混和して漉いたもので、明治中期に高知県で軍需用として製した。

ぼうこくほん【坊刻本】出版業者が刊行した商業出版物のことで、中国で行われた呼称であり、日本では町版という。坊は市街の意で、官庁の官刻本や個人の私刻本に対応する名称。宋代から中国の福建省建安県で商業出版が栄え、元・明代を通じて多数の坊刻本が出版された。日本での町版は江戸初期に京都で始まり、のちに江戸で多くの町版が出版されている。

ほうじいん【宝慈院】京都市上京区衣棚通寺之内上ル東側にある臨済宗相国寺派の門跡寺院。旧景愛寺の支院で樹下山資樹院ともいい、開祖如外無着大禅尼の幼名、千代野にちなんで「千代野御所」とも号していた。開祖は美濃の広見（関市）の松見寺で修行したので美濃の紙郷との関係が深く、紙市の開かれた大矢田はその所領であり、美濃の上洛紙荷商人公事取立権をもっていて、近江枝村商人に美濃紙を京都に運ぶ特権を与えていた。したがって、紙に恵まれていた宝慈院、すなわち千代野御所の尼僧たちはまず絵奉書つくりを始め、やがて千代紙をつくり始めたと伝えられている。千代紙の源流については、千代姫説・千代田城説などの諸説があるが、この千代野御所説は、京都の千代紙つくりの職人たちの間で伝承されている。↓近江枝村商人（おうみえだむらしょうにん）・千代紙（ちよがみ）・図版191

ほうじょう【法帖】手本・観賞用に先人の筆跡を紙に写し、石に刻み、これを石摺りにした折本。中国五代の南唐の昇元帖が最初で、宋の淳化閣帖、明の停雲館帖、清の余清斎帖などが著名である。のちに碑文の拓本を折本にしたものを法帖という。

ほうしょがみ【奉書紙】武家社会で公文書の料紙として用いた厚いコウゾ紙。奉書は天皇・将軍などの意向や決定を奉じて執事が下す文書で、その名の下に「奉」の字を記すもの、御教書《みぎょうしょ》・院宣《いんぜん》の類である。杉原紙より大きく厚く製しているが、檀紙よりは小判である。福井県越前市大滝の三田村家由緒書によると、斯波高経《しばたかつね》が延元三年（一三三八）に越前五箇村の道西掃部《どうせいかもん》に命じて納めさせた御教書の紙に「奉書」と名づけたとされている。また中世の文献では、『御湯殿上日記』文明十五年（一四八三）十一月八日の条に「御れいにしこう奉書廿てう」とあり、十五世紀後期から京都で知られるようになっていたようである。近世の『和漢三才図会』に「越前府中より出るを上と為《な》す」と記されているように越前が主産地であった。『新撰紙鑑』には越前産として、大広・御前広（中広）・大奉書（本政）・中奉書（間政《あいまさ》）・小奉書（上判）・色奉書・紋奉書・墨流しなどの銘柄を記している。またより大判のものを長高（丈長《たけなが》・丈永・尺永）奉書といい、打雲奉書・縮奉書・絵奉書・湊奉書というのもある。越前のほか加賀・丹後・因幡・美作・備中・備後・安芸・阿波・土佐・伊予・筑前・筑後・豊後・肥後と京都などで産し、また美濃産は袋奉書といい、陸奥仙台産のものは「芳章」と書いている。さらに甲斐には肌好（吉）・糊入奉書、下野には那須奉書があり、明治初期には信濃・駿河・日向・薩摩でもつくっており、高級な文書用紙として広く愛用された。↓図版192

ぼうずとじ【坊主綴】料紙を二つ折りし、背の方に二つ孔をあけ、太めの紙縒《こより》を通し、表裏とも三ミリくらい残して切り、紙縒の縒りを表裏ともに戻して木槌でつぶした綴じ方。坊主紙縒とは、長方形の紙を斜めに切り、先の部分を縒って端を坊主頭形に残したもの。平安末期から室町末期の頃に利用されて表紙はなく、糸でない紙の紙縒で綴じるので紙釘装《していそう》ともいう。

ぼうちゅうし【防虫紙】紙魚《しみ》その他の虫類の食害に耐えるように石炭酸、ナフタリン、ペンタクロロフェノールなどの化学薬品を添加した紙。和紙の場合は黄蘗《きはだ》で染めた紙や苦参《くじん》紙がこれに相当する。黄蘗は苦味のある染料、苦参は駆虫薬で虫害を防ぐ効果がある。

ぼうちょうのかみ【防長紙】周防・長門（山口県）で産した紙の総称。周防・長門ともに『延喜式』では紙を上納するところとなっており、中世には文化に関心の深い大内氏のもとで大内版の開版が大規模に進められ、山口市や佐波郡徳地（山口市）に紙郷が育っている。近世の毛利氏は、紙を米・蠟とともに「防長三白」の産業振興策に組み入れ、全国に先駆けて紙の専売制をしいた。それは萩藩が寛永八年（一六三一）、岩国藩が寛永十七年（一六四〇）、徳山藩が寛文五年（一六六五）であるが、この専売制は割り当てられて請け負ったものは必ず完納させるという、きびしい請紙《うけがみ》制であり、江戸前期には大坂紙市場の約六〇％を占有

191　宝慈院

192　越前奉書漉きの図
（『日本山海名物図会』より）

するほどの全国最大の紙産地となった。延宝七年（一六七九）刊の『難波すずめ』によると、二三人の紙問屋のうち約一〇人は防長の紙を専門に扱う問屋であった。その頃町人社会で需要が急増した半紙が主力製品で、「本座」と呼ばれた山代《やましろ》半紙や岩国半紙のほか、著名な半紙として『新撰紙鑑』『諸国紙名録』には、熊毛・小川・伊佐・中曾根・島田・仁保・吉田・右田・徳並・鈴野川・阿武・湯野・立野・色好・友吉・三尾・津通・須万・五ケ村・徳地・鹿野・小松原・小原木などの名が記されている。この半紙を中核に江戸時代には「王国」の地位を保ったが、明治十年（一八七七）頃には首位を高知県に奪われ、急激に衰退した。↓岩国半紙（いわくにはんし）・山代半紙（やましろはんし）

ほうねんし【豊年紙】稲わらをコウゾに混ぜて漉いた紙。大蔵永常著『広益国産考』五之巻「楮」の条に、「筑後にては藁を細かにきざみ打ちて、楮に交ぜて漉きたるを豊年紙とかいへり」と記されている。↓藁紙（わらがみ）

ほうはいそう【包背装】包み表紙、くるみ表紙ともいい、料紙を二つ折りして重ね、綴じ代《しろ》の部分を紙縒《こより》で下綴じして、一枚の表紙でくるみ、背の部分を糊付けにした装本。中国では元代から行われ、日本では鎌倉中期から影響を受け、五山版の原装本はほとんど包背装であった。

ほうばたんし【放馬灘紙】中国甘粛省天水市北道句党川郷放馬灘の前漢古墓から一九八六年に出土した古紙。前漢文帝・景帝（在位紀元前一七九－前一四一）の頃と推定される古墓の、埋葬者の胸部に置かれていた二・六×五・六センチの不整形な麻紙の断片。紙面に山・川・道路などをあらわす地図の線が描かれており、発掘を担当した甘粛省文物考古研究所の何双全は、『文物』一九八九年二期号に研究成果を発表して、「これは現在知られている最も早い紙の実物である。これはわが国で前漢初期にすでに紙が開発され、絵を描くのに用いたことを実証している」と記している。↓図版193

ほうへき【焙壁】中国で湿紙の乾燥に用いている壁。火墻《かしょく》ともいう。中空の壁面の内部に火気を通して温め、紙を乾かす構造物で、『天工開物』にもその図が収録されている。中国での古代の乾燥法は地面に広げる自然乾燥法であったが、焙籠《ほうろう》を用いたことから量産方式の焙壁が発展し普及したのである。清代初期の趙挺揮《ちょうていき》が宣紙つくりの風景を、「山里の人家はまことに忙しく働いている。しきりに石を運んで新しい壁をつくっている（山里人家底事忙、紛紛運石畳新墻）」と詠んでいる。↓図版194

ほきたがみ【穂北紙】宮崎県西都市穂北町とその周辺の紙郷で産した紙。旧幕府領の穂北と本庄は日向地方で最も優勢な製紙圏で、東諸県郡国富町本庄の豪商、和泉屋弥次兵衛が売り広めて、大坂市場には「本庄紙」の名で流通していた。主な紙郷は一ツ瀬川流域の穂北・南方・岡富、三財川流域の上三財・下三財と国富町本庄付近であった。

ほくが［北画］北宗画《ほくしゅうが》ともいい、南画（南宗画）に対していう。唐の李思訓が祖といわれ、細緻克明で気高い品格の厳密な描写を主流とする画風。宋代には馬遠《ばえん》・夏珪《かけい》らの大家がいるが、明末の莫是竜《ばくしりゅう》らが南宗画に対して唱え出したものである。日本の漢画にも影響があり、雪舟や狩野派は北画の系統である。↓南画（なんが）

ほくし［北紙］中国の黄河流域、すなわち北方でつくられた紙の総称。『洞天清禄集』に「北紙は横簾を用い、紋は必ず横である。またその質は粗くて厚い」と記している。しかし、潘吉星は『中国製紙技術史』のなかで、「この説は正しいとはいえない」としながら、北紙は芨々草（ハネガヤ）か萱草の茎で編んだ紙簾で漉いたものが多いと述べている。ともかく北方の中原は製紙の発源地としての伝統を誇っているが、南北朝時代からは質量ともに南方の江南地域に優位を譲って衰勢をたどった。↓南紙（なんし）

ぼくせき［墨跡］墨で書いた筆跡の意であるが、それを限定して中世から近世に至る僧侶、特に和漢の禅僧の書のこと。

ほごがみ［反古紙・反故紙・破故紙］書画や文字を書きそこなったり、廃棄していらなくなった紙。「ほご」ともいい、ほうぐ、ほうご、ほぐ、ほんごとも発音し、正倉院文書には本久紙・本古紙とも記している。

ほござ［反古座］中世末期に京都で漉き返し紙の原料である反古紙の集荷・販売を独占的に扱った商人の組合。蔵人《くろうど》出納《すいとう》を世襲する中原氏の知行に属しており、反古公事《ほごくじ》を納めていた。また奈良には興福寺のもとに古紙座があった。↓紙座（かみざ）

ほし［補紙］文化財修補の時に作品の欠失部を補う紙。できるだけ本紙と同質の紙を用いる。

ほしいた［干板］湿紙を紙床《しと》から剥がして刷毛で張り、天日干しするのに用いる板。張板ともいい、緻密な木質で乾燥した一枚板がよく、一般にヒノキ、カツラ、イチョウ、マツなどが用いられている。江戸の藩政期には藩から御用紙漉きに干板を給付したこともあり、そのなかには漆塗りしたものもあった。また特殊な紙にはツバキの葉でなでつ

193　中国甘粛省天水市放馬灘の前漢古墳から出土，地図の描線があり，世界最古とされている放馬灘紙の紙片

194　中国の焙壁の図（『天工開物』より）

けて光沢を与えたこともある。この干板で乾燥するのは日本独特のもので、中国では焙壁《ほうへき》（中空部を熱気で温めた壁）に張り、欧米では室内で竿や縄にかけて乾燥させている。

ほそかわがみ［細川紙］武蔵国の秩父・比企《ひき》・男衾《おぶすま》郡（埼玉県）に産した生漉《きず》きのコウゾ紙。主として江戸で帳簿・文書などに常用された。紀伊国（和歌山県）伊都郡細川村（高野町）の細川紙の技術を移植して、江戸の町人向けに育てた紙とされている。高野山麓の産紙のひとつに細川紙のあったことは、『万金産業袋《ばんきんすぎわいぶくろ》』『難波丸綱目』『新撰紙鑑』に記されており、武蔵の細川紙は宝暦年間（一七五一－六四）の『宝暦中紙屋控』に山半紙、山宇田紙などの「山物」のひとつとして記されている。江戸産のから紙のことを「生唐《きがら》」ともいうが、地紙として生漉きの細川紙を用いたからであり、商人の帳簿用紙でもあった。このように細川紙の用途は広く、その産地は「ぴっかり千両」というほどに繁栄した。『諸国紙名録』によると、寸法は一尺五分×一尺四寸。その伝統技法は国の重要無形文化財に認定されている。↓図版195

ほそわりがみ［細割紙］細く切った紙。天永二年（一一一一）に成った大江匡房《まさふさ》著『江家次第』十二王卜定の条にみられ、かつては飯粒で封をしていたのに細割紙で封じたと記している。

ほどむらがみ［程村紙］下野国（栃木県）那須郡下堺村（那須烏山市）の小字程村（現在の卯の木）を原産地とする厚いコウゾ紙。かつては那珂川の舟運で出荷され、水戸藩領でも漉かれたので、西の内紙とともにいわゆる水戸物を代表する紙であった。『新撰紙鑑』によると、寸法は一尺四分×一尺四寸で、西の内紙よりいくらか小さいが、より厚い。正徳三年（一七一三）刊の『和漢三才図会』の厚紙の項にみられ、宝暦四年（一七五四）刊の『日本山海名物図会』は、越前奉書・美濃直紙《なおしがみ》・西の内紙とともに「上品」のひとつに数えるほどに著名であった。明治期には海外にも輸出され、西の内紙とともに選挙人名簿および投票用紙に指定されたこともあるが、主として記録用であり、今は版画用ともなっている。↓西の内紙（にしのうちがみ）

ほねしばり［骨縛り・骨格縛り］襖障子・屏風などの芯となって細い杉材を組み合わせたものを骨といい、その骨をしっかりと固定するために紙を張ること。襖障子の下張りの最初の工程で、強靭なコウゾ紙を濃い糊で張る。

ホーレンダー・ビーター［Hollander beater］オランダで開発された叩解《こうかい》機。手打ち叩解の省力化のために、一六八二年、オランダのサーンダムで使われているのを見たとのベッヘル（J.J.Becher）の記述が最初といわれているが、D・ハンター『製紙術』紙史年表では一六八〇年に発明としている。長楕円形の槽の中央に仕切り壁を設けて紙料溝をつくり、その一方の側に紙料溝と直角に軸に架した重いロールを設置し、そのロールの直下に受刃を植え付けている。ロールと受刃の間をパルプが通って叩解される。

ほんあみこうえつ【本阿弥光悦】安土桃山・江戸前期の芸術家（一五五八－一六三七）。号は太虚庵・自得斎。近衛信尹《のぶただ》・松花堂昭乗とともに寛永三筆の一人。京都三長者（後藤・茶屋・角倉《すみのくら》）と比肩する富豪で、代々刀剣の鑑定を家職とする本阿弥家に生まれ、和学の教養と独自の書風を身につけて、美術工芸面に金字塔を打ち立てた。すなわち角倉素庵と協力して出版した嵯峨《さが》本、俵屋宗達の下絵に揮毫した歌巻・色紙、さらに蒔絵《まきえ》・茶碗などは、その頃の日本文化の花とたたえられた。元和元年（一六一五）徳川家康から洛北鷹ケ峰に地所を与えられ、芸術村を営んで創作・雅遊の晩年を広範な友人とともに過ごしたが、ここに住んだ紙師宗二らのつくった料紙は、京から紙に強い影響を与えた。

ぼんし【凡紙】並の質の紙のこと。正倉院文書にしばしばみえ、上紙・中紙・麁紙《そし》などに対比して名づけている。上紙・中紙は経紙として用いられ、凡紙は端継・裏紙《かし》（包み紙）・敷紙と考文紙などに用いられた。

ほんぞめうだがみ【本染宇陀紙】宇陀紙を藍染めしたもので、阿波染めともいい、蛇目傘に用いた。寸法は一尺一寸×一尺四寸五分で、『貿易備考』によると、阿波（徳島県）のほか大阪・東京でも産した。

ほんばん【本判】主として甲斐（山梨県）・駿河（静岡県）に産した糊入奉書の別称。『諸国紙名録』にみえ、甲斐の市川大門産は「市川本判」、西島産は「西島本判」または「西判」という。→糊入紙（のりいれかみ）

ほんまさ【本政】大奉書のこと。『新撰紙鑑』には、越前奉書の項に越前奉書の別名を「本政」と記している。寸法は一尺三寸×一尺八寸で、「本」は本源・本物の意であり、奉書はこの寸法が基準であった。→奉書紙（ほうしょがみ）

ほんみのがみ【本美濃紙】純コウゾ原料で、美濃の伝統的な製法と用具によって漉かれた高品質の紙。美濃紙は記録・印刷および障子用として江戸時代から広く流通したが、明治期から各地でつくるようになり、美濃でもまた量産の

195　細川紙の主産地，埼玉県比企郡小川町の伝統工芸会館

196　本美濃紙の天日干し（美濃市蕨生，沢村正工房）

ほ

ために粗質のものもつくるようになった。紙出《しで》（紙の裁ち屑）を原料とする紛《まがい》書院紙、マニラ麻や晒《さらし》パルプを原料とする改良書院紙がひろまり、本来の美濃紙を守るために昭和三十五年（一九六〇）に本美濃紙在来書院保存会が結成されたが、生産合理化の意味で、その在来書院紙にもしばしば木材パルプが混入されていた。そこで純コウゾ原料と伝統技法を守った本来のものの継承をめざして、昭和四十四年（一九六九）美濃市蕨生《わらび》の一一戸で本美濃紙保存会が組織され、同保存会が重要無形文化財本美濃紙の技術保存者として総合認定されている。→図版196

ま

まきがみ［巻紙］①半切紙を横に長く継ぎ合わせて巻いた書簡用の紙。貞享元年（一六八四）開版の黒川玄逸《げんいつ》（道祐）著『雍州府志』巻七土産門下の紙の条に、「近世白紙を半ばにしてこれを切り、糊で横に続けて一巻となし、事を書しをはりてその長短にしたがひ、これを切って用ふ」とあるので、巻紙は近世初期からあった。②物を巻き包むのに用いる紙。たとえば煙草の巻紙。↓図版197

まくらがみ［枕紙］木枕の上の小枕を覆う紙。塵入りの紙など粗質の紙が多く用いられた。

まぐわ［馬鍬］①約一メートルの横木に約二〇センチの鉄製の歯およそ一〇本を植え、これに鳥居形の柄をつけたもので、牛馬にひかせて土を砕いたりならしたりするのに用いる農具。まんが、まが、さぶりともいう。②漉槽《すきふね》に入れた紙料《しりょう》をかきまぜる用具で、木枠に刃状に削った竹べらを櫛状に並べ取り付けたもの。繊維を分散させるため、紙料を入れるたびに数百回激しく動かす重労働なので、近年は電動のスクリュー式撹拌機も普及している。↓図版198

まけんし［磨研紙］麸鰾膠《ふにべ》に金剛砂・土砂・ガラスなどをまぜて、紙（あるいは綿布）に付着させた紙やすり。サンド・ペーパー。金剛砂・土砂をまぜたものは鉄製機械を磨き、硝子のものは木製器具などを磨く砥草《とくさ》（木賊）に代用する。もともとは輸入品であるが、『明治十年内国勧業博覧会出品解説』によると、石川県金沢市の矢田半が明治八年（一八七五）につくり始めたと記されている。明和三年（一七六六）刊の青木昆陽『続昆陽漫録』には「砂紙」と記されている。↓サンド・ペーパー（sand paper）

まさがみ［政紙・柾紙］伊予（愛媛県）西条付近に産した伊予大奉書の別名。江戸千代紙の地紙として多く使われたが、数度摺りには適しないので下級品用であった。寸法は越前の大奉書より小判で、一尺二寸五分×一尺七寸五分。

まさたか［柾高］柾はまっすぐな木目の柾目の意で、木目

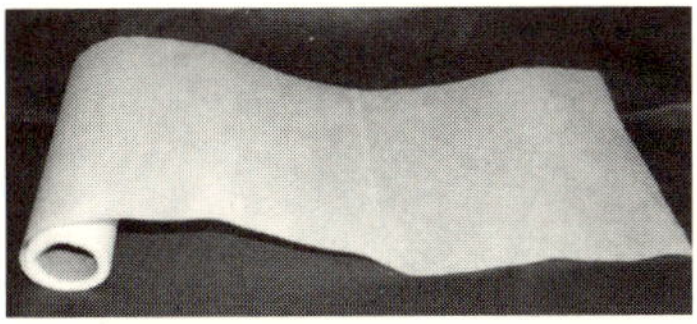
197　巻紙

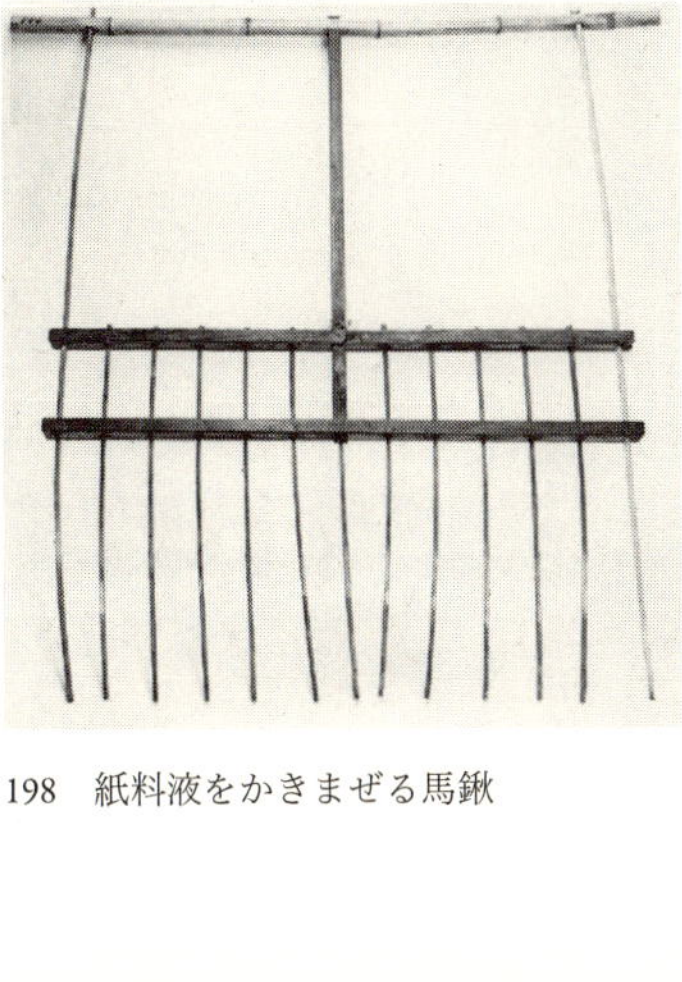
198　紙料液をかきまぜる馬鍬

の皺文のある檀紙のことである。また柾高はもともと小高檀紙の別称であるが、近年は木目の皺文のある檀紙を意味している。近世の檀紙は備中（岡山県西部）・越前（福井県北部）が主産地であったが、柾高は近年、愛媛県西条市で専門につくられている。

まさほうしょ［政奉書］政はまっすぐな正しい漉き目の正目紙の意で、本来の奉書紙のこと。『新撰紙鑑』には越前産の大奉書の別名を「本政《ほんまさ》」、中奉書を「間政《あいまさ》」と記している。また伊予でつくったものは柾奉書と表記され、江戸末期の版画・千代紙の用紙として定評があった。

まさむねほうしょ［正宗奉書］標準の奉書紙のこと。正宗は名刀にちなんで「まさむね」と読んでいるが、むしろ「せいそう」と訓《よ》む「本源」「標準」の意である。慶長年間（一五九六－一六一五）越前（福井県北部）の三田村家文書に「長高・正宗・判之奉書」と記していることからも、標準の奉書であると解される。『新撰紙鑑』では大奉書の別名を本政としているが、正宗はこれに該当し、政奉書という呼称も、この正宗と関連があるとも考えられる。

まし［麻紙］麻の繊維を原料とした紙。後漢の蔡倫が樹膚のほか麻頭《まとう》・敝布《へいふ》・魚網を原料として紙をつくったといわれるが、それらは麻が原料である。したがってまず、麻繊維を原料として紙がつくられたといえる。麻を製紙原料とする際、蔡倫が敝布・魚網を用いたと記録されているように、生《なま》の繊維を処理するよりも、衣料などとして用いたあと古くなったもの、麻布のぼろを再生する形で製紙原料としたことが多い。『延喜式』に記された製紙工程で、布と麻が別個に記されているが、布は麻布のぼろであり、麻は生の麻繊維を処理したことを示していると考えられる。中国の技法を比較的忠実に継承した西欧の手漉き紙は、大麻や亜麻のぼろ布を主要原料としていた。ところで、正倉院文書には、麻紙のほか上麻紙・黄麻紙・色麻紙・短麻紙・長麻紙など、多種類の麻紙がみられるが、奈良時代には穀《こく》紙《し》に次いで麻紙が多かった。しかし、平安後期には紙屋院でも麻紙がつくられなくなっている。麻紙は紙質がやや硬く紙面がざらざらして筆写しにくい点があり、コウゾに比べて原料を処理しにくく、しかも入手難となったからである。こうして麻紙は日本の製紙史から消えていたが、内藤湖南博士の勧めで福井県越前市大滝の名紙匠、岩野平三郎が大正十五年（一九二六）に復元して、日本画用紙としての販路を開いた。近年は京都府綾部市黒谷町、高知県吾川郡いの町などでもつくられているが、これらの原料は生繊維を手間をかけて処理している。

ましうらうち［増裏打ち］表装で肌裏打ちしたあと。二回目あるいは三回目の裏打ちをすること。修補する紙に厚みを加えるためで、主として美栖紙が用いられている。→裏打紙（うらうちがみ）

ますがたぼん［枡形本］ほぼ正方形で枡の形に似ている本。鳥子紙を四つ半に切った四つ半本、六つ半に切った六つ半本などである。日常持ち扱うのに便利なように考えたもので、仮名交じり本や聖教の書物に多くみられる。

ますしきし［升色紙］升形の方形で打雲紙に書かれている古筆切《こひつきれ》。藤原行成《ゆきなり》筆と伝えられるが、のちの十一世紀末の能筆家と推定する説もある。『清原深養父《きよはらのふかやぶ》文集』の断簡で、散らし書きのきわめて艶麗な書風である。

まぜずき［交漉き］和紙の主原料であるコウゾとガンピ、ミツマタなどの他の原料を混合した紙料で漉くこと。またそのように製した紙。古代に斐麻《ひお》といったガンピは自然生だけでは供給量が少ないため、平安時代の斐紙にはコウゾと混合した斐楮交漉きが多いといわれ、中世の春日版・高野版にも交漉きの紙が多いとされている。甲州（山梨県）の藁檀紙はコウゾと稲わら、伊豆（静岡県）の修善寺紙はコウゾ・ガンピ・ミツマタを混用し、武蔵の川崎市多摩区に産した和唐紙はミツマタを主原料としコウゾをまぜて漉いている。近代には木材パルプのほかマニラ麻・竹パルプ・チガヤ（茅）なども和紙の原料として導入し、福井県産の鳥子紙をはじめ障子紙・半紙・画仙紙などに交漉きが広まっている。

まつがみ［松紙］松の木の皮を染料として鉄媒染した鼠色の紙。若い雌松の内皮が染料として適しているとされている。

まつかわがみ［松皮紙］①檀紙の別称で、紙肌の皺文を古松の皮にたとえていう。松下見林『異称日本伝』に、檀紙の小石を重ねたような紙肌が松皮に似ているので松皮紙という、と記している。②マツの内皮の煮汁とコウゾの外皮（黒皮）を混ぜて漉いた紙。「しょうひし」ともいい、『貿易備考』には因幡国鳥取、羽前国山形、筑後国広瀬の産としている。また別名を松葉紙ともいい、摂津国名塩でも産し、襖の下張り用であった。→松葉紙（まつばがみ）

まつざきがみ［松崎紙］長野県大町市大字社字松崎で産した紙。同市字宮本で漉かれていた宮本紙から分派して大正期から松崎紙が始まったといわれ、クワ皮を原料とするのが特色であったが、のちにはコウゾ原料の障子紙・傘紙・繭袋紙などを漉いた。白い宮本紙に対して　松崎紙は黒っぽく主として傘用であった。→宮本紙（みやもとがみ）

まつのはんし［松野半紙］静岡県富士市北松野に産した半紙。洋紙工場の進出で静岡県の紙漉きがあいついで転廃業した情勢のなか孤塁を守る形で、近年まで北松野で漉かれていた書道半紙。

まつばがみ［松葉紙］松葉のようなこまかい塵を漉き出した紙。『貿易備考』によると、コウゾの外皮と松の内皮の煮汁およびサネカズラの汁を混ぜて抄製し、松皮紙ともいう。出羽国山形の産が知られ、また摂津名塩の産はさらに

著名である。↓松皮紙（まつかわがみ）

まなぼん【真名本・真字本】 漢字のことを真名《まな》（真字）といい、漢字を用いて書いた本のこと。ひらがな・かたかな・変体かなを用いた仮名本に対していう。『真字本伊勢物語』『真字本蘇我物語』などの例がある。

まにあいがみ【間似合紙・間合紙・間逢紙】 半間《はんげん》（三尺）の間尺に合う意味で、普通襖《ふすま》障子に張るのに使われる。横幅は三尺一寸ないし三尺三寸あって杉原紙や美濃紙の横幅の倍ほどあり、縦幅は一尺二寸ないし一尺三寸である。から紙は横幅一尺六寸、縦幅九寸九分が標準で、襖障子の片面を張るのに一〇～一二枚が必要だったが、間似合紙は五枚ないし六枚で足り、間合唐紙とか間合鳥子《とりのこ》などとも書かれている。『祇園執行日記』の建治四年（一二七八）正月二十一日の条に、「式部太夫入道間合紙一帖送之」とあり、小野晃嗣『日本産業発達史の研究』は、絵巻物や障屏画などの流行がこのような大判の紙の生産を促した、としている。『蔭涼軒日録』延徳三年（一四九一）九月十四日の条に「合レ間之甲斐田帋二帖」とあり、兵庫県佐用町皆田原産のコウゾ製皆田紙（甲斐田紙・海田紙とも書く）にも間似合判があったようである。『和漢三才図会』鳥子紙の項に「幅広く半間の間尺に合うもの、以て屏風を張るべし」とあるように、主要な用途が襖障子や屏風用であるため、最も耐久性があって美しいガンピ製に定着し、越前・和泉・摂津などが主産地であった。特に摂津の名塩（西宮市塩瀬町）は泥間似合紙とともに襖障子用紙の特産地となり、大坂の帯屋五兵衛、家村屋太郎兵衛、平野屋仁兵衛、京都の鳥子屋三右衛門ら、名塩鳥子専門の紙問屋がいたほどである。↓泥間似合紙（どろまにあいがみ）

まにあいとりのこ【間似合鳥子・間合鳥子】 間似合判の鳥子紙。襖障子用の間似合紙は中世から始まっており、間合鳥子もまた室町期にはつくられていたはずであるが、文禄元年（一五九二）六月の近江称名寺あて豊臣秀吉朱印状や徳川家康コレクションの『駿府御分物御道具帳』に、この紙名が記されている。

マニラあさ【マニラ麻】 バショウ科に属する多年生草本。学名は*Musa textilia*で、その葉繊維を利用して紙をつくる。原産地のフィリピンでアバカ（abaca）といい、インドネシアや中米でも栽培されている。繊維は良質で強く、弾力に富み、塩水に侵されないのが特徴。日本では近代に補助原料として多く用いられた。↓アバカ紙（アバカし）

まばせがみ【馬馳紙】 島根県仁多郡奥出雲町馬馳に産したコウゾ紙。馬馳は斐伊川の上流にある紙郷で、大原郡木次《きすき》町（雲南市）紙市場を通じて出荷されたが、伝統技法を守って近年まで漉かれていた。↓木次紙（きすきがみ）

マーブルし【マーブル紙 marbled paper】 主としてヨーロッパで作られているマーブル（大理石）文様の加工紙。ヨーロッパでは十六世紀から本の装幀や箱張りに用いており、アラビアでエブル（Ebrû 雲紙）といったものが源流とされているが、さらにさかのぼって中国の唐代につくられた斑紋紙や流沙箋《りゅうさせん》が源流である。日本の墨流しを源流とする説もあるが、これは古代に日本とアラビアを結ぶ交易ルートがなかったことからみても疑わしい。マーブル紙の文様はヨーロッパできわめて多彩となり、ストーン、孔雀、かたつむり、雲、花束、トルコ風、イタリア風、フランス風、ドイツ風など数多くの呼称がある。液状基剤に絵具や顔料を置き、細棒や竹くしで文様を描いて紙に吸着させる。その液状基剤はアラビア原産のアラビアゴム、トラガカントゴム（gum tragacanth）のほかアイルランド苔（Irish moss）が用いられているが、日本のこんにゃく糊やフノリでもよく、中国の蘇易簡『文房四譜』収録の流沙箋の製法には小麦粉糊のほか皂莢《さいかち》油や巴豆《はず》油を用いており、中国ではマーブル紙のことを雲石紋紙ともいう。なお日本での和紙によるマーブル紙つくりは、昭和初期に福井県越前市今立町の宮川作右衛門が始めているが、染料に松脂を溶かした水滴を落として文様をつくったものを地紙に吸い取らせるので、墨流しの技法に類似したものであった。いまは西洋の技法にならってマーブル紙をつくっている。→流沙箋（りゅうさせん）

まめしきし［豆色紙］藤原良経《よしつね》筆と伝えられ、墨流しの特別に小さい色紙に書かれた古筆切。

まめほん［豆本］きわめて小型の本の総称。日本での定義は明確でないが、江戸時代に美濃判または半紙判を八つ切りにした大きさで、主として児童向きのものとしてつくられ、芥子《けし》本・袖珍《しゅうちん》本とも呼ばれた。外国の豆本（midget book）は一〇センチ以下の本を指し、聖書や辞典などに多い。近年は趣味的につくられて好事家に珍重されており、小型のため文字は小さいが、肉眼で十分見ることができる程度のものを豆本とするのが普通である。

まゆがみ［繭紙］蚕繭でつくったのではなく、紙肌に繭のような皺文があることから名づけられたもので檀紙の別称。『蹇驢嘶余《けんろせいよ》』に檀紙は縄にかけて干したので皺文があると記しており、古代には干板に張らないで縄干しだったので、このように皺文ができたといわれる。義堂周信『空華《くうげ》集』では、甲州の檀紙のことを甲州蠒紙《けんし》（蠒はまゆ）としている。『唐書』東夷列伝には、建中元年（七八〇）日本からの使者興能（布施清直）は書をよくし、その紙は繭に似る、とあり、『新撰紙鑑』は檀紙類の項で、「昔藤原葛野麻呂入唐して筆跡をとどむ。其紙繭の肌に似たり。……是今の檀紙なるべし」と記している。→檀紙（だんし）

まゆみがみ［真弓紙］マユミの皮を原料として漉いたといわれる紙。正倉院文書にみえ、古代の檀紙と同義であるが、平安期頃からの檀紙はコウゾが主原料であり、マユミは補

199　マユミ

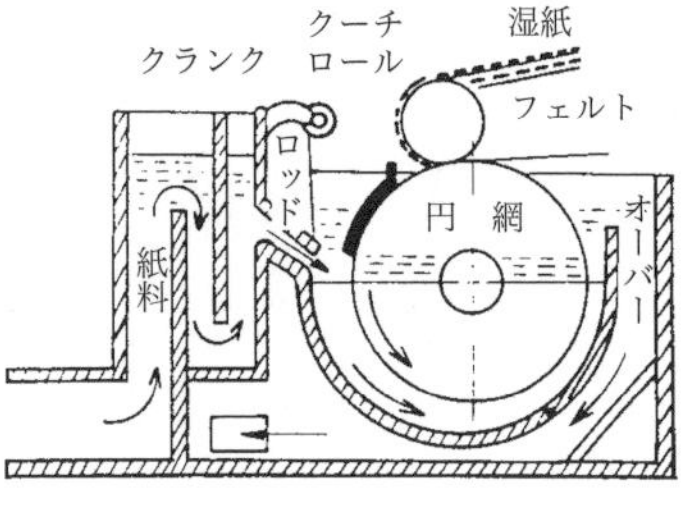

200　円網抄紙機断面図

助原料あるいは粘剤《ねり》として用いたとの説もある。↓檀紙（だんし）・図版199

まる［丸］和紙を数える単位。半紙は六締《しめ》（一万二〇〇〇枚）、奉書紙は一〇束（四八〇〇枚）、杉原紙は八束（三八四〇枚）、美濃紙は四締（九六〇〇枚）。

まるあみしょうしき［円網抄紙機］円筒状の枠に金網を張った円網を取り付けた抄紙機。機械すき和紙には、大径の乾燥円筒が一個の型式の円網ヤンキー抄紙機が最も多く用いられ、片つやで薄い紙をすくのに適している。円網抄紙機は一八〇九年イギリスのディキンソン（John Dickinson）が発明したものであり、cylinder (mould) paper machine という。↓図版200

まるこがみ［丸子紙］長野県上田市丸子町に産したコウゾ紙。丸子町は上田市街と対して千曲川南岸にあり、千曲川支流の依田川渓谷には江戸時代に重要な紙郷が形成されていた。その紙郷の中核が丸子町長瀬で、明治期には全国有数の蚕卵台紙の産地として知られ、のちには障子紙のほか朝鮮人参の袋紙を漉いていた。

まるもりがみ［丸森紙］宮城県伊具郡丸森町で産した障子紙。寛政十年（一七九八）の『封内土産考』に、丸森は仙台藩の四大紙産地のひとつとして記されている。なお障子紙の縦寸法は全国規模の美濃紙が九寸三分、半紙版が八寸三分であるが、丸森障子紙は八寸五分であった。

まんねんかわらがみ［万年瓦紙］厚紙に軟土・石炭粉・椰《や》子《し》油・石灰などを混合したものを塗ってつくった瓦紙。明治期に東京本所区（墨田区）で製し、仮小屋などに瓦の代りに用いられた。

まんねんし［万年紙］漆を塗布してある、墨筆で書くメモ用の紙で、濡れた布でぬぐえば墨字は消え、長年使えるので万年紙という。正徳六年（一七一六）刊の『四民童子《どうじ》字尽安見《づくしやすみ》』の書具文房門に記されているので近世中期からであり、宝暦七年（一七五七）刊の『絵本神名帳』には、「ものわすれせぬためのかみ也。……そのいろ黄色にしてくわい中（懐中）にやどり、てうほうの一つ也」とある。また文政十一年（一八二八）に成った『鵲巣日々稿《じゃくそうにちにちこう》』には「泉貨紙の表裏を山くちなしの汁で染め、渋を一度引いてよく乾かし、ついで透明な梨子地漆で上塗りして、風呂に入れてうるしをからし、折本のやうにたたんで用ひる」と、製法を詳述している。元禄期の『国花万葉記』には京都産となっているが、文化八年（一八一一）刊の『進物便覧』には、紙煙草入れ・桐油《とうゆ》紙・手帳とともに東都土産のひとつに数えられており、旅の必携具として江戸で盛んにつくられていた。なお紙業界には明治初期に大蔵省印刷局でつくった局紙を万年紙と呼ぶ説もある。

まんりきし［万力紙］長野県飯田市あたりでつくられた擬革紙の一種。明治十年（一八七七）の第一回内国勧業博覧会に長野県伊那郡鼎村（飯田市）の小木曽俊夫が出品し、その製法を説明している。蛋白（卵白）とこんにゃく糊、硫礬丁幾《りゅうばんちんき》（礬水《どうさ》）を調合して生晒《きさらし》紙に塗り、乾かしてまた塗布することを一六回繰り返したのち、石灰汁で一時間半煮たあとまた白湯で一時間煮る。このあと清水で漂白して板に張り、風や日光で乾かしたもの。その用途は広く、敷物・風船・空気枕・浮袋・酒壺・貨幣袋・絃槽皮《げんそうひ》・包紙・防雨衣・鼻緒などに加工された。→強澣紙（きょうかんし）

みかえし［見返し］上製本の表《おもて》表紙および裏表紙の内側に張り付けた四ページ分の紙葉。書物の中身と表紙をつなぎ、そのつながりを強める役割をするので、これに使用する紙の強弱によって書物の耐久性が少なからず左右される。表紙の内側に張り付けられている部分を効《き》き紙または力紙、これに連続して張られていない部分を遊び紙という。また見返しは実用的な効果のほかに装飾的な側面をもっており、色紙や模様紙を用い、ヨーロッパではマーブル紙を用いることが多く、あるいは絵や写真を印刷した絵見返しも使われている。

みかわのかみ［三河紙・参河紙］三河（愛知県東部）に産した紙の総称。三河は『延喜式』に中男作物《ちゅうなんさくもつ》の紙を納めるところと記されており、江戸中期の『和漢三才図会』には、半紙のほか鼻紙の極上品といわれた小菊紙の産地となっている。小菊紙は東賀茂郡足助町（豊田市）の産であるが、同町には足助紙、南設楽郡鳳来町（新城市）には山吉田紙を産した。東賀茂郡朝日町・西加茂郡小原村（豊田市）にも紙郷があり、小原村では近年まで

201　三河森下紙を漉いていた小原村

三河森下紙が漉かれていた。↓足助紙（あすけがみ）・小菊紙（こぎくがみ）・森下紙（もりしたがみ）・図版201

みぎょうしょがみ［御教書紙］御教書に用いる料紙。御教書とは三位以上の貴人の意向を伝える奉書。上皇・天皇・親王の場合は院宣・綸旨《りんじ》・令旨《りょうじ》といい、将軍・執権（管領《かんれい》）・奉行人らが談合して下与する文書もふくみ、下文《くだしぶみ》の敬称でもある。したがって、檀紙・杉原紙・奉書紙などが用いられている。

みすがみ［美栖紙・三栖紙・御簾紙］大和（奈良県）吉野地方に産するコウゾ製の薄紙。吉野紙が油・漆の濾過用のほか鼻紙として用いられ、これから分化して特に鼻紙用としてつくられたのが美栖紙である。中世には簾中の女房たちが愛用したので「御簾《みす》紙」といったが、近世の『和漢三才図会』には三栖紙を「延紙の極美なるもの」と解説している。『新撰紙鑑』によると、大・中・小に分類され、大は七寸八分×九寸八分、中は七寸二分×九寸二分、小は六寸×八寸となっている。紙料に胡粉を混入し、湿紙を紙床に移さず、簀を干板に伏せる簀伏せ技法が特徴である。近年の用途は表装の肌裏打ち・増裏打ちに用い、昭和五十年に吉野町南大野の上窪正一、平成二十一年に上窪良二が保存技術保持者として認定された。翠紙《すいし》・翠簾紙とも呼ばれた。↓翠簾紙（すいれんし）・図版202

みずたまがみ［水玉紙］小円形を数多く散らした水玉文様のある紙。江戸中期から始まり、『新撰紙鑑』の雑紙類にみられ、寸法を一尺×一尺三寸五分と記している。地紙に淡い色に染めた紙を漉きかけ、その上にみご（わらしべ）箒《ほうき》などにふくませた水滴を振り散らして文様をつくる。和歌料紙の一つでもあったが、箱張り、壁張り、その他の装飾に用いられることも多く、主として越前（福井県北部）でつくられた。地紙の染色によって、藍水玉、柿水玉、黄水玉、鼠水玉などの呼称があることが『貿易備考』に記されている。↓大正水玉紙（たいしょうみずたまがみ）

みずひき［水引］細い紙縒《こより》に糊を引いて固め中央から染め分けたもの。進物の包紙などにかけわたすが、祝い事には紅白・金銀など、凶事には黒白・藍白などを用いる。『大乗院寺社雑事記』文明十四年（一四八二）の条に「水引」の字がみられるので、室町後期からあった。この語源を『雍州府志』は、米糊に浸したものを取り出して白布で引きしごくから、と説明し、もともと京都の業者、城殿《きどの》でつくった、と記している。ほかに山崎美成著『本朝世事談綺正誤』は「もともと綿糸のよりがもどらぬやうに水をひいてよりあはせた」とか「水引は元来連歌の懐紙を綴る具で、細川に散り敷いた紅葉が流水に引かれるよそほいに似ているから」との異説を記している。また杏花堂主人著『南畝《なんぽ》莠言《ゆうげん》』中国六朝の頃そうめんを水引餅といったが、そうめんの形に似てゐるから水引といふ」としている。今は愛媛

県四国中央市川之江と長野県飯田市で多くつくられている。↓図版203

みずもみがみ【水揉紙】濃い礬水《どうさ》を引いた白紙に淡い色料をたっぷり引いて揉み、それを伸ばして揉み皺の部分に濃い色料を浸透させて仕上げた紙。江戸から紙技法のひとつである。↓揉紙(もみがみ)

みぞのくちがみ【溝口紙】筑後(福岡県)下妻郡溝口村(筑後市)に産したコウゾ紙。溝口村福王寺に来た日源上人が郷里の越前五箇村から縁戚の紙工三人を招き寄せて製紙を始め、文禄四年(一五九五)領主立花宗茂に奉書紙を献上したという。そしてここを原点として九州各地に製紙が広がったといわれている。↓図版204

みたむらけ【三田村家】福井県越前市今立町大滝の古い歴史を誇る紙匠の家系。三田村家由緒書には、武衛公(斯波高経《しばたかつね》)が越前守護の時、御教書紙を仰せ付けられて提出すると、それから奉書屋と称し、一束の紙紐のうえに「奉書」の印判を押すことを許された、と記している。その後、織田・豊臣・徳川の時代を通じて御用紙漉立工の地位を確保した。また奉書紙の販売権をもつ御紙屋あるいは版元にも指定されており、近世には越前奉書の紙匠として最も著名であった。

みちのくがみ【陸奥紙】陸奥で産する紙で、檀紙と同義語とされている。「みちのくにがみ」ともいう。右大将道綱の母の天禄三年(九七二)の作『蜻蛉《かげろう》日記』下に、「懐より陸奥紙にて引き結びたる文の、枯れたる薄《すすき》にさしたるを取り出でたり」とあるのが初出である。『宇津保物語』藤原の君の巻には、陸奥守の奉れるみちのく紙あり」とあって、陸奥産の紙がみやげもののひとつとして京都に運ばれていた。清少納言は『枕草子』で「白くきよげなる陸奥紙」

202　美栖紙漉き(奈良県吉野町, 上窪工房)

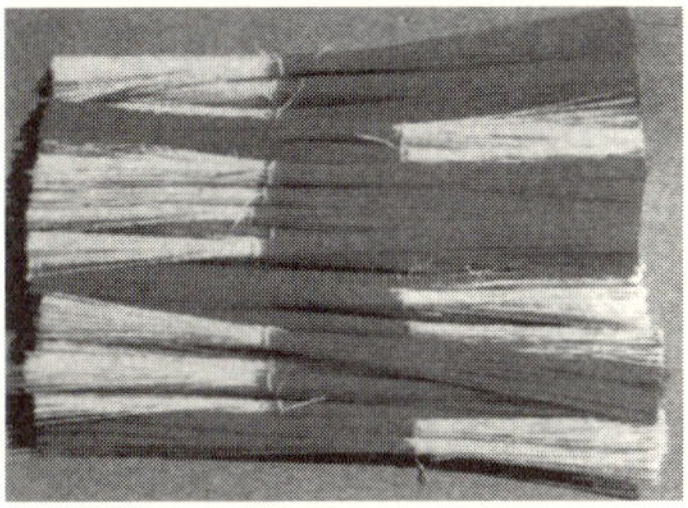
203　水引

204　筑後市溝口, 福王寺の日源上人像

「いと白き陸奥紙」とたたえ、紫式部は『源氏物語』で、「うるはしき紙屋紙、陸奥紙のふくだめるに」と紙屋紙と並ぶ美しい紙と評価している。そして『源氏物語』は、この「ふくだめる」のほか「厚肥えたる」「ふくよかなる」「いと香ばしき」とも形容しており、厚手の紙であった。三条天皇に信頼された右大臣藤原実資《さねすけ》の日録『小右記』によると、長和三年（一〇一四）に前陸奥守済家、万寿四年（一〇二七）に陸奥守孝義からそれぞれ檀紙一〇帖を、また長元五年（一〇三二）に出羽守為通から陸奥紙を贈られたと記しており、陸奥紙が檀紙と呼ばれるようになっていた。『源氏物語』の陸奥紙を形容することばは檀紙にもあてはまるものであり、また枕詞の「みちのくのあだたらまゆみ」「陸奥のあだちの真弓」などからも陸奥紙が檀紙と呼ばれたといえる。その産地について、寿岳文章の『日本の紙』は、宮城県多賀国府周辺から平泉文化の栄えた衣川沿岸を推測しているが、福島県二本松市の上川崎には、冷泉天皇（在位九六七—九六九）の頃製紙が始まったとの伝説があり、枕詞の「あだたら（安達太良）まゆみ」の地名とか、『蜻蛉日記』に陸奥紙が初出している年代に近いこと、さらに北関東からの技術伝播ルートなどを考え合わせて、阿武隈川流域も、その産地であったと考えられる。↓檀紙（だんし）

みつおりがみ［三つ折紙］三つに折って包装し出荷したコウゾ製の紙。主として備中（岡山県）に産し、享保十七年（一七三二）刊の『万金産業袋《ばんきんすぎわいぶくろ》』にすでにみられ、『新撰紙鑑』では九寸七分×一尺三寸となっている。備中では各戸に一束を備え、障子張りのほか帳簿などに常用していたという。『貞丈雑記』十四に「たたう紙の事、紙三枚を屏風の如く三間にたたみ、三重に入れちがひ……」と、杉原紙を懐紙として用いる時の折り方を示している。備中三つ折紙は杉原紙より小判に漉いているが、杉原紙を懐紙にする方式にならい三つ折して包装したので、そのように名づけられた。また『貿易備考』によると、美作（岡山県）でも三つ折紙を産していた。

みっこうし［蜜香紙］蜜香樹の皮を原料として漉いた紙。中国西晋の稽含《けいがん》（二六三—三〇六）『南方草木状』に記されており、蜜香樹とはジンチョウゲ科沈香属の落葉高木で、沈香とされている。沈香は沈丁香ともいわれ、沈丁花《じんちょうげ》とよく似たものであり、ジンチョウゲ科植物が早くから製紙原料とされていたことを示す紙である。

みつまた［三椏・三股・三叉］ジンチョウゲ科の落葉低木で、その靭皮繊維は製紙の主要な原料。学名は*Edgeworthia Papyrifera Sieb. et Zucc.* 漢名は黄瑞香・結香という。枝が三つずつに分岐するのが特徴で、伊豆の三須家文書によると、慶長三年（一五九八）三月四日付徳川家康壺形黒印状は、修善寺の紙工文左衛門に鳥子草《とりのこくさ》・雁皮《がんぴ》・ミツマタの伐採権の独占を認めており、近世初期にミツマタは和紙の原料として導入されている。主として駿河（静岡県）と甲斐（山梨県）で用いられたが、明治期からは大蔵省印刷局製造の紙幣用として各地に栽培が広まった。元禄十四年（一七〇一）跋文のある『玄洞筆記』に「三叉は紙潔白にして、美濃の上々紙とも見まがふべき程なり」とあり、佐藤信淵《のぶひろ》著『草木六部耕種法』、大蔵永常《ながつね》著『紙漉必要』もその栽植法を述べている。しかし、『草木六部耕種法』はミツマタの樹皮は「性の弱きもの」であるので、コウゾ皮と混ぜて漉くのがよいと、ミツマタの欠点を指摘している。武蔵国登戸（川崎市多摩区）付近でつくった和唐紙はミツマタが主原料であるが、やはりコウゾ皮を混ぜて漉いている。そして明治期に大蔵省印刷局でつくった著名な局紙はミツマタ製の厚紙であるが、この間にいくらか製法が改良された。中国では王宗沐《おうそうもく》（一五二三―九一）編の『江西省大志』に結香を原料とする結連紙、方以智《ほういち》（一六一一―七一）著『物理小識』に結香紙がみえているので、日本より早くからミツマタ原料の紙をつくっていたといわれる。ミツマタの品種には赤木・青木・かぎまたの三種があり、赤木種は雌木といい、土佐で小葉という。外皮が飴色を帯び、靭皮は厚く歩留まりが少なく、繊維の質は劣る。青木種は雄木といい、土佐で大葉と呼び、外皮は淡青色、靭皮は薄くて歩留まりが多く、繊維の質は優良である。かぎまた種は繊維の質がよいが、繁殖がむずかしい。また青木種は赤木種とかぎまた種の中間種とされている。ミツマタの靭皮繊維の長さは平均三・六ミリ、幅は平均〇・〇二ミリで、光沢があり、明治期には輸出用コッピー紙の原料であるガンピに代用され、越前鳥子紙でもガンピに代わる主原料となっている。

↓図版205

みつまたがみ【三椏紙】ミツマタを原料として漉いた紙。ミツマタの漢名は黄瑞香・結香で、中国では十六世紀からつくられており、日本では修善寺の三須家文書にみられるように、十七世紀につくり始められたと考えられる。江戸時代には主として駿河（静岡県）・甲斐（山梨県）で多くつくられ、駿河半紙が特に著名であるが、江戸末期に武蔵（川崎市多摩区）でつくられた和唐紙、明治期の高知県の柳紙、愛媛県の改良半紙などもミツマタが主原料である。

みなとがみ【湊紙】和泉国（大阪府）の湊村（堺市東・西湊町）に産した漉き返しの紙。『兵範記《へいはんき》』仁安三年（一一六八）九月七日の条に、堺紙屋紙とみえるように、堺では早くから

205　ミツマタの木（『雁皮紙製造一覧』より）

紙をつくっており、『毛吹草』に和泉の産としてあげている腰張紙はこの湊紙である。『雍州府志』には、「湊紙有り、もと泉州湊浜においてこれを造る」として京洛でも製すと述べ、『新撰紙鑑』『諸国紙名録』などには摂津名塩にも産するとしている。また井原西鶴の『好色一代男』には「六畳敷に幾間も仕切り、みなと紙の腰張りに」とみえる。壁面の下部に張った薄墨または鼠色の紙である。襖の下張りとしても用いられる。↓腰張紙（こしはりかみ）

みのがみ［美濃紙・美乃紙］美濃国（岐阜県南部）に産した紙。美濃は古代から紙を多く産し、『延喜式』によれば、年料別貢雑物の紙麻は六〇〇斤で最も多く上納しており、さらに紙屋院の支所も置かれて色紙つくりにすぐれている著名な産地であった。中世には美濃市大矢田の紙市場から近江枝村の商人団が京都に運んで流通させたほか、公家や禅宗寺院への進納も多かった。したがって、大小・厚薄、さまざまに多種類の紙を漉き、本来の直紙《なおしがみ》のほか中折・天久常（典具帖）・薄白・森下・白河・雑紙などがあり、さらに近世には杉原・半切などを漉きこなして、全国有数の紙どころと評価されている。↓直紙（なおしがみ）・図版206

みのしょいんし［美濃書院紙］美濃（岐阜県）産の障子紙は最高級品と評価されて、書院造りの明《あか》り障子に張るのにふさわしいという意味で名づけられている。正徳三年（一七一三）刊の『和漢三才図会』は、障子紙について「濃州寺尾より出るもの最も佳し。……以て書籍を写し書翰を包み、障子及び灯籠に張るに之にまさるものなし」と記している。そして書院紙ということについて『岐阜県産業史』には、文化年中（一八〇四－一八）武儀郡長瀬村（美濃市）の武井助右衛門が尾州侯に納めた美濃紙が殿中書院の明り障子に適するとされたので、「書院紙といへる名称はこの時よりの事なりといへり」と記している。しかし、享保十七年（一八〇四）刊の『万金産業袋《ばんきんすぎわいぶくろ》』には美濃国紙のひとつとして「書院」が記され、安永六年（一七七七）刊の『新撰紙鑑』には小直紙の別名を「書院美濃」とし「凡そ障子紙の類美濃を最上とす」と評しているので、江戸中期には美濃書院紙の呼称があった。明治初期の『諸国紙名録』には、美濃の書院紙に「障子紙・書物用・罫紙用」と注記し、『和漢三才図会』の記事と同様に記録用としても重要なものであった。↓障子紙（しょうじがみ）・美濃紙（みのがみ）

みののくにかみや［美濃国紙屋］平安初期、京都の紙屋川のほとりに図書寮《ずしょりょう》の別所として設けられた官設製紙場である紙屋院の別所として美濃国に置かれた紙屋。美濃国紙屋があったのは不破郡垂井町清水尻の紙屋塚のあたりで、『延喜式』によると、図書長上一人が派遣され、特に色紙つくりがすぐれていた。その長官としては、『類聚符宣抄』、天暦五年（九五一）九月の官符に「造色紙長上阿曇兼遠《あずみかねとお》」、『権記《ごんき》』長保四年（一〇〇二）二月一日の条に「美濃国紙

屋長上宇保良信」の名がみえている。↓図版207

みのばり［蓑張］襖《ふすま》・屏風《びょうぶ》などの下張で、紙の上部だけに糊をつけ、襖・屏風などの下部から蓑のように少しずつ重ねて張っていくこと。下張の工程は骨縛、打付け張（骨縛押張）、蓑張、べた張、袋張（浮張《うけばり》）、清張にわかれるが、蓑張は特殊な張り方で、これによって膨らみをもたせている。

みのばんぼん［美濃判本］美濃紙（九寸×一尺三寸）を縦半分に二つ折りした判型の和本。美濃本ともいい、和本の基準判型で最も多く、六寸五分×九寸（一九七×二七三ミリ）の判型である。

みまさかのかみ［美作紙］美作（岡山県北東部）の国に産した紙。美作の紙は正倉院文書に美作経紙とあり、ここは良質のコウゾの産地でもあったので、古くから紙を産していた。室町期の『御湯殿上日記』『宣胤《のぶたね》卿記』『実隆《さねたか》公記』にも美作紙の記事がみられ、これらは檀紙と考えられるが、江戸中期の『新撰紙鑑』では奉書紙を産し、皆田紙・障子紙・傘紙もつくっていた。このようにかつてはコウゾ製のものだけであったが、近年はミツマタ原料の箔合紙《はくあいし》を津山市上横野の紙郷で漉いている。↓箔合紙（はくあいし）

みみつがみ［美々津紙］宮崎県日向市美々津町に産したコウゾ紙。高鍋藩は天保年間（一八三〇－四四）に紙を専売制に組み込んだほどで、いくつかの紙郷があったが、美々津はその中核紙郷であった。かつては半切紙を主としていたが、近代には京花紙を多く産した。

みみつきがみ［耳付紙］紙の周縁の少し厚くなっているところを耳といい、そこを裁ち落さないで付いたままの紙。漉き放し、すなわち漉いたままの紙であり、紙の端を切っていないので、端切らず紙（端不切紙・不裁紙とも）という。↓端不切紙（はしきらずがみ）

みやぎのがみ［宮城野紙］青・茶・桃の三色の染紙を漉き込んだ鳥子紙。福井県越前市今立町の越前美術紙の一種で、岩野平三郎が創製したもの。

みやこのじょうがみ［都城紙］宮崎県都城市大岩田、蔵原、下長飯《したながえ》などの紙郷で産した紙。都城市は江戸時代に鹿児島

206　美濃紙の中核，美濃市蕨生の紙郷

207　美濃国紙屋のあった垂井町の紙屋塚

藩領で同藩の製紙振興策に沿って育成され、主として素朴な障子紙をつくっていた。

みやじがみ［宮地紙］熊本県八代市宮地に産した紙。↓八代宮地紙（やつしろみやじがみ）

みやまがみ［深山紙］山形県西置賜郡白鷹町深山に産した紙。深山では近世初期から紙が漉かれ、山形藩の御用紙漉きをつとめたところでもある。かつては紅花袋用の厚紙を漉いたが、主として半紙・障子紙である。なお小判の漉簀で漉いた湿紙を簀立て板に立てかけて水を切るなど、古い技法を守っているのもひとつの特色で、山形県の無形文化財に指定されている。

みやもとがみ［宮本紙］長野県大町市大字社字宮本で産した薄手の紙。宮本の紙は江戸期に伊勢神宮に納める御札紙を漉いたのに始まり、伊勢から移住した一志《いっし》姓の人が多く従事したという。のちに宮本紙は帳簿用となり、明治中期には約四〇〇戸の製紙家がいた。↓松崎紙（まつざきがみ）

みょうばん［明礬 alum］硫酸アルミニウムとアルカリ金属・アンモニウム・タリウムなどの硫酸塩との複塩の総称。一般には硫酸アルミニウムの水溶液に硫酸カリウムを加えて結合させたアルミニウム・カリ明礬を指す。熱すれば結晶水を失い白色無定形の粉末（焼明礬）となる。水溶液は酸性を呈し、収斂《しゅうれん》性の味がある。染色の媒染剤のほか膠《にかわ》と混ぜて礬水《どうさ》をつくるなど、和紙の加工には広く用いられている。↓礬水紙（どうさがみ）

みよしほうしょ［三好奉書］備中（岡山県）の美穀村《みよし》（新見市）と備後（広島県）の三次《みよし》付近に産した奉書紙。『新撰紙鑑』には「備中より出る音物《いんぶつ》なり。色白く紙はだよし、又備後国より出るを御蔵紙とも云」と注記している。そしてこの最上品を川北、下品を門田と呼んだというが、川北は庄原市、門田は三次市にあって、備中よりもむしろ備後のものが三好奉書にふさわしく、庄原産の奉書は板に張る時ツバキの葉でこするので、光沢のある高級品であった。↓奉書紙（ほうしょがみ）

みんげいうんどう［民芸運動］民芸は庶民の生活の中から生まれた郷土的な工芸で、大正末期柳宗悦《やなぎむねよし》の造語であるが、その実用性と素朴な美を愛好する活動を民芸運動という。柳宗悦が主唱し、月刊機関誌『工芸』によって運動を展開したが、この『工芸』は一二〇号までに、わずか一号を除いて本文用紙はすべて手漉きの和紙であった。このように和紙は民芸運動と深いかかわりがあり、寿岳文章・安部栄四郎らが積極的に参画している。昭和六年（一九三一）因幡紙頒布会の趣意書に寄せて、柳は「因幡の紙」と題する文のなかで「よい紙には不思議な魅力がある。質が与へる悦びである。……近代の知識は紙を西洋化さす事に急いでゐる。私達は量に於て助けを得たが、質に於て失ったものは大きい。……質を失ふ事は凡てを失ふのに近い。私は和紙の美を忘れる事が出来ない」と記している。昭和八年（一九三三）の『工芸』第二十八号は、最初の和紙特集を編み、この『工芸』誌によって全国の和紙の素朴な美をたたえ、昭和十九年（一九四四）には『和紙の美』を出版している。彼は民芸運動の中で和紙を重視し、その質の美を高く評価して復興し発展させることを呼びかけた。

みんげいし【民芸紙】名もない庶民の生活の中から生まれた郷土的な工芸を民芸といい、実用性とともに素朴な美しさを備えた紙。昭和初期の柳宗悦をリーダーとする民芸運動の中で、まず鳥取県と島根県の手漉き和紙が高く評価され、次第に全国の主要な紙郷のものが見直された。民芸紙というのは、当初は素朴な美をたたえた手漉き和紙を指すものであったが、のちには草木染め、ないしは天然染料を用いた染紙を意味している。島根県の人間国宝だった安部栄四郎は、その厚手の雁皮《がんぴ》紙を推賞されて民芸運動に加わったが、後に民芸紙としてつくったのは天然染料を用いてつくった染紙であり、その考え方が各地に広まって、民芸紙と名づける染紙（あるいは塵入り紙）が多くつくられた。

みんちょうとじ【明朝綴】袋綴の装幀様式で、綴代《とじしろ》に孔を四か所あけて、糸を背にもかけてかがったもの。四つ目綴・唐綴ともいい、和装本に用いる普通の綴じ方である。↓袋綴（ふくろとじ）

むかいざがみ【向座紙】高級な菓子の上掛けのほかカステラの下敷きなどに使われた特殊な紙で、長座紙ともいう。佐賀県小城市岩蔵の特産で、明治十年（一八七七）の第一回内国勧業博覧会には、同所の田中貞之ほか九名が出品している。↓長座紙（ながざがみ）

むかりがみ【無雁紙】岐阜県吉城郡河合村（飛騨市）で江戸時代に産したコウゾ紙。延享二年（一七四五）の長谷川忠崇著『飛州志』にみられ、旧河合村無雁の地名を冠した紙名である。↓飛騨紙（ひだのかみ）

むぎわら【麦藁】イネ科に属する大麦・小麦・裸麦・ライ麦・燕麦《えんばく》などの実を取り去ったあとの茎。麦茎ともいう。紙料としては、稲わらより繊維が長くて品質がよく、歩留まりもよいとされているが、日本では主として稲わらを用い、麦わらは欧米で多く用いられている。中国では唐代の詩人、元稹《げんしん》（七七九－八三一）の詩に「麦紙は紅点を浸し、藍灯は碧膏を焔《も》やす」とあり、唐代から紙料としており、日本では元禄十四年（一七〇一）の跋文のある井上玄洞著『玄洞筆記』に、近年楮が高値なので、大麦・小麦・稲な

どのわらを用いて紙をつくり、麦わらの紙を麦光紙と名づけた、と記している。→麦光紙（ばくこうし）

むけいぶんかざい［無形文化財］無形の文化的所産、演劇・音楽・工芸技術、その他で歴史的あるいは芸術的価値の高いもの。手漉き和紙の技術はこのなかに含まれ、国と都道府県で指定するものがある。国の記録作成等の措置を講ずべき無形文化財には土佐典具帖紙・清帳紙（高知県）、小国紙（新潟県）、西の内紙（茨城県）、程村紙（栃木県）、泉貨紙（愛媛県）、白石紙布（宮城県）、製紙用具（高知県）がある。また国指定の文化財保存技術としては、奈良県の宇陀紙（福西弘行）、美栖《みす》紙（上窪正一）、吉野紙（昆布一夫）、高知県の表装紙（井上稔夫）のほか製紙用具（全国手漉和紙用具製作技術保存会）などがある。都道府県指定のものは、残存する手漉き和紙のほとんどが含まれ、伝統の継承が期待されている。

むさしのかみ［武蔵紙］古代に武蔵の国で産した紙の総称。正倉院文書の宝亀五年（七七四）「図書寮解《ずしょりょうげ》」には武蔵紙四三〇張の未進が記されており、『延喜式』では中男作物の紙を納めるところとなっている。武蔵国は埼玉県・東京都と神奈川県の一部を含み、国府は東京都府中にあったが、この古代武蔵紙の産地は埼玉県域と推定される。承和八年（八四一）五月の太政官符のなかに、男衾郡榎津郷（熊谷市）の壬生吉志福正《みぶのきしふくまさ》が息子の調庸も一括納入したいと願い出た記録があり、そこに中男作物の紙が明記されている。また中世には大河原荘で産した大河原紙が著名であり、近世には『武蔵風土記稿』によると、比企郡・秩父郡のほか大里・入間両郡、飯能市に及ぶ製紙圏が形成されている。東京都の浅草紙や神奈川県橘樹郡（川崎市）の和唐紙は、すべて近世に始まっており、古代には埼玉県域が紙の主産地であったと考えられる。→細川紙（ほそかわがみ）・秩父紙（ちちぶがみ）

むしろびきがみ［莚引紙］莚の上に和紙を置き、染液を刷毛で丁子引き風に文様を構成した紙。莚の編目が濃淡のある野性味ゆたかな文様を描かせている。莚の代りに簾やざるを用いることもある。襖障子表張りや本の表紙などに用いられることもある。

め

めいじんでんし［明仁殿紙］中国元朝の内府で用いた芸術的加工紙。明仁殿は元朝の宮廷にあった殿舎で、端本堂という殿舎にちなむものを端本堂紙という。クワ皮を原料とするかなり厚いもので、故宮博物院に収蔵されている明仁殿紙は、大幅の描金如意雲黄色粉蠟箋《ふんろうせん》である。

めがみ［女紙］箔打紙の老化したもの、あるいは粗質の下地紙（箔打紙）を一八センチ平方に切ったもの。下地紙を灰汁につけて打ちたたく時に覆いとして用いる。箔を打ちのばすはたらきのあるのを「主紙《おもかみ》」という。

めっこうし［滅紅紙］黄茶みを帯びた紅色に染めた紙。黄色素を含んだままのベニバナで染めたもので、黄色素を十分に洗い去って染めたのが紅紙である。

めっしのかみ［滅紫紙］青みがかった紫色の紙。紫根の灰汁媒染であるが、染める時の温度を高くすると青みを増す。

めばりがみ［目張紙］酒樽の目張りなど、物の合わせ目や継ぎ目を密閉するのに用いる紙。近世九州製紙の原点といわれる筑後市溝口で漉いたものがよく知られている。粗剛ながら強靭さを誇る九州産コウゾを原料とした厚紙である。

めんし［綿紙・棉紙］①中国ではカジノキ・クワなどの樹皮でつくった紙のことで、木綿が原料ではない。屠隆《とりゅう》『紙墨筆硯箋』には、宋代に棉紙があったといい、『天工開物』には、樹皮原料の硬い皮を縦に引き裂くと綿糸のような繊維がみえるので、「綿紙という」と記している。また潘吉星『中国製紙技術史』には、叩解すると繊維の先端が綿糸のようになるから、といっている。そして宣紙の原料としてカジノキやクワ皮の代わりに稲わらを用いるようになって、これを棉料といっている。②ヨーロッパでアラブとヨーロッパ早期の紙のことをしばしば棉紙、バンビキナ紙（Charta Bambycina）と呼んだが、これは棉を原料としたものではなく、麻類の亜麻を原料とする紙である。ヨーロッパで棉を原料としたのは十八世紀からであり、これは字源の誤解による呼称である。中世にシリアのバンビキナ城（Bambycina）で盛んにつくった亜麻紙に、地名を冠してバンビキナ紙と呼んだのであるが、後にBambycinaを誤ってbombycina（棉花）と伝え、発音が似ている二つのことばを混同したのである。③ヨーロッパで十八世紀に、主原料の亜麻の不足にともなって綿布を原料としてつくった紙。これは純粋に綿が原料で、近代のヨーロッパではこれが主流となっている。↓木綿紙（もめんがみ）

めんれんし［棉連紙］宣紙で棉料というのは、青檀皮の補助原料として用いるカジノキあるいはクワの樹皮で、のちに稲わらのことを指している。そして連紙は連四・連七などという広幅の紙のことで、棉連紙は棉料でつくった広幅の紙を意味している。主産地は安徽省涇県で、近年棉連紙と呼ぶものは軟らかくのびのある薄い白紙で、拓本紙として用いられることが多い。

もうし［網紙］麻製の魚網を処理した紙料で漉いた紙。『後漢書』蔡倫伝に、紙を樹膚・麻頭《まとう》・敝布《へいふ》・魚網でつくったと記しているのにもとづき、蔡侯紙と同じ意味に用いられている。南朝梁の人、蕭繹《しょうえき》の「詠紙」の詩には、「皎白なことは霜雪のようであり、方正なことは布棋（碁盤）のようである。情《こころ》をのべ事を記すのは、どうして魚網の時と同じであろうか」といっている。

もうしぶみ［申文］古文書の形式で、一般に内容や形式にとくに制限はなく、広く下位の者から上位の者に対してさし出す文書である。申状ともいうが、名称の由来は、第一行に「申」あるいは「解申《げしもうす》」の字があるからである。令制に定めた「解《げ》」の内容・形式が拡大してできた文書とみられる。→解（げ）

もうたし［毛太紙］中国明代の大蔵書家、毛晋（一五九九－一六五九）が印刷用としてつくらせた黄色の紙で薄口のもの。厚口のものは毛辺紙という。→毛辺紙（もうぺんし）

もうぺんし［毛辺紙］中国明代の大蔵書家、毛晋は、汲古閣・目耕楼を建て、数万巻の書を蔵したが、彼が印刷用としてつくらせた黄色の紙。汲古閣本などに用いられ、毛辺紙は厚口で、薄口のものは毛太紙という。紙質はあまりよくなく、二番唐紙といって書法の練習に使われている。

もえぎせんかし［萌黄仙過紙］仙過紙（泉貨紙）を萌黄色に染めたもので、造花の葉などに用い、明治期に大阪と東京でつくられていた。

もがみがみ［最上紙］羽前（山形県）の山形城に拠った最上斯波《しば》氏の領内に産した薄紙。『駿府御分物御道具帳』に「もかみ紙」とみえている。羽前は近世初期の『毛吹草』などによると油紙の産地であり、同中期の『新撰紙鑑』では大奉紙（大方紙）や松葉紙を産しているが、明治初期に日本の産業地理を調査したプロイセンのＪ・Ｊ・ラインの『日本産業誌』には、最上郡高松産の最上紙を吉野紙に似た薄紙と記している。したがって、柔《やわら》紙・麻布《あざぶ》紙と呼んだ紙の別称ともいえる。→麻布紙（あざぶがみ）

もくざいパルプ［木材パルプ wood pulp］木材（針葉樹あるいは広葉樹）を原料としたパルプ。製法によって機械パルプ（砕木パルプ、ＧＰ）、セミケミカル・パルプ（ＳＣＰ）、ケミグラウンド・パルプ（ＣＧＰ）、化学パルプ（ＣＰ）に分類され、化学パルプはクラフト・パルプ（ＫＰ）、亜硫酸パルプ（ＳＰ）、ソーダ・パルプ（ＡＰ）に細別される。また晒しの点から未晒パルプと晒パルプに分類される。用途上からは製紙用パルプのほかに、レーヨン、セロファンなどの主原料として使われる溶解パルプに分かれる。ドイツのフリードリッヒ・ゴットリーブ・ケラーが一八四四年に砕木機を開発してから木材パルプの利用が急速に増え、機械すき洋紙の最も主要な原料となっている。日本では明治二十二年（一八八九）製紙会社（のちの王子製紙）気田工場でSP、翌年富士製紙第一工場でGPの製造を始め、手漉き和紙に木材パルプを用いるのは、明治二十九年（一八九六）高知県で始まっている。

もくたんし［木炭紙］木炭筆あるいは鉛筆で描くのに適した画用紙。破布《はふ》パルプを原料とし、純白で縞目があり、木炭の付着がよく、抹消性のよい面に仕上げている。

もくはん［木版］木の板に文字や絵を彫りつけて製した印刷用の板、またそれで印刷したもの。中国では唐代に始まり、一九〇七年スタインにより敦煌《とんこう》石室から発見された唐の咸通九年（八六八）の金剛般若波羅蜜多経が最古の木版本といわれるが、石版とする説もある。確証のある中国最古の木版本は、五代後唐の長興三年（九三二）馮道《ひょうどう》の首唱により印刷した九経である。

もくはんが［木版画］構図を彫刻した版木に刷毛で絵具を引き、紙を当てて馬連《ばれん》でこすり摺った版画。版画には石版画・銅版画などもあるが、木版画は日本で特に普及した版画である。板木には古来桜を用いたが、朴《ほお》・桂《かつら》・橡《とち》なども用いた。紙は越前（福井県）・伊予（愛媛県）産の奉書紙が最も多く用いられたが、鳥子紙・杉原紙・美濃紙などいろいろなものが使われた。↓版画用紙（はんがようし）

もくふようがみ［木芙蓉紙］①アオイ科ムクゲ属の落葉低木であるモクフヨウ（*Hibiscus mutabilis* L.）を原料として漉いた紙。中国で唐代に四川省でつくられたとされており、成都は木芙蓉が多く「芙蓉城」とも呼ばれ、その靭皮繊維を利用している。『天工開物』には薛濤箋《せっとうせん》の原料は木芙蓉と記している。②木芙蓉の花で灰汁媒染した茶色の紙。奈良時代の写経料紙に用いられている。↓図版208

もくめきんがみ［木目金紙］鳥子紙を裏打ちした絹地にニスを塗って洋金箔（真鍮箔）を押したあと、さらに絹布を張ったもの。上下二枚の絹目が光線を反射して木目のような模様を描きだすので、このように名づけられた。また福島県の川俣絹にちなんで「かわまた」ともいう。

もくろく［目録］内容を明示するために品種の名目を記録した書類。進献物には目録を添えるのが例となっているが、室町期頃から進物は目録だけで現品を添えず、金銭を形代《かたしろ》とする習わしが生まれた。また武術・芸術の名目を伝授し終った時、その芸道の名目と伝授し終った由を記して授与する文書。『新撰紙鑑』『諸国紙名録』などは、美濃紙を目録用としているが、進物などは敬意をあらわすもので、檀紙・奉書などの高級紙を折紙形式で用いることも多かった。また明治期に宮城県伊具郡丸森町耕野で産した目録紙は強い紙質

208　モクフヨウ

で広幅のコウゾ紙であった。

もぞうし［**模造紙**］大蔵省印刷局で創製した局紙を模造し、一八九八年オーストリアでＳＰパルプで機械すきしたものをシミリー・ジャパニーズ・ベラムといい、これをさらに模造して大正二年（一九一三）に九州製紙でつくったのが日本での「模造紙」の初めである。↓局紙（きょくし）

もぞうはんし［**模造半紙**］模造紙に似せて愛媛県四国中央市で大正中期から漉いている半紙。原料は機械すき模造紙の反古七〇％にミツマタ紙の反古とミツカド（藺草《いぐさ》の一種）、稲わらなど三〇％を配合して、半紙四ツ判（半紙の四倍の大きさ）で漉いたもの。しかしのちには模造紙の反古だけを原料としており、主として書道用であるが、寺社のお札にも使われている。↓模造紙（もぞうし）

もっかん［**木簡**］古代に文字を書き記すために薄く削った木の札。方とも牘《とく》ともいう。横に並べて糸または革で綴ったものが冊である。『儀礼』に「百名以上は冊に書し、百名に及ばざれば方に書す」とある。また『左伝序』には「史官が大事を記録するに冊に書し、小事は簡牘のみ」と記されている。木簡・竹簡は書写材料として絹布より前から用いられたものである。↓竹簡（ちくかん）

もとどりのりんじ［**髻の綸旨**］使者の髻（髪の頭頂に束ねたところ）に隠し持たせて運ばせた綸旨。綸旨は蔵人《くろうど》が勅命をうけて書いた文書で、南北朝期に大和吉野にあった南朝方が敵の目にふれぬよう極薄の吉野紙に細書して同志に勅命を伝えたとされる。↓吉野紙（よしのがみ）

もとゆいがみ［**元結紙**］髪の髻《もとどり》を束ねておくための糸にするのに用いる紙。元結には古くは組紐や麻糸が用いられたが、平安末期頃には紙縒《こより》や細長く平らな紙（平元結）を用いたようである。『台記』保延二年（一一三六）十二月八日の条には「紙本結」とあり、『山槐記《さんかいき》』治承三年（一一七九）三月十一日の条にも「元結紙縒《もとゆいこより》」とある。また鎌倉期の『とはずがたり』巻二に「薄様の元結のそばを破りて」と記されている。近世の寛文（一六六一－七三）頃からは、長い紙縒を米のとぎ汁に浸して引張り、さらに縒りをかけて布巾《ふきん》でしごいた、水引の紙縒を用いはじめている。これにさらに糊をつけ竹へらでこすって光沢をつけることもあった。原紙は純コウゾ製が多く丈長紙などが用いられたが、信濃の飯田は晒紙《さらしがみ》を用いた文七元結の産地として知られた。このほか元結には装飾のための絵元結、跳ね元結などがある。なお「もとゆい」は「もっとい」ともいう。↓晒紙（さらしがみ）

もほん［**模本**］原本をそっくり真似て書き写した本。模写本ともいう。

もみがみ［**揉紙**］揉んでやわらげ、皺紋をつけた紙。書写材としての紙に揉み皺紋をつけることはタブーといえるが、和紙は生活文化材として用途が広く、特に布地のやわらかい感触をかもすために揉み加工することが多い。揉みやわらげることは、たとえば紙衣《かみこ》つくりで始まり、擬革紙などにも応用されているが、揉紙は普通から紙用のものを指し、揉み皺文のすぐれた製品となっている。から紙の揉みには、色違いの顔料を二層に塗るのが原則で、縄を撚ったような揉み皺の線に沿って上層の色の間に下層の色があらわれるようにしている。揉み方には、小揉み・中揉み・大揉み・大倉揉み・灰原（榛原）揉み・小菊揉み・大菊揉み・菱菊揉み・縞絣揉み・山水揉み・菊水揉み・霞揉み・網揉み・松皮揉み・大正揉みの一五種があるといわれるが、これは京から紙の揉み方で、江戸から紙では、烏帽子揉みや水揉みが多く用いられた。から紙の揉み方にはこのような定法があるが、紙漉きがつくる強勢紙や紙衣の揉みは、自己流に手で揉んでいる。また縮緬紙や擬革紙の揉み皺をつけるには揉み台という器具を用いている。
↓図版210、211

もみじがみ［紅葉紙］紅葉の葉を染料とした紙。灰汁媒染すると茶色、鉄媒染すると黒色になる。

もめんがみ［木綿紙］木綿の裁断屑を処理して、近世末期に江戸の深川でつくった紙。西洋のコットン紙と同じものといえるが、斎藤月岑《げっしん》著『武江年表』に、天保二年（一八三一）四月深川要津寺門前の良左衛門と森下町の喜八が漉き始めた、と記している。また明治初期に金沢市粒谷町の綿紙製造所でも、この木綿紙をつくったことが『卯辰山開拓録』にみられる。ヨーロッパ風製紙の先駆といえる。

ももたがみ［百田紙］筑後（福岡県南部）の山門郡辺春《へばる》村百田（八女郡立花町）原産の土粉入りコウゾ紙。『和漢三才図会』の厚紙の項で筑後産となっており、『新撰紙鑑』が「肥後より出る」としているのは、筑後のほか肥後でも産したという意味である。障子張りや書状・帳簿などに常用され、日向・薩摩・大隅・沖縄の各地でもつくられた。

もりさだまんこう［守貞漫稿］嘉永五年（一八五）頃に一

209　女性の平元結と男性の元結（『守貞漫稿』より）

210　揉紙

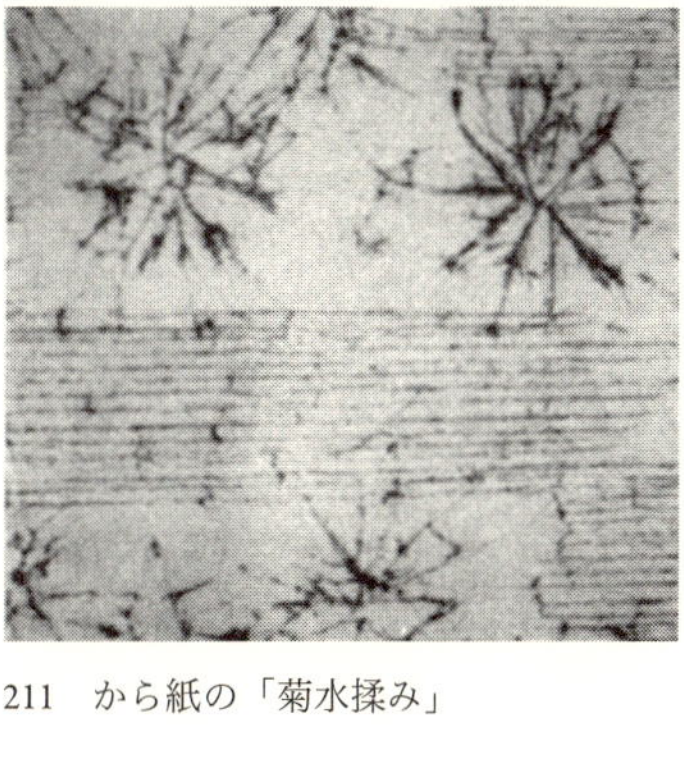

211　から紙の「菊水揉み」

応完成し、のちに加筆した喜田川守貞の随筆。三〇巻、後編四巻。自ら見聞した風俗を整理分類し、図を加えて詳説したもので、明治末期に『類聚近世風俗志』の書名で刊行された。近世の風俗研究には不可欠の書で、広い用途のある紙製品について数多く取り上げ、詳しく解説している。

もりしたがみ【森下紙】美濃（岐阜県）武儀郡中洞村（山県市）の武儀川北岸の集落、森下を原産とするコウゾ紙。『当宮御社参記』（北野社旧記）康正三年（一四五七）の条に「モリシタ二帖」と初めてみえ、また『御湯殿上日記』延徳三年（一四九一）の条、『親長《ちかなが》卿記』明応二年（一四九三）の条、『実隆《さねたか》公記』永正七年（一五一〇）の条などにもみられる。十文字漉きの厚手で帳簿や雑用の紙であったが、主として傘や合羽に用いられ、大和や三河でも模造された。

もろくちがみ【諸口紙】安芸（広島県）に産し、主として障子張りに用いられたコウゾ紙。正保二年（一六四五）刊の『毛吹草』をはじめ諸書に安芸産の代表的な紙として記されているが、紙名の由来は明らかでない。『貿易備考』に安芸郡諸口村の産としているが、諸口の地名はないので誤記である。もともと諸口は馬を引くのに二人以上で両側の手綱をとることで、一方だけの口を取るのを片口という。『雍州府志』には「安芸の諸口・片口厚紙」とあり、諸口は用途が限られず、いろいろに用いられる意味と考えられ、明治期の『諸国紙名録』などは障子紙としているが、元禄十年（一六九七）刊の『国花万葉記』には半紙と注記している。また『新撰紙鑑』には、中折清帳大半紙類に含めていて、帳簿や記録文書にも用いられたことを示している。寸法は九寸八分×一尺五寸三分で、いろいろに用いられたのが、近代に障子張り用として固定したのであろう。また『西村集要』に「津波とも云」とあるが、津波は山県郡加計町津浪（安芸太田町）のことで、加計が著名な紙どころであったことからみて、このあたりが諸口紙の主産地だったとも考えられる。『貿易備考』には加計のあたりで「撰諸口紙」を産すると記し、諸口紙の精製した高級品を出していたことを示している。なおこの紙は信濃・讃岐でも模造された。

もんきりかた【紋切型】紋章を切り抜いた型紙。正方形の紙をいくつかに折り畳み、紋章の一部を描き切り抜いてから開くと、全体の紋章となる。多くの家紋を覚えるための遊戯で、障子の孔ふさぎや七夕飾りなどにも応用した。

もんしょいん【紋書院】透かし文様を漉き入れた書院紙。紋障子紙のこと。→紋障子紙（もんしょうじがみ）

もんしょうじがみ【紋障子紙】透かし文様を漉き入れた障子紙。美濃（岐阜県）武儀郡の産が著名で、享保十七年（一七三二）刊の『万金産業袋』の「美濃国紙」にすでにみえ、元文三年（一七三八）刊の『美濃明細記』には「武儀筋より多く出す」と記している。また宝暦八年（一七五八）刊の服部元喬《もとたか》著『南郭文集』にみえる柳川窻紋紙《そうもんし》を、『類聚名物考』が「紋ずきの美濃紙なり」と注記しているように、筑後柳川でも産した。また『諸国紙名録』によると、肥後の八代でもつくったことがある。透かし文様をつけるには、生糸で編んだ紋型を竹簀に固着して漉く、と『岐阜県下造紙之説』に記されている。その文様には七宝・麻葉・亀甲などがあり、障子紙を装飾加工するすぐれた技法で、紋書院・紋美濃ともいう。→図版212、213

もんてんぐじょう［紋典具帖］文様を彫り抜いた型紙を使って、胡粉で典具帖に文様を摺ったもの。文様は七宝・麻葉・亀甲・紗綾形など紋書院紙と類似している。小形障子張りのほか灯籠・提灯張りや化粧品包みなどに用いられている。→紋障子紙（もんしょうじがみ）

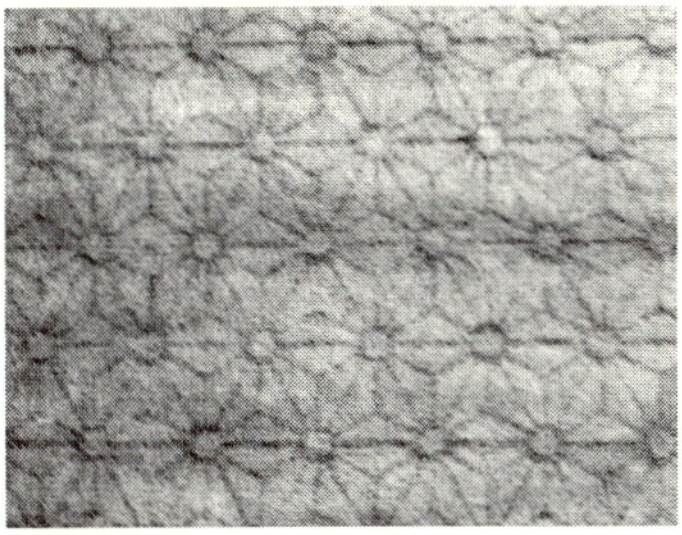

212　「麻の葉」紋透かしの紋障子紙

213　紋障子紙を漉く簀「麻の葉」

もんほうしょ［紋奉書］透かし文様を漉き入れた奉書紙。安永六年（一七七七）版の木村青竹著『新撰紙鑑』越前奉書の条に「紋奉書、いろいろ地紋を漉込みたる奉書也」と記されている。技術水準の高い越前では、万治三年（一六六〇）に最初の透かし入れ紙がつくられたといわれ、江戸中期には上方市場に紋奉書が流通していた。

や

やきえがみ［焼絵紙］ 絵の線が焼絵のような焦茶色になっている紙。『西本願寺本三十六人集』の「伊勢集」「素性集」「斎宮女御集」などに、焼絵紙といわれるものがあるが、「こて」を焼いて描いたものではない。『明月記』の建仁三年（一二〇三）十二月二十五日の条に、「ヤキ表紙」は「香表紙」であると注記しており、濃い丁子染めの紙のことである。

やくたいし［薬袋紙］ 紙質が密で耐久性があり、香りを保てたので、薬を包むのに重宝され、貴人の衣服を包むのに用いられた紙。『新撰紙鑑』には「江戸にて御大名方の敷ふすまに用ゐ給ふ也」と記されている。土佐（高知県）の特産で主として伊野と成山（吾川郡いの町）の御用紙漉きが、ガンピを原料として蘇芳《すおう》と楊梅皮《ももかわ》の染料を混ぜて灰汁媒染で漉き染めしたもので、天日乾燥すると焦色《こげ》に変わるので焦紙あるいは本焦げ紙とも呼ばれた。『新撰紙鑑』に記すように、土佐藩から幕府への献上品であり、正徳四年（一七一四）には御蔵紙制の確立とともに留紙《とめがみ》に指定して、違反者を処罰した。摂州名塩（兵庫県西宮市）ではこれを模造したが、ガンピ紙料を弁柄《べんがら》で浸し染めして漉き、乾燥したあと楊梅皮汁に葛粉《くず》を混和した煎じ汁を引いているので、土佐の製法とはいくらか違う。『諸国紙名録』には土佐産薬袋紙に黄土佐・本焦・紅土佐の三種があるとしている。
→留紙（とめがみ）

やすだがみ［保田紙］ 紀伊（和歌山県）有田郡山保田荘に産したコウゾ紙。山保田荘は今の有田郡有田川町で、旧三田村の大庄屋、笠松佐太夫が三人の男を大和の吉野郡に派遣し、紙漉き上手の三人の娘を誘って帰郷させて製紙を始め、万治二年（一六五九）に佐太夫は七色の紙を抄製して、藩主徳川頼宣《よりのぶ》に献上したという。吉野地方の系統の紙であるが、早く廃絶していたのを、近年町営の福祉事業として復活させている。

やつおがみ［八尾紙］ 富山市八尾町周辺に産するコウゾ紙。元禄年間（一六八八－一七〇四）石川県などに流布した手習本『三州名物往来』の中に越中名産のひとつとして八尾紙がある。この紙つくりは、全国に行商した越中の売薬業と結んで発展したもので、薬包紙・膏薬原紙・袋紙・紐紙・荷造り包み紙から帳簿紙・合羽紙まで、厚薄・大小さまざまであるほか、染色したものも含んできわめて多種であった。八尾は野積・室牧両川の合流点にあり、背後の野積谷・室牧谷などにも紙郷が散在し、赤笠・相竹・道市などと名づけた薬袋用の紙は野積谷、厚くて膏薬原紙のほか傘紙ともなった高熊紙は室牧谷の産であった。このほかに仁歩谷で薄手の提灯紙、大長谷で長谷《ながたん》八寸という良質の障子紙もつくられていた。昭和三十年代の高度経済成長期に売薬業の若い世代が和紙との深い縁を切り捨てたので、多くの紙郷が衰滅し、いまは八尾町の桂樹舎などが残存して伝統を守り、印刷用高級紙・装幀用紙・版画用紙・型染紙などをつくっている。→越中紙（えっちゅうのかみ）・図版214

やつしろみやじがみ［八代宮地紙］ 肥後（熊本県）八代市宮地で漉いたコウゾ紙。八代市宮地の紙郷は、筑後の立花宗茂が肥後の加藤清正のもとに身を寄せた時、柳川から随行した紙工、新左衛門が宮地に製紙技術を移植した。のちに新左衛門に代わって与三右衛門が柳川から派遣されて指導し、与三右衛門はのちに新左衛門と改名して、八代市妙見町には『矢壁新左衛門製紙記念碑』が建っている。宮地の紙郷は熊本藩細川家の御用紙を漉いたところで、大高檀紙・奉書紙・懐紙・水玉紙など高級な紙を漉き、明治期には紋障子紙もつくるほど技術水準は高かった。

やないけ［柳井家］ 岡山県高梁市広瀬にあって、室町末期から江戸末期まで、朝廷および将軍家に備中檀紙を納める特権を保った名紙匠の家系。柳井家は、松山城主小堀正次の子で茶人としても著名な小堀遠州が同家の庭園をつくったといわれるほどの名家で、永禄年間（一五五八－六九）から御用檀紙上納の特権を得たといわれ、柳井勘右衛門を名乗る当主だけが一子相伝の祖法を守って漉いていたという。小野晃嗣が天正二年（一五七四）と推定している『蹇驢嘶《けんろせい》余《よ》』には、大高檀紙・小高檀紙は当主が『只一人シテ此ノ紙ヲ作ル也、不レ許二此紙余人一』と記している。また『雍州府志』には「檀紙は備中より来る。それこれを漉く人、古へより家領あり」とし、『和漢三才図会』には、檀紙は「禁裏柳営の御紙として備中より出る」としている。そして『新撰紙鑑』には、檀紙を「備中松山城広瀬にて柳井勘右衛門と云ふ人初め漉き出す」と説明している。なお『蹇驢嘶余』は檀紙の製法について「板に付て乾かさず、縄にかけて干す」と記しているのは注目すべき記事で、古制の檀紙は繭紙などと呼ばれて、こまかい皺紋があるのは板干しでなく縄干しであったためである。→檀紙（だんし）・図版215

214　八尾紙を漉く桂樹舎

215　朝廷・幕府に献上の檀紙を漉いていた，岡山県高梁市広瀬の柳井家

やないづがみ［柳津紙］福島県河沼郡柳津町飯谷・野老沢《ところさわ》などで産した障子紙。会津地方の耶麻・河沼・大沼の各郡には数多くの紙郷があったが、そのなかで柳津紙は最も長く昭和五十年（一九七五）頃まで漉き継がれていた。

やなぎかみ［柳紙］ミツマタ原料でつくった紙で、明治・大正期の高知県での呼称。明治三十一年（一八九八）の高知県輸出紙検査規則には、三椏《みつまた》を三椏柳と記しており、その紙を柳紙といった。ほかに薄柳紙・柳半紙・柳書院もあった。

やなぎぞめがみ［柳染紙］柳条に似た細い線条のある染紙。コウゾ紙に不規則な襞《ひだ》をつけて絞り、ところどころを木綿糸で括って棒状にし、これを染料液に浸して染めあげる。糸のあとが白い線として残り、微妙なやわらかさをあらわしているのが特徴といえる。

やなぎふがみ［柳生紙］仙台市太白区中田町柳生で産したコウゾ紙。伊達政宗が岩代国（福島県）伊達郡茂庭村（福島市）から招いた四人の紙漉きをこの柳生に住みつかせて御用紙を漉かせたといわれ、いわば仙台藩製紙発展の原点となったところである。柳生寺に頌徳碑のある小西利兵衛は江戸末期の紙商で、雨にも耐える唐紙《からかみ》判厚美濃紙や晒紙《さらしがみ》を始めたが、その後さらに改良して強くしたのが強勢紙で、柳生は強勢紙の産地としても知られている。↓強勢紙（きょうせいし）

ヤネいりがみ［ヤネ入り紙・脂入り紙］ヤネはヤニ（樹脂）の土佐方言で、紙料に松脂を混和して漉いたインクのにじみ止めの紙。土佐ではインキ止紙ともいう。明治初期に高知県の吉井源太が、欧風化が進むのにともない金属ペンの使用がふえるのに対応して開発した紙である。これはのちに簿記用インク止紙として展開した。

やぶりつぎ［破り継ぎ］継紙《つぎがみ》の継ぎ方の一種で、紙を指先で破って継ぎ合わせたもの。したがって、継ぎ目は不規則な曲線となっている。↓継紙（つぎがみ）

やまがみ［山家紙］長野市の桜・広瀬付近から上水内郡戸隠村栃原にかけての裾花《すそばな》川流域に産したコウゾ紙。天文年間（一五三二－一五五五）に葛山《かずらやま》城主の落合備後守が漉き始めたと伝えられているので古い伝統があり、正座して萱簀で横揺りを主体として漉き、雅趣のある紙であった。また色紙はすべて草木染めであったが、今は廃絶している。

やまがこがみ［山衙小紙］遠江（静岡県）の山香《やまが》荘に産したコウゾ紙。山香荘はかつて天竜川中流域、磐田郡佐久間町（浜松市）あたりにあった。『東寺百合文書』元徳三年（一三三一）十二月十五日の条には、遠江国細谷郷に産したとみえ、細谷郷は今の掛川市細谷町。したがって、天竜川流域で産した紙が山香紙と呼ばれ、山衙の字を当てたと考えられる。近世には天竜市上野で阿多古《あたご》紙、周智郡森町で天方《あまがた》紙を産していた。

やまがとうろう［山鹿灯籠］熊本県山鹿市で紙と糊だけで造形している伝統的な灯籠。木、竹、金属はまったく用いないで、座敷造、宮造、城造、鳥籠、矢壺など各種の芸術品がつくられている。六〇〇年の歴史があるが、強靭で腰の強い灯籠紙が、かつては玉名郡木葉村（玉東町）の浦田谷（浦田紙）や鹿本郡弘見村（山鹿市）の川原谷（川原紙）で漉かれ、近年は福岡県八女市の紙郷から供給されて伝統が守られている。→灯籠紙（とうろうがみ）・川原紙（かわはらがみ）・図版216

やまじかべがみせいぞうしょ［山路壁紙製造所］大蔵省印刷局の壁紙製造主任だった山路良三が印刷局の設備払い下げをうけて、明治二十三年（一八九〇）に東京府牛込区水道町四二で創業した金唐革壁紙の製造所。のちに小石川区大塚坂下町一五五（文京区大塚五丁目一五－二五）に移ったが、山路は研究熱心で品質の改良につとめ、国際的にも高く評価されて壁紙製造業界のリーダーであった。明治三十二年（一八九九）に来日したフランス人レガメ（Felix Régamey）は、その印象記『日本』のなかで、これを「日本の芸術産業」と評価し、製造工程を図解している。その製品は日本の皇居、国会議事堂はいうまでもなく、イギリスやオランダの王宮でも用いられた。片倉健四郎著『加工紙製造法』には、ロンドンのバッキンガム宮殿の一室を飾った山路製壁紙について「紙面に銀箔を張って台紙とし、英国を象徴する獅子の立像が約二一センチの大きさで、雄渾な浮彫りとなっており、黄色および淡青色の漆を塗り、さらに金粉を塗布したものである」と記している。→図版217

216　山鹿灯籠の城造

やまじはんし［山地半紙］紀伊（和歌山県）日高郡山地荘で産した半紙。竜神村山路・下甲斐川（田辺市）、美山村寒川《そうかわ》（日高川町）などに紙郷があった。

やましろはんし［山代半紙］周防（山口県）玖珂郡の錦川中流域山代庄のあたりで産した半紙。山代地方の製紙は、

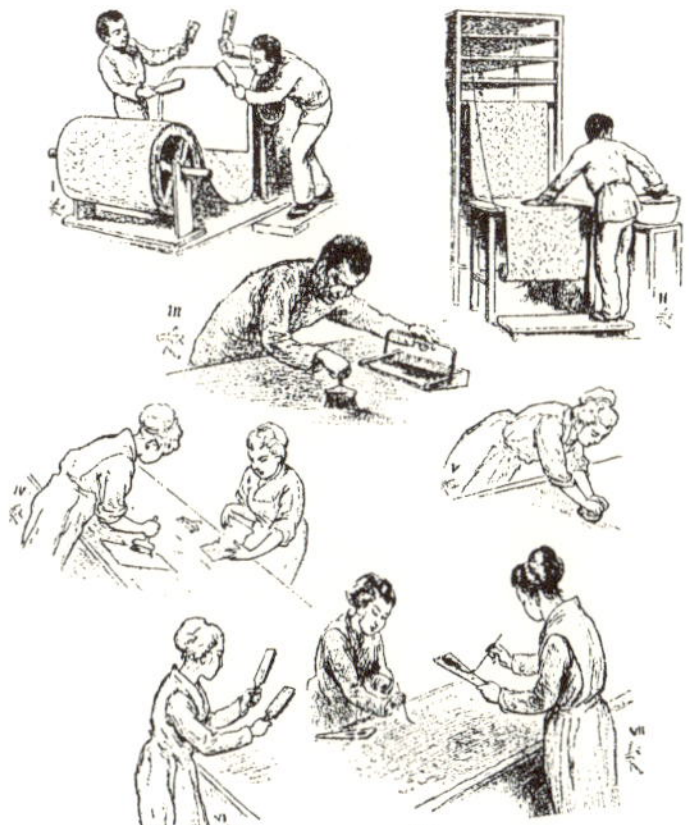
217　レガメの描いた山路壁紙製造所の金唐革紙製造工程図

218　山代半紙の本場，岩国市本郷町波野の楮祖神社

永禄八年（一五六五）に中内《ちゅうない》与左衛門が本郷村波野（岩国市）で始め、萩藩が最も早く請紙《うけがみ》制という専売統制を始めたところで、生産が急成長してその紙は本座紙といわれた。周防・長門の産紙は、近世初期の大坂市場で圧倒的な優勢を保ったが、そのなかで山代半紙は首位を占め、正保二年（一六四五）刊の『毛吹草』には周防産として山代半紙を挙げている。また『難波すずめ』によると、大坂北浜四丁目の大黒屋善四郎が専門の紙問屋となっている。↓図版218

やまとえ［大和絵］日本の風物を描いた絵のことであるが、平安初期に遣唐使を廃止して国風化・和風化の傾向が深まる中で、唐風画の様式を国風化した日本的情趣に富む世俗画およびその伝統にたつ絵画の総称。十四世紀後半に宮廷絵画の家系として土佐派が成立し大和絵を標榜してからは、流派概念もふくめた語ともなっている。

やまとちりがみ［大和塵紙］大和（奈良県）産の黒皮入り塵紙。『諸国紙名録』には「砂糖袋等に用ふ」となっている。近年は埼玉県比企郡小川町で産するが、塵とはコウゾの靭皮の最も外側の黒皮のことである。黒四つ塵は黒皮のついたまま煮熟（丸煮）して漉くが、大和塵はコウゾの白皮を煮熟した紙料に、削り取っておいた黒皮（塵）を混入して漉いたもので、塵の量は黒四つ塵より少ない。↓黒四つ塵（くろよつちり）

やまととじ［大和綴］冊子本装幀様式のひとつで、数枚の料紙を重ねて二つ折りにし、折目を紙縒《こより》などで下綴じし、それを幾帖《じょう》か重ねて前後に表紙を添え、折目側の一か所または二か所にリボンか紐を通して装飾的に結び綴にしたもの。和歌などの書物に多く用いられ、結び綴ともいう。伝西行筆の『一条摂政集』は現存最古の大和綴といわれ、薄いコウゾ紙が用いられているが、大和綴の料紙はたいてい薄紙である。↓図版219

やまとひょうぐ［大和表具］中国の大きな表具に対して、日本で主として床の間にかける小さめの表具。その表装の形式は真（楷）・行・草にわけられ、そのうえ真の真・真の行・真の草、行では行の真・行の行・行の草、草では草の真・草の行・草の草などの種類がある。普通の掛物は行の真の形式が多く、これは上下、中廻《ちゅうまわ》し、一文字、風帯とからなっている。上下・中廻しは大高檀紙、一文字は大和錦、風帯は麻を組合わせたものを用いたといわれる。のちに一文字と風帯は共裂《ともぎれ》で金襴《きんらん》などを用い、上下と中廻しは材料を変えて変化をつけている。↓図版220

やまはんし［山半紙］武蔵（埼玉県）比企郡・秩父郡などで産した半紙。同じ武蔵国の江戸の商人たちが秩父地方産の紙に山半紙・山宇田紙などと名づけたもので、宝暦年間（一七五一－六四）のことを記した『宝暦年中紙屋控』には「山物」とし、明和七年（一七七〇）の夢中散人著『辰巳之園』には「いなかとは違ったものだといひながら山半紙出して鼻をかむ」とみえている。

やまふにゅうがみ［山舟生紙］福島県伊達市梁川《やながわ》町山舟生に産したコウゾ紙。山舟生は江戸末期に約一〇〇戸の紙漉きがいたところで、「梁川中折」の名はよく知られていた。明治初期には蚕卵台紙の主産地であり、のちには主として障子紙を漉いた。また昔は萱簀漉きが多かったという。

やまももがみ［楊梅紙］楊梅の木の皮（楊梅皮《ももかわ》・渋木《しぶき》ともいう）を染料とし、明礬《みょうばん》または灰汁媒染で黄茶色に染めた紙。楊梅皮は江戸時代に染料として多く用いられた。

やよいがみ［弥生紙］大分県佐伯市弥生町に産したコウゾ紙。佐伯藩は紙の専売制を実施し、大坂市場には佐伯半紙として流通していた。近代には障子紙や京花紙を漉き、鯉のぼり紙もつくっていた。

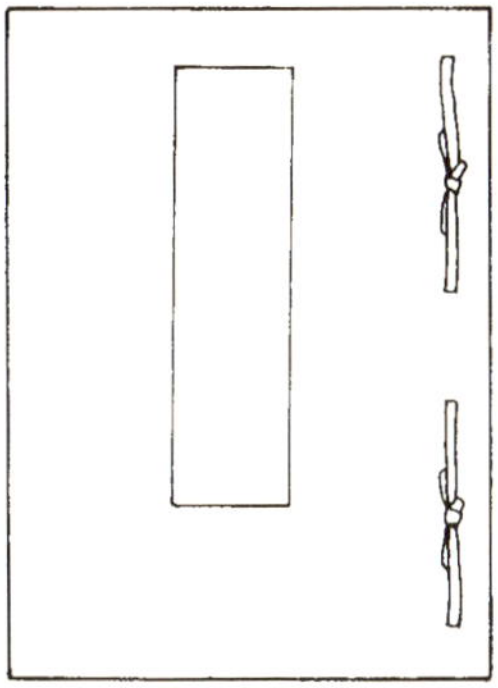

219　大和綴

やれ［破］破れた紙のことであるとともに、印刷物のきずもののこと。→損紙（そんし）

やわやわ［柔々］いかにも柔らかな様のことであるが、女房詞《ことば》では吉野紙・奈良紙のこと。「やはやは」ともいう。『御湯殿上日記』明応二年（一四九三）十二月十七日の条に「御宮けにやわ〳〵三そく」、大永八年（一五二八）四月二十二日の条に「うちやまのほりて、やは〳〵十束」とあるなど、公家の女房たちが用いた薄い吉野紙・奈良紙をこのように呼んだのである。

やわらがみ［和良紙・和紙・柔紙］「やわやわ」と呼ばれた吉野紙の別称。主として漆漉しに用いられた。寛永年間（一六二四－四四）大和国吉野郡国樔《くず》村（吉野町）の松本長兵衛が羽前（山形県）の上山藩高松村（上山市）に伝えた極薄紙も初めは柔紙といい、のちに麻布《あざぶ》紙と呼ばれた。

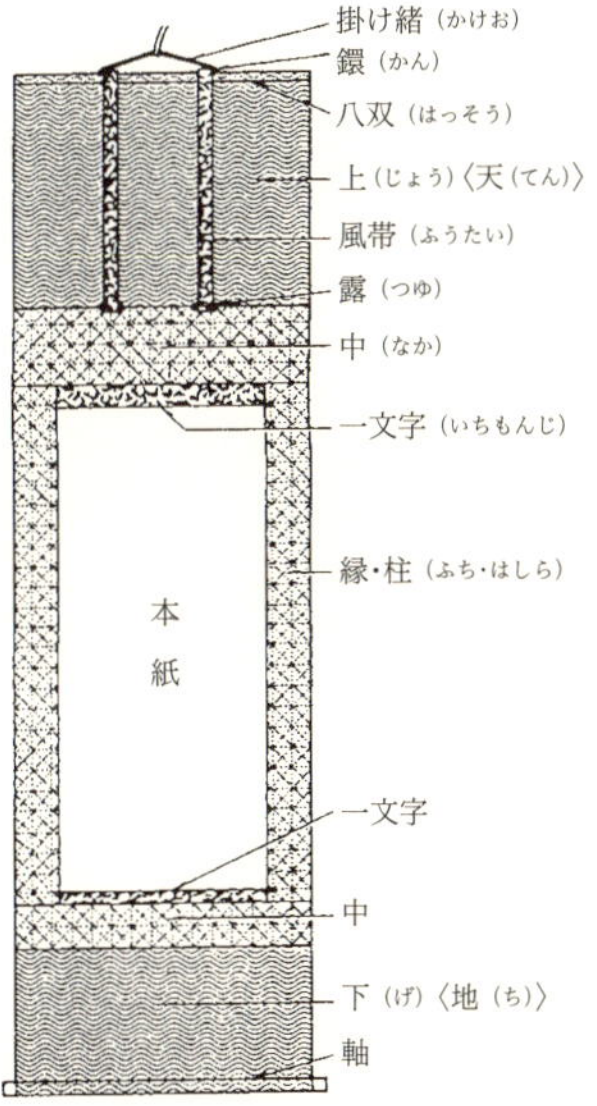

220　大和表具（掛け軸の各部名称）

→吉野紙（よしのがみ）・麻布紙（あざぶがみ）

ゆ

ゆう［木綿］コウゾの樹皮を剝ぎ、それを蒸して水に浸し、繊維をこまかく裂いた糸。主として神の祭りの時、榊《さかき》に垂らす幣《ぬさ》として用いたが。これで布も織られていた。『古語拾遺』には、古代の祭祀に奉仕した阿波の忌部《いんべ》族が大嘗《おおにえ》の年には木綿《ゆう》、麻布をつくり貢献したと記している。『万葉集』巻九にみえる「山高み白木綿花に落ち激《たぎ》つ夏身《なつみ》の川門《かわと》見れど飽かぬかも」、同巻六にみえる「泊瀬女《はつせめ》の造る木綿花み吉野の滝の水沫《みなわ》に咲きにけらずや」は、布を織るためのコウゾの糸、すなわち木綿を吉野川の流れに晒している情景を詠んでいる。この木綿で織った布を「栲《たえ》」といい、白栲あるいは白妙と書かれ、コウゾは麻とともに古代衣料の重要な原料であった。幣はのちに紙を細く切った紙垂《しで》が用いられるようになったが、コウゾの糸である木綿を水に浮かべて漉いたものが紙である。したがって、佐藤信淵《のぶひろ》は『経済要録』のなかで、「楮《こうぞ》樹の白皮を木綿と名づけて、白和衣《しろにぎたえ》の神衣《こうぞ》を織りたるものなれば、紙を漉きだせしもこの時代を距ること、遠かるまじく思はるゝなり」と記している。

ゆうぜんがみ［友禅紙・友染紙］①友禅文様を置き模様（漉き掛け）の技法であらわした装飾紙。近年、石川県金沢市二俣町でつくっている。②明治期に江戸で売り出した千代紙の銘柄。千代紙には友禅雛形から採用した図柄が多いので、このように名づけていた。→千代紙（ちよがみ）

ゆうびんはんきりがみ［郵便半切紙］明治初期の郵便制度の創設にあわせて、高知県の吉井源太が開発した手紙用の薄い半切紙。郵便税すなわち切手の値は重量によってきまるので、できるだけ軽いものがよいとして薄く漉いており、薄葉半切紙ともいった。原料はコウゾ、ミツマタ、ガンピの混合であった。

ゆきさらし［雪晒し］煮熟した白皮に薄く雪をかぶせて広げ、時折ひっくり返しながら一週間ほど放置して晒すこと。飛騨（岐阜県）・越中（富山県）・越後（新潟県）・信濃（長野県）などの雪深い地方に残っている天然漂白法である。飛騨の紙郷、吉城郡河合村（飛騨市）などでは、必ず雪晒しするので雪が降ってから紙漉きを始めるという。→図版221

ゆけんし［由拳紙］中国唐代に浙江省杭州の北にある余杭郡由拳村で産した藤皮紙。これは剡藤紙《せんとうし》と並んで良質であったが、宋代に竹紙に圧倒された。→剡藤紙（せんとうし）

ゆたん［油単］一重の布・紙などに油を引いたもの。唐櫃《からびつ》・長持などを覆い、灯台などの敷物として用い、水気や油の汚れを防ぐ。承平七年（九三七）編の『倭名抄』や『枕草子』にみられるので、平安中期からあった紙製品。『枕草子』には次のように記している。「ぢもくの中の夜さしあぶらするに、とうだいのうちしきをふみたてるに、あたらしきゆたんなれば、つようとらへられたり」。

ゆとん【油団】数葉の紙を張り合わせて油や漆を塗り、絵を描いたものもある。夏の敷物に用いた。イギリスの駐日公使パークスの『日本紙調査報告』は大和を油団の名産地とし、『貿易備考』は奈良県吉野町野々口のほか福井県福井市と遠敷郡、愛知県知多郡、新潟県北蒲原郡、埼玉県熊谷、東京府下を産地として記している。

ゆわはらがみ【岩原紙】高知県長岡郡大豊町岩原に産するコウゾ紙。徳島県境に近い山にある紙漉き場で、コウゾを水車で叩解してつくられている。純コウゾを精選し、自生のタズノリ（ノリウツギ）を混和して流し漉きし、天日で板干しする。製品を地元では障子紙と宇陀紙といっているが、宇陀紙と呼ぶものは織り物の染色の時の札紙（あるいは絵符紙）として用いられている。

221　コウゾの皮の雪晒し（飛騨市河合町有家）

よ

ようかんがみ【羊羹紙・羊肝紙】コウゾ製の十文字紙に油を塗り、稲わらを焼いた煙でいぶしてから磨いた紙。こがらし紙ともいうが、羊羹のように赤茶色で光沢があり、擬革紙の一種。半透明なのでヨーロッパの擬羊皮紙を思わせると、プロイセンの地理学者、J・J・ラインは『日本産業誌』の中で述べており、ドイツ語ではPergament papierという。水戸の産で、『嬉遊笑覧《きゆうしようらん》』には「伊勢の壺屋紙の精なるものと見ゆ」とあり、江戸の竹屋がつくった竹屋絞りは、この羊羹紙を模造しているので、関東での擬革紙の元祖ともいえる。江戸末期から明治期にかけて、これにさらに文様を型付けし煙草入れなどに加工して売り出されていた。

ようし【洋紙】もと西洋から舶来した紙。和紙に対する西洋式製法による紙の総称。ヨーロッパで開発された連結抄紙機で明治初期に造ったものを内国産洋紙といったが、後に舶来も内国産も含めて洋紙という。日本で西欧の抄紙機による最初の洋紙は、明治七年（一八七四）東京の有恒社でつくられたが、東京には抄紙会社（のちの王子製紙）、三田製紙所、大阪には蓬莱社（のちの真島製紙所・大阪製紙）、京都にパピール・ファブリック（のちの磯野製紙場・梅津製紙）、神戸には神戸製紙所（のちの三菱製紙）など大規模な洋紙工場が設立された。明治中期からは、北海道・樺太（現在はサハリン）で木材パルプが量産されるようになって自給度が高まり、明治三十一年（一八九八）には洋紙の生産量が和紙を凌ぐようになり、さらに洋紙と和紙との生産格差は年とともに広がり、紙といえばほとんど洋紙を指すほど圧倒的に優勢である。↓和紙（わし）

ようしゅうふし［雍州府志］黒川玄逸（道佑）著で貞享元年（一六八四）開版の地誌。雍州は山城国（京都府）の別称であり、黒川玄逸（一六三三－九七）はもと安芸藩医であったが、のち上洛して古典を研究した人。『雍州府志』は一〇冊で巻六土産門上補遺で檀紙を考証し、土産門下で各地の紙を論評するとともに紙衣・渋紙の製法を記し、最後に紙屋川について述べている。

ようひし［羊皮紙］山羊・仔羊・緬羊などの皮でつくった書写材料。↓パーチメント（parchment）

よこがみやぶり［横紙破り］和紙は縦揺りして漉くことが多く、紙料繊維が縦方向に並び、横方向に破りにくいことから、習慣にはずれたことを無理に行おうとすること。横車を押すこと、またはその性質の人。『平家物語』都帰の条に「さしも横紙破らるゝ太政入道も」とあり、『源平盛衰記』育王山送金事の条に「入道ノ横紙ヲ破リ給フモ」とみえている。

よこばやしかみ［横林紙］伊予（愛媛県）宇和島藩に産した強靭なコウゾ紙の一種。『四国産諸紙之説』にみえるが、宇和島藩主が東宇和郡横林村（西予市野村町）に楮役所を設けて植栽したコウゾを買収して、同郡野村の紙役所に製造を監督させたので、横林紙と名づけられている。

よこほん［横本］縦に比べて横の幅が長く、横開きのものの総称。縦長本や枡形《ますがた》本に対し、横長本、横綴本、横切本、横長形本ともいう。江戸時代の浮世草子や八文字屋本に多く、この大型のものを枕本とも呼ぶ。懐中携帯に便利なので、歳時記など常に持ち歩く本にこの形が用いられた。美濃本の長い辺に平行に二分の一にしたものを二つ切り本、三分の一にしたものを三つ切り本、四分の一にしたものを四つ切り本ということがある。

よしいげんた［吉井源太］高知県吾川郡いの町の御用紙漉きで、技法改良の推進者（一八二六－一九〇八）。万延元年（一八六〇）小半紙八枚、大半紙六枚分を漉く大型の連《れん》漉器《すきき》を開発し、高能率の漉き方を高知県だけでなく全国に普及させた。そして西洋文明の導入に対応してインクのにじみ止めの脂《やね》入り紙、郵便半切紙、礬《どうさ》水入り図写紙を考案し、ミツマタの栽培を指導し、米粉に代えて白土を漉き入れることを研究した。また零細企業の組織化、海外貿易の推進にも業績を挙げたが、明治三十一年（一八九八）には『日本製紙論』を出版した。同書は製紙法・製紙用器具・供用品・各紙類・紙料作物の五編で構成され、紙漉きの体験者が広い視野で体系的にまとめており、明治期の紙漉きのテキストとして高く評価された。→図版222

よしがはんし［吉賀半紙］島根県吉賀川流域の津和野藩で漉かれた半紙。津和野藩は寛文五年（一六六五）に紙の専売制を敷き、享保九年（一九二四）には買紙制から請紙制に改めて、生産を強制したところである。したがって、大坂市場への出荷量も多く、延宝七年（一六七九）刊の『難波すずめ』によると、江戸堀（大阪市西区）の金屋《かなや》九良右衛門が専門の紙問屋となっている。なお大庭良美著『日原村聞書』によると、津和野藩の統制がきびしく、割当量を漉けないで長門（山口県）の奥阿武地方に逃げる「御紙倒れ」が多かったという。

よしのがみ［吉野紙］大和（奈良県）吉野地方の丹生荘原産で、極薄でありながらねばり強いコウゾ紙。漆や油を漉すのに適し、吉野町窪垣内《くぼかいと》に産するものは古文化財保存に必須の技術として昆布尊男が技術保持者に認定されている。その起源は平安末期に丹生郷（下市町）黒木の才五郎が創製したと伝えられているが、鎌倉末期から南北朝の頃に成立したとされる『めのとさうし』（乳母草紙）に「案《あんずる》に今も貴人は御袖をとて吉野のべをもみてかさね」と初めてみえ

222　吉井源太翁の頌徳碑（高知県紙産業技術センター）

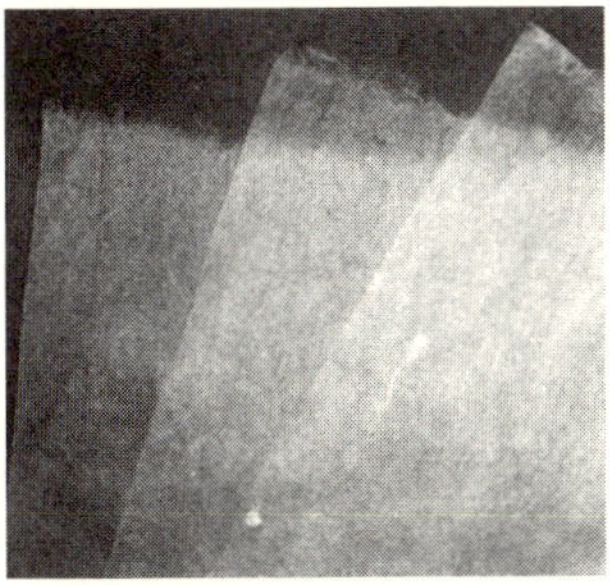

223　吉野紙

224　吉野紙を漉く昆布工房の紙干し（奈良県吉野町窪垣内）

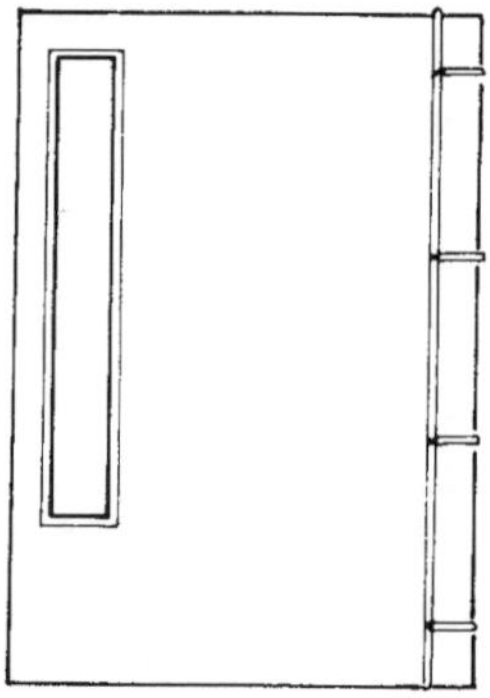

225　四つ目綴

ている。その頃懐紙ないし雑拭紙《ざつしょくし》として用いられたのであるが、「吉野のべ」というのは延判《のべばん》の意味である。吉野紙はもともと五寸五分×七寸ほどで濾過用であったのが七寸×九寸の延判にして懐紙すなわち鼻紙としたのであり、近世に鼻紙のことを延紙と呼ぶのは「吉野のべ」に由来する。そして特に公家の女性たちに愛用されて「やわ〳〵」「やは〳〵」と呼ばれ和良《やわら》紙とも書くが、近世には他国に産しない吉野独特の漆漉しの紙として高く評価されている。また造花用でもあったが、明治期には宝石を包む紙として欧米にも輸出されている。丹生郷から国栖《くず》郷に導入されたのは明治中期で、その製法は美栖《みす》紙と同様に簀伏せするが、胡粉は紙料に混入しないで干板に塗布するのが特徴である。↓美栖紙（みすがみ）・図版223、224

よしのしきし［吉野色紙］奈良県吉野町でつくられている草木染めの紙。近年吉野町で始めた漉き染めであるが、トマトの茎・葉、桜の皮・葉、アケビの蔓、ネムノキの葉、柳の葉、ツバキの葉など、他の紙郷ではほとんど使われていない植物を染料として、雅趣のある色紙をつくっている。

よせがみ［寄紙］仙台藩では料紙のことを寄紙と呼んだ。大小および上中下があり、宮城県の白石・丸森のほか岩手県東山に産した。↓料紙（りょうし）

よつちり［四つ塵］江戸時代に大坂の四つ橋（大阪市西区）に集荷された塵紙類。延宝七年（一六七九）刊の『難波すずめ』には、広島塵紙を四つ橋のわたや善右衛門が取り扱ったと記しており、広島産の塵紙は四つ塵の主流であった。北浜（大阪市中央区）に集荷された塵紙類は北塵あるいは北浜塵という。↓北塵（きたちり）

よつめとじ［四つ目綴］和本の綴じ方の一種で、四つの目打ちをして綴じたもの。略して「四つ目」ともいい、明朝《みんちょう》綴と同じ。↓明朝綴（みんちょうとじ）・図版225

よみほん［読本］江戸中期の寛延年間（一七四八－五一）上方で始まり、のちに江戸にも移って明治初期まで出版された伝奇的小説。絵本の対といえるが、中国の小説の作り変えを主とした娯楽読物で、漢語まじりの文章を特色とし、漢字の奨励による教育の普及を反映している。寛延二年（一七四九）刊の『古今奇談・英草《はなぶさ》紙』をはじめとして京都・大坂で流行した中短編小説を初期読本あるいは上方読本、文化年間（一八〇四－一八）から江戸で流行した曲亭馬琴の『南総里見八犬伝』のような複雑なものを後期読本または江戸読本という。体裁は半紙本が主で、ときに美濃判本や中本《ちゅうほん》型のものがある。

ら

らいし **［礼紙］** 手紙の本文を書いた本紙に添える紙。点紙ともいう。守覚《しゅかく》法親王の『消息耳底秘抄《しょうそくじていひしょう》』の一、立紙事の条に「打任テハ一紙ニ書ㇾ之。礼紙可ㇾ有ㇾ之」とあり、『麒麟抄』巻九、書状躰用意事には「立文《たてぶみ》の時は此上に礼紙とて一枚を巻て上所あるべきをば内封にはせざる也」とある。このように立文を書く時には礼紙を添えるのが正式であり、特に目上の人に出す場合には欠くことのできない礼儀であった。礼紙は一般に本文と同一の紙を用い、本文と礼紙の上をさらに包む別紙を表巻《うわまき》といい、あるいは懸紙・包紙という。また書物や書状などの紙の端の文字のない部分も礼紙という。『禁秘御抄』に「又礼紙に逐伸と書事総てせぬ事也」とあるように、礼紙には文を書かないのが原則ではあるが、ときには「追伸」などとことわり書きして本文の余意を略記することがあり、これを「礼紙書《らいしがき》」という。↓竪文（たてぶみ）・懸紙（かけがみ）

ライスペーパー **［ricepaper］** ①中国南部・台湾産のツウダツボク（通脱木、蓪草《とうそう》、カミヤツデともいう。ウコギ科ツウダツボク属で学名は *Tetrapanex papyriferum* K. Koch あるいは *Aralia papyrifera* Hook）の円柱状の髄を、周囲から薄くそいで紙状にしたもの。したがって、いわゆる紙ではないが、ヨーロッパではこれを稲わらで抄造したものと誤解してライスペーパーと呼んだ。蓪草紙ともいわれ、これを用いた造花を蓪草花という。②日本では巻き煙草用の薄様紙、シガレットペーパーをライスペーパーともいう。本来の蓪草紙に似ているためであるが、麻繊維あるいは木材晒し化学パルプに填料として炭酸カルシウムを配合し、燃焼を助けるため微量のフマル酸ジソーダを添加している。

ライン **［J.J. Rein］** 明治六年（一八七三）に来航して、二年間日本の産業・地理を調査したプロイセン（ドイツ）の地理学者。Johannes Justus Rein（一八四三―一九一八）。スカンジナビア半島・北米東岸・北アフリカのアトラス山脈・カナリア諸島などを調査旅行したのち、プロイセン政府の命で来航し、帰国後はマールブルク大学・ボン大学の教授をつとめた。日本での調査ののち一八七五年調査報告を提出した。さらに各種文献を参照して一八八六年ライプチヒで『日本産業誌』（*Japan nach Reisen und Studien im Aufrage Der Königlich Preussischen regierung dargestellt*）を出版。当時日本の産業を正確に紹介する地誌として重要な役割を果たした。この書の第二巻第三編『美術工芸と類似の産業』の第五章に「製紙工業」があり、きわめてすぐれた和紙論を展開している。彼は文献だけに頼るのではなく、広くフィールド

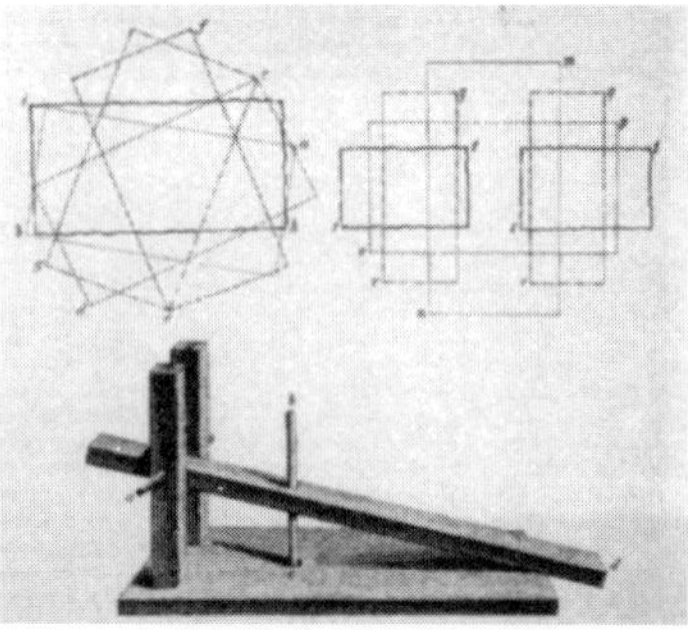

226　ライン『日本産業誌』に収録の揉み台の図

ワークを重ね、また紙葉を顕微鏡で分析するなどの精密な研究によって、和紙のすばらしさを認識している。また先人の書かなかった板目紙・壁紙・縮緬紙《ちりめんがみ》・擬革紙・紙布・油紙の製法まで記しており、和紙が書写材としてだけでなく生活文化材としてもすばらしい紙質をそなえていることを認識している。↓図版226

らくすいし【楽水紙】ミツマタを原料としてノリウツギの粘《ねり》剤を加え、海藻あるいは川苔を混入して漉いた襖障子用の紙。和唐紙で知られる玉川堂（川崎市多摩区中野島）の六代目、田村佐吉が、明治初期に熱海雁皮紙の紙面に混入していた海藻を見て思いつき、ミツマタ原料に海藻を混入して創製したもので、彼の雅号「楽水」を紙名に冠した。そして彼の子、綱造は東京巣鴨折戸に楽水紙専門の工場を設けた。襖紙として好評を博し、麹町や下谷にも同業者が生まれたが、明治末期に故紙を原料とする大衆向け楽水紙を大阪天王寺の鵤《いかるが》春蔵が考案して新楽水紙と呼んだ。この新楽水紙が高松や東京でも製造され、これには高知県四万十川の川苔が最適とされた。昭和期に東京で製造した襖紙の主流は新楽水紙であったという。↓図版227、228

らくすいし【落水紙】粘《ねり》剤を多量に入れて漉いた薄紙（コウゾあるいはミツマタ製）が簀の上でまだ湿紙の状態の時、如雨露《じょうろ》から水を噴霧状に落して小さな孔をあけた紙。江戸中期から始まった水玉紙の技法を昭和期に福井県越前市今立町の紙漉きが発展させたものである。落水による文様には、春雨・雲花・市松・乱紅葉・渦巻などがあるが、これらは金網や針金、組紐、ブリキ板、型紙などでつくった文様型で湿紙を覆い、噴霧状の水を落してつくられている。↓図版229

らくそうし【洛草紙】コウゾ・ミツマタ・イグサ・マニラ麻・稲わらなどの繊維を、水流を利用して地紙の上に付着させた紙。昭和三十七年（一九六二）頃に越前市今立町の石川甚治郎が小路位三郎の指導で開発した壁紙である。原料繊維は着色し、それを同一方向に揃えるには特殊な漉き枠を用い、高い端から紙料を流し落している。

らくほうし【洛鳳紙】京都市中京区西ノ京の洛鳳製紙で、ミツマタを主原料として漉いた襖障子用の紙。無地のもののほか雲肌紙などもある。

らしゃがみ【羅紗紙・呢絨紙】羅紗のような感触の紙。明治初期に東京で生産されたもので、明治十年の第一回内国勧業博覧会に東京雑司ケ谷（豊島区）の宮城治兵衛が出品している。その製法は大高紙一〇〇枚ほどを棒に巻き、上下から圧搾して皺紋をつけてから伸ばし広げ、荏油《えのあぶら》を引いて乾かす。別に綿布の断片をきつく絞って石のようにし、これを裁刀で寸断し絹篩で粉をふるいとっておく。これを俗に「らしゃ粉」という。さきの乾かした紙に胡粉《ごふん》・砥粉《とのこ》・荏油の混和液を塗り、その乾かないうちにらしゃ粉をふるい下し、他の紙でその上を覆って摩擦して乾かす。さらにこれを染めるには、灰色は鼠玉、黒色は練黒《ねりぐろ》を用いる。現代の植毛壁紙の前身といえるもので壁紙や台紙に用いた。

↓擬氈紙（ぎせんし）

ラミー［**ramie**］イラクサ科の多年生草本、苧麻《ちょま》、カラムシのこと。その靭皮繊維は衣料・蚊帳《かや》・帆布などに用いられるが、古代には重要な製紙原料であった。

らもんし［**羅紋紙**］羅《うすぎぬ》の織文のようにからみあった文様がよくあらわれるように加工してある紙。布目紙の一種。『三十六人集』（西本願寺本）の元輔集・素性集・伊勢集・忠見集の継紙の一部に用いられ、伝藤原佐理《すけまさ》筆の筋切にも含まれている。藍・緑・焦茶などに染色した繊維の曲線が網状に絡みあっており、漉き染めの技法によっているようであるが、現代では容易に復元できない高い水準の加飾技法でつくられたと考えられている。中国の羅紋紙は、染めた繊維を用いないで、縦横にこまかく交差した透かし文様となっている。唐代の李肇撰『国史補』には蜀（四川省）に魚子箋を産するとあり、蘇易簡著『文房四譜』の紙譜で蜀の産紙を述べた条に「その文の隠出するもの、これを羅箋という」とあって、唐代に四川省でつくり始めている。し

227　玉川堂七代田村綱造が第5回内国勧業博覧会に出品した楽水紙の説明書

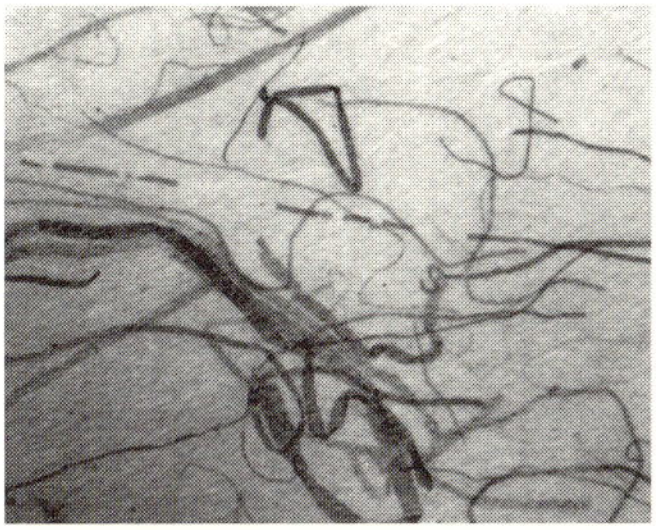

228　楽水紙

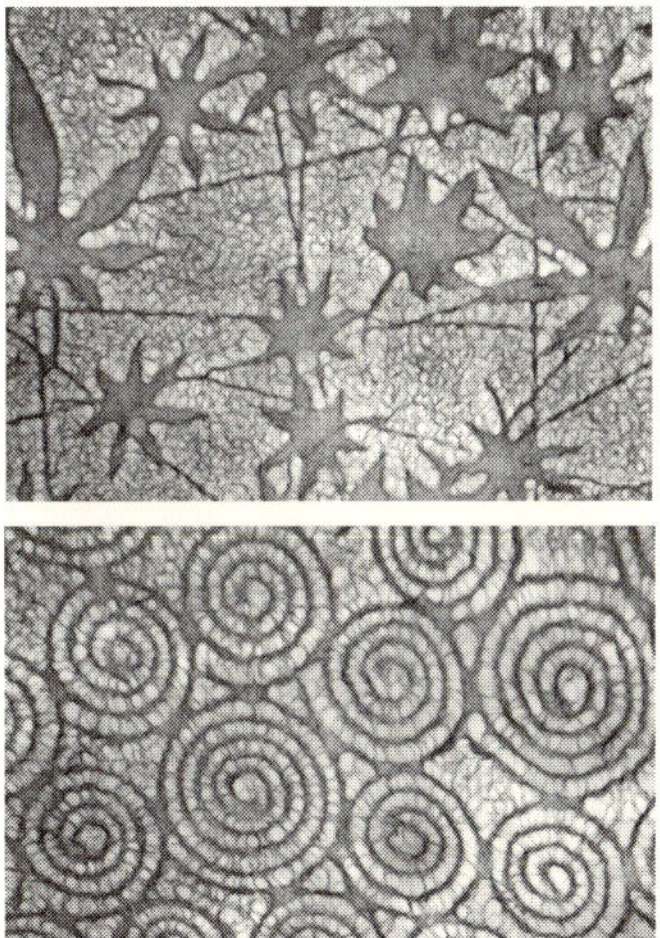

229　落水紙「乱紅葉」と「渦巻」

かし、中国の羅紋紙として著名なものは、安徽省涇県産の宣紙の一種として宋代からつくられている羅紋宣である。糸または馬尾毛の間隔を狭く縮小して編んだ簀で漉き、編み糸と竹ひごの文様がこまかく交錯して羅紋の透かしとなっている。また羅紋を彫刻した版木に紙を置いて猪の牙などで磨いたものもある。

らんし［卵紙］鳥子紙の別称。鳥子紙は『下学《かがく》集』に記すように、紙の色が鳥の卵のようだからであるが、飯尾永祥撰『撮壌《さつじょう》集』には「卵紙《とりのこ》」と記している。→鳥子紙（とりのこがみ）

らんていじょ［蘭亭序］晋の永和九年（三五三）三月三日、王羲之が当時の名士、孫統・孫綽ら四一人とともに、会稽山陰（浙江省紹興県）で修禊《しゅうけい》（曲水）の宴を催した時に成った詩集に、王羲之が書いた序文。蚕繭紙《さんけんし》に鼠鬚筆《そしゅひつ》を用い、いくたびか稿を改めて成ったという。すべて二八行、三二四字。唐の太宗は王羲之の七世の孫、智永の弟子、弁才からその真跡を入手して終生これを愛玩し、その崩御ののち遺詔により昭陵に殉葬されたという。今は当時の名家の臨模本や搨書手《とうしょしゅ》に摹写《もしゃ》させた各種の模本が伝存している。→王羲之（おうぎし）

り

りきゅうし［利久紙］壁張りに用いた襖紙の一種。その製法は西の内紙・清帳紙などの生漉紙《きずき》に礬水《どうさ》を引き、乾燥させて染料を塗る。ついで板木に薄い米糊を塗って紙の上にのせ、押しつけてから板木を除く。あるいは糊を塗った版木に、礬水引きして乾燥した清帳紙をのせ、手でこすってから剝がし、そのあとで染料を塗る方法もある。礬水の引き方、糊の置き方や紙の剝がし方で染料に濃淡ができて文様の線のぼやけた風雅な趣きのある装飾紙となる。緑みがかった淡い鼠色を利休鼠といい、もともとこの地色に文様をつけたので、初めは利休紙といったと考えられ、文政期の紙屋の引札に「利休紙」としたものもある。しかし、地色が多彩になって紙問屋の広告などに利久紙と書くことが多くなり、明治期には『諸国紙名録』に記されているように利久紙の名が定着した。ドイツでつくられていたKleisterpapier（糊入り染め文様紙）はこれに類似したものである。京都でもつくられたが、江戸では享保年間（一七一六－三五）の彫刻板木を用い、もっぱら神田・本所方面で大正（一九二三）の関東大震災の頃までつくっていたという。

りくごうせん［六合箋］中国江蘇省揚州の西方にある六合県で産した紙。唐代の李肇『国史補』に「揚の六合箋」とあるが、これは極薄の紙で、中国科技史叢書の『造紙史話』によると、「卵膜の如し」といわれて、〇・一ミリの薄さであったと記されている。

リネン［**linen**］アマ科の一年生作物アマ（*Linum usitatissimum L.*）の靭皮繊維を原料とした織物。亜麻布、リンネル。アマは西アジア原産で、リネンはアラブ地域で製紙原料として採用され、アラブの製紙術を導入したヨーロッパでは長く製紙の主原料となっていた。そして亜麻布でつくった紙をリネン紙という。↓麻（あさ）

りゅうきゅうし［琉球紙］琉球（沖縄県）に産した紙。琉球の史書『球陽』によると、薩摩（鹿児島県）で製紙法を学んだ大見武筑登之親雲上《だいけんぶちくとしばいきん》（関忠勇《せきちゅうゆう》）が元禄七年（一六九四）に製紙を始めたという。正徳二年（一七一二）には久米島でクワ樹、榕樹（ガジュマル）、宇祖古樹《うそこぎ》などを原料とする紙が、享保二年（一七一七）には首里（那覇市）で芭蕉紙が創製され、翌享保三年には首里山川町に製紙所が設けられている。このほか宮古島、八重山大島でも紙が漉かれ、高檀紙・奉書紙・杉原紙・百田《ももた》紙・藁《わら》紙・唐紙なども産した。芭蕉紙が主体であるが、筑後原産の百田紙をはじめ本土の著名な紙を模造している。明治三十四年（一九〇一）の統計では七二戸の製紙家がいたが、太平洋戦争の頃には消滅し、昭和五十二年から勝公彦が首里で芭蕉紙を復活したのが漉き継がれている。↓芭蕉紙（ばしょうし）

りゅうさせん［流沙箋］風によって砂丘に描かれた流水文のような文様のある紙。蜀（四川省）でつくられたといわれる加工紙の一種。蘇易簡『文房四譜』には、「腐敗したメリケン粉の糊に五色を混ぜたものをつくり、その上に紙を曳き動かして文様をつくる」としている。また別の製法として「皂莢《さいかち》の油と巴豆《はず》油を水面にひろがらせ、その上に墨や顔料を置き、生姜《しょうが》でちらしたり頭のふけのついた筆で集めたりして、人物・雲霞・鳥の羽などの文様をつくり、それに紙をのせて写しとる」としている。後者は西洋のマーブル紙の製法と類似しており、流沙箋はマーブル紙の源流であったと考えられている。台北の林業試験場では、この流沙箋の技法を伝承している。↓マーブル紙（marbled paper）

りゅうさんし［硫酸紙］木綿または木材化学パルプで製した紙を、濃硫酸に浸したのち完全に水洗いし、乾燥して仕上げたもの。半透明で薄く耐水・耐脂性があり、バター・チーズ・肉類などの包装に用いる。羊皮紙に模してつくったもので、**parchment paper** あるいは **vegetable parchment** といい、一八五三年にイギリスのゲイン（W. E. Gaine）が開発して一八五七年に特許をとり、一八六一年にドイツのホフマン（A. W. Hofman）が工業的製造を始めたとされている。明治初期に渡来したプロイセンのラインはその著『日本産業誌』のなかで、稲藁を焼いた煙でいぶしてから磨く羊羹紙を、「きわめて特異な硫酸紙を思わせる」と記している。→パーチメント（parchment）

りゅうさんばんど［硫酸礬土］硫酸アルミニウムのことで、純カオリンまたは水酸化アルミニウムを硫酸で処理し、不溶性珪酸《けいさん》塩を濾過したのち結晶させたもの。紙のサイズ剤などの定着に用いる。洋紙の製造業界で十九世紀初頭に使用が始まり急速にひろまったが、木材パルプ繊維の紙を酸性化し劣化を早めるので、近年は使用が制約されている。

りゅうしゅし［竜鬚紙］中国安徽省歙《きゅう》県と績渓の境界にある竜鬚で産した紙。明代の屠隆（一五四二－一六〇五）の『考槃《こうはん》余事《よじ》』には、「光滑瑩白にして愛すべきものがある」と評されている。

りゅうりんし［竜鱗紙］若松の白皮とコウゾ皮を混ぜた紙料で漉き、皺文をつけた紙。竜鱗は松の古びた皮の肌にたとえている。明治十年（一八七七）第一回内国勧業博覧会に福島県田村郡堀越村（田村市）の桑原熊三郎が出品しており、松皮八分、コウゾ皮二分、あるいは松皮七分、コウゾ皮三分の比率で混和し、湿紙を干板に張り剝がして皺文をつけ、裏返して張るといった手法で鱗形をあらわしている。

りょうし［料紙］いろいろな目的の用に供する紙。和歌料紙・写経料紙・文書料紙などともいうが、一般には平常文字を書くのに用いる紙を指す。仙台藩では俗に寄紙《よせがみ》といったことがある。→寄紙（よせがみ）

りょくし［緑紙］黄蘗《きはだ》で浸し染めしたあと、さらに藍を灰汁または石灰媒染して染めた緑色の紙。緑紙は正倉院文書にもみられるが、天平期にもこのような交《まぜ》染めの技法でつくられていた。

りんじがみ［綸旨紙］綸旨は天皇のみことのりの趣旨であるとともに蔵人が勅命を受けて書いた文書で、これに用いる料紙のこと。もともと精製された紙屋紙であったが、紙屋院の衰退とともに宿紙《しゅくし》が用いられた。もちろん檀紙など他の紙が用いられることもあり、中世の南北朝期には髻《もとどり》の綸旨といって、吉野紙のような薄い紙片にこまかく書き、使者の髻の中に隠して運ばせたともいわれる。

りんずがみ［綸子紙］綸子は紗《さ》綾《や》に似て厚く光沢があり、滑らかでねばりのある織物。通常は綸子縮緬の略。綸子文様のついた紙のことであるが、鳥子紙に稲妻型や枝花の地文を雲母《きら》引きしたものもある。白粉《おしろい》の包み紙に用いたものが多い。

リンター［cotton linter］種子の綿毛のついたままのものを実綿（seed cotton）といい、離脱した長繊維の綿をリント（lint 綿花）、そして短繊維のものをリンター（linter 繰り屑綿）という。リントは紡績用で、製紙にはリンターを精製してセルロース誘導体の原料とする。

る

るいじゅうめいぶつこう［類聚名物考］刊年は不明であるが、安永（一七七二－八一）以前の山岡浚明《まつあけ》著で、広範な各種の物の名を考察した書。三六一巻。その巻二五一調度部第八文房の章に紙関係の記事がある。紙について『後漢書』その他から引用して起源を考察したあと、熟紙・染紙・宿紙・匱紙《きし》・墨流紙・陸奥紙《みちのく》・紙屋紙・引合・打雲・打紙・薄紙・薄様・色紙・雲紙・黒川紙・檀紙・杉原・修禅紙・懐紙・畳紙・界紙・礼紙《らい》・紙縒・反古など、多数の項目について古文献から関連する文を引用して、その意味を考察する資料としている。

れ

れいしゃし［欞紗紙］欞は窓にとりつけた格子であり、その連子窓に張る紙のこと。日本の障子紙といえるもの。中国の宋応星『天工開物』製紙の章の「皮紙のつくり方」のなかに、「楮皮紙の最上等のもので、禁裡に御用立てして窓枠に張るものを欞紗紙という。この紙は広信府（江西省上饒県）でつくる。長さ七尺以上、幅は四尺以上である」と記している。

れいしょ［隷書］中国の秦の始皇帝が天下を統一し中央集権をはかる策として法律・度量衡を制定し、文字も丞相李《り》斯《し》が小篆《しょうてん》をつくり、臣隷（臣僕・家来）の用いる文字として獄吏の程邈《ていばく》が隷書をつくったといわれている。篆書が曲線的で複雑な書体であるのに対して、隷書は直線的な簡易体になっている。前漢の前半期（紀元前二世紀）まで使われた隷書を古隷と呼び、その後運筆の律動性を生かしたものが書かれ、波磔《はれき》という筆法を生かしたのを八分とか分隷という。この古隷と分隷（八分）を合わせたのを隷書という。→篆書（てんしょ）

レイド・ペイパー［laid paper］簀の目状の透かしの入っている紙。洋紙の用語で、まっすぐな針金を平行にならべて綴り合わせた金網の漉き型を用いて漉いている。筆記・書籍用である。→ウーブ・ペーパー（wove paper）

れきし［暦紙］律令制のもと陰陽寮《おんみょうりょう》で暦の作成に用いた紙。正倉院文書天平十八年（七四六）の「経師等調度充帳」の端書に「暦紙十二」とみえ、『延喜式』十六陰陽寮の条によると、暦の作成に上紙と麻紙を用いている。

れきし［瀝紙］瀝は瀝青、すなわち松脂に油を混ぜて練った塗料で、これを塗ってにじみ止め加工した紙。中国明代の『江西省大志』に大竜瀝紙とあるのは、瀝紙に竜文を描いたものである。

レースがみ［レース紙］薄紙に噴霧状の水滴で孔をあけて文様を描く落水紙の一種であるが、より強い水圧の水滴で孔が完全に抜けている形にした紙。岐阜県美濃市が主産地である。↓落水紙（らくすいし）・図版230

れっちょうそう［列帖装］やや厚手の紙を数枚重ねて二つ折りにし、その折り目を綴じたものを一帖とし、このようにしてつくった数帖を一冊に綴じ合わせたもの。したがって、大和綴《やまととじ》との区別は明瞭でなく、また胡蝶装《こちょうそう》と同義とする説もあり、列帖装・大和綴・胡蝶装の区別はむずかしいといわれる。

レーヨンしょうじがみ［レーヨン障子紙］レーヨン・パルプ（rayon pulp 溶解パルプ）で製した障子紙。化繊紙つくりの最初期に開発され、明るく美しくて、剥がしやすいなどの利点がある。

れん［聯］漢詩・漢文で相対する二句のこと。細長い一対のものに書かれた対聯の略称でもある。また細長い一対の作品の意味で、揮毫紙で聯というのは画仙紙全紙判の縦四分の一の大きさのものである。この聯を切り落した全紙の縦四分の三の大きさのものを聯落《れんおち》という。

れん［連］紙および板紙の数量単位。Ream の当て字。印刷用紙の場合は規定寸法に仕上げた紙一〇〇〇枚、板紙の場合は一〇〇枚を一連という。

れんしし［連史紙］中国の紙面が滑らかで印刷に適する紙で、上等は白く、下等は黄色。もともと連四といい、連四は通常の紙簾（漉簀）を四枚連ねた大きさの意である。転じて連泗といったものが連史となった。費著《ひちょ》の撰した『蜀箋譜』に「凡そ紙には連二、連三、連四あり」とみえ、四川省原産で川連紙とも呼ばれた。また『五雑俎《ござっそ》』には、印書紙すなわち印刷用紙として太史紙・老連紙がある、と記しており、この両紙を合わせて紙名としたのが連史紙ともいえる。かつて四川省や安徽省で樹皮を原料としたが、のちには福建省や浙江省・江西省などで竹を原料としたものが多くつくられている。

れんずき［漣漉き］汲みあげた紙料液を漉桁《すきげた》の中でさざ波をたてるように動かし、全面を平均に落ち着かせるように揺りすえる漉き方。奉書紙などの漉き方で、一般には流し漉きに含めているが、仙台地方では、漣《さざなみ》を

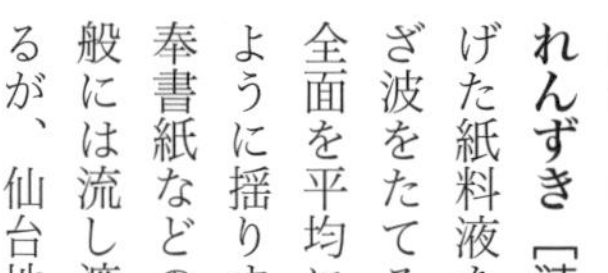

230　レース紙「小青海波」

たたせるので、漣漉きといっている。

ろ

ろうがみ【蠟紙】蠟を塗ったりしみ込ませた紙。または紙の色が蠟に似たもの。中国で黄紙に蠟をほどこしたもの、あるいは白紙に黄蠟を塗ったものを硬黄、白紙を白蠟で処理したものを硬白という。日本では『新撰紙鑑』のから紙類のなかに「蠟打紙」というのがみえ、これは「鳥子の蠟地也」とし、系図などを書くのに用い、虫害に耐えると記している。また金箔打紙の廃紙、すなわち風呂屋紙は紙の色が蠟に似ており、絵具や薬主を包むのにも用いられた。

ろうけつぞめがみ【蠟纈染紙】紙面に樹脂と蠟とを混ぜ溶かしたもので文様を描き、それを染めた紙。

ろうせん【蠟箋】蠟紙の別称といえるが、日本の和歌料紙としたものは、文様の部分が蠟のようにみえるという意味である。彫刻版木に色料を塗らないで紙を置き、猪の牙・巻貝や陶器の滑面で空摺《からす》りしたものである。天喜元年（一〇五三）頃といわれる『倭漢抄』の料紙にみられる。中国では板木の文様を磨き光沢をつけたので研光紙《がこうし》という。

ろうびきがみ【蠟引紙】ガンピ紙に蠟液を引いたもの。蠟を引くには、加熱して蠟を溶解した槽に上下二本の金属製ローラーを装置し、下のローラーは蠟液に浸るようにしておく。ローラーの間に原紙を通して蠟液をくぐらせてから乾燥する。蠟液は蠟八〇％にステアリンとダンマリゴムを混合し、融点を八〇度以上にしている。方眼を印刷して蠟引きしたものが謄写版原紙である。→謄写版原紙（とうしゃばんげんし）

ろくおんにちろく【鹿苑日録】京都相国寺内にあった鹿苑院歴代の僧が記録した日記。長享元年（一四八七）から慶安四年（一六五一）に及ぶ日記であるとともに、文書案・漢詩集などもあって、室町中期から江戸初期にかけての政治・文芸を知る好史料。杉原紙四九八、美濃紙関係一七〇、引合《ひきあわせ》一一七、檀紙五三か所の記事がみられるほか、そのころ京都に流通していた多くの紙の事情を知ることができる。

ろし【濾紙】薬品、液体あるいは空気などの濾過、化学分析に用いる紙。濾過紙ともいい、大正期に欧州大戦で輸入されなくなった時、高知県製紙試験場で試験研究して開発した。木綿の裁ち屑を原料とし、苛性ソーダ液で煮て晒粉《さらしこ》で漂白し、ビーターで叩解《こうかい》したのち塩酸および弗化《ふっか》水素で処理した紙料を溜め漉きして、湿紙のまま張板に置き室内乾燥した。高知県のほか埼玉県でもつくられたが、今はすべて機械すきになっている。

ロジンサイズ［**rosin size**］精製した松脂をロジンといい、これをアルカリ（KOH, NaOH）で鹼化、もしくは無水マイレン酸などの不飽和二塩基酸を付加させ、アルカリで鹼化して得られる物質。松脂サイズ、樹脂サイズともいう。十九世紀の初期にドイツのイリング（Moritz Friedrich Illing, 1777–1845）によって開発され、膠サイズに代わって広く用いられた。

ロッグウッドし［**ロッグウッド紙**］ロッグウッド（logwood）樹の幹から浸出するヘマトキシリンで染めた紙。無媒染では茶系の色であるが、明礬・錫媒染では紫色、重クロム酸カリ媒染では鼠色、鉄媒染では黒色となる。ロッグウッド樹は中部アメリカ原産でマメ科の常緑高木、主産地であるメキシコのカンペチェ湾にちなみカンペチア木ともいう。

ロプ・ノールし［**羅布泊紙**］中国の新疆ウイグル自治区楼蘭遺跡に近いロプ・ノールにある漢代烽燧亭《ほうすいてい》（のろし台）跡で、一九三三年黄文弼《こうぶんひつ》が発掘した古紙。同時出土した木簡に黄竜元年（紀元前四九）の年紀があり、前漢宣帝（在位紀元前七四–前四九）の頃のものと推定されている。麻質の四角な塊の断片で大きさは約四×一〇センチ。紙面に粗く麻の筋が残っていたが、日中戦争の戦火で焼失した。

わ

わかさのかみ［若狭紙］福井県の小浜市周辺で産した紙。若狭は『延喜式』に中男作物の紙を納めるところとなっており、平安初期の武将、坂上田村麻呂（七五八－八一一）が紙漉きを始めたという伝説がある。田村川に沿って紙郷があり、近世の上方市場に流通した名田庄紙は、遠敷《おにゅう》郡名田庄村（大飯郡おおい町）が原産地である。かつて約二五〇戸の製紙家がいて厚紙系のものに特色があったが、今は傘紙・帳簿紙・文庫紙・提灯紙・版画紙のほか型染原紙をつくっている。↓名田庄紙（なたしょうし）

わがせん［和画仙・和雅仙］一般に画仙紙は二尺二寸五分×四尺五寸（六八・二×一三六・四㌢）で中国産のものの呼称であるが、日本で模造したものを和画仙という。日本での模造は江戸末期に始まり、明治六年（一八七三）のウィーン万国博には神奈川県の和唐紙仲間が「画箋紙」を出品している。明治中期からは山梨・高知・福島県などで「画仙紙」をつくっているが、太平洋戦争後に生産地が広まった。山梨・埼玉・鳥取・高知・愛媛・福岡県などでつくられ、その原料として稲わら・竹パルプ・木材パルプ・チガヤなどを、コウゾ・ミツマタなどより多く用いて、運筆や墨の発色に適するように工夫し、いろいろな色に漉き染めした色雅仙もつくられている。↓画仙紙（がせんし）

わかんさんさいずえ［和漢三才図会］ただしくは『倭漢三才図会略』で、一〇五巻の図説百科事典。正徳三年（一七一三）刊で、大坂高津生まれの医者で倭漢の学を博く修めた寺島良安編。明《みん》の王圻《おうき》の『三才図会』を模倣し、多くの図をいれて解説しており、「芸才」第十五巻に紙・閃刀紙《えびす》・反故《ほご》紙、「衣服類」第十六巻に紙衣《かみこ》・紙布《しふ》を収録している。紙の条には、檀紙・奉書紙・杉原紙・本杉原・尺長《たけなが》紙・延紙・三栖紙・小菊紙・小半紙・漆漉《うるしこし》紙・半紙・障子紙・厚紙・宿《こしはり》紙・半切《はんきり》紙・塵紙・箋紙・鳥子紙・毛辺《もうぺん》紙・竹紙に分類して解説するとともに、造紙法も記している。

わきがみ［脇紙］藩の統制のもと御紙蔵に収納する蔵紙《くらがみ》に対して、農民が統制の枠外で自主生産する紙。平紙《ひらがみ》ともいう。『難波丸綱目』には、蔵紙問屋に対する脇紙問屋として豊後半切の竹原文右衛門。大和紙の竜田屋四郎兵衛、吉野屋長兵衛らの名をあげている。↓平紙（ひらがみ）

わし［和紙］日本で発達した独特の紙の総称。古代中国や朝鮮では日本を「倭」と呼称し、『慵斎叢話』などによると、李氏朝鮮の成宗十二年（一四三〇）に対馬に人を遣わして倭楮を採り、倭《わ》紙をつくらせている。「和紙」の語は明治初期に洋紙に対して生まれたもので、本来はコウゾ、ガンピ、ミツマタなどの靭皮繊維およびその故紙などを主原料とし、トロロアオイの根やノリウツギ、サネカズラの内皮などから抽出した粘剤《ねり》を混和して流し漉きすることが多い。狭義では手漉き（handmade）紙だけのことであるが、明治期から円網抄紙機で木材パルプ・マニラ麻などを主原料とする機械すき（machinmade）の擬和紙（imitation Japanese Paper）つくりが始まり、近代化合理化をめざして発展、手漉きを圧倒しており、広義にはこれも手漉きとともに和紙に含めている。手漉き和紙業界でも紙料処理工程で作業能率のよい機械を導入するところが多くなっているが、奉書紙・美濃紙・鳥子紙・吉野紙・宇陀紙・西の内紙・典具帖紙・清帳紙などの特殊な高級紙は伝統技法を守ってつくっている。機械すきは塵紙・京花紙・書道用紙・仙花紙などが主体であったが、近年はコウゾなどの長繊維のものも紙料として、障子紙のほか典具帖紙まで作るようになっている。↓洋紙（ようし）

わしのすうりょうたんい【和紙の数量単位】和紙の枚数を数える単位としては帖《じょう》・束《そく》・締《しめ》・丸《まる》があるが、紙の種類によって違っている。↓図版231

紙名	一帖	一束	一締	一丸
奉書紙	四八枚	一〇帖		一〇束
西の内紙	四〇枚	一〇帖	五束	二締
半紙	二〇枚	一〇帖	一〇束	六締

わだしまがみ【和田島紙】静岡県清水市和田島の地名を冠したミツマタ原料の半紙で、駿河半紙の別称。明和年間（一七六四－七二）に甲斐国市川（山梨県市川三郷町）の人が和田島でミツマタ原料の紙を初めて漉いたと伝えられているのにちなんでいる。↓駿河半紙（するがはんし）

ワットマンし【ワットマン紙 Whatman paper】イギリスのワットマン（James Whatman）が一七六〇年につくり出した手漉きの厚い画用紙。水彩画用で、長くケント州メードストンの特産であったが、今は機械すきのものもある。

わとうし【和唐紙】中国の毛辺《もうぺん》紙に模して日本でつくった紙。佐藤成裕著『中陵漫録』には、琉球人新垣親雲上《ばいきん》が中国の福州で製法を修得して帰ったと記しているが、薩摩藩主島津重豪《しげひで》は天明七年（一七八七）に新垣仁屋を鹿児島に転籍させて和唐紙を漉かせた。また『新編常陸風土記』によると、享和・文化年間（一八〇一－一八）に水戸でもつくっている。鹿児島や水戸の和唐紙は、毛竹《もうちく》（シノダケ）を原料としているが、文化三年（一八〇六）に江戸の神田白壁町で中川儀右衛門がミツマタを主原料とし胡粉を混入して二尺×四尺五分の和唐紙をつくり始めた。これを学んだ田村文平は川崎市多摩区中野島で玉川堂の看板を掲げて漉き、同区菅、府中市押立など周辺に広まり、当時の太田南畝らの文人に愛用された。大蔵永常の『紙漉必要』には、この和唐紙の製法を詳しく記している。↓泰平紙（たいへ

いし）

わほんはんけいのしゅべつ［和本判型の種別］和本の判型は美濃本を基準として分類されている。美濃本は美濃紙を二つ折りした大きさ（縦九寸×横六寸五分）で、これ以上のものを大本《おおほん》、美濃本の半分のものを中本《ちゅうほん》という。また半紙二つ折りのものが半紙本（縦七寸×横五寸五分）で、その半分以下のものを小本、それよりさらに小さいものを豆本（袖珍本《しゅうちん》・懐中本《ふところ》）という。横綴じのものは横本といい、このうち美濃紙（または半紙）の二分の一・三分の一・四分の一のものを、それぞれ二切本《ふたきり》・三切本《みつきり》・四切本《よつきり》という。

わほんひょうし［和本表紙］和本の表紙に用いる紙。本文紙より厚くするため何枚も貼り重ねて圧縮したもの（板目紙）を原紙として、そのまま用いるもののほかいろいろに装飾加工している。加工法は染色・木版文様摺り・打出し文様艶出し・型染捺染《なっせん》・揉み・丁子（ちょうじ）引き・金銀砂子振り・布目打出し・石目摺りなど多彩である。もともと京都や大坂が生産の中核であったが、近代には東京が中心となり、足立区梅田、墨田区寺島などに大きな専門業者がいた。

231　石州半紙の荷造り

大正末期に機械すきに圧倒されて廃絶した。→図版232

わらがみ［藁紙］稲わらまたは麦わらで製した紙。中国唐代の詩人元稹《げんしん》（七七九―八三一）の詩に「麦紙は紅点を浸し、藍灯は碧膏を焔《も》やす」とあり、蘇易簡『文房四譜』の「紙譜」は、「浙人は麦茎、稲稈で紙をつくった」としている。また奈良時代の正倉院文書にも葉藁紙・波和良紙・葉和良紙とみえているが、中・近世の甲州藁檀紙、筑後の豊年紙、水戸の麦光紙なども原料に藁を用いている。琉球では中国の火紙にならって、稲わら原料の藁紙を十八世紀初期に山川村（那覇市首里）に設けられた製紙所でつくっている。近代には稲わらが補助原料として注目されるようになり、明治十二年（一八七九）十月十八日の『工業新報』には「琉球藁紙製法」の記事があり、大蔵省印刷局抄紙部は明治十四年、栃木県下都賀郡寒川村（小山市）に紙質（わ

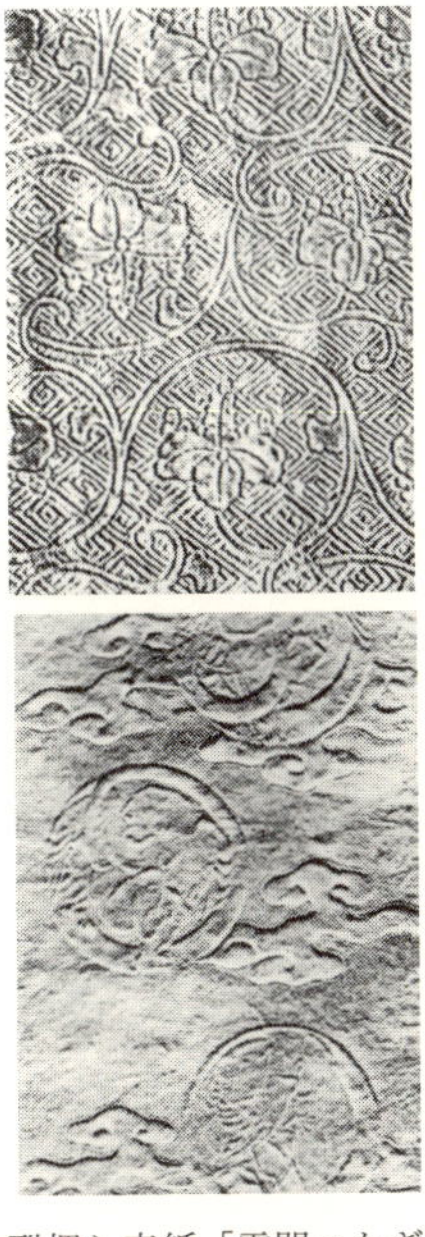

232　型押し表紙「雷門つなぎに桐唐草」（上）と「飛雲に天使の丸」（下）

ら）製造所を設け、翌年大川平三郎によって稲わらパルプの工業化に成功した。このため苛性ソーダで煮熟した稲わら紙料を高知県などで導入したほか、藁半紙や板紙の製造が盛んになった。↓葉藁紙（はわらかみ）・豊年紙（ほうねんし）

わらだんし［**藁檀紙**］コウゾ原料に稲わらも混和して漉いた檀紙。中世に甲斐（山梨県）に産したもので、『言継《ときつぐ》卿記』弘治三年（一五五七）の条に、甲州紙に「藁檀紙と号す」と割注し、永禄三年（一五六〇）の条には「甲州の藁檀紙」と記されている。↓甲州紙（こうしゅうし）

わらびこ［**蕨粉**］ワラビの地下茎をよく洗い、すりつぶして水にいれ、かきまぜて白く濁った液を濾過し、沈澱させて乾燥したもの。織物の経糊《たてのり》、または張り物糊として用いるほか、渋染型をつくるのに用いられる。渋型紙の原紙を張り合わせるには、ワラビ粉を煮て柿渋を練り合わせた蕨渋《わらびしぶ》がよいが、その製法について、享保十一年（一七二六）刊の梅村判兵衛『万宝智恵袋《ばんぽうちえふくろ》』には次のように記している。「蕨粉一升を水七升にて糊に煮てさまし置き、少し温かなる時、生渋一升を少しづゝ入、ねり合せて用べし。刷毛《はけ》はこはきにて糊をひくべし、野猪《いのしし》の背毛か、棕櫚《しゅろ》の皮の毛の刷毛よし。糊のむらなきやうにして紙を合すべし」。これを日陰に干し、さらに二番渋に水を少し加えたものを裏表に引くのであるが、蕨粉は晒さない「色の赤黒きを用べし」としている。↓型紙（かたがみ）

ワーロン・シート［**Warlon paper**］ビニール液に浸した美濃紙を二枚合わせて、加熱しプレスしたもの。強化障子紙ともいえるもので、雑巾で汚れをふくことができ耐久性がある。明り障子用のほか襖《ふすま》紙・ランプシェードなどにも用いられる。昭和三十四年（一九五九）名古屋市の株式会社ワーロンで製造し始めたもの。

和紙史略年表

和紙の歴史は、古くは先進の中国に学び、近くは西欧の量産方式の影響を受けているので、外国の紙史と対照した年表を構成した。日本関係事項には、製紙技術・主要な紙名などのほか、行政機構、流通市場、文献など、重要な関連のあるものを収録した。外国主要事項には、紙史の展開を明らかにするために、古代中国の関連事項とともに西方への伝播と普及のほか、機械すきの洋紙への発展に関するものを収録した。

西暦	年号	日本関係事項	外国主要事項
紀元前			
二五〇〇			エジプトでパピルスを使用
一七五－四一			中国甘粛省天水市放馬灘の前漢文帝・景帝の頃と推定される古墓から一九八六年に地図の描かれた紙片が出土。現存する世界最古の紙
一五〇頃			小アジアのペルガモン王エウメネスの頃パーチメント発明
一一八			中国陝西省西安郊外の灞橋出土の紙は前漢武帝の元狩五年以前のものと推定される

西暦	年号	日本関係事項	外国主要事項
七三－四九			前漢宣帝の頃と推定される甘粛省懸泉出土の紙に文字が書かれている
五二			甘粛省金関出土の麻紙に布簾の紋がみられる
四九			新疆省ロプ・ノール出土の麻紙に研光の形跡がある
八			『漢書』に趙昭儀が薬包に「赫蹏」を用いたとみえ、それは薄い小紙といわれる
紀元後			
二五			後漢の光武帝が長安から洛陽に遷都、移送した荷の中に紙に書いた経典もふくんでいた
一〇〇			許慎『説文解字』に紙の字を「絮一苫也」と説明
一〇五			蔡倫が廃麻・樹皮などで紙をつくる。樹皮紙が出現し書写用としての普及はじまる
二世紀			後漢末期、劉熙『釈名』に「潢」の字は紙を染めることと解説
二二〇－六五			曹魏の頃、山東地区で左伯が

二六〇			「研妙輝光」の紙をつくる この頃の紙をヘディンが楼蘭で発掘
二六五－三一八			西晋の張華『博物志』に浙江省剡渓でつくる藤皮紙を記載。また『文房四譜』は張華が雷穆之の祖先に桑皮紙の書を与えたと記す
二九六		西本願寺蔵『諸物要集経』は西晋元康六年三月十八日付で現存する日本最古の写経	
三一一－一三			この頃のソグド語の手紙をスタインが敦煌付近で発掘
三一八			東晋の都が建康（南京）に置かれ、造紙の中心は江南地域に移り始める
三三五－四九			『鄴中記』に後趙の石虎が詔書に五色紙を用いると記す
三四八			新疆出土前涼建興三六年の古紙に鉱物性粉末と澱粉を含む
三八四			東晋の僧摩羅難陀が百済に仏教と造紙術を伝える
四〇三		履中天皇四年、初めて諸国に国史を置き、言事を記して中央に通達させる	

西暦	年号	日本関係事項	外国主要事項
四〇四			楚の桓玄、木簡の代りに黄紙を用いることを命じる
四〇五		履中天皇六年、初めて蔵部を定める	
四五八		雄略天皇二年、史戸を置く	
四七一		雄略天皇一五年、大蔵官を置き秦酒公を長官とする	
四七九－八二			南斉の高帝が江寧に造紙の官署を置き凝光紙（銀光紙）をつくらせる
五四〇		欽明天皇元年、秦人・漢人の戸籍を編貫する	
五九四		仏教興隆の詔を発す	
六〇四		聖徳太子が憲法一七条をつくる	
六一〇		『日本書紀』に高句麗から来た曇徴が絵具・紙・墨・碾磑などをつくると記す。日本での製紙の最初の記録。	
六一一		聖徳太子の『勝鬘経義疏』成る	
六四五	大化元	初めて年号を定め、大化改新始まる	
六四八			唐の王玄策『中天竺行記』にインド・カシミールで紙を見たと記す
六五〇			チベットのソンツェン・ガンポに文成公主が嫁し、造紙術が伝わる
六五二	白雉三	最初の班田収授終り、毎年計帳、六年毎に戸籍を作ること	

年表

		とし、その紙・筆・墨を郷戸の負担とする	
六七〇		天智天皇九年、全国的に戸籍（庚午年籍）をつくる	
六七三		天武天皇二年三月、初めて川原寺に一切経を写す	
六八一		天武天皇一〇年、律令（浄御原令）の制定を詔する	
六八六	朱鳥元	教化僧宝林の筆になる『金剛場陀羅尼経』の一部現存	
六八九－九〇		浄御原令を実施。元嘉暦と儀鳳暦の併用を始める	
七〇一	大宝元	大宝律令完成、製紙を所管する図書寮に造紙手四人を置き、別に山背（山城）に紙戸五〇戸を定める	
七〇二	大宝二	この年の美濃・筑前・豊前の戸籍断簡が正倉院に残る	
七〇七	慶雲四	正倉院蔵、唐の王勃『詩序』はこの年色麻紙に書写	
七一〇	和銅三	都を平城京に遷す	
七一二	和銅五	太安万侶が『古事記』を撰上	
七一三	和銅六	諸国に『風土記』の編集を命ずる	唐の開元年間（七一三－七二）蕭誠が五色斑紋紙をつくる。マーブル紙の起源
七一八	養老二	養老律令を制定	
七二〇	養老四	舎人親王ら『日本書紀』を撰上	
七二六	神亀三	山背国愛宕郡出雲郷雲上里計帳に「紙戸出雲臣冠」とみえる	
七二七	神亀四	正倉院文書に麻紙初出、大般若経の料紙として用いる	
七二八	神亀五	正倉院文書に直紙・上野紙・紙屋紙・穀紙の名がみえる	
七三一	天平三	正倉院文書に、この年から染紙の名がみえる	
七三四	天平六	近江の紙工、敢石部勝麻呂に粮米一斗六升を給する	

西暦	年号	日本関係事項	外国主要事項
七三七	天平九	正倉院文書に美作経紙・越経紙・出雲経紙・播磨経紙・美濃経紙の名がみえる	
七三九	天平一一	秦忌寸が図書頭となる	
七四〇	天平一二	光明皇后が一切経を写させる	
七四一	天平一三	国分寺・国分尼寺の造営を発願	
七四三	天平一五	正倉院文書「写経用紙充受文」に真弓紙の名が初見	
七四七	天平一九	正倉院文書に、この年から斐紙・金銀装飾加工紙がみえる／正倉院文書「写経疏間紙装潢帳」に檀紙の名が初見	唐軍とサラセン軍がタラスで戦い、中国人紙工が捕虜となり、サマルカンドで製紙が始まる
七六六			唐の大暦年間（七六六－七八〇）紙衣を着た苦行僧を紙衣禅師と呼ぶ（『弁疑志』）
七七〇	宝亀元	称徳天皇勅願の百万塔陀羅尼成る	
七八〇			唐の建中初年、日本の使者興能が献じた土産物の中に繭紙があった（『異称日本伝』）
七九三			サラセン帝国の首都バグダッドに製紙工場建設
七九四	延暦一三	平安京に遷都	
八〇四	延暦二三	最澄・空海ら入唐、最澄は太守陸公に筑紫斐紙を献じる	
－八一〇	大同年間	京都野宮の東方に図書寮別所として紙屋院を設ける	『国史補』に元和年間（八〇六－八二〇）広東省韶州で竹紙を

			つくったと記す
八〇七			唐の元和二年、世界最古の紙幣といわれる飛銭発行
八〇八	大同三	図書寮の造紙手八人を五人、造紙長上二人を一人に減らす	
八一一	弘仁二	秦公室成が秦部乙足の替として図書寮造紙長上となる	
八二五			アラビアのダマスカスに製紙工場建設
八三三	天長一〇	清原夏野ら『令義解』撰上	
八三六	承和三	播磨雑色薄紙四〇帖を唐の長安青竜寺に贈る	
八八〇	元慶四	清和天皇の女御、藤原多美子が崩御した帝の染筆を漉き返させて法華経を書写する。宿紙の初めといわれる	
八八二	元慶六	藤原保則は「讃岐は紙多く能筆家がいる」と自ら請うて、讃岐守に任ぜられた（『西讃府志』）	
八九四	寛平六	菅原道真の建議によって遣唐使廃止され、和風化の流れが強まって、造紙のことを「紙を漉く」という	
九〇〇			この頃エジプトのカイロに製紙工場建つ
九〇五	延喜五	紀貫之ら撰進の『古今和歌集』巻十に「すみながし」と題する在原滋春の歌がある	
九二七	延長五	『延喜式』撰進される。その規定によると、中男作物の紙を納めるのは四一国、年料別貢雑物としての紙を納めるのは下野と大宰府、原料の穀皮・斐皮は三〇国が五八六〇斤を貢進、図書寮で年二万張の紙を漉く。位記を書く麻紙は上	

西暦	年号	日本関係事項	外国主要事項
九三五－五四		総が一五〇張、下野が一〇〇張を毎年納め、宣命文は黄紙に書くが、伊勢神宮には縹紙、加茂社には紅紙などと定めている	中国の五代十国の頃、蜀国は紙で交子をつくり、銭に代えて交易に用いる
九五一	天暦五	従七位上阿曇兼遠が美濃国造紙長上に補任される	
九六〇－七四			南唐の後主李煜が安徽省の池州と歙州で澄心堂紙を作らせる
九六七	康保四	延喜式を施行する	甘粛省敦煌石窟の「救苦衆生難経」は還魂紙を用いている
九七一			北宋の太祖開宝四年、大蔵経を開版し、一部に一三万枚の紙を使う
九五四－七四	天暦八－天延二	藤原道綱の母が天暦八年から二一年間記した『蜻蛉日記』に陸奥紙の名初見	
九七六－八四			北宋の太平興国年間に李建中の書いた「同年帖」に波浪文の透かしがある
九八二	天元五	『小右記』に大間紙の名がみえる	
九八六			北宋雍熙三年序のある蘇易簡『文房四譜』の「紙譜」、蜀の十

九八七	永延元	入宋していた奝然が宋版一切経を得て帰国	色箋の項にマーブル紙の源流といえる流沙紙などの製法を記す
九八八	永延二	性空上人が播磨書写山で紙衣を着た（『元亨釈書』）	
一〇〇二	長保四	美濃国紙屋長上宇保良信に色紙の調進を命ずる	
一〇〇五			北宋景徳二年、樹皮紙でつくった紙幣を正式に発行
一〇〇九	寛弘六	『御堂関白記』に「法華経千部を摺写」とみえる	
一〇一四	長和三	前陸奥守済家が檀紙一〇帖を京にもたらす（『小右記』）	
一〇三一	長元四	『左経記』に宿紙の名初見	
一〇四一－四九			北宋慶暦年間、畢昇が膠泥活字をつくる
一〇五三	天喜元	この頃の伝藤原行成筆「蓬萊切」は打雲紙で現存最古。また同行成筆「伊予切」「法輪寺切」は飛雲紙を用いている	
－一〇五八	天喜年間	この頃成立の『新猿楽記』に但馬紙の名初見	
一〇六六	治暦二	この年成立の『明衡往来』に但馬黒川紙とみえる	
一〇六八	治暦四	後三条天皇即位の時、美濃の紙工を招き黄紙をつくらせる	北宋熙寧元年から元祐九年（一〇九四）にかけて蘇州承元寺で金粟山蔵経紙をつくる
一〇七二	延久四	肥前松浦郡壁島から上紙一〇〇張を宋に輸出、と『参天台五台山記』に記している	
一〇九六	永長元	宿紙の同義語としての紙屋紙の名がみえる（『魚魯愚抄』）	
一一〇〇			モロッコのフェズに製紙工場設立

西暦	年号	日本関係事項	外国主要事項
一一〇七	嘉承二	この年成った『江談抄』に「曝書の時四面に明り障子をたてた」と記す	
一一〇九			イタリアのシチリア王ロジェール一世が法令を色紙に記す
一一一一	天永二	この年成った『江家次第』に、円宗寺最勝会に備中から上紙三〇帖の進納を記す	
一一一二	天永三	この頃『三十六人集』（西本願寺本）成立し打雲、墨流し、継紙、から紙など高水準の装飾紙を用いる	
一一一六	永久四	『殿暦』七月十一日の条に椙原庄紙の名がみえる	
一一二六	大治元	藤原清衡発願の紺紙金泥一切経（中尊寺経）作成される	北宋末期、長さ三丈から五丈の匹紙をつくった（『長物志』）
一一四二	康治元	阿蘇家文書阿蘇大宮司宇治惟宣解に「球磨紙」と記す	
一一五一	仁平元	越前武生の広場治左衛門が墨流しを始めたと伝えられている	スペインのサチバ（現在のヤチバ）に回教徒が製紙工場建設
一一五七	保元二	法成寺盂蘭盆講に備中・備後・丹波・但馬から美紙上納	
一一六一	応保元	『山槐記』に初めて「内陰」とみえる	
一一六四	長寛二	平清盛ら発願して法華経を書写し厳島神社に納める	
一一六八	仁安三	『兵範記』に堺紙屋紙の名がみえる	南宋淳熙三年、椒水に浸した椒紙を書籍印刷に用い、防虫効果を高める
一一七六	安元二	大和葛城郡南郷荘の僧、信恩が雑紙二〇帖を東大寺に進上	
一一七七	治承元	大和二見南郷の定覚が雑紙七〇帖、京殿紙五〇帖を東大寺	

		に進上（『東大寺文書』）	
一一八〇	治承四	『長門本平家物語』に「からかみ障子」とみえる	
一一八六	文治二	『吾妻鏡』に越後紙屋荘の名がある／俊乗坊重源が周防得地で東大寺用材伐採の時、土民に造紙術を教えたとの伝説がある	
一一九五	建久六	春日版印刷始まり、建久六年彫刻の『成唯識論述記』版木が興福寺北円堂に現存	
－一一九九	建久年間	美濃国牧谷村で建久年間に太田縫殿助が紙を漉き始めたと伝えられる	
一二〇一	建仁元	高野版印刷に京都の経師大和屋善七が参加	
一二〇二	建仁二	賀茂祭に但馬・飛騨から上紙各二〇帖を貢進（『葉黄記』）	
一二〇六	建永元	『編御記』に高檀紙の名がみえる	
一二一九	承久元	『北条九代記』（鎌倉年代記）に「杉原紙始めて流布」と記されている	
一二二一			シチリアに新政治体制を布いたフリードリッヒ二世が公文書を紙に書くことを禁止
一二三〇			朝鮮の高麗高宗一七年、銅活字を用い『評定礼文』刊行。世界最古の鋳造活字本
一二四一	仁治二	円爾が宋から内外典数千巻を将来、五山版開版の源流となる	
一二五三	建長五	高野版『三教指帰』を開版	
一二五四	建長六	この年成立の『古今著聞集』に、常陸多賀郡で、ある上人の	

西暦	年号	日本関係事項	外国主要事項
		紙漉きを猿が手伝った話を収録。また小折紙の名がみえる	
一二七一	文永八	『吉続記』に「供花料としての雑紙」と、雑紙の名がみえる	
一二七六			イタリアのファブリアノに製紙工場創設
一二七八	弘安元	『祇園執行日記』に間合紙の名がみえる	
一二八二			ファブリアノで透かし文様を入れる技法始まる
一二九二	正応五	『兼仲卿紙背文書』に院御方細工唐紙師僧堯真の訴状があり、この頃すでに唐紙師がいた	
一二九五			元の王禎は元貞元年から大徳四年（一三〇〇）にかけて木活字で『旌徳県志』を印刷
一三〇〇	正安二	高野版印板目録によると、杉原紙も用いられている	
一三〇二	乾元元	『実躬卿記』に引合紙の名が初見／美作国弓削庄籾村に檀紙免田があった	
一三二三	元亨三	備前金岡庄より大和額安寺に檀紙を上納	
一三二五	正中二	『花園院御記』に讃岐檀紙の名がみえる	
一三二六			フランスのアンベールで製紙が始まる
一三二八	嘉暦三	『雑事記』に鳥子色紙の名がみえる	
一三三一	元弘元	『東寺百合文書』に遠江の山衙小紙の名がみえる	
一三三四	建武元	『庭訓往来』に讃岐檀紙・播磨杉原の名がみえる	

一三三八	延元三	斯波高経が越前大滝村の道西掃部に奉書紙の名を許して「奉書」の印判を与えた、と記されている（『三田村家文書』）	
一三四〇	興国元	『三宝院文書』暦応三年七月一三日請文に伊勢国曾禰庄で塩浜紙を産した、と記す	元の至元六年、湖北省江陵で朱・墨両色の『金剛経』を印刷、多色印刷始まる
一三四四	興国五	五山版の『夢中問答』開版	
一三四八			フランスのサン・ジュリェで製紙始まる
一三五二	正平七	足利尊氏が大般若経六〇〇巻を刊行	
一三五六	正平一一	『愚管記』に「料紙鳥子」とみえる	オーストリアのレースドルフで製紙始まる
一三五九	正平一四	天竜寺の春屋妙葩が『詩法源流』を刊行	
一三六四	正平一九	堺の道佑『論語集解』を開版	
一三七三	文中二	『実豊卿口伝聞書』に「強紙と昔から云は皆堅厚、加賀杉原にて候」と記す	
一三九一			ドイツのニュールンベルクに製紙工場設立
一三九四	応永元	『鈴鹿家記』に吉野紙の名がみえる	
一三九六	応永三	この頃紙屋院跡は田畑と化していた	
一四〇一	応永八	京都の四条坊門東に八郎二郎という紙屋があった（『東寺百合文書』）	
一四〇五			ベルギーのフイに製紙工場が建つ
一四〇七	応永一四	『三箇院家抄』によると、大和南市で紙が売られていた	

西暦	年号	日本関係事項	外国主要事項
一四一一			スイスのマーレに製紙工場が建つ
一四二三			ヨーロッパで木版印刷始まる
一四二六	応永三三	『薩戒記』に懐紙寸法を公卿一尺三寸、殿上人一尺二寸などと記す	
一四二八			オランダのヘンネップに製紙工場建つ
一四二九			朝鮮李朝の世宗が朴瑞生に日本の製紙法を学ばせる
一四三四	永享六	『看聞御記』に大高檀紙の名がみえる	
一四三五	永享七	『看聞御記』に「奈良紙三束」と記されている	
―一四四一	永享年間	石見鹿足郡柳村の三浦某が領主吉見弘信に紙を献上	
一四四一	嘉吉元	『看聞御記』に備中檀紙の名がみえる	
一四四四	文安元	『下学集』下巻器財門に、引合・杉原などとともに修禅寺紙について「坂東豆州の紙の名、色は薄紅」と記す	
一四五〇			この頃ドイツのマインツで活字印刷始まる
一四五八	長禄二	『大乗院寺社雑事記』に大倉紙・備中引合の名がみえる	
一四六八	応仁二	『東寺百合文書』に中折紙の名がみえる	
一四六九	文明元	室町幕府が近江守護に命じて、美濃大矢田から上洛する紙商人を妨害する近江国住民を取り締まらせる	
一四七一	文明三	『大乗院寺社雑事記』に大方紙の名がみえる	
一四七三	文明五	『文明日々記』に杉原半切の名がみえる	

一四七五	文明七	文明七年五月一日付竜安寺算用状に「天宮上」（典具帖）の名がみえる（『大雲山誌稿』）／『大乗院寺社雑事記』に甲斐田紙の名がみえる	
一四七七	文明九	『御湯殿上日記』文明九年の条に「みまさかかみ」（美作紙）の名がみえ、越前みやげの鳥子・薄様・打曇と記す	
一四八一	文明一三	『文明日々記』に薄白の名がみえる	
一四八二	文明一四	京都に鷹屋修理亮範兼が先祖から相伝する洛中商売紙座があった（『蜷川親元日記』）	
一四八三	文明一五	『御湯殿上日記』文明一五年の条に「奉書廿てう」「とりのこ百まい」とみえる	
一四八四	文明一六	『蔗軒日録』に石産紙（石見紙）の名がみえる	
一四八六	文明一八	『大乗院寺社雑事記』に「クツシ二帖」とあり、クツシは国栖紙のことと考えられる	
一四八八	長享二	『宣胤卿記』に越前打陰とみえる	
一四八九	長享三	『蔭涼軒日録』に東濃薄紙とみえる	
一四九一	延徳三	『御湯殿上日記』延徳三年の条に森下紙の名がみえる／『蔭涼軒日録』に間合甲斐田紙のことが記されている	ポーランドのクラカフで製紙始まる
一四九三	明応二	奈良紙のことを「ややわ」と記す（『御湯殿上日記』）	
一四九四	明応三	山井景益が禁裏へ阿波紙を献上した（『言国卿記』）	
一四九五	明応四	『大乗院寺社雑事記』に天久常の名がみえる	イギリスのステベネージで製紙工場操業
一四九六	明応五	『大乗院寺社雑事記』に高野紙の名がみえる	
一四九八	明応七	『御湯殿上日記』に駿河紙の名がみえる	オーストリアのウィーンで製紙

西暦	年号	日本関係事項	外国主要事項
			始まる
一四九九			チェコスロバキアのボヘミアで製紙始まる
一五〇〇	明応九	この頃成立の『新撰類聚往来』に肥後・大隅に「紙綿多し」と記している	
一五〇二	文亀二	『宣胤卿記』に越前鳥子とみえる	
一五〇四	永正元	『鹿苑日録』に阿波薄様の名がみえる	
一五一七	永正一四	『鈴鹿家記』『宣胤卿記』に土佐紙献上の記事がみえる	
一五二一	大永元	宮内庁書陵部蔵『諸司雑々』に、図書寮の紙工は宿紙上座、他の紙工で宿紙下座を組織していることを記す	
一五二五	大永五	『宗長日記』大永五年八月一九日書状に「御約束の雁皮紙」とみえる。文献にみられる初めての雁皮紙の呼称。	
一五二六	大永六	『実隆公記』に備前紙の名がみえる	
一五二七	大永七	大内義隆が天界寺に与えた文書に得地紙の名がみえる	
一五三〇	享禄三	『後法成寺尚通公記』に筑紫紙の名がみえる	
一五三二			スウェーデンのモタラ・ストレムに製紙工場建つ
一五三八	天文七	『鹿苑日録』に周防杉原とみえる／遣明副使妙智院策彦周良の『初渡集』に徳地紙・山口杉原の名がみえる	
一五四〇	天文九	『御湯殿上日記』に熊野紙の名がみえる	デンマークに最初の製紙工場が建つ

一五四五	天文一四	『言継卿記』に加賀紙・加賀杉原とともに加賀鳥子を進納の記事がある	
一五四六			ハンガリーに製紙工場建つ
一五四九	天文一八	後奈良天皇が本願寺光教に『三十六人集』（西本願寺本）を与える。その料紙は装飾加工した鳥子紙を多く用いている	
一五五〇	天文一九	京都室町に備中屋という紙屋があった（『言継卿記』）	この頃からヨーロッパでマーブル紙の使用始まる
一五五五	弘治元	『言継卿記』に佐束紙の名がみえる	
一五五六			明の王宗沐編『江西省大志』
一五六三	永禄六	『言継卿記』に土佐からの紙を田舎紙と記す	
一五六四	永禄七	『言継卿記』に芸州紙の名がみえる	
一五六五	永禄八	周防玖珂郡波野村（岩国市）で中内与左衛門右馬允が楮を栽培し紙を漉き始める。中内は芸州吉田で技法を学んだとされ、山代地方製紙の始祖といわれる	
一五七一	元亀二	甲斐の望月清兵衛が武田信玄に本判紙を献上し紙改役を命じられる。南巨摩郡中富町（身延町）西島紙の始祖という	
一五七三	天正元	『尋憲記』に奉書紙を越前で買い求めたと記す	
一五七七			メキシコのカルファカンに製紙工場建つ
一五七六			ロシアのモスクワに製紙工場建つ
一五八四	天正一二	伊予東宇和郡野村（西予市）の安楽寺で兵頭太郎右衛門（泉貨居士）が泉貨紙を開発	
一五八五	天正一三	甲斐国八代郡の御用紙漉き六人を本漉衆という	

西暦	年号	日本関係事項	外国主要事項
一五八六			オランダのドルトレヒトに二製紙工場設立される
一五八七	天正一五	美濃国津保谷より牧谷に紙舟役を譲渡する	
一五九〇	天正一八	下野国那須三郎資朝が檀紙を抄造、ついで桟留紙を漉く	
一五九一	天正一九	周防玖珂郡小瀬村（岩国市）の太郎右衛門が製紙を始め、岩国半紙の起源といわれる／キリシタン版の刊行始まる	
－一五九六	文禄年間	この頃越前の日源上人が筑後溝口村（筑後市）福王寺に至り、甥の新左衛門、新右衛門、新之丞を招いて製紙を始め、文禄四年（一五九五）領主立花宗茂に奉書紙を献上して御用紙漉きを命じられる／土佐国成山村（いの町）で安芸三郎左衛門が伊予に帰ろうとした製紙の恩人新之丞を斬殺したという	
一五九八	慶長三	徳川家康が伊豆修善寺の紙工文左衛門に紙漉き免許の黒印状を与える	
一五九九	慶長四	勅版『日本書紀』開版。朝鮮から導入した活版印刷の初め	
一六〇一	慶長六	土佐の安芸三郎左衛門家友が入封した山内一豊に七色紙を進納し、御用紙方役を命じられる	
－一六一五	慶長年間	この頃、伊勢で山田羽書発行される	
一六一五	元和元	本阿弥光悦が嵯峨に芸術村を開く	
一六一六	元和二	この年一一月調査の『駿府御分物御道具帳』のなかに、なす紙・もかみ紙・下伊那紙・柿紙の名がみえる	
一六一七	元和三	『鹿苑日録』に豊前紙の名がみえる	

一六一八	元和四	元和四年一一月調べ『駿府御分物御道具帳』のなかに茶紙・那智鳥子・御もとゆい紙・桑枝紙の名がみえる	
一六二五	寛永二	周防山代地方で藩主毛利氏が石高六万四九〇石を直領とし、その土貢として半紙を上納させた	
一六二八	寛永五	『梵舜日記』に江戸紙の名がある／因幡国気高郡河原村（鳥取市）で美濃生まれの弥助が鈴木弥平に助けられ製紙技法を伝授	
一六三〇	寛永七	福山藩で藩札発行を始めたという	
一六三一	寛永八	萩藩が周防山代地方をはじめ藩内に請紙制を実施／越前五箇郷の総代が集まり、紙座の維持をはかり統制を厳重にする／幕府が伊勢の山田奉行に命じては羽書制度を整備	
一六三二	寛永九	『梵舜日記』に京都の朝廷へ例年の礼として修善寺紙二束を献上したと記す	
一六三七			中国の宋応星著『天工開物』刊行
一六三八	寛永一五	松江藩主松平直政入封し、越前から連れてきた中條善右衛門のため忌部村野白に御紙屋を設け紙業を興す。近世出雲紙の発端とされ、野白紙という	
一六四〇	寛永一七	周防の岩国藩が紙の専売制を実施	
一六四三	寛永二〇	土佐藩執政野中兼山が「本山掟」を定め、桑・漆・茶などのほか楮の栽培を奨励、やがて紙の専売制も実施	
―一六四四	寛永年間	伊予大洲藩の御用紙を吉田村の岡崎治郎左衛門が漉く	
一六四五	正保二	松江重頼『毛吹草』刊、国別に名産の紙と紙製品を記す	
一六四六	正保三	石見国津和野藩家老の多胡真益が楮の栽培を奨励して全産	

西暦	年号	日本関係事項	外国主要事項
		紙を買い上げ、国用のほかは大坂蔵屋敷に送って販売する	
一六四八	正保五	常陸国久慈郡諸富村大字西の内（常陸太田市）の旧家が幕府より御用紙の命を受け、水戸藩主より西の内紙の名を賜わる	
一六四九	慶安二	出雲国大原郡木次町（雲南市）に紙座を置く	
一六五二	承応元	周防から石見に移った広兼又兵衛が浜田藩御用紙漉きとなる	
一六五八	万治元	石見津和野藩で紙の専売制を創始、この年の紙収納高は半紙六〇一八丸、中折紙四〇〇丸、計六四一八丸	
一六五九	万治二	紀伊山保田庄で笠松佐太夫が藩命で紙を漉く。保田紙始まる	
一六六〇			フィンランドのボジョ教区に製紙工場建つ
一六六一	寛文元	信濃国下高井郡穂高村内山組（木島平村）の萩原喜右衛門が内山紙を始める／福井藩が藩札を発行	
一六六三	寛文三	土佐藩野中兼山が執政を免ぜられ、紙の統制ゆるむ	
一六六八	寛文八	武州三郡で紙漉きに課税し、製品の村内自由販売を許す／周防徳山藩が請紙制をしく	
一六七二	寛文一二	平子政長著『有馬山名所記』に名塩紙の名がみえる	
一六七二－一六七三	寛文年間	この頃成った『浅草地名考』に浅草紙の名がみえる／京都西洞院で半切紙つくり始まる	
一六七九	延宝七	『難波すずめ』刊、大坂の主要紙問屋二三軒のうち一〇軒が周防・長門の紙を専門に扱っていることを記す	
一六八〇			オランダでホーレンダー・ビーティング・マシーンが発明される

一六八二	天和二	水戸光圀が神奈川宿で朝鮮通信使に、備中檀紙・越前奉書・越前鳥子・加賀染紙・修善寺紙・美濃紙・水戸揉紙などを贈る	
一六八四	貞享元	『雍州府志』刊、「凡そ加賀奉書・越前鳥子、これを以て紙の最となす」と記す／伊勢国多気郡明星村（明和町）の堀木忠次郎が擬革紙を開発	
一六八五	貞享二	土佐藩が伊野成山御用紙漉定目を制定／大垣藩が留紙制を実施	
一六八六	貞享三	弘前藩は越前から熊谷嘉兵衛を招き紙漉座を設置	
一六八八	元禄元	徳川光圀が水戸領内に専売仕法をしく／伊予宇和島藩も専売制を実施する	
一六九〇	元禄三	肥前国佐賀郡名尾村（佐賀市）の納富由助が筑後溝口紙の漉き方を習って帰り創業、名尾紙の起源	フィラデルフィアに北米合衆国最初の製紙工場建つ
一六九七	元禄一〇	宮崎安貞『農業全書』刊、楮の栽培法を詳述／菊本賀保『国花万葉記』刊、各国の産紙を記す	
一六九八			ノルウェーに製紙工場建つ
一六九九	元禄一二	福井藩が岩本村（越前市）に紙会所を設けて紙の専売制を実施	
－一七〇四	元禄年間	この頃、伊予喜多郡平岡村で越前から来た宗昌禅定門が奉書紙つくりの技術を伝える／伊勢多気郡稲木村（松阪市）の池部清兵衛（壺屋）が擬革紙で煙草入れに加工し、壺屋紙と呼ばれる	
一七〇四	宝永元	水戸藩が藩札を発行	

西暦	年号	日本関係事項	外国主要事項
一七〇九	宝永六	高知城下の播磨屋九郎兵衛ら三名が御国用紙の製造販売を認められる／水戸藩が紙の専売制を中止	
一七一一	正徳元	信濃上田藩が紙の専売制を実施	
一七一二			E・ケンペル著『異邦珍事誌』に日本の製紙法を詳述
一七一三	正徳三	寺島良安編『和漢三才図会』刊、檀紙をはじめ半紙・半切紙・障子紙など市場に流通した主要な紙を解説し産地を記す。また「造紙法」の条に紙つくりの概要を記している	
一七一四	正徳四	大坂市場入荷商品のうち紙の取扱高は第一位（『日本農業史』）	
一七一五	正徳五	土佐藩が紙方役所を設けて専売制を復活、薬袋紙を留紙とする	
一七一六	享保元	因幡国八頭郡佐治村加瀬木（鳥取市）の西尾半右衛門が播磨国皆田村（佐用町）で製紙法を習得、帰村して皆田紙を漉く	
一七一九	享保四	『奥羽観蹟聞老志』に仙台藩製紙地と名産の紙衣・紙布を記す	
一七二一	享保六	貝原益軒『和州巡覧記』刊、国栖紙のことがみえる	
一七三二	享保一七	三宅也来『万金産業袋』に、主要産地の紙種・単位枚数・荷印などを記す	
一七三六	元文元	大坂市場の諸紙銀高は六八八四貫八一八匁で米・木材に次ぐ第三位／福井藩が江戸南伝馬町三丁目に奉書御紙所を設ける	
一七三八	元文三	伊東実臣『美濃明細記』刊、美濃の紙と産地を記す／この年成った青木昆陽編『経済纂要』後集に「わが国の紙は西土に勝れ見るべきなり。紙もとより日用の物にして、しばらく	

		も無かるべからず」と記している	
一七四五	延享二	長谷川忠崇『飛州志』撰述、飛騨産紙を記す	
－一七四八	延享年間	この頃、陸中和賀郡成島村で製紙が始まる	
一七四九	寛延二	伊勢貞丈『檀紙引合之弁』成る	
一七五〇	寛延三	因幡国で御用紙の御紙蔵を建てる／この頃成った山口幸充『嘉良喜随筆』に京都西洞院の紙座のことを記す	
一七五二	宝暦二	土佐藩国産方役所を創設し、御蔵紙・平紙の制を設けて平紙も指定問屋以外への販売を禁止	
一七五五	宝暦五	土佐高岡郡津野山郷民の一揆起こり、平紙の自由販売を認める	
一七五七	宝暦七	この年刊行の『童学要門実語教童子教』に千代紙の名がみえる／同年刊『絵本神名帳』に万年紙・釜敷紙のことがみえる	
一七六〇	宝暦一〇	伊予大洲藩が紙方役所・楮方役所を設ける	
一七六四	明和元	常陸国久慈郡中染村久左衛門の孫、水戸藩御用紙を漉く	
一七六五			ドイツの博物学者シェッフェルの本に蜂の巣からつくった紙などの見本がみえる
一七六六	明和三	大坂で紙商仲間成立。問屋七〇人、仲買一五五人、小売五〇〇余人／青木昆陽『続昆陽漫録』刊、木工用の砂紙のことを記す	
一七七〇	明和七	夢中散人『辰巳之園』に秩父の山半紙のことがみえる	
－一七七二	明和年間	甲斐西八代郡市川（市川三郷町）の渡辺某が明和年間に駿河庵原郡和田島村（静岡市）で三椏紙を漉く。和田島紙といい、	

西暦	年号	日本関係事項	外国主要事項
		駿河半紙の起源といわれる	
一七七五	安永四	羽前米沢藩で国産役所を設けて漆・桑・楮の栽培を奨励	
一七七七	安永六	木村青竹編『新撰紙鑑』刊。諸国産紙の種類・寸法・単位枚数・荷印などを記した江戸時代の紙関係重要文献／陰山三郎兵衛の『難波丸綱目』も諸国産紙の紙種・蔵元掛屋・荷印を詳記	
一七八一	天明元	大和吉野の製紙株八〇に増加	
一七八三	天明三	駿河富士郡原村（富士宮市）の渡辺定賢が三椏の栽培を始める	
一七八四	天明四	肥前唐津藩士、木崎攸軒盛標の『紙漉大概』成る。日本語で手漉き和紙の製法を詳述した最初の手写本。	
一七八五	天明五	土佐吾川郡仁淀川上流の郷民約七〇〇人が伊予の菅生山に逃散し、藩庁は国産問屋を廃して平紙の自由販売を認める	
一七八七	天明七	薩摩藩が琉球から新垣仁屋を招き和唐紙をつくらせる	
―一七八九	天明年間	柴野栗山が天明年間に伊豆熱海の名主今井半太夫に熱海五雲箋をつくらせ、江戸の文人に愛用される	
一七九二	寛政四	江戸の紙問屋九軒、紙店などの組計三四人	
一七九三	寛政五	伊予北宇和郡吉田藩で紙一揆起こり、家老安藤儀太夫が八幡河原で割腹して事態を収拾	
一七九五	寛政七	藤貞幹著『好古小録』刊、半紙・宿紙・杉原紙などを考証／墨流し・孔雀染めの技法を記した『雲箋小譜』(万幸記) 成る	
一七九八	寛政一〇	石見浜田藩の国東治兵衛『紙漉重宝記』刊、石州半紙の製	フランスのディドー製紙工場ル

		法を絵入りでくわしく解説。日本語で刊行された最初の製紙技法書／仙台藩の里見藤左衛門『封内土産考』刊、藩内紙産地を記す	イ・エヌ・ロベールが長網抄紙機を試作
ー一八〇一	寛政年間	樋口好古編『濃州徇行記』成る／紙名別に文献を引用した『四友部類』成る	
一八〇三			ロンドンの文房具商フォードリニア兄弟の援助でガンブルが機械技師ドンキンの協力を得てロベールの長網抄紙機を改良、一八〇八年にその実用化に成功、フォードリニア・マシーンと呼ばれる
ー一八〇四	享和年間	この頃成った『寛文見聞記』に縮緬紙を元結やひな人形飾りの幕に用いると記す	
一八〇六	文化三	土佐香美郡槇山郷伊勢丸および長岡郡汗見川に自生の三椏が発見され、製紙原料に用い始める／江戸神田白壁町で中川儀右衛門が和唐紙を漉き始める	
一八〇七			ドイツのF・イリックが樹脂サイズを発明
一八〇九	文化六	『新編会津風土記』刊、出原紙と小出紙のことを記す	イギリスのJ・ディキンソンが円網抄紙機を完成
一八一〇	文化七	本居宣長『玉勝間』刊、和紙の用途の広さをたたえる	
一八一一	文化八	豊後臼杵藩が紙の専売制を実施	

西暦	年号	日本関係事項	外国主要事項
一八一三	文化一〇	江戸十組問屋の株式を一定とし、六八組一九九五人に限る。紙問屋は四七軒に限定され、田所町に紙問屋立会所が設けられる	
一八一七	文化一四	江戸紙問屋四七軒以外に抜け売りした武州紙を押収して入札処分する。紙価低落して武州の紙漉き困窮する	
一八一九	文政二	阿波那賀郡仁宇谷で楮価格を公定して直売買を禁じ、藩の御用商人が独占的に買い上げる	
一八二二	文政五	松浦静山『甲子夜話』刊、観世能の切手に伊予大洲産の木葉漉き入れ紙を使うことを記す	
一八二五	文政八	この年の奥書がある丹羽政行『楮木製作方紙漉立方の法』成り美濃紙の製法を詳述	
一八二七	文政一〇	佐藤信淵著『経済要録』は、「皇国の紙は世界第一の上品なり」として全国の産地分布状況を述べ、半紙の効用を説いて「大洲半紙の勢ひ天下に独歩す」と評す	
一八二九	文政一二	中川儀右衛門が江戸深川扇橋付近で縦一〇間、幅五間の宝来紙を漉く	
一八三一	天保二	江戸橋四日市の山本清蔵が煙草入れに加工した擬革紙を「竹屋絞り」という	
一八三六	天保七	大蔵永常稿『紙漉必要』成る、紙の原料と製法を詳論	
一八四〇	天保一一	中川儀右衛門の「和唐紙製祖碑」が浅草待乳山に建つ	
－一八四四	天保年間	天保年間に田中佐平が伊予周桑地方で製紙を始める	
一八四四	弘化元	大蔵永常著『広益国産考』刊、大坂市場では「土州より出	ドイツのF・G・ケラーが砕木

		る紙四分」とみえ、この頃土佐紙出荷は一二万丸、一八万両に達す	機を発明／デューマスが塩素パルプ（ＳＰ）法を発明
一八四五	弘化二	伊勢貞丈著『貞丈雑記』刊、各種の紙について論ずる	
一八五一	嘉永四	長崎の本木昌造が初めて鉛鋳造活字をつくる	
一八五三			イギリス人Ｃ・ワットとＨ・バージスが木材処理のソーダパルプ法を発明
一八五六	安政三	水戸藩が那珂郡小舟村（常陸大宮市）に紙会所を設置、紙の専売制を文久元年（一八六一）まで実施	
一八六〇	万延元	土佐吾川郡伊野の吉井源太が半紙六面漉き、小半紙八面漉きの連漉器を考案する	
一八六二	文久二	第二回ロンドン万国博に和紙七五種のほか、から紙など出展	
一八六六	慶応二	伊予宇摩郡川之江村（四国中央市）の薦田篤平が製紙を始め、技術改良と販路拡張につとめ、宇摩地方の製紙を発展させる	
一八六七	慶応三	パリ万国博に奉書・鳥子・美濃紙のほか文様紙など約八〇〇〇枚を出展	アメリカのＢ・ティルグマン亜硫酸パルプ法を発明
一八六八	明治元	越前五箇村に太政官札用紙の製造を命じ、七月太政官札発行	
一八六九	明治二	民部省札一二〇万両を発行／本木昌造が活版印刷機を製作	
一八七一	明治四	手漉き紙で郵便切手を印刷／大蔵省に紙幣司を設け、紙幣寮と改称／イギリスの駐日公使パークスが英国議会に「日本紙調査報告」を提出、和紙および紙製品四一二種を送る／日刊の「横浜毎日新聞」「新聞雑誌」創刊、新聞紙条例制	

西暦	年号	日本関係事項	外国主要事項
		定される	
一八七二	明治五	東京の竹屋が鉄道寮お雇いのイギリス人オルドリッチの指導で金革壁紙を創製／浅野家の有恒社および渋沢栄一立案の抄紙会社（のちの王子製紙）創立／「東京日々新聞」「日新真事誌」「郵便報知」の三大新聞創刊	
一八七三	明治六	ウィーン万国博に和紙および製品を出展、随行の緒方道平・石井範忠ら洋紙の製法を学ぶ／ドイツの地理学者J・J・ライン来航し二年間地理・産業を調査、一八八六年『日本産業誌』を出版して和紙業の実態を詳述	
一八七四	明治七	有恒社がわが国最初の機械すき洋紙を製造／京都府知事植村正直がパピール・ファブリックを興す／この年の物産表によると、山口の紙産額が最高で全国の二九・四％を占める／郵便切手用紙を和紙から洋紙に変える	
一八七五	明治八	紙幣寮に抄紙部を設け、東京王子村に工場建設に着手、紙漉き工を越前で募る／大阪の蓬莱社、神戸の神戸製紙所、東京の三田製紙所設立される	
一八七六	明治九	佐久間貞一が東京牛込の工場で稲わら原料の手漉き板紙を製造	
一八七七	明治一〇	紙幣寮抄紙部工場で三椏原料の溜め漉き法で局紙を製造／第一回内国勧業博に高知県の吉井源太が薄葉大半紙を出品。国産コピー紙の元祖で、のち輸出品となる／西南の役おこり、新聞紙の需要ふえる	

一八七八	明治一一	紙幣寮抄紙部を印刷局抄紙部と改称、初代局長得能良介が紙幣用紙を三椏紙と確定し、また擬革紙の製造に着手／パリ万国博に出展した局紙が好評を得て、模造紙のもととなる	
一八七九	明治一二	印刷局で国産抄紙機第一号を運転	
一八八〇	明治一三	印刷局で試作の無油性金革壁紙が完成	
一八八一	明治一四	印刷局が栃木県都賀郡寒川村に紙質（わら）製造所を設ける	
一八八二	明治一五	大川平三郎が稲わらパルプの工業化に成功	中国の上海に華章造紙廠建設され機械すきが始まる
一八八四	明治一七	高知県の中内丈太郎が風呂釜式乾燥機を考案	
一八八五	明治一八	大蔵省記録局編、柳田幾作著『貿易備考』刊、府県別に産紙を解説し輸出紙について記す	スウェーデン人C・F・ダールがクラフトパルプ（KP）の製造に成功
一八八六	明治一九	高知県に伊野製紙設立、手漉き業者の共同組織による大規模化の傾向芽生える	
一八八七	明治二〇	紙幣の偽造防止のため漉入紙製造取締規則を制定／農商務統計によると、高知県の和紙産額は六四万九〇〇〇円で首位を占める／佐久間貞一らが東京板紙を設立	
一八八九	明治二二	製紙会社（のち王子製紙）が静岡県気田工場で国産蒸籠型蒸解釜によりSPの製造を開始	
一八九〇	明治二三	岐阜県武儀郡牧谷の沢村千松が自費で製紙伝習所、また武井助右衛門が製紙試験場を建てる／富士製紙が静岡県富士郡鷹岡村（富士市）の第一工場でGPの製造を開始／東京牛込区水道町に山路壁紙製造所設立される	

西暦	年号	日本関係事項	外国主要事項
一八九四	明治二七	静岡県で原田製紙が円網ヤンキー抄紙機により初めてナプキン原紙を抄造、これは最初の機械すき和紙である	
一八九五	明治二八	真島製紙が円網抄紙機に竹簾を用い模造和紙をつくる	
一八九六	明治二九	高知県の中内丈太郎が手漉きに木材パルプの試用を始める	
一八九八	明治三一	吉井源太述『日本製紙論』刊／印刷局が三椏の適地、近畿・中国・四国地方に栽培を奨励する	ドイツ、オーストリアでSPを原料として日本の局紙を模造したシミリー・ジャパニーズ・ベラムを日本に逆輸出
一九〇〇	明治三三	北海道釧路に前田製紙が設立され、翌年からSPの製造を開始	
一九〇一	明治三四	農商務統計による和紙生産業者は六万八五六二戸で最高を記録／内務省令で選挙人名簿・投票用紙を西の内紙・程村紙と定める／高知県の伊野製紙・上田合名・丸一合資が合併して土佐紙合資会社を設立	
一九〇三	明治三六	小学校の教科書を国定とし、その用紙を和紙から洋紙に変更	
一九〇六	明治三九	土佐合資会社が円網ヤンキー抄紙機で和紙の機械すきを始める／芸防抄紙会社が設立され手漉きとともに機械すきを始める	
一九〇八	明治四一	土佐紙業組合が土佐郡鴨田村（高知市）に製紙試験場を併設	
一九一二	明治四五	佐伯勝太郎『製紙術』刊	
一九一三	大正二	愛媛県宇摩郡川之江町（四国中央市）に宇摩製紙設立、機械すき和紙を製造／九州製紙（のち十条製紙坂本工場）がス	

		ーパーカレンダーを利用してシミリー・ジャパニーズ・ペーパーを模造して、いわゆる模造紙をつくる	
一九一四	大正三	土佐紙合資会社が芸防抄紙会社を合併（のち日本紙業株式会社）	
一九一五	大正四	アート紙製造の先駆として日本アート（のち日本加工紙株式会社）が東京に設立される／土佐紙業組合製紙試験場の横川博恵技師がパーチメント紙（硫酸紙）の製造に成功	
一九一六	大正五	阿波製紙設立され、機械すき和紙の製造開始	
一九一八	大正七	和紙の製造を目的とした北海道製紙設立される	
一九一九	大正八	ベルサイユ条約の正文用紙に局紙が用いられる	
一九二三	大正一二	土佐紙業組合製紙試験場で自動楮打解機を開発	清の胡韞玉『紙説』を『朴学斎叢刊』に収録、中国紙に関する諸説を考察
一九二四	大正一三	宮城県白石の紙布廃絶	
一九二六	大正一五	佐伯勝太郎が静岡県に特種製紙会社を設立／普通選挙の人名簿・投票用紙は、西の内紙・程村紙でなくてもよいことになる	
一九二八	昭和三	農林省農務局編『手漉製紙ニ関スル調査』刊	
一九三一	昭和六	民芸運動のリーダー柳宗悦が『工芸』を創刊、その後和紙のあたたかさと質の美を論じ、伝統を守ることを強調する	
一九三三	昭和八	北米合衆国の紙史研究家D・ハンターが来日して主要紙郷を巡歴。一九三六年刊の『日本・韓国・中国への製紙行脚』のなかで和紙を世界最高級技術水準の紙と評価する	

西暦	年号	日本関係事項	外国主要事項
一九三四	昭和九	高知県の東亜竹紙社が自生スス竹・小竹を原料として竹紙を抄造	
一九三五	昭和一〇	桑皮のパルプ化を目指して扶桑紙業が設立される	
一九三六	昭和一一	小野晃嗣が「中世に於ける製紙業と紙商業」を『歴史地理』六七巻に発表、のち『日本産業発達史の研究』に収録／新村出ら同人七名の京都和紙研究会発足	
一九三八			ドイツのマインツにあるグーテンベルク博物館に紙史研究所付設
一九三九	昭和一四	京都和紙研究会が『和紙研究』創刊／戦時総動員体制に応じて全国手漉和紙組合聯合会を結成、和紙業者数は一万五七六一戸	
一九四〇	昭和一五	関義城、成田潔英、浜田徳太郎その他で東京に紙話会生まれる	
一九四一	昭和一六	統制経済のもと全国手漉和紙工業組合連盟を設立、のち日本手漉和紙工業組合連合会に改組。和紙業者数は一万三五七七戸	
一九四三	昭和一八	寿岳文章著『紙漉村旅日記』刊／和紙業者は軍需用紙の生産に動員される	
一九四七	昭和二二	日本手漉和紙商工組合を結成／すき入紙製造取締法公布	
一九五〇	昭和二五	東京都北区王子に製紙記念館が創設される。のち製紙博物館、紙の博物館と改称	
一九五二	昭和二七	アメリカ人T・K・チンデール著『日本の手漉き紙』刊	

一九五五	昭和三〇	紙の博物館が『百万塔』を創刊
一九六〇	昭和三五	寿岳文章・大沢忍らの三か年にわたる正倉院の紙調査始まる（その報告書『正倉院の紙』は一九七〇年刊）
一九六三	昭和三八	全国手すき和紙振興対策協議会を組織／経済の高度成長に逆行して伝統産業は急速に衰退、和紙業者数は二八六八戸
一九六六	昭和四一	兵庫県多可郡加美町（多可町）杉原谷小学校に「杉原紙発祥之地」の碑建つ。一九七二年同町鳥羽の町立杉原紙研究所に移建
一九六八	昭和四三	国の重要無形文化財保持者（人間国宝）として越前奉書の岩野市兵衛、出雲雁皮紙の安部栄四郎が認定される
一九六九	昭和四四	全国手すき和紙振興協議会を全国手すき和紙連合会と改称／重要無形文化財として石州半紙技術者会と本美濃紙保存会が総合認定される
一九七三	昭和四八	記録作成等の措置を講ずべき無形文化財として土佐典具帖紙保存会と小国紙保存会を選択／毎日新聞社編『手漉和紙大鑑』刊。この時調査した和紙業者数は八八六戸
一九七五	昭和五〇	記録作成等の措置を講ずべき無形文化財として土佐手漉用具製作技術保存会を選択／伝統工芸品に因州和紙が指定される。年を追って土佐和紙ほかが指定され、和紙も伝統工芸品産業として振興がはかられる
一九七六	昭和五一	文化財保存技術保持者として全国手漉和紙用具製作技術保存会と宇陀紙の福西虎一が選定される
一九七七	昭和五二	文化財保存技術保持者として美栖紙の上窪正一が選定され

西暦	年号	日本関係事項	外国主要事項
一九七八	昭和五三	る／記録作成等の措置を講ずべき無形文化財として西の内紙・程村紙・土佐清帳紙を選択 重要無形文化財として細川紙技術者協会が総合認定される／文化財保存技術保持者として宇陀紙の福西弘行、吉野紙の昆布一夫が選定される	
一九八〇	昭和五五	記録作成等の措置を講ずべき無形文化財として泉貨紙を選択	
一九八二	昭和五七	平凡社『別冊太陽』が「和紙」を特集、この時調査した全国手漉き和紙業者数は五八八戸	
一九八三	昭和五八	京都で国際紙会議開く	
一九八八	昭和六三	日本紙アカデミー設立される	
一九八九	平成元	和紙文化研究会創設	
一九九〇	平成二	高知県で第一回国際版画展とともに和紙国際シンポジウム開く／全国手すき和紙連合会が和紙専門の季刊誌『和紙』創刊	
一九九四	平成六	パークス和紙コレクション里帰り展を東京と岐阜で開く	
一九九五	平成七	京都で国際紙シンポジウム開く	
一九九八	平成一〇	ライプチヒのドイツ書籍文書博物館収蔵和紙コレクション展を福井・京都・東京・高知で開く	
二〇〇〇	平成一二	越前奉書の岩野市兵衛（九代）が重要無形文化財保持者に認定	
二〇〇一	平成一三	土佐典具帖紙の浜田幸雄が重要無形文化財保持者に認定	
二〇〇二	平成一四	名塩雁皮紙の谷野剛惟が重要無形文化財保持者に認定	

和紙文化関係の主要文献

上から、文献名／著編者／発行所／刊行年または記録期間の順。

総論・歴史

『正倉院文書』（大日本古文書）、東京大学史料編纂所、明治三四－大正三年（一九〇一－一四）
『古語拾遺』斎部広成、大同二年（八〇七）
『令義解』清原夏野ら、天長一〇年（八三三）
『延喜式』藤原時平ら、延長五年（九二七）
『文房四譜』蘇易簡、雍熙三年（九八六）
『枕草子』清少納言、長保三年（一〇〇一）
『源氏物語』紫式部、寛弘頃（一〇〇四－一一）
『殿暦』藤原忠実、承徳元－元永元年（一〇九七－一一一八）
『吾妻鏡』不詳、治承四－文永三年（一一八〇－一二六六）
『紙箋譜』鮮于枢、元代（一二〇六－一三六八）
『庭訓往来』北畠玄恵、元弘四年（一三三四）

『紙墨筆硯箋』屠隆、明代（一三六八－一六四四）
『下学集』不詳、文安元年（一四四四）
『大乗院寺社雑事記』尋尊ほか、宝徳二－大永二年（一四五〇－一五二二）
『文明日々記』蜷川親元、文明五－文明一九年（一四七三－一四八七）
『御湯殿上日記』女官ら、文明九－貞享四年（一四七七－一六八七）
『鹿苑日録』景徐周麟ら、長享元－寛永一九年（一四八七－一六四二）
『天工開物』宋応星、崇禎一〇年（一六三七）
『毛吹草』松江重頼、正保二年（一六四五）
『雍州府志』黒川道祐、貞享元年（一六八四）
『和漢三才図会』寺島良安、正徳二年（一七一二）
『万金産業袋』三宅也来、享保一七年（一七三二）
『檀紙引合之弁』伊勢貞丈、寛延二年（一七四九）
『類聚名物考』山岡浚明、安永年間（一七七二）以前
『新撰紙鑑』木村青竹、安永六年（一七七七）
『一話一言』大田南畝、安永八－文化一二年（一七七九－一八一五）
『好古小録』藤貞幹、寛政七年（一七九五）
『玉勝間』本居宣長、文化七年（一八一〇）
『経済要録』佐藤信淵、文政一〇年（一八二七）
『嬉遊笑覧』喜多村信節、天保元年（一八三〇）
『古今要覧稿』屋代弘賢ら、天保一三年（一八四二）
『貞丈雑記』伊勢貞丈、天保一四年（一八四三）
『守貞漫稿』喜田川守貞、嘉永六年（一八五三）
『天朝墨談』五十嵐篤好、安政六年（一八五九）

『諸国紙名録』尾崎富五郎、錦誠堂、明治一〇年（一八七七）
『文芸類纂』榊原芳野、文部省、明治一一年（一八七八）
『貿易備考』大蔵省記録局、東洋館、明治一八年（一八八五）
『日本工業史』横井時冬、弘文館、明治三〇年（一八九七）
『本邦製紙業管見』佐伯勝太郎、同上、明治三七年（一九〇四）
『紙説』胡韞玉、同上、中華民国一二年（一九二三）
『裱具の栞』山本精元、芸艸堂、大正一三年（一九二四）
『手漉和紙ニ関スル調査』農林省農務局、同上、昭和三年（一九二八）
『聚玉紙集』中村直次郎、榛原聚玉文庫、昭和三年（一九二八）
『高野版の研究』水原堯栄、森江書店、昭和七年（一九三二）
『和紙類考』渡辺道太郎、物外荘、昭和八年（一九三三）
『日本上代染草考』上村六郎、大岡山書房、昭和九年（一九三四）
『日本紙業総覧』成田潔英、王子製紙、昭和一二年（一九三七）
『紙業提要』王子製紙、丸善、昭和一三年（一九三八）
『高野紙』中川善教、便利堂、昭和一六年（一九四一）
『日本産業発達史の研究』小野晃嗣、至文堂、昭和一六年（一九四一）、法政大学出版局、昭和五六年（一九八一）
『和紙風土記』寿岳文章、河原書店、昭和一六年（一九四一）
『奥州白石産紙布織』片倉信光、奥州白石郷土工芸研究所、昭和一六年（一九四一）
『日本紙業発達史』西島東洲、紙業出版社、昭和一七年（一九四二）
『和紙の美』柳宗悦、日本民芸協会、昭和一八年（一九四三）
『手漉和紙考』成田潔英、丸善、昭和一九年（一九四四）
『和紙つれづれ』浜田徳太郎、靖文社、昭和二三年（一九四八）
『手仕事の日本』柳宗悦、靖文社、昭和二三年（一九四八）

文献

『紙』浜田徳太郎、生活社、昭和二四年（一九四九）
『紙すき唄』浜田徳太郎・成田潔英、製紙博物館、昭和二六年（一九五一）
『日本紙の話』小栗捨蔵、早大出版部、昭和二八年（一九五三）
『古今和紙譜』関義城、同上、昭和二九年（一九五四）
『日本色彩の文化的研究』前田千寸、河出書房、昭和三〇年（一九五五）
『紙衣』大道弘雄、リーチ書店、昭和三〇年（一九五五）
『古今東亜紙譜』関義城、同上、昭和三二年（一九五七）
『紙種類と歴史』浜田徳太郎、ダヴィッド社、昭和三三年（一九五八）
『草木染』山崎斌、文芸春秋社、昭和三三年（一九五八）
『日本色彩文化史』前田千寸、岩波書店、昭和三五年（一九六〇）
『紙漉平三郎手記』成田潔英、製紙博物館、昭和三五年（一九六〇）
『古今色紙之譜』関義城、同上、昭和三八年（一九六三）
『紙布と紙衣』辻合喜代太郎、晃洋書房、昭和三八年（一九六三）
『随筆からかみ』中村直次郎、榛原商店、昭和三八年（一九六三）
『和紙（歴史編）』加藤晴治、丸善、昭和四〇年（一九六五）
『日本の草木染』上村六郎、京都書院、昭和四一年（一九六六）
『現代日本産業発達史　紙パルプ』鈴木尚夫、現代日本産業発達史研究会、昭和四二年（一九六七）
『紙屋とその広告図集』関義城、同上、昭和四三年（一九六八）
『型絵染』芹沢銈介、三一書房、昭和四三年（一九六八）
『手漉和紙』竹尾洋紙店、同上、昭和四四年（一九六九）
『正倉院の紙』土井弘、日本経済新聞、昭和四五年（一九七〇）
『手漉和紙（越前奉書・石州半紙・本美濃紙）』文化庁、同上、昭和四六年（一九七一）
『大蔵省印刷局百年史』大蔵省印刷局、印刷局朝陽会、昭和四六年（一九七一）

『出版事典』同編集委員会、出版ニュース社、昭和四六年（一九七一）
『江戸千代紙』広瀬辰五郎、丸ノ内出版、昭和四六年（一九七一）
『金唐和紙』後藤清吉郎、ギャラリー吾八、昭和四六年（一九七一）
『もみ紙』滋賀県無形文化財保存会、同上、昭和四六年（一九七一）
『料紙』桑田笹舟、一楽書芸院、昭和四七年（一九七二）
『和紙要録』竹田悦堂、文海堂、昭和四七年（一九七二）
『和紙三昧』安部栄四郎、木耳社、昭和四七年（一九七二）
『紙市兵衛手漉ばなし』青木隆、えちぜん豆本会、昭和四七年（一九七二）
『草木染日本の色』山崎青樹、美術出版社、昭和四七年（一九七二）
『芭蕉と紙子』夏見知章、清風出版社、昭和四七年（一九七二）
『和漢紙文献類聚』関義城、同上、昭和四八年（一九七三）
『新訂紙パルプ事典』紙パルプ技術協会、金原出版、昭和四八年（一九七三）
『伝統の文様　京からかみ』千田長次郎、婦女界出版社、昭和四八年（一九七三）
『和紙の旅』寿岳文章、芸艸堂、昭和四八年（一九七三）
『手漉和紙大鑑』毎日新聞社、同上、昭和四九年（一九七四）
『新版印刷事典』日本印刷学会、大蔵省印刷局、昭和四九年（一九七四）
『紙・パルプ年表』紙パルプ技術協会、同上、昭和四九年（一九七四）
『紙工芸技法大事典』飯野睦毅、東陽出版、昭和四九年（一九七四）
『千代紙型染紙』加藤睦朗、保育社、昭和四九年（一九七四）
『和紙年表』池田秀男、三茶書房、昭和四九年（一九七四）
『和紙巡歴』安部栄四郎、木耳社、昭和五〇年（一九七五）
『手漉和紙精髄』久米康生、講談社、昭和五〇年（一九七五）
『書道辞典』飯島春敬、東京堂出版、昭和五〇年（一九七五）

文献

『和紙の文化史』久米康生、木耳社、昭和五一年（一九七六）
『日本の紙』荒川浩義、毎日新聞社、昭和五一年（一九七六）
『手漉紙史の研究』関義城、木耳社、昭和五一年（一九七六）
『和漢紙文献類聚（古代・中世編）』関義城、思文閣、昭和五一年（一九七六）
『和紙文化』町田誠之、思文閣、昭和五二年（一九七七）
『和紙百話』春名好重、淡交社、昭和五二年（一九七七）
『古紙之鑑』関義城、木耳社、昭和五二年（一九七七）
『伝統の染和紙』吉岡常雄、紫紅社、昭和五二年（一九七七）
『書の紙』毎日新聞社、同上、昭和五二年（一九七七）
『昭和民芸紙譜』久米康生、思文閣、昭和五二年（一九七七）
『中国古代造紙史話』劉仁慶、北京軽工業出版社、中華民国六六年（一九七八）
『中国造紙術盛衰史』陳大川、台北中外出版、中華民国六六年（一九七八）
『世界の手漉紙』竹尾洋紙店、同上、昭和五三年（一九七八）
『京からかみ文様譜』久米康生、思文閣出版、昭和五四年（一九七九）
『中国製紙技術史』潘吉星著・佐藤武敏訳、平凡社、昭和五五年（一九八〇）
『日本書誌学用語辞典』川瀬一馬、雄松堂書店、昭和五七年（一九八二）
別冊太陽『和紙』同編集委員会、平凡社、昭和五七年（一九八二）
『和紙生活誌』久米康生、雄松堂書店、昭和五七年（一九八二）
『壁紙百年史』同編集委員会、壁装材料協会、昭和五七年（一九八二）
『和紙と日本人の二千年』町田誠之、ＰＨＰ研究所、昭和五八年（一九八三）
『造紙史話』（中国科技叢書）造紙史話編写組、上海科学技術出版社、中華民国七一年（一九八三）
『和紙の伝統』町田誠之、駸々堂出版、昭和五九年（一九八四）
『造紙の源流』久米康生、雄松堂出版、昭和六〇年（一九八五）

文献

『紙の民具』広瀬正雄、岩崎美術出版、昭和六〇年（一九八五）
『王朝継ぎ紙』近藤富枝、毎日新聞社、昭和六〇年（一九八五）
『中西文化交流史』沈偉福、上海人民出版社、中華民国七三年（一九八五）
『京からかみと千代紙』久米康生、雄松堂出版、昭和六一年（一九八六）
『和紙事典』朝日新聞出版局、朝日新聞社、昭和六一年（一九八六）
『紙の今昔』小林嬌一、新潮社、昭和六一年（一九八六）
『和紙周遊』小林良生、ユニ出版、昭和六三年（一九八八）
『和紙の手帖』わがみ堂、全国手すき和紙連合会、平成元年（一九八九）
『紙と日本文化』町田誠之、日本放送協会、平成元年（一九八九）
『文物』（一九八九年二期）同編集委員会、文物出版社、中華民国七七年（一九八九）
『和紙文化誌』久米康生、毎日コミュニケーションズ、平成二年（一九九〇）
『襖考』同編集委員会、東京内装材料協会、平成二年（一九九〇）
『紙　七人の提言』日本紙アカデミー、思文閣出版、平成四年（一九九二）
『江戸からかみ』久米康生、東京松屋、平成四年（一九九二）
『和紙散歩』町田誠之、淡交社、平成五年（一九九三）
『平成の紙譜』全国手すき和紙連合会、わがみ堂、平成五年（一九九三）
『海を渡った江戸の紙』紙の博物館、紙の博物館、平成六年（一九九四）
『和紙つれづれ草』町田誠之、平凡社、平成六年（一九九四）
『彩飾和紙譜』久米康生、平凡社、平成六年（一九九四）
『和紙文化辞典』久米康生、わがみ堂、平成七年（一九九五）
『紙の博物誌』小林良生、淡交社、平成七年（一九九五）
『紙の道』陳舜臣、集英社、平成九年（一九九七）
『和紙多彩な用と美』久米康生、玉川大学出版部、平成一〇年（一九九八）

『和紙文化史年表』前川新一、思文閣出版、平成一〇年（一九九八）
『和紙の道しるべ』町田誠之、淡交社、平成一二年（二〇〇〇）
『金唐革紙と擬革紙』久米康生、紙の博物館、平成一五年（二〇〇三）
『和紙の見わけ方』久米康生、東京美術、平成一五年（二〇〇三）
『和紙の源流』久米康生、岩波書店、平成一六年（二〇〇四）
『文化財学の課題』湯山賢一、勉誠出版、平成一八年（二〇〇六）
『中国の紙と印刷の文化史』銭存訓（久米康生訳）、法政大学出版局、平成一九年（二〇〇七）
『和紙つくりの歴史と技法』久米康生、岩田書院、平成二〇年（二〇〇八）
『古代製紙の歴史と技術』D. Hunter（久米康生訳）、勉誠出版、平成二一年（二〇〇九）
『和紙のすばらしさ』D. Hunter（久米康生訳）、勉誠出版、平成二一年（二〇〇九）

The History of Japan. Engelbert Kaempfer, London 1728.
Reports of the Manufacture of Paper in Japan. H. Parkesw, English Parliament 1871.
Japan nach Reisen und Studien. J.J. Rein, Leipzig 1886.
Old Papermaking in China and Japan. Dard Hunter, Chillico the Ohio 1992.
A Papermaking Pilgrimage to Japan, Korea and China. Dard Hunter, New York 1936.
Papermaking — The History and Technique of an Ancient Craft. Dard Hunter New York 1943.
A Historacal Account of Papermaking by Hand. R. H. Clapperton, Shakespeare Hand Press 1934.
Handmade Paper of Japan. Bunsho Jugaku, 1942.
Japanese Papermaking. Kiyofusa Narita, Hokuseido Press 1954.
The World of Japanese Paper. Sukey Hughes, Kodansha International 1978.
Japanese Papermaking. Timothy Barret, New York: Weatherhill 1983.
Mr. Gladstone's Washi. Hans Schmoller, Bird & Bull Press 1984.
Papiers Japonais. Françoise Paireau, Paris: Adam Biro 1991.

各地の紙郷

『有馬地志』黒川道祐、寛文四年（一六六四）
『奥羽観跡聞老志』佐久間義利、享保四年（一七一九）
『美濃明細記』伊東実臣、元文三年（一七三八）
『土陽淵岳志』植木敞斎、延享二年（一七四五）
『飛州志』長谷川忠崇、延享二年（一七四五）
『日本山海名物図会』平瀬徹斎、宝暦四年（一七五四）
『濃陽志略』松平秀雲、宝暦六年（一七五六）
『播磨鑑』平野庸鑑、宝暦一二年（一七六二）
『難波丸綱目』陰山三郎兵衛、安永六年（一七七七）
『買物手引草』陰山白緑斎、天明二年（一七八二）
『越の下草』宮永正運、天明年間（一七八一－八九）
『封内土産考』里見藤左衛門、寛政一〇年（一七九八）
『濃州徇行記』樋口好古、寛政年間（一七八九－一八〇〇）
『西村集要』花柳軒家、享和三年（一八〇三）
『勢陽俚諺』西村和廉、文化元年（一八〇四）
『新編会津風土記』文化六年（一八〇九）
『南路志』武藤致知、文化一〇年（一八一三）
『駿河国新風土記』河野通春、文化一三年（一八一六）
『新編武蔵風土記稿』文政五年（一八二二）
『諸国名物往来』千形仲道、文政七年（一八二四）
『常陸紀行』黒崎貞孝、文政九年（一八二六）

『漫遊記譚』黒崎貞孝、文政九年（一八二六）
『全楽堂日録』渡辺崋山、天保四年（一八三三）
『西条誌』日野暖太郎、天保一〇年（一八三九）
『紀伊続風土記』仁井田好古、天保年間（一八三〇－四四）
『甲斐叢記』大森快庵、嘉永四年（一八五一）
『紀伊国名所図会』加納諸平ら、嘉永四年（一八五一）
『西讃府志』京極家地誌掛、安政五年（一八五八）
『新撰美濃志』岡田啓、万延元年（一八六〇）
『加陽名所記』不詳、江戸末期
『高知県紙業一班』高知県内務部、同上、明治三五年（一九〇二）
『土佐紙の沿革』土佐紙業組合、同上、明治四〇年（一九〇七）
『埼玉県紙業一班』埼玉県内務部、同上、大正一一年（一九二二）
『岡山県紙業一班』岡山県内務部、同上、大正一四年（一九二五）
『埼玉県の製紙業』埼玉県内務部、同上、大正一五年（一九二六）
『福岡県紙業案内』高村準太郎、福島工業試験所、昭和二年（一九二七）
『土佐藩経済史研究』松好貞夫、日本評論社、昭和五年（一九三〇）
『越前産紙考』飯田栄助、越前産紙卸商業組合、昭和一三年（一九三八）
『日本紙業史・京都編』八木吉輔、京都紙商組合、昭和一五年（一九四〇）
『防長造紙史研究』御園生翁輔、防長紙同業組合、昭和一六年（一九四一）
『江戸東京紙漉史考』関義城、冨山房、昭和一八年（一九四三）
『紙漉村旅日記』寿岳文章・静子、明治書房、昭和一九年（一九四四）
『出雲民芸紙の由来』太田柿葉、島根県民芸協会岩坂支部、昭和二〇年（一九四五）
『岐阜県手漉紙沿革史』森義一、岐阜県手漉紙製造統制組合、昭和二一年（一九四六）

文献

『名塩紙』中山琇静、和紙研究会、昭和二二年（一九四七）
『九州の製紙業』成田潔英、丸善、昭和二四年（一九四九）
『市川紙業史』村松志孝、丹頂堂、昭和二五年（一九五〇）
『土佐典具帖紙』土佐典具帖協同組合、同上、昭和二六年（一九五一）
『出雲の紙』池田敏雄、島根県民芸協会、昭和二七年（一九五二）
『越中産紙手鑑』上村六郎・吉田桂介、和紙研究会、昭和二九年（一九五四）
『土佐紙業史』清水泉、高知県和紙協同組合連合会、昭和三一年（一九五六）
『出雲民芸紙』安部栄四郎、出雲民芸紙業協同組合、昭和三一年（一九五六）
『岡本村史』小葉田淳、福井県岡本村史刊行会、昭和三一年（一九五六）
『甲斐国紙漉記』河野徳吉・苅谷寛三、製紙博物館、昭和三一年（一九五六）
『西島紙の歴史』笠井東太、西島手漉工業協同組合、昭和三二年（一九五七）
『土佐藩工業経済史』平尾道雄、高知市立図書館、昭和三二年（一九五七）
『紙すき五十年』安部栄四郎、東峰出版、昭和三八年（一九六三）
『蔵王山麓風物誌』菅野新一、万葉堂、昭和三九年（一九六四）
『白石紙』菅野新一、美術出版社、昭和三九年（一九六四）
『西の内紙』山方町文化財保存研究会、同上、昭和四一年（一九六六）
『和紙のふるさと』後藤清吉郎、美術出版社、昭和四二年（一九六七）
『越後の和紙』新潟県教育委員会、同上、昭和四三年（一九六八）
『深山紙』奥村幸雄、同上、昭和四四年（一九六九）
『雁皮紙』滋賀県無形文化財保存会、成子佐一郎、昭和四四年（一九六九）
『紙すき村黒谷』中村元、黒谷和紙組合、昭和四五年（一九七〇）
『北陸産紙考』高田長紀、紙の博物館、昭和四五年（一九七〇）
『杉原紙』藤田貞雄、杉原紙研究会、昭和四五年（一九七〇）

『近江鳥子』高橋正隆、文華堂、昭和四五年（一九七〇）
『因幡紙をつくる人々』山根幸恵、大因州製紙協業組合、昭和四六年（一九七一）
『白石和紙の伝統』奥州白石郷土工芸研究所、同上、昭和四七年（一九七二）
『出雲和紙』漢東種一郎、木耳社、昭和四八年（一九七三）
『越前和紙のはなし』斉藤岩雄、越前和紙を愛する今立の会、昭和四八年（一九七三）
『土佐和紙物語』西沢弘順、高知県製紙工業会、昭和四八年（一九七三）
『石州半紙』石州半紙技術者会、同上、昭和四八年（一九七三）
『本美濃紙』本美濃紙保存会、同上、昭和四八年（一九七三）
『私の和紙地図手帳』久米康生、木耳社、昭和五〇年（一九七五）
『北海道の紙』中村末吉郎、紙の博物館、昭和五〇年（一九七五）
『伊那谷和紙の今昔』清水清治、滝江史学会、昭和五〇年（一九七五）
『紙すきの里』柳橋真・牧野和春、牧野出版、昭和五〇年（一九七五）
『石州半紙』柳橋真、アローアートワークス、昭和五三年（一九七八）
『手すきの紙郷』久米康生、思文閣、昭和五三年（一九七八）
『沖縄の芭蕉紙』安部栄四郎、アローアートワークス、昭和五四年（一九七九）
『手漉和紙聚芳』久米康生、雄松堂書店、昭和五四年（一九七九）
『ふくしまの和紙』安斎保夫・安斎宗司、歴史春秋社、昭和五四年（一九七九）
『信濃の手漉和紙』岩見光昭、信毎書籍出版センター、昭和五四年（一九七九）
『細川紙誌』細川紙技術者協会、雄松堂書店、昭和五五年（一九八〇）
『阿波の手漉和紙』宇山清人、教育出版センター、昭和五五年（一九八〇）
『沖縄の紙』安部栄四郎、沖縄タイムス、昭和五七年（一九八二）
『岡山の和紙』臼井英治、日本文教出版、昭和五七年（一九八二）
『紙漉の里を訪ねて』杉村清一、同上、昭和五七年（一九八二）

『福井県和紙工業協組五十年史』前川新一、福井県和紙工業協同組合、昭和五七年（一九八二）
『美濃紙――その歴史と展開』沢村守、同和製紙、昭和五八年（一九八三）
『近江雁皮紙』久米康生、紫紅社、昭和五八年（一九八三）
『群馬の和紙』群馬県教育委文化財保護課、群馬県教育委員会、昭和五八年（一九八三）
『紙のふるさとを行く』町田誠之、思文閣出版、昭和六〇年（一九八五）
『伊予の手漉和紙』村上節太郎、東雲書店、昭和六一年（一九八六）
『大和吉野の紙』久米康生、雄松堂出版、昭和六一年（一九八六）
『加賀の紙』久米康生、雄松堂出版、昭和六一年（一九八六）
『川崎の紙漉』角田益信、玉川製紙、平成元年（一九八九）
『土佐和紙』高知県手すき和紙協組、同上、平成二年（一九九〇）
『美濃紙の伝統』久米康生、美濃市役所、平成六年（一九九四）

製法関係

『天工開物』宋応星、崇禎一〇年（一六三七）
『農業全書』宮崎安貞、元禄九年（一六九六）
『紙漉大概』木崎盛標、天明四年（一七八四）
『紙漉重宝記』国東治兵衛、寛政一〇年（一七九八）
『止戈枢要』大関増業、文政五年（一八二二）
『楮木製作方紙漉立方の法』丹羽政行、文政八年（一八二五）
『中陵漫録』佐藤成裕、文政九年（一八二六）
『紙漉必要』大蔵永常、天保七年（一八三六）
『楮木考』佐藤方定、天保八年（一八三七）

『広益国産考』大蔵永常、安政六年（一八五九）
『越前紙漉図説』小林忠蔵、明治五年（一八七二）
『岐阜県下造紙之説』正村平兵衛、明治五年（一八七二）
『四国産諸紙之説』（写本）、明治五年（一八七二）
『阿波国雁皮紙製造の発端』（写本）、明治五年（一八七二）
『製紙一覧』山本秀夫・山本正夫、博物局、明治九年（一八七六）
『明治十年内国勧業博覧会出品解説』博覧会事務局、明治一〇年（一八七七）
『美濃紙抄製図説』岐阜県勧業課、同上、明治一三年（一八八〇）
『広益農工全書』宮崎柳条、牧野善兵衛、明治一四年（一八八一）
『雁皮栽培録』楳原寛重、穴山篤太郎、明治一五年（一八八二）
『三椏栽培要録』吉田正一、静岡紙業組合、明治三〇年（一八九七）
『日本製紙論』吉井源太、有隣堂、明治三一年（一八九八）
『和紙製造法』久松源吉、福岡県八女郡製紙伝習所、明治三一年（一八九八）
『日本製紙要綱』西村重一、島根県鹿足郡製紙伝習所、明治三六年（一九〇三）
『化学応用日本製紙新法』沼井利隆、画報社、明治四一年（一九〇八）
『製紙術』（化学工業全書）、佐伯勝太郎、丸善、明治四五年（一九一二）
『三椏栽培録』島根県内務部、同上、大正六年（一九一七）
『和紙製造論』西健男、ダイヤモンド社、昭和三年（一九二八）
『雁皮聚録』関彪、丸善、昭和一五年（一九四〇）
『最新和紙手漉法』中島今吉、丸善、昭和二一年（一九四六）
『東西紙漉図絵』製紙博物館、同刊行会、昭和三一年（一九五六）
『古今紙漉図集』関義城、同上、昭和三四年（一九五九）
『古今紙漉紙屋図絵』関義城、同上、昭和四〇年（一九六五）

文献

『和紙の製造』紙パルプ技術協会、同上、昭和四三年（一九六八）
『細川紙手漉用具』東秩父村教育委員会、同上、昭和四五年（一九七〇）
『手漉紙製造工程図録』関義城、木耳社、昭和五四年（一九七九）
『紙の科学』町田誠之、講談社、昭和五六年（一九八一）
『和紙―歴史・風土・技法』柳橋真、講談社、昭和五六年（一九八一）
『21世紀に生きる非木材資源』森本正和、ユニ出版、平成一一年（一九九九）
Amoenitatum exticarum. Engelbert Kaempfer, Lemgo 1712.
Nagashizuki — the Japanese Craft of Hand. Timothy Barret, North Hills 1979.

雑誌

『紙業雑誌』日本製紙連合会、明治三九年（一九〇六）
『工芸日本』民芸協会、昭和六年（一九三一）
『和紙研究』京都和紙研究会、昭和一四年（一九三九）
『紙及パルプ』紙パルプ連合会、昭和二五年（一九五〇）
『百万塔』紙の博物館、昭和三〇年（一九五五）
『和紙の里』越前和紙を愛する今立の会、昭和四七年（一九七二）
『紙』日本・紙アカデミー、昭和六四年（一九八九）
『季刊和紙』全国手すき和紙連合会、平成二年（一九九〇）
『和紙文化研究』和紙文化研究会、平成五年（一九九三）

著 者

久米康生（くめ やすお）

1921年，徳島県に生まれる．1946年より毎日新聞記者，1976年に定年退職後，和紙の研究に専念，1989年から2011年まで和紙文化研究会代表，現在，同研究会名誉会長．和紙関係の著書・編著は三十点余におよぶ．主著に，『和紙文化誌』（毎日コミュニケーションズ），『和紙文化辞典』（わがみ堂），『和紙の源流』（岩波書店），『彩飾和紙譜』（平凡社），『和紙生活誌』（雄松堂書店），訳書に，銭存訓『中国の紙と印刷の文化史』（法政大学出版局）がある．

＊ 本書のもととなった『和紙文化辞典』（わがみ堂，1995）の刊行に際して，ご協力いただいた個人・団体名を以下に記し，あらためて謝意を表する（五十音順・敬称略）．

編集協力　大柳久栄・竹田理恵子・半田正博・吉野敏武

写真図版協力　財団法人紙の博物館・桂樹舎和紙文庫・財団法人五島美術館・しゅんこう・東京松屋（藤森武撮影）・財団法人東洋文庫・冨樫朗・西本願寺・原啓志・宮崎謙一・森田康敬・吉井商店・ゆしまの小林

和紙文化研究事典

2012年10月30日　初版第1刷発行

著 者　久米康生

発行所　財団法人 法政大学出版局

〒102-0073 東京都千代田区九段北 3-2-7

電話 03（5214）5540 振替 00160-6-95814

整版：緑営舎　印刷：平文社　製本：誠製本

Printed in Japan

ISBN 978-4-588-32127-6